阿尔泰数字教程系列

概率统计导引

郑勋烨　编著

国防工业出版社

·北京·

内 容 简 介

本书是一本概率统计的入门教程和指南性参考书,内容共分十一章,包括古典概型、单维随机变量、多维随机变量、随机变量的数字特征、大数定律和中心极限定理、样本和抽样分布、参数估计、参数假设检验、非参数假设检验、方差分析、回归分析等,涵盖了初等概率统计学的主要内容。谋篇布局合理,叙述深入浅出,理论脉络分明,结合考研大纲设计了海量题目,并在书末附有习题答案与提示,方便读者印证对照。不少例题直接采纳历年研究生入学考试概率统计部分的题目,精严巧妙,对于激发和促进学生独立思索的能力大有裨益。

本书可作为大学理工、经济、管理、人文等各学科各专业同学和广大自学者同步学习的参考书,也是准备考研的同学们的好向导和好帮手。

图书在版编目(CIP)数据

概率统计导引/郑勋烨编著. —北京:国防工业出版社,
2016. 3
ISBN 978 - 7 - 118 - 10709 - 8

Ⅰ. ①概… Ⅱ. ①郑… Ⅲ. ①概率统计 Ⅳ. ①O211

中国版本图书馆 CIP 数据核字(2016)第 048335 号

※

国防工业出版社出版发行
(北京市海淀区紫竹院南路23号 邮政编码100048)
腾飞印务有限公司印刷
新华书店经售

*

开本 787×1092 1/16 印张 28 字数 655 千字
2016 年 3 月第 1 版第 1 次印刷 印数 1—3000 册 定价 65.00 元

(本书如有印装错误,我社负责调换)

国防书店:(010)88540777 发行邮购:(010)88540776
发行传真:(010)88540755 发行业务:(010)88540717

自　序

我在几年前讲授"概率论与数理统计"课程时,碰到一位勤学好问的学生,第一节课课间休息时,上讲台好奇地问我:"老师,统计就是统计,为什么叫数理统计?"

由于当下形形色色的统计软件(如 EXCEL,SAS,SPSS,R 软件等)的普及,实用主义的风气使得概率统计这门原本实用价值就极高的学科,更逐渐有"快餐式"的功利导向,只求拿块汉堡包速速吃饱,而不再追求烹制出像黄蓉给洪七公做的"二十四桥明月夜"那样从名字到内容都十分雍容典雅的佳肴美馔。在"学以致用"的古训之下,"概率论与数理统计"一方面因其高度的实用价值和"必修课与考研课"的尊崇地位而备受重视,另一方面它自身深邃有趣的科学与美学价值却被淡忘和忽略,甚至没人关心它从哪儿来、到哪儿去,它的名字叫什么,为什么要叫这个名字。而这些问题才是最根本和最重要的。

"名不正则言不顺",先来正名。依照陈希孺院士的解释,"数理统计"的英文原名是"Mathematical Statistics",用以区别作为社会科学的统计学。事实上,不用数学的统计学无法称为一门严谨的科学。陈希孺院士说,在《大英百科全书》上,"Statistics"前面并没有"Mathematical"这一前缀(也有特意加上的,那是指纯数学范畴内的统计学的数学基础部分)。所以"数理统计"完全可以只叫"统计",本书的名字,因此也只叫《概率统计导引》。

"大数据"当前已成为国家层面的战略研究热点,本书完稿当天,正好是国务院颁布《促进大数据发展行动纲要》的日子。而统计学正是"收集和分析数据的科学与艺术",作为一门新兴综合学科,"大数据"理论(包括数据整理与统计分析、数据挖掘、数据解译、数据可视化、数据链构建等多门学科)的发展离不开统计,当然也离不开作为理论基础的古典概率论。

本书就是一本概率统计的入门教程,结合考研大纲规划编裁,内容共分十一章,包括古典概型、单维随机变量、多维随机变量、随机变量的数字特征、大数定律和中心极限定理、样本和抽样分布、参数估计、参数假设检验、非参数假设检验、方差分析、回归分析等,涵盖了初等概率统计学的主要内容。谋篇布局合理,结构组织严密,题目丰富多样,叙述深入浅出,适合大学理工、经济、管理、人文等各学科各专业同学和广大自学者作为同步学习的参考书,也是准备考研的同学们的好向导和好帮手。

概率论与数理统计的经典内容是传承已久的,不可能完全舍弃而另起炉灶,而应当"旧瓶装新酒",对这些内容进行现代化与特色化的处理,建立新颖的数学模型,给学生"开窗"。一方面,保留其基本内涵的原汁原味;另一方面,对外延的模型以现代的方法叙述,给出切合学生实际专业背景的实例,引发学生的兴趣,为他们打开一扇思想的窗户,时髦话叫"大脑风暴""脑洞大开"。例如,面向电子电气工程专业的学生授课时,可以采用电路元件的模型为线索贯穿始终:①建立串并联电路与桥式电路系统,利用元件工作的独立性计算可靠度;②单个元件的寿命服从指数分布;③大量元件的寿命或复杂系统的可靠度,可利用元件工作的独立性和同分布性根据大数定律或中心极限定理计算;④测量元件样本的电阻均值,确定均值差的置信区间,或在给定显著水平下检验元件的寿命,属于参数估计和假设检验的问题。此外,结合板书的主轴演讲,进行多媒体辅助演示和人机交互、师生互动的随机试验,例如掷骰子、摸纸牌和投硬币等,也会取得非常生动的效果。

古典概型的内容,是概率论的"龙兴之地",是最早成熟也最有趣的部分,可谓源远流长,妙趣横生。我的一位老师曾戏称"古典概率之后无概率",大有"广陵散自此绝响"的慨叹。而有学生的反映也似乎印证了这一点:"古典概型学完以后,概率忽然变得没那么有趣了,因为随机变量来了,微积分来了,甚至泛函分析、矩阵论、抽象代数都来了,本来是随机数学,好像又走到确定性数学的老路子上了。那些热闹的骰子、纸牌和赌徒们都去哪儿啦?"但数学各门分支的抽象化早已是必然趋势,我们所能做的,是尽可能在抽象的框架下仍葆有其独特的古典韵味,在不变和沉寂中寻求突破和创新,把传统的"数学家常菜"也做成"舌尖上的数学",让学生从快餐客变成美食家。

本书的主要特色在于:

(1) 理论体系脉络分明。作为入门的"导引",本书的严谨性不止体现在定理、公式的推导过程,还体现在思想脉络的清晰。从概率史上著名的博弈问题,到古典概率的频率式定义,再到概率的公理化体系,直至现代统计学的分布和检验理论,引导读者沿着概率统计学科自身发展成熟的脉络,透彻鲜明地理解这门科学的前世今生,犹如西天取经,体验到"活的科学,活的学习"。本书内容作为公共课教材固然适用,更不失为广大自学者指路明灯般的好向导。期望每一位读者读罢全书,都能拥有"大圣归来开花结果"般的喜悦与满足。

(2) 精心设计海量题目。书中配置了大量例题与习题,每一节后有对应此节内容的习题,每一章后还有总习题,循序渐进,难易兼备,使学生能从做题中加深理解,同时感知乐趣。在书末附有习题答案与提示,方便读者印证对照。华罗庚先生向来推崇做题对于学习的重要,他在名著《数论导引》中精心设置的习题,公认为此书的精华,启发了大批晚辈。我纵然绝不敢望其项背,但效法先贤,依样葫芦,在题目上狠下功夫,也是本书努力的方向所在。

(3) 紧密结合考研大纲。本书章节结构参照国家教育部制定的研究生入学考试大纲设计,知识点覆盖全面,重点难点突出。不少例题直接采纳历年研究生入学考试概率统计部分的题目,包括选择、填空、计算等。这样的安排当然不是出于"考研指挥棒"的点化,而是因为这些题目凝聚了命题者的苦心和智慧,精严巧妙,综合性强,对于激发和促进学生独立思索、举一反三的能力大有裨益。就课堂效果来看,学生们对这些考研题也十分来劲,有了兴趣就有了动力。

(4) 叙述风格深入浅出。写数学书往往可以"深入"而不易"浅出",因为深刻的东西本就不易用浅显的语言说明白。好在概率统计和我们的生活关系太密切了,时时处处,皆有概率,信手拈来,尽是随机。本书广泛采用生产生活中的实例,系统性地用浅显的例子解释重要的问题(本书"郭靖射箭""酒鬼回家"等问题的多次探索,即是这一系统性的具体体现),力图见微知著,以小胜大,起到"四两拨千斤"的效果,使学生听得懂、学得快、用得顺。即便是专著,也肯定不会是作者一个人的晚餐,最终要和大家分享,当然该做得鲜美可口才好,套用程序员们的术语说,就是"界面友好"。

本书出版有幸获得中国地质大学(北京)的"中央高校基本科研业务费专项基金"项目(项目编号:35932015011)和"教学研究与教学改革"项目(项目编号:JGYB201420)的资助,特此鸣谢。

　　此书是继《计算方法及 MATLAB 实现》之后,我的"阿尔泰数学教程系列"的第二部。此系列名为"教程",但作者撰写时在努力向专著靠拢,其发轫之端,源自对著名的苏联数学家菲赫金哥尔茨《微积分学教程》的崇敬。那部集大成性质的"教程"启发了我国几代数学家,博大精深,引人入胜,再版重印了无数次,远非寻常专著所能媲美。当年我的舍友徐达旺从山东大学图书馆旧书摊上重金(够三天打饭的钱)买来一套,自己没舍得用,毕业时都送给了我,叮嘱我好好学习,做出点东西出来。这部书同第一部一样,前后锤炼多年,终于面世,仍唯恐见笑于方家。《周易》说卦,止于"未济",对做学问来说,就是学无止境。请读者诸君智者见智,不吝赐教,以期再版改进,不胜感激! 是为序。

郑勋烨

目　录

第1章　　古典概型

1.1　　概率论引介

简单说 概率论 是研究随机现象统计规律性的数学学科. 革命导师恩格斯说："在表面是偶然性在起作用的地方, 这种偶然性始终是受内部的隐蔽着的规律支配的, 而问题只是在于发现这些规律."

1.1.1　随机现象

【定义 1.1.1】**随机现象**　随机现象, 也称偶然现象, 即是不确定的、非常规的、通常无法预测的个体现象, 但在大量重复进行时却可能呈现某种规律性 ——"统计规律". 概率论所要揭示的就是统计规律.

下面为大家列举一些确定的和随机的现象.

【例 1.1.1】**太阳从东边升起**　我们说当平时不可能发生的事情某天忽然发生时, 通常怎么形容? "太阳从西边出来了!"一般而言, 在地球上太阳是从东边升起的, 这个原因大家都知道: 地球是自西向东自转的. 有没有逆向自转的行星? 九大行星里就有 —— 金星.

【例 1.1.2】**太阳照常升起**　美国 20 世纪最伟大的作家之一海明威 26 岁写的小说《太阳照常升起》(*The Sun Also Rises*) 是反映当时"迷惘的一代"的著名作品.

印度诗哲泰戈尔也有句诗: "别为逝去的朝阳哭泣, 而错过今晚的星空."所以无论何时, 大家都要有信心像《飘》里的费雯丽一样对自己说: "明天, 又是新的一天!"

【例 1.1.3】**落下的球和升起的球**　伽利略是否的确在比萨斜塔做过投球试验, 历来众说纷纭. 但在大气层里密度更大的铅球会往下落是确定无疑的, 否则就不会有空投和蹦极了. 同样, 热气球和氢气球会往上飘也是确定无疑的, 否则就不会有凡尔纳的《八十天环游地球》. 球下落是因为重力, 球升起是因为浮力.

【例 1.1.4】**种瓜得瓜**　毛主席引用过一句著名谚语: "种瓜得瓜, 种豆得豆."还有句夸人的话"虎父无犬子". 当然, 这是由生物的遗传规律决定的确定现象.

【例 1.1.5】**生与死**　人的出生是随机现象, 死亡却是确定现象. 所以热爱你的生命吧, 它来之不易.

【例 1.1.6】**投硬币**　投硬币, 设币值面为正面, 徽花面为反面, 则每次朝上的一面是正

面 (H：Head) 还是反面 (T：Tail)，都是随机的.

【例 1.1.7】掷骰子　掷一枚正六面体形状的骰子, 每次出现的点数为 $1 \sim 6$ 中的一个数.

【例 1.1.8】彩票　彩票的中奖与否是随机的. 若有确切可循的规律存在, 世界首富恐怕就不是比尔·盖茨, 而是掌握这个中奖规律的人了. 可惜我们仍然经常看到社会上有忠实的彩迷在绞尽脑汁要摸索兑奖号码的分布规律, 这种事情毫无价值, 比等待戈多 (Waiting for Godot) 还要荒诞.

【例 1.1.9】天气预报　有句名言："天有不测风云", 不可测的原因就是天气随机变化. 虽然气象学已经足够发达, 甚至数周内的天气都可以预测, 但聪明的预报主持人仍然会用"降水概率"这样精确含有随机性概念的术语. 在这里, 随机的才是确定的, 正如无常的才是永恒的.

1.1.2　随机事件

【定义 1.1.2】随机试验(Random Experiment)　对自然或社会现象做观察试验, 如果此试验在相同条件下可以重复进行, 每次试验的结果不止一个, 且不可预言, 则称为 随机试验.

因而随机试验具有三个特点：(1) 可重复性 (Repeatable);(2) 多结果性 (Multi-potent); (3) 不可预测性 (Unpredictable).

【定义 1.1.3】样本空间(Sample Space)　随机试验 E 的所有可能结果 e 构成的集合称为 E 的 样本空间. 样本空间 S 的元素即随机试验 E 的每个可能结果 e 称为 E 的 样本点, 即 $S = \{e\}$.

【定义 1.1.4】随机事件　随机试验 E 的样本空间 S 的某些样本点 e 构成的子集 $A \subseteq 2^S = \bigcup e$ 称为 随机事件(Random Event). 所有可能随机事件的集合即是样本空间 S 的所有子集 $2^S = \bigcup e$, 其元素个数与样本空间 S 的元素个数 s 的关系为 $n(2^S) = 2^s$.

【定义 1.1.5】基本随机事件　随机试验 E 的样本空间 S 的单个样本点 e 构成的子集 $\{e\}$. 称为 基本随机事件(Elementary Random Event).

【命题 1.1.1】每个基本事件彼此互不相容.

【定义 1.1.6】必然事件和不可能事件 (Inevitability and Impossibility)　随机试验 E 的样本空间 S 称为 必然事件 (Inevitable Event); 空集 $\varnothing$ 称为 不可能事件 (Impossible Event).

1.1.3　随机事件的集合论体系

（1）**子事件 (Subset)**：　$A \subseteq B$, A 发生必有 B 发生, 如图 1.1.1 所示.

（2）**和事件 (并事件，Union)**：　$A \bigcup B = \{x | x \in A,$ 或 $x \in B\}$, A 与 B 至少有一个发生, 如图 1.1.2 所示.

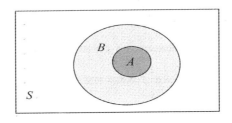

图 1.1.1　子事件

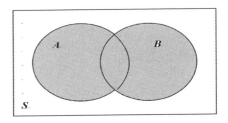

图 1.1.2　和事件

（3）**差事件** (Difference-set)：　$A - B = \{x | x \in A,\ 且\ x \overline{\in} B\}$，$A$ 发生而 B 不发生，如图 1.1.3 所示.

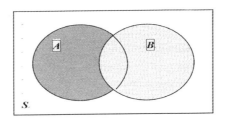

图 1.1.3　差事件

（4）**积事件**（**交事件**，Intersection）：　$A \bigcap B = \{x | x \in A,\ 且\ x \in B\}$，$A$ 发生且 B 也发生，如图 1.1.4 所示.

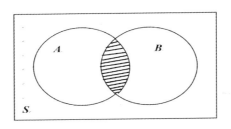

图 1.1.4　积事件

（5）**互不相容事件**（**互斥**，Incompatible-set）：　$A \bigcap B = \varnothing$，$A$ 发生则 B 不发生，A 与 B 不能同时发生（不共戴天），如图 1.1.5 所示.

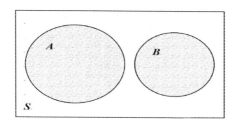

图 1.1.5 互不相容事件

（6）**对立事件**(逆事件，Complementary Event)： $A \bigcup B = S$ 且 $A \bigcap B = \varnothing$，$A$ 与 B 不相容且和事件为样本空间 S，如图 1.1.6 所示.

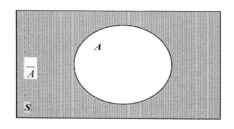

图 1.1.6 对立事件

1.1.4 随机事件的运算律

（1）**和与积的交换律** (Communicative Law)： $A \bigcup B = B \bigcup A, A \bigcap B = B \bigcap A.$

（2）**和与积的结合律** (Adherent Law)： $(A \bigcup B) \bigcup C = A \bigcup (B \bigcup C), (A \bigcap B) \bigcap C = A \bigcap (B \bigcap C).$

（3）**和与积的分配律** (Distribution Law)： $(A \bigcup B) \bigcap C = (A \bigcap C) \bigcup (B \bigcap C),$ $(A \bigcap B) \bigcup C = (A \bigcup C) \bigcap (B \bigcup C).$

（4）**德・摩根律** (对立事件) (De Morgen's Law)： $\overline{A \bigcap B} = \overline{A} \bigcup \overline{B},\ \overline{A \bigcup B} = \overline{A} \bigcap \overline{B}.$

【证明】 先证其中一式，另一式同理可证. 由

$$x \in \overline{A \bigcup B}$$

$$\Longrightarrow\ x \overline{\in} A \bigcup B$$

$$\Longrightarrow\ x \overline{\in} A,\ x \overline{\in} B \tag{1.1.1}$$

$$\Longrightarrow\ x \in \overline{A},\ x \in \overline{B}$$

$$\Longrightarrow\ x \in \overline{A} \bigcap \overline{B}$$

4

反之由

$$x \in \overline{A} \bigcap \overline{B}$$
$$\implies \quad x \in \overline{A}, \ \ x \in \overline{B}$$
$$\implies \quad x \overline{\in} A, \ \ x \overline{\in} B \tag{1.1.2}$$
$$\implies \quad x \overline{\in} A \bigcup B$$
$$\implies \quad x \in \overline{A \bigcup B}$$

从而 $\overline{A \bigcup B} = \overline{A} \bigcap \overline{B}$.

习题 1.1

1. 写出下列随机试验的样本空间：(1) 投掷两枚匀称的骰子，记录点数之和；(2) 射击一目标，直至击中目标为止，记录射击次数；(3) 袋中装有 4 只白球，6 只黑球。逐个取出，直至白球全部取出为止，记录取球次数；(4) 往数轴上任意投掷两个质点，观察它们之间的距离.

2. 设样本空间 $S = \{1, 2, 3, 4, 5, 6, 7, 8, 9, 10\}$，$A = \{2, 3, 4\}$，$B = \{3, 4, 5\}$，$C = \{5, 6, 7\}$，求下列事件：(1) $\overline{A} \bigcap \overline{B}$；(2) $A \bigcup B$；(3) $\overline{\overline{A} \bigcap \overline{B}}$；(4) $A \bigcap \overline{B} \bigcap C$.

3. 试将事件 $A + B + C$ 表示为互不相容的事件之和.

1.2 概率论公理化体系

1.2.1 频率和概率

概率的古典而直观的来源是频率.

【定义 1.2.1】频率 (Frequency)　n 次随机试验中事件 A 发生的次数称为 A 发生的 频数 (the Number of Outcomes)，记为 n_A；频数与试验总次数 n 的比值称为 A 发生的 频率，即

$$f_n(A) = \frac{n_A}{n} \tag{1.2.1}$$

下面列举一些频率的实例.

【例 1.2.1】英文字母使用频率表　欧美学者研究了 26 个英文字母在日常应用中使用的频率，并列出了缜密的表（表 1.2.1）. 可见在观察字母足够多时，字母使用频率会呈现一定的稳定性.

表 1.2.1　英文字母使用频率表

字母	使用频率	字母	使用频率	字母	使用频率
E	0.1268	L	0.0394	P	0.0186
T	0.0978	D	0.0389	B	0.0156
A	0.0788	U	0.0280	V	0.0102
O	0.0776	C	0.0268	K	0.0060
I	0.0707	F	0.0256	X	0.0016
N	0.0706	M	0.0244	J	0.0010
S	0.0634	W	0.0214	Q	0.0009
R	0.0594	Y	0.0202	Z	0.0006
H	0.0573	G	0.0187		

1.2.2　概率论公理化体系

【定义 1.2.2】概率公理化定义　　从随机试验 E 的样本空间 S 到实轴上的有界区间 $[0,1]$ 上的有界规范映照：$P: S \longmapsto [0,1]$, 对于 $A \subseteq S, p = P(A) \in [0,1]$ 称为事件 A 发生的 概率，如果满足如下条件：

（1）**有界性** (Non-negative and Normal)：　$P(A) \in [0,1]$. 概率取值在 $[0,1]$ 区间之内.

（2）**规范性** (Complete)：　$P(S) = 1$. 必然事件概率为 1.

（3）**可列可加性** (Numberably Summable)：　可列个互不相容事件 $A_k, k = 1, 2, 3, \cdots$ (即当 $i \neq j$ 时，$A_i A_j = \varnothing$)，它们和事件的概率等于各事件概率的和，即

$$P(\bigcup_{k=1}^{\infty} A_k) = \sum_{k=1}^{\infty} P(A_k) \tag{1.2.2}$$

上述定义的主要奠基人是俄罗斯数学家柯尔莫哥洛夫.

【定理 1.2.1】**概率的基本性质**

（1）**不可能事件的概率为零**：　$P(\varnothing) = 0$.

【证明】　因为 $\varnothing = \bigcup \varnothing$, 由概率的可列可加性，有

$$P(\varnothing) = P(\bigcup_{k=1}^{\infty} \varnothing) = \sum_{k=1}^{\infty} P(\varnothing) \geqslant 0 \Longrightarrow P(\varnothing) = 0 \tag{1.2.3}$$

（2）**有限可加性** (Finitely Summable)：　有限个两两互不相容事件 $A_k, k = 1, 2, 3, \cdots, n$ (即，当 $i \neq j$ 时，$A_i \bigcap A_j = \varnothing$)，其和事件的概率等于各事件概率之和 (图 1.2.1)，即

$$P(\bigcup_{k=1}^{n} A_k) = \sum_{k=1}^{n} P(A_k) \tag{1.2.4}$$

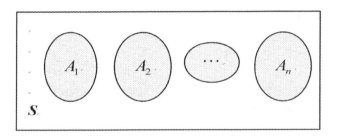

图 1.2.1 和事件的有限可加性

【证明】 不妨令 $A_{n+1} = A_{n+2} = \cdots = \varnothing$, 由概率的可列可加性, 有

$$
\begin{aligned}
P(\bigcup_{k=1}^{n} A_k) &= P(\bigcup_{k=1}^{\infty} A_k) = \sum_{k=1}^{\infty} P(A_k) \\
&= \sum_{k=1}^{n} P(A_k) + \sum_{k=n+1}^{\infty} P(A_k) \\
&= \sum_{k=1}^{n} P(A_k) + \sum_{k=n+1}^{\infty} P(\varnothing) \\
&= \sum_{k=1}^{n} P(A_k) + 0 = \sum_{k=1}^{n} P(A_k)
\end{aligned}
\tag{1.2.5}
$$

（3）**单调性**（Monotonic）： 设事件 $A \subseteq B$, 则 $P(A) \leqslant P(B)$. 即, 母事件的概率不小于子事件的概率.

【证明】 做互不相容事件的分解, 即

$$
\begin{aligned}
P(B) &= P(A \bigcup (B - A)) \\
&= P(A) + P(B - A) \\
&\Longrightarrow P(B - A) = P(B) - P(A) \geqslant 0 \\
&\Longrightarrow P(B) \geqslant P(A)
\end{aligned}
\tag{1.2.6}
$$

（4）**对立事件**： 对立事件的概率和为 1, 即 $P(A) + P(\overline{A}) = 1$.

【证明】 做互不相容事件的分解, 有

$$
1 = P(S) = P(A \bigcup \overline{A}) = P(A) + P(\overline{A})
\tag{1.2.7}
$$

（5）**多个事件和求概率的多除少补原理 (加法公式)**：

a. 两个事件和求概率的多除少补原理 (加法公式)：

$$
P(A \bigcup B) = P(A) + P(B) - P(AB)
\tag{1.2.8}
$$

b. 三个事件和求概率的多除少补原理 (加法公式)：

$$
P(A \bigcup B \bigcup C) = P(A) + P(B) + P(C) - P(AB) - P(BC) - P(AC) + P(ABC)
\tag{1.2.9}
$$

c. n 个事件和求概率的多除少补原理 (加法公式):

$$P(\bigcup_{k=1}^{n} A_k) = \sum_{k=1}^{n} P(A_k) - \sum_{1 \leqslant i < j \leqslant n} P(A_i A_j)$$
$$+ \sum_{1 \leqslant i < j < k \leqslant n} P(A_i A_j A_k) + \cdots + (-1)^n P(A_1 A_2 \cdots A_n)$$

(1.2.10)

如图 1.2.2 所示.

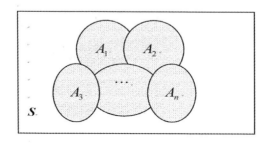

图 1.2.2　任意和事件概率的多除少补原理 (加法公式)

【证明】　用数学归纳法. $n = 2$ 时，由于

$$A \bigcup B = A \bigcup (B - AB)$$

(1.2.11)

又由子事件计算公式

$$P(B - AB) = P(B) - P(AB)$$

(1.2.12)

故而由互不相容事件的加法公式，有

$$\begin{aligned}
&P(A \bigcup B) \\
&= P(A \bigcup (B - AB)) \\
&= P(A) + P(B - AB) \\
&\Longrightarrow P(A \bigcup B) = P(A) + P(B) - P(AB)
\end{aligned}$$

(1.2.13)

$n = 3$ 时，公式为

$$P(A \bigcup B \bigcup C) = P(A) + P(B) + P(C) - P(AB) - P(BC) - P(AC) + P(ABC)$$

一般地，设 n 时成立，则 $n+1$ 时，有

$$\begin{aligned}
P(\bigcup_{k=1}^{n+1} A_k) &= P(\bigcup_{k=1}^{n} A_k) + P(A_{n+1}) - P(\bigcup_{k=1}^{n} A_k A_{n+1}) \\
&= \sum_{k=1}^{n+1} P(A_k) - \sum_{1 \leqslant i < j \leqslant n+1} P(A_i A_j) + \sum_{1 \leqslant i < j < k \leqslant n+1} P(A_i A_j A_k) \\
&\quad + \cdots + (-1)^{n+1} P(A_1 A_2 \cdots A_{n+1})
\end{aligned}$$

(1.2.14)

故公式 (1.2.10) 对所有自然数 n 均成立.

习题 1.2

1. 设 A, B 是两个事件，且 $P(A) = 0.6$，$P(B) = 0.5$，$P(AB) = 0.4$，求 $P(\overline{A})$，$P(A \bigcup B)$，$P(B - A)$.

2. 设 A, B 是两个事件，且 $P(A) = 0.4$，$P(B) = 0.3$，$P(A + B) = 0.6$，求 $P(A\overline{B})$.

3. 设 A, B 是两个事件，且 $P(A) = 0.7$，$P(A - B) = 0.3$，求 $P(\overline{AB})$.

4. 设 A, B, C 是三个事件，且 $P(A) = P(B) = P(C) = \dfrac{1}{4}$，$P(AB) = P(BC) = 0$，$P(AC) = \dfrac{1}{8}$，求 A, B, C 至少有一个发生的概率.

5. 甲、乙两人同时射击一架飞机，已知甲射中飞机的概率为 0.7，乙射中飞机的概率为 0.8，飞机被射中的概率为 0.9. 求甲、乙两人至少有一人未射中飞机的概率.

1.3　古典概型

1.3.1　古典概型（等可能概型）

本节介绍最经典的概率论体系.

【定义 1.3.1】古典概型 (Classical Probability)　有限 n 次随机试验中每种试验结果发生的可能性在客观上是相等的，则此种试验称为 **等可能概型**；因为是概率论公理化体系确立前最早的研究对象，故亦称为 **古典概型**.

古典概型的关键特征如下：

（1）**有穷性** (Finite)：　随机试验所有可能结果数目有限.

（2）**均等性** (Equal)：　每种基本事件发生的可能性在客观上均等.

【定义 1.3.2】古典概率　古典概型的样本空间 $S = \{e_1, e_2, e_3, \cdots, e_n\}$，含有 n 个基本事件，若事件 A 包含 m 个基本事件 $A = \{e_{k_1}, e_{k_2}, e_{k_3}, \cdots, e_{k_m}\}$，$1 \leqslant k_1 < k_2 < k_3 < \cdots < k_m \leqslant n, m \leqslant n$，则事件 A 发生的概率为它包含的基本事件个数 m 与样本空间 S 含有的基本事件个数 n 的比值：

$$P(A) = \frac{n(A)}{n(S)} = \frac{m}{n} \tag{1.3.1}$$

称为 **古典概率**.

【例 1.3.1】排序问题　我们要把一套 5 卷本的书 (如《毛泽东选集》或《天龙八部》) 随机放到书架上，求各卷自左至右或自右至左恰好排成 1，2，3，4，5 的概率.

【解】　5 卷本的书排法为 5 个数的全排列，样本空间元素个数为 $n(S) = 5! = 120$，所求事件发生的结果只有两种：自左至右或自右至左，恰好排成的卷号为 1，2，3，4，5，$n(A) = 2$，从而由古典概率计算公式：

$$P(A) = \frac{n(A)}{n(S)} = \frac{2}{120} = \frac{1}{60} \tag{1.3.2}$$

【例 1.3.2】摸球问题 布袋和尚的口袋里有 m 只白球、n 只红球, 从中通过以下两种方式取球两次, 每次取一只: (1) 有放回: 摸出一只球放回袋中再摸. (2) 无放回: 摸出一只球不放回袋中, 从余下的球里再摸. 求以下诸事件发生的概率: (1) A: 摸到两球均为白球. (2) B: 摸到两球颜色相同. (3) C: 摸到两球至少有一只为白球.

【解】 (1) 有放回采样时:

A: 摸到两球均为白球时, 有

$$P(A) = \frac{n(A)}{n(S)} = \frac{m^2}{(m+n)^2} = (\frac{m}{m+n})^2 \tag{1.3.3}$$

B: 摸到两球颜色相同时, 令事件 $A_k (k = 1, 2)$ 分别表示摸到两球均为白球 (红球), 则

$$P(B) = P(A_1 \bigcup A_2) = P(A_1) + P(A_2) = \frac{m^2}{(m+n)^2} + \frac{n^2}{(m+n)^2} = \frac{m^2+n^2}{(m+n)^2} \tag{1.3.4}$$

C: 摸到两球至少有一只为白球时, 对于 "至少" 的问题, 我们通常从对立事件入手, 所求事件的对立事件为 $\overline{C}$ (摸到两球均为红球), 故

$$P(C) = 1 - P(\overline{C}) = 1 - \frac{n^2}{(m+n)^2} \tag{1.3.5}$$

(2) 无放回采样时:

A: 摸到两球均为白球时, 有

$$P(A) = \frac{n(A)}{n(S)} = \frac{m(m-1)}{(m+n)(m+n-1)} \tag{1.3.6}$$

B: 摸到两球颜色相同时, 令事件 $A_k (k = 1, 2)$ 分别表示摸到两球均为白球 (红球), 则

$$P(B) = P(A_1 \bigcup A_2) = P(A_1) + P(A_2) = \frac{m(m-1)}{(m+n)(m+n-1)} + \frac{n(n-1)}{(m+n)(m+n-1)} \tag{1.3.7}$$

C: 摸到两球至少有一只为白球时, 有

$$P(C) = 1 - P(\overline{C}) = 1 - \frac{n(n-1)}{(m+n)(m+n-1)} \tag{1.3.8}$$

【例 1.3.3】无记忆性 布袋和尚的口袋里有 m 只白球、n 只红球, 无放回连摸 k 次, 求第 k 次摸到白球的概率.

【解】 样本空间元素个数为从 $m+n$ 个球中取 k 只球的全排列: $n(S) = P_{m+n}^k$; 所求事件 B_k 可视为先从 m 只白球中取定一只, 有 m 种取法; 其余 $k-1$ 只球 (不知是白球或红球) 是由 $m+n$ 个球中取 $k-1$ 只球的全排列 P_{m+n-1}^{k-1}; 由乘法原理, 所求事件 B_k 包含元素个数为 $n(B_k) = mP_{m+n-1}^{k-1}$, 从而

$$P(B_k) = \frac{n(B_k)}{n(S)} = \frac{mP_{m+n-1}^{k-1}}{P_{m+n}^k} = \frac{m(m+n-1)\cdots(m+n-k+1)}{(m+n)(m+n-1)\cdots(m+n-k+1)} = \frac{m}{m+n} \tag{1.3.9}$$

我们看到, 这一结果同首次摸到白球的概率相等, 均为 $\frac{m}{m+n}$; 因而在不知道已发生的结果 (是否确定已摸走白球或红球) 的前提下, 无放回采样具有 无记忆性.

【例 1.3.4】超几何概率　布袋和尚的口袋里有 m 只白球、n 只红球, 任摸 $k \leqslant m+n$ 只, 求恰有 $r \leqslant m$ 只白球的概率.

【解】　样本空间元素个数为从 $m+n$ 只球中取 k 只球的组合, 即 $n(S) = C_{m+n}^k$; 所求事件 A 可视为先从 m 只白球中任取 r 只, 取法有 C_m^r 种; 再从 n 只非白球中取其余 $k-r$ 只球, 取法有 C_n^{k-r} 种; 由乘法原理, 所求事件 A 包含元素个数为 $n(A) = C_m^r C_n^{k-r}$, 从而

$$P(A) = \frac{n(A)}{n(S)} = \frac{C_m^r C_n^{k-r}}{C_{m+n}^k} \tag{1.3.10}$$

【例 1.3.5】鸽笼问题　把 n 只鸽子随机关进 $N \geqslant n$ 个笼子里去, 求每个笼子至多有一只鸽子的概率.

【解】　每个鸽笼容量无限, 样本空间元素构成是从 N 个笼子中任意取 1 个来放鸽子, 每只鸽子都有 N 个笼子可供选择, 故而元素个数为 $N \times N \times \cdots \times N = N^n$, 所求事件 A 包含元素个数为 N 个笼子中取 n 只来放鸽子的排列, 即 $n(A) = P_N^n$, 从而

$$P(A) = \frac{n(A)}{n(S)} = \frac{P_N^n}{N^n} = \frac{N(N-1)\cdots(N-n+1)}{N^n} \tag{1.3.11}$$

类似的问题还有生日问题、旅馆问题等.

【例 1.3.6】生日问题　把每 n 个人的生日放在一年 365 天中的任意 1 天是等可能的; 则随机取 n 个人 ($n \leqslant 365$, 否则是必然事件), 至少有 2 个人生日相同的概率是多少?

【解】　样本空间元素构成是从 $N = 365$ 天中任意取 1 天来作为 1 个人的生日, 每个人都有 $N = 365$ 天可供选择, 故元素个数为 365^n, 所求事件 A 的对立事件 $\overline{A}$ 包含元素个数是 365 天中任意取 1 天作为 1 个人的生日的排列, 即 $n(A) = P_{365}^n$, 从而

$$P(A) = 1 - P(\overline{A}) = 1 - \frac{n(\overline{A})}{n(S)} = 1 - \frac{P_{365}^n}{365^n} = 1 - \frac{365 \times 364 \times \cdots \times (365-n+1)}{365^n} \longrightarrow 1 \tag{1.3.12}$$

因而至少有 2 个人生日相同的概率接近于 1, 几乎是必然事件.

【例 1.3.7】加州旅馆 (Hotel California)　把 n 个人等可能地分配到加州旅馆的 N 个房间 ($n \leqslant N$), 求:

(1) 指定的 n 个房间恰好各有 1 个人住的概率是多少?

(2) 恰好 n 个房间各有 1 个人住的概率是多少?

【解】　(1) 指定的 n 个房间恰好各有 1 个人住的概率是

$$P(A) = \frac{P_N^n}{N^n} = \frac{n!}{N^n} \tag{1.3.13}$$

(2) 恰好 n 个房间各有 1 个人住的概率是

$$P(A) = \frac{P_N^n}{N^n} = \frac{C_N^n P_n^n}{N^n} = \frac{C_N^n n!}{N^n} = \frac{N!}{N^n(N-n)!} = \frac{N(N-1)(N-2)\cdots(N-n+1)}{N^n} \tag{1.3.14}$$

【例 1.3.8】火柴问题　波兰数学家巴拿赫 (Banach) 在口袋里放了甲、乙 2 盒火柴, 每盒 n 支; 吸烟时从口袋里随机摸出 1 盒并用掉 1 支. 求某天他忽然发现摸出的那盒火柴已经空空如也时, 另一盒中恰好有 $m \leqslant n$ 支的概率.

【解】 所求事件发生前，已经摸取 $2n-m$ 次，连同事件发生时总共已摸了 $2n-m+1$ 次，因而样本空间元素构成是重复摸取 $2n-m+1$ 次，每次从 2 盒火柴中任意取 1 支来摸，故而元素个数为 $2 \times 2 \times \cdots \times 2 = 2^{2n-m+1}$，所求事件 A 可如下分析：设最后一次是从甲盒中摸取，因甲盒已空，故在前 $2n-m$ 次摸取中须有 n 次从甲盒中摸取；同理可知若从乙盒中摸取亦如此；从而由乘法原理，所求事件 A 包含元素个数为 2 盒火柴中取 1 盒，再从 $2n-m$ 次摸取中取 n 次的组合，即 $n(A) = C_2^1 C_{2n-m}^n$，从而

$$P(A) = \frac{n(A)}{n(S)} = \frac{C_2^1 C_{2n-m}^n}{2^{2n-m+1}} = \frac{C_{2n-m}^n}{2^{2n-m}} \tag{1.3.15}$$

【注】 这是由波兰大数学家巴拿赫首先提出并解决的著名问题；可见数学家吸烟与普通人吸烟的区别. 巴拿赫为泛函分析的创始人之一，第二次世界大战时被德国羁押在集中营做医学试验 (记住他是数学家)，感染病菌，战后不久逝世.

1.3.2 几何概率

本节介绍几何概率.

【定义 1.3.3】几何概率 (Geometric Probability)　随机试验 E 的样本空间 S 是 n 维空间中的某个区域 $S \subset R^n$，每个样本点等可能出现，即落入样本空间的样本点均匀分布，则定义样本点落入区域 $A \subseteq S$ 的 **几何概率** 为区域 A 的 n 维测度与样本空间 S 的 n 维测度的比值，即

$$P(A) = \frac{m(A)}{m(S)} \tag{1.3.16}$$

这里符号 "m" 代表测度. 一维测度是区间长度，二维测度是平面区域面积，三维测度是空间区域体积.

例如，纪实报告《为了六十一个阶级弟兄》里讲的，向山西平治空投药品，假定划了一片面积为 S 的大平原为空投区域，药箱保证落到区域 S 内，又任意给定大区域 S 内的一片小区域面积为 $S_0 < S$，假定投在大区域 S 内的任何点都是等可能的，则落在 S_0 内的概率是

$$P = \frac{S_0}{S}$$

【例 1.3.9】约会问题 (Dating Problem)　詹姆斯·邦德 (James Bond,007) 要和美国联邦调查局 (FBI) 的一个探员会面，时间约定在 6~7 点间，先到者等候 15 分钟，对方不来即可离去. 求两人能会面的概率 (图 1.3.1).

【解】 设 x,y 分别表示 007 和 FBI 探员到达约会地点的时间 (以分钟为单位)，则两人能够见面的充要条件是时间差不大于 15 分钟，即 $|x-y| \leqslant 15$. 建立时间坐标系，可知样本空间 S 是正方形区域 S：$[0,60] \otimes [0,60]$，会面时间域是介于直线

$$\begin{cases} l_1: & x-y = 15 \\ l_2: & y-x = 15 \end{cases}$$

之间的带形区域 S_0，故由几何概率的定义，有

$$P(A) = \frac{m(S_0)}{m(S)} = \frac{60^2 - 45^2}{60^2} = \frac{7}{16} \tag{1.3.17}$$

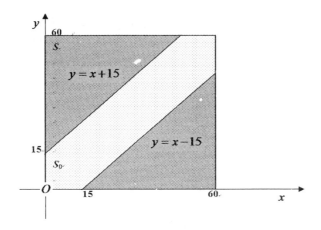

图 1.3.1 约会问题的几何概率

【注】 同样的问题还有泊船、相遇、干扰等模型.

【例 1.3.10】干扰问题 (Jamming Problem) 在时间区间 $[0, T]$ 的任何瞬间, 两信号独立等可能地进入收音机, 若时间间隔不大于 t $(0 < t < T)$, 则收音机会受到干扰. 求受扰概率.

【解】 设 x, y 分别表示信号独立等可能地进入收音机的时刻, 则受扰的充要条件是时间差 $|x - y| \leqslant t$; 建立时间坐标系, 可知样本空间 S 是正方形区域 $S: [0, T] \bigotimes [0, T]$, 会面时间域是介于直线

$$\begin{cases} l_1: & x - y & = t \\ l_2: & y - x & = t \end{cases}$$

之间的带形区域 S_0, 故由几何概率的定义, 有

$$P(A) = \frac{m(S_0)}{m(S)} = \frac{T^2 - (T-t)^2}{T^2} = 1 - (1 - \frac{t}{T})^2 \tag{1.3.18}$$

【例 1.3.11】布丰投针问题 (Buffon's Needle) 平面上画有等距 (距离为 $a > 0$) 的平行直线. 向平面任意投掷长度为 $l < a$ 的针, 求针与平行线相交的概率（图 1.3.2）.

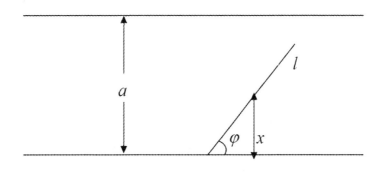

图 1.3.2 布丰投针问题

13

【解】 设 x 表示针的中点与离此点最近的直线距离，φ 表示针与直线的交角，则针与平行线相交的充要条件是 $x \leqslant \frac{l}{2}\sin\varphi$；建立交角 – 距离坐标系 (φ, x)，可知样本空间 S 是正方形区域 $S:[0,\pi] \otimes [0,\frac{a}{2}]$，相交域是介于直线和曲线之间的带形区域 S_0：

$$\begin{cases} l_1: & x = 0 \\ l_2: & x = \frac{l}{2}\sin\varphi \end{cases}$$

故由几何概率的定义，有

$$P(A) = \frac{m(S_0)}{m(S)} = \frac{\int_0^\pi \frac{l}{2}\sin\varphi \mathrm{d}\varphi}{\frac{a}{2}\pi} = \frac{2l}{a\pi} \tag{1.3.19}$$

【注】 如果 l, a 已知，则代入 π 值可得相应概率；反之，也可以用投中的频率近似逼近概率。设投针 N 次，针与平行线相交 n 次，则

$$\frac{n}{N} \doteq \frac{2l}{a\pi}$$

从而

$$\pi \doteq \frac{2lN}{na} \tag{1.3.20}$$

由此可以近似计算 π 值。历史上包括布丰本人，有不少学者做过此项投针试验 (1850—1925 年间)，得到了不同精度的 π 值。

设计一个随机试验使得随机事件发生的概率与某个未知参数有关，通过重复足够多次，用频率近似逼近概率，从而求得未知参数的估计值。这种方法称为 **蒙特卡罗方法** 或 **随机模拟法**。

【缀言】 蒙特卡罗 (Monte Carlo) 是法文，原指一种纸牌游戏；亦是摩纳哥著名赌城；还有蒙特卡罗汽车拉力赛，同巴黎 — 达喀尔汽车拉力赛齐名。

【例 1.3.12】贝特朗奇论 (Bertrand's Paradox) 在半径为 r 的圆 C 内"任意"画一条弦，求弦长 l 大于圆内接等边三角形的边长 $\sqrt{3}r$ 的概率 $P(l > \sqrt{3}r)$。

【解】 我们用不同做法诠释"任意"，将会得到不同的结果 (图 1.3.3)。

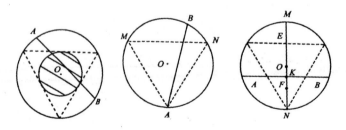

图 1.3.3 贝特朗奇论

【方法 1】 作内接等边三角形的内切圆 C_1，显然其半径是 $\frac{r}{2}$。设所作弦的中点落在圆 C 内是等可能的，则所求概率 $P(l > \sqrt{3}r)$ 是点落在圆 C_1 内的概率。从而由几何概率的定义，有

$$P(A) = \frac{m(S_0)}{m(S)} = \frac{\pi(\frac{r}{2})^2}{\pi r^2} = \frac{1}{4} \tag{1.3.21}$$

【方法 2】 设弦的一端 A 固定在圆周 C 上，另一端 B 落在圆周 C 上是等可能的，作内接等边三角形 $\triangle ADE$，则所求概率 $P(l > \sqrt{3}r)$ 是 B 落在角 A 所对圆弧 $\overset{\frown}{DE}$ 内的概率. 从而由几何概率的定义，有

$$P(A) = \frac{m(S_0)}{m(S)} = \frac{m(\overset{\frown}{DE})}{m(C)} = \frac{1}{3} \tag{1.3.22}$$

【方法 3】 设弦 AB 的正交直径为 EF，则所求概率 $P(l > \sqrt{3}r)$ 是 AB 的中点落在 EF 的中央段 $\overset{\frown}{GH}$ 内的概率. 从而由几何概率的定义，有

$$P(A) = \frac{m(S_0)}{m(S)} = \frac{m(\overline{GH})}{m(\overline{EF})} = \frac{1}{2} \tag{1.3.23}$$

【注】 在不同的"任意"性假设下，可得到不同的结果，每种结果对于各自的前提都是正确的，然而却呈现出整体的矛盾. 这就是有名的 **贝特朗奇论**.

习题 1.3

1. 抛 3 枚硬币，求出现 3 个正面的概率.

2. 一部 4 卷本的论文集放在一层书架上，问恰好各卷自左向右或自右向左的卷号为 1，2，3，4 的概率是多少？

3. 有 10 本书任意放到书架上，求任选 3 本书在一起的概率.

4. 电话号码为 6 位数，由 0，1，2，$\cdots$，9 这 10 个数字组成，但首位不是 0；电话号码由完全不相同的数字组成的概率是多少？

5. 从 52 张扑克牌中任取 4 张，问这 4 张牌花色各异的概率是多少？

6. 一个袋中有 3 只黑球、5 只白球、2 只红球，求任取 3 只球恰为一黑、一白、一红的概率.

7. 某油漆公司发出 17 桶油漆，其中白油漆 10 桶、黑油漆 4 桶、红油漆 3 桶，在搬运过程中标签脱落，交货人随意将油漆发给客户. 问一个订货为白油漆 4 桶、黑油漆 3 桶、红油漆 2 桶的客户能按照所订颜色如数得到订货的概率是多少？

8. 把 50 只铆钉随机用在 10 个部件上，其中 3 只铆钉强度奇弱. 每个部件都用 3 只铆钉，若碰巧那 3 只奇弱铆钉都安在一个部件上，则此部件就废弃了. 问有一部件废弃的概率是多少？

9. 房间有 10 个人佩戴 1～10 号的纪念章，任选 3 个人记录号码.（1）求最小号码为 5 的概率；（2）求最大号码为 5 的概率.

10. 箱中有 100 件外形一样的同批产品，其中正品 60 件，次品 40 件. 分别就有放回抽样和无放回抽样这两种抽样方法，求从这 100 件产品中任意抽取 3 件，其中有 2 件次品的概率.

11.（随机取数问题）从 1～10 这 10 个数中任取 7 个数（可以重复），求下列各事件的概率：（1）取出的 7 个数全不相同；（2）取出的 7 个数中不含 1 与 10；（3）取出的 7 个数中恰好出现两次 10.

12.（分房问题）有 n 个人，每个人都以同样的概率 $\dfrac{1}{N}(n \leqslant N)$ 被分配在 N 间房中的每一间，试求下列事件的概率：某指定房间中恰有 $m(m \leqslant n)$ 人.

13. 两人相约 8～9 点在某地会面，先到者等候另一人 10 分钟，过时即离去，试求这两人能会面的概率.

14. 从区间 $(0,1)$ 内任取两个数，求这两个数的乘积小于 1/4 的概率.

1.4　　贝叶斯理论

1.4.1 条件概率

【定义 1.4.1】条件概率 (Conditional Probability)　　考察随机试验样本空间 S 和事件 A, B, 由于事件 B 发生而导致事件 A 发生的概率 (或在事件 B 发生的条件下事件 A 发生的概率) 称为 条件概率，记为

$$P(A \mid B) = \frac{P(A \bigcap B)}{P(B)} \tag{1.4.1}$$

同理, 在事件 A 发生的条件下事件 B 发生的条件概率为

$$P(B \mid A) = \frac{P(A \bigcap B)}{P(A)} \tag{1.4.2}$$

【例 1.4.1】家有枣树 (Luxun's Jujube Tree)　　鲁迅先生在散文里说道：“我家院子里有两棵树，一棵是枣树，另一棵也是枣树。”如果还不知道另一棵是什么树，但知道院子里至多只有两种树，求另一棵也是枣树的概率.

【解】　　因院子里至多只有两种树，不妨设另一棵是榆树 (或槐树等), 则样本空间 $S = \{(枣, 枣),(枣, 榆),(榆, 榆)\}$. 事件 B：已知一棵是枣树 (即有一棵是枣树), 概率 $P(B) = \dfrac{2}{3}$. 事件 A：另一棵也是枣树. 则二者的交事件为 $A \bigcap B$：两棵都是枣树，概率 $P(A \bigcap B) = \dfrac{1}{3}$. 由条件概率计算公式，有

$$P(A \mid B) = \frac{P(A \bigcap B)}{P(B)} = \frac{1/3}{2/3} = \frac{1}{2} \tag{1.4.3}$$

【例 1.4.2】摸牌 (Play Poke)　　在 52 张四种花色的扑克 (不要小鬼大鬼) 里任取 1 张, 已知摸到梅花，求摸到的是梅花 9 的概率.

【解】　　不妨设样本空间 S 表示“从 52 张扑克里任取 1 张”. 事件 B 表示“从 52 张扑克里摸到梅花”，因梅花共有 13 张，概率 $P(B) = \dfrac{13}{52}$. 事件 A 表示“从 52 张扑克里摸到梅花 9”，概率 $P(A) = \dfrac{1}{52}$. 显然, 两事件交集为 $A \bigcap B = A$. 所求事件即“在摸到梅花的条件下，这张梅花确定是梅花 9”，故由条件概率和古典概率计算公式，有

$$P(A \mid B) = \frac{P(A \bigcap B)}{P(B)} = \frac{P(A)}{P(B)} = \frac{1/52}{13/52} = \frac{1}{13} \tag{1.4.4}$$

【例 1.4.3】伊犁马寿命 (Longevity)　　由出生算起，伊犁马能活 20 岁以上的概率为 0.8, 活到 25 岁以上的概率为 0.4, 如果现在有一匹 20 岁的伊犁马, 问它能活到 25 岁以上的概率是多少?

【解】 设 A 表示"伊犁马能活 20 岁以上"的事件，B 表示"能活 25 岁以上"的事件，则"活 25 岁以上"意味着"已经活过了 20 岁"，故两事件交集为 $A \bigcap B = B$，由条件概率和古典概率计算公式，有

$$P(B \mid A) = \frac{P(A \bigcap B)}{P(A)} = \frac{P(B)}{P(A)} = \frac{0.4}{0.8} = \frac{1}{2} \tag{1.4.5}$$

【例 1.4.4】东边日出西边雨 (Raining Rythm) 设甲、乙两地今天下雨的概率分别为 1/3 和 1/6，两地今天同时下雨的概率为 1/12. 若已知其中一个地方今天下雨了，求另一个地方今天也下雨的概率.

【解】 设 A 表示"甲地今天下雨"，B 表示"乙地今天下雨"，则两事件交集 $A \bigcap B$ 表示"两地今天同时下雨"，由条件概率和古典概率计算公式，在"乙地今天下雨"的条件下，"甲地今天下雨"的概率为

$$P(A \mid B) = \frac{P(A \bigcap B)}{P(B)} = \frac{1/12}{1/6} = \frac{1}{2} \tag{1.4.6}$$

同理，在"甲地今天下雨"的条件下，"乙地今天下雨"的概率为

$$P(B \mid A) = \frac{P(A \bigcap B)}{P(A)} = \frac{1/12}{1/3} = \frac{1}{4} \tag{1.4.7}$$

【定理 1.4.1】乘法公式 (Product Formula) 由条件概率公式

$$P(B \mid A) = \frac{P(A \bigcap B)}{P(A)}$$

变形，得计算交事件概率的乘法公式

$$P(AB) = P(A \bigcap B) = P(A)P(B \mid A) \tag{1.4.8}$$

对于 3 个事件，有

$$P(ABC) = P(A \bigcap B \bigcap C) = P(A)P(B \mid A)P(C \mid AB) \tag{1.4.9}$$

一般地，有限 n 个事件的交事件的概率等于一串条件概率的乘积，即

$$P(A_1 A_2 \cdots A_n) = P(A_1)P(A_2 \mid A_1)P(A_3 \mid A_1 A_2) \cdots P(A_n \mid A_1 A_2 \cdots A_{n-1}) \tag{1.4.10}$$

【例 1.4.5】摔镜子 设某光学仪器厂制造的透镜，第 1 次落下时打破的概率为 1/2，若第 1 次落下未打破，第 2 次落下打破的概率为 7/10，若前两次落下未打破，第 3 次落下打破的概率为 9/10. 试求透镜落下 3 次而未打破的概率.

【解】 令事件 $A_k(k = 1, 2, 3)$ 分别表示"透镜第 k 次落下时打破". 依题意，令事件 A 表示"透镜落下三次而未打破"，这等价于"透镜第 k 次落下时都没打破"，$k = 1, 2, 3$. 即事件 $A_k(k = 1, 2, 3)$ 均不发生，从而其对立事件 $\overline{A_1}, \overline{A_2}, \overline{A_3}$ 均发生. 故由交事件概率的乘法公

式, 有

$$
\begin{aligned}
P(A) &= P(\overline{A_1} \cdot \overline{A_2} \cdot \overline{A_3}) \\
&= P(\overline{A_1})P(\overline{A_2} \mid \overline{A_1})P(\overline{A_3} \mid \overline{A_1} \cdot \overline{A_2}) \\
&= (1 - \frac{1}{2}) \times (1 - \frac{7}{10}) \times (1 - \frac{9}{10}) \\
&= \frac{3}{200}
\end{aligned}
\tag{1.4.11}
$$

【例 1.4.6】拨电话 某人忘了电话号码最后一位数, 因而随意拨号. 求他拨号不超过 3 次便接通的概率.

【解】 电话号码最后一位数必然是从 $0, 1, 2, 3, \cdots, 9$ 这 10 个数中选取的. 令事件 $A_k(k = 1, 2, 3)$ 分别表示第 k 次拨通电话; 依题意所求的对立事件可表示为 $\overline{A} = \overline{A_1} \cdot \overline{A_2} \cdot \overline{A_3}$; 首次拨通为 10 个数中选择 1 个正确的, 没通即其对立事件, 可能性为 9/10. 上次拨错的号码不会重复选择, 第 2 次拨号会从 9 个数里选择 1 个正确的, 没通的可能性为 8/9. 第 3 次拨号没通的可能性为 7/8. 从而由对立事件概率与乘法公式, 得所求事件概率为

$$
\begin{aligned}
P(A) &= 1 - P(\overline{A}) = 1 - P(\overline{A_1} \cdot \overline{A_2} \cdot \overline{A_3}) \\
&= 1 - P(\overline{A_3} \mid \overline{A_1} \cdot \overline{A_2})P(\overline{A_2} \mid \overline{A_1})P(\overline{A_1}) \\
&= 1 - \frac{9}{10} \times \frac{8}{9} \times \frac{7}{8} = \frac{3}{10}
\end{aligned}
\tag{1.4.12}
$$

类似可得, 拨号不超过 k 次 $(k = 1, 2, 3, \cdots, 10)$ 便接通的概率恰好是古典概率 $\dfrac{k}{10}$.

【例 1.4.7】抓阄问题 有 5 个阄儿, 其中 1 个阄儿内写着"有物"字, 4 个阄儿内不写字, 5 人依次抓取, 问各人抓到"有物"字阄儿的概率是否相同?

【解】 令事件 $A_k(k = 1, 2, 3, 4, 5)$ 分别表示第 k 人摸到"有物"字阄儿. 事件 A_1 表示第 1 人摸到"有物"字阄儿, 显然, 其概率为 $P(A_1) = \dfrac{1}{5}$. 依题意, 如果第 2 人摸到"有物"字阄儿, 意味着第 1 人没有摸到"有物"字阄儿, 即第 1 人抓到了空阄儿且第 2 人抓到了"有物"阄儿, 这就是交事件 $\overline{A_1} \cdot A_2$, 由乘法公式, 交事件概率为

$$
P(\overline{A_1} \cdot A_2) = P(\overline{A_1})P(A_2 \mid \overline{A_1}) = \frac{4}{5} \cdot \frac{1}{4} = \frac{1}{5}
\tag{1.4.13}
$$

同理, $P(A_3) = P(A_4) = P(A_5) = \dfrac{1}{5}$.

【注】 抓阄儿问题说明, 抓阄儿与次序无关. 因此彩民购买彩票、北京购车摇号等随机事件, 会出现"后来居上"的现象, 后边参与的人反而先中签了, 与公认的"先来后到""先到先得"的社会公序良行理念相违背. 因此有人激烈反对把涉及社会公平性的重大问题完全交给随机方案解决, 表面上看, 这种随机方案似乎是很公平的, 中签的人是"命好", 没中签只能怪自己手气太差, 而事实上随机方案欠缺了对具体人群的人性化考虑和合理化分析, 因此并非最优方案.

【例 1.4.8】摸球问题 口袋里共有 $N(N > 10)$ 只球, 其中 10 只白球, 无放回取球:(1) 求第 3 次才摸到红球的概率; (2) 求 3 次内摸到红球的概率.

【解】 (1) 令事件 $A_k(k=1,2,3)$ 分别表示第 k 次摸到红球. 依题意, 第 3 次才摸到红球, 意味着前 2 次均未摸到红球, 或即前 2 次均摸到白球. 故所求事件可表示为 $A = \overline{A_1} \cdot \overline{A_2} A_3$. 从而由乘法公式, 得

$$
\begin{aligned}
P(B) &= P(\overline{A_1} \cdot \overline{A_2} A_3) = P(\overline{A_1})P(\overline{A_2} \mid \overline{A_1})P(A_3 \mid \overline{A_1} \cdot \overline{A_2}) \\
&= \frac{10}{N} \times \frac{9}{N-1} \times \frac{N-10}{N-2} = \frac{90(N-10)}{N(N-1)(N-2)}
\end{aligned} \tag{1.4.14}
$$

(2) **解法一** 令事件 $A_k, k=1,2,3$ 分别表示第 k 次摸到红球; 依题意, 3 次内摸到红球的概率隐含条件是第 1 次, 或第 2 次, 或第 3 次摸到红球, 所求事件可表示为 $A = \overline{A_1} \cdot \overline{A_2} A_3$. 从而由乘法公式, 得

$$
\begin{aligned}
P(A) &= P(A_1) + P(\overline{A_1} A_2) + P(\overline{A_1} \cdot \overline{A_2} A_3) \\
&= P(A_1) + P(\overline{A_1})P(A_2 \mid \overline{A_1}) + P(A_3 \mid \overline{A_1} \cdot \overline{A_2})P(\overline{A_2} \mid \overline{A_1})P(\overline{A_1}) \\
&= P(A_1) + P(\overline{A_1})P(\overline{A_2} \mid \overline{A_1}) + P(A_n \mid A_1 A_2 \cdots A_{n-1}) \\
&= \frac{N-10}{N} + \frac{10}{N} \times \frac{N-10}{N-1} + \frac{10}{N} \times \frac{9}{N-1} \times \frac{N-10}{N-2} \\
&= \frac{N-10}{N}(1 + \frac{10}{N-1} + \frac{90}{(N-1)(N-2)})
\end{aligned} \tag{1.4.15}
$$

解法二 "3 次内摸到红球"的对立事件是"前 3 次均摸到白球": $\overline{A} = \overline{A_1} \cdot \overline{A_2} \cdot \overline{A_3}$. 故

$$
\begin{aligned}
P(A) &= 1 - P(\overline{A}) \\
&= 1 - P(\overline{A_1})P(\overline{A_2} \mid \overline{A_1})P(\overline{A_3} \mid \overline{A_1} \cdot \overline{A_2}) \\
&= 1 - \frac{10}{N} \times \frac{9}{N-1} \times \frac{8}{N-2} \\
&= 1 - \frac{720}{N(N-1)(N-2)}
\end{aligned} \tag{1.4.16}
$$

【例 1.4.9】追加采样 布袋和尚的口袋里共有 m 只白球、n 只红球, 每次任摸 1 只球放回, 再放入 a 只与所取球同色的球, 连续摸球 4 次, 求第 1、2 次摸到红球而第 3、4 次摸到白球的概率.

【解】 令事件 $A_k(k=1,2,3,4)$ 分别表示第 k 次摸到红球; 依题意, 所求事件可表示为 $A = A_1 A_2 \overline{A_3} \cdot \overline{A_4}$; 从而由乘法公式, 得所求事件概率

$$
\begin{aligned}
P(A) &= P(A_1 A_2 \overline{A_3} \cdot \overline{A_4}) = P(\overline{A_4} \mid A_1 A_2 \overline{A_3})P(\overline{A_3} \mid A_1 A_2)P(A_2 \mid A_1) \\
&= \frac{n}{m+n} \times \frac{n+a}{m+n+a} \times \frac{m}{m+n+2a} \times \frac{m+a}{m+n+3a}
\end{aligned} \tag{1.4.17}
$$

1.4.2　全概率公式和贝叶斯公式

【定义 1.4.2】样本空间的划分 设随机试验 E 的样本空间 S, 随机试验 E 的随机事件 $B_1, B_2, B_3, \cdots, B_n$ 称为空间 S 的一组 划分, 如果 $P(B_k) > 0$, 且:

(1) 事件 $B_1, B_2, B_3, \cdots, B_n$ 的和事件为全样本空间:

$$
S = \bigcup_1^n B_k = B_1 \bigcup B_2 \bigcup \cdots \bigcup B_n \tag{1.4.18}
$$

(2) 事件 $B_1, B_2, B_3, \cdots, B_n$ 彼此互不相容，即交事件为空集:

$$B_i \bigcap B_j = \varnothing; i \neq j, i, j = 1, 2, \cdots, n \tag{1.4.19}$$

【定理 1.4.2】全概率公式 (The Law of Total Probability) 设随机试验 E 的样本空间 S，A 为 E 的事件，$B_1, B_2, B_3, \cdots, B_n$ 为空间 S 的划分，$P(B_k) > 0$. 则有

$$P(A) = P(A \mid B_1)P(B_1) + P(A \mid B_2)P(B_2) + \cdots + P(A \mid B_n)P(B_n) \tag{1.4.20}$$

或简写为

$$P(A) = \sum_{k=1}^{n} P(A \mid B_k)P(B_k) \tag{1.4.21}$$

称为 全概率公式. 即 A 发生的概率是 A 在每种划分发生的前提下发生的条件概率之和.

【证明】 由事件运算及空间划分，得

$$\begin{aligned} A &= A \bigcap S = A \bigcap (\textstyle\bigcup_1^n B_k) \\ &= (A \bigcap B_1) \bigcup (A \bigcap B_2) \bigcup \cdots \bigcup (A \bigcap B_n) \end{aligned} \tag{1.4.22}$$

由于

$$(A \bigcap B_i) \bigcap (A \bigcap B_j) = \varnothing, \qquad i \neq j \tag{1.4.23}$$

互不相容事件的和事件概率即为各事件概率之和，利用条件概率公式，得

$$\begin{aligned} P(A) &= P(A \bigcap B_1) + P(A \bigcap B_2) + \cdots + P(A \bigcap B_n) \\ &= P(A \mid B_1)P(B_1) + P(A \mid B_2)P(B_2) + \cdots + P(A \mid B_n)P(B_n) \end{aligned} \tag{1.4.24}$$

【定理 1.4.3】贝叶斯公式 (Bayes Formula) 设随机试验 E 的样本空间 S，A 为 E 的事件，$B_1, B_2, B_3, \cdots, B_n$ 为空间 S 的划分且 $P(B_k) > 0$，则

$$P(B_k \mid A) = \frac{P(A \mid B_k)P(B_k)}{\sum_{k=1}^{n} P(A \mid B_k)P(B_k)} \tag{1.4.25}$$

【证明】 由乘法原理、条件概率公式以及全概率公式，得

$$P(B_k \mid A) = \frac{P(A \bigcap B_k)}{P(A)} = \frac{P(A \mid B_k)P(B_k)}{\sum_{k=1}^{n} P(A \mid B_k)P(B_k)} \tag{1.4.26}$$

贝叶斯公式首度出现在英国学者贝叶斯 (1702—1761) 逝后出版 (1763) 的遗著中，形式上似乎仅是条件概率和全概率公式的简单推理或变形，其重要意义在于：事件 $B_k(k = 1, 2, \cdots, n)$ 可认为是经验中熟知的或是认定易求的，其概率 $P(B_k)$ 称为 先验概率 (Prior Probability)；而事件 A 是提供了新信息的偶发事件，其概率 $P(A)$ 称为 后验概率 (Posterior Probability).

可以将偶发事件 A 视为某种结果，而将事件 $B_1, B_2, B_3, \cdots, B_n$ 看成导致这一结果的原因，则全概率公式

$$P(A) = \sum_{k=1}^{n} P(A \mid B_k)P(B_k)$$

是"由因推果"，而贝叶斯公式

$$P(B_k \mid A) = \frac{P(A \mid B_k)P(B_k)}{P(A)}$$

是"由果溯因"，即，已知结果确实发生，寻找何种原因最有可能导致此结果.

【推论】$P(A)P(B \mid A) = P(B)P(A \mid B)$

【证明】由贝叶斯公式，有 $P(B \mid A) = \dfrac{P(B)P(A \mid B)}{P(A)}$，故

$$P(A)P(B \mid A) = P(B)P(A \mid B) \tag{1.4.27}$$

【注】不论是福尔摩斯、波洛、狄仁杰还是包青天，古今中外的神探们多半都是依靠贝叶斯理论断案缉凶. 其依据的先验信息是已经存储的疑犯资料.

【例 1.4.10】色盲比例　统计得知人群的色盲比例是：男子色盲率为 5%，女子色盲率为 0.25%. 从男、女人数相等的人群中随机选 1 人，若恰为色盲，则此人为男性的概率是多少？

【解】　令事件 A 为从等性别的人群中选中 1 个是色盲，A_1 为此人是男性，A_2 为此人是女性. 由全概率公式，得

$$\begin{aligned} P(A) &= \sum_{1}^{2} P(A \mid A_k)P(A_k) \\ &= \frac{1}{2} \times 5\% + \frac{1}{2} \times 0.25\% = \frac{21}{800} \end{aligned}$$

由贝叶斯公式，所求概率为

$$\begin{aligned} P(A_1 \mid A) &= \frac{P(A \mid A_1)P(A_1)}{\displaystyle\sum_{1}^{2} P(A \mid A_k)P(A_k)} \\ &= \frac{\frac{1}{2} \times 5\%}{\frac{21}{800}} = \frac{\frac{1}{40}}{\frac{21}{800}} = \frac{20}{21} \end{aligned}$$

因此，此人是男性的概率相当高.

【例 1.4.11】追溯次品来源　设"小麦牌"手机配备的 SD 存储卡分别由中国、日本、韩国的 3 家电子元件厂制造，根据调查统计，有如下数据：

制造商	中国	日本	韩国
次品率	0.01	0.02	0.005
配额	0.2	0.6	0.2

假定 3 家工厂的产品送到组装车间的仓库后均匀混合，且无明显区分标志.

(1) 在仓库中随机抽取 1 只产品，求它是次品的概率.

(2) 在仓库中随机抽取 1 只产品，发现是次品，分别求该次品来自中国、日本、韩国 3 家工厂的概率，由此判断来自哪家工厂生产的可能性最大.

【解】 令事件 A 表示"取到 1 只产品，发现是次品"；$B_k(k = 1, 2, 3)$ 分别表示"取到的产品产自中国工厂、日本工厂、韩国工厂". 产品来自某工厂的概率即工厂的生产份额，即

$$P(B_1) = 0.2, \quad P(B_2) = 0.6, \quad P(B_3) = 0.2$$

条件概率即为工厂的次品率，即

$$P(A|B_1) = 0.01, P(A|B_2) = 0.02, P(A|B_3) = 0.005$$

(1) 在仓库中随机抽取 1 只产品，求它是次品的概率. 由全概率公式，得

$$\begin{aligned} P(A) &= \sum_1^3 P(A|B_k)P(B_k) \\ &= 0.01 \times 0.2 + 0.02 \times 0.6 + 0.005 \times 0.2 \\ &= 0.015 \end{aligned}$$

(2) 在仓库中随机抽取 1 只产品，发现是次品，分别求该次品来自中国、日本、韩国 3 家工厂的概率. 由贝叶斯公式，所求概率为

$$P(B_1|A) = \frac{P(A|B_1)P(B_1)}{\sum_1^3 P(A|A_k)P(A_k)} = \frac{0.01 \times 0.2}{0.015} = \frac{2}{15}$$

$$P(B_2|A) = \frac{P(A|B_2)P(B_2)}{\sum_1^3 P(A|A_k)P(A_k)} = \frac{0.02 \times 0.6}{0.015} = \frac{12}{15}$$

$$P(B_3|A) = \frac{P(A|B_3)P(B_3)}{\sum_1^3 P(A|A_k)P(A_k)} = \frac{0.005 \times 0.2}{0.015} = \frac{1}{15}$$

故而这只次品来自第 2 家工厂即日本工厂的可能性最大.

【定义 1.4.3】先验概率与后验概率 由以往的数据分析得到的经验概率，称为 先验概率(Prior Probability)，如 $P(B_1) = 0.2, P(B_2) = 0.6, P(B_3) = 0.2$. 而在得到信息之后再重新加以修正的条件概率，称为 后验概率(Posterior Probability)，如 $P(B_1|A) = \frac{2}{15}$.

【例 1.4.12】投骰子 投掷 2 颗骰子，掷出点数之和为 7，求其中有 1 颗骰子出现 1 点的概率.

【解】

【方法 1】古典概型法 样本空间为

$$S = \{(1,6), (2,5), (3,4), (4,3), (5,2), (6,1)\}$$

所求事件为

$$A = \{(1,6),(6,1)\}$$

古典概率为

$$P(A) = \frac{n(A)}{n(S)} = \frac{2}{6} = \frac{1}{3}$$

【方法 2】贝叶斯公式 令 X, Y 分别是第 1 颗和第 2 颗骰子掷出的点数 (事实上，X, Y 即为第 2 章要研究的"随机变量")，则所求概率为

$$
\begin{aligned}
P(A) &= P\{X = 1 \mid X + Y = 7\} + P\{Y = 1 \mid X + Y = 7\} \\
&= \frac{P\{X + Y = 7 \mid X = 1\}P\{X = 1\} + P\{X + Y = 7 \mid Y = 1\}P\{Y = 1\}}{P\{X + Y = 7\}} \\
&= \frac{\frac{1}{6} \times \frac{1}{6} + \frac{1}{6} \times \frac{1}{6}}{\frac{6}{36}} = \frac{\frac{2}{36}}{\frac{6}{36}} = \frac{1}{3}
\end{aligned}
$$

习题 1.4

1. 已知 $P(\overline{A}) = 0.3, P(B) = 0.4, P(A\overline{B}) = 0.5$，求条件概率 $P(B|A \bigcup \overline{B})$.

2. 已知 $P(A) = \frac{1}{4}, P(B|A) = \frac{1}{3}, P(A|B) = \frac{1}{2}$，求 $P(A \bigcup B)$.

3. 一批零件共 100 个，次品率为 10%，每次从其中任取 1 个零件，取出的零件不放回，求第 3 次才取得合格品的概率.

4. 设袋中装有 r 只红球、t 只白球. 每次自袋中任取 1 只球，观察其颜色然后放回，并再放入只与所取出的那只球同色的球. 若在袋中连续取球四次，试求第 1、2 次取到红球且第 3、4 次取到白球的概率.

5. 一批产品，其中 90% 是正品，10% 是次品，正品被验证为正品 的概率是 0.95，次品被检验为次品的概率为 0.90，今从中任取一件产品，求检验其为正品的概率.

6. 甲盒中装有 4 只白球、6 只红球，乙盒装有 2 只白球、8 只红球. （1）今从甲盒中随机取出 1 球放入乙盒中，再从乙盒随机取出 1 球，求从乙盒中取得白球的概率.（2）假设从乙盒中取出的是白球，求当初从甲盒中取出放入乙盒中的球是白球的概率.

7. 投掷 2 颗骰子，已知 2 颗骰子的点数之和为 7，问有 1 颗骰子点数为 1 的概率是多少？试用两种方法求解.

8. 某人忘记了电话号码的最后 1 位，因此随意拨号，问他不超过 3 次就拨通电话的概率是多少？若已知最后 1 位数字是奇数，则此概率是多少？

9. 设一只袋子里有 12 只乒乓球，9 只是新的；首轮比赛任意取 3 只使用，赛后返还；次轮比赛再任意取 3 只使用. 求次轮比赛任意取到的 3 只乒乓球都是新球的概率.

1.5   独立性

1.5.1 独立

【定义 1.5.1】独立(Independence) 设 A, B 为随机事件，若同时发生的概率等于各自发生的概率乘积，即

$$P(AB) = P(A)P(B) \tag{1.5.1}$$

则称 A, B 为 相互独立的两事件.此时由计算条件概率的乘法公式，有

$$P(B \mid A) = \frac{P(AB)}{P(A)} = \frac{P(A)P(B)}{P(A)} = P(B)$$

故

$$P(B) = P(B \mid A) \tag{1.5.2}$$

同理，有

$$P(A) = P(A \mid B) \tag{1.5.3}$$

以上公式均可作为"两事件独立"的等价定义. 可以理解为，事件 A, B 各自发生的概率与对方是否作为前提条件无关，或者说二者发生与否彼此"独立". 条件概率 $P(B \mid A)$ 就是概率 $P(B)$ 自身.

【命题 1.5.1】 设随机事件 A, B相互独立，则

$$P(B) = P(B \mid A), \quad P(A) = P(A \mid B)$$

$$\Leftrightarrow P(AB) = P(B \mid A)P(B) = P(A \mid B)P(A) = P(A)P(B) \tag{1.5.4}$$

设 A, B, C 为随机事件，若两两独立 (彼此独立)，则有

$$P(AB) = P(A)P(B), \quad P(BC) = P(B)P(C), \quad P(AC) = P(A)P(C) \tag{1.5.5}$$

但此时未必成立 $P(ABC) = P(A)P(B)P(C)$(参见反例). 如果同时有

$$P(AB) = P(A)P(B), P(BC) = P(B)P(C), P(AC) = P(A)P(C), P(ABC) = P(A)P(B)P(C) \tag{1.5.6}$$

则称 A, B, C 为 相互独立的三事件.

一般地，对于事件 $A_1, A_2, \cdots, A_n$，任取 $k(1 < k \leqslant n), 1 \leqslant i_1 \leqslant i_2 \leqslant \cdots \leqslant i_k \leqslant n$，有

$$P(A_{i_1} A_{i_2} \cdots A_{i_n}) = P(A_{i_1})P(A_{i_2}) \cdots P(A_{i_n}) \tag{1.5.7}$$

则称 $A_1, A_2, \cdots, A_n$ 为 相互独立的 n 个事件.
连乘号与概率符号 (运算) 可以交换，特别地，有 $P(\prod A_k) = \prod P(A_k)$.

【反例 1.5.1】两两独立未必相互独立 设 4 张卡片分别标以数字 1，2，3，4，任取一张，设事件 A 表示取到数字为 1 或 2，B 表示取到数字为 1 或 3，C 表示取到数字为 1 或 4. 请验证

$$P(AB) = P(A)P(B), \quad P(BC) = P(B)P(C), \quad P(AC) = P(A)P(C)$$

但 $P(ABC) \neq P(A)P(B)P(C)$.
【证明】 显然，$P(A) = P(B) = P(C) = 0.5$, 故

$$P(AB) = P\{取到 1\} = 0.25 = 0.5 \times 0.5 = P(A)P(B)$$

同理，得 $P(BC) = P(AC) = 0.25.$但

$$P(ABC) = P\{取到 1\} = 0.25$$

24

而
$$P(A)P(B)P(C) = 0.25 \times 0.25 \times 0.25 = 0.125$$

故
$$P(ABC) \neq P(A)P(B)P(C)$$

即事件 A, B, C 两两独立，但不相互独立.

【定理 1.5.1】 A 与 B 相互独立，则以下事件相互独立：A 与 $\overline{B}$；$\overline{A}$ 与 B；$\overline{A}$ 与 $\overline{B}$.

【证明】 由全概率公式

$$P(A) = P(A \mid B)P(B) + P(A \mid \overline{B})P(\overline{B}) \tag{1.5.8}$$

因为 A 与 B 独立，即 $P(B \mid A) = P(B)$，$P(A \mid B) = P(A)$. 故有

$$
\begin{aligned}
P(A) &= P(A \mid B)P(B) + P(A \mid \overline{B})P(\overline{B}) \\
&\implies [1 - P(B)] \times P(A) = P(A \mid \overline{B})P(\overline{B}) \\
&\implies P(\overline{B})P(A) = P(\overline{B})P(A \mid \overline{B}) \\
&\implies P(A) = P(A \mid \overline{B})
\end{aligned} \tag{1.5.9}
$$

故 A 与 $\overline{B}$ 独立. 其余同理可证.

【定理 1.5.2】 相互独立的事件 $\{A_k\}$ 的对立事件 $\{\overline{A_k}\}$ 相互独立.

【证明】 略.

【例 1.5.1】射击问题 20 世纪 60 年代，中国导弹部队曾发射"东风一号"地对空导弹，射击美国 U-2 高空侦察机. 设飞机为单座双引擎 (1 个驾驶员，2 台发动机)，而要击落飞机，只有击中驾驶员或是同时击中两个引擎. 设：事件 B_0 表示击中驾驶员，事件 B_1 表示击中左引擎，事件 B_2 表示击中右引擎. 求飞机被击落的概率 $P(A)$.

【解】 假设 $P(B_0) = p_0, P(B_1) = p_1, P(B_2) = p_2, 0 < p_k \leqslant 1 (k = 0, 1, 2)$. 且 B_0, B_1, B_2 相互独立. 由题设飞机被击落的条件、德·摩根律和事件的独立性，有

$$
\begin{aligned}
P(A) &= P(B_0 \bigcup B_1 B_2) \\
&= 1 - P(\overline{B_0 \bigcup B_1 B_2}) \\
&= 1 - P(\overline{B_0} \bigcap \overline{B_1 B_2}) \\
&= 1 - P(\overline{B_0})P(\overline{B_1 B_2}) \\
&= 1 - (1 - P(B_0))(1 - P(B_1 B_2)) \\
&= 1 - (1 - p_0)(1 - p_1 p_2) \\
&= p_0 + p_1 p_2 - p_0 p_1 p_2
\end{aligned}
$$

另外，也可以直接由和事件公式，得

$$
\begin{aligned}
P(A) &= P(B_0 \bigcup B_1 B_2) \\
&= P(B_0) + P(B_1 B_2) - P(B_0 B_1 B_2) \\
&= P(B_0) + P(B_1 B_2) - P(B_0)P(B_1)P(B_2) \\
&= p_0 + p_1 p_2 - p_0 p_1 p_2
\end{aligned}
$$

仍然要求引擎和驾驶员相互独立.

【例 1.5.2】酒鬼回家 (A Drunkard Go Back Home)　一酒鬼带着 n 把钥匙回家, 随手摸 1 把开门，问第 k 次才把门打开的概率是多少？令事件 A_k 表示第 k 次打开了门.

【解】　该问题是有放回事件. 每次任取 1 把恰好对的概率是 $\dfrac{1}{n}$, 而第 k 次才打开, 蕴涵条件是前 $k-1$ 次均未打开，故

$$
\begin{aligned}
P(A) &= P(\overline{A_k})^{k-1} P(A_k) \\
&= (1-p)^{k-1} p \\
&= q^{k-1} p \\
&= \left(1-\frac{1}{n}\right)^{k-1} \frac{1}{n}
\end{aligned}
$$

【例 1.5.3】放枪问题　某军械所将 n 支有标号的 AK-47 自动步枪放入枪匣，求：(1) 没有 1 支枪放入相应号码的枪匣的概率；(2) 恰好有 $r(r \leqslant n)$ 支枪放入相应号码的枪匣的概率.

【解】　设 $A_k(k=1,2,\cdots,n)$ 表示第 k 支枪放对匣子.

(1) 根据对立事件的概率计算方法，显然，没有 1 支枪放入相应号码的枪匣的概率为 $q_0 = 1 - P(\sum\limits_{k=1}^{n} A_k)$. 用多除少补原理和乘法原理，得

$$
\left\{
\begin{aligned}
P(A_k) &= \frac{1}{n} \\
P(A_i \bigcap A_j) &= P(A_i \mid A_j) P(A_j) \\
&= \frac{1}{n} \times \frac{1}{n-1} = \frac{(n-2)!}{n!} \\
P(A_i \bigcap A_j \bigcap A_k) &= \frac{(n-3)!}{n!} \\
P(\bigcap A_k) &= \frac{1}{n!}
\end{aligned}
\right.
$$

于是

$$
\left\{
\begin{aligned}
S_1 &= \sum_{k=1}^{n} P(A_k) = 1 \\
S_2 &= \sum_{1 \leqslant i < j \leqslant n}^{n} P(A_i A_j) = C_n^2 \frac{(n-2)!}{n!} \\
S_3 &= \sum_{1 \leqslant i < j < k \leqslant n}^{n} P(A_i A_j A_k) = C_n^3 \frac{(n-3)!}{n!} \\
S_n &= \frac{1}{n!}
\end{aligned}
\right.
$$

故

$$
\begin{aligned}
q_0 &= 1 - P(\sum_{k=1}^{n} A_k) \\
&= 1 - (S_1 - S_2 + S_3 \cdots + (-1)^n S_n) \\
&= 1 - (1 - C_n^2 \frac{(n-2)!}{n!} + \cdots + (-1)^{k-1} C_n^k \frac{(n-k)!}{n!} + \cdots + (-1)^{n-1} \frac{1}{n!}) \\
&= \sum_{k=0}^{n} \frac{(-1)^k}{k!}
\end{aligned}
$$

26

易见
$$\lim_{n\to\infty} q_0(n) = \frac{1}{e} \approx 0.3771$$

(2) 对给定的 r 支枪放对的概率为
$$P(B) = \frac{(n-r)!}{n!}$$

$n-r$ 支枪放错的概率为
$$P(C) = q_0(n-r) = \sum_{k=0}^{n-r} (-1)^k \frac{1}{k!}$$

r 支枪共有 C_n^r 种选法, 所求概率为
$$
\begin{aligned}
p_r &= C_n^r \frac{1}{n(n-1)\cdots(n-r+1)} \sum_{k=0}^{n-r} (-1)^k \frac{1}{k!} \\
&= P(A)P(B)P(C) \\
&= \frac{(n-r)!}{r!(n-r)!} \frac{n(n-1)\cdots(n-r+1)}{n(n-1)\cdots(n-r+1)} \sum_{k=0}^{n-r} (-1)^k \frac{1}{k!} \\
&= \frac{1}{r!} \sum_{k=0}^{n-r} (-1)^k \frac{1}{k!}
\end{aligned}
$$

极限为
$$\lim_{n\to\infty} p_r = \frac{1}{r!} e^{-1}$$

1.5.2 可靠度

【**定义 1.5.2**】**系统可靠度**　某些 (电子、机械、化工) 元件构成的相互关联的系统的可靠度是指在给定时空范围 (Time-space) 内整个系统无故障正常工作的概率.

最简单的是电子回路里的串并联. 在给定时间段 $[0,t]$, 令事件 $A_k=\{$第 k 个元件正常$\}$, $A=\{$系统正常$\}$, 且设每个元件工作相互独立. 记 $P(A_k) = p_k$.

1. 串联系统 (n **个元件**)

特点: 一损俱损, 一荣俱荣, 一只老鼠坏一锅汤.

串联系统正常条件: 所有元件均正常 ("全都").

串联系统可靠度为交事件的概率, 即
$$
\begin{aligned}
P(A) &= P(A_1 \bigcap A_2 \bigcap \cdots A_n) \\
&= P(\bigcap_1^n A_k) = \prod_{k=1}^n P(A_k) \\
&= P(A_1)P(A_2)\cdots P(A_n) = p_1 p_2 \cdots p_n
\end{aligned}
\tag{1.5.10}
$$

即串联系统可靠度为
$$P(A) = P(A_1)P(A_2)\cdots P(A_n) = p_1 p_2 \cdots p_n \tag{1.5.11}$$

特别地, 若所有元件正常工作概率相同, $P(A_k) = p_k = p$, 则串联系统可靠度为
$$P(A) = P(A_1)P(A_2)\cdots P(A_n) = p^n \tag{1.5.12}$$

2. 并联系统 (n 个元件)

特点：井水不犯河水，各自为战，条条大路通罗马.

并联系统正常条件：至少一个正常元件正常（"至少"）.

可靠度为和事件的概率，即

$$
\begin{aligned}
P(A) &= P(\bigcup_1^n A_k) \\
&= 1 - P(\overline{A}) = 1 - P(\overline{\bigcup_1^n A_k}) \\
&= 1 - P(\bigcap_1^n \overline{A_k}) = 1 - \prod_{k=1}^n P(\overline{A_k}) \\
&= 1 - \prod_{k=1}^n (1 - P(A_k)) \\
&= 1 - (1 - P(A_1))(1 - P(A_2))\cdots(1 - P(A_n)) \\
&= 1 - (1 - p_1)(1 - p_2)\cdots(1 - p_n)
\end{aligned}
\tag{1.5.13}
$$

即并联系统可靠度为

$$
P(A) = 1 - (1 - p_1)(1 - p_2)\cdots(1 - p_n)
\tag{1.5.14}
$$

特别地，若所有元件正常工作概率相同，$P(A_k) = p_k = p$，则并联系统可靠度为

$$
P(A) = 1 - (1 - p)^n
\tag{1.5.15}
$$

【例 1.5.4】射击问题续　两个狙击手用反坦克导弹射击坦克，击中的概率分别为 p_1, p_2，求一次射击时，坦克被击中的概率是多少？

【解】　令事件 $A_k (k = 1, 2)$ 分别表示射击手甲、乙击中坦克，事件 A 表示"坦克被击中"，则：

【方法 1(直接利用公式计算并联系统的可靠度)】

$$
\begin{aligned}
P(A) &= P(A_1 \bigcup A_2) \\
&= 1 - (1 - p_1)(1 - p_2) \\
&= p_1 + p_2 - p_1 p_2
\end{aligned}
$$

【方法 2(用多除少补原理及独立性)】

$$
\begin{aligned}
P(A) &= P(A_1 \bigcup A_2) \\
&= P(A_1) + P(A_2) - P(A_1 A_2) \\
&= P(A_1) + P(A_2) - P(A_1)P(A_2) \\
&= p_1 + p_2 - p_1 p_2
\end{aligned}
$$

【例 1.5.5】回路系统　在如图 1.5.1 所示的回路系统中，已知元件 a, b, c, d 开或关的概率均为 $p = \dfrac{1}{2}$，且各元件开或关相互独立. 求：(1) 灯泡 w 亮的概率；(2) 灯泡 w 亮时，元件 a, b 同时关闭的概率.

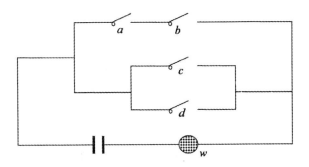

图 1.5.1　回路系统

【解】

(1) 设 A,B,C,D 表示开关 a,b,c,d 独立闭合, 而灯泡 w 亮, 可能的情况是: $(1)a,b$ 均闭合; $(2)c$ 闭合或 d 闭合. 故所求事件为 $(A\bigcap B)\bigcup C\bigcup D$. 由多除少补原理及独立性, 所求事件的概率为

$$P((A\bigcap B)\bigcup C\bigcup D)$$
$$= P(AB) + P(C) + P(D) - P(ABC) - P(ABD) - P(CD) + P(ABCD)$$
$$= P(A)P(B) + P(C) + P(D) - P(A)P(B)P(C)$$
$$-P(A)P(B)P(D) - P(C)P(D) + P(A)P(B)P(C)P(D)$$
$$= (\frac{1}{2})^2 + \frac{1}{2} + \frac{1}{2} - (\frac{1}{2})^3 - (\frac{1}{2})^3 - (\frac{1}{2})^2 + (\frac{1}{2})^4$$
$$= \frac{3}{4} + \frac{1}{16} = \frac{13}{16}$$

(2) 灯泡已亮, 在灯亮的前提下来求事件 A,B 同时发生的概率. 由贝叶斯公式, 得

$$P((A\bigcap B)\mid (A\bigcap B)\bigcup C\bigcup D))$$
$$= \frac{P((A\bigcap B)\bigcap((A\bigcap B)\bigcup C\bigcup D))}{P((A\bigcap B)\bigcup C\bigcup D)}$$
$$= \frac{P(A\bigcap B)}{P((A\bigcap B)\bigcup C\bigcup D)}$$
$$= \frac{P(A)P(B)}{\frac{13}{16}} = \frac{(\frac{1}{2})^2}{\frac{13}{16}} = \frac{4}{13}$$

【例 1.5.6】桥式回路系统 (Bridge System)　一种桥式回路系统如图 1.5.2 所示, 该系统由 5 个元件独立联合构成, 各元件可靠度均为 p, 求该系统的可靠度.

【解】　设事件 A 表示 "桥元件正常工作", 则 $P(A) = p$, $P(\overline{A}) = 1 - p = q$, 且事件 A 与对立事件 $\overline{A}$ 为空间 S 的一个划分. $A_k(k = 1,2,3,4)$ 为元件 k 正常工作.

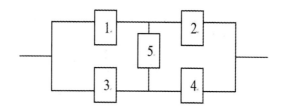

图 1.5.2 桥式回路系统

A 发生时, 桥等同于一根导线, 桥式系统等价于先并联后串联的混合回路. 可靠度为

$$
\begin{aligned}
&P(B \mid A) \\
&= P((A_1 \bigcup A_3) \bigcap (A_2 \bigcup A_4)) \\
&= P((A_1 \bigcup A_3) P(A_2 \bigcup A_4)) \\
&= (1 - P(\overline{(A_1 \bigcup A_3)}))(1 - P(\overline{(A_2 \bigcup A_4)})) \\
&= (1 - P(\overline{A_1}) P(\overline{A_3}))(1 - P(\overline{A_2}) P(\overline{A_4})) \\
&= (1 - q^2)^2 \\
&= (1 - (1 - p^2)^2)^2 \\
&= (2p - p^2)^2
\end{aligned}
$$

A 不发生时, 桥断, 桥式系统等价于先串联后并联的混合回路. 可靠度为

$$
\begin{aligned}
&P(B \mid \overline{A}) \\
&= P(A_1 A_2 \bigcup A_3 A_4) \\
&= 1 - P(\overline{A_1 A_2}) P(\overline{A_3 A_4}) \\
&= (1 - P(\overline{A_1}) P(\overline{A_3}))(1 - P(\overline{A_2}) P(\overline{A_4})) \\
&= 1 - (1 - p^2)^2 \\
&= 2p^2 - p^4
\end{aligned}
$$

由全概率公式, 整个系统可靠性为

$$
\begin{aligned}
P(B) &= P(A)P(B \mid A) + P(\overline{A})P(B \mid \overline{A}) \\
&= p(2p - p^2)^2 + (1 - p)(2p^2 - p^4) \\
&= 2p^2 + 2p^3 - 5p^4 + 2p^5
\end{aligned}
$$

【缀言】甲午海战　　在 1894 年中日甲午海战中, 伊东佑亨指挥的日本战舰分为 2 支——第一游击队和本队, 近似于两支串联后再并联的队伍, 两支队伍可以独立行动; 而中国北洋水师提督丁汝昌指挥的舰队是"跟随旗舰运动", 战舰排成人形雁阵, 相当于串联在一起不可随意分割, 结果造成行动不便遭到围攻.

1.5.3　伯努利概型

【定义 1.5.3】伯努利概型　n 次随机试验，如果每次试验结果有限且各次结果相互独立，则称为 n 重独立试验概型.

n 次随机试验如果满足：试验结果只有两种，即 A 发生或其对立事件 $\overline{A}$ 发生，并且事件 A 及其对立事件 $\overline{A}$ 发生的概率固定不变，即

$$P(A) = p, P(\overline{A}) = q = 1 - p \tag{1.5.16}$$

则称此 n 次独立试验为 n 重伯努利概型(n-order Bernoulli Probability).

最简单的如掷硬币，事件 A 表示国徽向上，事件 $\overline{A}$ 表示币值向上. 掷 n 次即做了 n 重伯努利试验. (1) 每次投掷结果只有两种，或正或反；(2) 事件 A 及其对立事件 $\overline{A}$ 发生的概率固定不变，即

$$P(A) = P(\overline{A}) = \frac{1}{2}, p = q = \frac{1}{2} \tag{1.5.17}$$

【定理 1.5.3】伯努利概率　在 n 重伯努利概型中事件 A 发生概率固定为 p，对立事件的概率 $q = 1 - p(0 < p, q < 1)$，则在 n 重试验中事件 A 发生 k 次的概率为

$$P_n(k) = C_n^k p^k q^{n-k} = C_n^k p^k (1-p)^{n-k} \tag{1.5.18}$$

且

$$\sum_{k=0}^{n} P_n(k) = 1 \tag{1.5.19}$$

【证明】　用独立事件概率的乘法原理，n 重伯努利试验中事件 A 在某 k 次发生，而其余 $n-k$ 次不发生的概率为 $P(A)^k P(\overline{A})^{n-k}$，而这 k 次可以由 n 次中任意选取，取法有 C_n^k 种，从而 A 发生 k 次的概率为 $C_n^k p^k (1-p)^{n-k}$，且由二项式定理，有

$$\sum_{k=1}^{n} P_n(k) = \sum_{k=1}^{n} C_n^k p^k (1-p)^{n-k} = (p+q)^n = 1^n = 1 \tag{1.5.20}$$

其概率论意义为 n 次试验所有的可能结果为 A 发生 $k(k = 0, 1, 2, \cdots, n)$ 次，这些结果互不相容，故有空间划分

$$S = \bigcup_{k=0}^{n} A_k \Rightarrow \sum_{k=0}^{n} P_n(k) = P(S) = 1 \tag{1.5.21}$$

【定理 1.5.4】可靠性量化　n 重伯努利试验中事件 A 发生的次数不少于 r 次的概率为

$$P(k \geqslant r) = \sum_{k=r}^{n} P_n(k) = 1 - \sum_{k=0}^{r-1} P_n(k) \tag{1.5.22}$$

特别，至少发生 1 次的概率为

$$P(k \geqslant 1) = 1 - q^n = 1 - (1-p)^n \tag{1.5.23}$$

例如，投硬币，$p = q = \frac{1}{2}$，则

$$P(k \geqslant 1) = 1 - \left(\frac{1}{2}\right)^n \tag{1.5.24}$$

显然 $\lim\limits_{n \to \infty} P_n(k) = 1$，故次数越多越有可能；而介于 k_1 和 k_2 之间的概率为

$$P(k_1 \geqslant k \geqslant k_2) = \sum_{k=k_1}^{k_2} P_n(k) \tag{1.5.25}$$

【例 1.5.7】酒鬼回家续集 (Drunkard Go Back Home II)　设酒鬼摸钥匙时，共取了 n 次，问其中取对 k 次的概率是多少 (有放回摸取)？

【解】　酒鬼摸钥匙，在某 k 次中取对而其余 $n-k$ 次未取对，概率为 $p^k q^{n-k}$，因 k 次可从 n 次中选取，故其概率为

$$C_n^k p^k q^{n-k} = C_n^k (\frac{1}{n})^k (1 - \frac{1}{n})^{n-k}$$

【例 1.5.8】射击问题再续　东风地对空导弹射击 U-2 侦察机的概率 $p \approx 1$，至少发射多少枚导弹，才能保证有 1 枚击中的概率大于 $p_0 = 0.999$？

【解】　设需要发射 n 枚导弹，则由伯努利概率计算公式，有

$$P(k \geqslant 1) = 1 - q^n = 1 - (1 - p)^n > p_0$$

解得

$$(1 - p)^n < 1 - p_0$$

取对数，得

$$n > \frac{\lg(1 - p)}{\lg(1 - p_0)}$$

例如，若 $p = 0.96$，$p_0 = 0.999$，则有

$$n > \frac{\lg(\dfrac{1}{1000})}{\lg(\dfrac{1}{25})} \approx 2.15$$

故 $n = 3$，至少需射 3 枚导弹.

【例 1.5.9】洪水控制　设淮河八公山河段每年出现洪水的概率 $p = 0.1$，且洪水出现相对独立，求 10 年内至少出现 2 次大洪水的概率.

【解】　令事件 A 为某年出现洪水，$\overline{A}$ 为不出现洪水，则模型为 $p = 0.1$ 的 10 重伯努利试验，所求概率为

$$\begin{aligned}
P(k \geqslant 2) \\
&= 1 - \sum_{k=0}^{1} P_{10}(k) \\
&= 1 - \sum_{k=0}^{1} C_{10}^k p^k q^{10-k} \\
&= 1 - q^{10} - C_{10}^1 p q^9
\end{aligned}$$

当 $p = 0.1$ 时，$q = 0.9$，有

$$P \approx 1 - 0.9^{10} - 10 \times 0.1 \times 0.9^9$$
$$\approx 1 - 0.35 - 0.39$$
$$= 0.26$$

因此概率还是相当大的，应当时刻为抗洪做准备.

习题 1.5

1. 设 A, B 为相互独立的两个事件，且 $P(A) = 0.3, P(B) = 0.5$，求 $P(\overline{AB}), P(A\overline{B}), P(\overline{A}|\overline{B})$.

2. 设 A, B 为相互独立的两个事件，且 $P(A) = 0.4$，$P(A+B) = 0.7$，求 $P(\overline{B}|A)$.

3. 设事件 A, B 相互独立，且 $P(A) = \dfrac{1}{3}, P(B) = \dfrac{1}{2}$，求 $P(\overline{AB})$ 与 $P(\overline{A \bigcup B})$.

4. 4 人同时射击 1 个目标，他们击中目标的概率分别是 0.5，0.3，0.4，0.2，试求目标被击中的概率.

5. 设 $A_1, A_2, \cdots, A_n$ 相互独立，而 $P(A_k) = p_k, k = 1, 2, \cdots, n$，试求：（1）所有事件均不发生的概率；（2）事件 $A_1, A_2, \cdots, A_n$ 至少有 1 件不发生的概率；（3）事件 $A_1, A_2, \cdots, A_n$ 恰好发生 1 件的概率.

6. 某自动生产线上，产品的一级品率为 0.6，现检查了 10 件，求至少有 2 件一级品的概率.

7. 设 A, B, C 3 个人各向靶子射击 1 次，结果有 2 发子弹击中靶子. 已知 3 个人击中靶子的概率分别为 $P(D_1) = p_1 = \dfrac{4}{5}, P(D_2) = p_2 = \dfrac{3}{4}, P(D_3) = p_3 = \dfrac{2}{3}$，试问 C 脱靶的概率是多少？假设射击是相互独立的.

总习题一

1. 将 $\bigcup\limits_{k=1}^{n} A_k = A_1 \bigcup A_2 \bigcup \cdots \bigcup A_n$ 表示成 n 个两两互不相容事件的和.

2. 设 A, B 是两事件，且 $P(A) = 0.6$，$P(B) = 0.7$，问：（1）在什么条件下 $P(AB)$ 取到最大值，最大值是多少？（2）在什么条件下 $P(AB)$ 取到最小值，最小值是多少？

3. 设 A, B 为任意事件，求证：$P(AB) = P(\overline{A} \cdot \overline{B})$ 的充要条件是 $P(A) + P(B) = 1$.

4. 已知甲袋中有红、黑、白球各 3 只，乙袋中有黄、黑、白球各 2 只. 现从两袋中各取 1 球，求所取 2 球有相同颜色的概率.

5. 在 $1 \sim 2000$ 的整数中随机地取 1 个数，问取到的整数既不能被 6 整除，又不能被 8 整除的概率是多少？

6. 从 5 双不同的鞋子中任取 4 只，问这 4 只鞋子中至少有 2 只配成 1 双的概率是多少？

7. 由 0，1，2，$\cdots$，9 这 10 个数字任意取 4 个不同数字排列，4 个不同数字能组成 1 个偶数 4 位数的概率是多少？

8. 把 $2n = 20$ 支球队任意分成 2 组，每组有 $n = 10$ 支球队. 求：（1）最强的 2 个球队在不同组的概率是多少？（2）最强的 2 个球队在同一组的概率是多少？

9. 某人口袋里装有 2 个伍分硬币，3 个贰分硬币，5 个壹分硬币，任意摸取 5 枚，金额超过 1 角的概率是多少？

10. 某批产品 100 个，有 5 个次品，任意采样 50 个，若发现次品不多于 1 个就认为这批产品合格．这批产品合格的概率是多少？

11. 把 3 只球放到 4 只杯子里去，求杯子中球的最大数目分别为 1，2，3 的概率是多少？

12. 把长度 $a > 0$ 的棍子任意分成 3 段，问 3 段棍子可以构成一个三角形的概率是多少？

13. 甲、乙 2 艘船同时驶向一个不能同时停泊 2 艘船的码头，到达时刻在一昼夜（24 小时）内是等可能的．甲船需要停泊 1 小时，乙船需要停泊 2 小时，问 2 艘船都不需要等待（即来即泊）的概率是多少？

14. 已知男性有 5% 是色盲患者，女性有 0.25% 是色盲患者，今从男、女人数相等的人群中随机地挑选一人，恰好是色盲患者，问此人是男性的概率是多少？

15. 设 1000 只灯泡中坏灯泡的个数从 0 到 5 是等可能的，从 1000 只灯泡中任意采样 100 只都是好灯泡的概率是多少？若任意采样 100 只都是好灯泡，问 1000 只灯泡都是好灯泡的概率是多少？

16. 盒中有 15 只球，其中 9 只新球，第一次比赛从中任取 3 只使用，赛后仍放回盒中，第二次比赛再从中任取 3 只球，求：（1）第二次取出的球都是新球的概率；（2）已知第二次取出的球都是新球，第一次仅取出 2 只新球的概率．

17. 3 人独立地去破译一份密码，已知各人能译出的概率分别为 $\frac{1}{5}, \frac{1}{3}, \frac{1}{4}$．问 3 人中至少有 1 人能将此密码译出的概率是多少？

18. 对同一目标进行 3 次独立射击，第 1、2、3 次射击的命中概率分别为 0.4，0.5，0.7，试求：（1）在这三次射击恰好有一次命中目标的概率；（2）至少有一次命中目标的概率．

19. 已知 $P(A) = 0.2$，$P(B) = 0.3$，$P(\overline{B}|A) = 0.6$，求 $P(\overline{A} \bigcup \overline{B})$ 和 $P(B|\overline{A})$．

20. 已知 $P(A) = 0.3$，$P(B) = 0.4$，$P(B|A) = 0.7$，求 $P(\overline{A} - B)$ 和 $P(\overline{A}|B)$．

21. 某学生接连参加同一课程的 2 次考试，首次及格的概率为 p，若首次及格，则第二次也及格的概率为 p；若首次不及格，则第二次及格的概率为 $p/2$．（1）若至少有 1 次及格，则让他获得此课程学分，问他获得此课程学分的概率是多少？（2）若已知他第 2 次及格，则他首次及格的概率是多少？

22. 设事件 A, B, C 两两独立，$P(A) = P(B) = P(C)$，且 A, B, C 至少有 1 个不发生的概率为 $\frac{14}{25}$，至少有 1 个发生的概率为 $\frac{23}{25}$，求 $P(A)$．

23. 甲、乙、丙三人向同一飞机射击，设击中的概率分别是 0.4，0.5，0.7，若只有 1 人击中，则飞机被击落的概率为 0.2；若有 2 人击中，则飞机被击落的概率是 0.6；若 3 人都击中，则飞机一定被击落．求飞机被击落的概率．

24. 某人下午 5 点下班，记录资料如下表：

到家时间段	5:35~5:39	5:40~5:44	5:45~5:49	5:50~5:54	5:54 以后
乘坐地铁概率	0.10	0.25	0.45	0.15	0.05
乘坐公交概率	0.30	0.35	0.20	0.10	0.05

某日他投掷 1 枚硬币决定乘坐地铁还是乘坐公交车，结果他是 5:47 到家的，则他此天乘坐地铁回家的概率是多少？

25. 设 A, B, C 3 人在同一办公室工作，房间有里一部电话．根据统计，平时电话打给 A, B, C 的概率分别为 $\frac{2}{5}, \frac{2}{5}, \frac{1}{5}$，而 A, B, C 3 人外出的概率分别为 $\frac{1}{2}, \frac{1}{4}, \frac{1}{4}$，假定 3 人行动是独立的．（1）无人接听电话的概率是多少？（2）被呼叫人正好在办公室的概率是多少？若某时段内打进 3 个电话，问：（1）这 3 个电话打给同一个人的概率是多少？（2）这 3 个电话打给互不相同的人的概率是多少？（3）这 3 个电话打给 B，而 B 却都不在的概率是多少？

26. 设一颗深水炸弹击沉潜水艇的概率为 $\frac{1}{3}$，击伤的概率为 $\frac{1}{2}$，击不中的概率为 $\frac{1}{6}$。假设击伤 2 次也会使得潜水艇下沉。求施放 4 颗深水炸弹击沉潜水艇的概率是多少？

27. 将 A，B，C 三个字母之一输入信道，输出为原字母的概率为 α，而输出为其他任一字母的概率都是 $\frac{1-\alpha}{2}$，现在将字母串 $AAAA$，$BBBB$，$CCCC$ 之一输入信道，输入的概率分别是 $p_1, p_2, p_3, p_1 + p_2 + p_3 = 1$。已知结果输出的是 $ABCA$，试问输入的是 $AAAA$ 的概率是多少？假设信道传输各个字母的工作是相互独立的。

第 2 章　　　单维随机变量

2.1　　随机变量及其分布函数

2.1.1　随机变量的概念

【定义 2.1.1】随机变量　　直观式定义：E 为随机试验，样本空间 $S = \{e\}$，若对每个样本点 $e \in S$ 存在实数 $X(e)$ 与之对应，则定义在样本空间 S 上的单值实函数

$$X : S \to \mathbf{R}^1 \qquad X = X(e)$$

称为 随机变量，如图 2.1.1 所示.

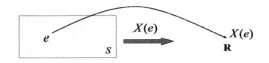

图 2.1.1　随机变量

还有一种较抽象的 分析式定义：(Ω, F, P) 为概率空间，对 $\omega \in \Omega$，$X(\omega)$ 是实单值函数，若对任一实数 x，$\{\omega | X(\omega) < x\}$ 是一随机事件，即 $\{\omega | X(\omega) < x\} \in F$，则称 $X(\omega)$ 为 随机变量.

随机变量定义域为随机试验样本空间，值域为实数值域，故称为"实"(Real) 随机变量. 随机变量的引入使随机试验现象与实数集建立了映射关系，从而允许我们用严格的数学分析的方法研究它的规律.

【例 2.1.1】　　中国中央电视台 (CCTV) 的每周质检报告，公布了国家质检总局对包括"五粮液"等知名品牌在内的国产白酒抽查结果. 设共取了 100 瓶不同厂家的酒，合格酒种数为 X，则 X 是随机变量 (离散型)，样本空间为 $S=\{$ 合格白酒数量 $\}$，随机变量 $X : S \to \mathbf{R}^1$，其取值及意义为：$X = 0$ 表示无一合格；$X = 1$ 表示恰好有一种合格；$\cdots\cdots$；$X = 100$ 表示 100 种全部合格.

【例 2.1.2】　　投掷骰子一次，如图 2.1.2 所示，可能有 6 种结果，出现的点数为随机变量，取值为离散的，即

$$X = 1, 2, 3, 4, 5, 6$$

各点概率均等，即 $P\{X = k\} = \dfrac{1}{6}(k = 1, 2, \cdots, 6)$.

【例 2.1.3】　　中国移动和中国联通在某年中的短信业务量为离散型的随机变量，取值为

$$X = 0, 1, 2, 3, \cdots, n(\to \infty)$$

图 2.1.2　骰子

即 $\{X = k | k = 0, 1, 2, 3, \cdots, n\}$ 值域为非负整数. 在节假日如新年、中秋、圣诞、情人节里，短信多的概率也更大，变量的取值也有出入，可能激增.

【例 2.1.4】　新疆的胡杨树号称"生千年而不死，死千年而不倒，倒千年而不朽"，则胡杨的寿命为随机变量，样本空间为 $[0, +\infty)$，取值域为 $[0, +\infty)$. 它可能在生存中的任意时刻死亡，所以其寿命是随机的，但不再是离散的，因为值域为一个非负实区间，而区间是不可列数的集合.

若一棵胡杨的树龄超过了 1000 年，则事件可表示为 $A = \{X \geqslant 1000 \text{ 年}\}$ 或 $A = \{X \in [1000, +\infty)\}$.

【注记】随机变量与函数的区别

(1) 不可预测性 (Unpredictable)：你不知道它会取何值.

(2) 有取值概率 (Probability)：例如投掷骰子，你不知道这次掷出几点，但你一定知道掷出这点的概率是 $\dfrac{1}{6}$.

(3) 随机定义域 (Domain)：随机变量定义域为随机事件集合而非数域.

2.1.2　分布函数

本节开始以数学分析的方法研究概率论的问题，给出离散或是连续随机变量概率分布的统一描述.

$$X : S \to \mathbf{R}^1 \qquad X(e) = X$$

$$F : \mathbf{R}^1 \to [0, 1] \qquad F(x) = P\{X \leqslant x\}$$

【定义 2.1.2】分布函数 (Distribution Function)　由随机变量的实定义域到有限区间 $[0, 1]$ 上的右连续的单调不减的有界函数 (包含右端点)

$$F : \mathbf{R}^1 \to [0, 1] \qquad F(x) = P\{X \leqslant x\}$$

称为随机变量 X 的 **分布函数** $F(x)$，简称 **分布**. 即其取值为随机变量不大于对应自变量值的概率 $P = P\{X \leqslant x\}$. 分布函数实际含义是概率，故取值范围是 $F(x) \in [0, 1]$.

【定理 2.1.1】分布函数的概率意义

(1) 当 $x_2 > x_1$ 时，随机变量落在左开右闭区间上 $X \in (x_1, x_2]$ 的概率为端点分布函数值之差，即

$$P\{x_1 < X \leqslant x_2\} = P\{X \leqslant x_2\} - P\{X \leqslant x_1\} = F(x_2) - F(x_1)$$

(2) 对立事件概率为

$$P\{X > x\} = 1 - P\{X \leqslant x\} = 1 - F(x)$$

【定理 2.1.2】分布函数的基本性质

(1) $F(x)$ 单调不降：$x_2 > x_1$ 时，$F(x_2) \geqslant F(x_1)$；

(2) $F(x)$ 右连续：$F(x+0) = F(x)$；

(3) 规范有界性：$\lim\limits_{x \to -\infty} F(x) = 0$, $\lim\limits_{x \to +\infty} F(x) = 1$. 或记为 $F(-\infty) = 0$, $F(+\infty) = 1$. 规范性的利用是必要的 (通常是分段定义的).

【证明】 (1) $F(x)$ 单调不降：因为 $x_2 > x_1$，故 $X \in [x_1, x_2]$ 是可能事件，由概率的非负性 (Non-negative) 可知

$$F(x_2) - F(x_1) = P\{X \leqslant x_2\} - P\{X \leqslant x_1\} = P\{x_1 < X \leqslant x_2\} \geqslant 0$$

另证：

$$
\begin{aligned}
& x_1 < x_2 \\
\Rightarrow \quad & \{X \leqslant x_1\} \subseteq \{X \leqslant x_2\} \\
\Rightarrow \quad & P\{X \leqslant x_1\} \leqslant P\{X \leqslant x_2\} \\
\Rightarrow \quad & F(x_1) \leqslant F(x_2)
\end{aligned}
$$

(2) $F(x)$ 右连续：欲证 $\lim\limits_{\varepsilon \to 0+} F(x + \varepsilon) = F(x)$，只需证 $\lim\limits_{n \to \infty} F(x + \frac{1}{n}) = F(x)$. 事实上，因

$$F\left(x + \frac{1}{n}\right) = P\left\{X \leqslant x + \frac{1}{n}\right\}$$

故

$$\lim_{n \to \infty} F\left(x + \frac{1}{n}\right) = \lim_{n \to \infty} P\left\{X \leqslant x + \frac{1}{n}\right\} = P\{X \leqslant x\} = F(x)$$

(利用了概率的连续性定理)

(3) 规范有界性：

$$F(-\infty) = \lim_{n \to -\infty} F(x) = \lim_{n \to -\infty} P\{X \leqslant x\} = P\{\varnothing\} = 0$$

$$F(+\infty) = \lim_{n \to +\infty} F(x) = \lim_{n \to +\infty} P\{X \leqslant x\} = P\{S\} = 1$$

【例 2.1.5】投硬币问题 (Rolling Coin) 如图 2.1.3 所示，抛掷均匀硬币, 令随机变量

$$X = \begin{cases} 0, & \text{反面朝上} \\ 1, & \text{正面朝上} \end{cases}$$

求 X 的分布函数.

【解】 由分布定义, $F(x) = P\{X \leqslant x\}$. 下面分情况讨论:

(1) 当 $x < 0$ 时, $P\{X \leqslant x\} = P\{\varnothing\} = 0$.

(2) 当 $0 \leqslant x < 1$ 时, 有

$$P\{X \leqslant x\} = P\{X = 0\} = \frac{1}{2}$$

(3) 当 $x > 1$ 时, $P\{X \leqslant x\} = P\{X = 0\} + P\{X = 1\} = \frac{1}{2} + \frac{1}{2} = 1$.

总之, 有分布函数

$$F(x) = P\{X \leqslant x\} = \begin{cases} 0, & x < 0 \\ \dfrac{1}{2}, & 0 \leqslant x < 1 \\ 1, & x \geqslant 1 \end{cases}$$

图 2.1.3　硬币

【例 2.1.6】 在 $[0, a]$ 区间上任意投掷一个质点, 以 X 表示质点的坐标, 设质点落在 $[0, a]$ 中任意小的区间的概率与此区间长度成正比, 求其分布函数.

【解】 由分布定义, $F(x) = P\{X \leqslant x\}$. 下面分情况讨论:

(1) 当 $x < 0$ 时, $F(x) = P\{\varnothing\} = 0$;

(2) 当 $0 \leqslant x < a$ 时, 有 $F(x) = P\{X \leqslant x\} = P\{0 \leqslant X \leqslant x\} = kx$, 故

$$F|_{x=a} = P\{0 \leqslant X < a\} = 1$$
$$\Rightarrow \quad ka = 1 \Rightarrow k = \frac{1}{a}$$
$$\Rightarrow \quad F(x) = \frac{x}{a}$$

(3) 当 $x > a$ 时, $F(x) = P\{X \leqslant x\} = P\{S\} = 1$.

总之, 有分布函数

$$F(x) = \begin{cases} 0, & x < 0 \\ \dfrac{x}{a}, & 0 \leqslant x < a \\ 1, & x \geqslant a \end{cases}$$

【例 2.1.7】打靶问题 (Shooting Problem)　如图 2.1.4 所示, 有半径为 r 的圆靶, 设打中以 x 为半径的同心圆靶 S 上的概率与此圆盘面积 $S(x) = \pi x^2$ 成正比, 且每射必中 (小李飞刀). 令 $X = \rho(O, P)$ 为着弹点 P 与圆心 O 的距离函数, 则 X 为随机变量. 求 X 的分布函数.

39

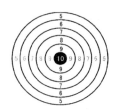

图 2.1.4　打靶问题

【解】 由分布定义，$F(x) = P\{X \leqslant x\}$. 下面分情况讨论：

(1) 当 $x < 0$ 时，$P\{X \leqslant x\} = P\{\varnothing\} = 0$；

(2) 当 $0 \leqslant x \leqslant r$ 时，打中以 x 为半径的同心圆靶 S 上的概率与此圆盘面积 $S(x) = \pi x^2$ 成正比，即有

$$P\{0 \leqslant X \leqslant x\} = C\pi x^2 = kx^2$$

其中 $k = C\pi > 0$ 为比例系数. 而由分布的规范有界性，有

$$P\{X \leqslant r\} = kr^2 = 1$$

解得

$$k = \frac{1}{r^2} \qquad (r > 0)$$

故 $F(x) = P\{X \leqslant x\} = \dfrac{x^2}{r^2}$.

(3) 当 $x > r$ 时，$P\{X \leqslant x\} = P(S) = 1$.

总之，有分布函数

$$F(x) = P\{X \leqslant x\} = \begin{cases} 0, & x < 0 \\ \dfrac{x^2}{r^2}, & 0 \leqslant x < r \\ 1, & x \geqslant r \end{cases}$$

例如，当半径为 $r = 2$ 时，分布函数即为 (图 2.1.5)

$$F(x) = P\{X \leqslant x\} = \begin{cases} 0, & x < 0 \\ \dfrac{x^2}{4}, & 0 \leqslant x < 2 \\ 1, & x \geqslant 2 \end{cases}$$

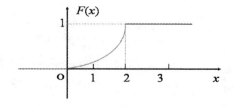

图 2.1.5　距离的分布

习题 2.1

1. 观察某市一年的降水量，用随机变量表示下列事件：(1) 降水量不足 30mm；(2) 降水量在 60~100mm；(3) 降水量超过 200mm.

2. 判断下列函数是否为分布函数：

$$F_1(x) = \begin{cases} 0, & x < 0 \\ \sin x, & 0 \leqslant x < \dfrac{\pi}{2} \\ 1, & x \geqslant \dfrac{\pi}{2} \end{cases}, \quad F_2(x) = \begin{cases} 0, & x < 0 \\ \cos x, & 0 \leqslant x < \pi \\ 1, & x \geqslant \pi \end{cases}$$

3. 设随机变量 X 的分布函数为

$$F(x) = \begin{cases} 0, & x < 0 \\ \dfrac{x}{3}, & 0 \leqslant x < 1 \\ \dfrac{x}{2}, & 1 \leqslant x < 2 \\ 1, & x \geqslant 2 \end{cases}$$

试求：(1) $P\{X \leqslant \dfrac{1}{2}\}$；(2) $P\{\dfrac{1}{2} \leqslant X \leqslant 1\}$；(3) $P\{\dfrac{1}{2} < X < 1\}$；(4) $P\{1 \leqslant X \leqslant \dfrac{3}{2}\}$；(5) $P\{1 < X < 2\}$.

4. 在区间 $[a, b]$ 上任意投掷一个质点，以 X 表示这个质点的坐标. 设这个质点落在 $[a, b]$ 中任意小区间内的概率与这个小区间的长度成正比例，试求 X 的分布函数.

5. 设随机变量 X 的分布函数为

$$F(x) = A + B \arctan x$$

求（1）常数 A, B 的值；（2）$P\{0 < X \leqslant 2\}$.

6. 设函数 $F_1(x)$ 和 $F_2(x)$ 都是随机变量的分布函数，a, b 为非负常数且 $a + b = 1$，求证：函数 $F(x) = aF_1(x) + bF_2(x)$ 也是随机变量的分布函数.

2.2　离散型随机变量

2.2.1　离散型随机变量的概念

【定义 2.2.1】离散型随机变量　取值形如 $X = x_k, k = 1, 2, 3, \cdots$ 的随机变量 X 称为离散型的随机变量(Discrete Random Variable, DRV). 其值域为有限或可列无限.

通俗地说，离散型随机变量 的取值可以掰着指头数. 像数羊一样，数到某个数 n 就没有了，就是有限多个，$X = 1, 2, 3, \cdots, n$. 例如投掷一颗骰子，出现的点数不确定且最多数到 6，记"掷骰子出现的点数"为 X，则 X 即为取值有限的离散型随机变量，其取值为 $X = 1, 2, 3, \cdots, 6$.

若可以无限数下去，称为"可数无限"或"可列无限"，例如一艘失控的"探索者"号太空飞船在解体前可能掠过的星星的数目不确定，且可认为无限多，其取值为 $X = k = 1, 2, 3, \cdots, \infty$.

41

【定义 2.2.2】 离散型随机变量分布律(Distribution of Discrete Random Variables)　离散型的随机变量 X 取一切可能值的概率, 即事件 $\{X = x_k\}$ 的概率为

$$p_k = P\{X = x_k\}, k = 1, 2, 3, \cdots$$

则称 $p_1, p_2, \cdots, p_k$ 为随机变量 X 的 **分布律**(Distribution).

由于样本点 $x_1, x_2, \cdots, x_k$ 构成完备的随机试验样本空间, 故由概率的古典定义, $p_k(k = 1, 2, 3, \cdots)$ 满足非负性和正规性:

(1) $p_k \geqslant 0(k = 1, 2, 3, \cdots)$.

(2) $\sum\limits_{k=1}^{\infty} p_k = 1$. 对于取值到 n 的有限随机变量, 即 $\sum\limits_{k=1}^{n} p_k = 1$.

通常可用以一张一一对应的图表 $(x_k \to p_k)$ 来清楚地表示这种离散分布律, 表格第一行为随机变量的取值, 第二行为取值的概率:

X	x_1	x_2	$\cdots$	x_n	$\cdots$
p_k	p_1	p_2	$\cdots$	p_n	$\cdots$

设离散型随机变量 X 的分布律为

$$p_k = P\{X = x_k\} \qquad k = 1, 2, 3 \cdots,$$

则由概率的可列可加性, 其分布函数为

$$F(x) = P\{X \leqslant x\} = P\{\bigcup_{x_k \leqslant x} \{X = x_k\}\} = \sum_{x_k \leqslant x} P\{X = x_k\}$$

即

$$F(x) = \sum_{x_k \leqslant x} p_k$$

其求和是对所有满足不等式 $x_k \leqslant x$ 的指标 k 进行的.

由定义可知, 离散型随机变量 X 的分布函数 $F(x)$ 是一个右连续、单调递增的阶梯函数, 每个点 x_k 是 $F(x)$ 的第一类跳跃型间断点, 在点 x_k 处的跳跃度为 p_k. 不妨设 $x_1 < x_2 < \cdots < x_n$, 离散型随机变量 X 的分布函数的图形如图 2.2.1 所示.

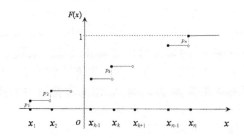

图 2.2.1　离散型随机变量的分布函数

【例 2.2.1】摸球问题　　口袋里有 5 只球，编号为 $1,2,3,4,5$. 伸手一把摸出 3 只球，记球的最大编号为 X，则 X 为有限取值的离散型随机变量. 求 X 的分布律和分布函数.

【解】　　伸手一把摸出 3 只球，3 只球的最大编号为 X，显然这个最小的最大值就是 3，故取值为 $X = 3,4,5$. 样本空间是从 5 只球里摸出 3 只球，取法种数为组合数

$$C_n^k = C_5^3 = \frac{5!}{3!(5-3)!} = \frac{20}{2} = 10$$

下面用古典概率计算对应的概率.

若最大编号为 $X = 3$，则 $P\{X = 3\}$ 表示 3 只球的编号分别为 $1,2,3$，即取定 3 号球后，再从编号比 3 小的 2 只球中选取 2 只，取法只有 $C_2^2 = 1$ 种，故

$$P\{X = 3\} = \frac{C_2^2}{C_5^3} = \frac{1}{10} = 0.1$$

同理，若最大编号为 $X = 4$，则取定 4 号球后，再从编号比 4 小的 3 只球中选取 2 只，取法有 $C_3^2 = 3$ 种，故

$$P\{X = 4\} = \frac{C_3^2}{C_5^3} = \frac{3}{10} = 0.3$$

若最大编号为 $X = 5$，则取定 5 号球后，再从编号比 5 小的 4 只球中选取 2 只，取法有 $C_4^2 = 6$ 种，故

$$P\{X = 5\} = \frac{C_4^2}{C_5^3} = \frac{6}{10} = 0.6$$

故所求概率分布表为

X	3	4	5
p_k	$\dfrac{1}{10}$	$\dfrac{3}{10}$	$\dfrac{6}{10}$

分布函数为 (图 2.2.2)

$$F(x) = P\{X \leqslant x\} = \sum_{x_k \leqslant x} p_k = \begin{cases} 0, & x < 3 \\[2mm] \dfrac{1}{10}, & 3 \leqslant x < 4 \\[2mm] \dfrac{1}{10} + \dfrac{3}{10} = \dfrac{2}{5}, & 4 \leqslant x < 5 \\[2mm] 1, & x \geqslant 5 \end{cases}$$

【例 2.2.2】红绿灯(Signal Lamp)　　汽车过路系统分四组独立工作的红绿信号灯，每组灯以 $p = \dfrac{1}{2}$ 的概率禁止汽车通过 (红灯停)，以 X 表示汽车首次停下时已通过的信号灯的组数. 求 X 的分布律.

【解】　　记绿灯通行的概率为 $q = 1 - p$.

$X = 0$ 表示遇到第一组灯就亮红灯停下，概率为 $P\{X = 0\} = p$.

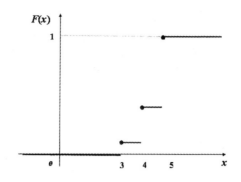

图 2.2.2　最大摸球编号的分布函数

$X = 1$ 表示遇到第一组灯亮绿灯通行，遇到第二组灯亮红灯停下，由乘法公式，概率为 $P\{X = 1\} = qp$.

同理，$X = 2$ 表示遇到第三组灯亮红灯停下，概率为 $P\{X = 2\} = q^2p$；$X = 3$ 表示遇到第四组灯亮红灯停下，概率为 $P\{X = 3\} = q^3p$；$X = 4$ 表示一路亮绿灯，概率为 $P\{X = 1\} = q^4$.

故分布律为

X	0	1	2	3	4
p_k	p	qp	q^2p	q^3p	q^4

类比醉鬼回家问题，是为无记忆几何分布. 若 $p = \dfrac{1}{2}$，则分布律为

X	0	1	2	3	4
p_k	$\dfrac{1}{2}$	$\dfrac{1}{4}$	$\dfrac{1}{8}$	$\dfrac{1}{16}$	$\dfrac{1}{16}$

【例 2.2.3】无放回摸球　口袋里有 2 只白球、3 只红球，每次摸出 1 只球，若摸出红球，则不放回继续摸，直到摸出白球为止. 试写出摸出白球时的摸球次数的分布律.

【解】　令摸出白球时共已进行的摸球次数为随机变量 X，则首先可以判断 X 是有限取值的离散型随机变量，且因只有 3 只红球，摸出又不放回，故最多只需要取 4 次即可摸到白球，故随机变量 X 的可能取值为：$X = 1, 2, 3, 4$. 下面用古典概率和乘法公式，计算对应的概率.

例如，$X = 2$ 表示先从 5 只球里摸出红球，概率为 $\dfrac{3}{5}$. 再从剩下的 4 只球里摸出 1 只白球，概率为 $\dfrac{2}{4}$. 由乘法公式，所求概率为 $p_2 = P\{X = 2\} = \dfrac{3}{5} \times \dfrac{2}{4} = 0.3$. 其余同理类推. 总

44

之，有

$$p_1 = P\{X = 1\} = \frac{2}{5} = 0.4$$

$$p_2 = P\{X = 2\} = \frac{3}{5} \times \frac{2}{4} = 0.3$$

$$p_3 = P\{X = 3\} = \frac{3}{5} \times \frac{2}{4} \times \frac{2}{3} = 0.2$$

$$p_4 = P\{X = 4\} = \frac{3}{5} \times \frac{2}{4} \times \frac{1}{3} \times \frac{2}{2} = 0.1$$

故所求概率分布表为

X	1	2	3	4
p_k	0.4	0.3	0.2	0.1

2.2.2 基本离散型随机变量

本节着重研究 3 种最常用、最基本的重要的离散型随机变量以及它们的分布律，它们分别是: (1) 两点分布或 0-1 分布 (0-1 Distribution);(2) 二项分布 (Binomial Distribution); (3) 泊松分布 (Poisson Distribution).

1. 两点分布

【定义 2.2.3】两点分布　随机变量只能取两个数值 0 和 1，记其分布律为

$$P\{X = 1\} = p, P\{X = 0\} = q = 1 - p, 0 < p < 1$$

或等价写为

$$p_k = P\{X = k\} = p^k q^{1-k} = p^k (1-p)^{1-k} \qquad k = 0, 1, 0 < p < 1$$

则称随机变量 X 服从两点分布或 0-1 分布，参数为 $p, 0 < p < 1$.

两点分布亦可以用分布表描述如下:

X	0	1
p_k	$1-p$	p

所谓"成则为王，败则为寇""不是鱼死，就是网破""不是你死，就是我亡"，都是这种极端对立的两点分布的模型描述.

如果一个随机试验的样本空间 S 只包含 2 个样本元素，即 $S = \{e_1, e_2\}$，则可以在 S 上定义一个服从 0-1 分布的随机变量:

$$X = X(e) = \begin{cases} 1, & e = e_1; \\ 0, & e = e_2. \end{cases}$$

在数轴上可以用 2 个有质量的点表示: 在 $x = 1$ 点质量为 p，在 $x = 0$ 点质量为 $1 - p$.

【两点分布的例子】

(1). 射击：蒙古人射箭，设 $S = \{$ "中靶" "脱靶" $\}$，样本空间 $S = \{1,0\}$。则随机变量呈两点分布。

(2). 投掷硬币：$S = \{$ "徽花向上" "币值向上" $\}=\{1,0\}$。在自然状态下，$p = q = \dfrac{1}{2} = 0.5$。

(3). 新生婴儿性别登记：$S = \{$ "男婴" "女婴" $\}=\{1,0\}$。

在自然状态下，$p = q = \dfrac{1}{2} = 0.5$。而在重男轻女的大部分农村 $p > q$，在希腊伟大史学家希罗多德 (Herodote) 的名著《历史》中记载的女儿国 (Amazon Kingdom)，男婴未登记就被送出国，$p < q, p = 0, q = 1$。

2. 二项分布

【定义 2.2.4】伯努利试验 重复独立进行 n 次试验 $(k = 0, 1, \cdots, n)$，每次试验只有 2 个互不相容的结果 A 和 $\overline{A}$，且每次取这两个结果 $\{X = 1\}$，$\{X = 0\}$ 的概率不变：

$$P(A) = p, P(\overline{A}) = 1 - p, (k = 0, 1, \cdots, n)$$

则称此 n 次独立重复试验为 n 重伯努利试验。

【定义 2.2.5】二项分布 (Binomial Distribution) n 重伯努利试验中事件 A 发生的次数为随机变量 X，取值为 $k = 0, 1, \cdots, n$。在指定的 $k(0 \leqslant k \leqslant n)$ 次发生，而其余 $n - k$ 次不发生的概率为

$$p^k(1 - p)^{n-k}$$

此种指定方式具有 $C_n^k = \dfrac{n!}{k!(n-k)!}$ 种，构成互不相容完备事件组。事件 A 发生 k 次的概率为

$$P\{X = k\} = C_n^k p^k(1 - p)^{n-k}, k = 0, 1, \cdots, n$$

称随机变量 X 服从参数为 n(试验次数)，p(每次发生的概率) 的 **二项分布**。记为 $X \sim B(n, p)$。(其得名来自：$C_n^k p^k(1 - p)^{n-k}$，恰好是二项式 $(p + q)^n$ 的展开式中出现 p^k 的项。)

二项分布 的分布律为

$$p_k = P\{X = k\} = C_n^k p^k q^{n-k} = C_n^k p^k(1 - p)^{n-k} \quad (0 \leqslant k \leqslant n, 0 < p, q < 1, p + q = 1)$$

可以验证，概率 p_k 满足以下性质。

(1) 非负性：

$$p_k = C_n^k p^k(1 - p)^{n-k} \geqslant 0$$

(2) 正规性：

$$\sum_{k=0}^{n} p_k = \sum_{k=0}^{n} P\{X = k\} = \sum_{k=0}^{n} C_n^k p^k(1 - p)^{n-k} = \sum_{k=0}^{n} C_n^k p^k q^{n-k} = (p + q)^n = 1$$

所以分布律是合理定义的。

特别地，当 $n = 1$ 时，二项分布就是两点分布：$X \sim 0 - 1$ 分布。

$p = 0.5 = \dfrac{1}{2}$ 时，二项分布是对称的 (Symmetric)，$p \neq 0.5$ 时，分布非对称；但试验次数 n 越多，越趋近对称. 表 2.2.1 所列为二项分布表.

表 2.2.1　二项分布表

p	$p = 0.25$	$p = 0.5$	$p = 0.75$
0	0.0032		
1	0.0211		
2	0.0670	0.0002	
7	0.1124	0.0739	0.0002
8	0.0609	0.1201	0.0008
10	0.0099	0.1762	0.0099

【例 2.2.4】**郭靖射箭**　　郭靖初学射箭，每次中靶命中率仅为 $p = 0.02$(射 100 箭，2 箭中靶)，他说："别人射 10 次，我射 100 次"，便一鼓作气连射 400 次，求至少射中 2 次的概率.

【解】　令射箭中靶次数为随机变量 X，则 X 服从 $n = 400, p = 0.02$ 的伯努利试验的二项分布 $X \sim B(400, 0.02)$，其分布律为

$$P\{X = k\} = C_{400}^{k}(0.02)^{k}(0.98)^{n-k}, k = 0, 1, \cdots, 400$$

所求事件"至少射中 2 次"，即 $\{X \geqslant 2\}$ 的概率为 (利用对立事件)：

$$
\begin{aligned}
P(X \geqslant 2) \ &= P(S) - P\{X = 0\} - P\{X = 1\} \\
&= 1 - 0.98^{400} - 400 \times 0.02^{1} \times 0.98^{399} \\
&\approx 0.9972
\end{aligned}
$$

因为每次射箭的命中率极低，中靶是小概率事件，但只要重复次数够多，射中靶子几乎是必然事件，因此不能忽视小概率事件 (故事结局：郭靖也成了神箭手哲别).

【缀言】类似的例子有很多，比如美国"挑战者号"航天飞机坠毁、五角大楼遭遇恐怖袭击、英国戴安娜王妃遭遇车祸身亡，均为小概率的惊人事件. 正所谓"不怕一万，只怕万一". 当然，这也说明了"勤能补拙"，人经过足够多的努力，任何不可能事件都很有可能成为必然事件，所谓"滴水穿石""只要功夫深，铁棒磨成针""精诚所至，金石为开"，都是这个道理.

【例 2.2.5】**药效试验 (Vaccination)**　　设北京白鸭在正常状态下感染致病性 H5N1 型禽流感的概率是 0.2，新引进 2 种疫苗进行药效试验. 使用疫苗 A 注射 9 只健康鸭后无一染病，使用疫苗 B 注射 25 只鸭后仅有 1 只染病. 评价两种疫苗何种更有效?

【解】　假定相反前提 —— 若疫苗 A 完全无效，取感染数为随机变量 X，鸭感染的概率为 $p = 0.2$，对于 $n = 9$ 只鸭，$X \sim B(9, 0.2)$，故 9 只健康鸭无一感染的概率为

$$P\{X = 0\} = q^{9} = (1 - 0.2)^{9} = 0.8^{9} \approx 0.1342$$

若疫苗 B 完全无效, 取感染数为随机变量 Y, 则对于 $n = 25$ 只鸭, $Y \sim B(25, 0.2)$, 故 25 只鸭仅有一只感染的概率为

$$
\begin{aligned}
P\{Y = 0\} &= \sum_{k=0}^{1} C_{25}^{k}(0.2)^{k}(0.8)^{25-k} \\
&= (0.8)^{25} + 25 \times (0.2)^{1} \times (0.8)^{24} \\
&\approx 0.0274
\end{aligned}
$$

由于

$$
P\{X = 0\} = 0.1342 \gg 0.0274 = P\{Y = 0\}
$$

故在相反的假设 (无效假设) 下, $P\{X = 0\} \gg P\{Y = 0\}$. 所以注射 9 只鸭无感染的概率远大于 25 只鸭仅感染 1 只的概率, 从而可以认为疫苗 B 更有效, 因为更小概率的事件发生了, 说明促成这一事件的原因更强大.

【命题 2.2.1】二项分布的分布规律　　二项分布 $X \sim B(n, p)$ 具有如下性质:

(1)　对固定的 n 和 p, 随着 k 的增大, $P\{X = k\}$ 先上升到最大值而后下降;

(2)　对同样的 p, 随着 n 的增大, 图形趋于对称. 如图 2.2.3 所示.

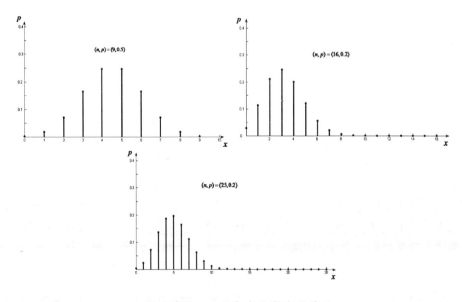

图 2.2.3　二项分布的分布规律

【证明】　　二项分布的通项为

$$
b(k, n, p) = \sum_{k=0}^{n} C_{n}^{k} p^{k} (1-p)^{n-k}
$$

则相邻项的比值

$$\frac{b(k,n,p)}{b(k-1,n,p)}$$

$$= \frac{\dfrac{n!}{k!(n-k)!}p^k(1-p)^{n-k}}{\dfrac{n!}{(k-1)!(n-k+1)!}p^{k-1}(1-p)^{n-k+1}}$$

$$= \frac{(n-k+1)p}{k(1-p)}$$

$$= \frac{(n+1)p-kp}{k(1-p)}$$

$$= \frac{(n+1)p-k(1-q)}{kq}$$

$$= \frac{kq+(n+1)p-k}{kq}$$

$$= 1+\frac{(n+1)p-k}{kq}$$

从而有如下法则:

(1) $k < (n+1)p$ 时, $k\uparrow \Rightarrow b(k,n,p)\uparrow$;

(2) $k > (n+1)p$ 时, $k\uparrow \Rightarrow b(k,n,p)\downarrow$;

(3) $(n+1)p = [(n+1)p] = m$ 为自然数时, $b(k,n,p) = b(k-1,n,p)$, 通项达到最大的两项均为二项分布最大值;

(4) 若 $(n+1)p$ 不是整数, 则取整数部分 $m = [(n+1)p]$ 使 $b(m,n,p)$ 为唯一最大值.

使二项分布达到临界拐点 (极值点) 状态的整数 m 称为 **最可能出现次数**; 对应通项 $b(m,n,p)$ 为 **中心项**.

【例 2.2.6】药效试验问题续 在自然状态下, 求没有注射疫苗的 9 只健康鸭和 25 只健康鸭中最有可能受感染的鸭数.

【解】 当 $X \sim B(9,0.2)$ 时, 有

$$(n+1)p = (9+1)\times 0.2 = 2, m = [(n+1)p] = (n+1)p = 2$$

两种情况具有同等可能出现, 没有注射疫苗的 9 只健康鸭中最有可能受感染的鸭数为 2 只, 概率为

$$b(2,9,0.2) = 0.302$$

当 $Y \sim B(25,0.2)$ 时, 有

$$(n+1)p = 26 \times 0.2 = 5.2, m = [(n+1)p] = [5.2] = 5$$

没有注射疫苗的 25 只健康鸭中最有可能受感染的鸭数为 5 只, 概率为

$$b(5,9,0.2) = 0.1960$$

3. 泊松分布

【定义 2.2.6】泊松分布 参数为 $\lambda > 0$ 的泊松分布是指随机变量的分布律为:

$$p_k = P\{X = k\} = \frac{\lambda^k}{k!}\mathrm{e}^{-\lambda} \qquad (k = 0,1,\cdots)$$

记为 $X \sim \pi(\lambda)$.

显然它满足概率分布的非负性. 下面证明规范性:

$$\sum_{k=1}^{\infty} p_k = \sum_{k=1}^{\infty} \frac{\lambda^k}{k!} e^{-\lambda} = e^{-\lambda} \sum_{k=1}^{\infty} \frac{\lambda^k}{k!} = e^{-\lambda} e^{\lambda} = 1$$

这里利用了指数函数的幂级数分解或泰勒展开

$$e^{\lambda} = 1 + \lambda + \frac{\lambda^2}{2!} + \frac{\lambda^3}{3!} + \cdots + \frac{\lambda^n}{n!} + \cdots$$

泊松分布近似常用于小概率伯努利试验当次数极大 $(n \to \infty)$ 时发生的频率数.

【定理 2.2.1】泊松定理　　随着伯努利试验次数趋向于无穷, 二项分布趋向于泊松分布. 即: 二项分布极限为泊松分布. 设 $\lambda := \lim\limits_{n \to \infty} n p_n \geqslant 0$, 则

$$\lim_{n \to \infty} b(k, n, p_n) = \lim_{n \to \infty} C_n^k p_n^k (1 - p_n)^{n-k} = \frac{\lambda^k}{k!} e^{-\lambda} \qquad (k = 0, 1, \cdots, n)$$

【证明】　　定义 $\lambda_n := n p_n$, 则 $p_n = \dfrac{\lambda_n}{n}$, 故

$$\begin{aligned}
b(k, n, p_n) &= \frac{n!}{k!(n-k)!} p_n^k (1-p_n)^{n-k} \\
&= \frac{n(n-1)(n-2)\cdots(n-k+1)}{k!} p_n^k (1-p_n)^{n-k} \\
&= \frac{\lambda_n^k}{k!} \frac{n(n-1)(n-2)\cdots(n-k+1)}{n^k} (1 - \frac{\lambda_n}{n})^{n-k} \\
&= \frac{\lambda_n^k}{k!} (1 - \frac{1}{n})(1 - \frac{2}{n})\cdots(1 - \frac{k-1}{n})(1 - \frac{\lambda_n}{n})^{n \frac{n-k}{n}}
\end{aligned}$$

而

$$\lim_{n \to \infty} \lambda_n^k = \lambda^k, \quad \lim_{n \to \infty} (1 - \frac{\lambda_n}{n})^n = e^{-\lambda}$$

$$\lim_{n \to \infty} (1 - \frac{1}{n})(1 - \frac{2}{n})\cdots(1 - \frac{k-1}{n}) = 1 \qquad (0 \leqslant k \leqslant n)$$

故

$$\lim_{n \to \infty} b(k, n, p_n) = \frac{\lambda^k}{k!} e^{-\lambda}$$

称此式为 **二项分布的泊松近似**.

【例 2.2.7】 苏绣驰名天下, 某纺纱厂女工照管 800 只纱锭, 设每纱锭单位时间内被扯断线的概率为 0.005. (1) 求最可能扯断次数的概率; (2) 求单位时间内断线次数不大于 10 的概率.

【解】　　断线次数取为随机变量 X, 服从二项分布:

$$n = 800, \quad p = 0.005, \quad np = 4, \quad (n+1)p = 4.005$$

求中心项:

$$m = [(n+1)p] = [4.005] = 4$$

故最可能断线的次数为 4, 概率为

$$b(4, 800, 0.005) = C_{800}^4 (0.005)^k (0.995)^{n-k}$$

用泊松分布近似:

$$X \sim \pi(4), \qquad k = 4$$

$$
\begin{aligned}
P\{X = k\} &= \frac{\lambda^k}{k!}\mathrm{e}^{-\lambda} = \frac{4^4}{4!}\mathrm{e}^{-4} \\
&= \frac{256}{24} \times \frac{1}{2.72^4} \approx 0.195367
\end{aligned}
$$

求单位时间内断线次数不大于 10 的概率为

$$
\begin{aligned}
\sum_{k=0}^{10} b(k, 800, 0.005) &= 1 - \sum_{k=11}^{800} b(k, 800, 0.005) \\
&\approx 1 - \sum_{k=11}^{\infty} \pi(k, 4) = \sum_{k=0}^{10} \pi(k, 4) \\
&= \mathrm{e}^{-4} \sum_{k=0}^{10} \frac{4^k}{k!} \approx 1 - 0.002840 = 0.987160
\end{aligned}
$$

泊松分布多用于稠密性问题 (Density Problem), 即某段时间内事件发生的数目, 在时间段 $[t_1, t_2]$, $-\infty < t_1 < t_2 + \infty$ 内, 除了大量的试验中稀有事件的发生次数服从 $\pi(\lambda)$ 外, 服从泊松分布的随机变量不胜枚举. 例如:

(1) 放射性元素释放的粒子数 (如衰变中的镭元素,Radium);

(2) 公交车站候车人数;

(3) 来到柜台前要求服务的顾客人数;

(4) 医院的候诊人数;

(5) 交通十字路口的汽车流量;

(6) 显微镜下某区域内的细菌数;

(7) 移动通信信息平台上收到的短信数;

(8) 母鸡下蛋的个数.

4*　几何分布

【定义 2.2.7】几何分布 (Geometric Distribution)　　独立重复试验, 每次成功的概率为 p, 失败的概率为 $q = 1 - p(0 < p < 1)$, 将试验进行到出现一次成功为止. 设随机变量 X 为试验次数, 则其分布律为

$$P\{X = k\} = (1 - p)^{k-1}p = q^{k-1}p \qquad \cdots$$

称此随机变量服从参数为 p 的 几何分布.

例如某球队前锋罚点球命中的概率为 $p(0 < p < 1)$, 罚球次数不限, 一旦破门即停止. 令随机变量 X 表示首次命中的罚球次数, 则 $P\{X = k\} = q^{k-1}p(k = 0, 1, \cdots, n)$. 因 $q < 1$, 故 $P\{X = k\}$ 随 k 的增大而降低.

记事件 A 表示试验成功，事件 $\overline{A}$ 表示试验失败，由独立性，有

$$
\begin{aligned}
& P\{X = k\} \\
= \; & P(\overline{A})P(\overline{A}) \cdots P(\overline{A})P(A) \\
= \; & \underbrace{(1-p)(1-p) \cdots (1-p)}p \\
= \; & (1-p)^{k-1}p = q^{k-1}p
\end{aligned}
$$

5.* 超几何分布

【定义 2.2.8】超几何分布 (Hypergeometric Distribution)   分布律为

$$
P\{X = k\} = \frac{C_m^k C_n^{r-k}}{C_{m+n}^r}, \qquad 0 \leqslant k \leqslant r
$$

的随机变量 X 称为服从参数为 m, n, r 的 超几何分布，记为 $X \sim H(m, n, r)$. 之所以称为超几何分布，是因为它的形式与超几何函数 (椭圆函数) 有关.

如前例的无放回摸球试验：袋中有 m 只白球 n 只红球，随机摸取 r 只，其中恰好有 k 只白球的概率，就是超几何分布概率.

另一种通用的记法是取袋中球的总数为 N，白球数为 M，红球数为 $N-M$；任取 n 只球恰好有 k 只白球数的概率为

$$
P\{X = k\} = \frac{C_{N-M}^{n-k} C_M^k}{C_N^n}, \qquad M \leqslant N, \qquad k \leqslant \min(M, n), \qquad 0 \leqslant k \leqslant r
$$

记为 $X \sim H(M, N, n)$.

分布律表如下：

X	0	1	$\cdots$	k
$P\{X = k\}$	$\dfrac{C_M^0 C_{N-M}^n}{C_N^n}$	$\dfrac{C_M^1 C_{N-M}^{n-1}}{C_N^n}$	$\cdots$	$\dfrac{C_M^k C_{N-M}^{n-k}}{C_N^n}$

验证其规范性，利用组合数的性质：

$$
(1+x)^N = (1+x)^M (1+x)^{N-M}
$$

比较 $x^n (0 \leqslant n \leqslant N)$ 的系数，易得

$$
\begin{aligned}
\sum_{k=0}^{\min(n,M)} \frac{C_M^k C_{N-M}^{n-k}}{C_N^n} &= \frac{1}{C_N^n} \sum_{k=0}^{\min(n,M)} C_M^k C_{N-M}^{n-k} \\
&= \frac{1}{C_N^n} \sum_{k=0}^{\min(n,M)} \frac{M!}{k!(M-k)!} \frac{(N-M)!}{(n-k)!(N-n-(M-k))!} \\
&= \frac{C_N^n}{C_N^n} = 1
\end{aligned}
$$

对于无放回采样，利用排列与组合数的关系：

$$P\{X=k\} = \frac{C_n^k A_M^k A_{N-m}^{n-k}}{A_N^n} = \frac{C_n^k C_M^k k! C_{N-M}^{n-k}(n-k)!}{C_N^n n!} = \frac{C_M^k C_{N-M}^{n-k}}{C_N^n}$$

【定理 2.2.2】超几何分布趋向于二项分布　当取球数 n 固定，$\frac{M}{N} := p$(球比例) 固定，$N \to \infty$ 时，X 近似服从二项分布，即

$$\lim_{N \to \infty} H(M,N,n) = B(n,p)$$

也即

$$\frac{C_M^k C_{N-M}^{n-k}}{C_N^n} \approx C_n^k p^k (1-p)^{n-k}$$

其中 $p = \frac{M}{N}, q = 1-p = \frac{N-M}{N}$.

【证明】

$$\frac{C_M^k C_{N-M}^{n-k}}{C_N^n}$$

$$= \frac{\dfrac{M(M-1)\cdots(M-k+1)}{k!} \times \dfrac{(N-M)(N-M-1)\cdots(N-N-(n-k)+1)}{(n-k)!}}{\dfrac{N(N-1)\cdots(N-n+1)}{n!}}$$

$$= \frac{n!}{k!(n-k)!} \frac{M(M-1)\cdots(M-k+1)(N-M)(N-M-1)\cdots(N-N-(n-k)+1)}{N(N-1)\cdots(N-n+1)}$$

$$= C_n^k \frac{\dfrac{M}{N}(\dfrac{M}{N}-1)\cdots(\dfrac{M}{N}-\dfrac{k-1}{N})(1-\dfrac{M}{N})\cdots(\dfrac{N-M}{N}-\dfrac{n-k+1}{N})}{(1-\dfrac{1}{N})(1-\dfrac{2}{N})\cdots(1-\dfrac{n-1}{N})}$$

$$= C_n^k \frac{p(p-1)\cdots(p-\dfrac{k-1}{N})q\cdots(q-\dfrac{n-k+1}{N})}{(1-\dfrac{1}{N})(1-\dfrac{2}{N})\cdots(1-\dfrac{n-1}{N})}$$

令 $N \to \infty$，得

$$\lim_{N \to \infty} \frac{C_M^k C_{N-M}^{n-k}}{C_N^n} = C_n^k p^k (1-p)^{n-k}$$

本定理说明，当球数 (产品总数)N 很大 ($N \to \infty$)，而抽样个数 $n \ll N$ 极小时，则采样有无放回区别不大. 证毕.

6.*　负二项分布 (帕斯卡分布)

【定义 2.2.9】负二项分布 (Negative Binomial Distribution)　随机变量 X 分布律为

$$P\{X=k\} = C_{n-1+k}^{n-1} q^k p^n$$

则称 X 满足 负二项分布 或 帕斯卡分布.

假设伯努利试验成功的概率为 p, 进行到 r 次成功, 则所需的试验次数为

$$P\{X = k\} = C_{k-1}^{r-1} q^{k-r} p^r \qquad k = r, r+1, r+2, \cdots$$

事实上, 任选 $k-1$ 次中有 $r-1$ 次成功, 而不进球的次数为 $k-r$ 次, 由事件的独立性:

$$P\{X = k\} = B(k-1, r-1, p)p$$

如投篮命中率为 p, 有 r 次进球, 即满足负二项分布.

【释例 2.2.1】 检查产品次品率 p 的方案: 先指定一个自然数 n, 逐个抽样检查直到发现第 n 个次品, 以 X 表示此时已检出的正品个数, 则次品率 p 与 X 成反比: p 小, 则正品数 X 多; p 大, 则正品数 X 小.

【解】 设每次抽取结果独立在伯努利试验中, 当事件发生时, 蕴含抽取了 $n+k$ 次. 设 A_1 表示 "前 $n+k-1$ 次中, 恰好有 $n-1$ 个次品", A_2 表示 "第 $n+k$ 次取出正品", 则

$$P(A) = P(A_1)P(A_2) = b(n+k-1, p, n-1) \times p = C_{n+k-1}^{n-1} p^{n-1} q^k p = C_{n+k-1}^{n-1} p^n q^k$$

其由来是因为负 "指数二项分布":

$$(1-x)^{-n} = \sum_{k=0}^{\infty} C_{-n}^k (-x)^k = \sum_{k=0}^{\infty} C_{n+k-1}^n x^k = \sum_{k=1}^{\infty} C_{n+k-1}^{n-1} x^k$$

令 $x = 1-p$, 两边乘以 p^n, 用公式 $C_n^m = C_n^{m-1}$, 得

$$1 = 1^{-n} = (1 - (1-p))^{-n} p^n = \sum_{k=1}^{\infty} C_{n+k-1}^{n-1} p^n (1-p)^k$$

特别取 $n = 1$, 约定 $C_k^0 = 1$, 则

$$P\{X = k\} = p(1-p)^k = pq^k$$

即成为几何分布, 即公比为 $1-p$ 的几何级数.

【例 2.2.8】蚕生子 每次蚕产卵的数目服从参数为 λ 的泊松分布, 每个卵变成蚕的概率为 p, 且各卵是否变成蚕相互独立, 求每只蚕养出 m 只小蚕的概率.

【解】 蚕的产卵数取为随机变量 $X \sim \pi(\lambda)$, 每只蚕养出小蚕的个数为随机变量 Y, 故

$$P\{X = k\} = \frac{\lambda^k}{k!} e^{-\lambda}$$

且条件概率为

$$P\{Y = m | X = k\} = C_k^m p^m (1-p)^{k-m} \qquad (k = m, m+1, m+2, \cdots)$$

由全概率公式, 得

$$
\begin{aligned}
P\{Y=m\} &= \sum_{k=m}^{\infty} P\{X=k\}P\{Y=m|X=k\} \\
&= \sum_{k=m}^{\infty} \frac{\lambda^k}{k!}\mathrm{e}^{-\lambda}C_k^m p^m(1-p)^{k-m} \\
&= \frac{\mathrm{e}^{-\lambda}p^m}{m!}\sum_{k=m}^{\infty}\frac{\lambda^k}{k!}\frac{k!}{(k-m)!}(1-p)^{k-m} \\
&= \frac{\mathrm{e}^{-\lambda}p^m\lambda^m}{m!}\sum_{k=m}^{\infty}\frac{\lambda^{k-m}}{(k-m)!}(1-p)^{k-m} \\
&= \frac{\mathrm{e}^{-\lambda}(p\lambda)^m}{m!}\mathrm{e}^{\lambda(1-p)} = \frac{(p\lambda)^m}{m!}\mathrm{e}^{-\lambda p}
\end{aligned}
$$

即每只蚕养出 m 只小蚕的概率为 $P = \dfrac{(p\lambda)^m}{m!}\mathrm{e}^{-\lambda p}$.

【例 2.2.9】110 接警　公安局 110 报警中心在长为 t 的时间区间内收到的呼叫次数 X 服从参数为 $\dfrac{t}{2}$ 的泊松分布, 只与时间间隔有关, 与时间端点无关.

(1) 求某日午时 12 点至下午 3 点没有接警的概率;

(2) 求某日午时 12 点至下午 5 点至少接警一次的概率.

【解】　(1) 午时 12 点至下午 3 点, 时间区间 $t=3$, 收到呼叫次数服从的泊松分布为 $X \sim \pi(\dfrac{3}{2})$, 在 3 小时内接收 k 次报警的概率为

$$
P\{X=k\} = \frac{\lambda^k}{k!}\mathrm{e}^{-\lambda} = \frac{(\frac{3}{2})^k\mathrm{e}^{-\frac{3}{2}}}{k!}
$$

$$
P\{X=0\} = \mathrm{e}^{-\frac{3}{2}} \approx 0.223
$$

(2) 午时 12 点至下午 5 点, 时间区间 $t=5$, 收到呼叫次数服从的泊松分布为 $X \sim \pi(\dfrac{5}{2})$, 在 5 小时内至少接警一次的概率为

$$
P\{X \geqslant 1\} = 1 - P\{X=0\} = 1 - \mathrm{e}^{-\frac{3}{2}} \approx 0.98
$$

【例 2.2.10】　求泊松分布 $X \sim \pi(\lambda)$ 的分布函数.

【解】

$$
F(x) = P\{X \leqslant x\} = \sum_{k \leqslant x} P\{X=k\} = \sum_{k \leqslant x}\frac{\lambda^k}{k!}\mathrm{e}^{-\lambda}
$$

函数分布表如下:

$x=k=x_k$	1	2	3	$\cdots$	k
$P\{X=k\}$	$\dfrac{\lambda}{1}\mathrm{e}^{-1}$	$\dfrac{\lambda^2}{2!}\mathrm{e}^{-2}$	$\dfrac{\lambda^3}{3!}\mathrm{e}^{-3}$	$\cdots$	$\dfrac{\lambda^k}{k!}\mathrm{e}^{-k}$
$F(x)$	$\lambda\mathrm{e}^{-1}$	$\lambda\mathrm{e}^{-1}+\dfrac{\lambda^2}{2!}\mathrm{e}^{-2}$	$\cdots$	$\cdots$	$\displaystyle\sum_{x=k}\frac{\lambda^k}{k!}\mathrm{e}^{-\lambda}$

易知 $F(x)$ 是右连续的指数函数，在 $x = k, k = 1, 2, 3, \cdots$ 处有跳跃 (第一类跳跃点)，跃度为 $\sum\limits_{k \leqslant x} P\{X = k\} = \dfrac{\lambda^k}{k!} \mathrm{e}^{-\lambda}$.

【例 2.2.11】母鸡下蛋　母鸡在时间区间 $[t_0, t_0 + t]$ 的下蛋个数服从参数为 λt 的泊松分布：

$$X \sim \pi(\lambda t) : P\{X = k\} = \frac{(\lambda t)^k}{k!} \mathrm{e}^{-\lambda t}$$

求两次下蛋之间的"等待时间" Y 的分布函数.

【解】　　取 $t_0 = 0$，考虑 $[0, t]$，显然 $P\{Y < t\} = 0$(间隔小于给定等待时间不下蛋)，当 $t > 0$ 时，错过了下蛋时刻到了下一等待时间段内鸡也不下蛋，故事件

$$
\begin{aligned}
\{Y > t\} &= \{X = 0\} \\
&\Rightarrow P\{Y > t\} = P\{X = 0\} = \frac{(\lambda t)^0}{0!} \mathrm{e}^{-\lambda t} = \mathrm{e}^{-\lambda t} \\
&\Rightarrow P\{Y \leqslant t\} = 1 - P\{Y > t\} = 1 - \mathrm{e}^{-\lambda t} \\
&\Rightarrow F(t) = 1 - \mathrm{e}^{-\lambda t}, \qquad t > 0
\end{aligned}
$$

故 $F(t)$ 作为等待时间的分布函数为

$$
F(t) = \begin{cases}
1 - \mathrm{e}^{-\lambda t}, & t > 0 \\
0, & t \leqslant 0
\end{cases}
$$

称满足此分布的随机变量服从参数为 λ 的指数分布.

习题 2.2

1. 设随机变量的分布函数为

$$
F(x) = \begin{cases}
0, & x < -1 \\
0.4, & -1 \leqslant x < 1 \\
0.8, & 1 \leqslant x < 3 \\
1, & x \geqslant 3
\end{cases}
$$

求 X 的概率分布.

2. 设随机变量 X 的分布律为

X	1	2	3	4
p_k	$\dfrac{1}{4}$	$\dfrac{1}{2}$	$\dfrac{1}{8}$	$\dfrac{1}{8}$

求 X 的分布函数并作出图形.

3. 设一个袋子里有 5 只球，编号 1，2，3，4，5. 在袋子中同时取 3 只，以 X 表示取出的 3 只球中的最大号码，写出随机变量 X 的分布律.

4. 投掷 2 次骰子，以 X 表示 2 次中的较小点数，写出随机变量 X 的分布律.

5. 在 15 只同类零件中有 2 只次品，无放回地连取 3 次，每次取 1 只. 以 X 表示取出的次品数，写出随机变量 X 的分布律并作图.

6. 设随机变量 X 服从两点分布，求 X 的分布函数并作出图形.

7. 已知一批零件共 10 件，其中有 3 件不合格，采取不放回抽样任取一件使用，求在首次取到合格品之前取出的不合格品件数 X 的分布律.

8. 有 3 个盒子，第一个盒子装有 4 只红球、1 只黑球，第二个盒子装有 3 只红球、2 只黑球，第三个盒子装有 2 只红球、3 只黑球. 现任取一盒，从中任取 3 只球，以 X 表示所取到的红球数. （1）写出 X 的分布律；（2）求所取到的红球个数不少于 2 的概率.

9. 一篮球运动员的投篮命中率为 45%，以 X 表示他首次投中时累计已投篮的次数，写出 X 的分布律并计算 X 取偶数的概率.

10. 从甲地到乙地途中有 3 个路口，假设在各个路口遇到红灯的事件是相互独立的，并且概率都是 $\dfrac{2}{5}$，设 X 为途中遇到红灯的次数，求随机变量 X 的分布律与分布函数.

11. 某地区有 5 个加油站，调查表明在任一时刻每个加油站被使用的概率为 0.1，求在同一时刻：（1）恰有 2 个加油站被使用的概率；（2）至少有 3 个加油站被使用的概率；（3）至多有 3 个加油站被使用的概率.

12. 设随机变量 $X \sim B(2,p)$，$Y \sim B(3,p)$. 若 $P\{X \geqslant 1\} = \dfrac{5}{9}$，求 $P\{Y \geqslant 1\}$ 的值.

13. 独立射击 5000 次，每次的命中率为 0.001，求：(1) 最可能命中次数及相应的概率；(2) 命中次数不少于 2 次的概率.

14. 设随机变量 $X \sim \pi(\lambda)$，问当 λ 为何值时，$P\{X = k\}$ 取最大值.

15. 一本 500 页的书，共 500 错字，每个字等可能地出现在每一页上，求在给定的某一页上最多 2 个错字的概率.

16. 商店出售某种商品，根据经验此商品的月销售量 X 服从 $\lambda = 3$ 的泊松分布：$X \sim \pi(\lambda)$. 求：在月初进货时要库存多少件此种商品，才能以 99% 的概率满足顾客的要求？

17. 设每天进入图书馆的人数服从参数为 λ 的泊松分布，而且在进入图书馆的人中，借书的概率为 p，设各个人是否借书是相互独立的，求（1）某天恰有 k 个人借书的概率；（2）若某天有 k 个人借书，求该天进入图书馆的人数为 n 的概率.

2.3   连续型随机变量

2.3.1   连续型随机变量的概念

【定义 2.3.1】连续型随机变量   如果存在非负可积函数 $f(x) \geqslant 0, \displaystyle\int_{-\infty}^{+\infty} f(x)\mathrm{d}x < \infty$，使得随机变量 X 的分布函数可表示为此函数的变上限积分：

$$F(x) = P\{X \leqslant x\} = \int_{-\infty}^{x} f(t)\mathrm{d}t$$

或者等价的叙述: 随机变量 X 取值于某区间 $(a,b]$ 的概率为

$$P\{a < x \leqslant b\} = \int_a^b f(x)\mathrm{d}x = F(b) - F(a)$$

则称 X 为连续型随机变量 (Continuous Random Variable,C.R.V), 而可积非负函数 $f(x)$ 称为 X 的 概率密度函数, 简称 概率密度(Probability Density).

其名称源自类比: 线密度关于长度的积分是质量 $m = \int f(x)\mathrm{d}x$, 而概率密度关于长度的积分是分布 $F = \int f(x)\mathrm{d}x$. 将 分布 喻为有质量的点, 是很自然的.

【命题 2.3.1】连续型随机变量的性质 连续型随机变量的概率密度函数具有如下性质:
(1) 非负性: $f(x) \geqslant 0$, 由定义即知.
(2) 规范性: $\int_{-\infty}^{+\infty} f(x)\mathrm{d}x = 1$. 即概率密度函数在定义区间上的积分为 1, 如图 2.3.1 所示.

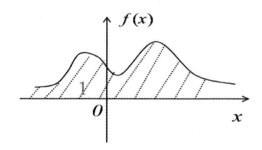

图 2.3.1 连续型随机变量的规范性

由概率分布的规范性, 设随机变量 X 的样本空间为 S, 则

$$\int_{-\infty}^{+\infty} f(x)\mathrm{d}x = F(+\infty) = F(S) = 1$$

(3) 积分: 随机变量落在左开右闭区间 $X \in (x_1, x_2]$ 的概率为

$$P\{x_1 < X \leqslant x_2\} = F(x_1) - F(x_2) = \int_{x_1}^{x_2} f(x)\mathrm{d}x$$

几何意义是: X 落在区间 $(x_1, x_2]$ 的概率等于其概率密度函数在区间 $(x_1, x_2]$ 上的定积分, 即概率密度曲线覆盖下的曲边梯形的代数面积, 如图 2.3.2 所示.

(4) 微分: 在连续点处, 分布函数的导数就是概率密度函数, 即有

$$F'(x) = f(x)$$

【简证】 因 $F(x) = \int_{-\infty}^x f(t)\mathrm{d}t$, 由变上限积分求导, 得 $F'(x) = f(x)$.

【注记 2.3.1】密度的几何理解 由导数定义, 有

$$f(x) = F'(x) = F'_+(x) = \lim_{\Delta x \to 0+} \frac{F(x + \Delta x) - F(x)}{\Delta x} = \lim_{\Delta x \to 0+} \frac{P\{x < X \leqslant x + \Delta x\}}{\Delta x}$$

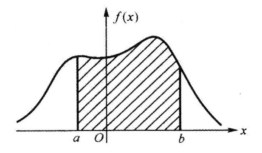

图 2.3.2　概率密度函数在给定区间上的定积分

于是有近似公式

$$P\{x < X \leqslant x + \Delta x\} \approx f(x)\Delta x$$

即随机变量 $X \in (x, x + \Delta x]$ 区间的概率近似为 $f(x)\Delta x$, 即: 概率 = 密度 × 区间长度.

【例 2.3.1】　随机变量 X 的概率密度为

$$(1)f(x) = \begin{cases} 2(1 - \dfrac{1}{x^2}), & 1 \leqslant x \leqslant 2 \\ 0, & \text{其他} \end{cases} ; \qquad (2)f(x) = \begin{cases} x, & 0 \leqslant x < 1 \\ 2 - x, & 1 \leqslant x < 2 \\ 0, & \text{其他} \end{cases} .$$

求 X 的分布函数 $F(x)$.

【解】此类问题的解决方法是"分区间讨论".

(1) 当 $x \in [1, 2)$ 时，有

$$\begin{aligned} F(x) &= \int_1^x 2(1 - \frac{1}{x^2})\mathrm{d}x \\ &= (2x + \frac{2}{x})|_1^x = 2x + \frac{2}{x} - (2 + \frac{2}{1}) \\ &= 2(x + \frac{1}{x}) - 4 = 2(x + \frac{1}{x} - 2) \end{aligned}$$

当 $x < 1$ 时，有

$$F(x) = \int_{-\infty}^x 0\mathrm{d}x = 0$$

当 $x \geqslant 2$ 时，有

$$F(x) = \int_1^2 2(1 - \frac{1}{x^2})\mathrm{d}x = 2(x + \frac{1}{x})|_1^2 = 2 \times \frac{1}{2} = 1$$

故

$$F(x) = \int_{-\infty}^x f(x)\mathrm{d}x = \begin{cases} 2(x + \dfrac{1}{x} - 2), & x \in [1, 2) \\ 1, & x \in [2, +\infty) \end{cases}$$

(2) 当 $x \in [0, 1)$ 时，有

$$F(x) = \int_{-\infty}^x f(x)\mathrm{d}x = \int_0^x x\mathrm{d}x = \frac{1}{2}x^2|_0^x = \frac{x^2}{2}$$

当 $x \in [1, 2)$ 时，有

$$
\begin{aligned}
F(x) &= \int_{-\infty}^{x} f(x)\mathrm{d}x \\
&= \int_{1}^{x} (2 - x)\mathrm{d}x + \int_{0}^{1} x\mathrm{d}x \\
&= (2x - \frac{x^2}{2})|_1^x + \frac{x^2}{2}|_0^1 \\
&= 2x - \frac{x^2}{2} - (2 - \frac{1}{2}) + \frac{1}{2} \\
&= 2x - \frac{x^2}{2} - \frac{3}{2} + \frac{1}{2} \\
&= 2x - \frac{x^2}{2} - 1
\end{aligned}
$$

当 $x < 0$ 时，$F(x) = 0$.

当 $x \geqslant 2$ 时，有

$$
\begin{aligned}
F(x) &= \int_{-\infty}^{x} f(x)\mathrm{d}x \\
&= \int_{0}^{1} x\mathrm{d}x + \int_{1}^{2} (2 - x)\mathrm{d}x \\
&= \frac{x^2}{2}|_0^1 + (2x - \frac{x^2}{2})|_1^2 \\
&= \frac{1}{2} + (4 - 2) - (2 - \frac{1}{2}) \\
&= 1
\end{aligned}
$$

故

$$
F(x) = \begin{cases}
0, & x < 0 \\
2x - \dfrac{x^2}{2} - 1, & 1 \leqslant x < 2 \\
\dfrac{x^2}{2}, & 0 \leqslant x < 1 \\
1, & x \geqslant 2
\end{cases}
$$

2.3.2 基本连续型随机变量

1. 均匀分布

【定义 2.3.2】均匀分布 若连续型随机变量 X 在区间 (a, b) 上具有密度函数

$$
f_X(x) = \begin{cases}
\dfrac{1}{b - a}, & a < x < b \\
0, & 其他
\end{cases}
$$

则称 X 在区间 (a, b) 上服从 (单维) 均匀分布 (Unified Distribution)，记为 $X \sim U(a, b)$(图 2.3.3).
均匀分布随机变量 X 落在区间任一子集的概率只与区间的长度有关，与位置无关.

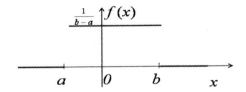

图 2.3.3   均匀分布的密度函数

(1) 非负性：$f(x) \geqslant 0$，显然.

(2) 规范性：
$$\int_{-\infty}^{+\infty} f(x)\mathrm{d}x = \int_a^b \frac{1}{b-a}\mathrm{d}x = \frac{1}{b-a}.(b-a) = 1$$

下面讨论分布函数：

当 $x \in (a,b)$ 时，有
$$
\begin{aligned}
F(x) &= \int_{-\infty}^x f_X(x)\mathrm{d}x \\
&= \int_a^x \frac{1}{b-a}\mathrm{d}x \\
&= \frac{1}{b-a}.(x-a) = \frac{x-a}{b-a}
\end{aligned}
$$

当 $x \geqslant b$ 时，有 $F(x) = \int_a^b f_X(x)\mathrm{d}x = 1$.

当 $x < a$ 时，有 $F(x) = 0$.

故而均匀分布分布函数为
$$
F_X(x) = \begin{cases}
0, & x < a, \\
\dfrac{x-a}{b-a}, & a < x < b, \\
1, & x \geqslant b.
\end{cases}
$$

如图 2.3.4 所示.

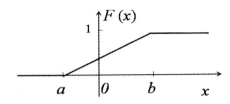

图 2.3.4   均匀分布的分布函数

【例 2.3.2】 随机变量 $k \sim U(0,5)$，求方程

$$4x^2 + 4kx + k + 2 = 0$$

有实根的概率.

【解】 随机变量 $k \sim U(0,5)$，概率密度函数为

$$f_k(x) = \begin{cases} \dfrac{1}{5}, & x \in (0,5) \\ 0, & \text{其他} \end{cases}$$

分布函数为

$$F_k(x) = \begin{cases} 0, & x < 0 \\ \dfrac{x}{5}, & x \in [0,5), \\ 1, & x \geqslant 5. \end{cases}$$

二次方程判别式为

$$\begin{aligned} \Delta &= 16k^2 - 4 \times 4(k+2) \\ &= 16k^2 - 16(k+2) = 16(k^2 - k - 2) \\ &= 16(k-2)(k+1) \end{aligned}$$

方程有实根当且仅当 $\Delta \geqslant 0$ 即 $k \leqslant -1$ 或 $k \geqslant 2$. 从而有实根的概率为

$$\begin{aligned} &P\{k \leqslant -1\} + P\{k \geqslant 2\} \\ =\ & F_k(-1) + \int_2^5 \frac{1}{5}\mathrm{d}x \\ =\ & 0 + \frac{x}{5}\Big|_2^5 = 1 - \frac{2}{5} = \frac{3}{5} \end{aligned}$$

【例 2.3.3】 随机变量 $k \sim U(1,6)$，求方程

$$x^2 + kx + 1 = 0$$

有实根的概率.

【解】 随机变量 $k \sim U(1,6)$，概率密度函数为

$$f_k(x) = \begin{cases} \dfrac{1}{5}, & 1 < x < 6, \\ 0, & \text{其他}. \end{cases}$$

二次方程判别式为 $\Delta = k^2 - 4$.

$$\begin{aligned} P\{k^2 - 4 \geqslant 0\} &= P\{k \geqslant 2, \text{或}\ k \leqslant -2\} \\ &= P\{2 \leqslant k < 6\} + P\{k \leqslant -2\} \\ &= P\{2 \leqslant k < 6\} + 0 \\ &= \int_2^6 \frac{1}{5}\mathrm{d}x = \frac{4}{5} \end{aligned}$$

或由于当 $k \sim U(1,6)$ 时, $F(x) = \dfrac{x-1}{5}$, 故所求概率为

$$F(6) - F(2) = \frac{6-1}{5} - \frac{2-1}{5} = 1 - \frac{1}{5} = \frac{4}{5}$$

2. 指数分布

【**定义 2.3.3**】**指数分布** (Exponential Distribution)　　若连续型随机变量 X 具有概率密度 ($\theta > 0$ 为常数)

$$f_X(x) = \begin{cases} \dfrac{1}{\theta}\mathrm{e}^{-\frac{x}{\theta}}, & x > 0 \\ 0, & x \leqslant 0 \end{cases}$$

则称 X 服从参数为 θ 的指数分布, 可以记为 $X \sim E(\theta)$.

或者令 $\theta = \dfrac{1}{\lambda}, \lambda > 0$, 写为

$$f_X(x) = \begin{cases} \lambda \mathrm{e}^{-\lambda x}, & x > 0 \\ 0, & x \leqslant 0 \end{cases}$$

则 $X \sim E(\lambda)$. 记法不同, 含义一样. 其密度函数如图 2.3.5 所示.

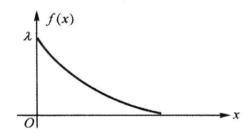

图 2.3.5　　指数分布的密度函数

此时分布函数为

$$
\begin{aligned}
F(x) &= \int_{-\infty}^{x} f(x)\mathrm{d}x \\
&= \begin{cases} \displaystyle\int_0^x \frac{1}{\theta}\mathrm{e}^{-\frac{x}{\theta}}\mathrm{d}x, & x > 0 \\ 0, & x \leqslant 0 \end{cases} \\
&= \begin{cases} \mathrm{e}^{-\frac{x}{\theta}}\big|_x^0, & x > 0 \\ 0, & x \leqslant 0 \end{cases} \\
&= \begin{cases} 1 - \mathrm{e}^{-\frac{x}{\theta}}, & x > 0 \\ 0, & x \leqslant 0 \end{cases}
\end{aligned}
$$

或者，当 $\lambda = \dfrac{1}{\theta} > 0$ 时，有

$$F_X(x) = \begin{cases} 1 - \mathrm{e}^{-\lambda x}, & x > 0 \\ 0, & x \leqslant 0 \end{cases}$$

其分布函数如图 2.3.6 所示.

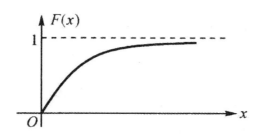

图 2.3.6　指数分布的分布函数

由此推论

$$P\{x > 0\} = \mathrm{e}^{-\frac{x}{\theta}}, \qquad x > 0$$

显然，这就是之前获得的结论，即当母鸡在给定时间 $[t_0, t_0 + t]$ 内下蛋的个数服从参数为 λt(或 $\dfrac{t}{\theta}$) 的泊松分布时，在两次下蛋之间的等待时间 Y 服从的分布，即

$$\begin{aligned} F_Y(t) &= P\{Y \leqslant t\} = 1 - P\{Y > t\} \\ &= 1 - P\{Y = 0\} \\ &= 1 - \mathrm{e}^{-\lambda t} \cdot \frac{\lambda^0}{0!} \\ &= 1 - \mathrm{e}^{-\lambda t}, \qquad t > 0 \end{aligned}$$

故概率密度函数为

$$f_Y(t) = F_Y'(t) = \begin{cases} \lambda \mathrm{e}^{-\lambda t}, & t > 0 \\ 0, & t \leqslant 0 \end{cases}$$

或

$$F(t) = \begin{cases} 1 - \mathrm{e}^{-\frac{t}{\theta}}, & t > 0 \\ 0, & t \leqslant 0 \end{cases}$$

$$f_Y(t) = \begin{cases} \dfrac{1}{\theta} \mathrm{e}^{-\frac{t}{\theta}}, & t > 0 \\ 0, & t \leqslant 0 \end{cases}$$

其规范性由下式给出：

$$\int_{-\infty}^{+\infty} f(t)\mathrm{d}t = \int_0^{+\infty} \frac{1}{\theta} \mathrm{e}^{-\frac{t}{\theta}} \mathrm{d}t = \mathrm{e}^{\frac{-t}{\theta}}\big|_{-\infty}^0 = \mathrm{e}^0 - \mathrm{e}^{-\infty} = 1 - 0 = 1$$

【定理 2.3.1】指数分布的无记忆性

$$P\{X > s + t | X > s\} = P\{X > t\}$$

其意义是：设 X 为元件寿命 (Longevity)，则元件已知使用了 s 小时的条件下使用 $s+t$ 的条件概率 $P\{X > s + t | X > s\}$ 与从开始使用该元件至少使用 t 小时的概率 $P\{X > t\}$ 相等，或者说：新灯如旧灯，元件对它已用过的 s 小时没有记忆.

【证明】 由条件概率的定义式，有

$$
\begin{aligned}
P\{X > s + t | X > s\} &= \frac{P\{X > s + t\} \bigcap P\{X > s\}}{P\{X > s\}} \\
&= \frac{P\{X > s + t\}}{P\{X > s\}} = \frac{1 - P\{X \leqslant s + t\}}{1 - P\{X \leqslant s\}} \\
&= \frac{1 - (1 - e^{-\frac{s+t}{\theta}})}{1 - (1 - e^{-\frac{s}{\theta}})} = e^{-\frac{t}{\theta}} = 1 - (1 - e^{-\frac{t}{\theta}}) = 1 - F(t) \\
&= 1 - P\{X \leqslant t\} = P\{X > t\}
\end{aligned}
$$

此种概率的无记忆性 (健忘症) 已在前面的"袋中摸球"试验中目睹：袋中有 m 只白球、n 只红球，连续 $k \leqslant m + n$ 次第 k 次取得白球的概率为

$$
\begin{aligned}
P(B_k) &= \frac{C_m^1 \cdot A_{m+n-1}^{k-1}}{A_{m+n}^k} \\
&= \frac{m(m + n - 1)(m + n - 2) \cdots (m + n - k + 1)}{(m + n)(m + n - 1)(m + n - 2) \cdots (m + n - k + 1)} \\
&= \frac{m}{m + n} = \frac{C_m^1}{C_{m+n}^1} = P(B_1)
\end{aligned}
$$

与第 1 次取得白球的概率相等.

【例 2.3.4】等候服务时间问题 某顾客在银行窗口等候服务的时间 (单位：分钟)X 服从参数为 $\theta = 5(\lambda = \frac{1}{5})$ 的指数分布 $X \sim E(5)$，概率密度为

$$
f_X(x) = \begin{cases} \dfrac{1}{5}e^{-\frac{x}{5}}, & x > 0 \\ 0, & x \leqslant 0 \end{cases}
$$

顾客在窗口等待服务超过 10 分钟即离开，每月去银行 5 次，以 Y 表示一个月内未等到服务离开的次数，求离散型随机变量 Y 的分布律以及 $P\{Y \geqslant 1\}$.

【解】 本问题包含两种经典离散型和连续型分布：所求概率 $P\{Y \geqslant 1\}$ 为至少有一次未等到服务而离开的概率，每次等待时间服从指数分布 $X \sim E(5)$，各次去银行等到服务的次数服从二项分布 $Y \sim B(n, p)$，每次等候服务的时间不超过 10 分钟的概率（失败概率）为

$$
\begin{aligned}
q &= P\{X \leqslant 10\} = F(10) \\
&= \int_0^{10} f_X(x)\mathrm{d}x = \int_0^{10} \frac{1}{5}e^{-\frac{x}{5}}\mathrm{d}x \\
&= 1 - e^{-\frac{x}{5}}|_{x=10} = 1 - e^{-2}
\end{aligned}
$$

故每次未等到服务而离开的概率（成功概率）为

$$p := P\{X > 10\} = 1 - P\{X \leqslant 10\} = 1 - q = e^{-2}$$

从而由参数为 $n=5, p=\mathrm{e}^{-2}$ 的伯努利试验, 离散型随机变量 $Y \sim B(5, \mathrm{e}^{-2})$, 故离散型随机变量 Y 的分布律为二项分布律

$$P\{Y=k\} = C_5^k (\mathrm{e}^{-2})^k (1-\mathrm{e}^{-2})^{5-k}$$

所求概率 $P\{Y \geqslant 1\}$ 即至少有 1 次等到服务而离开的次数为

$$P\{Y \geqslant 1\} = 1 - P\{Y=0\} = 1 - q^5 = 1 - (1-\mathrm{e}^{-2})^5 \approx 0.5167$$

可见, 此顾客还应当耐心等待.

3. 正态分布和标准正态分布

【定义 2.3.5】正态分布 (Normal Distribution)   连续型随机变量 X 的概率密度 (图 2.3.7) 为

$$f_X(x) = \frac{1}{\sqrt{2\pi}\sigma}\mathrm{e}^{-\frac{(x-\mu)^2}{2\sigma^2}}, \qquad -\infty < x < +\infty, \mu \in R^1, \sigma > 0$$

则称 X 服从 参数为 μ, σ 的正态分布 或称高斯分布, 记为 $X \sim N(\mu, \sigma^2)$, 其分布如图 2.3.8 所示, 其中参数 μ 称为均值 (Mean)，σ 称为标准差 (Standard Deviation).

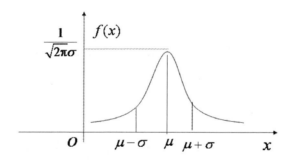

图 2.3.7   正态分布的概率密度

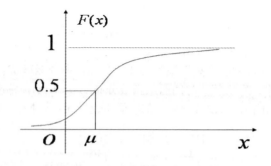

图 2.3.8   正态分布的分布函数

特别地，当 $\mu = 0, \sigma = 1$ 时，概率密度为

$$f_X(x) = \frac{1}{\sqrt{2\pi}}\mathrm{e}^{-\frac{x^2}{2}}, \qquad -\infty < x < +\infty,$$

66

此时连续型随机变量 X 服从 标准正态分布，记为 $X \sim N(0, 1)$，其概率密度如图 2.3.9 所示.

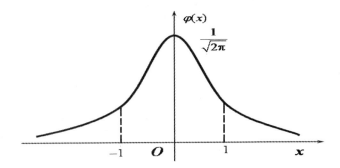

图 2.3.9 标准正态分布的概率密度

【定理 2.3.2】正态分布的规范性 设 $X \sim N(\mu, \sigma^2)$, $f_X(x) = \dfrac{1}{\sqrt{2\pi}\sigma}\mathrm{e}^{-\frac{(x-\mu)^2}{2\sigma^2}}$, 则

$$\frac{1}{\sqrt{2\pi}\sigma}\int_{-\infty}^{+\infty}\mathrm{e}^{-\frac{(x-\mu)^2}{2\sigma^2}}\mathrm{d}x = 1$$

【证明】 作线性变换

$$t := \frac{x-\mu}{\sigma}, \qquad x = \sigma t + \mu, \qquad \mathrm{d}t = \frac{1}{\sigma}\mathrm{d}x, \qquad \mathrm{d}x = \sigma\mathrm{d}t$$

则

$$\int_{-\infty}^{+\infty}\frac{1}{\sqrt{2\pi}\sigma}\mathrm{e}^{-\frac{(x-\mu)^2}{2\sigma^2}}\mathrm{d}x = \frac{1}{\sqrt{2\pi}}\int_{-\infty}^{+\infty}\mathrm{e}^{-\frac{t^2}{2}}\mathrm{d}t$$

对无穷定积分 $I = \displaystyle\int_{-\infty}^{+\infty}\mathrm{e}^{\frac{-t^2}{2}}\mathrm{d}t$，求平方并依据收敛性，先求二重积分 (利用极坐标代换 $t = r\cos\theta, u = r\sin\theta$)：

$$\begin{aligned}
I^2 &= \int_{-\infty}^{+\infty}\mathrm{e}^{\frac{-t^2}{2}}\mathrm{d}t\int_{-\infty}^{+\infty}\mathrm{e}^{\frac{-u^2}{2}}\mathrm{d}u \\
&= \iint \mathrm{e}^{\frac{-(u^2+t^2)}{2}}\mathrm{d}t\mathrm{d}u \\
&= \int_0^{2\pi}\mathrm{d}\theta\int_0^{+\infty}\mathrm{e}^{-\frac{r^2}{2}}r\mathrm{d}r \\
&= 2\pi\mathrm{e}^{\frac{-r^2}{2}}\big|_{\infty}^{0} = 2\pi
\end{aligned}$$

故 $I = \sqrt{2\pi}$，即

$$\int_{-\infty}^{+\infty}\mathrm{e}^{-\frac{t^2}{2}}\mathrm{d}t = \sqrt{2\pi}$$

从而

$$\frac{1}{\sqrt{2\pi}\sigma}\int_{-\infty}^{+\infty}\mathrm{e}^{-\frac{(x-\mu)^2}{2\sigma^2}}\mathrm{d}x = \frac{1}{\sqrt{2\pi}}\int_{-\infty}^{+\infty}\mathrm{e}^{-\frac{t^2}{2}}\mathrm{d}t = 1$$

【命题 2.3.2】正态分布概率密度函数的性质　　设概率密度函数 $y = f_X(x)$ 的曲线为

$$\Gamma : f_X(x) = \frac{1}{\sqrt{2\pi}\sigma} e^{-\frac{(x-\mu)^2}{2\sigma^2}}$$

1)**对称性** (Symmetry)

$$f_X(\mu + x) = \frac{1}{\sqrt{2\pi}\sigma} e^{-\frac{(\mu+x-\mu)^2}{2\sigma^2}} = \frac{1}{\sqrt{2\pi}\sigma} e^{-\frac{x^2}{2\sigma^2}}$$

$$f_X(\mu - x) = \frac{1}{\sqrt{2\pi}\sigma} e^{-\frac{(\mu-x-\mu)^2}{2\sigma^2}} = \frac{1}{\sqrt{2\pi}\sigma} e^{-\frac{x^2}{2\sigma^2}}$$

故

$$f_X(\mu + x) = f_X(\mu - x) = \frac{1}{\sqrt{2\pi}\sigma} e^{-\frac{x^2}{2\sigma^2}}$$

从而 "$\Gamma : y = f(x)$ 的图线" 关于直线 "$\xi : x = \mu$" 对称，事实上经过平移 "$\xi := x - \mu$" 后，$f_X(\xi) = \frac{1}{\sqrt{2\pi}\sigma} e^{-\frac{\xi^2}{2\sigma^2}}$ 是偶函数，关于 "$l_0 : x = 0$" 即 y 轴对称. 其概率意义为：$\forall h > 0$，有

$$\begin{aligned}
\int_{\mu-h}^{\mu} f(x)\mathrm{d}x &= \int_{\mu}^{\mu+h} f(x)\mathrm{d}x \\
\Rightarrow \quad F(\mu) - F(\mu - h) &= F(\mu + h) - F(\mu) \\
\Rightarrow \quad P\{\mu - h < x \leqslant \mu\} &= P\{\mu < x \leqslant \mu + h\}
\end{aligned}$$

几何意义为：分布在直线 $x = \mu$ 两侧的曲边梯形等面积.

2)**极值点，拐点，渐近线**

$$f_X(x) = \frac{1}{\sqrt{2\pi}\sigma} e^{-\frac{(x-\mu)^2}{2\sigma^2}}$$

求导，得

$$f_X'(x) = -\frac{(x-\mu)}{\sigma^2} \cdot \frac{1}{\sqrt{2\pi}\sigma} e^{-\frac{(x-\mu)^2}{2\sigma^2}} = -\frac{(x-\mu)}{\sqrt{2\pi}\sigma^3} e^{-\frac{(x-\mu)^2}{2\sigma^2}}$$

$$\begin{aligned}
f_X''(x) &= -\frac{1}{\sqrt{2\pi}\sigma^3} e^{-\frac{(x-\mu)^2}{2\sigma^2}} + \frac{(x-\mu)^2}{\sqrt{2\pi}\sigma^5} e^{-\frac{(x-\mu)^2}{2\sigma^2}} \\
&= \frac{1}{\sqrt{2\pi}\sigma^5} ((x-\mu)^2 - \sigma^2) e^{-\frac{(x-\mu)^2}{2\sigma^2}}
\end{aligned}$$

故极值点由下式确定：

$$f_X'(x) = 0 \Leftrightarrow x = \mu, \, f_X(\mu) = \frac{1}{\sqrt{2\pi}\sigma}$$

又在此处，有

$$x > \mu \Rightarrow f'(x) < 0, \qquad\qquad x < \mu \Rightarrow f'(x) > 0$$

$$f_X''(\mu) = -\frac{1}{\sqrt{2\pi}\sigma^3} < 0, \qquad \sigma > 0$$

故 $f_X(\mu) = \frac{1}{\sqrt{2\pi}\sigma}$ 为极大值. 拐点由下式确定：

$$f_X''(x) = 0 \quad \Leftrightarrow \quad (x-\mu)^2 = \sigma^2 \Leftrightarrow |x - \mu| = |\sigma| \quad \Leftrightarrow \quad x = \mu \pm \sigma$$

此时，有

$$f'_X(x) = \frac{1}{\sqrt{2\pi}\sigma}\mathrm{e}^{-\frac{\sigma^2}{2\sigma^2}} = \frac{1}{\sqrt{2\pi}\sigma}\mathrm{e}^{-\frac{1}{2}}$$

即最大值点为 $M_0(\mu, \frac{1}{\sqrt{2\pi}\sigma})$. 而拐点有一对，即

$$M_+(\mu+\sigma, \frac{1}{\sqrt{2\pi}\sigma}\mathrm{e}^{-\frac{1}{2}}), \qquad M_-(\mu-\sigma, \frac{1}{\sqrt{2\pi}\sigma}\mathrm{e}^{-\frac{1}{2}})$$

$$\lim_{x\to\pm\infty} f_X(x) = \mathrm{e}^{-\infty} = 0$$

故水平渐近线 (Asymptotic line) 为 x 轴，即 $y = 0$. 事实上，渐近线斜率为

$$k = \lim_{x\to 0}\frac{y}{x} = \lim_{x\to\infty}\frac{1}{\sqrt{2\pi}\sigma x}\mathrm{e}^{-\frac{(x-\mu)^2}{2\sigma^2}} = 0$$

截距为

$$b = \lim_{x\to 0}(y - kx) = \lim_{x\to\infty}\frac{1}{\sqrt{2\pi}\sigma}\mathrm{e}^{-\frac{(x-\mu)^2}{2\sigma^2}} = 0$$

从而渐近线方程为 $y = 0$.

其概率论内涵为：x 离位置函数 μ 越远，$f_X(x)$ 值越小，即正态随机变量 的样本点集中分布在位置参数 $x = \mu$ 附近，或说 x 落于位置参数 $x = \mu$ 邻近区间的概率较大 (中央集权)，如图 2.3.10 所示.

3)位形参数

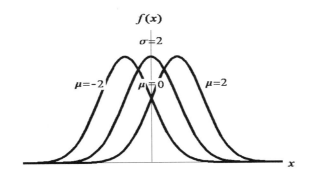

图 2.3.10   均值 μ 变化时图像平移而不变形

概率密度函数 $y = f_X(x)$ 的曲线形状 (Form) 通俗地说即是体型 (Figure)—— 高矮胖瘦由双参数 μ, σ 决定 —— 可写为双参数函数形式：

$$f_X(x; \mu, \sigma) = \frac{1}{\sqrt{2\pi}\sigma}\mathrm{e}^{-\frac{(x-\mu)^2}{2\sigma^2}}$$

(1) 固定标准差 σ，均值 μ 变化时，图像沿 x 轴平移而不变形状，或说图像在不同的位置克隆 (Crone) 自身.

$$f_X(x, \mu_1, \sigma) = \frac{1}{\sqrt{2\pi}\sigma}\mathrm{e}^{-\frac{(x-\mu_1)^2}{2\sigma^2}}$$

$$f_X(x, \mu_2, \sigma) = \frac{1}{\sqrt{2\pi}\sigma} \mathrm{e}^{-\frac{(x-\mu_2)^2}{2\sigma^2}}$$

(2) 固定均值 μ，变动标准差 σ 时，因为：$f_X(x, \mu, \sigma) = \dfrac{1}{\sqrt{2\pi}\sigma} \mathrm{e}^{-\frac{(x-\mu)^2}{2\sigma^2}}$，极值 $f_X(\mu) = \dfrac{1}{\sqrt{2\pi}\sigma}$ 是 σ 之减函数 $(\sigma > 0)$. 故：

$\sigma \uparrow$ 越大，$f_X(\mu) \downarrow$ 越小，由于图像面积不变 $(=1)$，图像向两边愈缓降至渐近线；

$\sigma \downarrow$ 越小，$f_X(\mu) \uparrow$ 越大，由于图像面积不变 $(=1)$，图像向两边愈速降至渐近线.

简而言之，标准差 $\sigma \uparrow$ 越大图像越矮胖，$\sigma \downarrow$ 越小图像越瘦高，如图 2.3.11 所示.

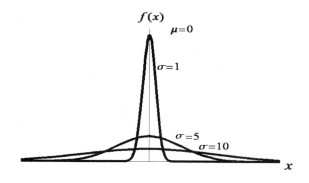

图 2.3.11　标准差 σ 大则图像矮胖小则图像瘦高

【命题 2.3.3】正态分布的标准化　　一般正态分布随机变量总能通过线性变换成为标准正态分布随机变量：$X \sim N(\mu, \sigma^2)$，则

$$Y := \frac{X - \mu}{\sigma} \sim N(0, 1)$$

【证明】　　比较分布函数，有

$$\begin{cases} F_X(x) = \dfrac{1}{\sqrt{2\pi}\sigma} \displaystyle\int_{-\infty}^{x} \mathrm{e}^{-\frac{(x-\mu)^2}{2\sigma^2}} \mathrm{d}x \\[2mm] \varPhi(x) = \dfrac{1}{\sqrt{2\pi}\sigma} \displaystyle\int_{-\infty}^{x} \mathrm{e}^{-\frac{t^2}{2}} \mathrm{d}t \end{cases}$$

故

$$\begin{aligned} P\{Y \leqslant x\} &= P\{\frac{X - \mu}{\sigma} \leqslant x\} \\ &= P\{X \leqslant \mu + \sigma x\} \\ &= \frac{1}{\sqrt{2\pi}\sigma} \int_{-\infty}^{\mu + \sigma x} \mathrm{e}^{-\frac{(t-\mu)^2}{2\sigma^2}} \mathrm{d}t \\ &= \frac{1}{\sqrt{2\pi}\sigma} \int_{-\infty}^{x} \mathrm{e}^{-\frac{u^2}{2}} \mathrm{d}u = \varPhi(x) \end{aligned}$$

从而，有

$$\frac{X - \mu}{\sigma} \sim N(0, 1)$$

其分布函数如图 2.3.12 所示.

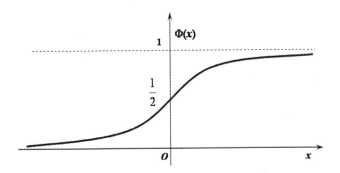

图 2.3.12　标准正态随机变量 $X \sim N(0,1)$ 的分布函数

【命题 2.3.4】标准正态变量负值函数的计算公式　　设标准正态随机变量 $X \sim N(0,1)$ 的分布函数为

$$\Phi(x) = \frac{1}{\sqrt{2\pi}} \int_{-\infty}^{x} \mathrm{e}^{-\frac{t^2}{2}} \mathrm{d}t$$

则

$$\Phi(-x) = 1 - \Phi(x), \ \Phi(x) - \Phi(-x) = 2\Phi(x) - 1$$

【证明】

$$
\begin{aligned}
\Phi(-x) &= \frac{1}{\sqrt{2\pi}} \int_{-\infty}^{-x} \mathrm{e}^{-\frac{t^2}{2}} \mathrm{d}t \\
&= \frac{1}{\sqrt{2\pi}} \int_{\infty}^{x} -\mathrm{e}^{-\frac{u^2}{2}} du \\
&= \frac{1}{\sqrt{2\pi}} \int_{x}^{\infty} \mathrm{e}^{-\frac{u^2}{2}} du \\
&= \frac{1}{\sqrt{2\pi}} \left(\int_{-\infty}^{\infty} \mathrm{e}^{-\frac{u^2}{2}} du - \int_{-\infty}^{x} \mathrm{e}^{-\frac{u^2}{2}} du \right) \\
&= 1 - \frac{1}{\sqrt{2\pi}} \int_{-\infty}^{x} \mathrm{e}^{-\frac{u^2}{2}} du
\end{aligned}
$$

故 $\Phi(-x) = 1 - \Phi(x)$，其分布函数如图 2.3.13 所示. 已有制成的函数表可以查阅.

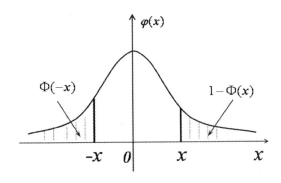

图 2.3.13　标准正态变量负值分布函数的计算公式 $\Phi(-x) = 1 - \Phi(x)$ 示意图

例如：

$$\Phi(0) = \frac{1}{\sqrt{2\pi}} \int_{-\infty}^{0} \mathrm{e}^{-\frac{t^2}{2}} \mathrm{d}t = \frac{1}{2} = 0.5$$

$$\Phi(1) = \frac{1}{\sqrt{2\pi}} \int_{-\infty}^{1} \mathrm{e}^{-\frac{t^2}{2}} \mathrm{d}t = 0.8413, \qquad \Phi(-1) = 1 - \Phi(1) = 0.1587$$

$$\Phi(2) = 0.9772, \qquad \Phi(-2) = 1 - \Phi(2) = 0.0228$$

$$\Phi(3) = 0.9987, \qquad \Phi(-3) = 1 - \Phi(3) = 0.0013$$

又由定理 $X \sim N(\mu, \sigma^2)$，则 $\dfrac{X - \mu}{\sigma} \sim N(0, 1)$，故

$$P\{x_1 < X \leqslant x_2\} = P\{\frac{x_1 - \mu}{\sigma} < \frac{X - \mu}{\sigma} \leqslant \frac{x_2 - \mu}{\sigma}\} = \Phi(\frac{x_2 - \mu}{\sigma}) - \Phi(\frac{x_1 - \mu}{\sigma})$$

例如 $X \sim N(1, 4)$，则

$$
\begin{aligned}
P\{0 < X \leqslant 1.6\} &= \Phi(\frac{1.6 - 1}{2}) - \Phi(\frac{0 - 1}{2}) \\
&= \Phi(0.3) - \Phi(-\frac{1}{2}) \\
&= 0.6179 - (1 - \Phi(0.5)) \\
&= 0.6179 - (1 - 0.6915) = 0.3094
\end{aligned}
$$

【命题 2.3.5】3σ 法则　　$X \sim N(\mu, \sigma^2)$，则 $X \in (\mu - k\sigma, \mu + k\sigma)$ 的概率为

$$
\begin{aligned}
&P\{\mu - k\sigma < X \leqslant \mu + k\sigma\}(k > 0) \\
&= \Phi(\frac{\mu + k\sigma - \mu}{\sigma}) - \Phi(\frac{\mu - k\sigma - \mu}{\sigma}) \\
&= \Phi(k) - \Phi(-k) = 2\Phi(k) - 1
\end{aligned}
$$

查表，得

$$k = 1, \quad P\{X \in (\mu - \sigma, \mu + \sigma)\} = 2\Phi(1) - 1 = 0.6826$$

$$k = 2, \quad P\{X \in (\mu - 2\sigma, \mu + 2\sigma)\} = 2\Phi(2) - 1 = 0.9544$$

$$k = 3, \quad P\{X \in (\mu - 3\sigma, \mu + 3\sigma)\} = 2\Phi(3) - 1 = 0.9974$$

故正态随机变量 X 在长度为 6σ 半径为 3σ 的区间内的概率接近 1，如图 2.3.14 所示.

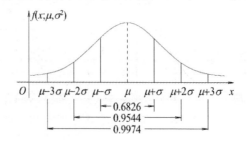

图 2.3.14　3σ 法则

【定义 2.3.2】标准正态随机变量的上 $\sigma-$ 分位点   标准正态随机变量 $X \sim N(0,1)$ 的上 $\alpha-$ 分位点 $Z_\sigma(x)$ 是指 X 落在此点之上的概率是小正数 $\alpha, 0 < \alpha < 1$，即：

$$P\{X > Z_\alpha\} = \alpha, \qquad 0 < \alpha < 1$$

或等价的

$$\Phi(Z_\alpha) = 1 - P\{X > Z_\alpha\} = 1 - \alpha$$

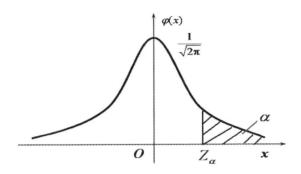

图 2.3.15   标准正态随机变量的上 $\sigma-$ 分位点

常用 $\sigma-$ 分位点的值如下表所列：

$1-\alpha$	0.999	0.995	0.99	0.975	0.95
α	0.001	0.005	0.01	0.025	0.05
Z_α	3.090	2.576	2.327	1.960	1.645

【命题 2.3.6】对称分位点计算公式   对称分位点计算公式为

$$Z_{1-\alpha} = -Z_\alpha$$

其分布函数如图 2.3.15 所示.

【证明】

$$
\begin{aligned}
P\{X > -Z_\alpha\} \ &= 1 - P\{X \leqslant -Z_\alpha\} \\
&= 1 - \Phi(-Z_\alpha) = 1 - (1 - \Phi(Z_\alpha)) \\
&= \Phi(Z_\alpha) = P\{X \leqslant Z_\alpha\} \\
&= 1 - P\{X > Z_\alpha\} \\
&= 1 - \alpha
\end{aligned}
$$

故由上 $\sigma-$ 分位点定义，得 $Z_{1-\alpha} = -Z_\alpha$，其分布函数如图 2.3.16 所示.

可以通俗地理解正态分布的"两头小，中间大"的内涵，例如：大奸大恶的人少，大慈大悲的人也少；极端分子少，平民大众多.

服从正态分布的连续型随机变量 X 很多，例如：

（1）某地域成年人身高；

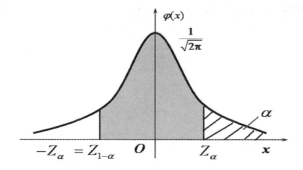

图 2.3.16 上 $\sigma-$ 分位点的对称性

（2）海浪高度；
（3）半导体元件的热噪声、电流或电压；
（4）测量长度、面积、体积的误差；
（5）射击时弹着点对靶心的偏差距离；
（6）考试成绩等.

【例 2.3.5】元件寿命 某电子元件寿命服从正态分布 $X \sim N(160,\sigma), \sigma > 0$ 待定，若要 $P\{120 < X \leqslant 200\} \geqslant 0.80$，允许 σ 最大为多少？

【解】 设法建立 σ 满足的不等式：

$$P\{120 < x \leqslant 200\}$$
$$= \Phi\left(\frac{200 - 160}{\sigma}\right) - \Phi\left(\frac{120 - 160}{\sigma}\right)$$
$$= \Phi\left(\frac{40}{\sigma}\right) - \Phi\left(\frac{-40}{\sigma}\right)$$
$$= 2\Phi\left(\frac{40}{\sigma}\right) - 1$$

由题设，有

$$2\Phi\left(\frac{40}{\sigma}\right) - 1 \geqslant 0.80 \Leftrightarrow \Phi\left(\frac{40}{\sigma}\right) \geqslant 0.90$$

查标准正态分布表，得

$$\Phi(1.28) = 0.8997, \qquad \Phi(1.29) = 0.9015$$

取

$$\Phi\left(\frac{40}{\sigma}\right) \geqslant \Phi(1.28)$$

则

$$\max \sigma = \frac{40}{1.28} \approx 31.25$$

类似问题的求解步骤大体如下：
（1）$P\{x_1 < X \leqslant x_2\} = \Phi\left(\frac{x_2 - \mu}{\sigma}\right) - \Phi\left(\frac{x_1 - \mu}{\sigma}\right)$.
（2）$\Phi(x) = 1 - \Phi(-x)$ 或 $\Phi(x) - \Phi(-x) = 2\Phi(x) - 1$.

（3）反查表：已知 $\Phi(x)=y$，求 $x=\Phi^{-1}(y)$.

【例 2.3.6】巴士车门 某地男子身高为服从正态分布的随机变量 $X\sim N(170,36)$(单位：厘米).(1) 如何设计巴士车门高度，使男子头碰门梁的几率小于 0.01？ (2) 若门高 182 厘米，求 100 个男子与车门碰头的人不超过 2 个的概率.

【解】 (1) 设门高 x(单位：厘米)，则男子头碰门梁的概率即男子身高 X 大于门高 x 的概率为

$$P\{X>x\}$$
$$=P\{\frac{X-170}{6}>\frac{x-170}{6}\}$$
$$=1-P\{\frac{X-170}{6}\leqslant\frac{x-170}{6}\}$$
$$=1-\Phi(\frac{x-170}{6})$$

由题设，有

$$1-\Phi(\frac{x-170}{6})<0.01$$
$$\Leftrightarrow\Phi(\frac{x-170}{6})>0.99$$
$$\Rightarrow\frac{x-170}{6}>2.33$$
$$\Rightarrow x>183.98\approx184厘米$$

即巴士车门至少要有 184 厘米高.

(2) 任一男子身高超过 182 厘米的概率为

$$p=P\{X>182\}=1-\Phi(\frac{182-170}{6})$$
$$=1-\Phi(2)=1-0.9772=0.0228$$

设 Y 为 100 个男子中身高超过 182 厘米的人数，则服从伯努利分布 $Y\sim B(100,0.0228)$，故

$$P\{Y=k\}=C_{100}^{k}(0.0228)^{k}(0.9772)^{100-k}$$

所求概率为

$$P\{Y\leqslant2\}=P\{Y=2\}+P\{Y=1\}+P\{Y=0\}$$
$$=(0.9772)^{100}+100(0.9772)^{99}+C_{100}^{2}(0.0228)^{2}(0.9772)^{98}$$

用泊松分布近似伯努利分布，参数 $\lambda=np=100\times0.0228=2.28$，故所求概率为

$$P\{Y\leqslant2\}\approx\mathrm{e}^{-2.28}+\frac{2.28}{1}\mathrm{e}^{-2.28}+\frac{2.28^{2}}{2!}\mathrm{e}^{-2.28}=0.6013$$

【注】 $n\to\infty$ 时，则 $P_n(k)=C_n^k p^k q^{n-k}$. 定义 $\lambda=np$，则 $X\sim\pi(\lambda)$，从而 $P_n(k)\approx\mathrm{e}^{-\lambda}\dfrac{\lambda^k}{k!}$.

【例 2.3.7】成绩问题 I　高数考试成绩近似服从正态分布 $X \sim N(70, 10^2)$，第 100 名成绩为 60 分，问第 20 名成绩为多少分？

【解】　类似贝叶斯问题，已知总体分布，逆向推断个体的情况，$X \sim N(70, 10^2)$. 设参加考试的人数为 $n(n \geqslant 100)$ 个，则成绩在 60 分以上的人数即 $X \geqslant 60$ 的人数为 100 个，X 为正态随机变量，平移伸缩变换后随机变量 $Y = \dfrac{X-70}{10}$ 为标准正态随机变量 (S.N.D)，$\dfrac{X-70}{10} \sim N(0,1)$，故一方面，由古典概率，有 $P\{X \geqslant 60\} = \dfrac{100}{n}$；另一方面，有

$$
\begin{aligned}
P\{X \geqslant 60\} &= \{\frac{X-70}{10} \geqslant \frac{60-70}{10}\} \\
&= \{\frac{X-70}{10} \geqslant -1\} \\
&= 1 - \Phi(-1) = \Phi(1) = 0.8413
\end{aligned}
$$

即

$$
\frac{100}{n} = 0.8413, \qquad n = 118.8
$$

取 $n = 119$ 人. 设第 20 名成绩为 x，则

$$
P\{X \geqslant x\} = \frac{20}{n} = \frac{20}{119} = 0.1681
$$

从而

$$
\Phi(\frac{x-70}{10}) = P\{X < x\} = 1 - P\{X \geqslant x\} = 1 - 0.1681 = 0.8319
$$

反查正态分布表，得

$$
\frac{x-70}{10} \approx 0.96
$$

故

$$
x = 70 + 10 \times 0.96 = 79.6
$$

即第 20 名成绩为 79.6 分.

【例 2.3.8】成绩问题 II　设通用电气公司 (General Electric) 欲在中国招聘 2500 人，依成绩择优录取，共有 10000 人报名. 设成绩服从正态分布 $X \sim N(\mu, \sigma^2)$，已知 90 分以上的有 359 人，60 分以下的有 1151 人，问被录取者最低分为多少分？

【解】　解决思路可作如下考虑：

(1) 首先确定正态分布均值 μ，和标准差 σ.

(2) 由 $P\{X \geqslant x\} = \dfrac{2500}{10000} = \dfrac{1}{4}$ (录用率) 以及 $\dfrac{X-\mu}{\sigma} \sim N(0,1)$，反查标准正态分布表：

$$
\Phi(\frac{x-\mu}{\sigma}) = 1 - P\{X \geqslant x\} = 1 - \frac{1}{4} = \frac{3}{4}
$$

得到最低分，可以作为分数线.

(1) 列出关于 μ, σ 的二元一次线性方程：

$$
\begin{aligned}
\Phi(\frac{90-\mu}{\sigma}) &= P\{x \leqslant 90\} = 1 - P\{x > 90\} \\
&= 1 - \frac{359}{10000} = 1 - 0.0359 = 0.9641 \\
&\Rightarrow \frac{90-\mu}{\sigma} \approx 1.80
\end{aligned}
$$

$$\Phi\left(\frac{60-\mu}{\sigma}\right) = P\{x \leqslant 60\} = \frac{1151}{10000} = 0.1151$$

$$\Rightarrow \Phi\left(\frac{\mu-60}{\sigma}\right) = 1 - 0.1151 = 0.8849$$

$$\Rightarrow \frac{\mu-60}{\sigma} \approx 1.20$$

即

$$\begin{cases} 90 - \mu = 1.8\sigma & (1) \\ \mu - 60 = 1.2\sigma & (2) \end{cases}$$

式 (1)+ 式 (2)，得 $30 = 3\sigma$，解得 $\sigma = 10, \mu = 72$. 即 $X \sim N(72, 10^2)$.

$$(2)\,\Phi\left(\frac{x-72}{10}\right) = 0.75 \Rightarrow \frac{x-72}{\sigma} \approx 0.675 \Rightarrow x \approx 78.7$$

故最低分为 79 分.

【例 2.3.9】测量问题 某车床生产螺栓长度 (单位: 厘米) 服从正态分布 $X \sim N(10.05, 0.06^2)$，规定长度在 10.05 ± 0.12 内 (即 $\mu \pm 2\sigma$) 为合格品，求任取一螺栓不合格的概率.

【解】 螺栓不合格，即其长度在区间 $(\mu - 2\sigma, \mu - 2\sigma)$ 之外，故不合格的概率为

$$P\{X \overline{\in} (\mu - 2\sigma, \mu - 2\sigma)\}$$
$$= 1 - P\{X \in (\mu - 2\sigma, \mu - 2\sigma)\}$$
$$= 1 - P\left\{\left(\frac{\mu - 2\sigma - \mu}{\sigma} < X < \frac{\mu - 2\sigma - \mu}{\sigma}\right)\right\}$$
$$= 1 - P\{-2 < X < 2\}$$
$$= 1 - (\Phi(2) - \Phi(-2))$$
$$= 1 - (2\Phi(2) - 1) = 2(1 - \Phi(2))$$
$$= 2(1 - 0.9772) = 2 \times 0.0228 = 0.0456$$

【例 2.3.10】 正态分布的对称性

$$X \sim N(2, \sigma^2), P\{2 < X < 4\} = 0.3$$

求 $P\{X < 0\}$.

【解】 利用 X 的正态分布密度函数图像关于均值 $x = \mu$ 的对称性，有

$$P\{X < 0\} = P\{X < 2\} - P\{0 \leqslant X < 2\}$$
$$= P\{X < 2\} - P\{0 < X < 2\}$$
$$= \frac{P\{X < 2\} + P\{X > 2\}}{2} - P\{2 < X < 4\}$$
$$= 0.5 - 0.3 = 0.2$$

这里不需要知道标准差 σ.

习题 2.3

1. 设随机变量 X 的概率密度为

$$f(x) = \begin{cases} 2x, & 0 \leqslant x < \dfrac{1}{2} \\ 6 - 6x, & \dfrac{1}{2} \leqslant x < 1 \\ 0, & \text{其他} \end{cases}$$

求 X 的分布函数.

2. 设随机变量 X 具有概率密度

$$f(x) = \begin{cases} kx^2, & 0 \leqslant x < 2 \\ kx, & 2 \leqslant x < 3 \\ 0, & \text{其他} \end{cases}$$

求：(1) 常数 k；(2) X 的分布函数；(3) 概率 $P\{1 \leqslant X \leqslant \dfrac{5}{2}\}$.

3. 设连续型随机变量 X 的分布函数为

$$F(x) = \begin{cases} 0, & x < 0 \\ Ax^2, & 0 \leqslant x < 1 \\ 1, & \text{其他} \end{cases}$$

（1）确定常数 A；（2）求 X 的概率密度；（3）求概率 $P\{0.3 \leqslant X \leqslant 0.7\}$.

4. 设连续型随机变量 X 的分布函数为

$$F(x) = \begin{cases} 0, & x < -a \\ A + B \arcsin \dfrac{x}{a}, & -a \leqslant x < a \\ 1, & \text{其他} \end{cases}$$

求：（1）系数 A, B 的值；（2）$P\{-a < X \leqslant \dfrac{a}{2}\}$；（3）随机变量 X 的概率密度.

5. 某批晶体管的使用寿命 ((单位：小时) 具有概率密度

$$f(x) = \begin{cases} \dfrac{100}{x^2}, & x \geqslant 100 \\ 0, & x < 100 \end{cases}$$

任取其中 5 只, 求: (1) 使用最初 150 小时内, 无一晶体管损坏的概率；(2) 使用最初 150 小时内, 至多有一只晶体管损坏的概率.

6. 设长途客车到达某一个中途停靠站的时间在 12 点 10 分至 12 点 45 分之间都是等可能的. 某旅客于 12 点 30 分到达车站, 等候半小时后离开, 求他在这段时间能赶上客车的概率.

7. 设随机变量服从 $(1, 6)$ 上的均匀分布, 求一元二次方程 $t^2 + Xt + 1 = 0$ 有实根的概率.

8. 设某种轮胎在损坏以前所以行驶的路程 X (以万千米计) 是一个随机变量, 已知其概率密度为

$$f(x) = \begin{cases} \dfrac{1}{10} \mathrm{e}^{-\frac{x}{10}}, & x \geqslant 0 \\ 0, & x < 0 \end{cases}$$

今从中随机地抽取 5 只轮胎试求至少有两只轮胎所能行驶的路程数不足 30 万千米的概率.

9. 设某电话交换台等候第一个呼叫来到的时间 X (单位: 分钟) 是随机变量, 服从参数为 $\theta > 0$ 的指数分布, X 的概率密度为

$$f(x) = \begin{cases} \dfrac{1}{\theta} e^{-\frac{x}{\theta}}, & x \geqslant 0 \\ 0, & x < 0 \end{cases}$$

若已知第一个呼叫在 5 分钟到 10 分钟之间来到的概率是 $\dfrac{1}{4}$, 试求第一个呼叫在 20 分钟以后来到的概率.

10. 设随机变量 $X \sim N(0,1)$, 求: (1) $P\{X < 2.2\}$; (2) $P\{-0.78 < X < 1.36\}$; (3) $P\{|X| \leqslant 1.55\}$; (4) $P\{|X| > 2.5\}$.

11. 设随机变量 $X \sim N(2.5,4)$, 求: (1) $P\{X < 3\}$; (2) $P\{|X| > 1.5\}$; (3) $P\{1 < X \leqslant 3\}$.

12. 设随机变量 $N(2,3^2)$, 求 C, 使 $P\{X > C\} = P\{X \leqslant C\}$.

13. 假设某工厂生产的元件寿命为正态随机变量 $X \sim N(160,\sigma^2)$. 若 $P\{120 < X < 200\} \geqslant 0.8$, 则允许的最大标准差 σ 是多少?

14. 假设正态随机变量 $X \sim N(3,2^2)$. (1) 求以下随机不等式的概率: $P\{2 < X \leqslant 5\}$, $P\{-4 < X \leqslant 10\}$, $P\{|X| > 2\}$, $P\{X > 3\}$; (2) 确定常数 C, 使 $P\{X > C\} = P\{X \leqslant C\}$; (3) 常数 d 满足 $P\{X > d\} \geqslant 0.9$, 求出最大的常数 d.

15. 假设某地区 18 岁女孩的收缩血压为正态随机变量 $X \sim N(110,12^2)$. 任选一位 18 岁女孩测量她的收缩血压. (1) 求以下随机不等式的概率: $P\{X \leqslant 105\}$, $P\{100 < X \leqslant 120\}$; (2) 确定最小的常数 c, 使得 $P\{X > c\} \leqslant 0.05$.

16. 假设某机器生产的螺栓长度为正态随机变量 $X \sim N(10.05,0.06^2)$. 长度在 10.05 ± 0.12 内为合格品, 求螺栓不合格的概率, 即 $P\{|X - 10.05| > 0.12\}$.

17. 设随机变量 X 在 $(2,5)$ 上服从均匀分布, 现对 X 进行 3 次独立观测, 求至少有 2 次的观测值大于 3 的概率.

18. 设测量的误差 $X \sim N(7.5,10^2)$ (单位: 米), 问要进行多少次独立测量, 才能使至少有 1 次误差的绝对值不超过 10 米的概率大于 0.9.

2.4　单维随机变量函数的分布

2.4.1　随机变量的函数

【定义 2.4.1】随机变量 X 的函数　若依照某种对应法则 $f: R^1 \to R^1, Y = f(X)$ 也是某个单维连续或离散的随机变量, 则称 $Y = f(X)$ 为 随机变量 X 的函数. 因 X 随机变化, $Y = f(X)$ 亦随机变化, 故而随机变量 X 的函数亦为随机变量.

随机变量 X 的函数 $Y = f(X)$ 的取值定义为:

离散型随机变量:　$X = x_k$ 时, $Y = f(x_k)(k = 1,2,3,\cdots)$.

连续型随机变量:　$X = x$ 时, $Y = y = f(x)$.

2.4.2 离散型随机变量的函数

设离散随机变量 X 的分布律为 $P\{X = x_k\} = p_k$，如下表所列：

X	x_1	x_2	$\cdots$	x_k	$\cdots$
p_k	p_1	p_2	$\cdots$	p_k	$\cdots$

则 $Y = f(X)$ 的分布律如下.

(1)f 为一一映照 (一对一) 时, 例如线性映照 $Y = aX + b$ 或奇次映照 $Y = X^3$, 可反解 $X = f^{-1}(Y)$，如下表所列：

Y	$y_1 = f(x_1)$	$y_2 = f(x_2)$	$\cdots$	$y_k = f(x_k)$	$\cdots$
$P\{Y = y_k\}$	p_1	p_2	$\cdots$	p_k	$\cdots$

(2)f 为多一映照 (多对一)，例如 $Y = |X|$ 或 $Y = X^2$(偶次方), 或 $Y = \cos(X)$, $Y = \sin(X)$ 等. 合并相加取相同值 y_k 的概率, 例如

$$f(x_i) = f(x_j) = y_k$$

则

$$\begin{aligned} P\{Y = y_k\} &= P\{Y = f(x_i)\} + P\{Y = f(x_j)\} \\ &= P\{X = x_i\} + P\{X = x_j\} \\ &= p_i + p_j \end{aligned}$$

【例 2.4.1】 离散型随机变量 X 的分布律如下：

X	-2	0	2	3
p_k	0.2	0.2	0.3	0.3

求：(1)$Y = 2X + 1$; (2)$Y = X^2$ 的分布律.

【解】

(1)$Y = 2X + 1$ 为一一映照，故 $P\{Y = y_k\} = p_k$，且取值为

$$\begin{aligned} y_1 &= 2x_1 + 1 = 2 \times (-2) + 1 = -3, p_1 = 0.2 \\ y_2 &= 2x_2 + 1 = 2 \times 0 + 1 = 1, p_2 = 0.2 \\ y_3 &= 2x_3 + 1 = 2 \times 2 + 1 = 5, p_3 = 0.3 \\ y_4 &= 2x_4 + 1 = 2 \times 3 + 1 = 7, p_4 = 0.3 \end{aligned}$$

分布律如下：

Y	-3	1	5	7
$P\{Y = y_k\} = p_k$	0.2	0.2	0.3	0.3

(2)$Y = X^2$ 为多一映照，$|x_i| = |x_j|$ 时，$P\{Y = y_k\} = p_i + p_j$，取值为

$$y_1 = x_1^2 = x_3^2 = 2^2 = 4, P\{Y = 4\} = p_1 + p_3 = 0.2 + 0.3 = 0.5$$
$$y_2 = x_2^2 = 0^2 = 0, P\{Y = 0\} = p_2 = 0.2$$
$$y_3 = x_4^2 = 3^2 = 9, P\{Y = 9\} = p_4 = 0.3$$

分布律如下：

Y	4	0	9
$P\{Y = y_k\} = p_k$	0.5	0.2	0.3

【例 2.4.2】　离散型随机变量 X 的分布律如下：

X	$\dfrac{\pi}{4}$	$\dfrac{\pi}{2}$	$\dfrac{3\pi}{4}$
p_k	0.2	0.7	0.1

求 $Y = \sin X$ 的分布律.

【解】　$Y = \sin X$ 的取值为

$$y_1 = \sin \frac{\pi}{4} = \frac{\sqrt{2}}{2} = \sin \frac{3\pi}{4}$$
$$y_2 = \sin \frac{\pi}{2} = 1$$

故

$$
\begin{aligned}
P\{Y = y_1\} &= P\{Y = \frac{\sqrt{2}}{2}\} \\
&= P\{X = \frac{\pi}{4}\} + P\{X = \frac{3\pi}{4}\} \\
&= 0.2 + 0.1 = 0.3
\end{aligned}
$$

$$P\{Y = y_2\} = P\{Y = 1\} = P\{X = \frac{\pi}{2}\} = 0.7$$

故 $Y = \sin X$ 的分布律如下：

Y	$\dfrac{\sqrt{2}}{2}$	1
p_k	0.3	0.7

【例 2.4.3】　离散型随机变量 X 的分布律如下：

x	1	2	$\cdots$	n	$\cdots$
p_k	$\dfrac{1}{2}$	$\dfrac{1}{2^2}$	$\cdots$	$\dfrac{1}{2^n}$	$\cdots$

求 $Y = \sin(\dfrac{\pi}{2}X)$ 的分布律.

【解】

$$\sin(\frac{\pi}{2}n) = \begin{cases} -1, & n = 4k - 1 \\ 1, & n = 4k - 3 \\ 0, & n = 2k \end{cases}$$

故 Y 的取值为

$$P\{Y = -1\} = \frac{1}{2^3} + \frac{1}{2^7} + \frac{1}{2^{11}} + \cdots = \frac{1}{2^3(1 - \frac{1}{2^4})} = \frac{2}{15}$$

$$P\{Y = 0\} = \frac{1}{2^2} + \frac{1}{2^4} + \frac{1}{2^6} + \cdots = \frac{1}{2^2(1 - \frac{1}{2^2})} = \frac{1}{3}$$

$$P\{Y = 0\} = \frac{1}{2} + \frac{1}{2^5} + \frac{1}{2^9} + \cdots = \frac{1}{2(1 - \frac{1}{2^4})} = \frac{8}{15}$$

故 $Y = \sin(\dfrac{\pi}{2}X)$ 的分布律如下:

Y	-1	0	1
p_k	$\dfrac{2}{15}$	$\dfrac{1}{3}$	$\dfrac{8}{15}$

2.4.3　连续型随机变量的函数

X 为连续型随机变量，而 $g : \mathbf{R}^1 \to \mathbf{R}^1$ 为单调映照时，此种连续型随机变量的函数

$$Y = g(X), y = g(x) \in C^1(I)$$

且 $y = g(x)$ 是单调增加或减少的，则其分布及概率密度是明确的.

【定理 2.4.1】连续型随机变量的函数分布　　连续型随机变量 X 具有密度函数 $f_X(x), x \in R^1$，函数 $g(x)$ 为连续可微严格单调函数，则 $Y := g(X)$ 是连续型随机变量，且概率密度为

$$f_Y(y) = \begin{cases} f_X(h(y))|h'(y)|, & \alpha < y < \beta. \\ 0, & \text{其他}. \end{cases}$$

其中 $h(y) = g^{-1}(x)$ 是 $g(x)$ 的反函数，(α, β) 为 $g(x)$ 的定义区间，且

$$\alpha = \min(g(-\infty)), (g(\infty)), \qquad \beta = \max(g(-\infty)), (g(\infty))$$

当 $g : R^1 \to R^1$ 定义域为有限区间 $x \in [a, b]$ 时，有

$$\alpha = \min(g(a)), (g(b)), \qquad \beta = \max(g(a)), (g(b))$$

即单调增加时，有

$$\alpha = g(a), \qquad \beta = g(b)$$

单调减少时，有

$$\alpha = g(b), \qquad \beta = g(a)$$

【证明】 先求分布函数，再通过求导数获得密度.

(1) $y = g(x)$ 为单调增函数，$g'(x) > 0$ 时，其反函数 $x = h(y)$，亦为 (α, β) 上的单调增函数，$h'(y) > 0$，分布函数

$$
\begin{aligned}
F_Y(y) &= P\{Y \leqslant y\} = P\{g(X) \leqslant y\} \\
&= P\{X \leqslant h(y)\} \\
&= \int_{-\infty}^{h(y)} f_X(x)\mathrm{d}x
\end{aligned}
$$

关于 y 作变上限积分复合函数求导：

$$f_Y(y) = F_Y'(y) = h'(y)f_X(x)|_{x=h(y)} = f_X(h(y))h'(y), \qquad h'(y) > 0, y \in (\alpha, \beta)$$

(2) $y = g(x)$ 为单调减函数，$g'(x) < 0$ 时，其反函数 $x = h(y)$ 亦为 (α, β) 上的单调减函数，$h'(y) < 0$，故

$$
\begin{aligned}
F_Y(y) &= P\{Y \leqslant y\} = P\{g(X) \leqslant y\} \\
&= P\{X \geqslant h(y)\} = 1 - P\{X \leqslant h(y)\} \\
&= 1 - \int_{-\infty}^{h(y)} f_X(x)\mathrm{d}x = \int_{h(y)}^{+\infty} f_X(x)\mathrm{d}x
\end{aligned}
$$

关于 y 求导，得

$$f_Y(y) = F_Y'(y) = -h'(y)f_X(x)|_{x=h(y)} = -f_X(h(y))h'(y), \qquad h'(y) < 0, y \in (\alpha, \beta)$$

于是总有

$$
f_Y(y) = \begin{cases}
f_X(h(y))h'(y), & h'(y) > 0 \\
-f_X(h(y))h'(y), & h'(y) < 0 \\
0, & \text{其他}
\end{cases}
$$

故而可统一用绝对值形式写成

$$
f_Y(y) = \begin{cases}
f_X(h(y))|h'(y)|, & \alpha < y < \beta \\
0, & \text{其他}
\end{cases}
$$

当 $f(x) = 0, x \in [a, b]$, 则

$$\alpha := \min(g(a)), (g(b)), \qquad \beta := \max(g(a)), (g(b))$$

【定理 2.4.2】线性随机变量函数的分布 (Linear Function of C.R.V)　　设连续型随机变量 X 之密度为 $f_X(x)$, 则 $Y := aX + b(a \neq 0)$ 的密度函数为

$$f_Y(y) = \frac{1}{|a|} f_X(\frac{y-b}{a}), \qquad a \neq 0$$

【证明】

【方法 1】　　利用公式 $y = ax + b, x = \dfrac{y-b}{a}$, 得 $|h'(y)| = \dfrac{1}{a}$, 故

$$f_Y(y) = f_X(h(y))|h'(y)| = \frac{1}{|a|} f_X(\frac{y-b}{a})$$

【方法 2】　　利用密度之定义证明.

(1)$a > 0$ 时, $y = ax + b$ 单调增加, $x = \dfrac{y-b}{a}$ 亦然, $x, y \in (-\infty, +\infty)$

$$\begin{aligned}
F_Y(y) \quad &= P\{Y \leqslant y = ax + b\} \\
&= P\{\frac{Y-b}{a} \leqslant \frac{y-b}{a}\} \\
&= P\{X \leqslant \frac{y-b}{a}\} \\
&= \int_{-\infty}^{\frac{y-b}{a}} f_X(x)\mathrm{d}x
\end{aligned}$$

故

$$f_Y(y) = F_Y'(y) = \frac{\mathrm{d}}{\mathrm{d}y}(\frac{y-b}{a})f_X(\frac{y-b}{a}) = \frac{1}{a}f_X(\frac{y-b}{a})$$

(2)$a < 0$ 时, $y = ax + b$ 单调减少, $x = \dfrac{y-b}{a}$ 亦然, 分布为

$$\begin{aligned}
F_Y(y) \quad &= P\{Y \leqslant y = ax + b\} \\
&= P\{\frac{Y-b}{a} \geqslant \frac{y-b}{a}\} \\
&= P\{X \geqslant \frac{y-b}{a}\} \\
&= 1 - P\{X \leqslant \frac{y-b}{a}\} \\
&= 1 - \int_{-\infty}^{\frac{y-b}{a}} f_X(x)\mathrm{d}x
\end{aligned}$$

故

$$f_Y(y) = F_Y'(y) = -\frac{1}{a}f_X(\frac{y-b}{a}), y \in (-\infty, +\infty)$$

从而

$$f_Y(y) = \begin{cases} \dfrac{1}{a}f_X(\dfrac{y-b}{a}), & a > 0 \\[3mm] -\dfrac{1}{a}f_X(\dfrac{y-b}{a}), & a < 0 \end{cases}$$

即

$$f_Y(y) = \frac{1}{|a|} f_X(\frac{y-b}{a}), a \neq 0.$$

【推论 2.4.1】正态连续型随机变量的线性正态　设 $X \sim N(\mu, \sigma^2)$，则 $Y := aX + b \sim$ $N(a\mu + b, a^2\sigma^2)$，即正态变量的线性函数均为正态变量，且均值和标准差分别为

$$\begin{cases} \mu' = a\mu + b \\ \sigma' = |a|\sigma \end{cases}$$

其中 μ' 为原均值的线性函数，σ' 为原标准差的倍乘. 特别地，如 $X \sim N(0,1)$，则 $Y :=$ $aX + b \sim N(b, a^2)$.

【证明】　因

$$y = g(x) = ax + b, \qquad x = h(y) = \frac{y-b}{a}, \qquad a \neq 0$$

故 $h'(y) = \dfrac{1}{a}$. 又因 $X \sim N(\mu, \sigma^2)$，其密度为

$$f_X(x) = \frac{1}{\sqrt{2\pi}\sigma} e^{-\frac{(x-\mu)^2}{2\sigma^2}}$$

$$f_X(h(y)) = \frac{1}{\sqrt{2\pi}\sigma} e^{-\frac{(\frac{y-b}{a}-\mu)^2}{2\sigma^2}} = \frac{1}{\sqrt{2\pi}\sigma} e^{-\frac{(y-(a\mu+b))^2}{2a^2\sigma^2}}$$

故

$$f_Y(y) = f_X(h(y))|h'(y)| = \frac{1}{\sqrt{2\pi}|a|\sigma} e^{-\frac{(y-(a\mu+b))^2}{2a^2\sigma^2}}$$

【定理 2.4.3】连续型随机变量的平方函数分布 (Square Function of C.R.V)　设连续型随机变量 X 的密度为 $f_X(x)$，则 $Y = X^2$ 的密度为

$$f_Y(y) = \begin{cases} \dfrac{1}{2\sqrt{y}}(f_X(\sqrt{y}) + f_X(-\sqrt{y})), & y > 0 \\ 0, & y \leqslant 0 \end{cases}$$

【证明】

【方法 1】　用概率密度作为分布导函数的定义. 当 $y \leqslant 0$ 时，其开方是不可能事件，概率为 0，即 $F_Y(y) = 0$；当 $y > 0$ 时，有

$$\begin{aligned} F_Y(y) &= P\{Y \leqslant y\} = P\{X^2 \leqslant y\} \\ &= P\{-\sqrt{y} \leqslant X \leqslant \sqrt{y}\} \\ &= F_X(\sqrt{y}) - F_X(-\sqrt{y}) \\ &= \int_{-\infty}^{\sqrt{y}} f(x)\mathrm{d}x - \int_{-\infty}^{-\sqrt{y}} f(x)\mathrm{d}x \\ &= \int_{-\sqrt{y}}^{\sqrt{y}} f(x)\mathrm{d}x \end{aligned}$$

关于 y 求导, 得

$$
\begin{aligned}
f_Y(y) &= F'_Y(y) \\
&= \frac{1}{2\sqrt{y}} f_X(\sqrt{y}) + \frac{1}{2\sqrt{y}} f_X(-\sqrt{y}) \\
&= \frac{1}{2\sqrt{y}} (f_X(\sqrt{y}) + f_X(-\sqrt{y})), \qquad y > 0
\end{aligned}
$$

从而平方函数 $Y = X^2$ 的密度为

$$
f_Y(y) = \begin{cases} \dfrac{1}{2\sqrt{y}} (f_X(\sqrt{y}) + f_X(-\sqrt{y})), & y > 0 \\[2mm] 0, & y \leqslant 0 \end{cases}
$$

【方法 2】 直接利用公式 (看成连续型随机变量的分段单调函数):

$$
y = g(x) = x^2
$$

故

$$
x = h(y) = \begin{cases} \pm\sqrt{y}, & y > 0 \\[2mm] 0 & y \leqslant 0 \end{cases}
$$

当 $y > 0$ 时, $Y = X^2$ 的密度为

$$
\begin{aligned}
f_Y(y) &= f_X(h(y))|h'(y)| \\
&= f_X(\sqrt{y})\left|\frac{1}{2\sqrt{y}}\right| + f_X(-\sqrt{y})\left|\frac{1}{-2\sqrt{y}}\right| \\
&= \frac{1}{2\sqrt{y}} (f_X(\sqrt{y}) + f_X(-\sqrt{y}))
\end{aligned}
$$

从而亦有结论.

【推论 2.4.2】正态连续型随机变量的平方函数的分布　　正态随机变量 $X \sim N(0,1)$, 则其平方函数 $Y = X^2 \sim \chi^2(1)$.

【证明】

$$
X \sim N(0,1), f_X(x) = \frac{1}{\sqrt{2\pi}} \mathrm{e}^{-\frac{x^2}{2}}, \qquad x \in (-\infty, \infty)
$$

则当 $y > 0$ 时, $Y = X^2$ 的密度为

$$
\begin{aligned}
f_Y(y) &= \frac{1}{2\sqrt{y}} (f_X(\sqrt{y}) + f_X(-\sqrt{y})) \\
&= \frac{1}{2\sqrt{y}} \left(\frac{1}{\sqrt{2\pi}} \mathrm{e}^{-\frac{y}{2}} + \frac{1}{\sqrt{2\pi}} \mathrm{e}^{-\frac{y}{2}}\right) \\
&= \frac{1}{\sqrt{2\pi y}} \mathrm{e}^{-\frac{y}{2}} \\
&= \frac{1}{\sqrt{2\pi}} y^{-\frac{1}{2}} \mathrm{e}^{-\frac{y}{2}} \qquad y > 0
\end{aligned}
$$

当 $y \leqslant 0$ 时, $f_Y(y) = 0$. 即有

$$
f_Y(y) = \begin{cases} \dfrac{1}{\sqrt{2\pi}} y^{-\frac{1}{2}} \mathrm{e}^{-\frac{y}{2}}, & y > 0 \\[2mm] 0 & y \leqslant 0 \end{cases}
$$

【定义 2.4.2*】 χ^2- **分布**　　随机变量具有概率密度

$$f_X(x) = \begin{cases} \dfrac{1}{2^{\frac{n}{2}}\Gamma(\frac{n}{2})} x^{\frac{n}{2}-1}\mathrm{e}^{-\frac{x}{2}}, & y > 0; \\[3mm] 0, & y \leqslant 0. \end{cases}$$

则称 X 服从自由度为 n 的 χ^2- 分布，记为 $X^2 \sim \chi^2(n)$.

事实上 $X := X_1^2 + X_2^2 + \cdots + X_n^2, X_k \sim N(0,1)$，是 n 个服从标准正态分布 $N(0,1)$ 的随机变量 $X_k, 1 \leqslant k \leqslant n$ 的平方和的随机变量.

特别地，对 $n = 1, X \sim N(0,1), Y = X^2$ 服从 $\chi^2(1)$，其概率密度为

$$f_Y(y) = \begin{cases} \dfrac{1}{2^{\frac{1}{2}}\Gamma(\frac{1}{2})} y^{\frac{1}{2}-1}\mathrm{e}^{-\frac{y}{2}} & y > 0 \\[3mm] 0 & y \leqslant 0 \end{cases}$$

这是由 Γ 函数定义

$$\Gamma(\alpha) = \int_0^{+\infty} x^{\alpha-1}\mathrm{e}^{-x}\mathrm{d}x, \quad \alpha > 0$$

满足：

$$\Gamma(\alpha + 1) = \alpha\Gamma(\alpha)$$
$$\Gamma(n + 1) = n!$$
$$\Gamma(\tfrac{1}{2}) = \sqrt{\pi}$$

【例 2.4.4】　设

$$X \sim N(0,1), f_X(x) = \frac{1}{\sqrt{2\pi}}\mathrm{e}^{-\frac{x^2}{2}}, \quad x \in (-\infty, \infty)$$

求以下随机变量的概率密度：$(1)Y = \mathrm{e}^X$; $(2)Y = 2X^2 + 1$; $(3)Y = |X|$.

【解】　可用公式或先求分布.

(1)　$y = g(x) = \mathrm{e}^x$ 及 $x = h(y) = \ln(y), y > 0$ 均单调增加，求导，得

$$h'(y) = \frac{\mathrm{d}}{\mathrm{d}y}(\ln(y)) = \frac{1}{y}, \quad y > 0$$

代入

$$\begin{aligned} f_Y(y) &= \begin{cases} f_X(h(y))|h'(y)|, & y > 0 \\[2mm] 0, & y \leqslant 0 \end{cases} \\[3mm] &= \begin{cases} \dfrac{1}{\sqrt{2\pi}y}\mathrm{e}^{-\frac{1}{2}(\ln(y))^2}, & y > 0 \\[3mm] 0, & y \leqslant 0 \end{cases} \end{aligned}$$

(2)　$y = g(x) = 2x^2 + 1$ 及 $x = h(y) = \pm\sqrt{\frac{y-1}{2}}, y > 1$，对平方与线性函数复合 $Z = \dfrac{Y-1}{2} = X^2$，代入公式，得

$$\begin{aligned} f_Z(z) &= \frac{1}{2\sqrt{z}}(f_X(\sqrt{z}) + f_X(-\sqrt{z})), & z > 0 \\[3mm] &= \frac{1}{2\sqrt{z}}(\frac{1}{\sqrt{2\pi}}\mathrm{e}^{-\frac{z}{2}} + \frac{1}{\sqrt{2\pi}}\mathrm{e}^{-\frac{z}{2}}), & z > 0 \\[3mm] &= \frac{1}{\sqrt{2\pi z}}\mathrm{e}^{-\frac{z}{2}}, & z > 0 \end{aligned}$$

从而 $Y = 2Z + 1$. 代入 $f_Y(y) = \frac{1}{|a|} f_Z(\frac{y-1}{2})$, 当 $y > 1$ 时，有

$$
\begin{aligned}
f_Y(y) &= \frac{1}{|2|} f_Z(\frac{y-1}{2}) = \frac{1}{2} f_Z(\frac{y-1}{2}) \\
&= \frac{1}{2} \frac{1}{\sqrt{2\pi} \sqrt{\frac{y-1}{2}}} \mathrm{e}^{-\frac{y-1}{4}} \\
&= \frac{1}{2\sqrt{\pi(y-1)}} \mathrm{e}^{-\frac{y-1}{4}}
\end{aligned}
$$

当 $y \leqslant 1$ 时 $f_Y(y) = 0$.

(3) $Y = |X|$，利用定义求，先求分布，再求密度. 分布为

$$
\begin{aligned}
F_Y(y) &= P\{Y \leqslant y\} = P\{|X| \leqslant y\} \\
&= P\{-y \leqslant X \leqslant y\}, \quad y > 0 \\
&= \varPhi(y) - \varPhi(-y), \quad y > 0 \\
&= 2\varPhi(y) - 1, \quad y > 0
\end{aligned}
$$

故

$$
f_Y(y) = \frac{\mathrm{d}}{\mathrm{d}y} F_Y(y) = 2 \cdot \frac{1}{\sqrt{2\pi}} \mathrm{e}^{-\frac{y^2}{2}} = \sqrt{\frac{2}{\pi}} \mathrm{e}^{-\frac{y^2}{2}}, \quad y > 0
$$

从而

$$
f_Y(y) = \begin{cases} \sqrt{\dfrac{2}{\pi}} \mathrm{e}^{-\frac{y^2}{2}}, & y > 0 \\ 0, & y \leqslant 0 \end{cases}
$$

【例 2.4.5】 $X \sim U(0,1)$ 均匀分布，求 $Y = \dfrac{1}{1+X}$ 的概率密度.

【解】 均匀分布随机变量 X 之概率密度

$$
f_X(x) = \begin{cases} 1, & x \in (0,1) \\ 0, & 其他 \end{cases}
$$

$y = g(x) = \dfrac{1}{1+x}, x \in (0,1)$ 于 $(0,1)$ 连续可微，因 $\dfrac{\mathrm{d}y}{\mathrm{d}x} = -\dfrac{1}{(1+x)^2} < 0$，故单调减少，反函数 $x = h(y) = \dfrac{1}{y} - 1, y \in (\dfrac{1}{2}, 1)$. 这里

$$
\alpha = g(1) = \frac{1}{1+1} = \frac{1}{2}, \quad \beta = g(0) = \frac{1}{1+0} = 1, \quad h'(y) = -\frac{1}{y^2}
$$

代入

$$
f_Y(y) = \begin{cases} f_X(h(y))|h'(y)|, & y \in (\alpha, \beta) \\ 0, & 其他 \end{cases}
$$

得

$$f_Y(y) = \begin{cases} \dfrac{1}{y^2}, & y \in (\dfrac{1}{2}, 1) \\ 0, & \text{其他} \end{cases}$$

【例 2.4.6】指数分布的函数分布　设随机变量服从参数为 1 的指数分布 $X \sim E(1)$，概率密度为

$$f_X(x) = \begin{cases} \mathrm{e}^{-x}, & x > 0 \\ 0, & x \leqslant 0 \end{cases}$$

求：$(1)Y = X^2$ 的分布；$(2)Y = \mathrm{e}^X$ 的分布.

【解】

(1)　概率密度为

$$
\begin{aligned}
f_Y(y) &= \begin{cases} \dfrac{1}{2\sqrt{y}} (f_X(\sqrt{y}) + f_X(-\sqrt{y})), & y > 0 \\ 0, & y \leqslant 0 \end{cases} \\
&= \begin{cases} \dfrac{1}{2\sqrt{y}} \mathrm{e}^{-x}|_{x=\sqrt{y}} + 0|_{x=\sqrt{y} \leqslant 0}, & y > 0 \\ 0, & y \leqslant 0 \end{cases} \\
&= \begin{cases} \dfrac{1}{2\sqrt{y}} \mathrm{e}^{-\sqrt{y}}, & y > 0 \\ 0, & y \leqslant 0 \end{cases}
\end{aligned}
$$

(2)　因函数 $y = g(x) = \mathrm{e}^x$ 及 $x = h(y) = \ln(y), y > 0$ 均单调增加，求导，得

$$h'(y) = \frac{\mathrm{d}}{\mathrm{d}y}(\ln(y)) = \frac{1}{y}, \quad y > 0$$

$$
\begin{aligned}
f_Y(y) &= \begin{cases} f_X(h(y))|h'(y)|, & y \in (1, \infty); \\ 0, & \text{其他}. \end{cases} \\
&= \begin{cases} \dfrac{1}{y} \mathrm{e}^{-\ln y}, & y > 1 \\ 0, & y \leqslant 1 \end{cases} \\
&= \begin{cases} \dfrac{1}{y^2}, & y > 1 \\ 0, & y \leqslant 1 \end{cases}
\end{aligned}
$$

【例 2.4.7】正弦函数变量分布　X 的密度为

$$f_X(x) = \begin{cases} \dfrac{2x}{\pi^2}, & 0 < x < \pi \\ 0, & \text{其他} \end{cases}$$

求 $Y = \sin X$ 的概率密度.

【解】 $X \in (0, \pi)$ 时，$Y = \sin X \in (0, 1), 0 \leqslant y \leqslant 1$ 时，分布函数为

$$
\begin{aligned}
F_Y(y) &= P\{Y \leqslant y\} = P\{0 \leqslant Y \leqslant y\} \\
&= P\{0 \leqslant \sin X \leqslant y\} \\
&= P\{0 \leqslant X \leqslant \arcsin y\} + P\{\pi - \arcsin y \leqslant X \leqslant \pi\} \\
&= \int_0^{\arcsin y} \frac{2x}{\pi^2} \mathrm{d}x + \int_{\pi - \arcsin y}^{\pi} \frac{2x}{\pi^2} \mathrm{d}x \\
&= \frac{1}{\pi^2} \cdot (\arcsin y)^2 + 1 - \frac{1}{\pi^2}(\pi - \arcsin y)^2 \\
&= \frac{2}{\pi} \arcsin y, \qquad y \in (0, 1)
\end{aligned}
$$

故

$$
f_Y(y) = \frac{\mathrm{d}}{\mathrm{d}y} F_Y(y) = \frac{\mathrm{d}}{\mathrm{d}y}\left(\frac{2}{\pi} \arcsin y\right) = \frac{2}{\pi\sqrt{1 - y^2}}
$$

即

$$
f_Y(y) = \begin{cases} \dfrac{2}{\pi\sqrt{1 - y^2}}, & 0 < y < 1 \\ 0, & \text{其他} \end{cases}
$$

【例 2.4.8】 电流 $I \sim U(9, 11)$（单位：安培），若电流通过 2 欧姆的电阻在其上消耗的功率 $W = 2I^2$，求 W 的概率密度.

【解】 电流变量 $I \sim U(9, 11)$ 的概率密度为

$$
f_I(x) = \begin{cases} \dfrac{1}{2}, & x \in (9, 11) \\ 0, & \text{其他} \end{cases}
$$

$$
W = 2I^2, \qquad I \in (9, 11) \Rightarrow W \in (162, 242)
$$

$$
W'(I) = 4I > 0, \qquad I \in (9, 11)
$$

其反函数 $I = \sqrt{\dfrac{W}{2}}, I \in (9, 11)$ 亦单调增加，密度为

$$
I'(y) = \frac{1}{2\sqrt{2y}} > 0
$$

$$
\begin{aligned}
f_W(y) &= \begin{cases} f_I(h(y))|h'(y)|, & y \in (\alpha, \beta) \\ 0, & \text{其他} \end{cases} \\
&= \begin{cases} \dfrac{\sqrt{2}}{8} \cdot \dfrac{1}{\sqrt{y}}, & y \in (162, 242) \\ 0, & \text{其他} \end{cases}
\end{aligned}
$$

习题 2.4

1. 已知离散型随机变量 X 的分布律为

X	-1	0	1	2
p_k	$\dfrac{1}{8}$	$\dfrac{1}{8}$	$\dfrac{1}{4}$	$\dfrac{1}{2}$

求 $Y_1 = 2X - 1$ 与 $Y_2 = X^2$ 的分布律.

2. 设随机变量 $X \sim \pi(\lambda)$，试求 $Y = 2X + 1$ 的分布律.

3. 设随机变量 X 的概率密度为

$$f(x) = \begin{cases} 2x, & 0 < x \leqslant 1 \\ 0, & \text{其他} \end{cases}$$

求 $Y = 3X + 1$ 的概率密度.

4. 设随机变量 $X \sim U(-\dfrac{\pi}{2}, \dfrac{\pi}{2})$，$Y = \tan X$，试求 Y 的概率密度.

5. 设随机变量 $X \sim N(\mu, \sigma^2)$，$Y = \mathrm{e}^X$，试求 Y 的概率密度.

6. 设 $X \sim U(0, \dfrac{\pi}{2})$，$Y = \sin X$，试求 Y 的概率密度.

7. 假设某物体的温度为正态随机变量 $X \sim N(98.6, 2)$. 求 $Y = \dfrac{5}{9}(X - 32)$ 的概率密度.

总习题二

1. 设随机变量 X 的绝对值不大于 1，$P\{X = -1\} = \dfrac{1}{8}$，$P\{X = 1\} = \dfrac{1}{4}$，在事件 $-1 < X < 1$ 出现的条件下，X 在 $[-1, 1]$ 内任一子区间上取值的条件概率与该子区间长度成正比，试求 X 的分布函数.

2. 设随机变量 X 的概率密度函数为

$$f(x) = \begin{cases} \dfrac{1}{3}, & 0 \leqslant x \leqslant 1 \\ \dfrac{2}{9}, & 3 \leqslant x \leqslant 6 \\ 0, & \text{其他} \end{cases}$$

若 k 使得 $P\{X \geqslant k\} = \dfrac{2}{3}$，求 k 的取值范围.

3. 在 $N = 10$ 只同类零件中有 $M = 10$ 只次品，随机摸取 $n = 3$ 只零件，以 X 表示取出的次品数，写出随机变量 X 的分布律.

4. 甲乙两人独立投篮，命中率分别为 0.6，0.7，各投篮 3 次，以随机变量 X，Y 表示两人投篮命中的次数，求投篮命中的次数 X 等于 Y 与 Y 小于 X 的概率.

5. 有甲乙两种味道和颜色极为相似的名酒各 4 杯，若从中挑 4 杯，能将甲种酒全部挑出来，算是试验成功一次. （1）某人随机去猜，问他试验成功一次的概率是多少？（2）某人声称他通过品尝区分两种酒. 他连续试验 10 次，成功 3 次，试推断他是猜对的，还是确实有区分的能力（设各次试验相对独立）.

6. 一房间有 3 扇同样大小的窗子，有只鸟从开着的窗子飞进了房间，并只能从开着的窗子飞出去. 假定鸟没有记忆，飞向各个窗子是随机的. （1）以 X 表示鸟为了飞出房间而试飞的次数，写出随机变量 X 的分布律；（2）户主声称他喂养的一只聪明鸟有记忆，飞向任一窗子的尝试不超过 1 次. 以 Y 表示这只聪明鸟为了飞出房间而试飞的次数，写出随机变量 Y 的分布律；（3）求试飞的次数 X 小于 Y 与 Y 小于 X 的概率.

7. 学院路公交车站每隔 5 分钟通过一辆 1 路汽车，每隔 6 分钟通过一辆 2 路汽车（两路汽车独立到达）. 乘客到达车站的时间是等可能的. （1）求某乘客等候 1 路汽车的时间不超过 3 分钟的概率.（2）设某乘客要去中关村，乘坐 1 路汽车或 2 路汽车都可以，求等候时间不超过 4 分钟的概率.

8. 某型号零件的寿命为随机变量 X，概率密度函数为

$$f(x) = \begin{cases} \dfrac{1000}{x^2}, & x \geqslant 1000 \\ \\ 0, & \text{其他} \end{cases}$$

现有一批此种零件，各零件损坏与否相互独立，任取 5 只，求其中至少有 2 只寿命大于 1500 小时的概率.

9. 设随机变量 $X \sim N(\mu_1, \sigma_1^2)$，$Y \sim N(\mu_2, \sigma_2^2)$，且 $P\{|X - \mu_1| \leqslant 1\} > P\{|X - \mu_2| \leqslant 1\}$，试比较 σ_1 与 σ_2 的大小.

10. 假设一电子元件在使用了 t 小时后，在以后的 Δt 小时内损坏的概率等于 $\lambda \Delta t + o(\Delta t)$，其中 $\lambda > 0$ 是常数，求电子元件寿命 T 的分布函数.

11. 在电源电压不超过 200V、200～240V 和超过 240V 三种情形下，某种电子元件损坏的概率分别为 0.1，0.001 和 0.2，假设电源电压服从正态分布 $X \sim N(220, 25^2)$，试求：（1）该电子元件损坏的概率 α；(2) 该电子元件损坏时，电源电压为 200～240V 的概率 β.

12. 已知 X 的分布律为 $P\{X = \dfrac{k\pi}{2}\} = pq^k (k = 0, 1, 2, \cdots)$，其中 $p + q = 1, 0 < p < 1$，求 $Y = \sin X$ 的分布律.

13. 设随机变量 X 的概率密度为 $f_X(x) = \dfrac{1}{\pi(1 + x^2)}$，求 $Y = 1 - \sqrt[3]{X}$ 的概率密度 $f_Y(y)$.

14. 设随机变量 X 服从参数为 2 的指数分布，证明：$Y = 1 - e^{-2X}$ 在区间 $(0, 1)$ 上服从均匀分布.

15. 假设随机变量 X 服从 $(0, 1)$ 区间上的均匀分布，概率密度函数为

$$f(x) = \begin{cases} 1, & 0 \leqslant x \leqslant 1 \\ \\ 0, & \text{其他} \end{cases}$$

求：（1）$Y = e^X$ 的概率密度；（2）$Y = -2\ln X$ 的概率密度.

第 3 章　　　　多维随机变量

3.1　　　二维随机变量

看过 CCTV 海洋预报的观众都有印象: "东海海域浪高 XXX 米, 水温 XXX 度." 浪高和水温都是描述海洋状态的随机变量, 那么我们就可以对同一样本空间随机事件用这两个或者更多随机变量来描述, 这就是多维随机变量.

如果有人偶像崇拜, 对明星 (Super-star) 的生肖、血型、星座、性格、爱吃的水果都要寻根问底, 这也是描述一个人的多维随机变量.

3.1.1　二维随机变量的概念

【定义 3.1.1 】二维随机变量 (Bivariate Random Vectors)　　由随机试验的样本空间向实欧几里得空间的映射 (一多映照)

$$F: S| \to \mathbf{R}^2, \quad \boldsymbol{r}(e) = \boldsymbol{r}(X(e), Y(e)) \subset \mathbf{R}^2 = \mathbf{R}^1 \times \mathbf{R}^1$$

其中 $X = X(e), Y = Y(e)$ 作为定义于相同样本空间 S 上的单值实函数是一维随机变量, $(X, Y) \in \mathbf{R}^2$ 为随机点. $\boldsymbol{r} = \boldsymbol{r}(X, Y)$ 为二维 (二元) 随机向量或是二维 (二元) 随机变量 (图 3.1.1).

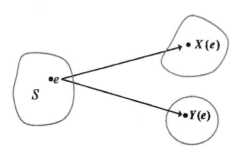

图 3.1.1　　二维随机变量

一般地, 有

$$\boldsymbol{r}: S| \to \mathbf{R}^n, \boldsymbol{r}(e) = \boldsymbol{r}(X_1(e), X_2(e), \cdots, X_n(e)) \tag{3.1.1}$$

称为多维随机向量.

【定义 3.1.2】二元分布 (联合分布)　　设 $\boldsymbol{r} = \boldsymbol{r}(X, Y)$ 为二维 (二元) 随机变量; $F: \mathbf{R}^2 \to \mathbf{R}^1$ 是非负规范的对单一变量单调不减的二元函数. 则

$$F(x, y) := P\{\{X \leqslant x\} \bigcap \{Y \leqslant y\}\} = P\{X \leqslant x, Y \leqslant y\} \tag{3.1.2}$$

称为随机向量 $r = r(X,Y)$ 的分布函数或是随机变量 X 和 Y 的联合分布函数 (二元分布)(Bivariate Distribution，或 Joint Distribution).

二维分布函数的概率意义为：$F(x,y) := P\{X \leqslant x, Y \leqslant y\}$ 表示随机点 (随机向量 r 的终点) $M(X,Y)$ 落在半无界矩形域 $\Omega : (-\infty, x] \times (-\infty, y]$ 中的概率 $F(M) = P\{M \in \Omega\}$(图 3.1.2).

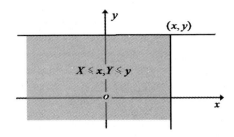

图 3.1.2　二维分布函数的几何意义

而随机点 $M(X,Y)$ 落在有界矩形域 $\Omega : (x_1, x_2] \times (y_1, y_2]$ 之内的概率. 即可由下式计算：设 $S(M_{ij})(1 \leqslant i, j \leqslant 2)$ 代表以 M_{ij} 为右上角点的半无界矩形域的面积，则有

$$
\begin{aligned}
& P\{X \in (x_1, x_2], Y \in (y_1, y_2]\} \\
= \ & S(M_{22}) - S(M_{21}) - S(M_{12}) + S(M_{11}) \\
= \ & P\{M \in (-\infty, x_2] \times (-\infty, y_2]\} - P\{M \in (-\infty, x_2] \times (-\infty, y_1]\} \\
& - P\{M \in (-\infty, x_1] \times (-\infty, y_2]\} + P\{M \in (-\infty, x_1] \times (-\infty, y_1]\} \\
= \ & F(x_2, y_2) - F(x_2, y_1) - F(x_1, y_2) + F(x_1, y_1)
\end{aligned}
\tag{3.1.3}
$$

此公式的记法是：两横纵坐标脚码同名则取正，异名则取负 (图 3.1.3).

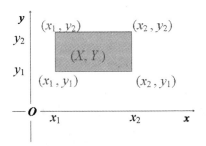

图 3.1.3　随机点 $M(X,Y)$ 落在有界矩形域内的概率

【推论】　当 $x_1 < x_2, y_1 < y_2$ 时，式 (3.1.3) 非负：

$$
F(x_2, y_2) - F(x_2, y_1) - F(x_1, y_2) + F(x_1, y_1) \geqslant 0
\tag{3.1.4}
$$

作为概率分布函数，$F(x,y)$ 具有规范性和单边单调性等性质：

1)　$F(x,y)$ 关于 (x,y) 单调不减

$$
\begin{array}{ll}
F(x_2, y) > F(x_1, y), & x_2 > x_1 \\
F(x, y_2) > F(x, y_1), & y_2 > y_1
\end{array}
$$

自然地，$x_2 > x_1, y_2 > y_1$ 时，$F(x_2, y_2) > F(x_1, y_1)$.

【证明】

$$F(x_2,y) - F(x_1,y) = P\{X \leqslant x_2, Y \leqslant y\} - P\{X \leqslant x_1, Y \leqslant y\} = P\{X \in (x_1,x_2], Y \leqslant y\}$$

同理，有

$$F(x,y_2) - F(x,y_1) = P\{X \leqslant x, Y \in (y_1,y_2]\} \geqslant 0$$

2) 规范性

$$
\begin{aligned}
F(-\infty,y) &= \lim_{x \to -\infty} F(x,y) = 0 \\
F(x,-\infty) &= \lim_{y \to -\infty} F(x,y) = 0 \\
F(-\infty,-\infty) &= \lim_{x,y \to -\infty} F(x,y) = 0 \\
F(+\infty,+\infty) &= \lim_{x,y \to +\infty} F(x,y) = 1
\end{aligned}
\tag{3.1.5}
$$

由几何意义，将无界矩形域的右边界向左无限平移或上边界向下无限平移，或同时进行，随机点落在此矩形域的概率均为 0(不可能事件)。将无界矩形域的右边界向右、上边界向上无限平移直至正无穷大，随机点落在全实平面内是必然事件，概率为 1.

3) 单边右连续

依分布的定义不同，有

$$
\begin{aligned}
F(x,y) &= F(x+0,y) = \lim_{\Delta x \to 0+} F(x+\Delta x, y) \\
F(x,y) &= F(x,y+0) = \lim_{\Delta y \to 0+} F(x,y+\Delta y)
\end{aligned}
\tag{3.1.6}
$$

【注记】 二维分布 $F(x,y)$ 的性质

$$F(x_2,y_2) + F(x_1,y_1) - F(x_1,y_2) - F(x_2,y_1) \geqslant 0, \qquad x_2 > x_1, y_2 > y_1$$

是独立于其他条件的，即不能由其单调性、规范性和连续性推出.

【反例】 特征函数

$$
F(x,y) = \begin{cases} 1, & x+y \geqslant -1 \\ 0, & x+y < -1 \end{cases}
$$

$F(x,y)$ 满足单调性、规范性和右连续性，但

$$F(1,1) - F(1,-1) - F(-1,1) + F(-1,-1) = 1 - 1 - 1 + 0 = -1 < 0$$

3.1.2 离散型二维分布

【定义 3.1.3】离散型二维随机变量 (D.B.R.V)　$r = r(X,Y)$ 取值为有限或可列无限的向量 (坐标对)，则称 $r(X,Y)$ 为离散型随机变量

$$(X,Y) = (x_i, y_j), \qquad 1 \leqslant i,j < \infty$$

其分布律为

$$P\{X = x_i, Y = y_j\} = p_{ij} \qquad i, j = 1, 2, \cdots \tag{3.1.7}$$

则由规范性有

$$p_{ij} \geqslant 0, \qquad \sum_{i=1}^{\infty} \sum_{j=1}^{\infty} p_{ij} = 1 \tag{3.1.8}$$

称为随机向量 $\boldsymbol{r}$ 的分布律, 即随机变量 X 和 Y 的联合分布律 (Joint Distribution), 通常以类似矩阵的表格显示 (转置形式):

$Y \backslash X$	x_1	x_2	$\cdots$	x_i	$\cdots$	$p_{.j} = P\{Y = y_j\}$
y_1	p_{11}	p_{21}	$\cdots$	p_{i1}	$\cdots$	$\sum p_{i1}$
y_2	p_{12}	p_{22}	$\cdots$	p_{i2}	$\cdots$	$\sum p_{i2}$
$\vdots$	$\vdots$	$\vdots$	$\vdots$	$\vdots$	$\vdots$	$\vdots$
y_j	p_{1j}	p_{2j}	$\cdots$	p_{ij}	$\cdots$	$\sum p_{ij}$
$\vdots$	$\vdots$	$\vdots$	$\vdots$	$\vdots$	$\vdots$	$\vdots$
$p_{i.} = P\{X = x_i\}$	$\sum_j p_{1j}$	$\sum_j p_{2j}$	$\cdots$	$\sum_j p_{ij}$	$\cdots$	$\sum_{ij} p_{ij} = 1$

事实上, 采用 X 纵 Y 横的矩阵可成为习惯的矩阵格式:

$X \backslash Y$	y_1	y_2	$\cdots$	y_j	$\cdots$	$p_{i.} = P\{X = x_i\}$
x_1	p_{11}	p_{21}	$\cdots$	p_{1j}	$\cdots$	$\sum p_{1j} = p_1$
x_2	p_{21}	p_{22}	$\cdots$	p_{2j}	$\cdots$	$\sum p_{2j} = p_2$
$\vdots$	$\vdots$	$\vdots$	$\vdots$	$\vdots$	$\vdots$	$\vdots$
x_i	p_{i1}	p_{i2}	$\cdots$	p_{ij}	$\cdots$	$\sum p_{ij} = p_i$
$\vdots$	$\vdots$	$\vdots$	$\vdots$	$\vdots$	$\vdots$	$\vdots$
$p_{.j} = P\{Y = y_j\}$	$\sum_i p_{i1}$	$\sum_i p_{i2}$	$\cdots$	$\sum_i p_{ij}$	$\cdots$	$\sum_{ij} p_{ij} = 1$

【例 3.1.1】**摸球问题** 盒里有 7 只球, 3 黑、2 红、2 白. 任摸 4 只球, 以 X 表示摸到黑球数, Y 表示摸到红球数, 求 (X, Y) 的联合分布律.

【解】 依古典概型计算, 样本空间总数为

$$n(S) = C_7^4 = \frac{5 \times 6 \times 7}{6} = 35$$

4 只球中, 黑球有 $X = i$ 只, 红球有 $Y = j$ 只, 白球有 $4 - i - j$ 只, 取法为

$$n(A) = \quad n\{X = i, Y = j\} = C_3^i C_2^j C_2^{4-i-j}, i = 0, 1, 2, 3, \qquad j = 0, 1, 2, \qquad i + j \leqslant 4$$

故

$$P\{X=0,Y=2\}=\frac{C_3^0 C_2^2 C_2^2}{35}=\frac{1}{35}, \qquad P\{X=1,Y=1\}=\frac{C_3^1 C_2^1 C_2^2}{35}=\frac{6}{35}$$

$$P\{X=1,Y=2\}=\frac{C_3^1 C_2^2 C_2^1}{35}=\frac{6}{35}, \qquad P\{X=2,Y=0\}=\frac{C_3^2 C_2^0 C_2^2}{35}=\frac{3}{35}$$

$$P\{X=2,Y=1\}=\frac{C_3^2 C_2^1 C_2^1}{35}=\frac{12}{35}, \qquad P\{X=2,Y=2\}=\frac{C_3^2 C_2^2 C_2^0}{35}=\frac{3}{35}$$

$$P\{X=3,Y=0\}=\frac{C_3^3 C_2^0 C_2^1}{35}=\frac{2}{35}, \qquad P\{X=3,Y=1\}=\frac{C_3^3 C_2^1 C_2^0}{35}=\frac{2}{35}$$

$$P\{X=0,Y=0\}=P\{X=0,Y=1\}=P\{X=1,Y=0\}=P\{X=3,Y=2\}=0$$

故分布律如下：

X,Y	0	1	2	3	p_j
0	0	0	$\frac{3}{35}$	$\frac{2}{35}$	$\frac{5}{35}$
1	0	$\frac{6}{35}$	$\frac{12}{35}$	$\frac{2}{35}$	$\frac{20}{35}$
2	$\frac{1}{35}$	$\frac{6}{35}$	$\frac{3}{35}$	0	$\frac{10}{35}$
p_i	$\frac{1}{35}$	$\frac{12}{35}$	$\frac{18}{35}$	$\frac{4}{35}$	1

【例 3.1.2】投硬币 投掷 3 枚硬币，记正面为币值面，反面为国徽面，以 X 表示 3 枚硬币出现正面的总数，令

$$Y=\begin{cases} 1, & \text{出现正面次数大于出现反面次数} \\ -1, & \text{其他} \end{cases}$$

求 X,Y 的联合边缘分布律.

【解】列表写出所有投掷硬币的可能结果如下：

	HHH	HHT	HTH	THH	HTT	THT	TTH	TTT
X	3	2	2	2	1	1	1	0
Y	1	1	1	1	-1	-1	-1	-1

$$P\{X=x_i=i,Y=y_j=j\}=p_{ij} \qquad (i=0,1,2,3, j=1,-1)$$

如

$$P\{X = 2, Y = 1\} = \frac{3}{8} = P\{X = 1, Y = -1\}$$

$$P\{X = 3, Y = 1\} = \frac{1}{8} = P\{X = 0, Y = -1\}$$

$$P\{X = 0, Y = 1\} = P\{X = 1, Y = 1\} = P\{X = 2, Y = -1\} = P\{X = 3, Y = -1\} = 0$$

故联合边缘分布律如下：

X, Y	0	1	2	3	p_j
1	0	0	$\frac{3}{8}$	$\frac{1}{8}$	$\frac{1}{2}$
-1	$\frac{1}{8}$	$\frac{3}{8}$	0	0	$\frac{1}{2}$
p_i	$\frac{1}{8}$	$\frac{3}{8}$	$\frac{3}{8}$	$\frac{1}{8}$	1

3.1.3　连续型二维分布

【定义 3.1.4】连续型二维随机变量　　如果存在非负可积二元函数 $f(x, y)$，使得随机向量 $\boldsymbol{r} = \boldsymbol{r}(X, Y)$ 的分布函数 $F(x, y)$ 可表示为 $f(x, y)$ 的变上限积分形式

$$F(x, y) = \int_{-\infty}^{y} \int_{-\infty}^{x} f(u, v) \mathrm{d}u \mathrm{d}v \tag{3.1.9}$$

则称 (X, Y) 为连续型二维随机变量 (C.B.R.V)；非负可积函数 $f(x, y)$ 称为 (X, Y) 的联合概率密度 (Bivariate Density Function).

【命题 3.1.1】密度函数 $f(x, y) \geqslant 0$ 的基本性质
(1) 非负性：$f(x, y) \geqslant 0$.
(2) 规范性：

$$\iint f(x, y) \mathrm{d}x \mathrm{d}y = \int_{-\infty}^{+\infty} \int_{-\infty}^{+\infty} f(x, y) \mathrm{d}x \mathrm{d}y = F(+\infty, +\infty) = 1 \tag{3.1.10}$$

(3) 概率意义：随机点 (X, Y) 落在某平面域 D 上的概率是密度函数在区域上的二重积分 (图 3.1.4)，即

$$P\{(X, Y) \in D \subset \mathbf{R}^2\} = \iint_{D} f(x, y) \mathrm{d}x \mathrm{d}y \tag{3.1.11}$$

(4) 在 $f(x, y)$ 的连续点处，有

$$f(x, y) = F_{xy}''(x, y) = \frac{\partial^2 F}{\partial x \partial y} = \frac{\partial^2 F}{\partial y \partial x} \tag{3.1.12}$$

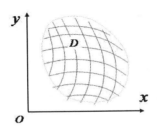

图 3.1.4　随机点 (X,Y) 落在某平面域上的概率

即密度是二元分布函数的二阶混合偏导.

【证明】 取半开矩形域 $D := (x, x + \Delta x] \times (y, y + \Delta y]$

$$
\lim_{\Delta x \to 0+\Delta y \to 0+} \frac{P\{X \in (x, x + \Delta x], Y \in (y, y + \Delta y]\}}{\Delta x \Delta y}
$$

$$
= \lim_{\Delta x \to 0 \Delta y \to 0} \frac{F(x + \Delta x, y + \Delta y) - F(x + \Delta x, y) - F(x, y + \Delta y) + F(x, y)}{\Delta x \Delta y}
$$

$$
= \lim_{\Delta x \to 0} \frac{1}{\Delta x} \lim_{\Delta y \to 0} \left(\frac{F(x + \Delta x, y + \Delta y) - F(x + \Delta x, y)\}}{\Delta y} - \frac{F(x, y + \Delta y) - F(x, y)\}}{\Delta y} \right)
$$

$$
= \lim_{\Delta x \to 0} \frac{1}{\Delta x} \left(\frac{\partial F}{\partial y}(x + \Delta x, y) - \frac{\partial F}{\partial y}(x, y) \right)
$$

$$
= \frac{\partial^2 F}{\partial x \partial y}(x, y)
$$

【注记】二维随机变量概率密度的几何描述　　分布曲面 (Distribution Surface) $S : z = f(x,y)$ 表示 $\mathbf{R}^3$ 空间中的一张曲面 (图 3.1.5), 于是分布函数 $F(x,y) = \int_{-\infty}^{y} \int_{-\infty}^{x} f(x,y)\mathrm{d}x\mathrm{d}y$ 即表示在此曲面覆盖之下的曲顶柱体的体积, 因 $f(x,y) \geqslant 0$, 故分布曲面 $z = f(x,y)$ 总位于 xOy 平面的上方, 而概率 $P\{(X,Y) \in D\} = \iint f(x,y)\mathrm{d}x\mathrm{d}y$, 即分布曲面覆盖下的以 D 为底面的曲顶柱体体积 $V \geqslant 0$.

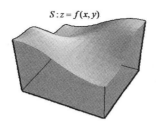

图 3.1.5　分布曲面

【例 3.1.3】　　二维随机变量 (X,Y) 之概率密度为

$$
f(x,y) = \begin{cases} C\mathrm{e}^{-x^2 y}, & x \geqslant 1, y \geqslant 0 \\ 0, & \text{其他} \end{cases}
$$

(1) 利用概率密度的规范性求常数; (2) 求概率 $P\{X^2 Y > 1\}$; (3) 求分布函数 $F(x,y)$.

【解】 (1) 利用概率密度的规范性, 有

$$
\begin{aligned}
1 = \iint_{R^2} f(x,y)\mathrm{d}x\mathrm{d}y &= \int_1^\infty \mathrm{d}x \int_0^\infty C\mathrm{e}^{-x^2 y}\mathrm{d}y \\
&= C\int_1^\infty \mathrm{d}x \int_0^\infty \mathrm{e}^{-x^2 y}\mathrm{d}y \\
&= C\int_1^\infty \left(\frac{1}{x^2}\mathrm{e}^{-x^2 y}\big|_\infty^0\right)\mathrm{d}x \\
&= C\int_1^\infty \frac{1}{x^2}\mathrm{d}x = \frac{C}{x}\big|_\infty^1 = C \\
\Rightarrow\quad C &= 1
\end{aligned}
$$

(2)

$$
\begin{aligned}
P\{X^2 Y > 1\} = P\left\{Y > \frac{1}{X^2}\right\} \\
= \iint_{y > \frac{1}{x^2}} f(x,y)\mathrm{d}x\mathrm{d}y &= \int_1^\infty \mathrm{d}x \int_{\frac{1}{x^2}}^\infty \mathrm{e}^{-x^2 y}\mathrm{d}y \\
&= \int_1^\infty \left(\frac{1}{x^2}\mathrm{e}^{-x^2 y}\big|_\infty^{\frac{1}{x^2}}\right)\mathrm{d}x \\
&= \int_1^\infty \frac{\mathrm{e}^{-1}}{x^2}\mathrm{d}x = \frac{\mathrm{e}^{-1}}{x}\big|_\infty^1 = \mathrm{e}^{-1}
\end{aligned}
$$

(3)*

$$
\begin{aligned}
F(x,y) &= \int_{-\infty}^y \int_{-\infty}^x f(x,y)\mathrm{d}x\mathrm{d}y \\
&= \begin{cases} \int_1^x \mathrm{d}x \int_0^y \mathrm{e}^{-x^2 y}\mathrm{d}y, & x \geqslant 1, y \geqslant 0 \\ 0, & \text{其他} \end{cases} \\
&= \begin{cases} \int_1^x \left(\frac{1}{x^2}\mathrm{e}^{-x^2 y}\big|_y^0\right)\mathrm{d}x, & x \geqslant 1, y \geqslant 0 \\ 0, & \text{其他} \end{cases} \\
&= \begin{cases} \int_1^x \frac{1}{x^2}(1 - \mathrm{e}^{-x^2 y})\mathrm{d}x, & x \geqslant 1, y \geqslant 0 \\ 0, & \text{其他} \end{cases} \\
&= \begin{cases} \left(\frac{1}{x}\right)\big|_x^1 - \int_1^x \mathrm{e}^{-x^2 y}\mathrm{d}x, & x \geqslant 1, y \geqslant 0 \\ 0, & \text{其他} \end{cases} \\
&= \begin{cases} \left(1 - \frac{1}{x}\right) - \int_1^x \mathrm{e}^{-x^2 y}\mathrm{d}x, & x \geqslant 1, y \geqslant 0 \\ 0, & \text{其他} \end{cases}
\end{aligned}
$$

不可求不定积分的初等原函数:

$$
\int \mathrm{e}^{-x^2 y}\mathrm{d}x = \int \mathrm{e}^{-uy}\mathrm{d}\sqrt{u} = \int \frac{\mathrm{e}^{-uy}}{2\sqrt{u}}\mathrm{d}u
$$

【例 3.1.4】(2003 研究生入学试题数学一)　二维随机变量 (x,y) 之概率密度为

$$f(x,y) = \begin{cases} 6x, & 0 \leqslant x \leqslant y \leqslant 1 \\ 0, & \text{其他.} \end{cases}$$

求概率 $P\{X+Y \leqslant 1\}$.

【解】

$$\begin{aligned} P\{X+Y \leqslant 1\} &= \iint_{x+y \leqslant 1} f(x,y)\mathrm{d}x\mathrm{d}y = \int_0^{1/2} 6x\mathrm{d}x \int_x^{1-x} \mathrm{d}y \\ &= \int_0^{1/2} 6x(1-2x)\mathrm{d}x = \int_0^{1/2} (6x-12x^2)\mathrm{d}x \\ &= (3x^2-4x^3)\big|_0^{1/2} = \frac{3}{4} - \frac{2}{4} = \frac{1}{4} \end{aligned}$$

即所求概率 $P\{X+Y \leqslant 1\} = \dfrac{1}{4}$.

3.1.4　边缘分布

【定义 3.1.5】**边缘分布函数**　二维随机向量 $\boldsymbol{r} = \boldsymbol{r}(X,Y)$ 的分量作为随机变量亦有各自的分布函数，记为 $F_X(x)$ 和 $F_Y(y)$，称为关于 X 和 Y 的 **边缘分布函数**：

$$F_X(x) = P\{X \leqslant x\} = P\{X \leqslant x, Y < \infty\} = P(x,\infty) = \lim_{y \to \infty} F(x,y) \tag{3.1.13}$$

$$F_Y(y) = P\{Y \leqslant y\} = P\{X < \infty, Y \leqslant y\} = P(\infty,y) = \lim_{x \to \infty} F(x,y) \tag{3.1.14}$$

$$\begin{aligned} &F(-\infty,-\infty) = 0, && F(-\infty,y) = 0 \\ &F(x,-\infty) = 0, && F_X(x) = F(x,+\infty) \\ &F_Y(y) = F(+\infty,y), && F(+\infty,+\infty) = 1 \end{aligned}$$

1.二维离散型随机向量的边缘分布

$$\begin{cases} F_X(x) = F(x,+\infty) = \sum_{x_i \leqslant x} \sum_{j=1}^{\infty} p_{ij} \\ F_Y(y) = F(+\infty,y) = \sum_{y_j \leqslant y} \sum_{i=1}^{\infty} p_{ij} \end{cases} \tag{3.1.15}$$

令

$$P\{X=x_i, Y=y_i\} = p_{ij} \tag{3.1.16}$$

则

$$\begin{cases} P\{X=x_i\} = p_{i.} = \sum_{j=1}^{\infty} p_{ij} & (i=1,2,\cdots) \\ P\{Y=y_i\} = p_{.j} = \sum_{i=1}^{\infty} p_{ij} & (j=1,2,\cdots) \end{cases} \tag{3.1.17}$$

称为 (X, Y) 关于 X 和 Y 边缘分布律，列表如下：

$Y \setminus X$	x_1	x_2	$\cdots$	x_i	$\cdots$	$p_{.j}$
y_1	p_{11}	p_{21}	$\cdots$	p_{i1}	$\cdots$	$p_{.1} = \sum\limits_{i=1}^{\infty} p_{i1}$
y_2	p_{12}	p_{22}	$\cdots$	p_{i2}	$\cdots$	$p_{.2} = \sum\limits_{i=1}^{\infty} p_{i2}$
$\vdots$	$\vdots$	$\vdots$	$\vdots$	$\vdots$	$\vdots$	$\vdots$
y_j	p_{1j}	p_{2j}	$\cdots$	p_{ij}	$\cdots$	$p_{.j} = \sum\limits_{i=1}^{\infty} p_{ij}$
$\vdots$	$\vdots$	$\vdots$	$\vdots$	$\vdots$	$\vdots$	$\vdots$
$p_{i.}$	$p_{1.} = \sum\limits_{j=1}^{\infty} p_{1j}$	$p_{2.} = \sum\limits_{j=1}^{\infty} p_{2j}$	$\cdots$	$p_{i.} = \sum\limits_{j=1}^{\infty} p_{ij}$	$\cdots$	$\sum\limits_{i,j} p_{ij} = 1$

【例 3.1.5】 X 在数 1,2,3,4 中等可能地取 1 个，Y 在 $1,2,\cdots,X$ 中等可能地取 1 个，求 (X,Y) 的边缘分布律.

【解】由条件概率

$$P\{X = i, Y = j\} = P\{Y = j | X = i\} P\{X = i\} = \frac{1}{i}\frac{1}{4}$$

故分布律如下：

$X \setminus Y$	1	2	3	4	$P\{Y = y_j\} = p_{.j}$
1	$\dfrac{1}{4}$	$\dfrac{1}{8}$	$\dfrac{1}{12}$	$\dfrac{1}{16}$	$\dfrac{25}{48}$
2	0	$\dfrac{1}{8}$	$\dfrac{1}{12}$	$\dfrac{1}{16}$	$\dfrac{13}{48}$
3	0	0	$\dfrac{1}{12}$	$\dfrac{1}{16}$	$\dfrac{7}{48}$
4	0	0	0	$\dfrac{1}{16}$	$\dfrac{3}{48}$
$P\{X = x_i\} = p_{i.}$	$\dfrac{1}{4}$	$\dfrac{1}{4}$	$\dfrac{1}{4}$	$\dfrac{1}{4}$	1

2.二维连续型随机向量的边缘分布

二维离散型随机向量的每个坐标变量 X, Y 各自的分布称为边缘分布，边缘分布函数和边缘概率密度为

$$\begin{aligned}
F_X(x) &= F(x, +\infty) = \int_{-\infty}^{x} \int_{-\infty}^{+\infty} f(x,y)\mathrm{d}y\mathrm{d}x \\
&\Rightarrow f_X(x) = F_X'(x) = \int_{-\infty}^{+\infty} f(x,y)\mathrm{d}y \geqslant 0 \\
F_Y(y) &= F(+\infty, y) = \int_{-\infty}^{y} \int_{-\infty}^{+\infty} f(x,y)\mathrm{d}x\mathrm{d}y \\
&\Rightarrow f_Y(y) = F_Y'(y) = \int_{-\infty}^{+\infty} f(x,y)\mathrm{d}x \geqslant 0
\end{aligned} \tag{3.1.18}$$

【注记 1】 形式上的积分限是在整个实的坐标轴 $(-\infty, +\infty)$，具体的积分区间往往要根据问题限定的条件确定，可能是变限积分的形式，上下限为曲线 (函数). 如

$$f_X(x) = \begin{cases} \displaystyle\int_{y_1(x)}^{y_2(x)} f(x,y)\mathrm{d}y, & x \in [y_1(x), y_2(x)] \\ 0, & \text{其他} \end{cases} \tag{3.1.19}$$

或

$$f_Y(y) = \begin{cases} \displaystyle\int_{x_1(y)}^{x_2(y)} f(x,y)\mathrm{d}x, & y \in [x_1(y), x_2(y)] \\ 0, & \text{其他} \end{cases} \tag{3.1.20}$$

【注记 2】 通俗理解，关于 X 的概率密度 $f_X(x)$ 是对 y 求积分将 y "积走"，得到 x 的一元函数；同理，关于 Y 的概率密度 $f_Y(y)$ 是对 x 求积分将 x "积走"，得到 y 的一元函数.

【例 3.1.6】 (1992 年研究生入学试题数学一) (X, Y) 的概率密度为

$$f(x,y) = \begin{cases} \mathrm{e}^{-y}, & 0 < x < y \\ 0, & \text{其他} \end{cases}$$

(1) 求边缘概率密度 $f_X(x), f_Y(y)$；(2) 求概率 $P\{X + Y \leqslant 1\}$.

【解】 $f(x,y) \neq 0$ 的域 $0 < x < y$，先画边界 $y = x > 0$，确定 $y > x$ 区域.
(1) 先定积分域的边界曲线，从而定积分区域.

$$\begin{cases} f_X(x) = \displaystyle\int_{-\infty}^{+\infty} f(x,y)\mathrm{d}y = \int_x^{+\infty} f(x,y)\mathrm{d}y = \mathrm{e}^{-y}\big|_\infty^x = \mathrm{e}^{-x}, & x > 0 \\ \hphantom{f_X(x) = }f_X(x) = 0, & x \leqslant 0 \end{cases}$$

$$\begin{cases} f_Y(y) = \displaystyle\int_{-\infty}^{+\infty} f(x,y)\mathrm{d}x = \int_0^y \mathrm{e}^{-y}\mathrm{d}x = \mathrm{e}^{-y}(y - 0) = y\mathrm{e}^{-y}, & y > 0 \\ \hphantom{f_Y(y) = }f_Y(y) = 0, & y \leqslant 0 \end{cases}$$

(2) 化为二重积分，积分区域为 $x = 0, y = x, x + y = 1$ 围成的在第一象限内的三角形区域 D.

$$\begin{aligned} P\{X + Y \leqslant 1\} &= \iint_{x+y \leqslant 1} f(x,y)\mathrm{d}y\mathrm{d}x \\ &= \int_0^{\frac{1}{2}} \mathrm{d}x \int_x^{1-x} \mathrm{e}^{-y}\mathrm{d}y = \int_0^{\frac{1}{2}} (\mathrm{e}^{-y}\big|_{1-x}^x)\mathrm{d}x \\ &= \int_0^{\frac{1}{2}} (\mathrm{e}^{-x} - \mathrm{e}^{x-1})\mathrm{d}x = \mathrm{e}^{-x}\big|_{\frac{1}{2}}^0 - \mathrm{e}^{x-1}\big|_0^{\frac{1}{2}} \\ &= 1 - \mathrm{e}^{-\frac{1}{2}} - \mathrm{e}^{-\frac{1}{2}} + \mathrm{e}^{-1} = 1 - 2\mathrm{e}^{-\frac{1}{2}} + \mathrm{e}^{-1} \end{aligned}$$

3.1.5 常见的二维联合分布

1. 均匀分布 (Unified Distribution)

二维连续随机变量服从测度 (Measure) 为正的平面区域 D 的均匀分布, 即其概率密度为

$$f(x,y) = \begin{cases} \dfrac{1}{m(D)}, & (x,y) \in D \\ 0, & \text{其他} \end{cases} \tag{3.1.21}$$

(1)　对于矩形区域 D, 有

$$(X,Y) \sim U(D), \qquad D = [a,b] \times [c,d]$$

联合概率密度

$$f(x,y) = \begin{cases} \dfrac{1}{(b-a) \times (d-c)}, & (x,y) \in [a,b] \times [c,d] \\ 0, & \text{其他} \end{cases} \tag{3.1.22}$$

边缘概率密度

$$\begin{aligned} f_X(x) &= \int_{-\infty}^{+\infty} f(x,y)\mathrm{d}y = \int_c^d \dfrac{1}{(b-a) \times (d-c)}\mathrm{d}y \\ &= \begin{cases} \dfrac{1}{b-a}, & x \in [a,b] \\ 0, & \text{其他} \end{cases} \end{aligned}$$

$$\begin{aligned} f_Y(y) &= \int_{-\infty}^{+\infty} f(x,y)\mathrm{d}x = \int_a^b \dfrac{1}{(b-a) \times (d-c)}\mathrm{d}x \\ &= \begin{cases} \dfrac{1}{d-c}, & y \in [c,d] \\ 0, & \text{其他} \end{cases} \end{aligned}$$

(2)　对于圆域 D, 有

$$(X,Y) \sim U(D), \qquad x^2 + y^2 \leqslant a^2$$

联合概率密度

$$f(x,y) = \begin{cases} \dfrac{1}{\pi a^2}, & 0 < x^2 + y^2 \leqslant a^2 \\ 0, & \text{其他} \end{cases} \tag{3.1.23}$$

此时 X, Y 不独立. 边缘概率密度

$$\begin{cases} f_X(x) = \displaystyle\int_{-\infty}^{+\infty} f(x,y)\mathrm{d}y = \int_{-\sqrt{a^2-x^2}}^{\sqrt{a^2-x^2}} \dfrac{1}{\pi a^2}\mathrm{d}y = \dfrac{2\sqrt{a^2-x^2}}{\pi a^2}, & x \in [-a,a] \\ f_X(x) = 0, & \text{其他} \end{cases}$$

$$\begin{cases} f_Y(y) = \displaystyle\int_{-\infty}^{+\infty} f(x,y)\mathrm{d}x = \int_{-\sqrt{a^2-y^2}}^{\sqrt{a^2-y^2}} \dfrac{1}{\pi a^2}\mathrm{d}x = \dfrac{2\sqrt{a^2-y^2}}{\pi a^2}, & y \in [-a,a] \\ f_Y(y) = 0, & \text{其他} \end{cases}$$

2. 指数分布 (Exponential Distribution)

$$f(x,y) = \begin{cases} \mathrm{e}^{-(\lambda x + \mu y)}, & 0 < x < \infty, 0 < y < \infty, \lambda > 0, \mu > 0, \lambda\mu = 1 \\ 0, & \text{其他} \end{cases} \tag{3.1.24}$$

由规范性，有

$$
\begin{aligned}
\iint_{R^2} f(x,y)\mathrm{d}x\mathrm{d}y &= \int_0^\infty \mathrm{e}^{-\mu y}\mathrm{d}y \int_0^\infty \mathrm{e}^{-\lambda x}\mathrm{d}x \\
&= \frac{1}{\mu}(\mathrm{e}^{-\mu y}|_\infty^0)\frac{1}{\lambda}(\mathrm{e}^{-\lambda x}|_\infty^0) = \frac{1}{\mu\lambda} = 1 \\
&\Rightarrow \mu\lambda = 1
\end{aligned}
$$

例如，当 $\mu = \lambda = 1$ 时，有

$$
f(x,y) = \begin{cases} \mathrm{e}^{-(x+y)}, & x>0, y>0 \\ 0, & \text{其他} \end{cases}
$$

当 $\lambda = 2, \mu = \dfrac{1}{2}$ 时，有

$$
f(x,y) = \begin{cases} \mathrm{e}^{-2x}\mathrm{e}^{-\frac{1}{2}y}, & x>0, y>0 \\ 0, & \text{其他} \end{cases}
$$

$$
\begin{aligned}
F(x,y) &= \int_{-\infty}^x \mathrm{e}^{-\lambda x}\mathrm{d}x \int_{-\infty}^y \mathrm{e}^{-\mu y}\mathrm{d}y \\
&= \frac{1}{\lambda}\mathrm{e}^{-\lambda x}|_x^0 \cdot \frac{1}{\mu}\mathrm{e}^{-\mu y}|_y^0 \\
&= \frac{1}{\lambda}(1-\mathrm{e}^{-\lambda x}) \cdot \frac{1}{\mu}(1-\mathrm{e}^{-\mu y}) \\
&= \frac{1}{\lambda\mu}(1-\mathrm{e}^{-\lambda x})(1-\mathrm{e}^{-\mu y}), \quad x>0, y>0
\end{aligned}
$$

即

$$
F(x,y) = \begin{cases} \dfrac{1}{\lambda\mu}(1-\mathrm{e}^{-\lambda x})(1-\mathrm{e}^{-\mu y}), & x>0, y>0 \\ 0, & \text{其他} \end{cases}
$$

3. 二维正态分布

具有概率密度函数

$$
f(x,y) = \frac{1}{2\pi\sigma_1\sigma_2\sqrt{1-\rho^2}} \exp\left[\frac{-1}{2(1-\rho^2)}\left(\frac{(x-\mu_1)^2}{\sigma_1^2} - 2\rho\frac{(x-\mu_1)(y-\mu_2)}{\sigma_1\sigma_2} + \frac{(y-\mu_2)^2}{\sigma_2^2}\right)\right]
\tag{3.1.25}
$$

的二维随机变量 (X,Y) 称为二维正态分布. 其中

$$
(x,y) \in \mathbf{R}^2, \mu_1, \mu_2 \in \mathbf{R}, \sigma_1 > 0, \sigma_2 > 0, |\rho| < 1
$$

事实上，ρ 即为 X, Y 的相关系数 (Correlation Coefficient)，而

$$
\begin{aligned}
& \frac{(y-\mu_2)^2}{\sigma_2^2} - 2\rho\frac{(x-\mu_1)(y-\mu_2)}{\sigma_1\sigma_2} + \frac{(x-\mu_1)^2}{\sigma_1^2} \\
=\ & (\frac{y-\mu_2}{\sigma_2} - \rho\frac{x-\mu_1}{\sigma_1})^2 - \rho^2\frac{(x-\mu_1)^2}{\sigma_1^2} + \frac{(x-\mu_1)^2}{\sigma_1^2} \\
=\ & (\frac{x-\mu_1}{\sigma_1} - \rho\frac{y-\mu_2}{\sigma_2})^2 - \rho^2\frac{(y-\mu_2)^2}{\sigma_2^2} + \frac{(y-\mu_2)^2}{\sigma_2^2} \\
\Rightarrow\ & \frac{(x-\mu_1)^2}{\sigma_1^2} - 2\rho\frac{(x-\mu_1)(y-\mu_2)}{\sigma_1\sigma_2} + \frac{(y-\mu_2)^2}{\sigma_2^2} \\
=\ & \begin{cases} (\frac{y-\mu_2}{\sigma_2} - \rho\frac{x-\mu_1}{\sigma_1})^2 + (1-\rho^2)\frac{(x-\mu_1)^2}{\sigma_1^2} \\[2mm] (\frac{x-\mu_1}{\sigma_2} - \rho\frac{y-\mu_2}{\sigma_2})^2 + (1-\rho^2)\frac{(y-\mu_2)^2}{\sigma_2^2} \end{cases}
\end{aligned}
$$

故边缘密度

$$
\begin{aligned}
f_X(x) &= \int_{-\infty}^{+\infty} f(x,y)\mathrm{d}y \\
&= \frac{1}{2\pi\sigma_1\sigma_2\sqrt{1-\rho^2}} \int_{-\infty}^{+\infty} \mathrm{e}^{-\frac{1}{2(1-\rho^2)}(\frac{y-\mu_2}{\sigma_2} - \rho\frac{x-\mu_1}{\sigma_1})^2 + (1-\rho^2)\frac{(x-\mu_1)^2}{\sigma_1^2})}\,\mathrm{d}y \\
&= \frac{1}{2\pi\sigma_1\sigma_2\sqrt{1-\rho^2}} \mathrm{e}^{-\frac{(1-\rho^2)(x-\mu_1)^2}{2(1-\rho^2)\sigma_1^2}} \int_{-\infty}^{+\infty} \mathrm{e}^{-\frac{1}{2(1-\rho^2)}\times(\frac{y-\mu_2}{\sigma_2} - \rho\frac{x-\mu_1}{\sigma_1})^2}\,\mathrm{d}y \\
&= \frac{1}{2\pi\sigma_1\sigma_2\sqrt{1-\rho^2}} \mathrm{e}^{-\frac{(x-\mu_1)^2}{2\sigma_1^2}} \int_{-\infty}^{+\infty} \mathrm{e}^{-\frac{1}{2(1-\rho^2)}\times(\frac{y-\mu_2}{\sigma_2} - \rho\frac{x-\mu_1}{\sigma_1})^2}\,\mathrm{d}y \\
&= \frac{1}{2\pi\sigma_1} \mathrm{e}^{-\frac{(x-\mu_1)^2}{2\sigma_1^2}} \int_{-\infty}^{+\infty} \mathrm{e}^{-\frac{1}{2(1-\rho^2)}(\frac{y-\mu_2}{\sigma_2} - \rho\frac{x-\mu_1}{\sigma_1})^2}\,d(\frac{1}{\sigma_2\sqrt{1-\rho^2}}y) \\
&= \frac{1}{2\pi\sigma_1} \mathrm{e}^{-\frac{(x-\mu_1)^2}{2\sigma_1^2}} \int_{-\infty}^{+\infty} \mathrm{e}^{-\frac{t^2}{2}}\,\mathrm{d}t \\
&= \frac{1}{2\pi\sigma_1} \mathrm{e}^{-\frac{(x-\mu_1)^2}{2\sigma_1^2}} \sqrt{2\pi} = \frac{1}{\sqrt{2\pi}\sigma_1} \mathrm{e}^{-\frac{(x-\mu_1)^2}{2\sigma_1^2}}
\end{aligned}
$$

其中作线性代换

$$
t := \frac{1}{\sqrt{1-\rho^2}}(\frac{y-\mu_2}{\sigma_2} - \rho\frac{x-\mu_1}{\sigma_1}) \tag{3.1.26}
$$

更详细的变量代换 (标准线性代换) 如下：

$$
u := \frac{x-\mu_1}{\sigma_1}, \qquad v := \frac{y-\mu_2}{\sigma_2}
$$

$$
\mathrm{d}x = \sigma_1\mathrm{d}u \qquad\qquad \mathrm{d}y = \sigma_2\mathrm{d}v
$$

$$
f(x,y) = \frac{1}{2\pi\sigma_1\sigma_2\sqrt{1-\rho^2}} \times \mathrm{e}^{\frac{-1}{2(1-\rho^2)}(u^2 - 2\rho uv + v^2)} \tag{3.1.27}
$$

$$f_X(x) = \int_{-\infty}^{+\infty} f(x,y)\mathrm{d}y$$

$$= \int_{-\infty}^{+\infty} \frac{\mathrm{e}^{\frac{-1}{2(1-\rho^2)}(u^2-2\rho uv+v^2)}}{2\pi\sigma_1\sigma_2\sqrt{1-\rho^2}}\sigma_2\mathrm{d}v$$

$$= \frac{1}{2\pi\sigma_1}\int_{-\infty}^{+\infty}\frac{1}{\sqrt{1-\rho^2}}\mathrm{e}^{\frac{-1}{2(1-\rho^2)}[(v-\rho u)^2+(1-\rho^2)u^2]}\mathrm{d}v$$

$$= \frac{1}{2\pi\sigma_1}\mathrm{e}^{-\frac{u^2}{2}}\int_{-\infty}^{+\infty}\frac{1}{\sqrt{1-\rho^2}}\mathrm{e}^{\frac{-1}{2(1-\rho^2)}(v-\rho u)^2}\mathrm{d}v$$

$$= \frac{1}{2\pi\sigma_1}\mathrm{e}^{-\frac{u^2}{2}}\int_{-\infty}^{+\infty}\mathrm{e}^{-\frac{t^2}{2}}\mathrm{d}t$$

$$= \frac{1}{2\pi\sigma_1}\mathrm{e}^{-\frac{u^2}{2}}\sqrt{2\pi}$$

$$= \frac{1}{\sqrt{2\pi}\sigma_1}\mathrm{e}^{-\frac{(x-\mu_1)^2}{2\sigma_1^2}} \qquad u\in\mathbf{R}, x\in\mathbf{R}$$

其中作线性代换

$$t := \frac{1}{\sqrt{1-\rho^2}}\left(\frac{y-\mu_2}{\sigma_2}-\rho\frac{x-\mu_1}{\sigma_1}\right) = \frac{1}{\sqrt{1-\rho^2}}(v-\rho u) \tag{3.1.28}$$

同理，有

$$f_Y(y) = \frac{1}{\sqrt{2\pi}\sigma_2}\mathrm{e}^{-\frac{(y-\mu_2)^2}{2\sigma_2^2}} \qquad y\in\mathbf{R}$$

【结论】二维正态分布的边缘分布均为与相关系数无关的一维正态分布 (图 3.1.6).

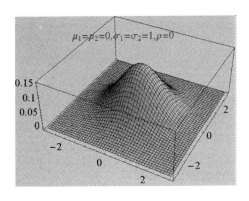

图 3.1.6　二维正态分布

【例 3.1.7】(1998 年研究生入学试题数学一)　二维随机变量 (X,Y) 在平面区域

$$D : y = 0, y = \frac{1}{x}, x = 1, x = \mathrm{e}^2$$

上服从二维均匀分布.(1) 求边缘概率密度 $f_X(x)$；(2) 求 $f_X(2)$.

【解】　(1) 先定积分域的边界曲线，从而定积分区域. 平面区域

$$D : y = 0, y = \frac{1}{x}, x = 1, x = \mathrm{e}^2$$

的面积为

$$m(D) = \int_1^{e^2} \frac{1}{x}dx = \ln x\big|_1^{e^2} = 2 - 1 = 1$$

故由二维随机变量 (X, Y) 在平面区域 D 上服从二维均匀分布，可知 (X, Y) 的联合概率密度为

$$f(x, y) = \begin{cases} \dfrac{1}{m(D)}, & (x, y) \in D \\ 0, & 其他 \end{cases} = \begin{cases} \dfrac{1}{2}, & (x, y) \in D \\ 0, & 其他 \end{cases}$$

边缘概率密度 $f_X(x)$ 为

$$\begin{cases} f_X(x) = \displaystyle\int_{-\infty}^{+\infty} f(x, y)dy = \int_0^{\frac{1}{x}} \frac{1}{2}dy = \frac{1}{2x}, & 1 < x < e^2 \\ \qquad\qquad f_X(x) = 0, & 其他 \end{cases}$$

(2) 因 $1 < 2 < e^2$，故而 $f_X(2) = \dfrac{1}{2x}\big|_{x=2} = \dfrac{1}{4}$.

习题 3.1

1. 设二维随机变量 (X, Y) 的联合分布函数为

$$F(x, y) = a(b + \arctan \frac{x}{2})(c + \arctan \frac{y}{2})$$

其中 a, b, c 为常数.（1）确定常数 a, b, c；（2）求 (X, Y) 关于 X 和 Y 的边缘分布函数；（3）求 $P\{X > 2\}$.

2. 一个电子器件包含两个主要组件，分别以 X 和 Y 表示这两个组件的寿命 (单位：小时)，设 (X, Y) 的联合分布函数为

$$F(x, y) = \begin{cases} 1 - e^{-0.01x} - e^{-0.01y} - e^{-0.01(x+y)}, & x \geqslant 0, y \geqslant 0 \\ 0, & 其他 \end{cases}$$

求两个组件的寿命都超过 120 的概率.

3. 已知二元函数

$$F(x, y) = \begin{cases} 0, & x + y < 1 \\ 1, & x + y \geqslant 1 \end{cases}$$

讨论 $F(x, y)$ 能否成为二维随机变量的分布函数？

4. 设二维随机变量 (X, Y) 的联合分布函数为 $F(x, y)$，试用 $F(x, y)$ 来表示下列概率，其中 a, b, c, d 为常数，且 $a < b, c < d$.（1）$P\{a \leqslant X \leqslant b, Y \leqslant y\}$；（2）$P\{X = a, Y < y\}$；（3）$P\{a \leqslant X < b, c < Y \leqslant d\}$.

5. 设 $F(x, y)$ 是二维随机变量 (X, Y) 的联合分布函数，且当 $x \geqslant 0, y \geqslant 0$ 时，有 $F(x, y) = (a - e^{-\lambda x})(b - e^{-\gamma y})$ 其中 $a > 0, b > 0, \lambda > 0, \gamma > 0$.（1）求待定常数 a, b；（2）当 $x < 0, y < 0$ 时，求 $F(x, y)$ 的值.

6. 设一只暗箱里有 12 只开关，其中两只次品. 现摸取两次，定义随机变量 X,Y 如下：

$$X = \begin{cases} 0, & \text{首次取得正品} \\ 1, & \text{首次取得次品} \end{cases}, \qquad Y = \begin{cases} 0, & \text{第二次取得正品} \\ 1, & \text{第二次取得次品} \end{cases}$$

分别用两种取法：（1）有放回取法；（2）无放回取法. 写出随机变量 X,Y 的联合分布律.

7. 袋中有 6 只白球、3 只黑球，在袋中任意取出 4 个球，分别以 X,Y 表示取到的白球数和黑球数，求 (X,Y) 的联合分布律及边缘分布律.

8. 将一枚硬币连抛 3 次，以 X 表示出现正面的次数，Y 表示正面次数与反面次数之差的绝对值，写出 (X,Y) 的联合分布律及边缘分布律.

9. 设 $f_1(x), f_2(x)$ 都是一维概率密度函数，为使 $f(x,y) = f_1(x)f_2(y) - h(x,y)$ 成为一个二维概率密度函数，问其中的 $h(x,y)$ 必须且只需满足什么条件？

10. 设二维连续型随机变量 (X,Y) 的概率密度函数为

$$f(x,y) = \begin{cases} C(R - \sqrt{x^2 + y^2}), & x^2 + y^2 \leqslant R^2 \\ 0, & \text{其他} \end{cases}$$

试求：（1）常数 C；（2）概率 $P\{X^2 + Y^2 \leqslant r^2\}$（其中 $0 < r < R$）.

11. 随机变量 (X,Y) 的概率密度函数为

$$f(x,y) = \begin{cases} k(6 - x - y), & 0 < x < 2, 2 < y < 4 \\ 0, & \text{其他} \end{cases}$$

（1）确定常数 k；（2）求概率 $P\{X < 1, Y < 3\}$；（3）求概率 $P\{X < 1.5\}$；（4）求概率 $P\{X + Y \leqslant 4\}$.

12. 设二维随机变量 (X,Y) 的联合概率密度为

$$f(x,y) = \begin{cases} 2(x + y - 2xy), & 0 \leqslant x \leqslant 1, 0 \leqslant y \leqslant 1 \\ 0, & \text{其他} \end{cases}$$

试求 (X,Y) 关于 X 和 Y 的边缘概率密度. 能否构造另一个与此二维随机变量具有相同边缘概率密度的二维随机变量？

13. 设二维随机变量 (X,Y) 的联合概率密度为

$$f(x,y) = \begin{cases} \dfrac{3}{2}x, & 0 \leqslant x \leqslant 1, -x \leqslant y \leqslant x \\ 0, & \text{其他} \end{cases}$$

求：（1）X 和 Y 的边缘概率密度；（2）X 和 Y 至少有一个小于 $1/2$ 的概率.

14. 设平面区域 D 是由曲线 $y = x^2$ 及直线 $y = x$ 所围，二维随机变量 (X,Y) 服从区域 D 上的均匀分布. 试求 (X,Y) 的联合概率密度以及随机变量 X 和 Y 的边缘概率密度.

15. 设区域 $D = \{(x,y) | 0 \leqslant x \leqslant 1, 0 \leqslant y \leqslant x\}$，二维随机变量 (X,Y) 在区域 D 上服从均匀分布. 求：（1）$f(x,y)$；（2）$P\{Y > X^2\}$；（3）(X,Y) 在平面上的落点到 y 轴的距离小于 0.3 的概率.

16. 证明 $f(x,y) = \dfrac{1}{2\pi} e^{-\frac{x^2 + y^2}{2}} (1 + \sin x \sin y)$ 是一个二维随机变量的概率密度函数，且它的两个边缘分布都是一维标准正态分布.

3.2　　条件概率分布与独立性

3.2.1　离散型随机变量的条件概率分布

【定义 3.2.1】条件概率分布　　(X,Y) 为二维离散型随机变量，其联合分布律为

$$p_{ij} = P\{X = x_i, Y = y_j\}, \qquad \sum_{i,j=1}^{\infty} p_{ij} = 1 \tag{3.2.1}$$

关于 X 和 Y 的边缘分布律 (Marginal Distribution) 为

$$p_{i.} = P\{X = x_i\} = \sum_{j=1}^{\infty} p_{ij}, \qquad \sum_{i=1}^{\infty} p_{i.} = 1 \tag{3.2.2}$$

$$p_{.j} = P\{Y = y_j\} = \sum_{i=1}^{\infty} p_{ij}, \qquad \sum_{j=1}^{\infty} p_{.j} = 1 \tag{3.2.3}$$

则当对给定的足标 j，事件 $Y = y_j$ 发生为可能事件，$P\{Y = y_j\} = p_{.j} > 0$，则可知在 $Y = y_j$ 的条件下，$X = x_i$ 的 条件概率 定义为

$$\begin{aligned}
p_{X|Y}(x_i|y_j) &= P\{X = x_i|Y = y_j\} \\
&= \frac{P\{X = x_i, Y = y_j\}}{P\{Y = y_j\}} \\
&= \frac{p_{ij}}{p_{.j}} = \frac{p_{ij}}{\displaystyle\sum_{i=1}^{\infty} p_{ij}}
\end{aligned} \tag{3.2.4}$$

同理，对给定的足标 i，事件 $X = x_i$ 发生为可能事件，$P\{X = x_i\} = p_{i.} > 0$，则可知在 $X = x_i$ 的条件下，$Y = y_j$ 的条件概率为

$$\begin{aligned}
p_{Y|X}(y_j|x_i) &= P\{Y = y_j|X = x_i\} \\
&= \frac{P\{X = x_i, Y = y_j\}}{P\{X = x_i\}} \\
&= \frac{p_{ij}}{p_{i.}} = \frac{p_{ij}}{\displaystyle\sum_{j=1}^{\infty} p_{ij}}
\end{aligned} \tag{3.2.5}$$

【命题 3.2.1】　　如下定义的条件概率分布是非负规范的：

$$\begin{cases} p_{X|Y}(x_i|y_j) = \dfrac{p_{ij}}{p_{.j}} \geqslant 0 \\ p_{Y|X}(y_j|x_i) = \dfrac{p_{ij}}{p_{i.}} \geqslant 0 \end{cases} \tag{3.2.6}$$

【证明】

(1) 非负性：$p_{X|Y}(x_i|y_j) \geqslant 0, p_{Y|X}(y_j|x_i) \geqslant 0$，显然成立.

(2) 规范性:

$$\begin{cases} \displaystyle\sum_{i=1}^{\infty} p_{X|Y}(x_i|y_j) = \sum_{i=1}^{\infty} \frac{p_{ij}}{p._j} = \frac{\displaystyle\sum_{i=1}^{\infty} p_{ij}}{\displaystyle\sum_{i=1}^{\infty} p_{ij}} = 1 \\[3em] \displaystyle\sum_{i=1}^{\infty} p_{Y|X}(y_j|x_i) = \sum_{j=1}^{\infty} \frac{p_{ij}}{p_{i.}} = \frac{\displaystyle\sum_{j=1}^{\infty} p_{ij}}{\displaystyle\sum_{j=1}^{\infty} p_{ij}} = 1 \end{cases}$$

【例 3.2.1】 随机变量 X, Y 的联合分布律如下表所列. (1) 求随机变量 X, Y 的边缘分布律; (2) 求在随机变量 $Y = 1$ 的条件下 X 的条件分布律.

$Y\backslash X$	$x_1 = 1$	$x_2 = 2$	$x_3 = 3$	$p._j$
$y_1 = 0$	0.05	0.35	0.3	
$y_2 = 1$	0.15	0.03	0.12	
$p_{i.}$				1

【解】 由题目假设, 随机变量 X, Y 的联合分布律如此, 而边缘分布有

$$p_{i.} = P\{X = i\} = \sum_{j=1}^{2} P\{X = i, Y = j\}$$

$$p._j = P\{Y = j\} = \sum_{i=1}^{3} P\{X = i, Y = j\}$$

故完整的联合－边缘分布律表格如下:

$Y\backslash X$	$x_1 = 0$	$x_2 = 1$	$x_3 = 2$	$p._j$
$y_1 = 0$	0.05	0.35	0.3	0.7
$y_2 = 1$	0.15	0.03	0.12	0.3
$p_{i.}$	0.2	0.38	0.42	1

随机变量 X, Y 的边缘分布律有如下形式:

X	0	1	2
$p_{i.}$	0.2	0.38	0.42

Y	0	1
$p._j$	0.7	0.3

在 $Y = y_j$ 的条件下, $X = x_i$ 的 条件概率 定义为

$$p_{X|Y}(x_i|y_j) = P\{X = x_i | Y = y_j\} = \frac{P\{X = x_i, Y = y_j\}}{P\{Y = y_j\}}$$

从而

$$p_{X|Y}(x_i|1) = \frac{P\{X = x_i, Y = 1\}}{P\{Y = 1\}}$$

111

依据联合分布，取相应值的概率如下：

$$p_{X|Y}(x_1|1) = \frac{P\{X=1, Y=1\}}{P\{Y=1\}} = \frac{0.15}{0.3} = 0.5$$

$$p_{X|Y}(x_2|1) = \frac{P\{X=2, Y=1\}}{P\{Y=1\}} = \frac{0.03}{0.3} = 0.1$$

$$p_{X|Y}(x_3|1) = \frac{P\{X=3, Y=1\}}{P\{Y=1\}} = \frac{0.12}{0.3} = 0.4$$

故而在随机变量 $Y=1$ 的条件下 X 的条件分布律如下：

X	1	2	3
$p(x_i|1)$	0.5	0.1	0.4

【例 3.2.2】郭靖射箭续集　郭靖学射箭，射中的概率为 p，$0 < p < 1$(如假设 $p = 0.02$)，直到射中两箭罢手. 以 X 表示首次中靶的射箭次数，Y 表示总共进行的射箭次数. 求 X, Y 的联合分布律和条件分布律.

【解】　分析：因为射中 2 次才罢手，所以他射的总数就是第二次中靶时射箭的次数. X 表示首次中靶的射箭次数，Y 表示总共进行的射箭次数. (X, Y) 作为射箭次数是二维随机变量，而且程序如下进行：

$$(1,2) \quad (1,3) \cdots (1,n) \cdots$$
$$(2,3) \quad (2,4) \cdots (2,n) \cdots$$
$$\vdots$$
$$(m, m+1) \quad (m, m+2) \cdots (m, n) \cdots$$
$$\vdots$$
$$(n-1, n) \quad (n-1, n+1) \cdots (n, 2n-2) \cdots$$

显然，$X = 1, 2, 3, \cdots, n-1$ 时，$Y = n, n+1, \cdots, n+k, \cdots$.

【注】 形式上看，(X, Y) 的取值为可列无穷多点集，分布在第一象限内的三角形上半无界域内：

$$\Delta : \begin{cases} y \geqslant x + 1 \\ x \geqslant 1 \\ y \geqslant 2 \end{cases}$$

但实际上，由伯努利试验服从二项分布，当 $p = 0.02, n = 4000$ 时，$P\{Z = 2\} \approx 1$，可加入 (X, Y) 的取值点，大概在 1000 以内程序即可停止了，所以仍是可列有限集.

同理，因成功率为 $0 < p < 1$，令 $q = 1 - p$，首发命中，第二发也命中，由乘法原理，概率为

$$P\{X = 1, Y = 2\} = p^2$$

首发命中，第三发命中，或首发命中，第 n 发命中，由乘法原理，概率分别为

$$P\{X=1,Y=3\} = \quad pqp = p^2q$$

$$\vdots$$

$$P\{X=1,Y=n\} = \quad pqq\cdots qp = p^2q^{n-2}$$

$$\vdots$$

对于固定的 $Y=n$，联合分布律与首发命中时的射箭次数 $X=m$ 无关．

联合分布律为

$$p_{mn} = \quad P\{X=m,Y=n\} = q^{n-2}p^2$$

$$m=1,2,3,\cdots,n=2,3,4,\cdots$$

下面计算边缘分布律．关于 X 的边缘分布律为

$$p_{m.} = P\{X=m\} = \sum_{n=m+1}^{\infty} p_{mn} = \sum_{n=m+1}^{\infty} q^{n-2}p^2$$

$$= p^2 \cdot (q^{m-1}+q^m+q^{m+1}+\cdots)$$

$$= p^2 q^{m-1} \cdot (1+q+q^2+\cdots)$$

$$= p^2 q^{m-1} \cdot \frac{1}{1-q} = q^{m-1}p^2\frac{1}{p}$$

$$= q^{m-1}p$$

可以看出这正是前 $m-1$ 次不中，第 m 次射中的几何分布的概率．

关于 Y 的边缘分布律为

$$p_{.n} = P\{Y=n\} = \sum_{m=1}^{n-1} p_{mn}$$

$$= \sum_{m=1}^{n-1} q^{n-2}p^2 = (n-1)q^{n-2}p^2$$

可以验证规范性 $\sum_{n=2}^{\infty} p_{.n} = 1$．

条件分布律为

$$p_{X|Y}(m|n) = \quad P\{X=m|Y=n\}$$

$$= \quad \frac{p_{mn}}{p_{.n}} = \frac{q^{n-2}p^2}{(n-1)q^{n-2}p^2} = \frac{1}{n-1}$$

事实上即在前 $n-1$ 次射箭中中靶 1 次的古典概率：

$$p_{Y|X}(n|m) = \quad P\{Y=n|X=m\}$$

$$= \frac{p_{mn}}{p_{m.}} = \frac{q^{n-2}p^2}{q^{m-1}p}$$

$$= q^{n-m-1}p$$

相当于 n 次射中，先射 $n-m-1$ 次，而射中 1 次的几何分布.

【注】 当总射击数 $Y=n$ 给定，首发命中数 $X=m$，必定有限，故 $m=1,2,\cdots,n-1$；但首发命中数 $X=m$ 给定，总射击数必有下限，$n \geqslant m+1$，故：$n=m+1,m+2,m+3,\cdots,\infty,\cdots$.

3.2.2 连续型随机变量的条件分布

【定义 3.2.2】 二维条件分布 (Bivariate Conditional Distribution)

$$
\begin{cases}
F_{X|Y}(x|y)=P\{X\leqslant x|Y=y\}:=\lim_{\varepsilon\to 0^+}P\{X\leqslant x|y<Y\leqslant y+\varepsilon\} \\
F_{Y|X}(y|x)=P\{Y\leqslant y|X=x\}:=\lim_{\varepsilon\to 0^+}P\{Y\leqslant y|x<X\leqslant x+\varepsilon\}
\end{cases}
\tag{3.2.7}
$$

分别称为在 $Y=y$ 下 X 的条件分布函数和在 $X=x$ 下 Y 的条件分布函数.

由条件概率计算的乘法公式，有

$$
\begin{aligned}
F_{X|Y}(x|y) &= P\{X\leqslant x|Y=y\} \\
&= \lim_{\varepsilon\to 0^+}P\{X\leqslant x|y<Y\leqslant y+\varepsilon\} \\
&= \lim_{\varepsilon\to 0^+}\frac{P\{X\leqslant x,Y\in(y,y+\varepsilon]\}}{P\{Y\in(y,y+\varepsilon]\}} \\
&= \lim_{\varepsilon\to 0^+}\frac{\displaystyle\iint_D f(x,y)\mathrm{d}x\mathrm{d}y}{\displaystyle\int_y^{y+\varepsilon}f_Y(y)\mathrm{d}y} \\
&= \lim_{\varepsilon\to 0^+}\frac{\displaystyle\int_{-\infty}^x\int_y^{y+\varepsilon}f(x,y)\mathrm{d}x\mathrm{d}y}{\displaystyle\int_y^{y+\varepsilon}f_Y(y)\mathrm{d}y} \\
&= \frac{\displaystyle\int_{-\infty}^x\mathrm{d}x\lim_{\varepsilon\to 0^+}\int_y^{y+\varepsilon}f(x,y)\mathrm{d}y}{\displaystyle\lim_{\varepsilon\to 0^+}\int_y^{y+\varepsilon}f_Y(y)\mathrm{d}y} \\
&= \frac{\displaystyle\int_{-\infty}^x(\lim_{\varepsilon\to 0^+}f(x,y+\theta_1\varepsilon)(y+\varepsilon-y)\mathrm{d}x}{\displaystyle\lim_{\varepsilon\to 0^+}f_Y(y+\theta_2\varepsilon)(y+\varepsilon-y)} \\
&= \frac{\displaystyle\varepsilon\int_{-\infty}^x f(x,y)\mathrm{d}x}{\varepsilon f_Y(y)} \\
&= \frac{\displaystyle\int_{-\infty}^x f(x,y)\mathrm{d}x}{f_Y(y)}, \qquad 0<\theta_1,\theta_2<1
\end{aligned}
$$

114

于是由条件概率密度的定义，有

$$f_{X|Y}(x|y) = \frac{\partial}{\partial x}F_{X|Y}(x|y) = \frac{\dfrac{\partial}{\partial x}\displaystyle\int_{-\infty}^{x}f(x,y)\mathrm{d}x}{f_Y(y)} = \frac{f(x,y)}{f_Y(y)}$$

同理，有

$$f_{Y|X}(y|x) = \frac{f(x,y)}{f_X(x)}$$

【定义 3.2.3】二维条件概率密度   二维随机变量 (X,Y) 的联合概率密度为 $f(x,y)$，边缘概率密度

$$f_{X|Y}(x|y) = \frac{f(x,y)}{f_Y(y)}, \qquad f_{Y|X}(y|x) = \frac{f(x,y)}{f_X(x)} \tag{3.2.8}$$

分别称为 $Y=y$ 条件下的 X 的 条件概率密度 和 $X=x$ 条件下的 Y 的 条件概率密度.

对具体的分段函数，写条件概率密度的定义区间时，是由曲线方程确定上下限，如

$$\begin{cases} y_1(x) \leqslant y \leqslant y_2(x) \\ x_1(y) \leqslant x \leqslant x_2(y) \end{cases}$$

【例 3.2.3】   求圆盘和矩形上的均匀分布的条件概率密度：(1) 圆盘 $D : x^2 + y^2 \leqslant a^2$(图 3.2.1);   (2) 矩形 $R : [a,b] \times [c,d]$(图 3.2.2).

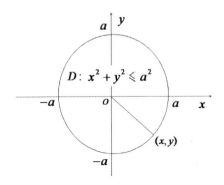

图 3.2.1   圆盘上的均匀分布

【解】   (1) 联合概率密度和边缘概率密度分别是

$$f(x,y) = \begin{cases} \dfrac{1}{\pi a^2}, & x^2 + y^2 \leqslant a^2 \\ 0, & \text{其他} \end{cases}$$

$$f_X(x) = \begin{cases} \dfrac{2\sqrt{a^2 - x^2}}{\pi a^2}, & |x| \leqslant a \\ 0, & |x| > a \end{cases}$$

$$f_Y(y) = \begin{cases} \dfrac{2\sqrt{a^2 - y^2}}{\pi a^2}, & |y| \leqslant a \\ 0, & |y| > a \end{cases}$$

条件概率密度

$$f_{X|Y}(x|y) = \frac{f(x,y)}{f_Y(y)}$$

$$= \begin{cases} \dfrac{\dfrac{1}{\pi a^2}}{\dfrac{2\sqrt{a^2-y^2}}{\pi a^2}}, & |x| \leqslant \sqrt{a^2-y^2} \\ 0, & \text{其他} \end{cases}$$

$$= \begin{cases} \dfrac{1}{2\sqrt{a^2-y^2}}, & |x| \leqslant \sqrt{a^2-y^2} \\ 0, & \text{其他} \end{cases}$$

同理，有

$$f_{Y|X}(y|x) = \frac{f(x,y)}{f_X(x)} = \begin{cases} \dfrac{1}{2\sqrt{a^2-x^2}}, & |y| \leqslant \sqrt{a^2-x^2} \\ 0, & \text{其他} \end{cases}$$

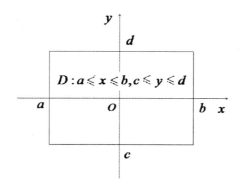

图 3.2.2　矩形上的均匀分布

(2)　对于区域 $D : (x,y) \in [a,b] \times [c,d], b > a, d > c$，有

$$f(x,y) = \frac{1}{(b-a)(d-c)}$$

$$f_X(x) = \begin{cases} \dfrac{1}{b-a}, & x \in [a,b] \\ 0, & \text{其他} \end{cases}$$

$$f_Y(y) = \begin{cases} \dfrac{1}{d-c}, & y \in [c,d] \\ 0, & \text{其他} \end{cases}$$

由是条件概率密度

$$f_{X|Y}(x|y) = \frac{f(x,y)}{f_Y(y)} = \frac{\dfrac{1}{(b-a)(d-c)}}{\dfrac{1}{d-c}} = \frac{1}{b-a} = f_X(x)$$

116

$$f_{Y|X}(y|x) = \quad f_{Y|X}(y|x) = \frac{f(x,y)}{f_X(x)} = \frac{\dfrac{1}{(b-a)(d-c)}}{\dfrac{1}{b-a}} = \frac{1}{d-c} = f_Y(y)$$

因而

$$f(x,y) = \frac{1}{(b-a)(d-c)} = f_X(x)f_Y(y)$$

但是，对于圆盘均匀分布 (Well Distribution on Disc)，其联合密度就不等于边缘密度的乘积：

$$f_X(x)f_Y(y) = \frac{4\sqrt{a^2-x^2}\sqrt{a^2-y^2}}{\pi^2 a^4} \neq f(x,y), \qquad |x| \leqslant a, |y| \leqslant a$$

【例 3.2.4】 (X, Y) 的联合概率密度是

$$f(x,y) = \begin{cases} Cx^2 y, & x^2 \leqslant y \leqslant 1 \\ 0, & \text{其他} \end{cases}$$

(1) 确定常数 C；(2) 求边缘密度 $f_X(x), f_Y(y)$；(3) 求条件密度 $f_{X|Y}(x|y), f_{Y|X}(y|x)$.

【解】 (1) 由概率密度的规范性，得

$$\begin{aligned} 1 &= \iint_D f(x,y)\mathrm{d}x\mathrm{d}y = \int_{-1}^1 \mathrm{d}x \int_{x^2}^1 Cx^2 y \mathrm{d}y = \int_{-1}^1 Cx^2 (\tfrac{y^2}{2})|_{x^2}^1 \mathrm{d}x \\ &= C\int_{-1}^1 \frac{x^2}{2}(1-x^4)\mathrm{d}x = \frac{C}{2}\int_{-1}^1 (x^2 - x^6)\mathrm{d}x = \frac{C}{2}(\tfrac{1}{3}x^3 - \tfrac{1}{7}x^7)|_{-1}^1 = C(\tfrac{1}{3} - \tfrac{1}{7}) \\ &= \frac{4}{21}C \Rightarrow C = \frac{21}{4} \end{aligned}$$

即联合概率密度为

$$f(x,y) = \begin{cases} \dfrac{21}{4}x^2 y, & x^2 \leqslant y \leqslant 1 \\ 0, & \text{其他} \end{cases}$$

(2) 边缘密度为

$$\begin{aligned} f_X(x) &= \int_{-\infty}^{+\infty} f(x,y)\mathrm{d}y \\ &= \int_{x^2}^1 \frac{21}{4}x^2 y \mathrm{d}y = \frac{21}{4}x^2 \cdot \frac{1}{2}y^2|_{x^2}^1 = \frac{21}{8}x^2(1-x^4), \qquad |x| \leqslant 1. \end{aligned}$$

$$\begin{aligned} f_Y(y) &= \int_{-\infty}^{+\infty} f(x,y)\mathrm{d}y \\ &= \int_{-\sqrt{y}}^{\sqrt{y}} \frac{21}{4}x^2 y \mathrm{d}x = \frac{21}{4}y\frac{1}{3}x^3|_{-\sqrt{y}}^{\sqrt{y}} = \frac{7}{4}y.2y^{\frac{3}{2}} = \frac{7}{2}y^{\frac{5}{2}}, \qquad 0 \leqslant y \leqslant 1. \end{aligned}$$

(3) 条件密度

$$f_{X|Y}(x|y) = \frac{f(x,y)}{f_Y(y)} = \begin{cases} \dfrac{\frac{21}{4}x^2 y}{\frac{7}{2}y^{\frac{5}{2}}} = \frac{3}{2}x^2 y^{-\frac{3}{2}}, & -\sqrt{y} < x < \sqrt{y} \\ \\ 0, & \text{其他} \end{cases}$$

$$f_{Y|X}(y|x) = \frac{f(x,y)}{f_X(x)} = \begin{cases} \dfrac{\dfrac{21}{4}x^2y}{\dfrac{21}{8}x^2(1-x^4)} = \dfrac{2y}{1-x^4}, & x^2 < y < 1 \\ \\ 0, & \text{其他} \end{cases}$$

3.2.3　独立分布的二维随机变量

【定义 3.2.4】独立分布 (Independence of Random Variables)　二维随机变量 (X,Y) 的联合分布函数等于两个分量各自的边缘分布函数的乘积

$$F(x,y) = F_X(x)F_Y(y) \tag{3.2.9}$$

即

$$P\{X \leqslant x, Y \leqslant y\} = P\{X \leqslant x\}P\{Y \leqslant y\} \tag{3.2.10}$$

则称随机变量 X 和 Y 相互独立.

　　其概率意义为: 随机变量 X 或 Y 的取值时, 另外一个 (Y 或 X) 随机变量的概率分布没有影响.

【命题 3.2.2】二维离散型随机变量的独立性　(X,Y) 为离散型的随机变量, 分布律为 $P\{X = x_i, Y = y_j\} = p_{ij}$, 边缘分布为 $P\{X = x_i\} = p_{i.}, P\{Y = y_j\} = p_{.j}$, 则 X 和 Y 独立, 即事件 $X = x_i$ 与 $Y = y_j$ 独立, 由乘法原理, 其充要条件是 $p_{ij} = p_{i.}p_{.j}$, 即

$$p_{ij} = P\{X = x_i, Y = y_j\} = P\{X = x_i\}P\{Y = y_j\} = p_{i.}p_{.j} \tag{3.2.11}$$

　　由二元分布律情况看, 矩阵每个元素 p_{ij} 等于对应行和列的边缘元素 $p_{i.}$ 与 $p_{.j}$ 之积, $p_{ij} = p_{i.}p_{.j}$.

X, Y	x_1	x_2	$\cdots$	x_i	$\cdots$	$p_{.j}$
y_1	p_{11}	p_{21}	$\cdots$	p_{i1}	$\cdots$	$p_{.1}$
y_2	p_{12}	p_{22}	$\cdots$	p_{i2}	$\cdots$	$p_{.2}$
$\vdots$	$\vdots$	$\vdots$	$\vdots$		$\vdots$	$\vdots$
y_j	p_{1j}	p_{2j}	$\cdots$	p_{ij}	$\cdots$	$p_{.j}$
$\vdots$	$\vdots$	$\vdots$	$\vdots$		$\vdots$	$\vdots$
$p_{i.}$	$p_{1.}$	$p_{2.}$	$\cdots$	$p_{i.}$	$\cdots$	$\displaystyle\sum_{ij} p_{ij} = 1$

$$p_{i.} = \sum_{j=1}^{\infty} p_{ij}, \qquad p_{.j} = \sum_{i=1}^{\infty} p_{ij}, \qquad \sum p_{ij} = 1$$

$$p_{11} = p_{1.}p_{.1}, \qquad p_{21} = p_{2.}p_{.1}, \qquad \cdots, p_{i1} = p_{i.}p_{.1}, \cdots$$

$$p_{12} = p_{1.}p_{.2}, \qquad p_{22} = p_{2.}p_{.2}, \qquad \cdots, p_{i2} = p_{i.}p_{.2}, \cdots$$

$$\vdots$$

$$p_{1j} = p_{1.}p_{.j}, \qquad p_{2j} = p_{2.}p_{.j}, \qquad \cdots, p_{ij} = p_{i.}p_{.j}, \cdots$$

【推论】 二维离散型随机变量分量独立的前提下，条件概率密度等于边缘概率密度：

$$p_{X|Y}(x_i|y_j) = \frac{p_{ij}}{p_{.j}} = p_{i.}$$
$$p_{Y|X}(y_j|x_i) = \frac{p_{ij}}{p_{i.}} = p_{.j}$$

(3.2.12)

【命题 3.2.3】二维连续型随机变量的独立性 (X,Y) 为连续型的随机变量，联合概率密度与边缘概率密度分别是

$$f(x,y) = \frac{\partial^2 F}{\partial x \partial y}, \qquad f_X(x) = \int_{-\infty}^{+\infty} f(x,y)\mathrm{d}y, \qquad f_Y(y) = \int_{-\infty}^{+\infty} f(x,y)\mathrm{d}x$$

则 X 和 Y 独立的充要条件是联合概率密度等于边缘概率密度乘积，即

$$f(x,y) = f_X(x)f_Y(y)$$

(3.2.13)

【证明】

$$
\begin{aligned}
F(x,y) &= F_X(x)F_Y(y) \\
\Rightarrow \frac{\partial^2 F}{\partial x \partial y} &= \frac{\partial}{\partial x}\left(\frac{\partial}{\partial y}(F_X(x)F_Y(y))\right) \\
&= \frac{\partial}{\partial x}\left(F_X(x)\frac{\partial F_Y(y)}{\partial y}\right) = \frac{\partial}{\partial x}(F_X(x)f_Y(y)) \\
&= f_Y(y).\frac{\partial}{\partial x}F_X(x) = f_Y(y).f_X(x) \\
&= f_X(x)f_Y(y) \\
\Rightarrow f(x,y) &= f_X(x)f_Y(y)
\end{aligned}
$$

反之

$$
\begin{aligned}
f(x,y) &= f_X(x)f_Y(y) \\
\Rightarrow F(x,y) &= \iint_{R^2} f(x,y)\mathrm{d}x\mathrm{d}y \\
&= \iint_{R^2} f_X(x)f_Y(y)\mathrm{d}x\mathrm{d}y \\
&= \int_{-\infty}^{x} f_X(x)\mathrm{d}x \int_{-\infty}^{y} f_Y(y)\mathrm{d}y \\
&= F_X(x)F_Y(y) \\
\Rightarrow F(x,y) &= F_X(x)F_Y(y)
\end{aligned}
$$

故对于二维随机变量 X,Y，以下两式可等价描述二者的独立性：

$$F(x,y) = F_X(x)F_Y(y) \qquad f(x,y) = f_X(x)f_Y(y)$$

【推论】 独立的二维随机变量 X,Y，条件概率密度等于边缘密度：

$$
\begin{cases}
f_{X|Y}(x|y) = \dfrac{f(x,y)}{f_Y(y)} = \dfrac{f_X(x)f_Y(y)}{f_Y(y)} = f_X(x) \\
f_{Y|X}(y|x) = \dfrac{f(x,y)}{f_X(x)} = \dfrac{f_X(x)f_Y(y)}{f_X(x)} = f_Y(y)
\end{cases}
$$

(3.2.14)

【例 3.2.5】证明：(1) 圆面上均匀分布的二维随机变量 (X, Y) 的分量不相互独立.

【证明】

$$f(x, y) = \begin{cases} \dfrac{1}{\pi a^2}, & (x, y) \in D \\ 0, & \text{其他} \end{cases}$$

$$f_X(x) = \begin{cases} \dfrac{2\sqrt{a^2 - x^2}}{\pi a^2}, & |x| \leqslant a \\ 0, & |x| > a \end{cases}$$

$$f_Y(y) = \begin{cases} \dfrac{2\sqrt{a^2 - y^2}}{\pi a^2}, & |y| \leqslant a \\ 0, & |y| > a \end{cases}$$

显然，有

$$f(x, y) \neq f_X(x) f_Y(y)$$

(2) 矩形上均匀分布的二维随机变量 (X, Y) 的分量相互独立.

【证明】

$$f(x, y) = \begin{cases} \dfrac{1}{(b - a)(d - c)}, & (x, y) \in D \\ 0, & \text{其他} \end{cases}$$

$$f_X(x) = \begin{cases} \dfrac{1}{b - a}, & x \in [a, b] \\ 0, & \text{其他} \end{cases}$$

$$f_Y(y) = \begin{cases} \dfrac{1}{d - c}, & y \in [c, d] \\ 0, & \text{其他} \end{cases}$$

故

$$f(x, y) = f_X(x) f_Y(y)$$

【例 3.2.6】二维正态分布 $(X, Y) \sim N(\mu_1, \sigma_1; \mu_2, \sigma_2; \rho)$ 的分量独立的充要条件是相关系数 $\rho = 0$.

【证明】

$$\begin{aligned} f(x, y) &= \frac{1}{2\pi \sigma_1 \sigma_2 \sqrt{1 - \rho^2}} \times \exp\left[\frac{-1}{2(1 - \rho^2)}\left(\frac{(x - \mu_1)^2}{\sigma_1^2}\right.\right. \\ &\quad \left.\left. -2\rho \frac{(x - \mu_1)(y - \mu_2)}{\sigma_1 \sigma_2} + \frac{(y - \mu_2)^2}{\sigma_2^2}\right)\right] \\ f_X(x) f_Y(y) &= \frac{1}{\sqrt{2\pi} \sigma_1} e^{-\frac{(x - \mu_1)^2}{2\sigma_1^2}} \cdot \frac{1}{\sqrt{2\pi} \sigma_2} e^{-\frac{(y - \mu_2)^2}{2\sigma_2^2}} \\ &= \frac{1}{\sqrt{2\pi} \sigma_1 \sigma_2} e^{-\left(\frac{(x - \mu_1)^2}{2\sigma_1^2} + \frac{(y - \mu_2)^2}{2\sigma_2^2}\right)}. \end{aligned}$$

故

$$f(x, y) = f_X(x) f_Y(y) \quad \Leftrightarrow 1 - \rho^2 = 1 \quad \Leftrightarrow \rho = 0$$

特别的，独立同服从标准正态分布 $X, Y \sim N(0,1)$，则有 $f(x,y) = \frac{1}{2\pi} \mathrm{e}^{-\frac{x^2+y^2}{2}}$.

【注】 所谓 $f(x,y) = f_X(x)f_Y(y)$ "几乎处处" 成立 (p.p 或 a.e，即 "almost everywhere") 是指去掉一个 "零测度" 集合 e，$m(e) = 0$ 后成立，如对一维情形，可取 $e = \bigcup\limits_{k=1}^{\infty} e_k$ 为可测点集，$m(e) = 0$；对二维情况可取 $e = \bigcup\limits_{k=1}^{\infty} l_k, l_k \subset D$ 为可列线段集。但不可取连续曲线，因为著名的 Peano 连续曲线可以充满整个区域. 最初是意大利数学家皮亚诺 (Peano) 观察阿拉伯方砖的纹理而得到的启示.

【定义 3.2.5】n 个随机变量的独立性　若 n 维随机变量的联合分布等于边缘分布之积，则称 n 维随机变量的各分量独立：

$$F(x_1, x_2, \cdots, x_n) = F_{X_1}(x_1)F_{X_2}(x_2) \cdots F_{X_n}(x_n) \tag{3.2.15}$$

即

$$P\{X_1 \leqslant x_1, X_2 \leqslant x_2, \cdots, X_n \leqslant x_n\} = P\{X_1 \leqslant x_1\}P\{X_2 \leqslant x_2\} \cdots P\{X_n \leqslant x_n\} \tag{3.2.16}$$

或写为

$$P\{\bigcap_{k=1}^{n} X_k \leqslant x_k\} = \prod_{k=1}^{n} P\{X_k \leqslant x_k\} \tag{3.2.17}$$

对于 n 维随机变量，上式等价于密度的等式

$$f(x_1, x_2, \cdots, x_n) = f_{X_1}(x_1)f_{X_2}(x_2) \cdots f_{X_n}(x_n) \tag{3.2.18}$$

即

$$f(x_1, x_2, \cdots, x_n) = \prod_{k=1}^{n} f_{X_k}(x_k)$$

或

$$F(x_1, x_2, \cdots, x_n; y_1, y_2, \cdots, y_n) = F_1(x_1, x_2, \cdots, x_n)F_2(y_1, y_2, \cdots, y_n)$$

【定理 3.2.1】n 维随机变量的子独立和连续独立

(1) $(X_1, X_2, \cdots, X_m)$ 和 $(Y_1, Y_2, \cdots, Y_n)$ 相互独立，则 $X_i(1 \leqslant i \leqslant m)$ 和 $Y_j(1 \leqslant j \leqslant n)$ 相互独立；

(2) 设 h, g 为连续函数，则 $h(X_1, X_2, \cdots, X_m)$ 和 $g(Y_1, Y_2, \cdots, Y_n)$ 相互独立；

【定义 3.2.6】独立同分布　X, Y 独立：$F_X(x)F_Y(y) = F(x,y)$，且同服从于某种分布，则

$$f(x,y) = f_X(x)f_Y(y) = f(x)f(y)$$

例如：

$$X \sim N(\mu, \sigma^2), \quad Y \sim N(\mu, \sigma^2)$$
$$f(x,y) = f(x)f(y) = \frac{1}{2\pi\sigma^2} \mathrm{e}^{-\frac{(x-\mu)^2+(y-\mu)^2}{2\sigma^2}}$$

$$X \sim N(0,1), \quad Y \sim N(0,1)$$

$$f(x,y) = f(x)f(y) = \frac{1}{2\pi}e^{-\frac{x^2+y^2}{2}}$$

$$X \sim E(\lambda), \quad Y \sim E(\lambda)$$

$$f(x) = \begin{cases} \lambda e^{-\lambda x}, & x > 0 \\ 0, & 其他 \end{cases}$$

$$f(y) = \begin{cases} \lambda e^{-\lambda y}, & y > 0 \\ 0, & 其他 \end{cases}$$

$$f(x,y) = \begin{cases} \lambda^2 e^{-\lambda(x+y)}, & x > 0, \quad y > 0 \\ 0, & 其他 \end{cases}$$

【例 3.2.7】（1999 研究生入学试题数学一）　(X,Y) 为二维随机变量，其分布律如下表所列，试用规范性和独立性完成其余未确定的部分：

$$\sum_{i,j=1}^{\infty} p_{ij} = 1, \quad p_{i.} = \sum_{j=1}^{\infty} p_{ij}, p_{.j} = \sum_{i=1}^{\infty} p_{ij}, \quad p_{ij} = p_{i.}p_{.j}$$

X,Y	y_1	y_2	y_3	$p_{i.}$
x_1		$\dfrac{1}{8}$		
x_2	$\dfrac{1}{8}$			
$p_{.j}$	$\dfrac{1}{6}$			1

【解】用规范性和独立性计算如下：

(1) $\quad p_{12} = p_{21} = \dfrac{1}{8}$

$\dfrac{1}{6} = p_{.1} = p_{21} + p_{11} \Rightarrow p_{11} = \dfrac{1}{6} - \dfrac{1}{8} = \dfrac{1}{24}$

$p_{1.} = p_{11} + p_{12} + p_{13}$

(2) $\quad p_{11} = p_{1.}p_{.1} \Rightarrow p_{.1} = \dfrac{p_{11}}{p_{.1}} = \dfrac{\frac{1}{24}}{\frac{1}{6}} = \dfrac{1}{4}$

(3) $\quad 1 = p_{1.} + p_{2.} \Rightarrow p_{2.} = 1 - p_{1.} = 1 - \dfrac{1}{4} = \dfrac{3}{4}$

(4) $\quad p_{12} = p_{1.}p_{.2} \leftrightarrow p_{.2} = \dfrac{p_{12}}{p_{1.}} = \dfrac{\frac{1}{8}}{\frac{1}{4}} = \dfrac{1}{2}$

(5) $\quad p_{.1} + p_{.2} + p_{.3} = 1 \Rightarrow p_{.3} = 1 - p_{.1} - p_{.2} = 1 - \dfrac{1}{2} - \dfrac{1}{6} = \dfrac{1}{3}$

(6) $\quad p_{22} = p_{2.}p_{.2} = \dfrac{3}{4} \cdot \dfrac{1}{2} = \dfrac{3}{8}$

(7) $\quad p_{13} = p_{1.} - p_{11} - p_{12} = \dfrac{1}{4} - \dfrac{1}{24} - \dfrac{1}{8} = \dfrac{1}{12}$

(8) $\quad p_{23} = p_{2.}p_{.3} = \dfrac{3}{4} \cdot \dfrac{1}{3} = \dfrac{1}{4}$

因此结果如下：

X,Y	y_1	y_2	y_3	$p_{i.}$
x_1	$\dfrac{1}{24}$	$\dfrac{1}{8}$	$\dfrac{1}{12}$	$\dfrac{1}{4}$
x_2	$\dfrac{1}{8}$	$\dfrac{3}{8}$	$\dfrac{1}{4}$	$\dfrac{3}{4}$
$p_{.j}$	$\dfrac{1}{6}$	$\dfrac{1}{2}$	$\dfrac{1}{3}$	1

【例 3.2.8】（1999 研究生入学试题数学四）　甲乙二人独立进行 2 次射击，命中率为 $p_1 = 0.2, p_2 = 0.5$，以 X 和 Y 表示甲、乙命中的次数，求 X,Y 的联合分布律 (p_{ij}).

【解】　伯努利概率

$$X \sim b(2,0.2), \qquad Y \sim b(2,0.5)$$
$$P\{X=i\} = C_2^i 0.2^i.0.8^{2-i}, \qquad i = 0,1,2$$
$$P\{Y=j\} = C_2^j 0.5^j.0.5^{2-j}, \qquad j = 0,1,2$$

故 X,Y 的边缘分布律为

$$\begin{cases} X = 0, & p_{0.} = 0.8^2 = 0.64 \\ X = 1, & p_{1.} = C_2^1 0.2 \times 0.8 = 0.32 \\ X = 2, & p_{2.} = 0.2^2 = 0.04 \end{cases}$$

$$\begin{cases} Y = 0, & p_{.0} = 0.5^2 = 0.25 \\ Y = 1, & p_{.1} = C_2^1 0.5 \times 0.5 = 0.5 \\ Y = 2, & p_{.2} = 0.5^2 = 0.25 \end{cases}$$

列表如下：

X	0	1	2
$p_{i.}$	0.64	0.32	0.04

Y	0	1	2
$p_{.j}$	0.25	0.50	0.25

联合分布律如下：

$Y\backslash X$	0	1	2	$p_{.j}$
0	0.16	0.08	0.01	0.25
1	0.32	0.16	0.02	0.5
2	0.16	0.08	0.01	0.25
$p_{i.}$	0.64	0.32	0.04	1

各联合分布概率计算过程为

$$\begin{cases} p_{00} = p_{0.} \cdot p_{.0} = 0.64 \times 0.25 = 0.16 \\ p_{01} = p_{0.} \cdot p_{.1} = 0.64 \times 0.5 = 0.32 \\ p_{02} = p_{0.} \cdot p_{.2} = 0.64 \times 0.25 = 0.16 \end{cases}$$

$$\begin{cases} p_{10} = p_{1.} \cdot p_{.0} = 0.32 \times 0.25 = 0.08 \\ p_{11} = p_{1.} \cdot p_{.1} = 0.32 \times 0.5 = 0.16 \\ p_{12} = p_{1.} \cdot p_{.2} = 0.32 \times 0.25 = 0.08 \end{cases}$$

$$\begin{cases} p_{20} = p_{2.} \cdot p_{.0} = 0.04 \times 0.25 = 0.01 \\ p_{21} = p_{2.} \cdot p_{.1} = 0.04 \times 0.5 = 0.02 \\ p_{22} = p_{2.} \cdot p_{.2} = 0.04 \times 0.25 = 0.01 \end{cases}$$

【例 3.2.9】（1999 研究生入学试题数学四）　随机变量 X, Y 的边缘分布律为如下表所列，并且 $P\{XY = 0\} = 1$．（1）求 X, Y 的联合分布律 (p_{ij})；（2）问 X, Y 是否独立？

X	-1	0	1
$p_{i.}$	0.25	0.5	0.25

Y	0	1
$p_{.j}$	0.5	0.5

【解】　由题目假设 $P\{XY = 0\} = 1$，故 $\{XY = 0\}$ 是必然事件，即随机变量 X, Y 至少有一个取 0，而同时取非零值为不可能事件．从而有概率

$$P\{X = -1, Y = 1\} = 0, \qquad P\{X = 1, Y = 1\} = 0$$

故可设 X, Y 的联合分布律如下：

$Y \backslash X$	$x_1 = -1$	$x_2 = 0$	$x_3 = 1$	$p_{.j}$
$y_1 = 0$	p_{11}	p_{21}	p_{31}	$\dfrac{1}{2}$
$y_2 = 1$	0	p_{22}	0	$\dfrac{1}{2}$
$p_{i.}$	$\dfrac{1}{4}$	$\dfrac{1}{2}$	$\dfrac{1}{4}$	1

依次计算各联合分布概率如下：

（算第 1 列）$p_{11} = \dfrac{1}{4} - 0 = \dfrac{1}{4}$；

（算第 3 列）$p_{31} = \dfrac{1}{4} - 0 = \dfrac{1}{4}$；

（算第 2 行）$p_{22} = \dfrac{1}{2} - 0 - 0 = \dfrac{1}{2}$；

（算第 1 行）$p_{21} = \dfrac{1}{2} - p_{11} - p_{31} = \dfrac{1}{2} - \dfrac{1}{4} - \dfrac{1}{4} = 0$；

因此 X, Y 的联合分布律如下：

$Y\backslash X$	$x_1 = -1$	$x_2 = 0$	$x_3 = 1$	$p._j$
$y_1 = 0$	$\dfrac{1}{4}$	0	$\dfrac{1}{4}$	$\dfrac{1}{2}$
$y_2 = 1$	0	$\dfrac{1}{2}$	0	$\dfrac{1}{2}$
$p_i.$	$\dfrac{1}{4}$	$\dfrac{1}{2}$	$\dfrac{1}{4}$	1

由于

$$P\{X=0, Y=0\} = 0, \qquad P\{X=0\}P\{Y=0\} = \frac{1}{2}\cdot\frac{1}{2} = \frac{1}{4}$$

即存在联合分布概率不等于边缘分布概率的乘积，故 X, Y 不独立.

【例 3.2.10】 二维随机变量 (X, Y) 的联合概率密度是

$$f(x,y) = \begin{cases} 2xy, & 0 \leqslant y \leqslant x \leqslant 1 \\ 0, & 其他 \end{cases}$$

(1) 求边缘密度 $f_X(x), f_Y(y)$; (2) 求条件密度 $f_{X|Y}(x|y), f_{Y|X}(y|x)$; (3) 问随机变量 X, Y 是否独立?

【解】

(1) 边缘密度:

$$f_X(x) = \int_{-\infty}^{+\infty} f(x,y)\mathrm{d}y = \int_0^x 2xy\,dy = xy^2|_0^x = x^3, \qquad 0 \leqslant x \leqslant 1$$

$$f_Y(y) = \int_{-\infty}^{+\infty} f(x,y)\mathrm{d}y = \int_y^1 2xy\,dx = yx^2|_y^1 = y(1-y^2), \qquad 0 \leqslant y \leqslant 1$$

(2) 条件密度:

$$f_{X|Y}(x|y) = \frac{f(x,y)}{f_Y(y)} = \begin{cases} \dfrac{2xy}{y(1-y^2)} = \dfrac{2x}{1-y^2}, & y < x < 1 \\ 0, & 其他 \end{cases}$$

$$f_{Y|X}(y|x) = \frac{f(x,y)}{f_X(x)} = \begin{cases} \dfrac{2xy}{x^3} = \dfrac{2y}{x^2}, & 0 < y < x \\ 0, & 其他 \end{cases}$$

(3) 因边缘密度的乘积为

$$f_X(x)f_Y(y) = x^3 y(1-y^2), \qquad 0 \leqslant x \leqslant 1, 0 \leqslant y \leqslant x$$

与 $f(x,y) = 2xy$ 不相等, 故随机变量 X, Y 不独立.

习题 3.2

1. 设二维随机变量 (X, Y) 的联合分布律如下

$Y \backslash X$	1	2	3
1	0.1	0.3	0.2
2	0.2	0.05	0.15

求：（1）在 $X = 1$ 的条件下 Y 的条件分布律；（2）在 $Y = 2$ 的条件下 X 的条件分布律.

2. 设二维连续型随机变量 (X, Y) 的联合概率密度为

$$f(x, y) = \begin{cases} \mathrm{e}^{-y}, & 0 < x < y \\ 0, & \text{其他} \end{cases}$$

求：（1）$f_{X|Y}(x|y), f_{Y|X}(y|x)$；（2）$f_{X|Y}(x|1), f_{Y|X}(y|1)$；（3）$P\{X > 2|Y < 4\}$.

3. 设二维连续型随机变量 (X, Y) 的联合概率密度为

$$f(x, y) = \begin{cases} \dfrac{21}{4}x^2 y, & x^2 \leqslant y \leqslant 1 \\ 0, & \text{其他} \end{cases}$$

（1）求条件概率 $P\{X \geqslant 0|Y < 0.25\}$；（2）求条件概率密度 $f_{Y|X}(y|x)$，特别地，求条件概率密度 $f_{Y|X}(y|\frac{1}{2})$，由此求条件概率 $P\{Y \geqslant \frac{1}{4}|X = \frac{1}{2}\}, P\{Y \geqslant \frac{3}{4}|X = \frac{1}{2}\}$.

4. 随机变量 (X, Y) 的概率密度函数为

$$f(x, y) = \begin{cases} 1, & 0 < x < 1, |y| < x \\ 0, & \text{其他} \end{cases}$$

（1）求边缘概率密度 $f_X(x)$ 与 $f_Y(y)$；（2）求条件概率密度 $f_{X|Y}(x|y), f_{Y|X}(y|x)$. 问随机变量 X 和 Y 是否相互独立？

5. 设随机变量 X 在 $[0, 1]$ 上服从均匀分布，当 $X = x(0 < x < 1)$ 时，随机变量 Y 服从 $[x, 1]$ 上的均匀分布，求 (X, Y) 的联合概率密度和关于 Y 的边缘概率密度.

6. 设二维随机变量 (X, Y) 的联合分布律如下：

$Y \backslash X$	1	2	3
1	$\dfrac{1}{6}$	$\dfrac{1}{9}$	$\dfrac{1}{18}$
2	$\dfrac{1}{3}$	a	b

问 a, b 取何值时，X 与 Y 相互独立？

7. 甲、乙两人对同一目标独立地进行两次射击，设二人的命中率分别为 0.2 和 0.5，以 X 和 Y 分别表示甲、乙命中的次数，求 (X, Y) 的联合分布律.

8. 袋中有 6 只白球，5 只黑球，在袋中任意取两次球，每次任意取一只，以 X 表示第一次取到的白球数，Y 表示第二次取到的白球数. 在不放回及抽取和有放回抽取两种方式下，分别讨论 X 与 Y 是否相互独立.

9. 袋中有 5 只球，分别标号为号码 1，2，3，4，5，从中任取 3 只球，记这 3 只球号码中最小的号码为 X，最大的号码为 Y. （1）求 X 与 Y 的联合分布律；（2）X 与 Y 是否相互独立？

10. 已知二维随机变量的联合概率密度是

$$(1) \quad f_1(x,y) = \begin{cases} 4xy, & 0 < x < 1, 0 < y < 1 \\ 0, & \text{其他} \end{cases};$$

$$(2) \quad f_2(x,y) = \begin{cases} 8xy, & 0 < x < y, 0 < y < 1 \\ 0, & \text{其他} \end{cases}$$

试讨论 X 与 Y 是否相互独立.

11. 一个电子器件包含两个主要组件，分别以 X 和 Y 表示这两个组件的寿命 (单位：小时)，设 (X,Y) 的联合分布函数为

$$F(x,y) = \begin{cases} 1 - e^{-0.5x} - e^{-0.5y} - e^{-0.5(x+y)}, & x \geqslant 0, y \geqslant 0 \\ 0, & \text{其他} \end{cases}$$

（1）求边缘概率密度 $f_X(x)$ 与 $f_Y(y)$. 问 X 与 Y 是否相互独立？（2）求两个组件的寿命都超过 100 的概率.

12. 设 X 与 Y 相互独立，且 $X \sim E(\lambda), Y \sim E(\mu), \lambda > 0, \mu > 0$. 令

$$Z = \begin{cases} 1, & X \leqslant Y \\ 0, & X > Y \end{cases}$$

求 Z 的分布律.

13. 在区间 $[0,1]$ 中随机地任取两个数 X 和 Y，求事件"两个数之和小于 6/5"的概率.

3.3　　多维随机变量函数的分布

类似于一维随机变量的函数分布，两个或更多的随机变量 (X,Y) 的函数 $f: \mathbf{R}^2 \to \mathbf{R}^1$ 或 $f: \mathbf{R}^n \to \mathbf{R}^1$，$Z = f(X,Y)$ 或 $Z = f(X_1, X_2, \cdots, X_n)$ 仍然是随机变量.

本节由和 $Z = X + Y$ 的分布引出卷积的概念，而极大极小的分布事实上着重于事件的范围讨论，作出辅助图像以确定积分区域是有益的.

3.3.1　　离散型随机变量和的分布

离散型随机变量 X 与 Y 的和:

$$Z := X + Y, \qquad P\{X = x_i\} = p_X(x_i), \qquad P\{Y = y_j\} = p_Y(y_j)$$

求

$$P\{Z = z_k\} := P_Z(z_k) = \sum_{i=0}^{k} p(x_i, z_k - x_i) = \sum_{j=0}^{k} p(z_k - y_j, y_j)$$

【解】

$$
\begin{aligned}
P\{Z = z_k\} \quad &= P\{X + Y = z_k\} = \sum_{x_i + y_j = z_k} P\{X = x_i, Y = y_j\} \\
&= \begin{cases} \displaystyle\sum_{i} P\{X = x_i, Y = z_k - x_i\} \\ \displaystyle\sum_{j} P\{X = z_k - y_j, Y = y_j\} \end{cases} \\
&= \begin{cases} \displaystyle\sum_{i=0}^{k} p(x_i, z_k - x_i) \\ \displaystyle\sum_{j=0}^{k} p(z_k - y_j, y_j) \end{cases} \\
&= \begin{cases} \displaystyle\sum_{i=0}^{k} p_X(x_i) . p_Y(z_k - x_i) \\ \displaystyle\sum_{j=0}^{k} p_X(z_k) . p_Y(x_i, y_j) \end{cases}
\end{aligned}
$$

【命题 3.3.1】 X 与 Y 独立时，有

$$
\begin{aligned}
P\{X = x_i\} = p_X(x_i) \qquad (i = 0, 1, 2, \cdots) \\
P\{Y = y_j\} = p_Y(y_j) \qquad (j = 0, 1, 2, \cdots)
\end{aligned}
$$

则 $Z = X + Y$ 分布律为 (由独立事件的加法公式)

$$
\begin{aligned}
P\{Z = z_k\} \quad &= P\{X + Y = z_k\} \\
&= \sum_{i=0}^{k} P\{X = x_i\} P\{Y = z_k - x_i\} \\
&= \sum_{i=0}^{k} p_X(x_i) . p_Y(z_k - x_i)(i = 0, 1, 2, \cdots, k)
\end{aligned} \tag{3.3.1}
$$

特别地，有如下结论:
(1) 记

$$P\{X = i\} = p(i), P\{Y = j\} = q(j)$$

则 $Z = X + Y$ 的分布律为

$$
\begin{aligned}
p_Z(k) \quad &= P\{Z = k\} = P\{X + Y = k\} \\
&= \sum_{i=0}^{k} P\{X = i, Y = k - i\} = \sum_{i=0}^{k} p(i, k - i)
\end{aligned} \tag{3.3.2}
$$

(2) 当 X 与 Y 独立时，有

$$
\begin{aligned}
p_Z(k) &= \sum_{i=0}^{k} P\{X=i\}P\{Y=k-i\} \\
&= \sum_{i=0}^{k} p(i)q(k-i) = \sum_{j=0}^{k} p(k-j)q(j)
\end{aligned} \tag{3.3.3}
$$

【定理 3.3.1】泊松分布的可加性　设泊松分布随机变量 $X \sim \pi(\lambda_1)$ 和 $Y \sim \pi(\lambda_2)$ 相互独立，则

$$
Z := X + Y \sim \pi(\lambda_1 + \lambda_2) \tag{3.3.4}
$$

即泊松分布随机变量和服从参数为参数和 $\lambda = \lambda_1 + \lambda_2$ 的泊松分布

$$
P\{Z=k\} = \frac{\lambda^k \mathrm{e}^{-\lambda}}{k!} = \frac{(\lambda_1+\lambda_2)^k \mathrm{e}^{-(\lambda_1+\lambda_2)}}{k!}
$$

【证明】

$$
\begin{aligned}
p(i) = P\{X=i\} = \frac{\lambda_1^i \mathrm{e}^{-\lambda_1}}{i!} \\
q(j) = P\{Y=j\} = \frac{\lambda_2^j \mathrm{e}^{-\lambda_2}}{j!}
\end{aligned}
$$

因 X 与 Y 独立，由离散卷积公式和二项式定理，有

$$
\begin{aligned}
P\{Z=k\} &= \sum_{i=0}^{k} p(i)q(k-i) \\
&= \sum_{i=0}^{k} \frac{\lambda_1^i \mathrm{e}^{-\lambda_1}}{i!} \frac{\lambda_2^{k-i} \mathrm{e}^{-\lambda_2}}{(k-i)!} \\
&= \frac{\mathrm{e}^{-(\lambda_1+\lambda_2)}}{k!} \sum_{i=0}^{k} \frac{k!}{i!(k-i)!} \lambda_1^i \lambda_2^{k-i} \\
&= \frac{\mathrm{e}^{-(\lambda_1+\lambda_2)}}{k!} \sum_{i=0}^{k} C_k^i \lambda_1^i \lambda_2^{k-i} \\
&= \frac{\mathrm{e}^{-(\lambda_1+\lambda_2)}}{k!} (\lambda_1+\lambda_2)^k \quad (k=0,1,2,\cdots)
\end{aligned}
$$

即 $Z \sim \pi(\lambda_1+\lambda_2)$.

【定理 3.3.2】独立二项分布的可加性　设 X 与 Y 是两个独立的随机变量，均服从二项分布，试验次数分别为 n_1 和 n_2，成功率均为 p，即

$$
X \sim B(n_1, p), \qquad Y \sim B(n_2, p)
$$

则 X 与 Y 的和 $Z := X + Y$ 服从试验次数为 $n_1 + n_2$，成功率为 p 的二项分布，即

$$
Z := X + Y \sim B(n_1 + n_2, p) \tag{3.3.5}
$$

【证明】因

$$
\begin{aligned}
p(i) = P\{X=i\} = C_{n_1}^i p^i (1-p)^{n_1-i} \\
q(j) = P\{Y=j\} = C_{n_2}^j p^j (1-p)^{n_2-j}
\end{aligned}
$$

故

$$
\begin{aligned}
P\{Z = k\} \ &= \sum_{i=0}^{k} p(i)q(k-i) \\
&= \sum_{i=0}^{k} C_{n_1}^{i} p^{i}(1-p)^{n_1-i} C_{n_2}^{k-i} p^{k-i}(1-p)^{n_2-k+i} \\
&= \sum_{i=0}^{k} C_{n_1}^{i} C_{n_2}^{k-i} p^{k}(1-p)^{n_1+n_2-k} \\
&= p^{k}(1-p)^{n_1+n_2-k} \sum_{i=0}^{k} C_{n_1}^{i} C_{n_2}^{k-i} \\
&= p^{k}(1-p)^{n_1+n_2-k} C_{n_1+n_2}^{k} \\
&= C_{n_1+n_2}^{k} p^{k}(1-p)^{n_1+n_2-k} \qquad (k = 0,1,2,\cdots,n_1+n_2)
\end{aligned}
$$

所以

$$
Z \sim B(n_1 + n_2, p)
$$

【注记】卷积 (Convolution) 卷积与反卷积的代数运算和微积分运算,在现代的地震勘探、超声波诊断、光学成像、系统辨识和信号处理领域中广泛存在,最初由欧拉 (Euler) 等人引入,贡献巨大的是偏微分方程齐次化原理的奠基者杜阿美 (Duhamel). 两个信号函数的卷积定义为

$$
f(t) = f_1(t) * f_2(t) = \int_{-\infty}^{+\infty} f_1(s) * f_2(t-s)\mathrm{d}s
$$

其主要运算规律如下:

1 代数运算

(1) 交换律:

$$
f_1 * f_2 = f_2 * f_1
$$
$$
\int_{-\infty}^{+\infty} f_1(s) * f_2(t-s)\mathrm{d}s = \int_{-\infty}^{+\infty} f_2(s) * f_1(t-s)\mathrm{d}s
$$

作代换 $s = t - u$ 即证.

(2) 分配律:

$$
f * (g_1 + g_2) = f * g_1 + f * g_2
$$

(3) 结合律:

$$
(f_1 * f_2) * f_3 = f_1 * (f_2 * f_3)
$$

2 微积分运算

(1) 微分

$$
\frac{\mathrm{d}}{\mathrm{d}t}(f_1 * f_2) = f_1 * \frac{\mathrm{d}}{\mathrm{d}t}f_2 + \frac{\mathrm{d}}{\mathrm{d}t}(f_1) * f_2
$$

(2) 积分

$$
\int_{-\infty}^{t} (f_1 * f_2)\mathrm{d}s = f_1 * \int_{-\infty}^{t} f_2\mathrm{d}s = f_2 * \int_{-\infty}^{t} f_1\mathrm{d}s
$$

(3) 脉冲卷积:

$$
f(t) * \sigma(t) = \int_{-\infty}^{+\infty} f(s) * \sigma(t-s)\mathrm{d}s = \int_{-\infty}^{+\infty} f(s) * \sigma(s-t)\mathrm{d}s = f(t)
$$

【例 3.3.1】（1989 研究生入学试题数学四） 随机变量 X,Y 的联合分布律如下表所列.(1) 求随机变量 X 的边缘分布律；(2) 求随机变量 $Z = X + Y$ 的分布律.

$Y\backslash X$	$x_1 = 0$	$x_2 = 1$	$x_3 = 2$	$p_{.j}$
$y_1 = 0$	0.1	0.25	0.15	
$y_2 = 1$	0.15	0.2	0.15	
$p_{i.}$				1

【解】 (1) 由题设的随机变量 X,Y 的联合分布律，利用边缘分布计算公式

$$p_{i.} = P\{X = i\} = \sum_{j=1}^{2} P\{X = i, Y = j\}$$

可算得完整的联合−边缘分布律表格如下：

$Y\backslash X$	$x_1 = 0$	$x_2 = 1$	$x_3 = 2$	$p_{.j}$
$y_1 = 0$	0.1	0.25	0.15	0.5
$y_2 = 1$	0.15	0.2	0.15	0.5
$p_{i.}$	0.25	0.45	0.3	1

随机变量 X 的边缘分布律有如下形式：

X	0	1	2
$p_{i.}$	0.25	0.45	0.3

(2) 随机变量 $Z = X + Y$ 作为随机变量 X,Y 的和数，所有可能的取值为 0,1,2,3. 依据联合分布，取相应值的概率如下：

$$Z = 0, P\{Z = 0\} = P\{X = 0, Y = 0\} = 0.1$$

$$P\{Z = 1\} = P\{X = 0, Y = 1\} + P\{X = 1, Y = 0\}$$
$$= 0.25 + 0.15 = 0.4$$

$$P\{Z = 2\} = P\{X = 2, Y = 0\} + P\{X = 1, Y = 1\}$$
$$= 0.15 + 0.2 = 0.35$$

$$P\{Z = 3\} = P\{X = 2, Y = 1\} = 0.15$$

故随机变量 $Z = X + Y$ 的分布律如下：

Z	0	1	2	3
p	0.1	0.4	0.35	0.15

3.3.2　连续型随机变量和的分布

现有 X 与 Y 是连续型随机变量，(X,Y) 具有联合概率密度为 $f(x,y)$，则 $Z := X + Y$ 的概率密度为

$$f_Z(z) = \int_{-\infty}^{+\infty} f(z-y, y)\mathrm{d}y = \int_{-\infty}^{+\infty} f(x, z-x)\mathrm{d}x \qquad (3.3.6)$$

特别当 X 与 Y 独立时，设边缘密度为 $f_X(x)$ 和 $f_Y(y)$，则成立

$$f_Z(z) = \int_{-\infty}^{+\infty} f_X(z-y)f_Y(y)\mathrm{d}y = \int_{-\infty}^{+\infty} f_X(x)f_Y(z-x)\mathrm{d}x \qquad (3.3.7)$$

称为 *卷积公式*(Convolution Formula). 记为

$$f_Z(z) = f_X(x) * f_Y(y) \qquad (3.3.8)$$

即卷积具有可换性 (图 3.3.1).

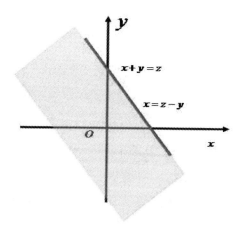

图 3.3.1　随机变量和的分布

【证明】　积分域是直线 $x + y = z$ 左下方的无界域，先求 $Z = X + Y$ 的分布函数

$$
\begin{aligned}
F_Z(z) &= P\{Z \leqslant z\} = P\{X + Y \leqslant z\} \\
&= \iint\limits_{D:\ x+y\leqslant z} f(x,y)\mathrm{d}x\mathrm{d}y \\
&= \int_{-\infty}^{+\infty} \mathrm{d}x \int_{-\infty}^{z-x} f(x,y)\mathrm{d}y \\
&= \int_{-\infty}^{z-x} \mathrm{d}y \int_{-\infty}^{+\infty} f(x,y)\mathrm{d}x \\
&\quad\ \Leftrightarrow y = u - x \\
&= \int_{-\infty}^{z} \mathrm{d}u \int_{-\infty}^{+\infty} f(x, u-x)\mathrm{d}x \\
&= \int_{-\infty}^{z} \left(\int_{-\infty}^{+\infty} f(x, u-x)\mathrm{d}x \right)\mathrm{d}u
\end{aligned}
$$

故对此变上限积分求导，得

$$f_Z(z) = \frac{\partial}{\partial z} F_Z(z) = \int_{-\infty}^{+\infty} f(x, z-x) \mathrm{d}x$$

同理，有

$$f_Z(z) = \int_{-\infty}^{+\infty} f(z-y, y) \mathrm{d}y$$

当 X 与 Y 独立时，有

$$
\begin{aligned}
f_Z(z) &= \int_{-\infty}^{+\infty} f_X(x) f_Y(z-x) \mathrm{d}x \\
&= \int_{-\infty}^{+\infty} f_X(z-y) f_Y(y) \mathrm{d}y
\end{aligned}
$$

【定理 3.3.3】正态分布的再生性　X 与 Y 均为正态随机变量且相互独立，则 $Z = X + Y$ 为正态随机变量，有

$$
\begin{aligned}
&X \sim N(\mu_1, \sigma_1^2), \quad Y \sim N(\mu_2, \sigma_2^2) \\
&Z = X \pm Y \sim N(\mu_1 \pm \mu_2, \sigma_1^2 + \sigma_2^2)
\end{aligned}
\tag{3.3.9}
$$

即正态随机变量和 (差) 的均值与方差为分别是均值和 (差) 与方差的和.

【证明】　先对标准正态分布变量的情况证明.

$$X \sim N(0, 1), \quad Y \sim N(0, 1) \Rightarrow X + Y \sim N(0, 2)$$

因 X 与 Y 独立，边缘密度的乘积就是联合密度，即

$$f_X(x) = \frac{1}{\sqrt{2\pi}} \mathrm{e}^{-\frac{x^2}{2}}, \qquad f_Y(y) = \frac{1}{\sqrt{2\pi}} \mathrm{e}^{-\frac{y^2}{2}}$$

$$f(x, y) = \frac{1}{2\pi} \mathrm{e}^{-\frac{x^2 + y^2}{2}}$$

分布函数为

$$
\begin{aligned}
F_Z(z) &= \iint_{x+y \leqslant z} f(x, y) \mathrm{d}x \mathrm{d}y \\
&= \frac{1}{2\pi} \iint_{x+y \leqslant z} \mathrm{e}^{-\frac{x^2+y^2}{2}} \mathrm{d}x \mathrm{d}y \\
&= \frac{1}{2\pi} \int_0^{2\pi} \mathrm{d}\theta \int_0^{\frac{z}{\sin\theta+\cos\theta}} \mathrm{e}^{-\frac{r^2}{2}} r \mathrm{d}r \\
&= \frac{1}{2\pi} \int_0^{2\pi} \mathrm{e}^{-\frac{r^2}{2}} \Big|_{\sin\theta+\cos\theta}^0 \mathrm{d}\theta \\
&= \frac{1}{2\pi} \int_0^{2\pi} (1 - \mathrm{e}^{-\frac{z^2}{2(\sin\theta+\cos\theta)^2}}) \mathrm{d}\theta
\end{aligned}
$$

由卷积公式，概率密度为

$$
\begin{aligned}
f_z(z) &= \int_{-\infty}^{+\infty} f_X(x)f_Y(z-x)\mathrm{d}x \\
&= \frac{1}{2\pi}\int_{-\infty}^{+\infty} \mathrm{e}^{-\frac{x^2}{2}}\mathrm{e}^{-\frac{(z-x)^2}{2}}\mathrm{d}x \\
&= \frac{1}{2\pi}\int_{-\infty}^{+\infty} \mathrm{e}^{-\frac{x^2+z^2+x^2-2zx}{2}}\mathrm{d}x \\
&= \frac{1}{2\pi}\mathrm{e}^{-\frac{z^2}{2}}\int_{-\infty}^{+\infty} \mathrm{e}^{-\frac{2x^2-2zx}{2}}\mathrm{d}x \\
&= \frac{1}{2\pi}\mathrm{e}^{-\frac{z^2}{2}}\int_{-\infty}^{+\infty} \mathrm{e}^{-(x^2+zx)}\mathrm{d}x \\
&= \frac{1}{2\pi}\mathrm{e}^{-\frac{z^2}{2}}\int_{-\infty}^{+\infty} \mathrm{e}^{-(x-\frac{z}{2})^2-\frac{z^2}{4}}\mathrm{d}x \\
&= \frac{1}{2\pi}\mathrm{e}^{-\frac{z^2}{4}}\int_{-\infty}^{+\infty} \mathrm{e}^{-(x-\frac{z}{2})^2}\mathrm{d}x \\
&= \frac{1}{2\pi}\mathrm{e}^{-\frac{z^2}{4}}\int_{-\infty}^{+\infty} \mathrm{e}^{-t^2}\mathrm{d}t \\
&= \frac{1}{2\pi}\mathrm{e}^{-\frac{z^2}{4}}\sqrt{\pi} = \frac{1}{2\sqrt{\pi}}\mathrm{e}^{-\frac{z^2}{4}} \\
&= \frac{1}{\sqrt{2}\sqrt{2\pi}}\mathrm{e}^{-\frac{z^2}{2\times(\sqrt{2})^2}}
\end{aligned}
$$

故

$$
Z = X + Y \sim N(0,(\sqrt{2})^2)
$$

一般地，有

$$
X \sim N(\mu_1,\sigma_1^2), \quad Y \sim N(\mu_2,\sigma_2^2)
$$
$$
\Rightarrow \quad \xi := \frac{X-\mu_1}{\sigma_1} \sim N(0,1), \quad \eta := \frac{Y-\mu_2}{\sigma_2} \sim N(0,1)
$$
$$
\Rightarrow \quad \xi + \eta := \frac{X-\mu_1}{\sigma_1} + \frac{Y-\mu_2}{\sigma_2} \sim N(0+0,1+1) = N(0,2)
$$
$$
\Rightarrow \quad Z = X \pm Y \sim N(\mu_1 \pm \mu_2, \sigma_1^2 + \sigma_2^2)
$$

【证明】   由卷积公式

$$
\begin{aligned}
f_Z(z) &= \int_{-\infty}^{+\infty} f_X(x)f_Y(z-x)\mathrm{d}x \\
&= \int_{-\infty}^{+\infty} \frac{1}{\sqrt{2\pi}\sigma_1}\mathrm{e}^{-\frac{(x-\mu_1)^2}{2\sigma_1^2}}\cdot\frac{1}{\sqrt{2\pi}\sigma_2}\mathrm{e}^{-\frac{(x-\mu_2)^2}{2\sigma_2^2}}\mathrm{d}x \\
&= \frac{1}{2\pi\sigma_1\sigma_2}\int_{-\infty}^{+\infty} \mathrm{e}^{-\frac{x^2-2\mu_1 x+\mu_1^2}{\sigma_1^2}+\frac{x^2-2x(z-\mu_2)+(z-\mu_2)^2}{\sigma_2^2}}\mathrm{d}x \\
&= \frac{1}{2\pi\sigma_1\sigma_2}\int_{-\infty}^{+\infty} \mathrm{e}^{-(Ax^2-2Bx+C)}\mathrm{d}x \\
A &= \frac{1}{2}\left(\frac{1}{\sigma_1^2}+\frac{1}{\sigma_2^2}\right), \quad B = \frac{1}{2}\left(\frac{\mu_1}{\sigma_1^2}+\frac{z-\mu_2}{\sigma_2^2}\right) \\
C &= \frac{1}{2}\left(\frac{\mu_1}{\sigma_1^2}+\frac{(z-\mu_2)^2}{\sigma_2^2}\right) \\
&= \frac{1}{2\pi\sigma_1\sigma_2}\sqrt{\frac{\pi}{A}}\mathrm{e}^{-\frac{AC-B^2}{A}}\mathrm{d}x
\end{aligned}
$$

故

$$f_z(z) = \frac{1}{\sqrt{2\pi}\sqrt{\sigma_1^2 + \sigma_2^2}} e^{-\frac{(z-(\mu_1+\mu_2))^2}{2(\sigma_1^2+\sigma_2^2)}}$$

即

$$Z = X + Y \sim N(\mu_1 + \mu_2, \sigma_1^2 + \sigma_2^2)$$

【定理 3.3.4】瑞利分布　X 与 Y 相互独立同服从均值 0 的正态分布, $X \sim N(0,\sigma^2), Y \sim N(0,\sigma^2)$ ，则其模变量 $Z := \sqrt{X^2 + Y^2}$ 服从参数为 $\sigma > 0$ 的瑞利分布 (Rayleigh Distribution). 密度函数为

$$f_Z(z) = \frac{z}{\sigma^2} e^{-\frac{z^2}{2\sigma^2}}, \qquad z \geqslant 0 \tag{3.3.10}$$

此种分布在噪声和海浪理论中应用广泛. 常见模型有火炮弹着点与目标间的距离函数分布等.

【证明】　先求分布函数. 当 $z \geqslant 0$ 时, 分布函数为

$$
\begin{aligned}
F_Z(z) &= P\{Z \leqslant z\} = P\{\sqrt{X^2+Y^2} \leqslant z\} \\
&= \iint_{D:\sqrt{x^2+y^2}\leqslant z} \frac{1}{2\pi\sigma^2} e^{-\frac{x^2+y^2}{2\sigma^2}} \mathrm{d}x\mathrm{d}y \\
&= \int_0^{2\pi} \mathrm{d}\theta \int_0^z \frac{1}{2\pi\sigma^2} e^{-\frac{r^2}{2\sigma^2}} r\mathrm{d}r \\
&= \frac{1}{2\pi} \times 2\pi(-e^{-\frac{r^2}{2\sigma^2}}\big|_0^z) \\
&= \frac{1}{2\pi} \times 2\pi(1 - e^{-\frac{z^2}{2\sigma^2}}) \\
&= 1 - e^{-\frac{z^2}{2\sigma^2}}, \qquad z \geqslant 0
\end{aligned}
$$

故瑞利分布的密度函数为分布函数的导数，即

$$f_Z(z) = \frac{\partial}{\partial z} F_Z(z) = \frac{z}{\sigma^2} e^{-\frac{z^2}{2\sigma^2}}, \qquad z \geqslant 0$$

【例 3.3.2】（1999 研究生入学试题）　$X \sim N(0,1), Y \sim N(1,1)$ 相互独立，则下式正确的是：(B)

(A) $P\{X + Y \leqslant 0\} = \dfrac{1}{2}$　(B) $P\{X + Y \leqslant 1\} = \dfrac{1}{2}$

(C) $P\{X - Y \leqslant 0\} = \dfrac{1}{2}$　(D) $P\{X - Y \leqslant 1\} = \dfrac{1}{2}$

【解】由独立正态分布的再生性，独立正态分布的和 (差) 分布，其和 (差) 均值为均值和 (差)，其方差为方差和. 即有

$$X + Y \sim N(1,2), \qquad X - Y \sim N(-1,2)$$

故因 $Z \sim N(\mu,\sigma^2)$ 时，有

$$
\begin{aligned}
P\{Z \leqslant \mu\} &= P\{Z > \mu\} = \frac{1}{2} \\
&\Rightarrow \begin{cases} P\{X+Y \leqslant 1\} = \dfrac{1}{2} = P\{X+Y > 1\} \\ P\{X-Y \leqslant -1\} = \dfrac{1}{2} = P\{X-Y > -1\} \end{cases}
\end{aligned}
$$

【例 3.3.3】一般辛普生 (Simpson) 分布　设随机变量 $X \sim U[-\frac{a}{2}, \frac{a}{2}]$, $Y \sim U[-\frac{a}{2}, \frac{a}{2}]$, 求和 $X + Y$ 的分布.

【解】　定义区间 $I := [-\frac{a}{2}, \frac{a}{2}]$, 则 $X + Y \in [-a, a]$, 随机变量的概率密度为

$$f_X(x) = \begin{cases} \dfrac{1}{a}, & x \in I \\ 0, & \text{其他} \end{cases}$$

$$f_Y(y) = \begin{cases} \dfrac{1}{a}, & y \in I \\ 0, & \text{其他} \end{cases}$$

由卷积公式, $Z = X + Y$ 的密度为 (形式上)

$$\begin{aligned} f_Z(z) &= \int_{-\infty}^{+\infty} f_X(x) f_Y(z-x) \mathrm{d}x \\ &= \int_{-\frac{a}{2}}^{\frac{a}{2}} \frac{1}{a} f_Y(z-x) \mathrm{d}x \\ &= \frac{1}{a} \int_{-\frac{a}{2}}^{\frac{a}{2}} f_Y(z-x) \mathrm{d}x \quad z \in [-a, a] \end{aligned}$$

代入 $z - x = u$, 则有

$$= \frac{1}{a} \int_{z-\frac{a}{2}}^{z+\frac{a}{2}} f_Y(u) \mathrm{d}u$$

讨论: 当 $z \in [-a, 0]$ 时, 有

$$-\frac{3a}{2} \leqslant z - \frac{a}{2} \leqslant -\frac{a}{2}, \qquad -\frac{a}{2} \leqslant z + \frac{a}{2} \leqslant \frac{a}{2}$$

故

$$\begin{aligned} f_Z(z) &= \frac{1}{a} \int_{z-\frac{a}{2}}^{z+\frac{a}{2}} f_Y(u) \mathrm{d}u \\ &= \frac{1}{a} \left(\int_{z-\frac{a}{2}}^{-\frac{a}{2}} 0 \mathrm{d}u + \int_{-\frac{a}{2}}^{z+\frac{a}{2}} \frac{1}{a} \mathrm{d}u \right) \\ &= \frac{1}{a} \left(\frac{1}{a}(z+a) \right) = \frac{z+a}{a^2} \end{aligned}$$

当 $z \in [0, a]$ 时, 有

$$-\frac{a}{2} \leqslant z - \frac{a}{2} \leqslant \frac{a}{2}, \qquad \frac{a}{2} \leqslant z + \frac{a}{2} \leqslant a$$

故

$$\begin{aligned} f_Z(z) &= \frac{1}{a} \int_{z-\frac{a}{2}}^{z+\frac{a}{2}} f_Y(u) \mathrm{d}u \\ &= \frac{1}{a} \left(\int_{z-\frac{a}{2}}^{\frac{a}{2}} \frac{1}{a} \mathrm{d}u + \int_{\frac{a}{2}}^{z+\frac{a}{2}} 0 \mathrm{d}u \right) \\ &= \frac{a-z}{a^2} \end{aligned}$$

从而

$$f_Z(z) = \begin{cases} 0, & |z| > a \\ \dfrac{z+a}{a^2}, & z \in [-a, 0] \\ \dfrac{a-z}{a^2}, & z \in [0, a] \end{cases}$$

136

【例 3.3.4】简单辛普生分布　　设 $X \sim U(0,1)$ 与 $Y \sim U(0,1)$ 相互独立，求 $Z = X + Y$ 的密度 (图 3.3.2).

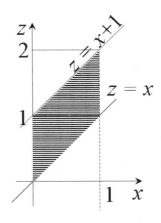

图 3.3.2　　简单辛普生分布

【解】

$$Z = X + Y \in [0,2]$$

由卷积公式

$$
\begin{aligned}
f_Z(z) &= \int_{-\infty}^{+\infty} f_X(x) f_Y(z-x) \mathrm{d}x \\
&= \int_0^1 1 \cdot f_Y(z-x) \mathrm{d}x \\
&= \int_0^1 f_Y(z-x) \mathrm{d}x \\
&= \int_{z-1}^z f_Y(u) \mathrm{d}u
\end{aligned}
$$

上式可由线性变换令 $u = z - x$ 获得.

(1) 当 $z \in [0,1]$ 时，有

$$-1 \leqslant z - 1 \leqslant 0, \qquad 0 \leqslant z \leqslant 1$$

$$f_Z(z) = \int_{z-1}^0 0 \mathrm{d}u + \int_0^z 1 \mathrm{d}u = z$$

(2) 当 $z \in [1,2]$ 时，有

$$0 \leqslant z - 1 \leqslant 1, \qquad 1 \leqslant z \leqslant 2$$

$$f_Z(z) = \int_{z-1}^1 1 \mathrm{d}u + \int_1^z 0 \mathrm{d}u = 2 - z$$

从而

$$
f_Z(z) = \begin{cases}
z, & z \in [0,1] \\
2 - z, & z \in [1,2] \\
0, & \text{其他}
\end{cases}
$$

【例 3.3.5】 X 与 Y 独立，$X \sim U(0,1), Y \sim E(1)$，密度为

$$f_X(x) = \begin{cases} 1, & x \in [0,1] \\ 0, & 其他 \end{cases}$$

$$f_Y(y) = \begin{cases} \mathrm{e}^{-y}, & y > 0 \\ 0, & 其他 \end{cases}$$

求 $Z = X + Y$ 的密度.

【解】 由卷积公式，有

$$\begin{aligned} f_Z(z) &= \int_{-\infty}^{+\infty} f_X(x) f_Y(z-x) \mathrm{d}x \\ &= \int_0^{+\infty} f_X(x) f_Y(z-x) \mathrm{d}x \\ &= \int_0^z f_X(x) \mathrm{e}^{-(z-x)} \mathrm{d}x \\ &= \mathrm{e}^{-z} \int_0^z f_X(x) \mathrm{e}^x \mathrm{d}x \end{aligned}$$

讨论：当 $0 < z \leqslant 1$ 时，有

$$\begin{aligned} f_Z(z) &= \mathrm{e}^{-z} \int_0^z 1.\mathrm{e}^x \mathrm{d}x \\ &= \mathrm{e}^{-z}(\mathrm{e}^z - 1) = 1 - \mathrm{e}^{-z} \end{aligned}$$

当 $z > 1$ 时，有

$$\begin{aligned} f_Z(z) &= \mathrm{e}^{-z}.\int_0^1 1.\mathrm{e}^x \mathrm{d}x + \int_0^1 0.\mathrm{e}^{-(z-x)} \mathrm{d}x \\ &= \mathrm{e}^{-z}(e-1) \end{aligned}$$

故

$$f_Z(z) = \begin{cases} 1 - \mathrm{e}^{-z}, & 0 < z \leqslant 1 \\ \mathrm{e}^{-z}(e-1), & z > 1 \\ 0, & 其他 \end{cases}$$

3.3.3 极大极小分布

【定理 3.3.5】独立条件下的极大极小变换分布 极大函数 $Z = \max(X,Y)$ 的分布为

$$\begin{aligned} F_Z(z) &= P\{\max(X,Y) \leqslant z\} \\ &= P\{X \leqslant z, Y \leqslant z\} = P\{X \leqslant z\}P\{Y \leqslant z\}(独立) \\ &= F_X(z)F_Y(z) = \int_{-\infty}^z f_X(x)\mathrm{d}x \int_{-\infty}^z f_Y(y)\mathrm{d}y \end{aligned} \quad (3.3.11)$$

极小函数 $Z = \min(X, Y)$ 的分布为

$$
\begin{aligned}
F_Z(z) &= P\{\min(X, Y) \leqslant z\} \\
&= 1 - P\{\min(X, Y) > z\} \\
&= 1 - P\{X > z, Y > z\} \\
&= 1 - P\{X > z\}P\{Y > z\}(\text{独立}) \\
&= 1 - (1 - F_X(z))(1 - F_Y(z))
\end{aligned} \tag{3.3.12}
$$

【推论】 独立 (同) 分布的几个变量，其极大极小分布为

$$
\begin{aligned}
&Z = \max(X_1, X_2, \cdots, X_n) \\
&F_{\max}(z) = \prod_{k=1}^{n} F_{X_k}(z) = (F(z))^n \\
&Z = \min(X_1, X_2, \cdots, X_n) \\
&F_{\min}(z) = 1 - \prod_{k=1}^{n} (1 - F_{X_k}(z)) = 1 - (1 - F(z))^n
\end{aligned} \tag{3.3.13}
$$

极大极小变换随机变量常用于讨论串并联系统的可靠度及元件的寿命等模型.

【例 3.3.6】（1996 研究生入学试题数学四） 某串联电路有 3 个元件独立工作，无故障时间均服从参数为 λ 的指数分布，X, Y, Z 独立同分布，求 $\Omega = \min(X, Y, Z)$ 的分布，即全电路无故障 (3 个均正常) 工作时间的分布 (图 3.3.3).

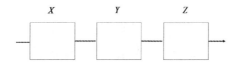

图 3.3.3 串联电路

【解】

$$
X, Y, Z \sim E(\lambda)
$$

$$
F_X(t) = \begin{cases} 1 - \mathrm{e}^{-\lambda t}, & t > 0 \\ 0, & \text{其他} \end{cases}
$$

全电路无故障 (3 个均正常) 工作时间的分布即极小变量 $\Omega = \min(X, Y, Z)$ 的分布为

$$
\begin{aligned}
F_\Omega(t) &= 1 - (1 - F(t))^n \\
&= \begin{cases} 1 - \mathrm{e}^{-3\lambda t}, & t > 0 \\ 0, & \text{其他} \end{cases}
\end{aligned}
$$

【命题 3.3.2】

$$
P\{\min(X, Y) \in (a, b]\} = (P\{X > a\})^2 - (P\{X > b\})^2
$$

【证明】 用概率空间的分解和德·摩根律，$Z = \min(X, Y)$ 的分布为

$$
\begin{aligned}
& P\{\min(X, Y) \in (a, b]\} \\
=\ & P\{\min(X, Y) > a, \min(X, Y) \leqslant b)\} \\
=\ & P\{(X > a, Y > a) \bigcap (S - (X > b, Y > b))\} \\
=\ & P\{(X > a, Y > a)\} - P\{(X > a, Y > a) \bigcap (X > b, Y > b))\} \\
=\ & P\{(X > a, Y > a)\} - P\{X > b, Y > b\} \\
=\ & (P\{X > a\})^2 - (P\{X > b\})^2
\end{aligned}
$$

【例 3.3.7】

$$
f(x, y) = \begin{cases} be^{-(x+y)}, & 0 < x < 1, 0 < y < \infty \\ 0, & \text{其他} \end{cases}
$$

(1) 确定 b；　(2) 求边缘密度 $f_X(x), f_Y(y)$；　(3) 求 $Z = \max(X, Y)$ 的分布.

【解】　(1) 由分布的规范性，有

$$
\begin{aligned}
1\ &= \iint_{R^2} f(x, y)\mathrm{d}x\mathrm{d}y = \int_0^1 b.e^{-x}\mathrm{d}x \int_0^\infty e^{-y}\mathrm{d}y \\
&= be^{-x}|_1^0 e^{-y}|_\infty^0 = b(1 - e^{-1}) \\
&\Rightarrow b = \frac{1}{1 - e^{-1}} = \frac{e}{e - 1}
\end{aligned}
$$

(2)

$$
\begin{aligned}
f_X(x)\ &= \int_{-\infty}^{+\infty} f(x, y)\mathrm{d}y \\
&= \int_0^{+\infty} \frac{e}{e - 1} e^{-x} e^{-y}\mathrm{d}y \\
&= \frac{e}{e - 1} e^{-x} e^{-y}|_\infty^0 = \frac{e}{e - 1} e^{-x}, \qquad 0 < x < 1 \\
f_Y(y)\ &= \int_{-\infty}^{+\infty} f(x, y)\mathrm{d}x \\
&= \int_0^1 \frac{e}{e - 1} e^{-x} e^{-y}\mathrm{d}x \\
&= \frac{e}{e - 1} e^{-y} e^{-x}|_1^0 = e^{-y}, \qquad 0 < y < \infty
\end{aligned}
$$

因为 $f(x, y) = f_X(x).f_Y(y)$，故 X 与 Y 独立.

(3)

$$
\begin{aligned}
F_Z(z)\ &= P\{\max(X, Y) \leqslant z\} \\
&= F_X(z)F_Y(z) \\
&= \int_{-\infty}^z f_X(x)\mathrm{d}x \int_{-\infty}^z f_Y(y)\mathrm{d}y
\end{aligned}
$$

讨论：当 $z \in [0, 1)$ 时，有

$$
\begin{aligned}
F_Z(z)\ &= \int_0^z \frac{e}{e - 1} e^{-z}\mathrm{d}z \int_0^z e^{-z}\mathrm{d}z \\
&= \frac{e}{e - 1}(1 - e^{-z})^2
\end{aligned}
$$

当 $z \in [1, +\infty)$ 时，有

$$
\begin{aligned}
F_Z(z) &= (\int_0^1 \frac{e}{e-1}e^{-z}dz + \int_1^z 0dz) \times \int_0^z e^{-z}dz \\
&= (\frac{e}{e-1}(1-e^{-1}) + 0) \times (1 - e^{-z}) \\
&= (1+0) \times (1 - e^{-z}) \\
&= 1 - e^{-z}
\end{aligned}
$$

故

$$
F_Z(z) = \begin{cases}
\frac{e}{e-1}(1-e^{-z})^2, & z \in [0,1) \\
1 - e^{-z}, & z \geqslant 1 \\
0, & z < 0
\end{cases}
$$

【例 3.3.8】 电子元件输出是独立同服从参数为 $\sigma = 2$ 的瑞利分布的连续型随机变量 X_1, X_2, X_3, X_4, X_5. (1) 求 $Z = \max(X_k), 1 \leqslant k \leqslant 5$ 的分布; (2) 求 $P\{Z > 4\}$.

【解】 因电子元件输出是独立同服从参数为 $\sigma = 2$ 的瑞利分布的连续型随机变量，即 $X_k \sim R(2)$，所以概率密度为

$$
f_X(x) = \begin{cases}
\frac{x}{\sigma^2}e^{\frac{x^2}{2\sigma^2}}, & x > 0 \\
0, & 其他
\end{cases} = \begin{cases}
\frac{x}{4}e^{-\frac{x^2}{8}}, & x > 0 \\
0, & 其他
\end{cases}
$$

分布函数为

$$
\begin{aligned}
F_X(x) &= \int_{-\infty}^x f_X(x)dx = \int_0^x \frac{x}{4}e^{-\frac{x^2}{8}}dx \\
&= e^{-\frac{x^2}{8}}\big|_0^1 = 1 - e^{-\frac{x^2}{8}}, \quad x \geqslant 0
\end{aligned}
$$

故
(1)

$$
F_Z(z) = (F_X(z))^5 = \begin{cases}
(1-e^{-\frac{z^2}{8}})^5, & z \geqslant 0 \\
0, & 其他
\end{cases}
$$

(2)

$$
P\{Z > 4\} = 1 - F_Z(4) = 1 - (1 - e^{-2})^5 = 0.5167
$$

【例 3.3.9】（1994 研究生入学试题数学一） 随机变量 X, Y 独立同服从 0-1 两点分布，边缘分布律如下表所列. 求 $Z = \max\{X, Y\}$ 的分布律.

X	0	1
$p_{i.}$	0.5	0.5

Y	0	1
$p_{.j}$	0.5	0.5

【解】 由题目假设随机变量 X, Y 独立同服从 $0-1$ 两点分布，因此有

$$
P\{X = i, Y = j\} = P\{X = j\}P\{Y = j\} = \frac{1}{2} \cdot \frac{1}{2} = \frac{1}{4}
$$

故 X, Y 联合分布律有如下形式：

$Y \backslash X$	$x_1 = 0$	$x_2 = 1$	$p_{.j}$
$y_1 = 0$	$\dfrac{1}{4}$	$\dfrac{1}{4}$	$\dfrac{1}{2}$
$y_2 = 1$	$\dfrac{1}{4}$	$\dfrac{1}{4}$	$\dfrac{1}{2}$
$p_{i.}$	$\dfrac{1}{2}$	$\dfrac{1}{2}$	1

随机变量 $Z = \max\{X,Y\}$ 作为 $0, 1$ 两点中最大的数，所有可能的取值为 $0, 1$. 依据联合分布，取相应值的概率如下：

$(1)Z = \max\{X,Y\} = 0$ 时，有

$$P\{Z = 0\} = P\{X = 0\}P\{Y = 0\} = \frac{1}{4}$$

$(2)Z = \max\{X,Y\} = 1$ 时，有

$$
\begin{aligned}
P\{Z = 1\} &= P\{X = 0\}P\{Y = 1\} + P\{X = 1\}P\{Y = 0\} + P\{X = 1\}P\{Y = 1\} \\
&= \frac{1}{4} + \frac{1}{4} + \frac{1}{4} = \frac{3}{4}
\end{aligned}
$$

故随机变量 $Z = \max\{X,Y\}$ 的分布律如下：

Z	0	1
p	0.25	0.75

【例 3.3.10】（1994 研究生入学试题数学一）　随机变量 X, Y 满足

$$P\{X \geqslant 0, Y \geqslant 0\} = \frac{3}{7}, P\{X \geqslant 0\} = P\{Y \geqslant 0\} = \frac{4}{7}$$

对于随机变量 $Z = \max\{X,Y\}$，求 $P\{Z \geqslant 0\}$.

【解】　由题目假设，随机变量 $Z = \max\{X,Y\} \geqslant 0$ 作为随机变量 X, Y 中最大的数不小于 0，等价于随机变量 X, Y 至少有一个不小于 0，即为和事件. 由计算两个事件的和事件的概率的加法公式（多除少补原理），得所求概率为

$$
\begin{aligned}
P\{Z \geqslant 0\} &= P\{\{X \geqslant 0\} \bigcup \{Y \geqslant 0\}\} \\
&= P\{X \geqslant 0\} + P\{Y \geqslant 0\} - P\{X \geqslant 0, Y \geqslant 0\} \\
&= \frac{4}{7} + \frac{4}{7} - \frac{3}{7} = \frac{5}{7}
\end{aligned}
$$

3.3.4　随机变量商的分布

【定理 3.3.6】　设 (X, Y) 的联合概率密度为 $f(x, y)$，则商 $\dfrac{X}{Y}$ 的分布函数为

$$F_Z(z) = \int_{-\infty}^{z} \mathrm{d}u \left(\int_{0}^{\infty} y f(yu, y)\mathrm{d}y - \int_{-\infty}^{0} y f(yu, y)\mathrm{d}y \right) \tag{3.3.14}$$

密度函数为

$$f_Z(z) \quad = \int_{-\infty}^{+\infty} |y| f(yz, y) \mathrm{d}y = \int_{-\infty}^{+\infty} |y| f_X(yz) f_Y(y) \mathrm{d}y \qquad (3.3.15)$$

【证明】

$$\begin{aligned} F_Z(z) \quad &= P\{Z \leqslant z\} = P\{\frac{X}{Y} \leqslant z\} \\ &= \iint_{\frac{x}{y} \leqslant z} f(x, y) \mathrm{d}x \mathrm{d}y \\ &= \int_{-\infty}^0 \mathrm{d}y \int_{yz}^\infty f(x, y) \mathrm{d}x + \int_0^\infty \mathrm{d}y \int_{-\infty}^{yz} f(x, y) \mathrm{d}x \end{aligned}$$

$$\begin{aligned} f_Z(z) \quad &= \frac{\partial}{\partial z} F_Z(z) = -\int_{-\infty}^0 y f(yz, y) \mathrm{d}y + \int_0^\infty y f(yz, y) \mathrm{d}y \\ &= \int_{-\infty}^{+\infty} |y| f_X(yz) f_Y(y) \mathrm{d}y \end{aligned}$$

【例 3.3.11】 X, Y 为寿命随机变量，独立同服从以如下函数为概率密度的分布：

$$f(x) = \begin{cases} \dfrac{a}{x^2}, & x > a \\ 0, & \text{其他} \end{cases}$$

求 $\dfrac{X}{Y}$ 的密度.

【解】

$$f_Z(z) = \int_{-\infty}^{+\infty} |y| f_X(yz) f_Y(y) \mathrm{d}y$$

当 $z \in (0, 1)$ 时，$yz > a \Rightarrow y > \dfrac{a}{z}$，密度为

$$\begin{aligned} f_Z(z) \quad &= \int_{\frac{a}{z}}^{+\infty} y \frac{a}{(yz)^2} \frac{a}{y^2} \mathrm{d}y \\ &= \frac{a^2}{z^2} \int_{\frac{a}{z}}^{+\infty} \frac{\mathrm{d}y}{y^3} \\ &= \frac{a^2}{z^2} \frac{1}{2y^2} |_\infty^{\frac{a}{z}} = \frac{1}{2} \end{aligned}$$

当 $z \geqslant 1$ 时，$yz > a \Rightarrow y > a$，密度为

$$\begin{aligned} f_Z(z) \quad &= \int_a^{+\infty} y \frac{a}{(yz)^2} \frac{a}{y^2} \mathrm{d}y \\ &= \frac{a^2}{z^2} \int_a^{+\infty} \frac{\mathrm{d}y}{y^3} \\ &= \frac{a^2}{z^2} \frac{1}{2y^2} |_\infty^a = \frac{1}{2z^2} \end{aligned}$$

故

$$f_Z(z) = \begin{cases} 0, & z \leqslant 0 \\ \dfrac{1}{2}, & z \in (0, 1) \\ \dfrac{1}{2z^2}, & z \geqslant 1 \end{cases}$$

3.3.5 随机变量距离的分布

两个随机变量的距离 $Z = |X - Y|$ 的分布可如下计算：

$$
\begin{aligned}
P\{Z \leqslant z\} &= P\{|X - Y| \leqslant z\} \\
&= \int\!\!\int_{|x-y| \leqslant z} f(x,y)\mathrm{d}x\mathrm{d}y \qquad (z \geqslant 0)
\end{aligned} \tag{3.3.16}
$$

【例 3.3.12】（2001 研究生入学试题数学一） (X,Y) 服从 $D : [a,b] \times [c,d]$ 上的均匀分布，求距离 $Z = |X - Y|$ 的概率分布.

【解】

$$
f(x,y) = \begin{cases} \dfrac{1}{(d-c)(b-a)}, & (x,y) \in D \\ 0, & \text{其他} \end{cases}
$$

$$
Z = |X - Y| \in [0, |d - a|]
$$

当 $0 < z < |d - a|$ 时，分布为

$$
\begin{aligned}
F_Z(z) &= \int\!\!\int_{|x-y| \leqslant z} \frac{1}{(d-c)(b-a)}\mathrm{d}x\mathrm{d}y \\
&= \frac{1}{(d-c)(b-a)} \int\!\!\int_{|x-y| \leqslant z} \mathrm{d}x\mathrm{d}y
\end{aligned}
$$

当 $[a,b] = [c,d]$ 时，分布为

$$
\begin{aligned}
F_Z(z) &= \frac{1}{(b-a)^2} \int\!\!\int_{|x-y| \leqslant z} \mathrm{d}x\mathrm{d}y \\
&= \frac{1}{(b-a)^2}[(b-a)^2 - (b-a-z)^2] \\
&= 1 - \frac{(b-a-z)^2}{(b-a)^2} = 1 - (1 - \frac{z}{b-a})^2
\end{aligned}
$$

习题 3.3

1. 设 (X,Y) 的联合分布律如下：

$Y\backslash X$	1	2	3
1	$\dfrac{5}{20}$	$\dfrac{2}{20}$	$\dfrac{6}{20}$
2	$\dfrac{3}{20}$	$\dfrac{1}{20}$	$\dfrac{3}{20}$

试分别求 $Z_1 = X + Y, Z_2 = XY, Z_3 = \max(X,Y)$ 的分布律.

2. 设 X 与 Y 是两个相互独立的随机变量, X 服从 $[0,1]$ 上的均匀分布, Y 的概率密度为

$$f_Y(y) = \begin{cases} y, & 0 \leqslant y \leqslant 1 \\ 2-y, & 1 < y \leqslant 2 \\ 0, & \text{其他} \end{cases}$$

求随机变量 $Z = X + Y$ 的概率密度和分布函数.

3. 设 X 与 Y 相互独立且同分布, 其概率密度为

$$f_X(x) = \begin{cases} \dfrac{x}{4} \mathrm{e}^{-\frac{x^2}{8}}, & x \geqslant 0 \\ 0, & \text{其他} \end{cases}$$

分别求 $Z_1 = \max(X,Y), Z_2 = \min(X,Y)$ 的概率密度.

4. 设某种型号的电子管的寿命 X(单位: 小时) 近似服从正态分布 $X \sim N(160,20^2)$. 随机地选取 4 只, 求其中没有 1 只寿命小于 180 的概率.

总习题三

1. 设二维随机变量 (X,Y) 的概率密度函数为

$$f(x,y) = \begin{cases} \dfrac{1}{2}\sin(x+y), & 0 \leqslant x \leqslant \dfrac{\pi}{2}, 0 \leqslant y \leqslant \dfrac{\pi}{2} \\ 0, & \text{其他} \end{cases}$$

求 (X,Y) 的分布函数.

2. 设随机变量 Y 服从参数为 $\lambda = 1$ 的指数分布: $X \sim E(\lambda)$. 令

$$X_k = \begin{cases} 0, & Y \leqslant k \\ 1, & Y > k \end{cases}$$

求 (X_1, X_2) 的联合分布律.

3. 设某班车起点站上客人数 X 服从参数为 $\lambda > 0$ 的泊松分布, 每位乘客在中途下车的概率为 $p(0 < p < 1)$, 且中途下车与否相互独立, 以 Y 表示在中途下车的人数, 求: (1) 在发车时有 n 个乘客的条件下, 中途有 m 人下车的概率; (2) 二维随机变量 (X,Y) 的联合分布律.

4. 求证: 若随机变量 X 只取一个值 a, 则 X 与任意的随机变量 Y 独立.

5. 求证: 若随机变量 X 与自己独立, 则必有常数 c, 使 $P\{X = c\} = 1$.

6. 设 X 和 Y 是两个相互独立的随机变量, X 在 $[0,1]$ 上服从均匀分布, Y 的概率密度为

$$f_Y(y) = \begin{cases} \dfrac{1}{2}\mathrm{e}^{-\frac{y}{2}}, & y \geqslant 0 \\ 0, & \text{其他} \end{cases}$$

求 X 和 Y 的联合概率密度; (2) 设含有 a 的二次方程为 $a^2 + 2Xa + Y = 0$, 试求 a 有实根的概率.

7. 设 X 与 Y 是两个相互独立的随机变量，其概率密度分别为

$$f_X(x) = \begin{cases} 1, & x \in [0,1] \\ 0, & \text{其他} \end{cases}$$

$$f_Y(y) = \begin{cases} \mathrm{e}^{-y}, & y > 0 \\ 0, & \text{其他} \end{cases}$$

求随机变量 $Z = 2X + Y$ 的概率密度.

8. 设随机变量 X 与 Y 相互独立，其中 X 的分布律为

X	1	2
p_k	$\dfrac{3}{10}$	$\dfrac{7}{10}$

Y 的概率密度为 $f_Y(y)$，求随机变量 $Z = X + Y$ 的概率密度函数.

9. 随机变量 (X,Y) 的两个分量 X 与 Y 相互独立，边缘概率密度函数分别为

$$f_X(x) = \begin{cases} \lambda \mathrm{e}^{-\lambda x}, & x > 0 \\ 0, & \text{其他} \end{cases}$$

$$f_Y(y) = \begin{cases} \mu \mathrm{e}^{-\mu y}, & y > 0 \\ 0, & \text{其他} \end{cases}$$

引入随机变量

$$Z = \begin{cases} 1, & X \leqslant Y \\ 0, & \text{其他} \end{cases}$$

（1）求条件概率密度 $f_{X|Y}(x|y)$；（2）求随机变量 Z 的分布律和分布函数.

10. 假设某商品 1 周的需要量为随机变量 T，概率密度函数为

$$f_T(t) = \begin{cases} t\mathrm{e}^{-t}, & t > 0 \\ 0, & \text{其他} \end{cases}$$

设商品 1 周的需要量相互独立，求：（1）2 周需要量的概率密度函数；（2）3 周需要量的概率密度函数.

11. 随机变量 (X,Y) 的概率密度函数为

$$f(x,y) = \begin{cases} \dfrac{1}{2}(x+y)\mathrm{e}^{-(x+y)}, & x \geqslant 0, y \geqslant 0 \\ 0, & \text{其他} \end{cases}$$

（1）随机变量 X 与 Y 是否相互独立？（2）求随机变量 $Z = X + Y$ 的概率密度函数.

第 4 章　　　随机变量的数字特征

4.1　　　数学期望

本章讨论的主题事实上是随机变量的数字特征 (Digital Characteristics)，包括期望、方差、相关系数、矩、协方差等诸多概念，即随机变量的可计算的量化的固有属性.

数学关注的是永恒的主题，词汇不带任何的功利性. 好比概率论里"分布、随机、独立、相容"等概念，和货币经济没有直接的瓜葛. 但是"期望"却有明显的功利性，期望的是一个结果，是有所求的. 例如，下面这则"赌王争霸"的典故就反映了数学期望的经济学背景.

【引例】赌王争霸 (King of Gamblers)　　有家赌坊某天来了甲、乙两个人，赌技相当，却都自称赌王，相执不下，于是约定以赌决胜. 两人各出赌资 100 两银子，约定赌满 5 局，中间不揭盘，胜 3 局以上者为赌王，200 两银子也都归他. 当甲胜 2 局乙胜 1 局时 (甲、乙当时均不知道此结果)，忽然有人大叫："真正的赌王来啦!"，于是两个人准备仓皇出逃，便即刻揭盘，坐地分赃. 但因为胜负未决，这 200 两赌金如何分配才公平?

【分析】 平均分：对甲不公，甲赢面较大. 全归甲：对乙不公，乙仍有可能赢. 按已赢得的局数分：甲得 $\frac{2}{3}$，乙得 $\frac{1}{3}$. 看来公平其实不公，结局尚未出来，仍对甲不公.

设想真正的赌王没来，两人继续赌下去. 赌完 5 局，以甲表甲胜，乙表乙胜，则余下最后 2 局的结果为 { 甲甲、甲乙、乙甲、乙乙 }，联合已赌过的 2 局，前 3 种结果均为甲胜 (甲 5 局 4 胜 1 种，5 局 3 胜 2 种)，甲胜的概率为 $\frac{3}{4}$，乙胜的概率为 $\frac{1}{4}$，故赌本应由甲得 150 两银子，乙得 50 两银子.

换个角度重新考察：甲期望 (Expecting) 得到的银子是

$$150 = 200 \times \frac{3}{4} + 0 \times \frac{1}{4}$$

乙期望得到的银子是

$$50 = 200 \times \frac{1}{4} + 0 \times \frac{3}{4}$$

引入服从两点分布的随机变量 X，X 表示 5 局赌完时，甲最终所得：胜则获 200 两银子，败则得 0 两银子 (一无所有). 其分布律如下：

X	200	0
p_k	$\frac{3}{4}$	$\frac{1}{4}$

则甲的期望是

$$\sum x_k.p_k = x_1.p_1 + x_2.p_2 = 200 \times \frac{3}{4} + 0 \times \frac{1}{4} = 150$$

即 随机变量 X 的所有可能取值 x_k 与相应取值概率 p_k 的乘积的累加，便是 期望，记为 $E(X)$，(E— Expectation)，严格地说，这是数学期望或是算术期望 (Arithmetic Expectation). 这便是期望的由来. 名词源出赌博，听来并不通俗，但因为源远流长，也就约定俗成了. 事实上，它就是随机变量取值的加权平均，权重即相应的概率.

下面引入严格的数学定义.

【注记】此典故即引出概率论最早建立的概念 —— 期望. 法国梅累骑士不解，遂问帕斯卡 (Pascal)，后者又问费马 (Fermat). 从此便有了古典概率论的萌芽.

4.1.1 数学期望

【定义 4.1.1】数学期望

1. 离散型随机变量的算术期望 (加和)

X 的分布律为 $P\{X = x_k\} = p_k$，若级数 $\sum\limits_{k=1}^{+\infty} x_k p_k$ 绝对收敛 (Absolutely Converge)，即

$$\sum_{k=1}^{+\infty} |x_k| p_k < \infty \quad \Leftrightarrow \quad \sum_{k>N}^{+\infty} |x_k| p_k \to 0 \tag{4.1.1}$$

则

$$E(X) := \sum_{k=1}^{+\infty} x_k p_k = x_1 p_1 + x_2 p_2 + \cdots + x_n p_n + \cdots < \infty \tag{4.1.2}$$

称为离散型随机变量 X 的 数学期望 或算术期望.

【注1】级数绝对收敛的含义是级数各项次序调换后仍然保持收敛性，即随机变量 X 的取值的加权平均与排列次序无关：

$$E(X) = (x_1 p_1 + x_3 p_3 + \cdots) + (x_2 p_2 + x_4 p_4 + \cdots)$$

是刻画 X 的均值特性的固有数值，不因人为排列而改变，这才能作为"特征"较稳定地存在.

【注 2】显然随机变量 X 的数学期望即是其取值的加权平均 (Weighted Means).

2. 连续型随机变量的数学期望 (积分)

连续型随机变量 X 的概率密度为 $f_X(x)$，若无穷积分 $\int_{-\infty}^{+\infty} x f_X(x) \mathrm{d}x$ 绝对收敛，即

$$\int_{-\infty}^{+\infty} |x| f_X(x) \mathrm{d}x < \infty \tag{4.1.3}$$

则称

$$E(X) := \int_{-\infty}^{+\infty} x f_X(x) \mathrm{d}x \tag{4.1.4}$$

为连续型随机变量 X 的数学期望或算术期望.

【注 3】对于正值随机变量 $X > 0$, 其密度为 $f(x)$, 可定义几何期望 (Geometric Expectation)

$$E_g(X) := \exp\left(\int_0^{+\infty} (\ln x) f_X(x) \mathrm{d}x\right)$$

且成立均值不等式

$$E_g(x) \leqslant E_a(x)$$

即

$$\mathrm{e}^{\int_{-\infty}^{+\infty} \ln x f_X(x)\mathrm{d}x} \leqslant \mathrm{e}^{\ln\left(\int_{-\infty}^{+\infty} x f_X(x)\mathrm{d}x\right)} = \int_{-\infty}^{+\infty} x f_X(x) \mathrm{d}x$$

4.1.2 常见随机变量的数学期望

1. 常见离散型随机变量数学期望 (Expectation of D.R.V)

1)两点分布
服从两点分布离散型随机变量 X 的分布律如下:

X	1	0
p_k	p	q

即

$$P\{X = 1\} = p \qquad P\{X = 0\} = q, \qquad p + q = 1$$

则数学期望 $E(X) = p$. 事实上, 有

$$E(X) = 1 \times p + 0 \times q = p \tag{4.1.5}$$

2)二项分布(Binomial Distribution)
服从二项分布离散型随机变量 X 的分布律为 $X \sim B(n, p), P\{X = k\} = C_n^k p^k q^{n-k}$, 列表如下:

X	0	1	2	$\cdots$	k	$\cdots$	n
p_k	q^n	$C_n^1 p^1 q^{n-1}$	$C_n^2 p^2 q^{n-2}$	$\cdots$	$C_n^k p^k q^{n-k}$	$\cdots$	p^n

则数学期望 $E(X) = np$. 事实上，有

$$
\begin{aligned}
E(X) &= \sum_{k=0}^{n} x_k p_k = \sum_{k=0}^{n} k p_k = \sum_{k=0}^{n} k C_n^k p^k q^{n-k} \\
&= \sum_{k=0}^{n} k \frac{n!}{k!(n-k)!} p^k q^{n-k} \\
&= np \sum_{k=0}^{n} \frac{(n-1)!}{(k-1)!((n-1)-(k-1))!} p^{k-1} q^{(n-1)-(k-1)} \\
&= np \sum_{k=1}^{n} C_{n-1}^{k-1} p^{k-1} q^{(n-1)-(k-1)} \\
&= np(p+q)^{n-1} \\
&= np \cdot 1^{n-1} = np
\end{aligned}
\tag{4.1.6}
$$

3)负二项分布 (超几何分布)

服从超几何分布离散型随机变量 X 的分布律为

$$
X \sim P\{X = k\} = \frac{C_M^k C_{N-M}^{n-k}}{C_N^n}
$$

模型：N 只球中有 M 只白球，任取 n 只恰好有 k 只白球的概率. 即设 $l = \min(M, n)$，分布律如下：

X	0	1	2	$\cdots$	k	$\cdots$	l
p_k	$\dfrac{C_M^0 C_{N-M}^n}{C_N^n}$	$\dfrac{C_M^1 C_{N-M}^{n-1}}{C_N^n}$	$\dfrac{C_M^2 C_{N-M}^{n-2}}{C_N^n}$	$\cdots$	$\dfrac{C_M^k C_{N-M}^{n-k}}{C_N^n}$	$\cdots$	$\dfrac{C_M^l C_{N-M}^{n-l}}{C_N^n}$

则数学期望 $E(X) = \dfrac{nM}{N}$. 事实上，有

$$
\begin{aligned}
E(X) &= \sum_{k=0}^{l} x_k p_k = \sum_{k=0}^{l} k \frac{C_M^k C_{N-M}^{n-k}}{C_N^n} \\[2mm]
&= \sum_{k=0}^{l} \frac{M!}{(k-1)!(M-k)!} \cdot \frac{C_{(N-1)-(M-1)}^{(n-1)-(k-1)}}{\frac{(N-1)!N}{(n-1)!n(N-n)!}} \\[2mm]
&= \frac{nM}{N} \sum_{k=0}^{l} \frac{(M-1)!}{(k-1)!(M-k)!} \cdot \frac{C_{(N-1)-(M-1)}^{(n-k)}}{C_{N-1}^{n-1}} \\[2mm]
&= \frac{nM}{N} \cdot 1 = \frac{nM}{N}
\end{aligned}
\tag{4.1.7}
$$

4)**泊松分布**(Poisson Distribution)

服从参数为 λ 的泊松分布的离散型随机变量 X 的分布律为

$$X \sim \pi(\lambda) : P\{X = k\} = \frac{\lambda^k}{k!}\mathrm{e}^{-\lambda}, \lambda > 0$$

列表如下：

X	0	1	2	$\cdots$	k	$\cdots$
p_k	$\mathrm{e}^{-\lambda}$	$\lambda\mathrm{e}^{-\lambda}$	$\dfrac{\lambda^2}{2}\mathrm{e}^{-\lambda}$	$\cdots$	$\dfrac{\lambda^k}{k!}\mathrm{e}^{-\lambda}$	$\cdots$

则数学期望 $E(X) = \lambda$. 事实上，有

$$
\begin{aligned}
E(X) &= \sum_{k=0}^{\infty} x_k p_k = \sum_{k=0}^{l} k \cdot \frac{\lambda^k}{k!}\mathrm{e}^{-\lambda} \\
&= \sum_{k=1}^{\infty} \frac{\lambda \lambda^{k-1}}{(k-1)!}\mathrm{e}^{-\lambda} = \lambda\mathrm{e}^{-\lambda}\sum_{k=1}^{\infty}\frac{\lambda^{k-1}}{(k-1)!} \\
&= \lambda\mathrm{e}^{-\lambda}\mathrm{e}^{\lambda} = \lambda \cdot 1 = \lambda
\end{aligned}
\tag{4.1.8}
$$

5)**几何分布**

服从几何分布的离散型随机变量 X 的分布律为

$$X : P\{X = k\} = q^{k-1}p$$

则数学期望 $E(X) = \dfrac{1}{p}$. 事实上，有

$$
\begin{aligned}
E(X) &= \sum x_k p_k = \sum kq^{k-1}p = p\sum kq^{k-1} \\
&= \frac{p}{(1-q)^2} = \frac{p}{p^2} = \frac{1}{p}
\end{aligned}
\tag{4.1.9}
$$

可利用绝对收敛级数的逐项求导.

2.常见连续型随机变量数学期望(Expectation of C.R.V)

1) **均匀分布**(Unified Distribution)

连续型随机变量 X 服从区间 $[a,b]$ 上的均匀分布，记为 $X \sim U[a,b]$，概率密度函数为

$$f(x) = \begin{cases} \dfrac{1}{b-a}, & x \in I \\ 0, & \text{其他} \end{cases}$$

数学期望是

$$
\begin{aligned}
E(X) &= \int_{-\infty}^{+\infty} xf(x)\mathrm{d}x = \int_a^b \frac{x}{b-a}\mathrm{d}x \\
&= \frac{1}{b-a}\int_a^b x\mathrm{d}x \\
&= \frac{1}{b-a}\cdot\frac{1}{2}x^2\Big|_a^b = \frac{b^2-a^2}{2(b-a)} = \frac{a+b}{2}
\end{aligned}
\tag{4.1.10}
$$

故均匀分布的随机变量数学期望恰好为区间的中位数.

2) 指数分布(Exponential Distribution)

连续型随机变量 X 服从参数为 θ 的指数分布，记为 $X \sim E(\theta)$，概率密度函数为

$$f_X(\theta) = \begin{cases} \dfrac{1}{\theta}\mathrm{e}^{-\frac{x}{\theta}}, & x > 0 \\[2mm] 0, & x \leqslant 0 \end{cases}$$

数学期望是

$$\begin{aligned}
E(X) &= \int_{-\infty}^{+\infty} x f(x)\mathrm{d}x \\
&= \int_{0}^{+\infty} \frac{x}{\theta}\mathrm{e}^{-\frac{x}{\theta}}\mathrm{d}x \\
&= -\int_{0}^{+\infty} x\mathrm{d}\mathrm{e}^{-\frac{x}{\theta}} \\
&= -x\mathrm{e}^{-\frac{x}{\theta}}\big|_{0}^{+\infty} + \int_{0}^{+\infty} \mathrm{e}^{-\frac{x}{\theta}}\mathrm{d}x \\
&= \int_{0}^{+\infty} \mathrm{e}^{-\frac{x}{\theta}}\mathrm{d}x \\
&= \theta\mathrm{e}^{-\frac{x}{\theta}}\big|_{+\infty}^{0} \\
&= \theta(1-0) = \theta
\end{aligned} \tag{4.1.11}$$

即指数分布的数学期望便是参数 θ.

若取密度为

$$f(x) = \begin{cases} \lambda\mathrm{e}^{-\lambda x}, & x > 0 \\[2mm] 0, & x \leqslant 0 \end{cases}$$

则 $E(X) = \dfrac{1}{\lambda}$ 为参数 λ 的倒数.

3) 正态分布(Normal Distribution)

连续型随机变量 X 服从参数为 $\mu, \sigma > 0$ 的指数分布，记为 $X \sim N(\mu, \sigma^2)$，概率密度函数为

$$f_X(x) = \frac{1}{\sqrt{2\pi}\sigma}\mathrm{e}^{-\frac{(x-\mu)^2}{2\sigma^2}}, \quad -\infty < x < +\infty$$

数学期望是

$$\begin{aligned}
E(X) &= \int_{-\infty}^{+\infty} x f(x)\mathrm{d}x \\
&= \int_{-\infty}^{+\infty} \frac{1}{\sqrt{2\pi}\sigma}\mathrm{e}^{-\frac{(x-\mu)^2}{2\sigma^2}}\mathrm{d}x \\
&\quad t = \frac{x-\mu}{\sigma}, \quad \mathrm{d}x = \sigma\mathrm{d}t, \quad x = \sigma t + \mu \\
&= \int_{-\infty}^{+\infty} \frac{1}{\sqrt{2\pi}}(\sigma t + \mu)\mathrm{e}^{-\frac{t^2}{2}}\mathrm{d}t
\end{aligned}$$

$$
\begin{aligned}
&= \frac{1}{\sqrt{2\pi}}\sigma \int_{-\infty}^{+\infty} t e^{-\frac{t^2}{2}}\mathrm{d}t + \frac{\mu}{\sqrt{2\pi}}\int_{-\infty}^{+\infty} e^{-\frac{t^2}{2}}\mathrm{d}t \\
&= \frac{1}{\sqrt{2\pi}}\sigma \cdot 0 + \frac{\mu}{\sqrt{2\pi}}\sqrt{2\pi} \\
&= 0 + \mu = \mu
\end{aligned}
\tag{4.1.12}
$$

【注 1】计算积分时利用奇函数 $te^{-\frac{t^2}{2}}$ 在对称区间上积分为 0. 故正态分布的数学期望即为位置参数 μ，特别对于标准正态分布，$X \sim N(0,1)$ 时，$E(X) = 0.$

【注 2】期望不存在的反例：详见下文.

4) **瑞利分布**(Rayleigh Distribution)

$$
f_X(x) = \begin{cases} \dfrac{x^2}{\sigma^2} e^{-\frac{x^2}{2\sigma^2}}, & x > 0 \\[2mm] 0, & x \leqslant 0 \end{cases}
$$

$$
\begin{aligned}
E(X) &= \int_{-\infty}^{+\infty} x f(x)\mathrm{d}x = \int_{-\infty}^{+\infty} \frac{x^2}{\sigma^2} e^{-\frac{x^2}{2\sigma^2}}\mathrm{d}x \\
&= \int_0^{+\infty} -x\mathrm{d}e^{-\frac{x^2}{2\sigma^2}} = -xe^{-\frac{x^2}{2\sigma^2}}\big|_0^{+\infty} + \int_0^{+\infty} e^{-\frac{x^2}{2\sigma^2}}\mathrm{d}x \\
&= \sqrt{2}\sigma \int_0^{+\infty} e^{-\left(\frac{x}{\sqrt{2}\sigma}\right)^2}\mathrm{d}\frac{x}{\sqrt{2}\sigma} \\
&= \sqrt{2}\sigma \int_0^{+\infty} e^{-t^2}\mathrm{d}t = \sqrt{2}\sigma \cdot \frac{\sqrt{\pi}}{2} = \sqrt{\frac{\pi}{2}}\sigma
\end{aligned}
\tag{4.1.13}
$$

计算时利用分部积分法 (Integrating by Parts).

4.1.3 数学期望的性质

【命题 4.1.1】线性性质

(1) 常数的期望是其自身，即

$$
\begin{aligned}
E(C) &= C \qquad C = const \\
E(C) &= \sum x_k p_k = C \cdot 1 = C
\end{aligned}
\tag{4.1.14}
$$

视 C 为只取一个常值 C 的变量 $P\{X = C\} = 1.$

(2) 数乘的传递性分别由级数和积分的传递性决定，即 $E(CX) = CE(X).$

对离散型随机变量，有

$$
E(CX) = \sum C x_k p_k = C \sum x_k p_k = CE(X)
\tag{4.1.15}
$$

对连续型随机变量，有

$$
E(CX) = \int_{-\infty}^{+\infty} (Cx)f(x)\mathrm{d}x = C\int_{-\infty}^{+\infty} xf(x)\mathrm{d}x = CE(X)
\tag{4.1.16}
$$

(3) 和的分配律，即
$$E(X+Y) = E(X) + E(Y)$$

对离散型随机变量，有
$$P\{X=x_i, Y=y_j\} = p_{ij}, \quad P\{X=x_i\} = p_{i\cdot}, \quad P\{Y=y_i\} = p_{\cdot j}$$
$$E(X+Y) = \sum_{i,j}(x_i + y_j)p_{ij}$$
$$= \sum_{i,j} x_i p_{ij} + \sum_{i,j} y_j p_{ij}$$
$$= \sum_i x_i \sum_j p_{ij} + \sum_j y_j \sum_i p_{ij} \tag{4.1.17}$$
$$= \sum_i x_i p_{i\cdot} + \sum_j y_j p_{\cdot j}$$
$$= E(X) + E(Y)$$

对连续型随机变量，有
$$E(X+Y) = \iint_{R^2}(x+y)f(x,y)\mathrm{d}x\mathrm{d}y$$
$$= \iint x f(x,y)\mathrm{d}x\mathrm{d}y + \iint y f(x,y)\mathrm{d}x\mathrm{d}y$$
$$= \int_{-\infty}^{+\infty} x\mathrm{d}x \int_{-\infty}^{+\infty} f(x,y)\mathrm{d}y + \int_{-\infty}^{+\infty} y\mathrm{d}y \int_{-\infty}^{+\infty} f(x,y)\mathrm{d}x \tag{4.1.18}$$
$$= \int_{-\infty}^{+\infty} x f_X(x)\mathrm{d}x + \int_{-\infty}^{+\infty} y f_Y(y)\mathrm{d}y$$
$$= E(X) + E(Y)$$

于是有线性性质：
$$E(aX+bY) = aE(X) + bE(Y) \tag{4.1.19}$$

$a, b \in \mathbf{R}, X, Y$ 为随机变量. 特别地，有
(1) 取 $b=0, a=1, X=C, E(C)=C$.
(2) 取 $b=0, a=C, E(CX)=CE(X)$.
(3) 取 $b=a=1, E(X+Y)=E(X)+E(Y)$.

【命题 4.1.2】独立随机变量的积的期望　随机变量 X 与 Y 相互独立，则积的期望等于各自期望之乘积，即
$$E(XY) = E(X) \cdot E(Y) \tag{4.1.20}$$

【证明】　X 与 Y 独立时, 分别就连续型和离散型随机变量的积的期望讨论.
对连续型随机变量，有
$$f(x,y) = f_X(x)f_Y(y)$$
$$E(XY) = \iint xy f(x,y)\mathrm{d}x\mathrm{d}y = \iint xy f_X(x)f_Y(y)\mathrm{d}x\mathrm{d}y$$
$$= \int_{-\infty}^{+\infty} x f_X(x)\mathrm{d}x \int_{-\infty}^{+\infty} y f_Y(y)\mathrm{d}y = E(X) \cdot E(Y)$$

对离散型随机变量，有

$$E(XY) = \sum x_i y_j p_{ij} = \sum x_i y_j p_{i.} p_{.j} = \sum x_i p_{i.} \sum y_j p_{.j} = E(X) \cdot E(Y)$$

4.1.4 数学期望不存在的反例

1. 离散型随机变量数学期望存在要求级数绝对收敛

$$\sum_{k=1}^{\infty} |x_k| p_k < \infty$$

【反例 1】 X 的分布律为

$$P\{X = x_k\} = P\{X = (-1)^{k+1} \frac{3^k}{k}\} = \frac{2}{3^k}$$

求证：X 的数学期望不存在.

【证明】

$$\sum_{k=1}^{\infty} |x_k| p_k = \sum_{k=1}^{\infty} \frac{3^k}{k} \cdot \frac{2}{3^k} = 2 \sum_{k=1}^{\infty} \frac{1}{k} = +\infty$$

【注】 调和级数 (Harmonic Series) $\sum_{k=1}^{\infty} \frac{1}{k}$ 发散，故级数

$$\sum_{k=1}^{\infty} x_k p_k = \sum_{k=1}^{\infty} (-1)^{k+1} \frac{3^k}{k} \cdot \frac{2}{3^k} = (-1)^{k+1} 2 \sum_{k=1}^{\infty} \frac{1}{k}$$

作为 Leibniz 型交错级数收敛，而非绝对收敛.

2. 连续型随机变量数学期望存在要求无穷积分绝对收敛

$$\int_0^{+\infty} |x| f(x) \mathrm{d}x < +\infty$$

【反例 2】X 服从柯西分布 (Cauchy Distribution)，密度为

$$f(x) = \frac{1}{\pi(1 + x^2)}, \qquad -\infty < x < +\infty$$

求证：X 的数学期望不存在.

【证明】

$$\begin{aligned}
\int_0^{+\infty} |x| f(x) \mathrm{d}x &= \int_0^{+\infty} \frac{x}{\pi(1 + x^2)} \mathrm{d}x \\
&= \frac{1}{2\pi} \ln(1 + x^2)|_0^{+\infty} = +\infty
\end{aligned}$$

故无穷积分 $\int_0^{+\infty} |x| f(x) \mathrm{d}x$ 发散，其期望不存在.

【注】 对于自由度为 1 的学生分布 (Student Distribution):

$$X \sim t(n)$$
$$f_X(x) = \frac{\Gamma(\frac{(n+1)}{2})}{\sqrt{n\pi}\Gamma(\frac{(n)}{2})}(1+\frac{x^2}{n})^{-\frac{n+1}{2}}$$

当 $n = 1$ 时, 即

$$X \sim t(1)$$
$$f_X(x) = \frac{\Gamma(1)}{\sqrt{\pi}\Gamma(\frac{1}{2})}(1+\frac{x^2}{1})^{-\frac{1+1}{2}} = \frac{1}{\pi}(1+x^2)^{-1}$$

可见, 自由度为 1 的学生分布即柯西分布, 即有

$$f_X(x) = \frac{1}{\pi(1+x^2)}$$

这里对于 Γ 函数, 有

$$\Gamma(1) = \int_0^{+\infty} x^0 e^{-t}dt = 1, \Gamma(\frac{1}{2}) = \sqrt{\pi}$$

4.1.5 随机变量函数的期望

【定理 4.1.1】随机变量函数的期望

对于随机变量 X 的连续函数 $Y = g(X)$, 分别就离散型随机变量和连续型随机变量讨论其连续函数 $Y = g(X)$ 的期望.

(1) 离散型随机变量 (D.R.V), X 有分布 p_i, $P\{X = x_i\} = p_i$, 则

$$E(Y) = E(g(X)) = \sum g(x_i)p_i \tag{4.1.21}$$

(2) 连续型随机变量 (C.R.V), X 有密度 $f(x)$, 则

$$E(Y) = E(g(X)) = \int_{-\infty}^{+\infty} g(x)f(x)dx \tag{4.1.22}$$

当 $\int_{-\infty}^{+\infty} |g(x)|f(x)dx < \infty$.

【证明】 (1)X 为离散型随机变量时, 有

$$P\{X = x_i\} = p_i \Rightarrow P\{g(X) = g(x_i)\} = P\{X = x_i\} = p_i \Rightarrow E(g((X)) = \sum g(x_i)p_i$$

(2)X 为连续型随机变量时, 仅可就 $g : \mathbf{R}^1 \to \mathbf{R}^1$ 为严格单调可微函数证明. 设 X 有密度 $f(x)$, $Y = g(X)$ 具有密度

$$f_Y(y) = \begin{cases} f_X(h(y))|h'(y)|, & \alpha < y < \beta \\ 0, & \text{其他} \end{cases}$$

$$x = h(y), \quad y = g(x), \quad h'(y) = h'(g(x)) = \frac{1}{g'(x)}$$

反函数与原函数导数斜率之积为 1. 如

$$y = \arctan x, \quad y'(x) = \frac{1}{1+x^2},$$
$$x = \tan y, \quad x'(y) = \sec^2 y = 1 + \tan^2 y, \quad x'(y(x)) = 1 + x^2$$

$h'(y) > 0$ 时，反函数单调上升，函数的期望为

$$
\begin{aligned}
E(Y) &= \int_{-\infty}^{+\infty} y f_Y(y) \mathrm{d}y = \int_{\alpha}^{\beta} y f_X(h(y)) |h'(y)| \mathrm{d}y \\
&= \int_{\alpha}^{\beta} f_X(h(y)) y h'(y) \mathrm{d}y = \int_{a}^{b} f_X(x).g(x).\frac{1}{g'(x)} \mathrm{d}g(x) \\
&= \int_{a}^{b} f(x).g(x).\frac{g'(x)}{g'(x)} \mathrm{d}x = \int_{a}^{b} f(x)g(x) \mathrm{d}x
\end{aligned}
$$

同理 $h'(y) < 0$ 时，反函数单调下降，函数的期望为

$$
\begin{aligned}
E(Y) &= \int_{\alpha}^{\beta} -y f_X(h(y)) h'(y) \mathrm{d}y \\
&= \int_{a}^{b} f(x).g(x).\frac{1}{g'(x)} \mathrm{d}g(x) \\
&= \int_{a}^{b} f(x).g(x) \mathrm{d}x
\end{aligned}
$$

总之，当 $y = g(x)$ 即 $x = h(y)$ 单调可微时，有

$$E(Y) = E(g(X)) = \int_{-\infty}^{+\infty} g(x) f(x) \mathrm{d}x$$

4.1.6　例题选讲

【例 4.1.1】字母排列问题　(1) 在下句中随机取单词，以 X 表示取到单词中包含的字母个数，写出 X 的分布律并求 $E(X)$：The girl put on her beautiful red hat; (2) 以 Y 表示取到的 30 个字母之一所在单词包含的字母数. 写出 Y 的分布律并求 $E(Y)$.

【解】

(1)8 个单词中字母最少为 "on"：$X = 2$, 最多为 "beautiful"：$X = 9$，分布律如下：

X	2	3	4	9
p_k	$\dfrac{1}{8}$	$\dfrac{5}{8}$	$\dfrac{1}{8}$	$\dfrac{1}{8}$

则

$$E(X) = \sum x_k p_k = 2 \times \frac{1}{8} + 3 \times \frac{5}{8} + 4 \times \frac{1}{8} + 9 \times \frac{1}{8} = \frac{2 + 15 + 4 + 9}{8} = \frac{15}{4}$$

【注】　更改单词次序对期望无影响. 例如，改写为 "The beautiful girl put on her red hat"，期望不变. 此即数学中的 "绝对收敛" 概念对于文字排列的具体含义.

(2)Y 表示取到的 30 个字母之一所在单词包含的字母数, 取值仍为 $Y = 2349$, 但相应的取值概率发生变化, 即

$$P\{Y = 2\} = \frac{C_2^1}{30} = \frac{1}{15}, \quad P\{Y = 3\} = \frac{C_5^1 C_3^1}{30} = \frac{1}{2}$$

$$P\{Y = 4\} = \frac{C_4^1}{30} = \frac{2}{15}, \quad P\{Y = 2\} = \frac{C_9^1}{30} = \frac{3}{10}$$

分布律如下:

Y	2	3	4	9
p_k	$\dfrac{1}{15}$	$\dfrac{1}{2}$	$\dfrac{2}{15}$	$\dfrac{3}{10}$

$$E(Y) = \sum y_k p_k = \frac{2}{15} + \frac{3}{2} + \frac{8}{15} + \frac{27}{10} = \frac{73}{15}$$

【例 4.1.2】(1992 研究生入学试题)　$X \sim E(1)$, 则 $E(X + e^{-2X}) = $ ___.

【解】参数为 1 的指数分布随机变量的概率密度函数为

$$f(x) = \begin{cases} e^{-x}, & x > 0 \\ 0, & x \leqslant 0 \end{cases}$$

由数学的线性性质及连续变换下的期望求解公式, 有

$$\begin{aligned}
E(X + e^{-2X}) &= E(X) + E(e^{-2X}) \\
&= \int_0^{+\infty} x e^{-x} dx + \int_0^{+\infty} e^{-2x} e^{-x} dx \\
&= -\int_0^{+\infty} x de^{-x} + \int_0^{+\infty} e^{-3x} dx \\
&= -x e^{-x}|_0^{+\infty} + \int_0^{+\infty} e^{-x} dx + \frac{1}{3} e^{-3x}|_{+\infty}^0 \\
&= 0 + 1 + \frac{1}{3} = \frac{4}{3}
\end{aligned}$$

【例 4.1.3】**等候电梯问题**(1997 研究生入学试题数学三)　游客乘电梯到中央电视塔塔顶参观, 电梯在每小时内的第 5、25、55 分钟运行. 一游客在早 8 点的第 X 分钟到达底层等候电梯处, 且 $X \sim U[0, 60]$ (均匀分布), 即在任一时刻到达等可能存在. 求游客等候时间 Y 的期望.

【解】　等候时间 Y 是到达时刻 X 的分段函数:

$$Y = \begin{cases} 5 - X, & 0 < X \leqslant 5 \\ 25 - X, & 5 < X \leqslant 25 \\ 55 - X, & 25 < X \leqslant 55 \\ 65 - X, & 55 < X \leqslant 60 \end{cases}$$

因 $X \sim U[0,60]$ (均匀分布)，即概率密度为

$$f(x) = \begin{cases} \dfrac{1}{60}, & 0 \leqslant x \leqslant 60 \\ 0, & 其他 \end{cases}$$

游客等候时间 Y 的期望为

$$\begin{aligned} E(Y) &= E(g(X)) = \int_{-\infty}^{+\infty} g(x)f(x)\mathrm{d}x = \frac{1}{60}\int_0^{60} g(x)\mathrm{d}x \\ &= \frac{1}{60}\left(\int_0^5 (5-x)\mathrm{d}x + \int_5^{25}(25-x)\mathrm{d}x + \int_{25}^{55}(55-x)\mathrm{d}x + \int_{55}^{60}(65-x)\mathrm{d}x\right) \\ &= \frac{1}{60}(12.5 + 200 + 450 + 47.5) = 11.67 \end{aligned}$$

即游客平均等候时间约为 12 分钟.

【例 4.1.4】酒鬼回家问题再续 (A Drunkard Go Back Home) 一酒鬼带着 n 把钥匙回家, 有 1 把是门钥匙, 他随手摸 1 把钥匙开门. 现在酒鬼略为清醒, 学得聪明些了, 虽然还是认不出门钥匙, 但决心摸到以后不再放回. 这样他迟早会摸到正确的门钥匙. 设离散型随机变量 X 为打开了门时摸钥匙的总次数, 求 X 的分布律和数学期望.

【解】 离散型随机变量 X 为打开了门时摸钥匙的次数, X 的所有可能取值为 $1,2,\cdots,n$, 分析如下:

$X=1$, 第一次就摸到, 概率 $p=\dfrac{1}{n}$;

$X=2$, 第一次没摸到, 第二次才摸到, 概率 $p=\dfrac{n-1}{n}\dfrac{1}{n-1}=\dfrac{1}{n}$;

$$\vdots$$

$X=n$, 前 $n-1$ 次没摸到, 第 n 次才摸到, 概率 $p=\dfrac{n-1}{n}\cdot\dfrac{n-2}{n-1}\cdots\dfrac{1}{2}\cdot 1=\dfrac{1}{n}$.

即无论摸取有无放回, 每次任取 1 把恰好打开了门的概率是等可能的, 即 $p=\dfrac{1}{n}$, 故 X 的分布律如下:

X	1	2	$\cdots$	n
p_k	$\dfrac{1}{n}$	$\dfrac{1}{n}$	$\cdots$	$\dfrac{1}{n}$

数学期望为

$$E(X) = 1\cdot\frac{1}{n} + 2\cdot\frac{1}{n} + \cdots + n\cdot\frac{1}{n} = \frac{1}{n}(1+2+\cdots+n) = \frac{1}{n}\cdot\frac{n(n+1)}{2} = \frac{n+1}{2}$$

【例 4.1.5】保险问题 (Assurance Problem) 太平洋保险公司约定, 若一年内客户投保的意外事件 A 发生 (如车辆遭遇盗抢), 则赔偿客户 a 元; 设一年内事件 A 发生的概率为 p, 为使公司收益的期望达到 a 的 1/10, 保险公司应要求客户缴纳多少保险金?

【解】　设保险公司要求客户缴纳保险金额度为 x 元，离散型随机变量 X 为公司收益，X 的所有可能取值为：

$X = x$, 若一年内事件 A 未发生，概率 $q = 1 - p$;

$X = x - a$, 若一年内事件 A 发生，概率 p.

故 X 的分布律如下：

X	x	$x-a$
p_k	$1-p$	p

数学期望为

$$E(X) = x(1-p) + (x-a)p = x - ap$$

为使公司收益的期望达到 a 的 $1/10$, 即有

$$E(X) = x - ap = \frac{a}{10}$$

从而 $x = ap + \dfrac{a}{10}$. 即保险公司应要求客户缴纳保险金额度为 $(p+0.1)a$ 元.

【例 4.1.6】利润问题 I(Profit Problem) （1998 研究生入学试题数学三）　大中电器学院路连锁店经销海尔落地式变频空调，每周进货数量为服从均匀分布的随机变量 $X \sim U[10,20]$, 每周顾客需求数量为服从同一均匀分布的随机变量 $Y \sim U[10,20]$, 且 X,Y 相互独立. 设连锁店每售出一台空调可获利润 1000 元，若需要量超过了进货量，学院路连锁店可从其他连锁店调配货源，但利润与对方均分，成为 500 元. 试求学院路连锁店经销海尔落地式变频空调，每周获得利润 Z 的期望.

【解】　每周获得利润 Z 是每周进货数量 $X \sim U[10,20]$ 与需求数量 $Y \sim U[10,20]$ 的分段函数：

$$Z = \begin{cases} 1000Y, & 0 < Y \leqslant X \\ 1000X + 500(Y-X) = 500(X+Y), & Y > X \end{cases}$$

因进货数量 $X \sim U[10,20]$ 与需求数量 $Y \sim U[10,20]$ 服从同一均匀分布, 且 X,Y 相互独立. 故而 X,Y 作为二维随机变量服从矩形区域 $D : [10,20] \times [10,20]$ 上的均匀分布, 联合概率密度为

$$f(x,y) = \begin{cases} \dfrac{1}{(20-10)(20-10)} = \dfrac{1}{100}, & 10 \leqslant x \leqslant 20, 10 \leqslant y \leqslant 20; \\ 0, & \text{其他.} \end{cases}$$

每周获得利润 Z 的期望为

$$
\begin{aligned}
E(Z) &= \iint_{10 \leqslant y \leqslant x} 1000y f(x,y) \mathrm{d}x\mathrm{d}y + \iint_{20 \geqslant y > x} 500(x+y) f(x,y) \mathrm{d}x\mathrm{d}y \\
&= \iint_{10 \leqslant y \leqslant x \leqslant 20} 1000y \frac{1}{100} \mathrm{d}x\mathrm{d}y + \iint_{20 \geqslant y > x \geqslant 10} 500(x+y) \frac{1}{100} \mathrm{d}x\mathrm{d}y \\
&= \iint_{10 \leqslant y \leqslant x \leqslant 20} 10y \mathrm{d}x\mathrm{d}y + \iint_{20 \geqslant y > x \geqslant 10} 5(x+y) \mathrm{d}x\mathrm{d}y \\
&= 10 \int_{10}^{20} y\mathrm{d}y \int_{y}^{20} \mathrm{d}x + 5 \int_{10}^{20} y\mathrm{d}y \int_{10}^{y} (x+y)\mathrm{d}x \\
&= 10 \int_{10}^{20} y(20-y)\mathrm{d}y + 5 \int_{10}^{20} \left(\frac{3}{2}y^2 - 10y - 50\right)\mathrm{d}y \\
&\approx 14166.67
\end{aligned}
$$

即学院路连锁店经销海尔落地式变频空调，每周获得利润 Z 的期望约为 14166.67 元.

【例 4.1.7】利润问题 II(Profit Problem) (1998 研究生入学试题数学四)　大中电器学院路连锁店经销海尔落地式变频空调，每周进货数量为服从均匀分布的随机变量 $X \sim U[10,30]$，每周顾客需求数量为服从同一均匀分布的随机变量：$Y \sim U[10,30]$, 且 X,Y 相互独立. 设连锁店每售出一台空调可获利润 500 元，若进货量超过了需要量，则需要降价处理，此时每处理一台空调将亏损 100 元；若供不应求，学院路连锁店可从其他连锁店调配货源，但利润仅为 300 元. 为使学院路连锁店每周获得利润 Z 的期望 $E(Z)$ 不少于 9280 元，试确定最少进货量.

【解】　　每周获得利润 Z 是每周进货数量 $X \sim U[10,30]$ 与需求数量 $Y \sim U[10,30]$ 的分段函数：

$$Z = \begin{cases} 500Y - 100(X-Y), & 10 < Y \leqslant X \\ 500X + 300(Y-X) = 500(X+Y), & 30 \geqslant Y > X \end{cases}$$

$$= \begin{cases} 600Y - 100X, & 10 < Y \leqslant X \\ 300Y + 200X, & 30 \geqslant Y > X \end{cases}$$

每周获得利润 Z 是需求数量 $Y \sim U[10,30]$ 的函数，需求数量 $Y \sim U[10,30]$ 的概率密度为

$$f(y) = \begin{cases} \dfrac{1}{30-10} = \dfrac{1}{20}, & 10 \leqslant y \leqslant 30; \\ 0, & 其他. \end{cases}$$

每周获得利润 Z 的期望为

$$\begin{aligned} E(Z) &= \int_{10 \leqslant y \leqslant x} (600y - 100x) f(y)\mathrm{d}y + \int_{30 \geqslant y > x} (300y + 200x) f(y)\mathrm{d}y \\ &= \int_{10 \leqslant y \leqslant x \leqslant 30} (600y - 100x)\frac{1}{20}\mathrm{d}y + \int_{30 \geqslant y > x \geqslant 10} (300y + 200x)\frac{1}{20}\mathrm{d}y \\ &= \frac{1}{20}\int_{10}^{x} (600y - 100x)\mathrm{d}y + \frac{1}{20}\int_{x}^{30} (300y + 200x)\mathrm{d}y \\ &= -\frac{15}{2}x^2 + 350x + 5250 \end{aligned}$$

由题设，欲使学院路连锁店每周获得利润 Z 的期望 $E(Z)$ 不少于 9280 元，即有

$$E(Z) = -\frac{15}{2}x^2 + 350x + 5250 \geqslant 9280$$

解此不等式，有 $26 \geqslant x \geqslant 20\frac{2}{3}$, 取整数有 $x \geqslant 21$, 即学院路连锁店最少进货量约为 21 台.

习题 4.1

1. 某产品的次品率为 0.1，检验员每天检验 4 次，每次抽取 10 个产品进行检验，如发现次品多于 1 个就要调整设备，以 X 表示一天中需要调整设备的次数，求 $E(X)$.

2. 设随机变量的分布律如下：

X	-2	0	2
p_k	0.4	0.3	0.3

求 $E(3X^2+5)$.

3. 设有 3 只球，4 个编号为 1，2，3，4 的袋子. 把球独立随机地放入 4 个袋子里去，以 X 表示其中至少有 1 只球的袋子的最小号码，求随机变量 X 的数学期望 $E(X)$.

4. 某时间间隔内，某电气设备用于最大负荷的时间为随机变量 X，其概率密度为

$$
f(x) = \begin{cases} \dfrac{1}{1500^2}x, & 0 \leqslant x \leqslant 1500 \\[2mm] \dfrac{1}{1500^2}(300 - x), & 1500 < x \leqslant 3000 \\[2mm] 0, & \text{其他} \end{cases}
$$

求随机变量 X 的数学期望 $E(X)$.

5. 某工厂生产的某种设备的寿命为服从指数分布的随机变量 X，概率密度函数为

$$
f(x) = \begin{cases} \dfrac{1}{4}\mathrm{e}^{-\frac{x}{4}}, & 0 \leqslant x \leqslant 1 \\[2mm] 0, & \text{其他} \end{cases}
$$

厂家承诺，出售设备在一年内损坏可以调换. 若每售出一台设备可盈利 100 元，而每调换一台设备则花费 300 元，求厂家售出一台设备净盈利的数学期望.

6. 随机点落在中心在原点、半径为 R 的圆周上，并且对弧长是均匀分布的，求落点横坐标 X 的均值.

7. 设随机变量 X 的分布律为 $P\{X=k\} = \dfrac{\alpha^k}{(1+\alpha)^{k+1}}, \alpha > 0, k = 0,1,\cdots$，求 $E(X)$ 和 $E(X^2)$.

8. 设随机变量 X 的分布函数为

$$
F(x) = \begin{cases} 0, & x < -1 \\[2mm] a + b\arcsin x, & -1 \leqslant x < 1 \\[2mm] 1, & \text{其他} \end{cases}
$$

试确定常数 a,b ，并求 $E(X)$.

9. 在数字 $k = 0,1,2,3,\cdots,n$ 中任取两个不同的数字，求这两个数字之差的绝对值的数学期望.

10. 设随机变量 $X \sim N(0,\sigma^2)$，求 $E(X^n)$.

11. 设随机变量 X 的概率密度为

$$
f(x) = \begin{cases} \mathrm{e}^{-x}, & x > 0 \\[2mm] 0, & x \leqslant 0 \end{cases}
$$

求 $E(2X)$ 和 $E(\mathrm{e}^{-2X})$.

12. 设 (X,Y) 的联合分布律如下：

$Y \backslash X$	1	2	3
-1	0.2	0.1	0
0	0.1	0	0.3
1	0.1	0.1	0.1

求 $E(X), E(Y), E(\frac{Y}{X}), E((X-Y)^2)$.

13. 设 (X, Y) 的概率密度为

$$f(x, y) = \begin{cases} 12y^2, & 0 \leqslant y \leqslant x \leqslant 1 \\ 0, & \text{其他} \end{cases}$$

求 $E(X), E(Y), E(XY), E(X^2 + Y^2)$.

4.2 　　方差

4.2.1 　方差

在任何一个测量问题里, 我们都会遇到误差 (Error). 即以某种方法或工具度量一个实体时, 这种测量值与真实值 (精确值) 之间的差异. 西方有一句谚语 ——"任何比喻都是蹩脚的", 意思就是说, 无论多么恰当形象生动的比喻, 本体和喻体之间仍然有巨大的鸿沟, 不可能做到天衣无缝, 否则这两个事物就完全等同了, 正如世上没有两片完全相同的叶子.

对于随机变量 X, 考虑变量 X 的取值与其均值 $E(X)$ 之间的差异 $X - E(X)$, 最自然的想法是取两个变量的一维欧几里得距离 $|X - E(X)|$, 随着 X 的随机变动, $|X - E(X)|$ 也是随机变量 (取值非负), 因而此种误差随机变量的均值 $E(|X - E(X)|)$ 就是比较理想的误差. 但由于计算不便, 就采用"模方"的形式 $|X - E(X)|^2 = (X - E(X))^2$, 然后求它的期望 $E(X - E(X))^2$, 并命名为随机变量的"方差" (Variance 或 Deviation).

【定义 4.2.1】方差　X 为随机变量, 若期望 $E(X - E(X))^2$ 存在, 即对离散型随机变量, 级数 $\sum (x_k - E(X))^2 p_k < \infty$ 收敛, 或对连续型随机变量, 无穷积分 $\int_{-\infty}^{+\infty} (x - E(X))^2 f(x) \mathrm{d}x < \infty$ 绝对收敛, 则此期望称为随机变量 X 的方差, 记为

$$D(X) = Var(X) = E(X - E(X))^2 \tag{4.2.1}$$

非负取值随机变量的均值 $D(X) \geqslant 0$.

X 为离散型随机变量, 则

$$P\{X = x_k\} = p_k, \quad E(X) = \sum x_k p_k, \quad D(X) = \sum (x_k - E(X))^2 p_k \tag{4.2.2}$$

X 为连续型随机变量, $f_X(x)$ 为概率密度函数, 则

$$E(X) = \int_{-\infty}^{+\infty} x f(x) \mathrm{d}x, \quad D(X) = \int_{-\infty}^{+\infty} (x - E(X))^2 f(x) \mathrm{d}x \tag{4.2.3}$$

【注记】方差的意义　方差是一个常用来体现随机变量 X 取值分散程度的量. 如果 $D(X)$ 值大, 表示 X 取值分散程度大, $E(X)$ 作为随机变量的均值的代表性弱, 而如果 $D(X)$ 值小, 则表示 X 的取值比较集中, 以 $E(X)$ 作为随机变量的均值代表性强 (图 4.2.1).

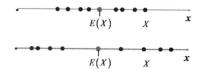

图 4.2.1　随机变量取值分散度的比较

【定理 4.2.1】方差计算式

$$D(X) = E(X^2) - E(X)^2 \tag{4.2.4}$$

【证明】　注意 $E(X) = C$ 为常值，则

$$
\begin{aligned}
D(X) &= E(X - E(X))^2 \\
&= E(X^2 - 2XE(X) + E(X)^2) \\
&= E(X^2) - 2E(XE(X)) + E(E(X)^2) \\
&= E(X^2) - 2E(X)E(X) + E(X)^2 \\
&= E(X^2) - 2E(X)^2 + E(X)^2 \\
&= E(X^2) - E(X)^2
\end{aligned}
$$

有此公式，在计算方差时着重要算出的便是平方的期望，对于离散和连续型随机变量，计算公式分别如下：

离散型随机变量：

$$D(X) = \sum x_k^2 p_k - (\sum x_k p_k)^2 \tag{4.2.5a}$$

连续型随机变量：

$$D(X) = \int_{-\infty}^{+\infty} x^2 f(x)\mathrm{d}x - (\int_{-\infty}^{+\infty} x f(x)\mathrm{d}x)^2 \tag{4.2.5b}$$

【推论】

$$\int_{-\infty}^{+\infty} x^2 f(x)\mathrm{d}x \geqslant (\int_{-\infty}^{+\infty} x f(x)\mathrm{d}x)^2 \tag{4.2.6}$$

4.2.2　方差的性质

(1) C 为常数，方差为零：$D(C) = 0$.

【证明】常数期望为自身，$E(C) = C$，故

$$D(C) = E((C - EC)^2) = E(C - C)^2 = E0 = 0 \tag{4.2.7}$$

或因 $P\{X = C\} = 1$ 为必然事件，随机变量 X 精确达到它的均值 C 而没有任何偏差，故 $D(C) = 0$.

或直接用公式证明如下：

$$D(C) = E(C^2) - E(C)^2 = C^2 - C^2 = 0$$

(2) $D(CX) = C^2 D(X)$. 即方差并非线性映照，常数提到括号外面时要平方，计算时值得注意.

【证明】用计算公式

$$
\begin{aligned}
D(CX) &= E((CX)^2) - (E(CX))^2 \\
&= E(C^2 X^2) - (CE(X))^2 \\
&= C^2 E(X^2) - C^2 E(X)^2 \\
&= C^2 (E(X^2) - E(X)^2) \\
&= C^2 D(X)
\end{aligned}
\tag{4.2.8}
$$

(3) 随机变量和的方差为

$$D(X + Y) = D(X) + D(Y) + 2E((X - E(X)(Y - E(Y))) \tag{4.2.9}$$

【证明】

$$
\begin{aligned}
D(X + Y) &= E(X + Y)^2 - (E(X + Y))^2 \\
&= E(X^2 + Y^2 + 2XY) - (E(X) + E(Y))^2 \\
&= E(X^2) + E(Y^2) + 2E(XY) - E(X)^2 - E(Y)^2 - 2E(X)E(Y) \\
&= E(X^2) - E(X)^2 + E(Y^2) - E(Y)^2 + 2(E(XY) - E(X)E(Y)) \\
&= D(X) + D(Y) + 2(E(XY) - E(X)E(Y)) \\
&= D(X) + D(Y) + 2E((X - E(X)(Y - E(Y)))
\end{aligned}
$$

这里 $E((X - E(X)(Y - E(Y)) = E(XY) - E(X)E(Y)$. 事实上

$$
\begin{aligned}
&E((X - E(X)(Y - E(Y)) \\
&= E(XY - XE(Y) - YE(X) + E(X)E(Y)) \\
&= E(XY) - 2E(X)E(Y) + E(X)E(Y) \\
&= E(XY) - E(X)E(Y)
\end{aligned}
$$

特别地，X 与 Y 独立时，$E(XY) = E(X)E(Y)$，从而 $E((X - E(X)(Y - E(Y)) = 0$，此时有 $D(X + Y) = D(X) + D(Y)$.

4.2.3　常用随机变量的方差

1.离散型随机变量
1) 两点分布
$X \sim 0 - 1$ 两点分布，分布律如下：

165

X	1	0
p_k	p	q

$$
\begin{aligned}
E(X) &= p \\
D(X) &= E(X - E(X))^2 = \sum (x_k - p)^2 p_k \\
&= (1-p)^2 p + (0-p)^2 q \\
&= q^2 p + p^2 q \\
&= pq(p+q) = pq
\end{aligned}
\tag{4.2.10}
$$

或是利用计算公式

$$
\begin{aligned}
D(X) &= E(X^2) - E(X)^2 \\
&= \sum x_k^2 p_k - p^2 \\
&= 1 \cdot p + 0 \cdot q - p^2 \\
&= p - p^2 = p(1-p) = pq
\end{aligned}
\tag{4.2.11}
$$

2) **二项分布**：$X \sim B(n,p)$

将二项分布随机变量 X 分解为独立的两点分布随机变量 X_k 之和, 利用对于独立分布随机变量之和的方差可加性, 有

$$
P\{X = k\} = C_n^k p^k q^{n-k} \tag{4.2.12a}
$$

$$
E(X) = np \tag{4.2.12b}
$$

$$
X = X_1 + X_2 + \cdots + X_n \tag{4.2.12c}
$$

$$
D(X) = D\left(\sum_1^n X_k\right) = \sum_1^n D(X_k) = \sum_1^n pq = npq \tag{4.2.12d}
$$

其中

$$
X_k = \begin{cases} 1, & \text{若 } A \text{ 发生} \\ 0, & \text{若 } A \text{ 不发生} \end{cases} \tag{4.2.13}
$$

3) **泊松分布**：$X \sim \pi(\lambda)$

$$
P\{X = k\} = \frac{\lambda^k}{k!} \mathrm{e}^{-\lambda} \quad (k = 0, 1, 2, 3, \cdots, \infty)
$$

$$
E(X) = \lambda
$$

$$
D(X) = E(X^2) - E(X)^2
$$

$$
\begin{aligned}
E(X^2) \ &= E(X^2 - X + X) \\
&= E(X(X-1) + X) \\
&= E(X(X-1)) + E(X) \\
&= \sum_{k=0}^{\infty} k(k-1)\frac{\lambda^k}{k!}\mathrm{e}^{-\lambda} + \lambda \\
&= \mathrm{e}^{-\lambda}\lambda^2 \sum_{k=2}^{\infty} \frac{\lambda^{k-2}}{(k-2)!} + \lambda \\
&= \lambda^2 \mathrm{e}^{-\lambda}\mathrm{e}^{\lambda} + \lambda \\
&= \lambda^2 + \lambda
\end{aligned}
\tag{4.2.14}
$$

故

$$
D(X) = E(X^2) - E(X)^2 = \lambda^2 + \lambda - \lambda^2 = \lambda
\tag{4.2.15}
$$

结论：泊松分布期望与方差相等.

4) **几何分布**(Geometric Distribution)

$$
P\{X=k\} = \ q^{k-1}p \quad (k=0,1,2,3,\cdots,\infty)
$$

$$
E(X) = \frac{1}{p}
$$
$$
D(X) = E(X-E(X))^2 = \sum (k-\frac{1}{p})^2 q^{k-1}p
$$

$$
\begin{aligned}
E(X^2) \ &= E(X(X+1) - X) \\
&= E(X(X+1)) - E(X) \\
&= \sum k(k+1)q^{k-1}p - \frac{1}{p} \\
&= p(\sum q^k)'' - \frac{1}{p} \\
&= p(\frac{1}{1-q})'' - \frac{1}{p} \\
&= p\frac{2}{(1-q)^3} - \frac{1}{p} \\
&= \frac{2}{p^2} - \frac{1}{p}
\end{aligned}
$$

故

$$
D(X) = \ E(X^2) - E(X)^2 = \frac{2}{p^2} - \frac{1}{p} - \frac{1}{p^2} = \frac{1}{p^2} - \frac{1}{p} = \frac{1-p}{p^2} = \frac{q}{p^2}
\tag{4.2.16}
$$

2. 连续型随机变量

1) **均匀分布**

$$
X \sim U[a,b]
$$
$$
f(x) = \begin{cases} \dfrac{1}{b-a}, & x \in I \\ 0, & \text{其他} \end{cases}
$$

$$E(X) = \frac{b+a}{2}$$
$$D(X) = E(X^2) - E(X)^2$$

$$
\begin{aligned}
E(X^2) \ &= \int_{-\infty}^{+\infty} x^2 f(x)\mathrm{d}x = \int_a^b \frac{x^2}{b-a}\mathrm{d}x = \frac{1}{b-a}\cdot\frac{1}{3}(b^3-a^3) \\
&= \frac{1}{3(b-a)}\cdot(b-a)(a^2+b^2+ab) = \frac{a^2+b^2+ab}{3}
\end{aligned}
$$

$$
\begin{aligned}
D(X) \ &= E(X^2) - E(X)^2 = \frac{a^2+b^2+ab}{3} - (\frac{b+a}{2})^2 \\
&= \frac{a^2+b^2+ab}{3} - \frac{a^2+b^2+2ab}{4} \\
&= \frac{4(a^2+b^2+ab)-3(a^2+b^2+2ab)}{12} \\
&= \frac{a^2+b^2-2ab}{12} = \frac{(b-a)^2}{12}
\end{aligned}
\tag{4.2.17}
$$

2) 指数分布

$$X \sim E(\theta)$$

$$
f(x) = \begin{cases}
\dfrac{1}{\theta}\mathrm{e}^{-\frac{x}{\theta}}, & x > 0 \\[2mm]
0, & x \leqslant 0
\end{cases}
$$

$$E(X) = \theta$$
$$D(X) = E(X^2) - E(X)^2$$

$$
\begin{aligned}
E(X^2) \ &= \int_{-\infty}^{+\infty} x^2 f(x)\mathrm{d}x = \int_0^{\infty} \frac{x^2}{\theta}\mathrm{e}^{-\frac{x}{\theta}}\mathrm{d}x = -\int_0^{\infty} x^2 \mathrm{d}\mathrm{e}^{-\frac{x}{\theta}} \\
&= 2\int_0^{\infty} x\mathrm{e}^{-\frac{x}{\theta}}\mathrm{d}x = 2\theta\int_0^{\infty} \frac{x}{\theta}\mathrm{e}^{-\frac{x}{\theta}}\mathrm{d}x = 2\theta E(X) = 2\theta^2
\end{aligned}
$$

故

$$D(X) = E(X^2) - E(X)^2 = 2\theta^2 - \theta^2 = \theta^2 \tag{4.2.18}$$

3) 正态分布

$$X \sim N(\mu, \sigma^2)$$
$$f_X(x) = \frac{1}{\sqrt{2\pi}\sigma}\mathrm{e}^{-\frac{(x-\mu)^2}{2\sigma^2}} \qquad (-\infty < x < \infty)$$

$$E(X) = \mu$$
$$D(X) = E(X^2) - E(X)^2$$

作线性变换 $t = \dfrac{x - \mu}{\sigma}$，则 $x = \sigma t + \mu$，故

$$
\begin{aligned}
E(X^2) &= \frac{1}{\sqrt{2\pi}\sigma} \int_{-\infty}^{+\infty} x^2 \mathrm{e}^{-\frac{(x-\mu)^2}{2\sigma^2}} \mathrm{d}x \\
&= \frac{1}{\sqrt{2\pi}} \int_{-\infty}^{+\infty} (\sigma t + \mu)^2 \mathrm{e}^{-\frac{t^2}{2}} \mathrm{d}t \\
&= \frac{\sigma^2}{\sqrt{2\pi}} \int_{-\infty}^{\infty} t^2 \mathrm{e}^{-\frac{t^2}{2}} \mathrm{d}t + \frac{\mu^2}{\sqrt{2\pi}} \int_{-\infty}^{\infty} \mathrm{e}^{-\frac{t^2}{2}} \mathrm{d}t \\
&= \sigma^2 + \mu^2
\end{aligned}
\tag{4.2.19}
$$

$$
\begin{aligned}
D(X) &= E(X^2) - E(X)^2 \\
&= \sigma^2 + \mu^2 - \mu^2 = \sigma^2
\end{aligned}
\tag{4.2.20}
$$

特别地，$X \sim N(0,1)$ 标准正态分布时，$E(X) = 0, D(X) = 1$.

4) 瑞利分布

$$
f(x) = \begin{cases} \dfrac{x}{\theta^2} \mathrm{e}^{-\frac{x^2}{2\theta^2}}, & x > 0 \\[2mm] 0, & x \leqslant 0 \end{cases}
$$

$$
E(X) = \sqrt{\frac{\pi}{2}}\sigma
$$

$$
D(X) = E(X^2) - E(X)^2
$$

$$
\begin{aligned}
E(X^2) &= \int_0^{+\infty} \frac{x^3}{\sigma^2} \mathrm{e}^{-\frac{x^2}{2\sigma^2}} \mathrm{d}x \\
&= 2 \int_0^{\infty} x \mathrm{e}^{-\frac{x^2}{2\sigma^2}} \mathrm{d}x \\
&= 2\sigma^2 \int_0^{\infty} \frac{x}{\sigma^2} \mathrm{e}^{-\frac{x^2}{2\sigma^2}} \mathrm{d}x \\
&= 2\sigma^2 \mathrm{e}^{-\frac{x^2}{2\sigma^2}} \Big|_{+\infty}^0 = 2\sigma^2
\end{aligned}
$$

故

$$
D(X) = E(X^2) - E(X)^2 = 2\sigma^2 - \frac{\pi}{2}\sigma^2 = (2 - \frac{\pi}{2})\sigma^2 = \frac{4 - \pi}{2}\sigma^2
\tag{4.2.21}
$$

4.2.4 切比雪夫不等式

切比雪夫 (Chebyshev，1821—1894)，俄罗斯著名数学家，彼得堡数学学派创始人.

【定理 4.2.2】设 $E(X) = \mu, D(X) = \sigma^2, \forall \varepsilon > 0$, 则

$$
\begin{aligned}
& P\{|X - \mu| \geqslant \varepsilon\} \leqslant \frac{\sigma^2}{\varepsilon^2} \\
& (\Leftrightarrow \quad P\{|X - \mu| < \varepsilon\} \geqslant 1 - \frac{\sigma^2}{\varepsilon^2})
\end{aligned}
\tag{4.2.22}
$$

【证明】设 X 为连续型随机变量, 具有密度为 $f(x)$, 则利用不等式的放缩法, 有

$$
\begin{aligned}
& P\{|X - \mu| \geqslant \varepsilon\} \\
= {} & \int_{|X-\mu| \geqslant \varepsilon} f_X(x)\mathrm{d}x \\
\leqslant {} & \int_{|X-\mu| \geqslant \varepsilon} \frac{(X-\mu)^2}{\varepsilon^2} f(x)\mathrm{d}x \\
\leqslant {} & \int_{-\infty}^{+\infty} \frac{1}{\varepsilon^2}(x-\mu)^2 f(x)\mathrm{d}x \\
= {} & \frac{1}{\varepsilon^2} E(X - E(X))^2 = \frac{D(X)}{\varepsilon^2} = \frac{\sigma^2}{\varepsilon^2}
\end{aligned}
$$

不等式含义是: 方差 σ^2 越小, 事件 $|X - \mu| < \varepsilon$ 发生的概率越大, 即随机变量 X 取值主要集中在均值附近, 同时不等式给出了估计偏差的式子.

【推论】只有取值恒为常数的随机变量 X 方差才为 0. 即

$$
D(X) = 0 \quad \Leftrightarrow \quad P\{X = C\} = 1 \tag{4.2.23}
$$

【证明】只需证 $D(X) = 0 \Rightarrow P\{X = C\} = 1$.

$$
D(X) = 0 \Rightarrow P\left\{|X - E(X)| \geqslant \frac{1}{n}\right\} \leqslant \frac{D(X)}{\frac{1}{n}} = 0
$$

而

$$
\{|X - E(X)| \neq 0\} = \{|X - E(X)| > 0\} = \bigcup_{n=1}^{\infty} \left\{|X - E(X)| \geqslant \frac{1}{n}\right\}
$$

$$
\Rightarrow P\{|X - E(X)| \neq 0\} \leqslant \sum_{n=1}^{\infty} P\left\{|X - E(X)| \geqslant \frac{1}{n}\right\} = 0
$$

$$
\Rightarrow P\{|X - E(X)| = 0\} = 1 - P\{|X - E(X)| \neq 0\} = 1 - 0 = 1
$$

$$
\Rightarrow P\{X = E(X)\} = 1
$$

$$
\Rightarrow P\{X = C\} = 1. \quad (\diamondsuit C := E(X))
$$

【释例 4.2.1】切比雪夫不等式估计概率 (2001 研究生入学试题数学一) 设随机变量 X 的期望为 $E(X) = \mu$, 方差为 $D(X) = 2$, 由切比雪夫不等式, $P\{|X - \mu| \geqslant 2\} \leqslant$ _____.

【解】 由切比雪夫不等式, 对于 $\varepsilon = 2$, 有

$$
P\{|X - \mu| \geqslant \varepsilon\} \leqslant \frac{\sigma^2}{\varepsilon^2}
$$

$$
\Rightarrow P\{|X - \mu| \geqslant 2\} \leqslant \frac{\sigma^2}{2^2}
$$

$$
= \frac{D(X)}{2^2} = \frac{2}{4} = \frac{1}{2}
$$

【释例 4.2.2】简化 3σ 法则 设随机变量 X 服从参数为 μ, σ^2 的正态分布 $X \sim N(\mu, \sigma^2)$, 则由切比雪夫不等式, 对于 $\varepsilon = 3\sigma$, 有

$$
P\{|X - \mu| \geqslant \varepsilon\} \leqslant \frac{\sigma^2}{\varepsilon^2}
$$

$$
\Rightarrow P\{|X - \mu| \geqslant 3\sigma\} \leqslant \frac{\sigma^2}{(3\sigma)^2} = \frac{1}{9}
$$

$$
\Rightarrow P\{|X - \mu| < 3\sigma\} \geqslant 1 - \frac{\sigma^2}{(3\sigma)^2} = 1 - \frac{1}{9} = \frac{8}{9}
$$

即正态分布随机变量 X 落在以期望（均值）为中心、以 3σ 为半径的区间 $(\mu - 3\sigma, \mu + 3\sigma)$ 中的概率 $P\{X \in (\mu - 3\sigma, \mu + 3\sigma)\} > \dfrac{8}{9}$. 这就是 3σ 法则较粗略的估计. 而精确估计是

$$
\begin{aligned}
& P\{X \in (\mu - 3\sigma, \mu + 3\sigma)\} \\
& = \Phi(3) - \Phi(-3) = 2\Phi(3) - 1 = 2 \times 0.9987 - 1 = 0.9974
\end{aligned}
\tag{4.2.24}
$$

【释例 4.2.3】切比雪夫不等式估计概率 （2001 研究生入学试题数学三、四） 设随机变量 X 的期望为 $E(X) = -2$, 方差为 $D(X) = 1$, 随机变量 Y 的期望为 $E(Y) = 2$, 方差为 $D(Y) = 4$, 相关系数 $\rho_{XY} = -0.5$. 由切比雪夫不等式，$P\{|X + Y| \geqslant 6\} \leqslant$ _____.

【解】 设 $Z = X + Y$, 则期望

$$
E(Z) = E(X + Y) = E(X) + E(Y) = -2 + 2 = 0
$$

方差

$$
\begin{aligned}
D(Z) &= D(X + Y) = D(X) + D(Y) + 2\rho_{XY}\sqrt{D(X)}\sqrt{D(Y)} \\
&= 1 + 4 + 2 \times (-0.5) \times 1 \times 2 = -2 = 3
\end{aligned}
$$

由切比雪夫不等式，对于 $\varepsilon = 6$, 有

$$
\begin{aligned}
& P\{|Z - \mu| \geqslant \varepsilon\} \leqslant \frac{\sigma^2}{\varepsilon^2} \\
& \Rightarrow P\{|X + Y| \geqslant 6\} = P\{|Z - 0| \geqslant 6\} \leqslant \frac{\sigma^2}{6^2} \\
& = \frac{D(Z)}{6^2} = \frac{3}{36} = \frac{1}{12}
\end{aligned}
$$

4.2.5　例题选讲

1. 单项选择

【例 4.2.1】 （1990 年数学四研） 随机变量 X 服从参数为 n, p 的二项分布：$X \sim B(n, p)$. 期望为 $EX = 2.4$, 方差为 $D(X) = 1.44$, 则参数 n, p 为 （　　）.

(A) $n = 4, p = 0.6$ (B) $n = 6, p = 0.4$

(C) $n = 8, p = 0.3$ (D) $n = 24, p = 0.1$

【解】 由服从参数为 n, p 的二项分布随机变量 X 的期望和方差的计算公式，有

$$
\begin{cases}
2.4 = E(X) = np \\
1.44 = D(X) = np(1 - p) = 2.4(1 - p)
\end{cases}
$$

从而有

$$
\begin{cases}
1 - p = 1.44/2.4 = 0.6 \Rightarrow p = 0.4; \\
n = 2.4/p = 2.4/0.4 = 6.
\end{cases}
$$

解得 $n = 6, p = 0.4$, 答案 (B) 正确.

【例 4.2.2】(1997 年数学四研)　随机变量 X 的期望和方差是 $E(X) = \mu > 0, D(X) = \sigma^2 > 0$. 则对于任意常数 C, 如下命题正确的是 (　　).

(A)　$E(X - C)^2 = E(X^2) - C^2$　　　(B)　$E(X - C)^2 = E(X - \mu)^2$

(C)　$E(X - C)^2 < E(X - \mu)^2$　　　(D)　$E(X - C)^2 \geqslant E(X - \mu)^2$

【解】　因
$$
\begin{aligned}
E(X - C)^2 &= E(X^2) - 2CE(X) + E(C^2) \\
&= E(X^2) - 2\mu C + C^2
\end{aligned}
$$
而
$$
\begin{aligned}
E(X - \mu)^2 &= E(X^2) - 2\mu E(X) + E(\mu^2) \\
&= E(X^2) - 2\mu^2 + \mu^2 = E(X^2) - \mu^2
\end{aligned}
$$
故
$$
\begin{aligned}
E(X - C)^2 - E(X - \mu)^2 &= E(X^2) - 2\mu C + C^2 - E(X^2) + \mu^2 \\
&= C^2 - 2\mu C + \mu^2 = (C - \mu)^2 \geqslant 0
\end{aligned}
$$
从而 (D) 为唯一正确选择.

2. 填空

【例 4.2.3】(1990 年数学一研)　随机变量 X 服从参数为 $\lambda = 2$ 的泊松分布: $X \sim \pi(\lambda)$, 则随机变量 $Z = 3X - 2$ 的期望 $E(Z) =$ _____.

【解】　因泊松分布随机变量 X 的期望即为参数 $E(X) = \lambda = 2$, 所以
$$
E(Z) = E(3X - 2) = 3E(X) - 2 = 3 \times 2 - 2 = 6 - 2 = 4
$$
故 $E(Z) = 4$.

【例 4.2.4】　(1989 年数学四研)随机变量 X 服从参数为 $\lambda = 3$ 的泊松分布 $X \sim \pi(\lambda)$, 随机变量 Y 服从参数为 $\mu = 0, \sigma^2 = 4$ 的正态分布 $Y \sim N(0, 4)$, 随机变量 Z 服从区间 $(0, 6)$ 上的均匀分布 $Z \sim U(0, 6)$, 且这 3 个随机变量 X, Y, Z 相互独立, 则随机变量 $W = 3X - 2Y + Z$ 的方差 $D(W) =$ _____.

【解】　因泊松分布随机变量 X 的方差即为参数 $E(X) = \lambda = 3$, 正态分布随机变量 Y 的方差即为参数 $D(Y) = \sigma^2 = 4$, 区间 $(0, 6)$ 上的均匀分布随机变量 Z 的方差即为 $D(Z) = \dfrac{(6 - 0)^2}{12} = 3$, 且这 3 个随机变量 X, Y, Z 相互独立, 所以随机变量 $W = 3X - 2Y + Z$ 的方差
$$
\begin{aligned}
D(W) &= D(3X - 2Y + Z) \\
&= 3^2 D(X) + (-2)^2 D(Y) + 1^2 D(Z) \\
&= 9 \times 3 + 4 \times 4 + 3 = 27 + 16 + 3 = 46
\end{aligned}
$$
故随机变量 $W = 3X - 2Y + Z$ 的方差 $D(W) = 46$.

3. 计算解答

【例 4.2.5】 设离散型随机变量 X 服从参数为 $n = 2$ 的二项分布，成功概率为 $p < 1$ 未知，已知期望为 $E(X) = 1.2$，求方差 $D(X)$.

【解】 因离散型随机变量 X 服从参数为 $n = 2$ 的二项分布，成功概率为 $p < 1$, 则由 $n = 2$ 的二项分布的数学期望的计算公式，有

$$E(X) = np = 2p = 1.2$$

从而 $p = 0.6$. 故方差为

$$D(X) = np(1 - p) = 2 \times 0.6 \times 0.4 = 0.48$$

【例 4.2.6】 设离散型随机变量 X 的分布律如下：

X	x_1	x_2
p_k	$p = 0.6$	$q = 0.4$

已知期望为 $E(X) = 1.4$，方差为 $D(X) = 0.24$. 设 $x_1 < x_2$, 试求随机变量 X 的取值 x_1, x_2. 从而完成随机变量 X 的分布律.

【解】 由离散型随机变量 X 的期望和方差的计算公式，有

$$\begin{cases} 1.4 = E(X) = x_1 p + x_2 q = 0.6 x_1 + 0.4 x_2 \\ 0.24 = D(X) = E(X^2) - E^2(X) = 0.6 x_1^2 + 0.4 x_2^2 - 1.4^2 \end{cases}$$

从而有关于随机变量 X 的取值 x_1, x_2 的非线性方程组

$$\begin{cases} 0.6 x_1 + 0.4 x_2 = 1.4 \\ 0.6 x_1^2 + 0.4 x_2^2 = 0.24 + 1.4^2 = 2.2 \end{cases}$$

解得 $x_1 = 1, x_2 = 2$, 或 $x_1 = 1.8, x_2 = 0.8$. 由题设 $x_1 < x_2$, 故唯有 $x_1 = 1, x_2 = 2$. 即随机变量 X 的分布律如下：

X	1	2
p_k	0.6	0.4

【例 4.2.7】 设若轴承尺寸误差绝对值不超过 $\varepsilon > 0$, 则认为合格. 设尺寸误差为随机变量 X 且服从正态分布 $X \sim N(0, \sigma^2)$，生产 n 件轴承，求合格品数目的期望和方差.

【解】 设生产 n 件轴承，合格品的数目为随机变量 Y, 则 Y 服从二项分布 $Y \sim B(n, p)$，其中 $p = P\{|X| < \varepsilon\}$ 为产品合格的概率. 故由二项分布的数学期望和方差的计算公式，有期望 $E(Y) = np$, 方差 $D(Y) = np(1 - p)$.

因随机变量 X 服从正态分布 $X \sim N(0, \sigma^2)$，故由正态分布的概率的计算公式，有

$$p = P\{|X| < \varepsilon\} = P\{-\varepsilon < X < \varepsilon\}$$
$$= \Phi\left(\frac{\varepsilon}{\sigma}\right) - \Phi\left(\frac{-\varepsilon}{\sigma}\right) = 2\Phi\left(\frac{\varepsilon}{\sigma}\right) - 1$$

从而 $p = 2\Phi(\frac{\varepsilon}{\sigma}) - 1$. 故由二项分布的数学期望和方差的计算公式, 有

$$E(Y) = np = n(2\Phi(\frac{\varepsilon}{\sigma}) - 1)$$

方差为

$$D(Y) = np(1-p) = n(2\Phi(\frac{\varepsilon}{\sigma}) - 1)(2 - 2\Phi(\frac{\varepsilon}{\sigma})) = 2n(2\Phi(\frac{\varepsilon}{\sigma}) - 1)(1 - \Phi(\frac{\varepsilon}{\sigma}))$$

【例 4.2.8】 连续型随机变量 $X_1, X_2, \cdots, X_n$ 独立, 都服从参数为 $\theta = 1$ 的指数分布: $X \sim E(1)$. 分布函数为

$$F_{X_i}(x) = \begin{cases} 1 - \mathrm{e}^{-x}, & x > 0 \\ 0, & x \leqslant 0 \end{cases}$$

求极小函数随机变量 $Z = \min(X_1, X_2, \cdots, X_n)$ 的数学期望和方差.

【解】 极小函数随机变量 $Z = \min(X_1, X_2, \cdots, X_n)$ 的分布函数为

$$F_Z(z) = 1 - \prod_{k=1}^{n}(1 - F_{X_k}(z)) = 1 - (1 - F(z))^n = \begin{cases} 1 - \mathrm{e}^{-nz}, & z > 0 \\ 0, & z \leqslant 0 \end{cases}$$

概率密度函数为

$$f_Z(z) = F_Z'(z) = \begin{cases} n\mathrm{e}^{-nz}, & z > 0 \\ 0, & z \leqslant 0 \end{cases}$$

数学期望为

$$E(Z) = \int_{-\infty}^{+\infty} z f_Z(z)\mathrm{d}z = \int_0^{+\infty} nz\mathrm{e}^{-nz}\mathrm{d}z = \int_0^{+\infty} \mathrm{e}^{-nz}\mathrm{d}z = \frac{1}{n}$$

随机变量 Z 的平方的数学期望为

$$E(Z^2) = \int_{-\infty}^{+\infty} z^2 f_Z(z)\mathrm{d}z = \int_0^{+\infty} nz^2\mathrm{e}^{-nz}\mathrm{d}z = \frac{2}{n^2}$$

从而随机变量 $Z = \min(X_1, X_2, \cdots, X_n)$ 的方差为

$$D(Z) = E(Z^2) - E^2(Z) = \frac{2}{n^2} - \frac{1}{n^2} = \frac{1}{n^2}$$

【例 4.2.9】(2001 年数学四研) 二维随机变量 (X, Y) 服从由三条直线围成的三角形区域 $D: x = 1, y = 1, x + y = 1$ 上的均匀分布 $(X, Y) \sim U(D)$, 试求随机变量函数 $Z = X + Y$ 的期望和方差.

【解】 显然, 三角形区域 $D: x = 1, y = 1, x + y = 1$ 的面积为 $m(D) = 1/2$, 由于二维随机变量 (X, Y) 服从区域 D 上的均匀分布 $(X, Y) \sim U(D)$, 因此, 联合概率密度为

$$f(x, y) = \begin{cases} \dfrac{1}{1/2} = 2, & (x, y) \in D \\ 0, & \text{其他} \end{cases}$$

利用被积函数和区域的对称性，容易计算随机变量函数 $Z = X + Y$ 的期望为

$$
\begin{aligned}
E(Z) = E(X+Y) &= \iint_{(x,y)\in D} (x+y)f(x,y)\mathrm{d}x\mathrm{d}y \\
&= 2\iint_{(x,y)\in D} (x+y)\mathrm{d}x\mathrm{d}y = 4\iint_{(x,y)\in D} y\mathrm{d}x\mathrm{d}y \\
&= 4\int_0^1 y\mathrm{d}y \int_{1-y}^1 \mathrm{d}x = 4\int_0^1 y^2\mathrm{d}y = \frac{4}{3}
\end{aligned}
$$

而随机变量函数 $Z = X + Y$ 的平方的期望为

$$
\begin{aligned}
E(Z^2) &= E(X+Y)^2 = \iint_{(x,y)\in D} (x+y)^2 f(x,y)\mathrm{d}x\mathrm{d}y \\
&= 2\iint_{(x,y)\in D} (x+y)^2\mathrm{d}x\mathrm{d}y = 2\iint_{(x,y)\in D} (x^2+y^2+2xy)\mathrm{d}x\mathrm{d}y \\
&= 4\iint_{(x,y)\in D} (x^2+xy)\mathrm{d}x\mathrm{d}y \\
&= 4\int_0^1 x^2\mathrm{d}x \int_{1-x}^1 \mathrm{d}y + 4\int_0^1 x\mathrm{d}x \int_{1-x}^1 y\mathrm{d}y \\
&= 4\int_0^1 x^3\mathrm{d}x + 2\int_0^1 x[1-(1-x)^2]\mathrm{d}x \\
&= x^4|_0^1 + 2\int_0^1 x(2x-x^2)\mathrm{d}x \\
&= 1 + \frac{5}{6} = \frac{11}{6}
\end{aligned}
$$

随机变量函数 $Z = X + Y$ 的方差为平方的期望减去期望的平方，即

$$
\begin{aligned}
D(Z) &= E(Z^2) - E^2(Z) = E(X+Y)^2 - E^2(X+Y) \\
&= \frac{11}{6} - \left(\frac{4}{3}\right)^2 = \frac{11}{6} - \frac{16}{9} = \frac{1}{18}
\end{aligned}
$$

即随机变量函数 $Z = X + Y$ 的期望为 $\frac{4}{3}$，方差为 $\frac{1}{18}$.

【例 4.2.10】(2002 年数学一研)　连续型随机变量 X 的概率密度函数为

$$
f_X(x) = \begin{cases} \dfrac{1}{2}\cos\dfrac{1}{2}x, & 0 \leqslant x \leqslant \pi \\ 0, & \text{其他} \end{cases}
$$

对 X 独立观察 4 次，用随机变量 Y 表示观察值大于 $\dfrac{\pi}{3}$ 的次数，求平方函数随机变量 $Z = Y^2$ 的数学期望.

【解】　对 X 独立观察 4 次，随机变量 Y 表示观察值大于 $\dfrac{\pi}{3}$ 的次数，显然随机变量 Y 服从二项分布，$Y \sim B(n,p)$，其中试验次数为 $n = 4$，成功率为

$$
\begin{aligned}
p &= P\left\{X > \frac{\pi}{3}\right\} \\
&= \int_{\frac{\pi}{3}}^\pi \frac{1}{2}\cos\frac{1}{2}x\,\mathrm{d}x = \sin\frac{1}{2}x\Big|_{\frac{\pi}{3}}^\pi = 1 - \frac{1}{2} = \frac{1}{2}
\end{aligned}
$$

即 $Y \sim B(4, \frac{1}{2})$. 由二项分布随机变量 Y 的数学期望和方差的计算公式，有

$$E(Y) = np = 4 \times \frac{1}{2} = 2$$
$$D(Y) = np(1-p) = 4 \times \frac{1}{2} \times \frac{1}{2} = 1$$

由数学期望与方差的联系可知，随机变量 Y 的平方 $Z = Y^2$ 的数学期望为

$$E(Y^2) = E^2(Y) + D(Y) = 2^2 + 1 = 5$$

习题 4.2

1. 设随机变量 X 的分布律如下：

X	-2	0	2
p_k	0.4	0.3	0.3

求 $D(X)$，$D(\sqrt{10}X - 5)$.

2. 已知随机变量 X 的分布函数为

$$F(x) = \begin{cases} 0, & x < 0 \\ \dfrac{x}{4}, & 0 \leqslant x < 4 \\ 1, & \text{其他} \end{cases}$$

求 $E(X), D(X)$.

3. 假设电压为正态随机变量 $X \sim N(0, 3^2)$. 将电压施加于一示波器，输出电压为随机变量 $Y = 5X^2$. 求输出电压的期望 $E(5X^2)$.

4. 设随机变量 X 的概率密度为 $f(x) = \frac{1}{2}\mathrm{e}^{-|x|}$，求 $D(X)$.

5. 设随机变量 X 的概率密度为

$$f(x) = \begin{cases} \dfrac{1}{\pi\sqrt{1-x^2}}, & -1 < x < 1 \\ 0, & \text{其他} \end{cases}$$

求 $E(X), D(X)$ 及 $P\{|X - E(X)| < \sqrt{D(X)}\}$.

6. 设随机变量 X 的概率密度为

$$f(x) = \begin{cases} ax^2 + bx + c, & 0 < x < 1 \\ 0, & \text{其他} \end{cases}$$

已知 $E(X) = 0.5, D(X) = 0.15$，求 a, b, c.

7. 设随机变量 X 在 $(-1, 1)$ 上服从均匀分布，求 $Y = \sin(\pi X)$ 的方差 $D(Y)$.

8. 假设正常成年男子的血液中，每毫升白细胞数随机变量均值为 $\mu = E(X) = 7300$，均方差为 $\sigma = \sqrt{D(X)} = 700$，利用切比雪夫不等式，估计每毫升白细胞数为 $5200 \sim 9400$ 的概率 $P\{5200 \leqslant X \leqslant 9400\}$.

9. 在长为 a 的线段上任取两点，求两点间距离的数学期望与方差.

10. 设 X 与 Y 相互独立，且都在 $(0,1)$ 上服从均匀分布. 求 $E(\max\{X,Y\})$，$D(\max\{X,Y\})$.

11. 设二维随机变量 (X,Y) 的概率密度为

$$f(x,y) = \begin{cases} \cos x \cos y, & 0 \leqslant x \leqslant \dfrac{\pi}{2}, 0 \leqslant y \leqslant \dfrac{\pi}{2} \\ 0, & \text{其他} \end{cases}$$

求 $E(X), E(Y), D(X), D(Y)$.

4.3 协方差、矩、相关系数

4.3.1 协方差

本节介绍多维 (重在二维) 随机变量的数字特征. 以下标记 (X,Y) 为二维随机变量，其期望和方差为

$$E(X) = \mu_1, \quad E(Y) = \mu_2, \quad D(X) = \sigma_1^2, \quad D(Y) = \sigma_2^2$$

【定义 4.3.1】协方差 (CoVariance)　　随机变量 X, Y 的 离差(与各自数学期望的差) 乘积的数学期望称为 X 与 Y 的 协方差，记为

$$\begin{aligned} \mathrm{Cov}(X,Y) &= E(X - E(X))(Y - E(Y)) \\ &= E(X - \mu_1)(Y - \mu_2) \\ &= E(XY) - E(X)E(Y) \end{aligned} \tag{4.3.1}$$

Cov 为 CoVariance 的缩写，同根词 CoVariant 表示协同、共变的意思.实际应用时更为方便的计算公式为

$$\begin{aligned} \mathrm{Cov}(X,Y) &= E(X - E(X))(Y - E(Y)) \\ &= E(XY - XE(Y) - YE(X) + E(X)E(Y)) \\ &= E(XY) - E(X)E(Y) - E(X)E(Y) + E(X)E(Y) \\ &= E(XY) - E(X)E(Y) \\ &= E(XY) - \mu_1\mu_2 \end{aligned} \tag{4.3.2}$$

(1) 随机变量 X 的方差即是 X 与自身的协方差，即

$$D(X) = E(X - E(X))^2 = E(X - E(X))(X - E(X)) = \mathrm{Cov}(X,X) \tag{4.3.3}$$

(2) 协方差作为数是对称的 (Symmetric)，即

$$\mathrm{Cov}(X,Y) = \mathrm{Cov}(Y,X) = E(X - E(X))(Y - E(Y)) \tag{4.3.4}$$

(3) 随机变量和的方差可用协方差简写为平方和形式，即

$$D(X+Y) = D(X) + D(Y) + 2\text{Cov}(X,Y) \tag{4.3.5}$$

事实上，有

$$
\begin{aligned}
D(X+Y) &= E(X+Y-E(X+Y))^2 \\
&= E(X+Y)^2 - (E(X+Y))^2 \\
&= E(X^2 + Y^2 + 2XY) - E(X)^2 - E(Y)^2 - 2E(X)E(Y) \\
&= E(X^2) - E(X)^2 + E(Y^2) - E(Y)^2 + 2(E(XY) - E(X)E(Y)) \\
&= D(X) + D(Y) + 2\text{Cov}(X,Y)
\end{aligned}
$$

(4) 线性性质为

$$\text{Cov}(aX+b, cY+d) = ac\text{Cov}(X,Y) \tag{4.3.6}$$

因为

$$
\begin{aligned}
&\text{Cov}(aX+b, cY+d) \\
&= ac\text{Cov}(X,Y) \\
&= E((aX+b)(cY+d)) - E(aX+b)E(cY+d) \\
&= E(acY + adX + bcY + bd) - aEX.cEY - adEX - bcEY - E(bd) \\
&= acE(XY) - acE(X)E(Y) \\
&= ac(E(XY) - E(X)E(Y)) = ac\text{Cov}(X,Y)
\end{aligned}
$$

(5) 分配律为

$$\text{Cov}(X_1 + X_2, Y) = \text{Cov}(X_1, Y) + \text{Cov}(X_2, Y) \tag{4.3.7}$$

因为

$$
\begin{aligned}
&\text{Cov}(X_1 + X_2, Y) \\
&= E((X_1 + X_2)Y) - E(X_1 + X_2)E(Y) \\
&= E(X_1 Y + X_2 Y) - (E(X_1) + E(X_2))E(Y) \\
&= (E(X_1 Y) - E(X_1)E(Y)) + (E(X_2 Y) - E(X_2)E(Y)) \quad . \\
&= \text{Cov}(X_1, Y) + \text{Cov}(X_2, Y)
\end{aligned}
$$

(6) 当 X 与 Y 独立时，协方差为 0，即

$$E(XY) = E(X)E(Y) \Rightarrow \text{Cov}(X,Y) = E(XY) - E(X)E(Y) = 0 \tag{4.3.8}$$

反之不相关，未必独立 (参阅下文反例).

【定理 4.3.1】协方差的有界性

$$\text{Cov}(X,Y)^2 \leqslant \sigma_1^2 \sigma_2^2 = D(X)D(Y) \tag{4.3.9}$$

等号成立当且仅当 X 与 Y 存在线性关系 $Y = aX + b$ 或 $X = cY + d$.

【证明】 应用最小二乘法，构造辅助变量二次函数，即

$$
\begin{aligned}
0 \leqslant f(t) \quad &:= E((X - \mu_1)t + (Y - \mu_2))^2 \\
&= D((X - \mu_1)t) + D(Y - \mu_2) + 2\mathrm{Cov}((X - \mu_1)t, (Y - \mu_2)) \\
&= t^2 D(X - \mu_1) + D(Y - \mu_2) + 2t\mathrm{Cov}(X, Y) \\
&= t^2 D(X) + D(Y) + 2t\mathrm{Cov}(X, Y) \\
&= \sigma_1^2 t^2 + 2t\mathrm{Cov}(X, Y) + \sigma_2^2 = \sigma_1^2 (t - t_1)(t - t_2)
\end{aligned}
$$

因二次函数恒非负，故其判别式恒非正，即

$$
\Delta = 4(\mathrm{Cov}(X, Y))^2 - 4\sigma_1^2 \sigma_2^2 \leqslant 0
$$

即

$$
\mathrm{Cov}(X, Y)^2 \leqslant \sigma_1^2 \sigma_2^2
$$

等号成立时，有

$$
\mathrm{Cov}(X, Y) = \pm \sigma_1 \sigma_2
$$

从而有

$$
\begin{aligned}
f(t) \quad &= E((X - \mu_1)t + (Y - \mu_2))^2 \\
&= \sigma_1^2 t^2 + 2t\mathrm{Cov}(X, Y) + \sigma_2^2 \\
&= \sigma_1^2 t^2 \pm 2\sigma_1 \sigma_2 t + \sigma_2^2 \\
&= (\sigma_1 t \pm \sigma_2)^2
\end{aligned}
$$

令 $t = t_0 := \mp \dfrac{\sigma_2}{\sigma_1}$，则 $f(t_0) = 0$，t_0 为零点，从而

$$
\begin{aligned}
&E((X - \mu_1)t_0 + (Y - \mu_2))^2 = 0 \\
\Rightarrow\ & (X - \mu_1)t_0 + (Y - \mu_2) = 0 \\
\Rightarrow\ & Y = -t_0 X + t_0 \mu_1 + \mu_2 \\
\Rightarrow\ & X, Y \text{ 间存在线性关系 (线性相关)}
\end{aligned}
$$

注意：对于非负随机变量 $\xi^2 \geqslant 0, E\xi^2 = 0 \Leftrightarrow \xi = 0$. 反之，若 X, Y 间有线性关系，设 $Y = aX + b$，则 $D(Y) = a^2 D(X)$，故

$$
\mathrm{Cov}(X, Y) = \mathrm{Cov}(X, aX + b) = a\mathrm{Cov}(X, X) = aD(X) = a\sigma_1^2
$$

$$
\Rightarrow \mathrm{Cov}(X, Y)^2 = (a\sigma_1^2)^2 = a^2 \sigma_1^4 = \sigma_1^2 a^2 \sigma_1^2 = \sigma_1^2 \sigma_2^2
$$

即等号成立：

$$
\mathrm{Cov}(X, Y)^2 = \sigma_1^2 \sigma_2^2
$$

4.3.2 相关系数

【定义 4.3.2】相关系数 随机变量 X, Y 的 相关系数 定义为

$$
\rho = \rho(X, Y) := \frac{\mathrm{Cov}(X, Y)}{\sqrt{D(X)}\sqrt{D(Y)}} = \frac{\mathrm{Cov}(X, Y)}{\sigma_1 \sigma_2} \tag{4.3.10}
$$

是无量纲的数.

【定义 4.3.3】不相关　当相关系数或协方差为 0，即

$$\rho = \rho(X,Y) = 0 \Leftrightarrow \mathrm{Cov}(X,Y) = 0 \tag{4.3.11}$$

时，称 X 与 Y 不相关.

相关系数可视为"标准化的协方差"(Standardized Covariance =Correlation)，如果能够选择适当单位使得 $D(X) = D(Y) = 1$，则 $\rho = \mathrm{Cov}(X,Y)$. 例如，对两个同服从标准正态分布的随机变量 $X,Y \sim N(0,1)$，即有 $\rho = \mathrm{Cov}(X,Y)$.

【定理 4.3.2】零化条件　X 与 Y 独立，则相关系数 $\rho(X,Y) = 0$. 即随机变量独立是不相关的充分 (而非必要) 条件.

【证明】X,Y 独立, 则

$$E(XY) = E(X)E(Y)$$
$$\Rightarrow \quad \mathrm{Cov}(X,Y) = E(XY) - E(X)E(Y) = 0$$
$$\Rightarrow \quad \rho(X,Y) = \frac{\mathrm{Cov}(X,Y)}{\sigma_1 \sigma_2} = 0$$

【定理 4.3.3】相关系数的有界性

$$|\rho(X,Y)| \leqslant 1 \tag{4.3.12}$$

即

$$-1 \leqslant \rho(X,Y) \leqslant 1 \tag{4.3.13}$$

【证明】

$$\rho(X,Y) = \frac{\mathrm{Cov}(X,Y)}{\sqrt{D(X)}\sqrt{D(Y)}}$$

因

$$|\mathrm{Cov}(X,Y)|^2 \leqslant D(X)D(Y) = \sigma_1^2 \sigma_2^2$$

故

$$|\rho(X,Y)| = \frac{|\mathrm{Cov}(X,Y)|}{\sqrt{D(X)}\sqrt{D(Y)}} \leqslant 1$$

【定理 4.3.4】规范性　$|\rho(X,Y)| = 1$ 之充要条件是 X 与 Y(以概率 1) 存在线性关系：$Y = aX + b$. 且 $a > 0$ 时 $\rho(X,Y) = 1$，$a < 0$ 时 $\rho(X,Y) = -1$.

【证明】　由协方差的有界规范性定理，有

$$|\rho(X,Y)| = 1 \Leftrightarrow \mathrm{Cov}(X,Y)^2 = \sigma_1^2 \cdot \sigma_2^2$$

即等价于 X 和 Y 存在线性关系. 因为

$$\mathrm{Cov}(X,Y) = \mathrm{Cov}(X, aX + b) = a\mathrm{Cov}(X,X) = aD(X)$$

$$D(Y) = D(aX + b) = a^2 D(X)$$

故

$$\rho(X,Y) = \frac{\text{Cov}(X,Y)}{\sqrt{D(X)}\sqrt{D(Y)}} = \frac{aD(X)}{|a|D(X)} = \frac{a}{|a|}$$

从而 $a > 0$ 时 $\rho(X,Y) = 1, a < 0$ 时 $\rho(X,Y) = -1$.

【注记】 可用最小二乘法 (Least Square Method) 的思想证明结论. 用 e（error）表示误差，估计一个随机变量与其线性逼近 $aX + b$ 的误差. 考虑均方误差，作 Y 的线性逼近 (Linear Approximation)：

$$\begin{aligned}
e &:= E(Y - (aX + b))^2 = e(a,b) \\
&= E(Y^2 - 2(aX + b)Y + (aX + b)^2) \\
&= E(Y^2) - 2E(aXY + bY) + E(aX + b)^2 \\
&= E(Y^2) - 2aE(XY) - 2bEY + a^2E(X)^2 + 2abEX + b^2 \\
&= (E(X)^2)a^2 - 2E(XY)a + 2abEX + b^2 - 2bEY + E(Y^2)
\end{aligned}$$

考虑 (关于 a, b 的) 二元函数的极值，令偏导数为 0，则有

$$\begin{cases}
\dfrac{\partial e}{\partial a} = 2aEX^2 - 2E(XY) + 2bEX = 2(aEX^2 - E(XY) + bEX) \\[2mm]
\dfrac{\partial e}{\partial b} = 2b - 2E(Y) + 2aEX = 2(b - E(Y) + aEX)
\end{cases}$$

令

$$\frac{\partial e}{\partial a} = 0, \qquad \frac{\partial e}{\partial b} = 0$$

得二元一次非齐次线性代数方程组

$$\begin{cases}
aEX^2 + bEX = E(XY) \\
aEX + b = E(Y)
\end{cases}$$

其系数行列式

$$\Delta = \begin{vmatrix} E(X^2) & E(X) \\ E(X) & 1 \end{vmatrix} = E(X^2) - E(X)^2 = D(X)$$

分别用方程组的非齐次项代替未知元 a, b 的系数，建立行列式，记为

$$\Delta a = \begin{vmatrix} E(XY) & E(X) \\ E(Y) & 1 \end{vmatrix}$$

$$\Delta b = \begin{vmatrix} E(X^2) & E(XY) \\ E(X) & E(Y) \end{vmatrix}$$

181

由克莱默法则，解得

$$a_0 = \frac{\Delta a}{\Delta} = \frac{\begin{vmatrix} E(XY) & E(X) \\ E(Y) & 1 \end{vmatrix}}{D(X)} = \frac{E(XY) - E(X)E(Y)}{D(X)} = \frac{\operatorname{Cov}(X, Y)}{D(X)} = \frac{\operatorname{Cov}(X, Y)}{\sigma_1^2}$$

$$b_0 = \frac{\Delta b}{\Delta} = -\frac{\begin{vmatrix} E(X^2) & E(XY) \\ E(X) & E(Y) \end{vmatrix}}{D(X)} = \frac{E(Y)E(X)^2 - E(X)E(XY)}{D(X)}$$

或直接由原方程组得

$$b_0 = E(Y) - a_0 E(X) = E(Y) - \frac{E(X)\operatorname{Cov}(X, Y)}{D(X)}$$

此时，逼近的剩余 (均方误差) 最小值

$$\begin{aligned} e_0 &:= \min e = E(Y - (a_0 X + b_0))^2 \\ &= a_0 E(X)^2 - 2a_0 E(XY) + 2a_0 b_0 E(X) + b^2 - 2b_0 E(Y) + E(Y^2) \\ &= \frac{\operatorname{Cov}(X, Y)^2}{\sigma_1^4} E(X)^2 - \frac{2\operatorname{Cov}(X, Y)E(XY)}{\sigma_1^2} + \cdots \end{aligned}$$

此时 (线性逼近误差) 极小最小二乘解为

$$\begin{aligned} e_0 &= D(Y) + a_0 D(X) - 2a_0 \operatorname{Cov}(X, Y) \\ &= \sigma_2^2 + \frac{\operatorname{Cov}(X, Y)^2}{\sigma_1^4}\sigma_1^2 - 2\frac{\operatorname{Cov}(X, Y)^2}{\sigma_1^2} \\ &= \sigma_2^2 + \frac{\rho^2 \sigma_1^2 \sigma_2^2}{\sigma_1^2} - \frac{2\rho^2 \sigma_1^2 \sigma_2^2}{\sigma_1^2} \\ &= \sigma_2^2 + \rho^2 \sigma_2^2 - 2\rho^2 \sigma_2^2 \\ &= \sigma_2^2 - \rho^2 \sigma_2^2 \\ &= (1 - \rho^2)\sigma_2^2 \end{aligned}$$

于是

$$|\rho(X, Y)| = 1 \Leftrightarrow 1 - \rho^2 = 0$$
$$\Leftrightarrow \quad e_0 := E(Y - (a_0 X + b_0))^2 = 0$$
$$\Leftrightarrow \quad Y = a_0 X + b_0$$
$$\Rightarrow X, Y \text{ 间存在线性关系 (线性相关), 且}$$

$$\begin{cases} a_0 > 0 \Rightarrow \rho = 1 \\ a_0 < 0 \Rightarrow \rho = -1 \end{cases}$$

【结论】相关系数与线性相关程度　因 $e_0 = (1 - \rho^2)\sigma_2^2$ 为 $|\rho|$ 之减函数，故:
(1) 相关系数 $|\rho|$ 较大 $\uparrow \Rightarrow$ 误差 e 较小 $\downarrow \Rightarrow X, Y$ 线性相关程度好 (大).
(2) 相关系数 $|\rho|$ 较小 $\downarrow \Rightarrow$ 误差 e 较大 $\uparrow \Rightarrow X, Y$ 线性相关程度差 (小).

(3)$|\rho| = 0 \Leftrightarrow \rho = 0 \Leftrightarrow \mathrm{Cov}(X, Y) = 0$ 时称 X 与 Y 不相关.

上文定义的相关系数

$$\rho = \rho(X, Y) = \frac{\mathrm{Cov}(X, Y)}{\sqrt{D(X)}\sqrt{D(Y)}}$$

严格来说是线性相关系数，因为它刻画的是 X 和 Y 的线性关系的程度，即 $Y = aX + b$，是线性逼近，$e_0 = (1 - \rho^2)\sigma_2^2 = (1 - \rho^2)D(Y)$. 下面介绍更一般的相关概念.

【释例 4.3.1】非线性相关

$$X \sim U[-\frac{1}{2}, \frac{1}{2}], Y = \cos X$$

则注意奇函数在对称区间积分为 0，有

$$E(X) = \frac{(-\frac{1}{2}) + \frac{1}{2}}{2} = 0$$

$$\mathrm{Cov}(X, Y) = E(XY) - E(X)E(Y) = E(XY) = \int_{-\frac{1}{2}}^{\frac{1}{2}} (\cos x)x\mathrm{d}x = 0$$

从而

$$\rho(X, Y) = \frac{\mathrm{Cov}(X, Y)}{\sigma_1 \sigma_2} = 0$$

即 X 和 Y "不相关"，但只是 "线性不相关"，却存在非线性的函数关系 $Y = \cos X$.

【释例 4.3.2】正负相关 当 $0 < |\rho_{XY}| < 1$ 时，X 与 Y 有 "一定程度" 的线性关系. 设 $\mathbf{R}^2$ 空间的椭圆域 (Elliptic Domain)

$$\Omega : \frac{(x - x_0)^2}{a^2} + \frac{(y - y_0)^2}{b^2} = 1$$

$(X, Y) \sim U(\Omega)$ 均匀分布：

$$f(x, y) = \begin{cases} \dfrac{1}{m(\Omega)}, & (x, y) \in \Omega \\ 0, & \text{其他} \end{cases}$$

则 X 与 Y 均无严格线性关系，但：

(1)$\mathrm{Cov}(X, Y) > 0$ 时 X 与 Y 正相关;

(2)$\mathrm{Cov}(X, Y) < 0$ 时 X 与 Y 负相关;

(3)$\mathrm{Cov}(X, Y) = 0$ 时 X 与 Y 几乎不相关.

4.3.3 独立与不相关

【命题 4.3.1】 随机变量 X 与 Y 独立，必定不相关；反之不相关，未必独立.

【证明】 X 与 Y 独立，则

$$E(XY) = E(X)E(Y)$$
$$\Rightarrow \quad \mathrm{Cov}(X,Y) = E(XY) - E(X)E(Y) = 0 \tag{4.3.14}$$
$$\Rightarrow \quad \rho_{XY} = \frac{\mathrm{Cov}(X,Y)}{\sigma_1 \sigma_2} = 0$$

【反例 4.3.1】单位圆盘上的均匀分布 $(X,Y) \sim U(\Omega)$:

$$f(x,y) = \begin{cases} \dfrac{1}{\pi}, & x^2 + y^2 \leqslant 1 \\ 0, & \text{其他} \end{cases}$$

则边缘密度

$$f_X(x) = \begin{cases} \dfrac{2\sqrt{1-x^2}}{\pi}, & |x| < 1 \\ 0, & \text{其他} \end{cases}$$

$$f_Y(y) = \begin{cases} \dfrac{2\sqrt{1-y^2}}{\pi}, & |y| < 1 \\ 0, & \text{其他} \end{cases}$$

故 $f(x,y) \neq f(x)f(y)$，有 X 和 Y 不独立，但

$$\begin{aligned} \mathrm{Cov}(X,Y) &= E(XY) = \frac{1}{\pi} \iint_{x^2+y^2 \leqslant 1} xy \mathrm{d}x\mathrm{d}y \\ &= \frac{1}{\pi} \int_0^{2\pi} \mathrm{d}\theta \int_0^1 r^2 \sin\theta \cos\theta r \mathrm{d}r \\ &= \frac{1}{\pi} \int_0^{2\pi} \sin\theta \cos\theta \mathrm{d}\theta \int_0^1 r^3 \mathrm{d}r \\ &= \frac{1}{4\pi} \times \frac{1}{2} \sin^2\theta \big|_0^{2\pi} \\ &= \frac{1}{8\pi} \times \sin^2\theta \big|_0^{2\pi} = 0 \end{aligned}$$

【命题 4.3.2】二维正态分布不相关与独立等价

$$(X,Y) \sim N(\mu_1, \mu_2; \sigma_1, \sigma_2, \rho)$$

$$f(x,y) = \frac{1}{2\pi\sigma_1\sigma_2\sqrt{1-\rho^2}} \exp\left[-\frac{1}{2(1-\rho^2)} \left(\frac{(x-\mu_1)^2}{\sigma_1^2} - 2\rho\frac{(x-\mu_1)(y-\mu_2)}{\sigma_1\sigma_2} + \frac{(y-\mu_2)^2}{2\sigma_2^2} \right) \right] \tag{4.3.15}$$

则

$$f(x,y) = f(x)f(y) \Leftrightarrow \rho = 0 \tag{4.3.16}$$

【证明】

$$f_X(x) = \frac{1}{\sqrt{2\pi}\sigma_1} \mathrm{e}^{-\frac{(x-\mu_1)^2}{2\sigma_1^2}}$$
$$f_Y(y) = \frac{1}{\sqrt{2\pi}\sigma_2} \mathrm{e}^{-\frac{(y-\mu_2)^2}{2\sigma_2^2}}$$

故

$$f(x,y) = f(x)f(y) \Leftrightarrow 1 - \rho^2 = 0 \Leftrightarrow \rho = 0$$

下证 ρ 即是相关系数 $\rho = \dfrac{\mathrm{Cov}(X, Y)}{\sigma_1 \sigma_2}$, 故

$$\rho_{XY} = \frac{\mathrm{Cov}(X, Y)}{\sigma_1 \sigma_2} = \frac{\rho \sigma_1 \sigma_2}{\sigma_1 \sigma_2} = \rho$$

$$\mathrm{Cov}(X, Y) = E(X - E(X))(Y - E(Y))$$
$$= \iint_{R^2} (x - \mu_1)(y - \mu_2) f(x, y) \mathrm{d}x \mathrm{d}y$$
$$= \frac{1}{2\pi \sigma_1 \sigma_2 \sqrt{1 - \rho^2}} \int_{-\infty}^{+\infty} \int_{-\infty}^{+\infty} (x - \mu_1)(y - \mu_2) \times$$

$$\exp\left[-\frac{1}{2(1 - \rho^2)}\left(\frac{(x - \mu_1)^2}{\sigma_1^2} - 2\rho \frac{(x - \mu_1)(y - \mu_2)}{\sigma_1 \sigma_2} + \frac{(y - \mu_2)^2}{2\sigma_2^2}\right]\mathrm{d}x\mathrm{d}y$$

令 $u = \dfrac{x - \mu_1}{\sigma_1}, v = \dfrac{y - \mu_2}{\sigma_2}, \mathrm{d}x = \sigma_1 \mathrm{d}u, \mathrm{d}y = \sigma_2 \mathrm{d}v$, 则

$$上式 \quad = \quad \frac{\sigma_1 \sigma_2}{2\pi \sqrt{1 - \rho^2}} \iint uv \exp\left[-\frac{1}{2(1 - \rho^2)}(u^2 - 2uv + v^2)\right]\mathrm{d}u\mathrm{d}v$$

$$= \quad \frac{\sigma_1 \sigma_2}{2\pi \sqrt{1 - \rho^2}} \int_{-\infty}^{+\infty} u e^{-\frac{u^2}{2}} \mathrm{d}u \int_{-\infty}^{+\infty} v e^{-\frac{(v - \rho u)^2}{2(1 - \rho^2)}} \mathrm{d}v$$

再令 $t = \dfrac{v - \rho u}{\sqrt{1 - \rho^2}}$, $\quad \mathrm{d}v = \sqrt{1 - \rho^2} \mathrm{d}t$, 则

$$上式 \quad = \quad \frac{\sigma_1 \sigma_2}{2\pi} \int_{-\infty}^{+\infty} u e^{-\frac{u^2}{2}} \mathrm{d}u \int_{-\infty}^{+\infty} (\sqrt{1 - \rho^2} t + \rho u) e^{-\frac{t^2}{2}} \mathrm{d}t$$

$$= \quad \frac{\sigma_1 \sigma_2}{2\pi} \times \left(\int_{-\infty}^{+\infty} u e^{-\frac{u^2}{2}} \mathrm{d}u \int_{-\infty}^{+\infty} \sqrt{1 - \rho^2} t e^{-\frac{t^2}{2}} \mathrm{d}t \right.$$
$$\left. + \int_{-\infty}^{+\infty} u^2 e^{-\frac{u^2}{2}} \mathrm{d}u \int_{-\infty}^{+\infty} \rho \mathrm{d}^{-\frac{t^2}{2}} \mathrm{d}t\right)$$
$$= \quad \frac{\sigma_1 \sigma_2}{2\pi} \times (0 + \sqrt{2\pi}.\rho\sqrt{2\pi}) = \rho \sigma_1 \sigma_2$$

4.3.4 矩

矩的概念转借自静力学. 例如, 前面得到的数学期望计算 (定义) 式:

$$E(X) = \sum x_k p_k, \quad 或 \quad E(X) = \int_{-\infty}^{+\infty} x f(x) \mathrm{d}x$$
$$E(X^2) = \sum x_k^2 p_k, \quad 或 \quad E(X^2) = \int_{-\infty}^{+\infty} x^2 f(x) \mathrm{d}x$$

形式类似于静力矩的计算式

$$M = \sum F_k L_k$$

式中，F_k 为力；L_k 为力臂. 故定义高阶矩，以便于统一起"期望、方差、协方差"诸概念于"矩"的概念体系之下.

【定义 4.3.4】原点矩(Original Moment)　随机变量 X 的 k 次方的数学期望

$$\nu_k := E(X^k), E|X|^k < \infty \tag{4.3.17}$$

称为 X 的 k 阶原点矩.

$$\alpha_k := E(|X|^k) < \infty \tag{4.3.18}$$

称为 X 的 k 阶绝对原点矩. 对于离散和连续型的随机变量，其具体计算公式分别是

离散型随机变量：$E(X^k) = \sum x_i^k p_i, \quad E(|X|^k) = \sum |x_i|^k p_i$ (4.3.19a)

连续型随机变量：$E(X^k) = \int_{-\infty}^{+\infty} x^k f(x)\mathrm{d}x, \quad E(|X|^k) = \int_{-\infty}^{+\infty} |x^k| f(x)\mathrm{d}x$ (4.3.19b)

特别地，当 $k = 1$ 时，一阶原点矩即是数学期望.

【定义 4.3.5】中心矩(Centroid Moment)　随机变量 X 与其数学期望 (作为中心) 差的 k 次方的数学期望

$$E(X - E(X))^k, E|X - E(X)|^k < \infty \tag{4.3.20}$$

称为随机变量的 k 阶中心矩. 即

离散型随机变量：$\qquad E(X - E(X))^k = \sum_i (x_i - E(X))^k p_i$ (4.3.21a)

连续型随机变量：$\qquad E(X - E(X))^k = \int_{-\infty}^{+\infty} (x - \mu)^k f(x)\mathrm{d}x$ (4.3.21b)

$k = 2$ 时，方差即是二阶中心矩：

离散型随机变量：$D(X) = E(X - E(X))^2 = \sum_i (x_i - E(X))^2 p_i$ (4.3.22a)

连续型随机变量：$D(X) = E(X - E(X))^2 = \int_{-\infty}^{+\infty} (x - \mu)^2 f(x)\mathrm{d}x$ (4.3.22b)

【定义 4.3.6】混合矩(Mixed Moment)　设 (X, Y) 为二维随机变量，$E(X) = \mu_1$，$E(Y) = \mu_2$，当 $E|X^k Y^l| < \infty$ 时，期望

$$E(X^k Y^l) \tag{4.3.23}$$

称为 X, Y 的 $k + l$ 阶混合原点矩.

$$E((X - \mu_1)^k (Y - \mu_2)^l) = E((X - E(X))^k (Y - E(Y))^l) \tag{4.3.24}$$

称为 X, Y 的 $k + l$ 阶混合中心矩.

特别当 $k = l$ 时，协方差

$$E((X - E(X))(Y - E(Y))) = E((X - \mu_1)(Y - \mu_2)) \tag{4.3.25}$$

是二阶混合中心矩.

【定理 4.3.5】**马尔科夫不等式**(Markov Inequality)　设随机变量 X 的 k 阶绝对原点矩为 $E|X|^k$，则

$$P\{|X| \geqslant \varepsilon\} \leqslant \frac{E|X|^k}{\varepsilon^k}, \quad \forall \varepsilon > 0 \tag{4.3.26}$$

类似切比雪夫不等式

$$P\{|X - \mu| \geqslant \varepsilon\} \leqslant \frac{D(X)}{\varepsilon^2}, \quad \forall \varepsilon > 0$$

【证明】　由非负函数积分的保号性和单调性，非负函数在子区间上的积分不超过在母区间上的积分，有

$$\begin{aligned}
P\{|X| \geqslant \varepsilon\} &= \int_{|x| \geqslant \varepsilon} f(x) \mathrm{d}x \\
&\leqslant \int_{|x| \geqslant \varepsilon} \frac{|x|^k}{\xi^k} f(x) \mathrm{d}x \\
&\leqslant \frac{1}{\varepsilon^k} \int_{-\infty}^{+\infty} |x|^k f(x) \mathrm{d}x = \frac{1}{\varepsilon^k} E|X|^k
\end{aligned}$$

【命题 4.3.3】**原点矩与中心矩的关系式**

(1) 中心矩在原点矩下表示为

$$\begin{aligned}
\mu_n &= E(X - E(X))^n = \sum_{k=0}^{n} C_n^k E(X^k)(E(X)^{n-k}) \\
&= \sum_{k=0}^{n} (-1)^{n-k} C_n^k (\nu_1^{n-k}) \nu_k
\end{aligned} \tag{4.3.27}$$

$$\begin{cases}
\mu_0 = 1, \mu_1 = 0 \\
\mu_2 = \nu_2 - \nu_1^2 \quad D(X) = E(X)^2 - E(X)^2 \\
\mu_3 = \nu_3 - 3\nu_2\nu_1 + 2\nu_1^3 \\
\mu_4 = \nu_4 - 4\nu_3\nu_1 + 6\nu_2\nu_1^2 - 3\nu_1^4 \\
\mu_5 = \nu_5 - 5\nu_4\nu_1 + 10\nu_3\nu_1^2 - 10\nu_2\nu_1^3 + 4\nu_1^5 \\
\quad\quad\quad\quad\quad \vdots
\end{cases}$$

例如，对首几项公式的简单证明如下：

$$
\begin{aligned}
\mu_3 &= \sum_i (x_i - \nu_1)^2 p_i \\
&= \sum_i (x_i^3 - 3x_i^2\nu_1 + 3x_i\nu_1^2 - \nu_1^3)p_i \\
&= \sum_i x_i^3 p_i - 3(\sum x_i^2 p_i)\nu_1 + 3\sum x_i p_i \nu_1^2 - \sum \nu_1^3 p_i \\
&= \nu_3 - 3\nu_2\nu_1 + 3\nu_1^3 - \nu_1^3 \\
&= \nu_3 - 3\nu_2\nu_1 + 2\nu_1^3
\end{aligned}
$$

$$
\begin{aligned}
\mu_4 &= \sum_i (x_i - \nu_1)^4 p_i \\
&= \sum_i (x_i^4 - 4x_i^3\nu_1 + 6x_i^2\nu_1^2 - 4x_i\nu_1^3 + \nu_1^4)p_i \\
&= \sum_i x_i^4 p_i - 4(\sum x_i^3 p_i)\nu_1 + 6\sum(x_i^2 p_i)\nu_1^2 - 4(\sum x_i p_i)\nu_1^3 + (\sum p_i)\nu_1^4 \\
&= \nu_4 - 4\nu_3\nu_1 + 6\nu_2\nu_1^2 - 4\nu_1.\nu_1^3 + \nu_1^4 \\
&= \nu_4 - 4\nu_3\nu_1 + 6\nu_2\nu_1^2 - 4\nu_1^4 + \nu_1^4 \\
&= \nu_4 - 4\nu_3\nu_1 + 6\nu_2\nu_1^2 - 3\nu_1^4
\end{aligned}
$$

(2) 原点矩在中心矩下表示为

$$
\nu_n = E(X)^n = E[(x-\nu_1)+\nu_1]^n = \sum_{k=0}^n C_n^k \nu_1^k E(X-\nu_1)^{n-k} = \sum_{k=0}^n C_n^k \nu_1^k \mu_{n-k} \tag{4.3.28}
$$

$$
\begin{cases}
\nu_0 = 1 \\
\nu_1 = E(X) \\
\nu_2 = \mu_2 + E(X)^2, E(X)^2 = D(X) + E(X)^2 \\
\nu_3 = \mu_3 + 3\nu_1\mu_2 + \nu_1^3 \\
\nu_4 = \mu_4 + 4\nu_1\mu_3 + 6\nu_1^2\mu_2 + \nu_1^4 \\
\qquad\qquad \vdots
\end{cases}
$$

4.3.5 协方差矩阵

【定义 4.3.7】二维随机变量协方差矩阵

$$
\begin{cases}
C_{11} = E(X-E(X))^2 \\
C_{12} = E(X-E(X))(Y-E(Y)) \\
C_{21} = E(X-E(X))(Y-E(Y)) \\
C_{22} = E(Y-E(Y))^2
\end{cases} \tag{4.3.29}
$$

排列成矩阵的形式:

$$C = \begin{bmatrix} C_{11} & C_{12} \\ C_{21} & C_{22} \end{bmatrix} \tag{4.3.30}$$

称为二维随机变量 (X, Y) 的协方差矩阵 (Covariance Matrix). 显然, 有

$$C_{12} = C_{21} = \iint_{R^2} (x - \mu_1)(y - \mu_2) \mathrm{d}x \mathrm{d}y \tag{4.3.31}$$

【定义 4.3.8】n 维随机变量协方差矩阵 设 $(X_1, X_2, \cdots, X_n)$ 为 n 维随机变量, 定义两两协方差

$$C_{ij} = \mathrm{Cov}(X_i, X_j) = E(X_i - E(X_i))(X_j - E(X_j)) \tag{4.3.32}$$

均存在有限, 则方阵

$$C = \begin{bmatrix} C_{11} & C_{12} & \cdots & C_{1n} \\ C_{21} & C_{22} & \cdots & C_{2n} \\ \vdots & \vdots & \ddots & \vdots \\ C_{n1} & C_{n2} & \cdots & C_{nn} \end{bmatrix} \tag{4.3.33}$$

称为 协方差矩阵. 显然 $C_{ij} = C_{ji}$, 故协方差矩阵为对称矩阵, 且

$$C_{ii} = D(X_i) = E(X_i - E(X_i))^2 \tag{4.3.34}$$

对角元即随机变量各分量的方差.

【定理 4.3.6】施瓦兹 (Schwarz) 不等式 对称协方差矩阵

$$\begin{aligned} C &= (C_{ij})_{n \times n} \\ C_{ij}^2 &\leqslant C_{ii} \cdot C_{jj} \qquad (i, j = 1, 2, \cdots, n) \end{aligned} \tag{4.3.35}$$

特别对二维协方差矩阵, 有

$$\begin{aligned} C &= (C_{ij})_{2 \times 2} \\ C_{12}^2 &= C_{21}^2 \leqslant C_{11} \cdot C_{22} \end{aligned} \tag{4.3.36}$$

即在前面讲协方差有界性中证明过的:

$$\mathrm{Cov}(X, Y)^2 \leqslant D(X)D(Y) \tag{4.3.37}$$

而对于数学期望, 成立如下施瓦兹不等式:

$$(E(XY))^2 \leqslant (E(X^2)) \cdot (E(Y^2)) \tag{4.3.38}$$

以上不等式通称为柯西 — 施瓦兹 (Cauchy-Schwarz) 不等式. 不等式等号成立当且仅当 X, Y 存在线性关系 (线性相关).

【证明】 考虑二次函数

$$\begin{aligned} 0 \leqslant f(t) &:= E(X + tY)^2 \\ &= E(X^2 + 2tXY + t^2Y^2) \\ &= E(Y^2)t^2 + 2tE(XY) + E(X^2) \end{aligned}$$

189

恒非负，故其判别式恒非正：

$$\Delta = 4(E(XY))^2 - 4(E(X^2))(E(Y^2)) \leqslant 0$$

即

$$(E(XY))^2 \leqslant (E(X^2))(E(Y^2))$$

对随机变量关于各自数学期望即中心进行平移，有

$$\xi = X - E(X), \qquad \eta = Y - E(Y)$$

则有

$$(E(\xi\eta))^2 \leqslant (E\xi^2)(E\eta^2)$$

即

$$(E(X - E(X))(Y - E(Y)))^2$$
$$\leqslant E(X - E(X))^2 E(Y - E(Y))^2 = D(X)D(Y)$$
$$\Rightarrow (\mathrm{Cov}(X,Y))^2 \leqslant D(X)D(Y)$$
$$\Rightarrow C_{12}^2 \leqslant C_{11} \cdot C_{22}$$

一般地，有 $C_{ij}^2 \leqslant C_{ii} \cdot C_{jj}$.

对于随机变量关于期望平移后的二次函数 $f(t) := E((X - E(X)) + t(Y - E(Y)))^2$，等号成立即 $f(t) = 0$，由于非负随机变量的期望为零等价于此变量为零（因若变量取到一个正值，则期望作为加权平均就严格为正）：$EZ^2 = 0 \Leftrightarrow Z = 0$，故 $E((X - E(X)) + t(Y - E(Y)))^2 = 0$ 等价于 $(X - E(X)) + t(Y - E(Y)) = 0$. 于是，有

$$f(t) = 0 \Leftrightarrow (\mathrm{Cov}(X,Y))^2 = D(X)D(Y) \Leftrightarrow \mathrm{Cov}(X,Y) = \pm\sigma_1\sigma_2$$
$$\Leftrightarrow f(t) = \sigma_1^2 t^2 \pm 2t\sigma_1\sigma_2 + \sigma_2^2 = 0$$
$$\Leftrightarrow (\sigma_1 t \pm \sigma_2)^2 = 0$$
$$\Leftrightarrow t_0 = \mp\frac{\sigma_2}{\sigma_1}$$
$$\Leftrightarrow (X - E(X)) + t_0(Y - E(Y)) = 0$$

即 X, Y 存在线性关系 (线性相关). 且相应的系数可以由上式确定.

4.3.6 常见高维随机变量的协方差矩阵

1. 二维两点分布

二维两点分布分布律如下：

X, Y	1	0
1	p	0
0	0	q

190

则

$$E(X) = p, \qquad E(Y) = p$$
$$C_{11} = C_{22} = D(X) = D(Y) = pq$$
$$C_{12} = C_{21} = \mathrm{Cov}(X, Y)$$
$$= E(X - E(X))(Y - E(Y))$$
$$= \sum (x_i - E(X))(y_i - E(Y))p_i$$
$$= (1-p)(1-p)p + 2(1-p)(0-p).0 + (0-p).(0-p).(1-p)$$
$$= q^2 p + p^2 q$$
$$= pq(p+q) = pq$$

故二维两点分布随机变量 (X, Y) 的协方差矩阵

$$C = \begin{bmatrix} pq & pq \\ pq & pq \end{bmatrix} \tag{4.3.39}$$

2. 二维均匀分布 (矩形域上)

矩形域 $[a, b] \times [c, d]$ 上的二维均匀分布的密度函数为

$$f(x, y) = \begin{cases} \dfrac{1}{(b-a)(d-c)}, & (x, y) \in \Omega \\ 0, & \text{其他} \end{cases}$$

$$E(X) = \frac{a+b}{2}, E(Y) = \frac{c+d}{2}$$

$$C_{11} = D(X) = \frac{(b-a)^2}{12}, C_{22} = D(Y) = \frac{(d-c)^2}{12}$$

$$\begin{aligned} C_{12} &= E(X - E(X))(Y - E(Y)) \\ &= E(X - E(X))(Y - E(Y)) \\ &= \iint_{R^2} (x - E(X))(y - E(Y))f(x, y)\mathrm{d}x\mathrm{d}y \\ &= \iint_{R^2} (x - \frac{a+b}{2})(y - \frac{c+d}{2})\frac{1}{(b-a)(d-c)}\mathrm{d}x\mathrm{d}y \\ &= \frac{1}{(b-a)(d-c)}(\int_a^b (x - \frac{a+b}{2})\mathrm{d}x \int_c^d (y - \frac{c+d}{2})\mathrm{d}y) \\ &= (\frac{b^2 - a^2}{2} - \frac{b^2 - a^2}{2}) \times (\frac{d^2 - c^2}{2} - \frac{d^2 - c^2}{2}) \times \frac{1}{(b-a)(d-c)} \\ &= 0 \end{aligned}$$

事实上，由于二维均匀分布 (X, Y) 两分量独立知 $\rho = 0$，即 $\mathrm{Cov}(X,Y)$=0. 故二维均匀分

布随机变量 (X, Y) 的协方差矩阵为

$$C = \begin{bmatrix} \dfrac{(b-a)^2}{12} & 0 \\ 0 & \dfrac{(d-c)^2}{12} \end{bmatrix} \tag{4.3.40}$$

3. 二维正态分布

二维正态分布的密度函数和数字特征为

$$f(x, y) = \frac{1}{2\pi\sigma_1\sigma_2\sqrt{1-\rho^2}} \times \exp\left[\frac{-1}{2(1-\rho^2)}\left(\frac{(x-\mu_1)^2}{\sigma_1^2} - 2\rho\frac{(x-\mu_1)(y-\mu_2)}{\sigma_1\sigma_2} + \frac{(y-\mu_2)^2}{\sigma_2^2}\right)\right]$$

$$E(X) = \mu_1, E(Y) = \mu_2, D(X) = \sigma_1^2, D(Y) = \sigma_2^2$$

$$\mathrm{Cov}(X, Y) = \rho\sigma_1\sigma_2 \tag{4.3.41}$$

故二维正态分布随机变量 (X, Y) 的协方差矩阵

$$C = \begin{bmatrix} \sigma_1^2 & \rho\sigma_1\sigma_2 \\ \rho\sigma_1\sigma_2 & \sigma_2^2 \end{bmatrix} \tag{4.3.42}$$

现在我们采用矩阵 — 向量的观点对二维正态分布的密度函数重新考查. 协方差矩阵的行列式和逆矩阵分别是

$$|C| = \sigma_1^2\sigma_2^2 - \rho^2\sigma_1^2\sigma_2^2 = (1-\rho^2)\sigma_1^2\sigma_2^2$$

$$C^{-1} = \frac{1}{(1-\rho^2)\sigma_1^2\sigma_2^2}\begin{bmatrix} \sigma_2^2 & -\rho\sigma_1\sigma_2 \\ -\rho\sigma_1\sigma_2 & \sigma_1^2 \end{bmatrix} \tag{4.3.43}$$

令期望向量 $\boldsymbol{u} := (\mu_1, \mu_2)^{\mathrm{T}}$，随机向量 $\boldsymbol{X} = (X_1, X_2)^{\mathrm{T}}$，则由矩阵乘法可知

$$\begin{aligned} &(\boldsymbol{X} - \boldsymbol{u})^{\mathrm{T}}C^{-1}(\boldsymbol{X} - \boldsymbol{u}) \\ &= \frac{1}{|C|} \cdot [x - \mu_1, y - \mu_2]\begin{bmatrix} \sigma_2^2 & -\rho\sigma_1\sigma_2 \\ -\rho\sigma_1\sigma_2 & \sigma_1^2 \end{bmatrix}\begin{bmatrix} x - \mu_1 \\ y - \mu_2 \end{bmatrix} \\ &= \frac{1}{1-\rho^2} \cdot \left(\frac{(x-\mu_1)^2}{\sigma_1^2} - 2\rho\frac{(x-\mu_1)(y-\mu_2)}{\sigma_1\sigma_2} + \frac{(y-\mu_2)^2}{\sigma_2^2}\right) \end{aligned} \tag{4.3.44}$$

故二维正态分布的密度函数可写为

$$f(x, y) = \frac{1}{2\pi(|C|)^{\frac{1}{2}}}\exp\left(-\frac{1}{2}(\boldsymbol{X} - \boldsymbol{u})^{\mathrm{T}}C^{-1}(\boldsymbol{X} - \boldsymbol{u})\right) \tag{4.3.45}$$

此形式可很容易地推广至 n 维空间.

4. n 维正态分布

令协方差矩阵 $C = (c_{ij})_{n \times n}$ 非奇异, n 维随机变量 $\boldsymbol{X} = (X_1, X_2, \cdots, X_n)^{\mathrm{T}}$ 的概率密度可写为

$$f(x_1, x_2, \cdots, x_n) = \frac{1}{(2\pi)^{\frac{n}{2}}|C|^{\frac{1}{2}}}\exp\left(-(\boldsymbol{X} - \boldsymbol{u})^{\mathrm{T}}C^{-1}(\boldsymbol{X} - \boldsymbol{u})\right) \tag{4.3.46}$$

例如，当 $n = 3$，且 X_1, X_2, X_3 相互独立 (从而相关系数为 0) 时，则协方差矩阵为对角阵

$$C = \begin{bmatrix} \sigma_1^2 & 0 & 0 \\ 0 & \sigma_2^2 & 0 \\ 0 & 0 & \sigma_3^2 \end{bmatrix} \tag{4.3.47}$$

而概率密度可写为

$$f(x_1, x_2, x_3) = \frac{1}{(2\pi)^{\frac{3}{2}} \sigma_1 \sigma_2 \sigma_3} \exp\left(-\frac{1}{2} \sum_1^3 \frac{(x_i - \mu_i)^2}{\sigma_i^2}\right) \tag{4.3.48}$$

4.3.7 例题选讲

1. 单项选择

【例 4.3.1】(1999 年数学四研) 随机变量 X, Y 方差非零，则 $D(X + Y) = D(X) + D(Y)$ 成立是随机变量 X, Y 满足如下关系的什么条件？( )
(A) 不相关的充分非必要条件 (B) 独立的充分非必要条件
(C) 不相关的充分必要条件 (D) 独立的充分必要条件

【解】 因随机变量 X, Y 的和的方差为 $D(X + Y) = D(X) + D(Y) + 2\text{Cov}(X, Y)$，故

$$D(X + Y) = D(X) + D(Y) \Leftrightarrow \text{Cov}(X, Y) = 0 \Leftrightarrow \rho_{XY} = 0$$

从而 $D(X + Y) = D(X) + D(Y)$ 成立是随机变量 X, Y 不相关的充分必要条件. 答案 (C) 正确.

【例 4.3.2】(1995 年数学三研) 随机变量 X, Y 相互独立且同分布，对于随机变量 $U = X - Y, V = X + Y$，如下命题正确的是，随机变量 U, V 一定 ( ).
(A) 不独立 (B) 独立 (C) 相关 (D) 不相关

【解】 因随机变量 X, Y 相互独立且同分布，具有相同的期望和方差，故随机变量 U, V 的协方差为

$$\begin{aligned} \text{Cov}(U, V) &= E(UV) - E(U)E(V) \\ &= E((X - Y)(X + Y)) - E(X - Y)E(X + Y) \\ &= E(X^2 - Y^2) - (E(X) - E(Y))(E(X) + E(Y)) \\ &= E(X^2) - E^2 X - E(Y^2) + E^2 Y \\ &= D(X) - D(Y) = 0 \end{aligned}$$

故随机变量 U, V 之相关系数亦为 0，一定不相关. 答案 (D) 正确，(C) 错误. 而不相关未必独立，(B) 不能断定必然成立.

特别地，若随机变量 X, Y 是正态分布随机变量，则线性组合随机变量 $U = X - Y, V = X + Y$ 也是正态分布随机变量，二者不相关等价于独立，故 (A) 亦错误；从而 (D) 为唯一正确选择.

【例 4.3.3】(2000 年数学一研)   二维随机变量 (X, Y) 服从二维正态分布，则随机变量 $U = X - Y, V = X + Y$ 不相关的充分必要条件是 (   )

(A) $E(X) = E(Y)$ (B) $D(X) = D(Y)$

(C) $E(X^2) = E(Y^2)$ (D) $E(X^2) + E^2 X = E(Y^2) + E^2 Y$

【解】   类似于上题的推导，因随机变量 $U = X - Y, V = X + Y$ 的协方差为

$$\text{Cov}(U, V) = D(X) - D(Y)$$
$$\Rightarrow \text{Cov}(U, V) = 0 \Leftrightarrow D(X) - D(Y) = 0$$
$$\Rightarrow \rho(U, V) = 0 \Leftrightarrow D(X) = D(Y)$$

故随机变量 $U = X - Y, V = X + Y$ 不相关的充分必要条件是随机变量 X, Y 具有相同的方差. 答案 (B) 正确.

【例 4.3.4】(2001 年数学一、三、四研)   将一枚硬币反复抛掷 n 次，设随机变量 X, Y 分别表示正面和反面向上的次数，则 X, Y 之相关系数为 (   ).

(A) -1 (B) 0 (C) $\dfrac{1}{2}$ (D) 1

【解】   因随机变量 X, Y 的相关系数 ρ_{XY} 达到最大最小值 1 和 -1 的充分必要条件是 X, Y 以概率 1 存在线性关系 $Y = aX + b$，并且达到最大值还是最小值由斜率的符号决定：

$$\begin{cases} a > 0 \Rightarrow \rho = 1 \\ a < 0 \Rightarrow \rho = -1 \end{cases}$$

将硬币反复抛掷 n 次，反面向上的次数 $Y = n - X = -X + n$，故斜率 $a = -1 < 0$，从而 $\rho_{XY} = -1$. 答案 (A) 正确. 这表明随机变量 X, Y 具有最大的"负相关度".

2. 填空

【例 4.3.5】(2003 年数学三研)   随机变量 X, Y 的相关系数 $\rho_{XY} = 0.9$，则随机变量 $Z = X - 0.4$ 与 Y 的相关系数 $\rho_{YZ} = $ _____.

【解】   因协方差的线性性质和对称性质，有

$$\text{Cov}(aX + b, cY + d) = ac\text{Cov}(X, Y)$$
$$\Rightarrow \quad \text{Cov}(Y, Z) = \text{Cov}(Y, X - 0.4) = \text{Cov}(Y, X) = \text{Cov}(X, Y)$$

而由方差的性质，有

$$D(X + b) = D(X) \Rightarrow D(Z) = D(X)$$

所以随机变量 $Z = X - 0.4$ 与 Y 的相关系数为

$$\rho = \rho(Y, Z) := \frac{\text{Cov}(Y, Z)}{\sqrt{D(Y)}\sqrt{DZ}} = \frac{\text{Cov}(Y, X)}{\sqrt{D(Y)}\sqrt{D(X)}} = \rho(Y, X) = 0.9$$

【例 4.3.6】(2003 年数学四研) 随机变量 X, Y 的相关系数 $\rho_{XY} = 0.5$, 期望 $E(X) = E(Y) = 0$, 平方的期望 $E(X^2) = E(Y^2) = 2$, 则随机变量和的平方的期望 $E(X + Y)^2 = $ _____.

【解】 因协方差、相关系数、期望和方差的联系，有

$$E(X + Y)^2 = E(X^2) + E(Y^2) + 2E(XY) = 2 + 2 + 2E(XY) = 4 + 2E(XY)$$

$$E(XY) = \text{Cov}(X, Y) + E(X)E(Y) = \text{Cov}(X, Y) + 0 = \text{Cov}(X, Y)$$

$$\text{Cov}(X, Y) = \rho_{XY}\sqrt{D(X)}\sqrt{D(Y)} = \rho_{XY}\sqrt{E(X^2)}\sqrt{E(Y^2)} = 0.5\sqrt{2}\sqrt{2} = 1$$

所以随机变量和的平方的期望为

$$E(X + Y)^2 = 4 + 2E(XY) = 4 + 2 \times 1 = 6$$

3. 计算解答

【例 4.3.7】(1993 年数学一研) 连续型随机变量 X 的概率密度函数为

$$f_X(x) = \frac{1}{2}\mathrm{e}^{-|x|}, \qquad -\infty < x < +\infty$$

(1) 求随机变量 X 的数学期望与方差.

(2) 求随机变量 X 与其绝对值随机变量 $|X|$ 的协方差. 问随机变量 X 与其绝对值随机变量 $|X|$ 是否不相关?

(3) 问随机变量 X 与其绝对值随机变量 $|X|$ 是否相互独立?

【解】 (1) 随机变量 X 的数学期望为 (注意奇函数在关于纵轴对称的区间上积分为 0)

$$E(X) = \int_{-\infty}^{+\infty} \frac{x}{2}\mathrm{e}^{-|x|}\mathrm{d}x = 0$$

由数学期望与方差的联系可知，随机变量 X 的方差为 (注意偶函数在关于纵轴对称的区间上积分为正半区间上积分值的 2 倍)

$$\begin{aligned} D(X) \ &= E(X^2) - E^2(X) = E(X^2) \\ &= \int_{-\infty}^{+\infty} \frac{x^2}{2}\mathrm{e}^{-|x|}\mathrm{d}x = \int_{0}^{+\infty} x^2\mathrm{e}^{-x}\mathrm{d}x = 2 \end{aligned}$$

(2) 随机变量 X 与其绝对值随机变量 $|X|$ 的协方差为 (注意奇函数在关于纵轴对称的区间上积分为 0)

$$\begin{aligned} \text{Cov}(X, |X|) \ &= E(X|X|) - E(X)E(|X|) = E(X|X|) - 0 \\ &= E(X|X|) = \int_{-\infty}^{+\infty} \frac{x|x|}{2}\mathrm{e}^{-|x|}\mathrm{d}x = 0 \end{aligned}$$

由协方差与相关系数的联系可知，随机变量 X 与其绝对值随机变量 $|X|$ 不相关.

(3) 随机变量 X 与其绝对值随机变量 $Y = |X|$ 的联合分布函数为

$$F(x, y) = P(X \leqslant x, |X| \leqslant y)$$

特别地，对于直线 $y = x$ 上的点，联合分布函数为

$$F(x,x) = P(X \leqslant x, |X| \leqslant x) = P(|X| \leqslant x) = F_{|X|}(x)$$

因为当 $x < +\infty$ 时，边缘分布函数不等于 1:

$$F_X(x) = \int_{-\infty}^{x} \frac{1}{2}e^{-|x|}dx \neq 1$$

此时联合分布函数与两个边缘分布函数的乘积不相等：

$$F(x,x) = F_{|X|}(x) \neq F_{|X|}(x)F_X(x)$$

由随机变量的独立性与分布函数的联系可知，随机变量 X 与其绝对值随机变量 $|X|$ 不独立.

【例 4.3.8】(1994 年数学一研)　二维随机变量 (X,Y) 服从二维正态分布，并且随机变量分别服从正态分布 $X \sim N(1,9), Y \sim N(0,16)$. 随机变量 X 与其 Y 的相关系数为 $\rho_{XY} = -\dfrac{1}{2}$. 设随机变量函数 $Z = \dfrac{X}{3} + \dfrac{Y}{2}$.

(1) 求随机变量 Z 的数学期望与方差；

(2) 求随机变量 X 与随机变量 Z 的相关系数 ρ_{XZ}；

(3) 问随机变量 X 与随机变量 Z 是否相互独立？

【解】　(1) 随机变量 Z 的数学期望为 (注意利用数学期望的线性性质)

$$\begin{aligned} E(Z) \ &= E(\frac{X}{3} + \frac{Y}{2}) = \frac{1}{3}E(X) + \frac{1}{2}E(Y) \\ &= \frac{1}{3} + 0 = \frac{1}{3} \end{aligned}$$

由协方差与方差的联系可知，随机变量 X 与 Y 的协方差为

$$D(X) = 9, D(Y) = 16, \rho_{XY} = -\frac{1}{2}$$

$$\mathrm{Cov}(X,Y) = \rho_{XY}\sqrt{D(X)}\sqrt{D(Y)} = -\frac{1}{2} \times 3 \times 4 = -6$$

从而随机变量 Z 的方差为

$$\begin{aligned} D(Z) \ &= D(\frac{X}{3} + \frac{Y}{2}) \\ &= \frac{1}{3^2}D(X) + \frac{1}{2^2}D(Y) + 2 \times \frac{1}{3} \times \frac{1}{2}\mathrm{Cov}(X,Y) \\ &= \frac{1}{9} \times 9 + \frac{1}{4} \times 16 + 2 \times \frac{1}{3} \times \frac{1}{2} \times (-6) \\ &= 1 + 4 - 2 = 3 \end{aligned}$$

(2) 随机变量 X 与随机变量 Z 的协方差为

$$\begin{aligned} \mathrm{Cov}(X,Z) \ &= \mathrm{Cov}(X, \frac{X}{3} + \frac{Y}{2}) \\ &= \frac{1}{3}\mathrm{Cov}(X,X) + \frac{1}{2}\mathrm{Cov}(X,Y) \\ &= \frac{1}{3}D(X) + \frac{1}{2} \times (-6) = 3 - 3 = 0 \end{aligned}$$

由协方差与相关系数的联系可知，随机变量 X 与随机变量 Z 的相关系数 $\rho_{XZ} = 0$.

(3) 因为随机变量函数 $Z = \dfrac{X}{3} + \dfrac{Y}{2}$ 是正态分布随机变量 X 与 Y 的线性组合，所以也是正态分布随机变量；又因为 X 与 Z 的相关系数 $\rho_{XZ} = 0$，对于正态分布随机变量，这等价于 X 与 Z 独立.

【例 4.3.9】(1999 年数学三研) 二维随机变量 (X, Y) 在矩形区域

$$D : x \in [0, 2], y \in [0, 1]$$

上服从二维均匀分布，$(X, Y) \sim U(D)$. 令

$$U = \begin{cases} 0, & X \leqslant Y \\ 1, & X > Y \end{cases}, \qquad V = \begin{cases} 0, & X \leqslant 2Y \\ 1, & X > 2Y \end{cases}$$

(1) 求随机变量 U, V 的联合分布与边缘分布.

(2) 求随机变量 U, V 的相关系数 ρ_{UV}.

【解】 (1) 求随机变量 U, V 的联合分布与边缘分布.

设矩形区域 $D : x \in [0, 2], y \in [0, 1]$ 由直线 $y = x$ 和直线 $x = 2y$ 划分为 3 个三角形区域：

$$\begin{cases} A : & 0 \leqslant x \leqslant y \leqslant 1 \\ B : & 0 \leqslant y \leqslant x \leqslant 2y \leqslant 1 \\ C : & 0 \leqslant 2y \leqslant x \leqslant 1 \end{cases}$$

则由于矩形区域 D 的面积为 2，3 个三角形区域面积为

$$P\{A\} = \frac{1/2}{2} = \frac{1}{4}, P\{B\} = \frac{1/2}{2} = \frac{1}{4}, P\{C\} = \frac{1}{2} = \frac{1}{2}$$

由几何概率的计算方法，显然有

$$P\{U = 0, V = 0\} = P\{X \leqslant Y, X \leqslant 2Y\} = P\{A\} = \frac{1}{4}$$

$$P\{U = 0, V = 1\} = P\{X \leqslant Y, X > 2Y\} = P\{\varnothing\} = 0$$

$$P\{U = 1, V = 0\} = P\{X > Y, X \leqslant 2Y\} = P\{B\} = \frac{1}{4}$$

$$P\{U = 1, V = 1\} = P\{X > Y, X > 2Y\} = P\{C\} = \frac{1}{2}$$

故联合边际分布律列表如下：

$V\backslash U$	0	1	$p_{\cdot j}$
0	$\dfrac{1}{4}$	$\dfrac{1}{4}$	$\dfrac{1}{2}$
1	0	$\dfrac{1}{2}$	$\dfrac{1}{2}$
$p_{i\cdot}$	$\dfrac{1}{4}$	$\dfrac{3}{4}$	1

U	0	1
$p_{i\cdot}$	$\dfrac{1}{4}$	$\dfrac{3}{4}$

V	0	1
$p_{\cdot j}$	$\dfrac{1}{2}$	$\dfrac{1}{2}$

(2) 求随机变量 U, V 的相关系数 ρ_{UV}. 由于随机变量 U, V 均服从两点 0-1 分布，故有

$$E(U) = \frac{3}{4}, D(U) = \frac{1}{4} \cdot \frac{3}{4} = \frac{3}{16}$$

$$E(V) = \frac{1}{2}, D(V) = \frac{1}{2} \cdot \frac{1}{2} = \frac{1}{4}$$

$$E(UV) = 1 \times 1 \times \frac{1}{2} = \frac{1}{2}$$

随机变量 U, V 的协方差为

$$\mathrm{Cov}(U, V) = E(UV) - E(U)E(V) = \frac{1}{2} - \frac{3}{4} \times \frac{1}{2} = \frac{1}{8}$$

随机变量 U, V 的相关系数为

$$\rho = \rho(U, V) := \frac{\mathrm{Cov}(U, V)}{\sqrt{D(U)}\sqrt{D(V)}} = \frac{\frac{1}{8}}{\sqrt{\frac{3}{16}}\sqrt{\frac{1}{4}}} = \frac{1}{\sqrt{3}}$$

习题 4.3

1. 设二维随机变量 (X, Y) 的联合分布律如下：

$Y \setminus X$	-1	0	1
-1	$\frac{1}{8}$	$\frac{1}{8}$	$\frac{1}{8}$
0	$\frac{1}{8}$	0	$\frac{1}{8}$
1	$\frac{1}{8}$	$\frac{1}{8}$	$\frac{1}{8}$

（1）求 $\mathrm{Cov}(X, Y)$, ρ_{XY}；（2）X 和 Y 是否相关？是否独立？

2. 设离散型随机变量的分布律为

X	-2	-1	1	2
-1	$\frac{1}{4}$	$\frac{1}{4}$	$\frac{1}{4}$	$\frac{1}{4}$

试证 X 与 X^2 不相关，而 X 与 X^3 相关.

3. 设 X 的概率密度函数为 $f(x) = \frac{1}{2}\mathrm{e}^{-|x|}$. 求 X 与 $|X|$ 的协方差与相关系数. 并判断 X 与 $|X|$ 是否相关？

4. 设随机变量 (X,Y) 具有概率密度函数

$$f(x,y) = \begin{cases} 1, & -x \leqslant y \leqslant x, 0 < x < 1 \\ 0, & \text{其他} \end{cases}$$

求期望 $E(X), E(Y)$ 和协方差 $\mathrm{Cov}(X,Y)$.

5. 设随机变量 (X,Y) 的概率密度为

$$f(x,y) = \begin{cases} \dfrac{1}{8}(x+y), & 0 \leqslant x \leqslant 2, 0 \leqslant y \leqslant 2 \\ 0, & \text{其他} \end{cases}$$

求期望 $E(X), E(Y)$，协方差 $\mathrm{Cov}(X,Y)$，相关系数 ρ_{XY}，方差 $D(X+Y)$.

6. 设随机变量 $X \sim B(100, 0.6)$，随机变量 $Y = 2X + 3$，求协方差 $\mathrm{Cov}(X,Y)$，相关系数 ρ_{XY}.

7. 设 (X,Y) 为二维随机变量，且 X 与 Y 相互独立，都服从参数为 λ 的泊松分布. $U = 2X + Y, V = 2X - Y$. 求相关系数 ρ_{UV}.

8. 试按二维随机变量的协方差矩阵的思想，试写出 n 维随机变量 $(X_1, X_2, \cdots, X_n)$ 的协方差矩阵.

总习题四

1. 某人用 n 把钥匙去开门，只有一把能打开，现在逐个任取一把试开，求打开此门所需开门次数的期望与方差. (1) 打不开的钥匙不放回；(2) 打不开的钥匙仍放回.

2. 设有编号为 1，2，3，4，$\cdots$，n，的 n 只球和 n 个袋子. 把球独立随机地放入袋子里去，一只袋子只能装一个球. 若球正好放入与其号码相同的袋子中则称为一个配对. 以 X 表示总的配对数，求随机变量 X 的数学期望 $E(X)$.

3. 设随机变量 X 的分布密度为

$$f(x) = \begin{cases} \cos x, & 0 \leqslant x \leqslant \dfrac{\pi}{2} \\ 0, & \text{其他} \end{cases}$$

求 X^2 的方差 $D(X^2)$.

4. 设随机变量 X 的概率密度为 $f(x) = \dfrac{1}{\pi(1+x^2)}(-\infty < x < \infty)$，求数学期望 $E(\min\{X, 1\})$ 和平方的期望 $E(\min\{X, 1\}^2)$.

5. 设 (X,Y) 的联合概率密度函数为

$$f(x,y) = \begin{cases} 2 - x - y, & 0 \leqslant x \leqslant 1, 0 \leqslant y \leqslant 1 \\ 0, & \text{其他} \end{cases}$$

(1) 判别 X 和 Y 是否相关？是否独立？(2) 求期望 $E(XY)$ 和方差 $D(X+Y)$.

6. 设两个随机变量 X 和 Y 相互独立，且都服从均值为 0，方差为 0.5 的正态分布，求 $D(|X-Y|)$.

7. （1）有 4 个独立的随机变量 X_i，数学期望 $E(X_i) = i$，方差 $D(X_i) = 5 - i, i = 1, 2, 3, 4$，随机变量 Y 定义为线性组合 $Y = 2X_i - X_i + 3X_i - \dfrac{1}{2}X_i$，求期望 $E(Y)$，方差 $D(Y)$；（2）随

机变量 X 与 Y 相互独立，$X \sim N(720, 30^2)$，$Y \sim N(640, 25^2)$．求 $Z_1 = 2X + Y$，$Z_2 = X - Y$ 的分布，并求概率 $P\{X > Y\}$ 和 $P\{X + Y > 1400\}$．

8. 设 A, B 为 2 个随机事件，$P(A) > 0, P(B) > 0$，现定义随机变量 X, Y 如下：

$$X = \begin{cases} 1, & \text{若 } A \text{ 发生} \\ 0, & \text{若 } A \text{ 不发生} \end{cases}, \qquad Y = \begin{cases} 1, & \text{若 } B \text{ 发生} \\ 0, & \text{若 } B \text{ 不发生} \end{cases}$$

求证：若 $\rho_{XY} = 0$，则 X, Y 必定相互独立．

9. 已知 3 个随机变量 X, Y, Z 满足：$E(X) = E(Y) = 1$，$E(Z) = -1$，$D(X) = D(Y) = D(Z) = 1$，$\rho_{XY} = 0$，$\rho_{XZ} = \dfrac{1}{2}$，$\rho_{YZ} = -\dfrac{1}{2}$，求 $E(X + Y + Z)$，$D(X + Y + Z)$．

10.（1）假设随机变量 $W = (aX + 3Y)^2$，期望 $E(X) = E(Y) = 0$，方差 $D(X) = 4, D(Y) = 16$，相关系数 $\rho_{XY} = -\dfrac{1}{2}$，确定常数 a 使得期望 $E(W)$ 最小并求出此最小值；（2）假设随机变量 (X, Y) 服从二维正态分布，方差 $D(X) = \sigma_X^2, D(Y) = \sigma_Y^2$，证明当 $a^2 = \dfrac{\sigma_X^2}{\sigma_Y^2}$ 时，$Z_1 = X - aY$ 与 $Z_2 = X + aY$ 相互独立．

第5章　　　　大数定律和中心极限定理

5.1　　　大数定律

随机现象的统计规律性在相同条件下大量重复试验才能呈现. 事件发生的频率具有稳定性是指当试验次数无限增加时, 在某种收敛 (依概率收敛) 意义下, 逼近某个定数, 此即 "大数定律" (The Law of Large Numbers).

设 n 次独立试验, 观察事件 A 是否发生, 定义随机变量:

$$X_i = \begin{cases} 1, & \text{当 } A \text{ 发生} \\ 0, & \text{当 } A \text{ 不发生} \end{cases}$$

则 n 次试验中事件 A 共出现了 $X_1 + X_2 + \cdots + X_n$ 次, 出现的频率为:

$$p_n = \frac{n_A}{n} = \frac{X_1 + X_2 + \cdots + X_n}{n} = \overline{X}_n$$

则 $\lim\limits_{n \to \infty} p_n = p = E(\overline{X}_n)$. 即称随机变量序列 X_i 服从 "大数定律".

【注记】定理和定律　　一般而言, "定理" 是以数学逻辑严格证明的命题, 而 "定律" 则偏于经验或试验总结的带有 "公理" 性质的结论, 或有一定哲学趣味的结论.

因为 "平均值的稳定性" (即频率收敛到概率) 是一种集体共同积累的经验, 因而在用现代概率论的观点严格表述前, 大数定律就名为 "定律".

【定义 5.1.1】依概率收敛(Convergence in probability)　　随机变量序列 $\{X_n\} \subset (\Omega, F, P)$, 概率空间, 如果存在随机变量 X, 使 $\forall \varepsilon > 0$

$$\begin{aligned} & \lim_{n \to \infty} P\{|X_n - X| \geqslant \varepsilon\} = 0 \\ \Leftrightarrow \ & \lim_{n \to \infty} P\{|X_n - X| < \varepsilon\} = 1 \end{aligned} \tag{5.1.1}$$

则称随机变量序列 (R.V.Sequence)X_n依概率收敛于 X, 记为

$$X_n \to X, \quad \text{或} \quad \lim_{n \to \infty} X_n \to X(P) \tag{5.1.2}$$

即随机变量序列无限逼近 X, 距离 $|X_n - X|$ 任意小的概率是 1.

【定义 5.1.2】服从大数定律　随机变量序列 $\{X_n\}$ 之期望 $E(X_n)$ 存在，令均值 $\overline{X}_n :=$ $\frac{1}{n}\sum\limits_{i=1}^{n}X_i$，如果前 n 项和的算术均值序列 $\{\overline{X}_n\}$ 依概率收敛于其数学期望，即

$$\lim_{n\to\infty}\overline{X}_n = E(\overline{X}_n), \qquad \overline{X}_n \to E(\overline{X}_n) \tag{5.1.3}$$

或

$$\lim_{n\to\infty}P\{|\overline{X}_n - E(\overline{X}_n)| < \varepsilon\} = 1 \tag{5.1.4}$$

则称随机变量序列 $\{X_n\}$ 服从大数定律.

【定理 5.1.1】切比雪夫大数定律 (Chebyshev's Law of Large Numbers)　独立同分布的随机变量序列 $\{X_k\}$，$E(X_k) = \mu < \infty, D(X_k) = \sigma^2 > 0$，均值 $\overline{X}_n := \frac{1}{n}\sum\limits_{k=1}^{n}X_k$，则

$$\lim_{n\to\infty}P\{|\overline{X}_n - \mu| < \varepsilon\} = 1 \tag{5.1.5}$$

即

$$\lim_{n\to\infty}\overline{X}_n \to \mu.(P) \tag{5.1.6}$$

【证明】以下简记为 $\overline{X}_n = \overline{X}$. 由期望和方差的运算性质，有

$$E(\overline{X}) = \quad E(\frac{1}{n}\sum_{1}^{n}X_k) = \frac{1}{n}E(\sum_{1}^{n}X_k) = \frac{1}{n}(n\mu) = \mu$$

$$D(\overline{X}) = \quad D(\frac{1}{n}\sum_{1}^{n}X_k) = \frac{1}{n^2}D(\sum_{1}^{n}X_k) = \frac{1}{n^2}\sum_{1}^{n}D(X_k) = \frac{1}{n^2}n\sigma^2 = \frac{1}{n}\sigma^2$$

从而由切比雪夫不等式，有

$$P\{|\overline{X} - \mu| \geqslant \varepsilon\} \leqslant \frac{D(X)}{\varepsilon^2}$$
$$\Rightarrow \quad P\{|\overline{X} - \mu| \geqslant \varepsilon\} \leqslant \frac{\sigma^2}{n\varepsilon^2}$$
$$\Rightarrow \quad \lim_{n\to\infty}P\{|\overline{X} - \mu| \geqslant \varepsilon\} = 0$$
$$\Rightarrow \quad \lim_{n\to\infty}P\{|\overline{X} - \mu| < \varepsilon\} = 1$$

【定理 5.1.2】伯努利大数定律(Bernoulli's Law of Large Numbers)　伯努利概型 (n 重独立随机试验) 的成功率为 p，事件 A 发生的频数为 n_A，从而频率为 $\frac{n_A}{n}$，则

$$\lim_{n\to\infty}P\{|\frac{n_A}{n} - p| < \varepsilon\} = 1 \tag{5.1.7}$$

即

$$\frac{n_A}{n} \to p \tag{5.1.8}$$

频率依概率收敛于成功率 p.

【证明】 伯努利概型的频数作为随机变量服从二项分布，$n_A := X \sim B(n,p)$，将伯努利分布作独立同分布的 0–1 分布随机变量分解，$X = \sum_1^n X_i$，令

$$X_i = \begin{cases} 1, & \text{当 } A \text{ 发生} \\ 0, & \text{当 } A \text{ 不发生} \end{cases}$$

则 $X_i \sim 0\text{--}1$ 分布，分布律如下：

X_i	1	0
p_i	p	q

由于

$$\mu = E(X_i) = p, \qquad D(X_i) = pq$$

由切比雪夫大数定律，有

$$\lim_{n \to \infty} P\{|\frac{1}{n} \sum_{i=1}^n X_i - \mu| < \varepsilon\} = 1$$

即

$$\lim_{n \to \infty} P\{|\frac{n_A}{n} - p| < \varepsilon\} = 1$$

【定理 5.1.3】泊松大数定律(Poisson's Law of Large Numbers) 随机变量 $X_k (k = 1, 2, \cdots, n)$ 独立服从两点分布，$\mu = E(\overline{X}) = E(\frac{1}{n} \sum_1^n X_k)$，则

$$\lim_{n \to \infty} P\{|\overline{X} - \mu| < \varepsilon\} = 1, \quad \forall \varepsilon > 0 \tag{5.1.9}$$

【证明】

$$\begin{aligned} E(\overline{X}) \ &= E(\frac{1}{n} \sum_1^n X_k) = \frac{1}{n} E(\sum_1^n X_k) \\ &= \frac{1}{n}(p_1 + p_2 + \cdots + p_n) \\ &= \frac{1}{n} \sum_1^n p_k \end{aligned}$$

$$\begin{aligned} D(\overline{X}) \ &= D(\frac{1}{n} \sum_1^n X_k) = \frac{1}{n^2} D(\sum_1^n X_k) \\ &= \frac{1}{n^2}(p_1 q_1 + p_2 q_2 + \cdots + p_n q_n) \\ &= \frac{1}{n^2} \sum_1^n p_k q_k \leqslant \frac{1}{n^2} \sum_1^n \frac{1}{4} = \frac{n}{n^2 \cdot 4} \\ &= \frac{1}{4n} \end{aligned}$$

从而由切比雪夫不等式，有

$$P\{|\overline{X} - \mu| \geqslant \varepsilon\} \leqslant \frac{D(X)}{\varepsilon^2}$$

$$\Rightarrow \quad P\{|\overline{X} - \frac{1}{n}\sum_1^n p_k| \geqslant \varepsilon\} \leqslant \frac{1}{4n\varepsilon^2}$$

$$\Rightarrow \quad P\{|\frac{1}{n}\sum_1^n X_k - \frac{1}{n}\sum_1^n p_k| \geqslant \varepsilon\} \leqslant \frac{1}{4n\varepsilon^2}$$

$$\Rightarrow \quad \lim_{n\to\infty} P\{|\overline{X} - \mu| \geqslant \varepsilon\} = 0$$

【定理 5.1.4】辛钦大数定律(Khinchin's Law of Large Numbers) 独立同分布的随机变量 $X_1, X_2, \cdots, X_n$，若具有相同的有限数学期望 (不要求方差存在) $E(X_k) = \mu < \infty$, 则 $\{X_k\}$ 服从大数定律

$$\lim_{n\to\infty} P\{|\overline{X} - \mu| < \varepsilon\} = 1$$

显然，若令 $\{X_k\}$ 独立同服从两点分布，则获得泊松大数定律，即辛钦大数定律的特例.

【注记】亚历山大·雅可夫列维奇·辛钦 (Aleksandr Yakovlevich Khinchin,1894–1959)，苏联著名概率论学者和数学教育家.

习题 5.1

1. 设随机变量 X 的分布律如下：

X	1	2	3
p_k	0.3	0.5	0.2

试用切比雪夫不等式估计概率 $P\{|X - E(X)| \geqslant 1\}$ ，并计算此式的真实概率值.

2. 已知随机变量 X 服从 $(-1, b)$ 上的均匀分布，且由切比雪夫不等式，知

$$P\{|X - 1| < \varepsilon\} \geqslant \frac{2}{3}$$

试确定 b 和 ε 的值.

3. 设在每次试验中，事件 A 发生的概率均为 $P(A) = \dfrac{3}{4}$ ，试用切比雪夫不等式估计：需要进行多少次独立重复试验，才能使事件 A 发生的概率在 $0.74 \sim 0.76$ 之间的概率至少为 0.90?

4. 证明马尔可夫大数定律：如果随机变量序列 $X_1, X_2, \cdots, X_n$ 满足

$$\lim_{n\to+\infty} \frac{1}{n^2}\sum_{k=1}^n D(X_k) = 0$$

则 $\forall \varepsilon > 0$ ，有

$$\lim_{n\to+\infty} P\{|\overline{X}_n - E(\overline{X}_n)| < \varepsilon\} = 1$$

其中均值 $\overline{X}_n := \dfrac{1}{n}\sum_{k=1}^n X_k.$

5. 设某种电器的寿命为服从均值为 100 小时的指数分布的随机变量，概率密度函数为

$$f(x) = \begin{cases} \dfrac{1}{100}\mathrm{e}^{-\frac{x}{100}}, & x \geqslant 0 \\[2mm] 0, & x < 0 \end{cases}$$

随机取 16 只测试，设它们的寿命相互独立，求其寿命总和大于 1920 小时的概率.

6. 某部件包括 10 部分，每部分的长度是随机变量 X_k，独立同分布，均值为 $\mu = E(X_k) = 2$，均方差为 $\sigma = \sqrt{D(X_k)} = 0.05$，规定总长度为 20 ± 0.1 时产品算合格，求产品合格的概率.

7. 某零件的质量（单位：千克）是随机变量 X_k，独立同分布，均值为 $\mu = E(X_k) = 0.5$，均方差为 $\sigma = \sqrt{D(X_k)} = 0.1$，求 $n = 5000$ 只零件的总质量大于 2510 的概率.

5.2   中心极限定理

正态分布是具有特殊重要地位的分布，李雅普诺夫 (Liapunov) 证明在一般条件下，独立随机变量和的分布趋于正态分布. 后来，林德伯格 (Lindeberg) 出了这一命题成立的更一般的中心极限定理. 其命名由波利亚 (Polya) 在 1920 年给出.

【定理 5.2.1】列维 — 林德伯格 (Levi-Lindeberg) 独立同分布中心极限定理   独立同分布随机变量 $\{X_k\}_1^\infty, E(X_k) = \mu < \infty, D(X_k) = \sigma^2 > 0$, 则和变量 $X = \sum\limits_1^n X_k$ 的极限分布是正态分布：

$$\lim_{n \to \infty} P\left(\frac{\sum\limits_1^n X_k - n\mu}{\sqrt{n}\sigma} \leqslant x\right) = \Phi(x) = \frac{1}{\sqrt{2\pi}} \int_{-\infty}^{x} \mathrm{e}^{-\frac{t^2}{2}} \mathrm{d}t \tag{5.2.1}$$

其中

$$Y_n := \frac{\sum\limits_1^n X_k - \sum\limits_1^n E(X_k)}{\sqrt{\sum\limits_1^n D(X_k)}} \tag{5.2.2}$$

为和 $\sum\limits_1^n X_k$ 的标准化随机变量.

【定义 5.2.1】林德伯格条件   记 $E(X_k) = \mu_k, D(X_k) = \sigma_k^2$, 则

$$E\left(\sum_1^n X_k\right) = \sum \mu_k, \qquad D\left(\sum_1^n X_k\right) = \sum_1^n \sigma_k^2 := S_n^2$$

标准化，得

$$Y_n := \frac{\sum_1^n X_k - \sum_1^n E(X_k)}{\sqrt{\sum_1^n D(X_k)}} = \frac{1}{S_n} \sum_{k=1}^n (X_k - \mu_k) \tag{5.2.3}$$

则

$$E(Y_n) = 0, \qquad D(Y_n) = 1 \tag{5.2.4}$$

如果 $\forall \varepsilon > 0$，有

$$\lim_{n \to \infty} \frac{1}{S_n^2} \sum_1^n \int_{|x - \mu_k| > \varepsilon S_n} (x - \mu_k)^2 f_{x_k}(x) \mathrm{d}x = 0 \tag{5.2.5}$$

则称 $\{X_k\}_1^n$ 满足林德伯格条件.

在此条件下，分布函数

$$
\begin{aligned}
F_{Y_n}(x) &= \lim_{n \to \infty} P\{Y_n \leqslant x\} \\
&= \lim_{n \to \infty} P\left\{ \frac{\sum_1^n X_k - \sum_1^n \mu_k}{S_n} \leqslant x \right\} = \varPhi(x) \\
&= \frac{1}{\sqrt{2\pi}} \int_{-\infty}^x \mathrm{e}^{-\frac{t^2}{2}} \mathrm{d}t
\end{aligned}
$$

于是对于独立同分布随机变量 $\{X_k\}_1^\infty, E(X_k) = \mu < \infty, D(X_k) = \sigma^2 > 0$，有

$$
\begin{aligned}
S_n^2 &= \sum_1^n \sigma_k^2 = n\sigma^2 \\
& \lim_{n \to \infty} \frac{1}{S_n^2} \sum_1^n \int_{|x - \mu_k| > \varepsilon S_n} (x - \mu_k)^2 f_{x_k}(x) \mathrm{d}x \\
&= \lim_{n \to \infty} \frac{1}{n\sigma^2} \sum_1^n \int_{|x - \mu| > \varepsilon\sqrt{n}\sigma} (x - \mu)^2 f(x) \mathrm{d}x \\
&= \lim_{n \to \infty} \frac{1}{n\sigma^2} \cdot n \cdot \int_{|x - \mu| > \varepsilon\sqrt{n}\sigma} (x - \mu)^2 f(x) \mathrm{d}x \\
&= \lim_{n \to \infty} \frac{1}{\sigma^2} \cdot \int_{|x - \mu| > \varepsilon\sqrt{n}\sigma} (x - \mu)^2 f(x) \mathrm{d}x \\
&= \lim_{n \to \infty} \frac{\int_{|x - \mu| > \varepsilon\sqrt{n}\sigma} (x - \mu)^2 f(x) \mathrm{d}x}{\int_{-\infty}^{+\infty} (x - \mu)^2 f(x) \mathrm{d}x} \\
&= 0
\end{aligned}
$$

故满足林德伯格条件.

【推论 5.2.1】 对于独立同分布随机变量 $\{X_k\}_1^\infty, E(X_k) = \mu < \infty, D(X_k) = \sigma^2 > 0$，由独立同分布中心极限定理知

$$\frac{\sum_1^n X_k - n\mu}{\sqrt{n}\sigma} \sim N(0, 1) \tag{5.2.6}$$

(分子分母同除以 n) 即有

$$\frac{\overline{X} - \mu}{\sigma / \sqrt{n}} \sim N(0, 1) \tag{5.2.7}$$

或

$$\overline{X} \sim N(\mu, \frac{\sigma^2}{n}) \tag{5.2.8}$$

即算术均值变量服从均值不变, 方差为 $\frac{\sigma^2}{n}$ 的正态分布.

【推论 5.2.2】 对于独立同分布随机变量 $\{X_k\}_1^\infty, E(X_k) = \mu < \infty, D(X_k) = \sigma^2 > 0$, 有

$$P\{a \leqslant \sum X_k \leqslant b\} \approx \Phi(\frac{b - n\mu}{\sqrt{n}\sigma}) - \Phi(\frac{a - n\mu}{\sqrt{n}\sigma}) \tag{5.2.9}$$

【定理 5.2.2】李雅普诺夫 (Liapunov) **中心极限定理**   独立随机变量 $\{X_k\}_1^\infty, E(X_k) = \mu_k < \infty, D(X_k) = \sigma_k^2 > 0$, 将林德伯格条件改为李雅普诺夫条件, 当 $\exists \delta > 0, n \to \infty$ 时, 有

$$\lim_{n \to \infty} \frac{1}{S_n^\delta} \cdot \frac{1}{S_n^2} \sum_1^n E(|x_k - \mu_k|^{2+\delta}) = 0 \tag{5.2.10}$$

则标准化的和随机变量

$$Y_n := \frac{\sum_1^n X_k - \sum_1^n \mu_k}{S_n} \tag{5.2.11}$$

极限为正态分布变量

$$\lim_{n \to \infty} P\{Y_n \leqslant x\} = \Phi(x) = \frac{1}{\sqrt{2\pi}} \int_{-\infty}^x e^{-\frac{t^2}{2}} dt \tag{5.2.12}$$

【定理 5.2.3】棣莫弗 — 拉普拉斯 (De Moivre-Laplace) **中心极限定理**   设服从二项分布的随机变量

$$Y_n \sim b(n, p)$$

则极限为正态分布变量

$$\lim_{n \to \infty} P\{\frac{Y_n - E(Y_n)}{\sqrt{D(Y_n)}} \leqslant x\} = \lim_{n \to \infty} P\{\frac{Y_n - np}{\sqrt{npq}} \leqslant x\} = \Phi(x) \tag{5.2.13}$$

由此, $X \sim b(n, p)$ 时, n 充分大时, 对 $a < b$, 有

$$P\{a \leqslant X \leqslant b\} \approx \Phi(\frac{b - np}{\sqrt{npq}}) - \Phi(\frac{a - np}{\sqrt{npq}}) \tag{5.2.14}$$

棣莫弗 — 拉普拉斯中心极限定理的内涵即为二项分布的极限趋向于正态分布, 如图 5.2.1 所示.

【证明】   利用独立同分布中心极限定理, 作二项分布随机变量的 0–1 分布随机变量分解:

$$Y_n = X_1 + X_2 + \cdots + X_n$$

各和项 $X_k \sim 0 - 1$. 分布律如下:

207

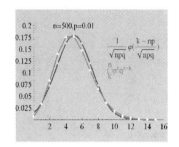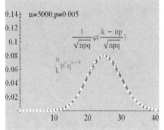

图 5.2.1　二项分布的极限趋向于正态分布

X_k	1	0
p_k	p	q

于是

$$\mu = E(X_k) = p, \qquad D(X_k) = pq = \sigma^2$$

$$E(Y_n) = np, \qquad D(Y_n) = npq$$

由独立同分布中心极限定理

$$\lim_{n\to\infty} P\{\frac{\sum\limits_1^n X_k - n\mu}{\sqrt{n}\sigma} \leqslant x\} = \varPhi(x)$$

$$\Rightarrow \lim_{n\to\infty} P\{\frac{\sum\limits_1^n X_k - np}{\sqrt{npq}} \leqslant x\} = \varPhi(x)$$

【定理 5.2.4】修正的中心极限定理

(1) 设随机变量 $X \sim b(n,p)$ 服从二项分布, n 充分大时, 对 $a < b$, 有

$$P\{a \leqslant X \leqslant b\} \approx \varPhi(\frac{b + \frac{1}{2} - np}{\sqrt{npq}}) - \varPhi(\frac{a - \frac{1}{2} - np}{\sqrt{npq}}) \tag{5.2.15}$$

(2) 设随机变量 $X_1, X_2, \cdots, X_n$ 相互独立, 同服从泊松分布 $X_k \sim \pi(\lambda)$, n 充分大时, 对 $a < b$, 有

$$P\{a \leqslant \sum_{k=1}^n X_k \leqslant b\} \approx \varPhi(\frac{b + \frac{1}{2} - n\lambda}{\sqrt{n\lambda}}) - \varPhi(\frac{a - \frac{1}{2} - n\lambda}{\sqrt{n\lambda}}) \tag{5.2.16}$$

【例 5.2.1】选择(2002 研究生入学试题数学四)　随机变量 $X_1, X_2, \cdots, X_n$ 相互独立, $S_n = X_1 + X_2 + \cdots + X_n$, 则由独立同分布中心极限定理, n 充分大时, S_n 服从正态分布, 如果 $X_1, X_2, \cdots, X_n$ 满足 (C).

(A) 具有相同数学期望　　(B) 具有相同方差
(C) 服从同一指数分布　　(D) 服从同一离散分布

【解】　中心极限定理成立的条件是 $X_1, X_2, \cdots, X_n$ 独立同分布且具有有限期望和非零 (正) 方差, 选项 A,B 条件均不完备, 而离散分布的期望可能不存在, 故只有选 C, 即指数分布随机变量具有有限期望和非零 (正) 方差

$$E(X_i) = \theta < \infty, \qquad D(X_i) = \theta^2 > 0$$

【例 5.2.2】 (1996 研究生入学试题数学三)　设随机变量 $X_1, X_2, \cdots, X_n$ 独立同分布, 原点矩 $E(X_i^k) = \alpha_k < \infty (k = 1, 2, 3, 4, \cdots)$. 求证: $S_n := \dfrac{1}{n} \sum_1^n X_i^2$, 当 n 充分大时近似服从正态分布, 并求分布的位置参数和形状参数.

【解】　因 $X_1, X_2, \cdots, X_n$ 独立同分布, 故 $X_1^2, X_2^2, \cdots, X_n^2$ 亦然, 且由题设

$$E(X_i^2) = \alpha_2 < \infty, \qquad D(X_i^2) = E(X_i^4) - (E(X_i^2))^2 = \alpha_4 - \alpha_2^2$$

从而由独立同分布中心极限定理, 有

$$
\begin{aligned}
Y_n &= \frac{\sum X_i^2 - nE(X_i^2)}{\sqrt{nD(X_i^2)}} \\
&= \frac{\frac{1}{n} \sum X_i^2 - \alpha_2}{\sqrt{\alpha_4 - \alpha_2^2}/\sqrt{n}} = \frac{S_n - \alpha_2}{\sqrt{\alpha_4 - \alpha_2^2}/\sqrt{n}} \sim N(0, 1)
\end{aligned}
$$

故 $S_n \sim N(\mu, \sigma^2)$. 其中

$$\mu = \alpha_2, \qquad \sigma^2 = \frac{\alpha_4 - \alpha_2^2}{n}$$

S_n 是平方和的算术均值.

【例 5.2.3】　计算器舍入误差独立同服从均匀分布, $X_i \sim U(-\frac{1}{2}, \frac{1}{2})$.

(1) 将 1500 个数相加, 求误差总和绝对值超过 15 的概率 $P\{|\sum X_i| \geqslant 15\}$;

(2) 至多多少个数 (求 $n = ?$) 相加, 其误差总和的绝对值小于 10 的概率不小于 0.90?

【解】　(1)

$$E(X_i) = 0, \qquad D(X_i) = \frac{(\frac{1}{2} + \frac{1}{2})^2}{12} = \frac{1}{12}$$

$$P\{\frac{\sum X_i - n\mu}{\sqrt{n\sigma^2}} \leqslant x\} \approx \Phi(x)$$

$$P\{\frac{\sum\limits_1^{1500} X_i - 1500 \times 0}{\sqrt{1500 \times \frac{1}{12}}} \leqslant x\} \approx \Phi(x)$$

$$\Rightarrow P\{\frac{\sum\limits^{1500} X_i}{\sqrt{125}} \leqslant x\} \approx \Phi(x)$$

测量误差和逼近于正态分布.

将 1500 个数相加，误差总和绝对值超过 15 的概率

$$P\{|\sum X_i| > 15\}$$
$$= 1 - P\{|S_n| \leqslant 15\}$$
$$= 1 - P\{-15 \leqslant S_n \leqslant 15\}$$
$$= 1 - P\{\frac{-15}{\sqrt{125}} \leqslant \frac{S_n}{\sqrt{125}} \leqslant \frac{15}{\sqrt{125}}\}$$
$$= 1 - (2\Phi(\frac{15}{\sqrt{125}}) - 1)$$
$$= 2(1 - \Phi(1.342))$$
$$= 2(1 - 0.9099)$$
$$= 2 \times 0.0901 = 0.1802$$

(2) 逆向问题确定个数

$$P\{|\sum X_i| \leqslant 10\}$$
$$= 2\Phi(\frac{10-0}{\sqrt{\frac{n}{12}}}) - 1 \geqslant 0.9$$
$$\Leftrightarrow \Phi(\frac{10}{\sqrt{\frac{n}{12}}}) \geqslant \frac{1.9}{2} = 0.95 = \Phi(1.645)$$
$$\Leftrightarrow \frac{10}{\sqrt{\frac{n}{12}}} \geqslant 1.645$$
$$\Leftrightarrow n \leqslant 443.45$$
$$\Leftrightarrow \max n = [443.45] = 443$$

即至多 443 个数相加，其误差总和的绝对值小于 10 的概率不小于 0.90.

【例 5.2.4】(2001 年数学三、四研)　新疆彩棉厂生产的"天山牌"彩棉每箱毛重 50 千克，标准差为 5 千克. 用最大载荷为 5 吨 (5000 千克) 的东风卡车承运. 问每车顶多装多少箱，才能保证不超载的概率大于 0.977？已知 $\Phi(2) = 0.977$.

【解】　设每车顶多装 n 箱，第 i 箱毛重 $X_i, i = 1, 2, \cdots, n$ 千克, 则 X_i 为独立同分布随机变量，且由题设易知期望和方差分别为 $E(X_i) = 50, D(X_i) = 5^2 = 25$. 则 n 箱总毛重随机变量 $Y_n = \sum_{1}^{n} X_i$ 的期望和方差分别为

$$E(Y_n) = E(\sum_{1}^{n} X_i) = 50n, D(Y_n) = D(\sum_{1}^{n} X_i) = \sum_{1}^{n} D(X_i) = 25n$$

由独立同分布中心极限定理可知，Y_n 近似服从正态分布：$Y_n \sim N(50n, 25n)$. 不超载即是 n 箱总毛重小于东风卡车最大载荷 5 吨 (5000 千克). 于是因

$$P\{\frac{\sum X_i - n\mu}{\sqrt{n\sigma^2}} \leqslant x\} \approx \Phi(x)$$

有

$$P\{Y_n \leqslant 5000\} > 0.977$$

$$\Leftrightarrow P\{\frac{\sum\limits_{1}^{n} X_i - 50n}{\sqrt{25n}} \leqslant \frac{5000 - 50n}{\sqrt{25n}}\} > 0.977$$

$$\Leftrightarrow \Phi(\frac{1000 - 10n}{\sqrt{n}}) > 0.977 = \Phi(2)$$

$$\Leftrightarrow \frac{1000 - 10n}{\sqrt{n}} > 2$$

$$\Leftrightarrow \sqrt{n} < 9.9 \Rightarrow n < 98$$

即每车顶多装 98 箱，才能保证不超载的概率大于 0.977.

【例 5.2.5】 维修故宫太和殿需要使用优质梧桐原木，80% 的原木长度超过 3 米. 从中随机抽取 100 根，求至少出现 30 根原木长度短于 3 米的概率.

【解】 设随机抽取 100 根，长度短于 3 米的原木根数为随机变量 X，则 X 服从二项分布. 注意到 80% 的原木长度超过 3 米，意味着任意取 1 根，长度短于 3 米的概率为 $p = 1 - 80\% = 0.2$ (请回顾 "郭靖射箭" 问题：命中率若为 0.8，则任意射箭 1 次，脱靶概率为 $p = 1 - 0.8 = 0.2$)，$X \sim b(100, 0.2)$. 对 $a = 30$，由棣莫弗 — 拉普拉斯中心极限定理，有

$$P\{a \leqslant X\} = 1 - P\{X < a\} \approx 1 - \Phi(\frac{a - np}{\sqrt{npq}})$$

$$\Rightarrow P\{30 \leqslant X\} \approx 1 - \Phi(\frac{30 - 100 \times 0.2}{\sqrt{100 \times 0.2 \times 0.8}})$$

$$\approx 1 - \Phi(\frac{30 - 20}{\sqrt{16}})$$

$$= 1 - \Phi(2.5) = 1 - 0.9938 = 0.0062$$

即随机抽取 100 根，至少出现 30 根原木长度短于 3 米的概率约为 0.6%，微乎其微.

【例 5.2.6】 将一枚硬币抛掷 49 次，求至多出现 28 次正面朝上的概率.

【解】 设抛掷硬币出现正面朝上的次数为随机变量 X，则服从二项分布 $X \sim b(n, p), n = 49, p = 1/2$. 对 $b = 28$，由棣莫弗 — 拉普拉斯中心极限定理，有

$$P\{X \leqslant b\} \approx \Phi(\frac{b - np}{\sqrt{npq}})$$

$$\Rightarrow P\{X \leqslant 28\} \approx \Phi(\frac{28 - 49 \times \frac{1}{2}}{\sqrt{49 \times \frac{1}{2} \times \frac{1}{2}}})$$

$$\approx \Phi(\frac{\frac{7}{2}}{\frac{7}{2}}) = \Phi(1) = 0.8413$$

若由修正的中心极限定理，则有

$$P\{X \leqslant b\} \approx \Phi(\frac{b + \frac{1}{2} - np}{\sqrt{npq}})$$

$$\Rightarrow P\{X \leqslant 28\} \approx \Phi(\frac{28 + \frac{1}{2} - 49 \times \frac{1}{2}}{\sqrt{49 \times \frac{1}{2} \times \frac{1}{2}}})$$

$$\approx \Phi(\frac{\frac{8}{2}}{\frac{7}{2}}) = \Phi(1.14) = 0.8729$$

这更加近似于精确值 0.8738.

【例 5.2.7】 北京八达岭高速公路某大拐弯路段一周事故数目服从参数为 2 的泊松分布 $X_k \sim \pi(\lambda), \lambda = 2$. 求一年内（52 个星期）事故数目不多于 100 的概率.

【解】 设一周事故数目为随机变量 $X_k (k = 1, 2, \cdots, 52)$，则 $X_1, X_2, \cdots, X_{52}$ 相互独立, 同服从泊松分布: $X_k \sim \pi(2)$. 由修正的中心极限定理, 有

$$P\{\sum_{k=1}^{n} X_k \leqslant b\} \approx \Phi(\frac{b + \frac{1}{2} - n\lambda}{\sqrt{n\lambda}})$$

$$\Rightarrow P\{\sum_{k=1}^{52} X_k \leqslant 100\} \approx \Phi(\frac{100 + \frac{1}{2} - 52 \times 2}{\sqrt{52 \times 2}})$$

$$\approx \Phi(\frac{-\frac{7}{2}}{10.198}) = \Phi(-0.3432) = 1 - \Phi(0.3432) = 1 - 0.6331 = 0.3669$$

可见一年内（52 个星期）事故数目不多于 100 的概率不大，即几乎每 3 天就多半会发生一起事故.

【例 5.2.8】 飞利浦 (Philips) 螺口灯泡的寿命具有未知的数学期望 $E(X) = \mu$, 已知方差 $D(X) = \sigma^2 = 400$. 随机抽取 n 只灯泡测试得其寿命分别为 $X_i (i = 1, 2, \cdots, n)$ 小时，以均值 $\overline{X} := \frac{1}{n} \sum_{1}^{n} X_i$ 作为期望 $E(X) = \mu$ 的近似. 为使 $P\{|\overline{X} - \mu| \leqslant 1\} > 0.95$, 至少要取多少只灯泡进行测试?

【解】 n 只灯泡寿命 $X_i, i = 1, 2, \cdots, n$ 为独立同分布随机变量，且由题设知期望和方差分别为 $E(X) = \mu, D(X) = \sigma^2 = 400$. 则 n 只灯泡寿命均值随机变量 $\overline{X} := \frac{1}{n} \sum_{1}^{n} X_i$ 的期望和方差分别为

$$E(\overline{X}) = E(\frac{1}{n} \sum_{1}^{n} X_i) = \frac{n\mu}{n} = \mu, D(\overline{X}) = D(\frac{1}{n} \sum_{1}^{n} X_i) = \frac{n\sigma^2}{n^2} = \frac{\sigma^2}{n}$$

由独立同分布中心极限定理可知，$\overline{X}$ 近似服从正态分布: $\overline{X} \sim N(\mu, \frac{\sigma^2}{n})$, 进而 $\overline{X} - \mu \sim N(0, \frac{\sigma^2}{n})$. 再进而标准化随机变量服从标准正态分布 $\frac{\overline{X} - \mu}{\sqrt{\sigma^2/n}} \sim N(0, 1)$. 于是因

$$P\{a \leqslant \overline{X} - \mu \leqslant b\}$$
$$= P\{\frac{a}{\sqrt{\sigma^2/n}} \leqslant \frac{\overline{X} - \mu}{\sqrt{\sigma^2/n}} \leqslant \frac{b}{\sqrt{\sigma^2/n}}\}$$
$$\approx \Phi(b) - \Phi(a)$$

有

$$P\{|\overline{X} - \mu| \leqslant 1\} > 0.95$$

$$\Leftrightarrow P\{-1 \leqslant \overline{X} - \mu \leqslant 1\} > 0.95$$

$$\Rightarrow P\left\{\frac{-1}{\sqrt{400/n}} \leqslant \frac{\overline{X} - \mu}{\sqrt{400/n}} \leqslant \frac{1}{\sqrt{400/n}}\right\}$$

$$\approx \Phi\left(\frac{1}{\sqrt{400/n}}\right) - \Phi\left(-\frac{1}{\sqrt{400/n}}\right) > 0.95$$

$$\Rightarrow 2\Phi\left(\frac{1}{\sqrt{400/n}}\right) - 1 > 0.95$$

$$\Rightarrow \Phi\left(\frac{1}{\sqrt{400/n}}\right) > \frac{0.95 + 1}{2} = 0.975$$

$$\Rightarrow \frac{1}{\sqrt{400/n}} > 1.96 \Rightarrow \sqrt{n} > 20 \times 1.96 = 39.2$$

$$\Rightarrow n > 39.2^2 = 1536.64 \Rightarrow n \geqslant 1537$$

即至少要取 1537 只灯泡测试, 才能保证概率 $P\{|\overline{X} - \mu| \leqslant 1\} > 0.95$.

此模型可以抽象为一般的叙述形式, 我们所做的事实上是一种 "抽样调查", 灯泡寿命是某种随机变量 X, 平均寿命即期望 $E(X) = \mu$ 未知, 通过随机抽样获得若干个 (如 n 个) 标本, 称为 "样本"(Samples), 它们都具有相同的分布和数字特征, 然后用这些有限样本的平均寿命 $\overline{X} := \frac{1}{n} \sum_{1}^{n} X_i$ 近似总体的期望 $\overline{X} :\approx E(X) = \mu$. 这些样本的数目 n 称为 "容量"(Capacity). 显然, 容量 n 越大近似越精确 (这如同投掷硬币, 投掷次数越多, 概率估计越近似于精确值 $1/2$). 为了达到预期的近似精度, 比如要让期望和样本均值的误差不超过某个给定的小正数 $|\overline{X} - \mu| < \varepsilon$, 需要确定选取样本的数目即容量 n 的大小.

试看下面类似的例子. 其求解是完全相似的.

【例 5.2.9】 某随机变量 X 具有未知的数学期望 $E(X) = \mu$, 已知方差 $D(X) = \sigma^2 = 0.3^2$. 随机抽取 n 个样本点 $X_i, i = 1, 2, \cdots, n$, 以均值 $\overline{X} := \frac{1}{n} \sum_{1}^{n} X_i$ 来作为期望 $E(X) = \mu$ 的近似. 为使 $P\{|\overline{X} - \mu| \leqslant 0.1\} > 0.95$, 至少要取多少个样本点?

【解】 有

$$P\{|\overline{X} - \mu| \leqslant 0.1\} > 0.95$$

$$\Leftrightarrow P\{-0.1 \leqslant \overline{X} - \mu \leqslant 0.1\} > 0.95$$

$$\Rightarrow P\left\{\frac{-0.1}{\sqrt{0.3^2/n}} \leqslant \frac{\overline{X} - \mu}{\sqrt{0.3^2/n}} \leqslant \frac{0.1}{\sqrt{0.3^2/n}}\right\}$$

$$\approx \Phi\left(\frac{0.1}{\sqrt{0.3^2/n}}\right) - \Phi\left(-\frac{0.1}{\sqrt{0.3^2/n}}\right) > 0.95$$

$$\Rightarrow 2\Phi\left(\frac{0.1}{\sqrt{0.3^2/n}}\right) - 1 > 0.95$$

$$\Rightarrow \Phi\left(\frac{0.1}{\sqrt{0.3^2/n}}\right) > \frac{0.95 + 1}{2} = 0.975$$

$$\Rightarrow \frac{0.1}{\sqrt{0.3^2/n}} > 1.96 \Rightarrow \sqrt{n} > 3 \times 1.96 = 5.88$$

$$\Rightarrow n > 5.88^2 = 34.5744 \Rightarrow n \geqslant 35$$

即至少要取 35 个样本点，才能保证概率 $P\{|\overline{X} - \mu| \leqslant 0.1\} > 0.95$.

【缀言】"中心极限定理"最初是由 波利亚(Polya) 命名，他是从匈牙利侨居美国的大数学家.

习题 5.2

1. 设随机变量序列 $X_1, X_2, \cdots, X_n$ 相互独立，且均服从区间 $(-1, 1)$ 上的均匀分布，试证当 n 充分大时，随机变量 $Z_n := \dfrac{1}{n}\sum_{k=1}^{n} X_k^2$ 近似服从正态分布，并指出其分布参数.

2. 一加法器同时收到 20 个相互独立的噪声电压随机变量 $V_1, V_2, \cdots, V_{20}$，服从 $(0, 10)$ 上的均匀分布，记 $V = \sum_{k=1}^{20} V_k$，求概率 $P\{V \geqslant 105\}$ 的近似值.

3. 设某厂生产的产品次品率为 0.1，为了确保销售，该厂向顾客承诺每盒中有 100 个以上正品的概率达到 95%，问该厂需要在一盒中装多少个产品？

4. 设某厂有 100 台机器，各台机器独立工作，故障率都是 0.2，一台机器需要一人维修，为了确保机器发生故障能及时维修的概率达到 95%，问至少应该配备多少名维修工人？

5. 一食品店出售的蛋糕的价格（元）为服从离散型分布的随机变量，分布律如下：

X	1	1.2	1.5
p_k	0.3	0.2	0.5

某天售出 300 只蛋糕.（1）求这一天收入至少 400 元的概率；（2）求这一天售出至少 60 只价格为 1.2 元的蛋糕的概率.

总习题五

1. 如果随机变量 $X_1, X_2, \cdots, X_n$ 相互独立同分布，且期望与方差 $E(X_k) = \mu, D(X_k) = \sigma^2$ 均存在，试证如下命题（(P) 表示依概率收敛）

$$\frac{\sum_{k=1}^{n} X_k}{\sum_{k=1}^{n} X_k^2} \longrightarrow \frac{\mu}{\mu^2 + \sigma^2}\ (P)$$

2. 已知随机变量 $X_1, X_2, \cdots, X_n$ 相互独立同分布，且期望与方差 $E(X_k) = \mu, D(X_k) = \sigma^2 = 8$ 均存在，试求 $\overline{X}_n := \dfrac{1}{n}\sum_{k=1}^{n} X_k$ 所满足的切比雪夫不等式，并估计满足不等式

$$P\{|\overline{X}_n - 1| < \mu\} \geqslant \alpha$$

的 α.

3. 用切比雪夫不等式和中心极限定理分别估计：投掷一枚均匀硬币，需要掷多少次，才能保证出现正面的频率在 $0.4 \sim 0.6$ 之间的概率至少为 0.90?

4. 某保险公司多年的资料表明，在索赔客户中，被盗索赔占 20%，以随机变量 X 表示在随机抽查 100 个客户中，因被盗而向保险公司索赔的客户数目. 用中心极限定理求 $P\{14 \leqslant X \leqslant 30\}$ 的近似值.

5. 某产品检查员每 10 秒检查一个产品，每个产品需要复检的概率为 0.5，求在 8 小时内，检查员检查的产品数目超过 1900 个的概率.

6. 随机选取两组学生，每组 80 人，分别在两个试验室里测量某种化合物的 pH 值，各人测量的结果是随机变量，相互独立，且服从同一分布，其数学期望为 5，方差为 0.4，以 $\overline{X}, \overline{Y}$ 分别表示第一组和第二组所得结果的算术平均值，求：(1) 概率 $P\{4.9 < \overline{X} < 5.1\}$；(2) 概率 $P\{-0.1 < \overline{X} - \overline{Y} < 0.1\}$.

7. 某保险公司对某一阶层与年龄段的人士建立了如下险种：投保人在年初向保险公司缴纳保费 120 元，若投保人在该年死亡，则其家属可领到 20000 元，已知此类人士在一年中的死亡率为 0.002，若保险公司希望以 99.9% 的可能性保证获利不少于 500000 元，问：公司至少要发展多少客户？

8. 对于一个学生而言，来参加家长会的家长人数是一个随机变量，设每个学生无家长、有 1 名家长、有 2 名家长来参加家长会的概率分别为 0.05、0.8、0.15，若学校共有 400 名学生，各学生来参加家长会的家长人数独立同分布，试求：(1) 来参加家长会的家长人数超过 450 个的概率. (2) 有一名家长来参加家长会的学生人数不多于 340 个的概率.

9. (1) 一复杂系统由 100 个相互独立的部件组成，每个部件损坏的概率为 0.1，求至少 85 个部件正常工作的概率；(2) 一复杂系统由 n 个相互独立的部件组成，每个部件正常工作的概率为 0.9，至少 80% 的部件正常工作才能使得系统正常工作. 问 n 至少多大才能使得系统工作 (可靠性) 的概率不低于 0.95？

第 6 章　　　样本与抽样分布

6.1　　　随机样本

20 世纪以前的漫长历史时期，统计学 始终以"描述性统计（ Descriptive Statistica)"为主体. 所谓 描述性统计 就是搜集数据并作简单的运算如求和、求平均值、求比例（百分比）等，或用诸如直方图、饼图等图表描述结果. 中国历代都有户口钱粮的统计，古以色列国也经常作出生婴儿的统计. 这些统计工作都是为国家政权统治服务的，至今各国也都有专门的统计机关 (如中国的国家统计局). 事实上，统计学(Statistica) 词根出自拉丁文 Statista, 即"政客"之谓.

伟大的高斯和勒让德 (Legendre) 在 19 世纪所做的有关最小二乘法的工作，使得统计学开始逐渐脱离传统的 描述性统计 的范畴. 它在统计思想上的决定性观点是：数据是来自服从某种概率分布的总体，统计学则是从这个总体来采样，获得某种容量的样本，通过样本分析来反过来推断总体的分布特征. 这使得统计学开始强调"推断（ Inference)"而非"描述（Description)". 随着以费歇 (R. A. Fisher) 为代表的英国统计学派的崛起，现代数理统计的各个重要分支开始逐一建立.

现代数理统计以概率论作为其建立的基础，而关注方向却与之相反，如摸球试验：概率论问题是关注已知分布规律，求解具体摸出某种色球的概率有多大，即由一般推知个别；数理统计则关注已知摸出若干个 (n 个) 样本球观察颜色，反过来推断总体的球色分布，因而是类似于贝叶斯方法的"由个别推知一般、由数据推知概率"的统计推断 (Statistical Inference) 的科学. 当前方兴未艾的"大数据分析"，仍然离不开这一基本思想.

6.1.1　　总体与样本

【定义 6.1.1】随机样本　　随机试验的所有可能观察值的全体称为 总体(Population)，某个可能观察值即每个基本单元称为 个体(Samples)，若将此个体视为某个随机变量 X 的取值，则总体与随机变量 X 一一对应，随机变量 X 的分布函数 F 和数字特征即为总体的分布函数和数字特征.

独立同服从总体所服从的概率分布 F 的随机变量 $X_i(1 \leqslant i \leqslant n)$ 称为 简单随机样本 (Random Samples)，简称 随机样本 或 样本，其个数 $n = n(X_i)$ 称为样本的容量 (Capacity). $n < \infty$ 时为有限总体 (Finite population)，$n \to \infty$ 时为无限总体 (Infinite Population).

随机样本的观察值 $X_i = x_i, 1 \leqslant i \leqslant n$ 称为样本值或 X 的 n 个独立的观察值. 若将样本构成 n 维随机向量 $(X_1, X_2, \cdots, X_n)$，则样本值为 n 维实向量 $(x_1, x_2, \cdots, x_n)$. 由于样本 $X_i(1 \leqslant i \leqslant n)$ 是相互独立的，且服从同一分布，故 n 维随机向量 $(X_1, X_2, \cdots, X_n)$ 的分布

函数作为联合分布即为边缘分布的连乘：

$$F(x_1, x_2, \cdots, x_n) = \prod_{i=1}^{n} F(x_i) = F(x_1)F(x_2)\cdots F(x_n) \tag{6.1.1}$$

具体来说，对于总体分别是离散型和连续型的随机变量，其样本 $(X_1, X_2, \cdots, X_n)$ 的联合分布为

离散型联合分布律：$F(x_1, \cdots, x_n) = \prod_{i=1}^{n} P\{X = x_i\} = P\{X = x_1\}\cdots P\{X = x_n\}$ (6.1.2a)

连续型联合概率密度：$f(x_1, \cdots, x_n) = \prod_{i=1}^{n} f(x_i) = f(x_1)\cdots f(x_n)$ (6.1.2b)

分别是离散型的分布律与连续型的概率密度函数的连乘积.

【例 6.1.1】 设总体服从两点分布：$X \sim B(1, p)$，$X_1, X_2, \cdots, X_n$ 为来自总体的样本，试写出 $(X_1, X_2, \cdots, X_n)$ 的联合分布律.

【解】 因随机变量 $X \sim B(1, p)$，分布律为

$$P\{X = i\} = p^i(1-p)^{1-i}, i = 0, 1$$

$X_1, X_2, \cdots, X_n$ 为来自总体的样本，独立且与总体同分布，分布律为

$$P\{X_i = x_i\} = p^{x_i}(1-p)^{1-x_i}, x_i = 0, 1$$

联合分布律为

$$
\begin{aligned}
L(x_i, p) &= P\{X_1 = x_1, X_2 = x_2, \cdots, X_n = x_n\} \\
&= \prod_{i=1}^{n} P\{X = x_i\} = \prod_{i=1}^{n} p^{x_i}(1-p)^{1-x_i} \\
&= p^{\sum_{i=1}^{n} x_i}(1-p)^{n - \sum_{i=1}^{n} x_i}
\end{aligned}
$$

【例 6.1.2】 设总体服从指数分布 $X \sim E(\lambda)$，$X_1, X_2, \cdots, X_n$ 为来自总体的样本，试写出 $(X_1, X_2, \cdots, X_n)$ 的联合概率密度.

【解】 因随机变量 $X \sim E(\lambda)$，概率密度为

$$
f(x) = \begin{cases} \lambda e^{-\lambda x}, & x > 0 \\ 0, & x \leqslant 0 \end{cases}
$$

$X_1, X_2, \cdots, X_n$ 为来自总体的样本，独立且与总体同分布，概率密度为

$$
f(x_i) = \begin{cases} \lambda e^{-\lambda x_i}, & x_i > 0 \\ 0, & x_i \leqslant 0 \end{cases}
$$

当 $x_i > 0$ 时，联合概率密度为

$$
\begin{aligned}
L(x_i, p) & = f(x_1, \cdots, x_n) = \prod_{i=1}^{n} f(x_i) \\
& = \prod_{i=1}^{n} \lambda e^{-\lambda x_i} = \lambda e^{-\lambda x_1} \cdots \lambda e^{-\lambda x_n} \\
& = \lambda^n e^{-\lambda \sum_{i=1}^{n} x_i}
\end{aligned}
$$

其他情况 $f(x_1, \cdots, x_n) = 0$，即

$$
f(x_1, \cdots, x_n) = \begin{cases} \lambda^n e^{-\lambda \sum_{i=1}^{n} x_i}, & x_i > 0 \\ 0, & \text{其他} \end{cases}
$$

【定义 6.1.2】统计量(Statistics)　　样本的汇集样本中有关总体信息的 无未知参数 样本函数

$$
g = g(X_1, X_2, \cdots, X_n) \tag{6.1.3}
$$

称为 统计量. 统计量的分布称为 抽样分布. 统计量的主要特征是：

(1)　统计量作为独立同分布的随机变量的函数 $g = g(X_1, X_2, \cdots, X_n)$ 亦为随机变量；

(2)　统计量不包含任何未知参数，故仅与样本有关.

【定义 6.1.3】常用统计量

1. **样本均值**(Mean)

$$
\overline{X} := \frac{1}{n} \sum_{1}^{n} X_i \tag{6.1.4}
$$

2. **样本方差**(Variance)

$$
S^2 := \frac{1}{n-1} \sum_{1}^{n} (X_i - \overline{X})^2 \tag{6.1.5}
$$

3. **样本标准差**(Deviation)

$$
S := \sqrt{\frac{1}{n-1} \sum_{1}^{n} (X_i - \overline{X})^2} \tag{6.1.6}
$$

4. **样本 k 阶原点矩**(Original Moment)

$$
\alpha_k := \frac{1}{n} \sum_{1}^{n} X_i^k \tag{6.1.7}
$$

5. **样本 k 阶中心矩**(Central Moment)

$$
b_k := \frac{1}{n} \sum_{1}^{n} (X_i - \overline{X})^k \tag{6.1.8}
$$

【注记】 对于 n 个样本，样本方差定义为何是 $\dfrac{1}{n-1}\sum_1^n(X_i-\overline{X})^2$，分母是 $n-1$，而非 $\dfrac{1}{n}\sum_1^n(X_i-\overline{X})^2$？事实上，有些教科书如 沈恒范 先生的专著即定义后者为样本方差，而称前者为"修正的"(Amended) 样本方差. 但是，这里有充分理由如此定义：

(1) 令二次型函数 (Quadric Form) 定义为

$$
\begin{aligned}
f(x) &= \sum(x_i-\overline{x})^2\\
&= \sum(x_i^2-2\overline{x}x_i+\overline{x}^2)\\
&= \sum x_i^2-2\overline{x}\sum x_i+\sum\overline{x}^2\\
&= \sum x_i^2-2\overline{x}.n\overline{x}+n\overline{x}^2\\
&= \sum x_i^2-2n\overline{x}^2+n\overline{x}^2\\
&= \sum x_i^2-n\overline{x}^2
\end{aligned}
$$

即有样本方差观测值

$$
s^2 := \frac{1}{n-1}\sum_1^n(x_i-\overline{x})^2 = \frac{1}{n-1}\left(\sum x_i^2-n\overline{x}^2\right)
$$

将样本方差观测值 s 换为样本方差随机变量 S，即有

$$
S^2 := \frac{1}{n-1}\sum_1^n(X_i-\overline{X})^2 = \frac{1}{n-1}\left(\sum_1^n X_i^2-n\overline{X}^2\right) \tag{6.1.9}
$$

二次型相应的对称矩阵 (Symmetric Matrix) 设为 $\boldsymbol{A}$，则

$$
\begin{aligned}
f(x) &= \boldsymbol{x}^{\mathrm{T}}\boldsymbol{A}\boldsymbol{x} = (x_1,x_2,\cdots,x_n)\boldsymbol{A}(x_1,x_2,\cdots,x_n)^{\mathrm{T}}\\
&= \sum x_i^2-n\left(\frac{\sum x_i}{n}\right)^2\\
&= \sum x_i^2-\frac{1}{n}\left(\sum x_i\right)^2\\
&= \left(1-\frac{1}{n}\right)\sum_1 x_i^2-\frac{2}{n}\sum_{1\leqslant i,j\leqslant n}x_ix_j
\end{aligned}
$$

$$
\boldsymbol{A} = \begin{pmatrix}
1-\dfrac{1}{n} & -\dfrac{1}{n} & \cdots & -\dfrac{1}{n}\\
-\dfrac{1}{n} & 1-\dfrac{1}{n} & \cdots & -\dfrac{1}{n}\\
\vdots & \vdots & \ddots & \vdots\\
-\dfrac{1}{n} & -\dfrac{1}{n} & \cdots & 1-\dfrac{1}{n}
\end{pmatrix}
$$

秩 $\mathrm{Rank}(\boldsymbol{A})=n-1$，即自由度.

样本点值 $x_1,x_2,\cdots,x_n$ 虽然独立，却与它们的算术均值 $\overline{x}$ 存在线性相依的关系，即 $\overline{x}$ 可表示为 $x_1,x_2,\cdots,x_n$ 的凸线性组合：

$$
\sum_1^n x_i-n\overline{x}=0
$$

(2) $S^2 := \dfrac{1}{n-1}\sum_1^n (X_i - \overline{X})^2$ 总体方差的无偏相合估计（"无偏性"的概念，请读者参

阅下文有关统计量选取标准的内容）：$E(S^2) = D(X) = \sigma^2$，而 $\dfrac{1}{n}\sum_1^n (X_i - \overline{X})^2$ 却非无偏估计.

(3) 样本容量充分大时，即 $n \to \infty$ 时，分母近似相同，即 $\dfrac{1}{n-1} \approx \dfrac{1}{n}$.

【定义 6.1.4】经验分布函数(Experical Distribution)　经验分布函数 $F_n(x)$ 一般做法如下：设总体 X 的一组样本 $(X_1, X_2, \cdots, X_n)$ 中 不大于 实数 x 的随机变量个数为 $S(x)$，则经验分布函数

$$F_n(x) = \frac{1}{n}S(x), \quad -\infty < x < \infty \tag{6.1.10}$$

显然仍有规范性 $0 \leqslant F_n(x) \leqslant 1$.

经验分布函数序列 $F_n(x)$ 可作为总体分布 $X \sim F$ 的一致逼近右连续阶梯函数列：

$$F_n(x) = \begin{cases} 0, & x < x_1 \\ \dfrac{k}{n}, & x_k \leqslant x < x_{k+1} \\ 1, & x \geqslant x_n \end{cases} \tag{6.1.11}$$

则 $F_n(x)$ 依概率一致收敛于总体的分布函数 $F(x)$，即

$$F_n(x) \to F(x)(P) \tag{6.1.12}$$

本结果由格里汶科 (Glivenko) 于 1933 年证明.

【例 6.1.3】　随机观察总体，得到 5 个数据：1，1，2，2，3. 求经验分布函数 $F_5(x)$ 的观察值.

【解】

$$F_5(x) = \begin{cases} 0, & x < 1 \\ \dfrac{2}{5}, & 1 \leqslant x < 2 \\ \dfrac{4}{5}, & 2 \leqslant x < 3 \\ 1, & x \geqslant 3 \end{cases}$$

6.1.2　Γ 函数和 Γ 分布

【定义 6.1.5】Γ 函数　Γ 函数是无穷积分

$$\Gamma(t) := \int_0^\infty x^{t-1}\mathrm{e}^{-x}\mathrm{d}x, \qquad x > 0 \tag{6.1.13}$$

满足性质：

(1) 初值公式：

$$\Gamma(2) = \Gamma(1) = 1, \qquad \Gamma(\tfrac{1}{2}) = \sqrt{\pi} \tag{6.1.14}$$

【证明】

$$\Gamma(1) = \int_0^\infty x^{1-1}\mathrm{e}^{-x}\mathrm{d}x = \int_0^\infty \mathrm{e}^{-x}\mathrm{d}x = 1$$

$$\Gamma(2) = \int_0^\infty x\mathrm{e}^{-x}\mathrm{d}x = 1 = \Gamma(1)$$

令 $x = u^2$，则 $x^{\frac{1}{2}} = u, x^{-\frac{1}{2}} = u^{-1}$，有

$$
\begin{aligned}
\Gamma(\frac{1}{2}) &= \int_0^\infty x^{\frac{1}{2}-1}\mathrm{e}^{-x}\mathrm{d}x = \int_0^\infty x^{-\frac{1}{2}}\mathrm{e}^{-x}\mathrm{d}x \\
&= \int_0^\infty u^{-1}\mathrm{e}^{-u^2}\cdot 2u\mathrm{d}u \\
&= 2\int_0^\infty \mathrm{e}^{-u^2}\mathrm{d}u \\
&= \int_{-\infty}^\infty \mathrm{e}^{-u^2}\mathrm{d}u = \sqrt{\pi}
\end{aligned}
$$

(2) 递推公式：

$$\Gamma(t+1) = t\Gamma(t), t \in \mathbf{R}^1 \tag{6.1.15}$$

特别地，有

$$\Gamma(n+1) = n\Gamma(n) = n!, n \in \mathbf{N} \tag{6.1.16}$$

【证明】 事实上，有

$$\Gamma(2) = \Gamma(1) = 1, \qquad \Gamma(\frac{1}{2}) = \sqrt{\pi}$$

$$
\begin{aligned}
\Gamma(t+1) &= \int_0^\infty x^{t+1-1}\mathrm{e}^{-x}\mathrm{d}x \\
&= \int_0^\infty x^t\mathrm{e}^{-x}\mathrm{d}x \\
&= -\int_0^\infty x^t\mathrm{d}\mathrm{e}^{-x} \\
&= -x^t\mathrm{e}^{-x}\big|_0^\infty + \int_0^\infty \mathrm{e}^{-x}\mathrm{d}x^t \\
&= t\int_0^\infty x^{t-1}\mathrm{e}^{-x}\mathrm{d}x \\
&= t\Gamma(t)
\end{aligned}
$$

从而

$$
\begin{aligned}
\Gamma(n+1) &= n\Gamma(n) = n\cdot(n-1)\Gamma(n-1) \\
&= \cdots = n\cdot(n-1)\cdots 2\cdot 1\Gamma(1) \\
&= n!
\end{aligned}
$$

由此可得公式

$$\Gamma(2) = \Gamma(1+1) = 1\cdot\Gamma(1) = 1$$

$$\Gamma(\frac{3}{2}) = \Gamma(\frac{1}{2}+1) = \frac{1}{2}\Gamma(\frac{1}{2}) = \frac{1}{2}\sqrt{\pi}$$

【定义 6.1.6】Beta 函数　Beta 函数定义为上下积分限均为瑕点的瑕积分，或作为 Γ 函数的分式函数而存在：

$$
\begin{aligned}
B(\alpha_1, \alpha_2) &:= \int_0^1 t^{\alpha_1 - 1}(1-t)^{1-\alpha_2}\mathrm{d}t, \quad \alpha_1 > 0, \alpha_2 > 0 \\
B(\alpha_1, \alpha_2) &:= \frac{\Gamma(\alpha_1)\Gamma(\alpha_2)}{\Gamma(\alpha_1 + \alpha_2)}
\end{aligned}
\tag{6.1.17}
$$

【定义 6.1.7】Γ 分布　随机变量 X 概率密度函数为 (α, β) 的双参数分段函数：

$$
f(x; \alpha, \beta) = \begin{cases}
\dfrac{1}{\beta^\alpha \Gamma(\alpha)} x^{\alpha - 1}\mathrm{e}^{-\frac{x}{\beta}}, & x > 0, \alpha > 0, \beta > 0 \\
0, & \text{其他}
\end{cases}
\tag{6.1.18}
$$

称 X 服从参数为 (α, β) 的 Γ 分布，记为 $X \sim \Gamma(\alpha, \beta)$.

【定理 6.1.1】Γ 分布的独立可加性　独立变量 $X_1 \sim \Gamma(\alpha_1, \beta), X_2 \sim \Gamma(\alpha_2, \beta)$，则

$$
X_1 + X_2 \sim \Gamma(\alpha_1 + \alpha_2, \beta)
\tag{6.1.19}
$$

【证明】　由卷积公式 $Z := X_1 + X_2, X_1, X_2$ 独立，有

$$
\begin{aligned}
f_Z(z) &= \int_{-\infty}^z f_{X_1}(x) f_{X_2}(z - x)\mathrm{d}x \\
&= \int_0^z \frac{1}{\beta^{\alpha_1}\Gamma(\alpha_1)} x^{\alpha_1 - 1}\mathrm{e}^{-\frac{x}{\beta}} \frac{1}{\beta^{\alpha_2}\Gamma(\alpha_1)}(z - x)^{\alpha_2 - 1}\mathrm{e}^{-\frac{(z - x)}{\beta}}\mathrm{d}x \\
&= \frac{\mathrm{e}^{-\frac{z}{\beta}}}{\beta^{\alpha_1 + \alpha_2}\Gamma(\alpha_1)\Gamma(\alpha_2)} \int_0^z x^{\alpha_1 - 1}(z - x)^{\alpha_2 - 1}\mathrm{d}x
\end{aligned}
$$

令 $x = zt, t \in [0, 1]$，则

$$
\begin{aligned}
\text{上式} &= \frac{z^{\alpha_1 + \alpha_2 - 1}\mathrm{e}^{-\frac{z}{\beta}}}{\beta^{\alpha_1 + \alpha_2}\Gamma(\alpha_1)\Gamma(\alpha_2)} \int_0^1 t^{\alpha_1 - 1}(1 - t)^{\alpha_2 - 1}\mathrm{d}t \\
&= \frac{z^{\alpha_1 + \alpha_2 - 1}\mathrm{e}^{-\frac{z}{\beta}}}{\beta^{\alpha_1 + \alpha_2}\Gamma(\alpha_1)\Gamma(\alpha_2)} \cdot \frac{\Gamma(\alpha_1)\Gamma(\alpha_2)}{\Gamma(\alpha_1 + \alpha_2)} \\
&= \frac{1}{\beta^{\alpha_1 + \alpha_2}\Gamma(\alpha_1 + \alpha_2)} \cdot z^{\alpha_1 + \alpha_2 - 1}\mathrm{e}^{-\frac{z}{\beta}}
\end{aligned}
$$

即

$$
Z = X_1 + X_2 \sim \Gamma(\alpha_1 + \alpha_2, \beta)
$$

【定理 6.1.2】Γ 分布的期望和方差　随机变量 $X \sim \Gamma(\alpha, \beta)$，则期望和方差为

$$
E(X) = \alpha\beta, \quad D(X) = \alpha\beta^2
\tag{6.1.20}
$$

证明略.

习题 6.1

1. 设有 N 个产品，其中 M 个次品，现进行有放回抽样，且定义随机变量 $X_1, X_2, \cdots, X_n$ 如下：

$$
X_i = \begin{cases}
1, & \text{第 } i \text{ 次取得正品} \\
0, & \text{第 } i \text{ 次取得次品}
\end{cases}
$$

求 $(X_1, X_2, \cdots, X_n)$ 的联合分布律.

2. 设总体服从均匀分布 $X \sim U(a,b)$，$X_1, X_2, \cdots, X_n$ 为来自总体的样本，试写出其联合概率密度.

3. 随机观察总体，得到 8 个数据：1, 1, 2, 2, 2, 3, 3, 4. 求经验分布函数 $F_8(x)$ 的观察值.

4. 设从总体 $X \sim N(12, 2^2)$ 中随机抽取容量为 $n = 5$ 的样本 $(X_1, X_2, \cdots, X_n)$. (1) 求样本均值 $\overline{X}$ 与总体均值 $\mu = 12$ 之差的绝对值大于 1 的概率 $P\{|\overline{X} - \mu| > 1\}$；(2) 求概率 $P\{\max(X_1, X_2, \cdots, X_5) > 15\}, P\{\min(X_1, X_2, \cdots, X_5) > 10\}$ 和 $P\{\min(X_1, X_2, \cdots, X_5) < 10\}$.

6.2   统计量抽样分布

6.2.1   三大经典统计量

【定义 6.2.1】χ^2– 分布　设 $X_1, X_2, \cdots, X_n$ 独立，同服从标准正态分布 $X_i \sim N(0,1)$，则平方和变量服从自由度为 n 的 χ^2– 分布：

$$\sum X_i^2 \sim \chi^2(n) = \Gamma(\frac{n}{2}, 2) \tag{6.2.1}$$

其密度为

$$f_{\chi^2(n)}(x) = \begin{cases} \dfrac{1}{2^{\frac{n}{2}}\Gamma(\frac{n}{2})} x^{\frac{n}{2}-1} e^{-\frac{x}{2}}, & x > 0 \\ 0, & x \leqslant 0 \end{cases} \tag{6.2.2}$$

$\chi^2(n)$ 分布的图像是非对称曲线 (图 6.2.1).

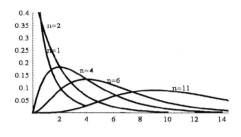

图 6.2.1　$\chi^2(n)$ 分布的非对称曲线

【证明】　$n = 1$ 时，由 $X \sim N(0,1)$，即密度为 $f_X(x) = \dfrac{1}{\sqrt{2\pi}} e^{-\frac{x^2}{2}}$，从而由平方函数分布公式，有

$$f_X(x) = \begin{cases} \dfrac{1}{2\sqrt{x}}(f_X(\sqrt{x}) + f_X(-\sqrt{x})), & x > 0 \\ 0, & x \leqslant 0 \end{cases}$$

得 X^2 的密度为

$$f_{\chi^2(1)}(x) = \begin{cases} \dfrac{1}{\sqrt{2\pi}}x^{-\frac{1}{2}}\mathrm{e}^{-\frac{x}{2}} = \dfrac{1}{2^{\frac{1}{2}}\Gamma(\frac{1}{2})}x^{-\frac{1}{2}}\mathrm{e}^{-\frac{x}{2}}, & x > 0 \\ \\ 0, & x \leqslant 0 \end{cases}$$

即

$$X_i^2 \sim \chi^2(1) = \Gamma\left(\frac{1}{2}, 2\right)$$

$$f_{X_i}(x) = \begin{cases} \dfrac{1}{2^{\frac{1}{2}}\Gamma(\frac{1}{2})}x^{\frac{1}{2}-1}\mathrm{e}^{-\frac{x}{2}}, & x > 0 \\ \\ 0, & x \leqslant 0 \end{cases}$$

从而由 Γ 分布的独立可加性, 有

$$(n-1)S^2 = \sum X_i^2 \sim \Gamma\left(\frac{1}{2} + \frac{1}{2} \cdots + \frac{1}{2}, 2\right) = \Gamma\left(\frac{n}{2}, 2\right)$$

故 $\displaystyle\sum_1^n X_i^2$ 的密度为

$$f_{\chi^2(n)}(x) = \begin{cases} \dfrac{1}{2^{\frac{n}{2}}\Gamma(\frac{n}{2})}x^{\frac{n}{2}-1}\mathrm{e}^{-\frac{x}{2}}, & x > 0 \\ \\ 0, & x \leqslant 0 \end{cases}$$

χ^2– 分布最初由厄米特 (Hermite) 证明, 后来英国统计学家皮尔逊 (K. Pearson) 奠定应用理论基础, 其名字的首个字母为 **K**, 并且此分布是由标准正态分布随机变量的平方和构成的, 故名为 χ^2–(卡方) 分布.

【性质 1】可加性 (再生性)

$$\chi_1^2 \sim \chi^2(n_1), \chi_2^2 \sim \chi^2(n_2) \Rightarrow \chi_1^2 + \chi_2^2 \sim \chi^2(n_1 + n_2) \tag{6.2.3}$$

【性质 2】期望与方差

$$E(\chi^2(n)) = n, D(\chi^2(n)) = 2n \tag{6.2.4}$$

事实上, 有

$$X_i \sim N(0,1) \Rightarrow \chi_i^2 \sim \chi^2(1) \tag{6.2.5}$$

$$\begin{cases} E(X_i^2) = D(X_i) + (E(X_i))^2 = D(X_i) + 0 = 1 + 0 = 1 \\ \\ D(X_i^2) = E(X_i^4) - (E(X_i^2))^2 = \dfrac{1}{\sqrt{2\pi}}\displaystyle\int_{-\infty}^{+\infty} x^4\mathrm{e}^{-\frac{x^2}{2}}\mathrm{d}x - 1 = 3 - 1 = 2 \end{cases}$$

故

$$\begin{cases} E(\chi^2(n)) = E(\sum X_i^2) = \displaystyle\sum_1^n E(X_i^2) = \sum_1^n 1 = n \\ \\ D(\chi^2(n)) = D(\sum X_i^2) = \displaystyle\sum_1^n D(X_i^2) = \sum_1^n 2 = 2n \end{cases}$$

由独立同分布中心极限定理, X_i^2 独立同分布, 即

$$X_i^2 \sim \chi^2(1) = \Gamma\left(\frac{1}{2}, 1\right) \tag{6.2.6}$$

则极限和分布趋向于正态分布

$$\sum_{1}^{+\infty} X_i^2 \sim N(\mu, \sigma^2) \tag{6.2.7}$$

费歇证明：$\chi^2(n)$ **上** α **分位点** 满足

$$\alpha = P\{\chi^2 > \chi_\alpha^2(n)\} = \int_{\chi_\alpha^2(n)}^{+\infty} f_{\chi^2}(x)\mathrm{d}x \tag{6.2.8}$$

或曲边梯形面积

$$1 - \alpha = \int_{-\infty}^{\chi_\alpha^2(n)} f_{\chi^2}(x)\mathrm{d}x \tag{6.2.9}$$

当 $n > 45$ 时可以利用 $\chi^2(n)$ 分布的上 α 分位点近似公式

$$\chi_\alpha^2(n) \approx \frac{1}{2}(Z_\alpha + \sqrt{2n-1})^2 \tag{6.2.10}$$

由此转化为标准正态分布的上 α 分位点问题 (图 6.2.2).

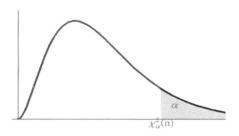

图 6.2.2　$\chi^2(n)$ 分布的上 α 分位点

【注记】　费歇 (Jr. R. A. Fisher，1890—1962)，英国统计学和遗传学家，现代统计理论大师，剑桥大学数理系毕业，1952 年受勋爵士，1962 年逝世于澳大利亚的阿德莱德小城.

【定义 6.2.2】t- **分布** (**学生氏分布**)　1907 年，英国统计学家柯塞特 (W.Gosset) 以笔名 "Student" 发表有关论述，名之为 t- 分布. 分别服从正态分布和 χ^2- 分布的两个独立的随机变量 $X \sim N(0,1), Y \sim \chi^2(n)$，则如下构造的统计量

$$t := \frac{X}{\sqrt{Y/n}} \sim t(n) \tag{6.2.11}$$

称为服从自由度为 n 的 t- 分布. 其概率密度函数为

$$h(t) = \frac{\Gamma(\frac{n+1}{2})}{\sqrt{\pi n}\Gamma(\frac{n}{2})}(1 + \frac{t^2}{n})^{-\frac{n+1}{2}} \tag{6.2.12}$$

$$\lim_{n \to \infty} h(t) = \frac{1}{\sqrt{2\pi}}\mathrm{e}^{-\frac{t^2}{2}}$$

t- 分布的图像是对称曲线 (图 6.2.3).

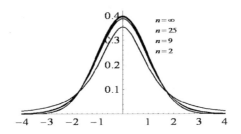

图 6.2.3　$t-$ 分布的对称曲线

当样本容量 n 充分大时，分位点近似等于标准正态分布的分位点 (图 6.2.4). 即有 $t-$ **分布上 α 分位点** 近似公式 $(n \geqslant 45)$：

$$t_\alpha(n) \approx Z_\alpha \tag{6.2.13}$$

由图形对称性，易知

$$
\begin{aligned}
&t_{1-\alpha}(n) = -t_\alpha(n) \\
&\alpha = \int_{t_\alpha(n)}^{+\infty} h(t)\mathrm{d}t = 1 - \int_{-\infty}^{t_\alpha(n)} h(t)\mathrm{d}t
\end{aligned} \tag{6.2.14}
$$

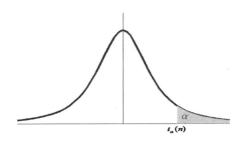

图 6.2.4　$t-$ 分布的上 α 分位点

【定义 6.2.3】$F-$ **分布** (Fisher **分布**)　分别服从自由度为 n_1, n_2 的 χ^2- 分布的两个独立的随机变量

$$U \sim \chi^2(n_1), V \sim \chi^2(n_2) \tag{6.2.15}$$

则构造的统计量 (用 χ^2 统计量 U, V 除以各自的自由度 n_1, n_2 作成的比值之比)

$$F := \frac{U/n_1}{V/n_2} \sim F(n_1, n_2) \tag{6.2.16}$$

服从自由度为 n_1, n_2 的 $F-$ 分布 (图 6.2.5).

F 分布具有如下重要性质 (两个 **倒数公式**)：

(1)**分布倒数公式**

$$\frac{1}{F} = \frac{V/n_2}{U/n_1} \sim F(n_2, n_1) \tag{6.2.17}$$

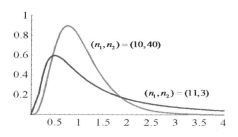

图 6.2.5 $F-$ 分布的非对称曲线

(2)分位点倒数公式

$$F_{1-\alpha}(n_1, n_2) = \frac{1}{F_\alpha(n_2, n_1)} \tag{6.2.18}$$

【证明】 $F-$ 分布随机变量的概率密度设为 $\psi(y)$, 对

$$\alpha = \int_{F(n_1, n_2)}^{\infty} \psi(y)\mathrm{d}y, \qquad 0 < \alpha < 1$$

有

$$
\begin{aligned}
F_{1-\alpha}(n_1, n_2) \quad &= P\{F > F_{1-\alpha}(n_1, n_2)\} \\
&= P\{\frac{1}{F} < \frac{1}{F_{1-\alpha}(n_1, n_2)}\} \\
&= P\{\frac{1}{F} \leqslant \frac{1}{F_{1-\alpha}(n_1, n_2)}\} \\
&= 1 - P\{\frac{1}{F} > \frac{1}{F_{1-\alpha}(n_1, n_2)}\} \\
&\Rightarrow \alpha = P\{\frac{1}{F} > \frac{1}{F_{1-\alpha}(n_1, n_2)}\}
\end{aligned}
$$

另外, 有

$$\frac{1}{F} \sim F(n_2, n_1), \alpha = P\{\frac{1}{F} > \frac{1}{F_{1-\alpha}(n_1, n_2)}\}$$

比较, 得

$$\frac{1}{F_{1-\alpha}(n_1, n_2)} = F_\alpha(n_2, n_1)$$

即

$$F_{1-\alpha}(n_1, n_2) = \frac{1}{F_\alpha(n_2, n_1)}$$

6.2.2   正态样本统计量基本定理

正态分布随机变量 $X \sim N(\mu, \sigma^2)$, $\overline{X} := \frac{1}{n}\sum_1^n X_i$, $(X_1, X_2, \cdots, X_n)$ 为正态样本 (独立).

样本方差 $S^2 := \frac{1}{n-1}\sum_1^n (X_i - \overline{X})^2$.

【引理 6.2.1】

$$S^2 := \frac{1}{n-1} \sum_1^n (X_i - \overline{X})^2, \qquad E(S^2) = \sigma^2 \tag{6.2.19}$$

即 S^2 是无偏估计.

【证明】

$$
\begin{aligned}
E(S^2) &= E\left(\frac{1}{n-1} \sum_1^n (X_i - \overline{X})^2\right) \\
&= E\left(\frac{1}{n-1} \left(\sum X_i^2 - n\overline{X}^2\right)\right) \\
&= \frac{1}{n-1} \left(E \sum X_i^2 - nE\overline{X}^2\right) \\
&= \frac{1}{n-1} \left(\sum_1^n ((E(X_i))^2 + D(X_i)) - n \cdot (((E(\overline{X}))^2 + D(\overline{X})))\right) \\
&= \frac{1}{n-1} \left(\sum_1^n (\mu^2 + \sigma^2) - n \cdot (\mu^2 + \frac{1}{n}\sigma^2)\right) \\
&= \frac{1}{n-1} (n\sigma^2 - \sigma^2) \\
&= \frac{1}{n-1} (n-1)\sigma^2 = \sigma^2
\end{aligned}
$$

【定理 6.2.1】 样本均值服从正态分布

$$\overline{X} \sim N(\mu, \frac{\sigma^2}{n}) \tag{6.2.20}$$

【证明】 样本均值的期望和方差为

$$
\begin{cases}
E(\overline{X}) = E\left(\frac{1}{n} \sum_1^n X_i\right) = \frac{1}{n} \sum_1^n E(X_i) = \frac{1}{n} \cdot n\mu = \mu \\
D(\overline{X}) = D\left(\frac{1}{n} \sum_1^n X_i\right) = \frac{1}{n^2} \cdot D\left(\sum_1^n X_i\right) = \frac{1}{n^2} \cdot \sum_1^n D(X_i) = \frac{1}{n^2} \cdot n\sigma^2 = \frac{\sigma^2}{n}
\end{cases}
$$

于是

$$\overline{X} \sim N(\mu, \frac{\sigma^2}{n})$$

或由正态分布的再生性，有

$$\overline{X} = \frac{1}{n} \sum_1^n X_i = \frac{X_1}{n} + \frac{X_2}{n} + \cdots + \frac{X_n}{n}$$

$$X_i \sim N(\mu, \sigma^2) \Rightarrow \sum_1^n X_i \sim N(n\mu, n\sigma^2)$$

$$\Rightarrow \quad \overline{X} = \frac{1}{n} \sum X_i \sim N(\mu, \frac{\sigma^2}{n})$$

同样有结论.

【定理 6.2.2】　统计量 $\dfrac{(n-1)S^2}{\sigma^2}$ 服从自由度为 $n-1$ 的 χ^2 分布

$$\frac{(n-1)S^2}{\sigma^2} \sim \chi^2(n-1) \tag{6.2.21}$$

且样本均值 $\overline{X}$ 与样本方差 S^2 相互独立.

【证明】

$$\frac{(n-1)S^2}{\sigma^2} = \frac{n-1}{\sigma^2} \cdot \frac{1}{n-1}\sum_1^n (X_i - \overline{X})^2 = \frac{1}{\sigma^2}\sum_1^n (X_i - \overline{X})^2 \sim \chi^2(n-1)$$

【推论 6.2.1】

$$\frac{\overline{X} - 0}{\sigma/\sqrt{n}} \sim N(0,1) \Rightarrow \frac{\overline{X}^2}{\sigma^2/n} \sim \chi^2(1)$$

【证明】

当 $\mu = 0$，即 $X \sim N(0, \sigma^2)$ 时，有

$$E(\overline{X}) = E(X) = 0, \qquad D(\overline{X}) = \frac{\sigma^2}{n}$$

$$\overline{X} \sim N\left(0, \frac{\sigma^2}{n}\right) \Rightarrow \frac{\overline{X}}{\sigma/\sqrt{n}} \sim N(0,1) \Rightarrow \frac{n\overline{X}^2}{\sigma^2} \sim \chi^2(1)$$

【推论 6.2.2】

$$\frac{1}{\sigma^2}\sum_1^n X_i^2 \sim \chi^2(n) \tag{6.2.22}$$

【证明】

$$(n-1)S^2 = \sum_1^n (X_i - \overline{X})^2 = \sum_1^n X_i^2 - n\overline{X}^2 \Rightarrow \sum_1^n X_i^2 = (n-1)S^2 + n\overline{X}^2$$

故

$$
\begin{aligned}
\frac{1}{\sigma^2}\sum_1^n X_i^2 &= \frac{1}{\sigma^2}[(n-1)S^2 + n\overline{X}^2] \\
&= \frac{(n-1)S^2}{\sigma^2} + \frac{n}{\sigma^2}\overline{X}^2 \\
&\sim \chi^2(n-1) + \chi^2(1) = \chi^2(n)
\end{aligned}
$$

即

$$\frac{1}{\sigma^2}\sum_1^n X_i^2 \sim \chi^2(n)$$

【定理 6.2.3】　标准化样本均值

$$\frac{\overline{X} - \mu}{S/\sqrt{n}} \sim t(n-1) \tag{6.2.23}$$

【证明】　因

$$U := \frac{\overline{X} - \mu}{\sigma/\sqrt{n}} \sim N(0,1)$$

与

$$V := \frac{(n-1)S^2}{\sigma^2} \sim \chi^2(n-1)$$

相互独立，故 $\dfrac{U}{\sqrt{V/(n-1)}} \sim t(n-1)$. 而

$$\frac{U}{\sqrt{V/(n-1)}} = \frac{\frac{\overline{X}-\mu}{\sigma/\sqrt{n}}}{\sqrt{\frac{(n-1)S^2}{\sigma^2}/(n-1)}} = \frac{\frac{\overline{X}-\mu}{\sigma/\sqrt{n}}}{\sqrt{S/\sigma}} = \frac{\overline{X}-\mu}{S/\sqrt{n}}$$

即

$$\frac{\overline{X}-\mu}{S/\sqrt{n}} \sim t(n-1)$$

【定理 6.2.4 】 对于两组独立各服从正态分布的样本

$$X \sim N(\mu_1, \sigma_1^2), \qquad X_1, X_2, \cdots, X_{n_1},$$

$$Y \sim N(\mu_2, \sigma_2^2), \qquad Y_1, Y_2, \cdots, Y_{n_2}.$$

(1) 样本方差比与总体方差比的商服从费歇分布，即

$$\frac{S_1^2/\sigma_1^2}{S_2^2/\sigma_2^2} \sim F(n_1-1, n_2-1) \tag{6.2.24}$$

(2) 当样本方差 $\sigma_1^2 = \sigma_2^2 = \sigma^2$ 相等时，均值差的加权标准化随机变量服从学生分布，即

$$\frac{(\overline{X}-\overline{Y})-(\mu_1-\mu_2)}{S_w\sqrt{\frac{1}{n_1}+\frac{1}{n_2}}} \sim t(n_1+n_2-2) \tag{6.2.25}$$

这里 $S_w^2 := \dfrac{(n_1-1)S_1^2 + (n_2-1)S_2^2}{n_1+n_2-2}$ 是两个样本方差的加权平均，或称为凸线性组合 (Convex Linear Combination).

【证明】

(1)

$$\frac{(n_1-1)S_1^2}{\sigma_1^2} \sim \chi^2(n_1-1), \qquad \frac{(n_2-1)S_2^2}{\sigma_2^2} \sim \chi^2(n_2-1)$$

$$\Rightarrow \frac{\frac{(n_1-1)S_1^2}{\sigma_1^2}/(n_1-1)}{\frac{(n_2-1)S_2^2}{\sigma_2^2}/(n_2-1)} \sim F(n_1-1, n_2-1)$$

$$\Rightarrow \frac{S_1^2/\sigma_1^2}{S_2^2/\sigma_2^2} \sim F(n_1-1, n_2-1)$$

(2) 因

$$\overline{X} \sim N(\mu_1, \frac{1}{n_1}\sigma_1^2), \qquad \overline{Y} \sim N(\mu_2, \frac{1}{n_2}\sigma_2^2)$$

由独立同服从正态分布的线性性质，有

$$\overline{X}-\overline{Y} \sim N(\mu_1-\mu_2, \frac{1}{n_1}\sigma_1^2 + \frac{1}{n_2}\sigma_2^2)$$

样本方差 $\sigma_1^2 = \sigma_2^2 = \sigma^2$ 相等时，标准化，得

$$U := \frac{(\overline{X} - \overline{Y}) - (\mu_1 - \mu_2)}{\sqrt{\frac{1}{n_1}\sigma^2 + \frac{1}{n_2}\sigma^2}} \sim N(0, 1)$$

而

$$V := \frac{(n_1 - 1)S_1^2}{\sigma^2} + \frac{(n_2 - 1)S_2^2}{\sigma^2}$$

由 χ^2- 分布的可加性，有

$$V = \frac{(n_1 - 1)S_1^2 + (n_2 - 1)S_2^2}{\sigma^2}$$
$$\sim \chi^2(n_1 - 1 + n_2 - 1) = \chi^2(n_1 + n_2 - 2)$$

从而

$$t := \frac{U}{\sqrt{V/(n_1 + n_2 - 2)}} \sim t(n_1 + n_2 - 2)$$

即

$$\frac{\dfrac{(\overline{X} - \overline{Y}) - (\mu_1 - \mu_2)}{\sigma\sqrt{\frac{1}{n_1} + \frac{1}{n_2}}}}{\sqrt{\dfrac{(n_1 - 1)S_1^2 + (n_2 - 1)S_2^2}{n_1 + n_2 - 2}}/\sigma}$$
$$= \frac{(\overline{X} - \overline{Y}) - (\mu_1 - \mu_2)}{S_w\sqrt{\frac{1}{n_1} + \frac{1}{n_2}}} \sim t(n_1 + n_2 - 2)$$

其中

$$S_w^2 := \frac{(n_1 - 1)S_1^2 + (n_2 - 1)S_2^2}{n_1 + n_2 - 2}$$

6.2.3 例题选讲

【例 6.2.1】(2003 数学一研) 样本总体随机变量 $X \sim t(n)$, 则 $X^2 \sim F(1, n), \dfrac{1}{X^2} \sim F(n, 1)$.

【证明】 由 $t-$ 分布的构造式定义，因随机变量 $X \sim t(n)$, 可构造随机变量 $U \sim N(0, 1)$ 与 $V \sim \chi^2(n)$ 相互独立，使得 $X = \dfrac{U}{\sqrt{V/n}}$. 则由 $F-$ 分布的构造式定义，有

$$X^2 = \frac{U^2}{V/n} = \frac{U^2/1}{V/n} \sim F(1, n)$$

由倒数公式

$$F \sim F(n_1, n_2) \Rightarrow \frac{1}{F} \sim F(n_2, n_1)$$

故 $\dfrac{1}{X^2} \sim F(n, 1)$.

【例 6.2.2】 样本总体随机变量 $X \sim b(1, p)$, $X_1, X_2, \cdots, X_n$ 为来自此总体的独立样本，求: $(1)(X_1, X_2, \cdots, X_n)$ 的分布律; $(2)\sum\limits_1^n X_k$ 的分布律; $(3)E(\overline{X}), D(\overline{X}), E(S^2)$.

【解】 总体 $X \sim b(1,p)$, 即服从成功率为 p 的两点分布, 分布律如下:

X_k	1	0
p_k	p	$q = 1-p$

(1)
$$P\{X = x_k\} = p^{x_k} q^{1-x_k}, \qquad x_k = 1, 0$$
$$F(x_1, x_2, \cdots, x_n) = \prod_1^n F(x_k) = \prod_1^n (p^{x_k} q^{1-x_k}) = p^{\sum_1^n x_k} q^{n - \sum_1^n x_k}$$

(2) 由二项分布的可加性 (二项分布随机变量可分解为独立两点分布随机变量之和), 有

$$X_i \sim b(1,p), \qquad \sum_1^n X_i \sim b(n,p)$$
$$P\{\sum_1^n X_i = k\} = C_n^k p^k q^{n-k}$$

(3) 由样本均值和样本方差的期望与方差计算公式, 有

$$\begin{cases} E(\overline{X}) = \mu = p \\ D(\overline{X}) = \dfrac{1}{n}\sigma^2 = \dfrac{1}{n}pq \\ E(S^2) = D(X) = \sigma^2 = pq \end{cases}$$

【例 6.2.3】 样本总体随机变量 $X \sim \chi^2(n), X_1, X_2, \cdots, X_k$ 为来自此总体的独立样本, 求 $E(\overline{X}), D(\overline{X}), E(S^2)$.

【解】 由服从 $\chi^2(n)$ 分布的随机变量的期望与方差计算公式

$$X \sim \chi^2(n) \Rightarrow E(X) = n, D(X) = 2n$$

从而对于 $\overline{X} = \dfrac{1}{k}\sum_1^k X_i$, 我们有

$$E(\overline{X}) = \mu = n, \qquad D(\overline{X}) = \frac{D(X)}{k} = \frac{2n}{k}$$

详细计算, 有

$$\begin{aligned} D(\overline{X}) &= D(\frac{1}{k}\sum_1^k X_i) = \frac{1}{k^2} D \sum_1^k X_i \\ &= \frac{1}{k^2} \sum_1^k D(X_i) = \frac{1}{k^2} \sum_1^k (2n) = \frac{2kn}{k^2} = \frac{2n}{k} \end{aligned}$$

而样本方差 S^2 是总体方差 σ^2 的 "无偏估计", 其期望等于总体方差: $E(S^2) = D(X) = \sigma^2 = 2n$.

【例 6.2.4】 样本总体随机变量 $X \sim N(\mu, \sigma^2)$, $X_1, X_2, \cdots, X_n$ 为来自此总体的独立样本. (1) 求 $X_1, X_2, \cdots, X_n$ 的联合概率密度; (2) 求均值 $\overline{X}$ 的概率密度.

【解】 总体概率密度

$$f(x) = \frac{1}{\sqrt{2\pi}\sigma}e^{-\frac{(x-\mu)^2}{2\sigma^2}}$$

(1)

$$f(x_1, x_2, \cdots, x_n) = \prod_1^n f(x_i)$$

$$= \prod_1^n \frac{1}{\sqrt{2\pi}\sigma}e^{-\frac{(x_i-\mu)^2}{2\sigma^2}}$$

$$= \left(\frac{1}{\sqrt{2\pi}\sigma}\right)^n e^{-\sum_1^n \frac{(x_i-\mu)^2}{2\sigma^2}}$$

$$= \left(\frac{1}{\sqrt{2\pi}\sigma}\right)^n e^{-\frac{1}{2\sigma^2}\sum_1^n (x_i-\mu)^2}$$

(2) 因 $\overline{X} \sim N(\mu, \frac{1}{n}\sigma^2)$，故

$$f(x) = \frac{1}{\sqrt{2\pi} \cdot \frac{\sigma}{\sqrt{n}}}e^{-\frac{(x-\mu)^2}{2\sigma^2/n}} = \frac{\sqrt{n}}{\sqrt{2\pi}\sigma}e^{-\frac{n(x-\mu)^2}{2\sigma^2}}$$

【例 6.2.5】 从正态分布总体 $X \sim N(\mu, \sigma^2)$ 中取容量为 $n = 16$ 的样本. (1) 求 $P\{\frac{S^2}{\sigma^2} \leqslant 2.041\}$. (2) 求 $D(S^2)$.

【解】 (1) 由 χ^2- 分布统计量构造式的定义以及 $\alpha-$ 分位点的定义，我们有

$$\frac{(n-1)S^2}{\sigma^2} \sim \chi^2(n-1)$$

$$\Rightarrow \quad P\{\frac{S^2}{\sigma^2} \leqslant x\} = P\{\frac{(n-1)S^2}{\sigma^2} \leqslant (n-1)x\} = 1 - \alpha$$

代入 $n - 1 = 16 - 1 = 15, x = 2.041$ ，得

$$\chi^2(15) = 15 \times 2.041 = 30.615$$

反查 χ^2- 分布表，得当 $\alpha = 0.01$ 时，近似值 $\chi^2(15) = 30.578$，故取 $\alpha = 0.01$，从而所求概率为

$$P\{\frac{S^2}{\sigma^2} \leqslant 2.041\} = 0.99$$

(2) 由 χ^2- 分布统计量的方差计算公式，有

$$\begin{aligned} D(S^2) &= D(\frac{\sigma^2}{n-1} \cdot \frac{(n-1)S^2}{\sigma^2}) \\ &= \frac{\sigma^4}{(n-1)^2} \cdot D(\frac{(n-1)S^2}{\sigma^2}) = \frac{\sigma^4}{(n-1)^2} \cdot 2(n-1) = \frac{2\sigma^4}{n-1} \end{aligned}$$

代入 $n = 16$，得 $D(S^2) = \frac{2\sigma^4}{15}$.

【例 6.2.6】判断如下命题是否正确，若不正确，指出错误并改正之.

(1) 随机变量 $X \sim N(0,1), Y \sim \chi^2(10)$，则 $t := \dfrac{X}{\sqrt{Y/10}} \sim t(10)$.

【解】错误. 应当加上独立条件：随机变量 $X \sim N(0,1), Y \sim \chi^2(10)$，并且 相互独立.

(2) 正态分布总体随机变量 $X \sim N(\mu, \sigma^2)$，$(X_1, X_2, \cdots, X_{10})$ 为来自此总体的正态样本 (独立), 均值 $\overline{X} := \dfrac{1}{10} \sum_1^{10} X_i$. 则

$$\frac{10(\overline{X} - \mu)^2}{\sigma^2} \sim \chi^2(1)$$

【解】正确.

$$\frac{\overline{X} - \mu}{\sigma/\sqrt{n}} \sim N(0,1) \Rightarrow \frac{n(\overline{X} - \mu)^2}{\sigma^2} \sim \chi^2(1)$$

(3) 正态分布总体随机变量 $X \sim N(\mu, 2)$，$(X_1, X_2, \cdots, X_{10})$ 为来自此总体的正态样本 (独立), 均值 $\overline{X} := \dfrac{1}{10} \sum_1^{10} X_i$. 则

$$\frac{\overline{X} - \mu}{2/\sqrt{10}} \sim N(0,1)$$

【解】错误. 应当是

$$\frac{\overline{X} - \mu}{\sqrt{2}/\sqrt{10}} \sim N(0,1)$$

【例 6.2.7】 标准正态分布总体随机变量 $X \sim N(0,1)$，$(X_1, X_2, \cdots, X_n)$ 为来自此标准正态总体的样本 (独立). 判断如下构造的统计量服从的分布.

(1) 统计量 $\dfrac{X_1 - X_2}{\sqrt{X_3^2 + X_4^2}} \sim$ _____;

(2) 统计量 $\dfrac{\sqrt{n-1}X_1}{\sqrt{X_2^2 + \cdots + X_n^2}} \sim$ _____;

(3) 统计量 $\dfrac{(n-3)(X_1^2 + X_2^2 + X_3^2)}{3(X_4^2 + \cdots + X_n^2)} \sim$ _____.

【解】 (1) 由正态分布和 χ^2– 分布的再生性（可加性），以及 χ^2– 分布的构造式定义（作为正态分布变量的平方），统计量

$$\begin{cases} X_1 - X_2 \sim N(0,2), \dfrac{X_1 - X_2 - 0}{\sqrt{2}} \sim N(0,1) \\ X_3^2 \sim \chi^2(1), X_4^2 \sim \chi^2(1), X_3^2 + X_4^2 \sim \chi^2(2) \end{cases}$$

故而由 t– 分布的构造式定义，统计量

$$\frac{X_1 - X_2}{\sqrt{X_3^2 + X_4^2}} = \frac{(X_1 - X_2)/\sqrt{2}}{\sqrt{(X_3^2 + X_4^2)/2}} \sim t(2)$$

(2) 统计量

$$X_1 \sim N(0,1), \qquad X_2^2 + \cdots + X_n^2 \sim \chi^2(n-1)$$

故而由 $t-$ 分布的构造式定义，统计量

$$\frac{\sqrt{n-1}X_1}{\sqrt{X_2^2+\cdots+X_n^2}}=\frac{X_1}{\sqrt{(X_2^2+\cdots+X_n^2)/\sqrt{n-1}}}\sim t(n-1)$$

(3) 统计量

$$X_1^2+X_2^2+X_3^2\sim\chi^2(3),\qquad X_4^2+\cdots+X_n^2\sim\chi^2(n-3)$$

故而由 $F-$ 分布的构造式定义，统计量

$$\frac{(n-3)(X_1^2+X_2^2+X_3^2)}{3(X_4^2+\cdots+X_n^2)}=\frac{(X_1^2+X_2^2+X_3^2)/3}{(X_4^2+\cdots+X_n^2)/(n-3)}\sim F(3,n-3)$$

【例 6.2.8】

(1)(1997 研究生入学题目数学三)　正态分布总体随机变量 $X\sim N(0,9)$, $(X_1,X_2,\cdots,X_n)$ 为来自此正态总体的样本 (独立). 判断如下统计量服从的分布为 $\dfrac{X_1+X_2+\cdots+X_9}{\sqrt{X_{10}^2+X_{11}^2+\cdots+X_{18}^2}}\sim$ _____.

(2) (2001 研究生入学题目数学三)　正态分布总体随机变量 $X\sim N(0,4)$, $(X_1,X_2,\cdots,X_n)$ 为来自此正态总体的样本 (独立). 判断如下统计量服从的分布为 $\dfrac{X_1^2+X_2^2+\cdots+X_{10}^2}{2(X_{11}^2+X_{12}^2+\cdots+X_{15}^2)}\sim$ _____.

【解】　(1) 由正态分布和 χ^2- 分布的再生性（可加性），以及 χ^2- 分布的构造式定义（作为正态分布变量的平方），统计量

$$\begin{cases}X_i\sim N(0,9)\Rightarrow X_1+X_2+\cdots+X_9\sim N(0,9\times9),\\[2mm]\Rightarrow\dfrac{X_1+X_2+\cdots+X_9-0}{\sqrt{9\times9}}=\dfrac{X_1+X_2+\cdots+X_9}{9}\sim N(0,1)\\[3mm]X_i\sim N(0,9)\Rightarrow\dfrac{X_i}{3}\sim N(0,1)\Rightarrow\dfrac{X_i^2}{9}\sim\chi^2(1)\\[3mm]\Rightarrow\dfrac{X_{10}^2+X_{11}^2+\cdots+X_{18}^2}{9}\sim\chi^2(9)\end{cases}$$

故而由 $t-$ 分布的构造式定义，统计量

$$\frac{X_1+X_2+\cdots+X_9}{\sqrt{X_{10}^2+X_{11}^2+\cdots+X_{18}^2}}=\frac{(X_1+X_2+\cdots+X_9)/9}{\sqrt{(\frac{X_{10}^2+X_{11}^2+\cdots+X_{18}^2}{9})/9}}\sim t(9)$$

(2) 由 χ^2- 分布统计量的再生性，有

$$\begin{cases}X_i\sim N(0,4)\Rightarrow\dfrac{X_i}{2}\sim N(0,1)\Rightarrow\dfrac{X_i^2}{4}\sim\chi^2(1)\\[3mm]\Rightarrow\dfrac{X_1^2+X_2^2+\cdots+X_{10}^2}{4}\sim\chi^2(10)\\[3mm]\dfrac{X_{11}^2+X_{12}^2+\cdots+X_{15}^2}{4}\sim\chi^2(5)\end{cases}$$

故而由 $t-$ 分布的构造式定义，统计量

$$\frac{X_1^2+X_2^2+\cdots+X_{10}^2}{2(X_{11}^2+X_{12}^2+\cdots+X_{15}^2)}=\frac{(X_1^2+X_2^2+\cdots+X_{10}^2)/10}{(X_{11}^2+X_{12}^2+\cdots+X_{15}^2)/5}$$

$$=\frac{(\dfrac{X_1^2+X_2^2+\cdots+X_{10}^2}{4})/10}{(\dfrac{X_{11}^2+X_{12}^2+\cdots+X_{15}^2}{4})/5}\sim F(10,5)$$

【例 6.2.9】(1994 年数学三研) 正态分布随机变量 $X \sim N(\mu, \sigma^2)$, $\overline{X} := \frac{1}{n} \sum_1^n X_i$, $(X_1, X_2, \cdots, X_n)$ 为正态样本 (独立). 样本方差 $S_1^2 := \frac{1}{n-1} \sum_1^n (X_i - \overline{X})^2$. 样本二阶中心矩 $S_2^2 := \frac{1}{n} \sum_1^n (X_i - \overline{X})^2$. 又标记 $S_3^2 := \frac{1}{n-1} \sum_1^n (X_i - \mu)^2$. $S_2^2 := \frac{1}{n} \sum_1^n (X_i - \mu)^2$. 则如下给出的随机变量中, 服从自由度为 $n-1$ 的 $t-$ 分布 $t(n-1)$ 的随机变量是 (   )

(A) $t = \dfrac{\overline{X} - \mu}{S_1/\sqrt{n-1}}$;   (B) $t = \dfrac{\overline{X} - \mu}{S_2/\sqrt{n-1}}$;

(C) $t = \dfrac{\overline{X} - \mu}{S_3/\sqrt{n}}$;   (D) $t = \dfrac{\overline{X} - \mu}{S_4/\sqrt{n}}$.

【解】   由于 $t = \dfrac{\overline{X} - \mu}{S_1/\sqrt{n}} \sim t(n-1)$, 而

$$S_1^2 = \frac{1}{n-1} \sum_1^n (X_i - \overline{X})^2, S_2^2 := \frac{1}{n} \sum_1^n (X_i - \overline{X})^2$$
$$\Rightarrow S_2^2/(n-1) = S_1^2/n \Rightarrow S_2/\sqrt{n-1} = S_1/\sqrt{n}$$
$$\Rightarrow \frac{\overline{X} - \mu}{S_2/\sqrt{n-1}} = \frac{\overline{X} - \mu}{S_1/\sqrt{n}}$$

于是 $t = \dfrac{\overline{X} - \mu}{S_2/\sqrt{n-1}} \sim t(n-1)$. 选项 (B) 正确.

【例 6.2.10】   指数分布总体随机变量 $X \sim E(\theta)$, $(X_1, X_2, \cdots, X_n)$ 为来自此总体的正态样本 (独立), 均值 $\overline{X} := \frac{1}{n} \sum_1^n X_i$. 求 $E(\overline{X}), D(\overline{X}), E(S^2)$.

【解】   指数分布总体随机变量 $X \sim E(\theta)$ 的期望和方差为

$$\mu = E(X) = \theta, \qquad \sigma^2 = D(X) = \theta^2$$

于是

$$\begin{cases} E(\overline{X}) = \mu = \theta \\ D(\overline{X}) = \frac{1}{n}\sigma^2 := \frac{\theta^2}{n} \\ E(S^2) = D(X) = \sigma^2 = \theta^2 \end{cases}$$

【例 6.2.11】   总体随机变量 X 与 Y 具有相同的未知的数学期望 $E(X) = E(Y) = \mu$, 已知方差 $D(X) = \sigma_1^2 = 20^2$, $D(Y) = \sigma_2^2 = 30^2$. 从两个总体分别随机抽取容量为 $n = 400$ 的独立样本, 样本均值分别为 $\overline{X}, \overline{Y}$. (1) 为使 $P\{|\overline{X} - \overline{Y}| \leqslant k\} > 0.99$, 试用切比雪夫不等式 (Chebyshev Inequality) 估计 k 的取值; (2) 设总体随机变量 X 与 Y 均服从正态分布, 估计 k 的取值.

【解】   样本均值随机变量之差 $\overline{X} - \overline{Y}$ 的期望和方差为

$$E(\overline{X} - \overline{Y}) = \mu - \mu = 0$$
$$D(\overline{X} - \overline{Y}) = D(\overline{X}) + D(\overline{Y}) = \frac{\sigma_1^2}{n} + \frac{\sigma_2^2}{n} = \frac{20^2}{400} + \frac{30^2}{400} = \frac{13}{4}$$

(1) 为使 $P\{|\overline{X} - \overline{Y}| \leqslant k\} > 0.99$, 由切比雪夫不等式，有

$$P\{|\overline{X} - \overline{Y}| < k\} > 1 - \frac{D(\overline{X} - \overline{Y})}{k^2}$$

$$P\{|\overline{X} - \overline{Y}| < k\} > 1 - \frac{13/4}{k^2}$$

$$\Rightarrow 1 - \frac{13/4}{k^2} > 0.99$$

$$\Rightarrow k > \sqrt{13/4} \times 100 = 1.8028 \times 100 = 18.028$$

(2) 总体随机变量 X 与 Y 均服从正态分布，即 $X \sim N(0, 400), Y \sim N(0, 900)$，则样本均值差 $\overline{X} - \overline{Y} \sim N(0, \frac{13}{4})$. 有

$$P\{|\overline{X} - \overline{Y}| \leqslant k\} > 0.99$$

$$\Leftrightarrow P\{-k \leqslant \overline{X} - \overline{Y} \leqslant k\} > 0.99$$

$$\Rightarrow P\{\frac{-k}{\sqrt{\frac{13}{4}}} \leqslant \frac{\overline{X} - \overline{Y}}{\sqrt{\frac{13}{4}}} \leqslant \frac{k}{\sqrt{\frac{13}{4}}}\}$$

$$\approx \Phi(\frac{k}{\sqrt{\frac{13}{4}}}) - \Phi(-\frac{k}{\sqrt{\frac{13}{4}}}) > 0.99$$

$$\Rightarrow 2\Phi(\frac{k}{\sqrt{\frac{13}{4}}}) - 1 > 0.99$$

$$\Rightarrow \Phi(\frac{k}{\sqrt{\frac{13}{4}}}) > \frac{0.99 + 1}{2} = 0.995$$

$$\Rightarrow \frac{k}{\sqrt{\frac{13}{4}}} > 2.57 \Rightarrow k > \sqrt{\frac{13}{4}} \times 2.57 = 4.633$$

习题 6.2

1. 设总体服从正态分布 $X \sim N(0, 2^2)$，X_1, X_2, X_3, X_4 为来自总体的样本，问 a, b 取何值时，随机变量
$$V := a(X_1 - 2X_2)^2 + b(3X_3 - 4X_4)^2 \sim \chi^2(n)$$
并确定 n 的值.

2. 设随机变量 X 服从费歇分布 $X \sim F(n, n)$，求证：$P\{X \leqslant 1\} = P\{X > 1\} = \frac{1}{2}$.

3. 设从总体 $X \sim N(0, 0.3^2)$ 中随机抽取容量为 $n = 10$ 的样本 $(X_1, X_2, \cdots, X_{10})$，求样本平方和大于 1.44 的概率 $P\{X_1^2 + X_2^2 + \cdots + X_{10}^2 \geqslant 1.44\}$.

4. 设总体服从正态分布 $X \sim N(75, 10^2)$，$(X_1, X_2, \cdots, X_n)$ 为来自总体的样本，样本均值 $\overline{X} = \frac{1}{n}\sum_{i=1}^{n} X_i$，当样本容量 n 至少取多大，才能使概率 $P\{\overline{X} > 74\} \geqslant 0.90$？

5. 设总体服从正态分布 $X \sim N(\mu, \sigma^2)$，$(X_1, X_2, \cdots, X_{10})$ 为来自总体的样本，记 $T = \frac{3(X_{10} - \overline{X})}{S\sqrt{10}}$，其中样本均值 $\overline{X} = \frac{1}{9}\sum_{i=1}^{9} X_i$，$S^2 = \frac{1}{8}\sum_{i=1}^{9}(X_i - \overline{X})^2$. 求证：统计量 $T =$

$$\frac{3(X_{10} - \overline{X})}{S\sqrt{10}} \sim t(8).$$

总习题六

1. 设从总体 $X \sim N(52, 6.3^2)$ 中随机抽取容量为 $n = 36$ 的样本，求样本均值 $\overline{X} = \frac{1}{n}\sum_{k=1}^{n} X_k$ 落在 $50.8 \sim 53.8$ 之间的概率.

2. 设总体服从正态分布 $X \sim N(12, 2^2)$，$(X_1, X_2, \cdots, X_n)$ 为来自总体的样本，样本均值 $\overline{X} = \frac{1}{n}\sum_{k=1}^{n} X_k$. (1) 当 $n = 5$ 时，试求样本均值与总体期望之差的绝对值大于 1 的概率 $P\{|\overline{X} - \mu| > 1\}$；(2) 当样本容量 n 至少取多大，才能使概率 $P\{11 < \overline{X} < 13\} \geqslant 0.95$?

3. 设总体服从正态分布 $X \sim N(20, 3)$，取来自总体的容量分别为 10，15 的两个独立样本，样本均值分别为 $\overline{X} := \frac{1}{10}\sum_{1}^{10} X_i$，$\overline{Y} := \frac{1}{15}\sum_{1}^{15} Y_i$，求样本均值差的绝对值大于 0.3 的概率 $P\{|\overline{X} - \overline{Y}| > 0.3\}$.

4. 设总体服从正态分布 $X \sim N(\mu, \sigma^2)$，$(X_1, X_2, \cdots, X_n)$ 为来自总体的样本，S^2 是样本方差，问样本容量 n 至少取多大，才能使概率 $P\{\frac{S^2}{\sigma^2} \leqslant 1.5\} > 0.95$?

5. 设总体服从正态分布 $X \sim N(\mu, \sigma^2)$，$(X_1, X_2, \cdots, X_n)$ 为来自总体的样本，又设新增加一个试验量 X_{n+1}，X_{n+1} 与 $(X_1, X_2, \cdots, X_n)$ 也相互独立，求统计量 $U = \frac{X_{n+1} - \overline{X}}{S}\sqrt{\frac{n}{n+1}}$ 的分布.

6. 设随机变量 X 服从 $t-$ 分布 $X \sim t(10)$，已知 $P\{X^2 < \lambda\} = 0.05$，求 λ.

7. 设总体服从正态分布 $X \sim N(\mu, \sigma^2)$，抽取容量为 16 的样本，样本均值 $\overline{X} = \frac{1}{16}\sum_{1}^{16} X_i$，在下列情形下分别求样本均值与总体期望之差的绝对值小于 2 的概率 $P\{|\overline{X} - \mu| < 2\}$. (1) 已知 $\sigma^2 = 5$；(2) 未知 σ^2，但知样本方差 $S^2 = 20.8$.

第 7 章　　　参数估计

7.1　　　点估计

统计推断有两类基本问题 ——参数估计 和 假设检验. 参数估计又有 点估计 和 区间估计 之分. 所谓点估计的 "点" 即是参数空间 $\theta \in \Theta$ 中的点, 而参数是随机变量总体的某些数字特征如期望 $E(X) = \mu$、方差 $D(X) = \sigma^2$、矩 (原点矩、中心矩、混合矩), 对应于离散型与连续型随机变量中的某些参数. 例如对于正态分布:

$$X \sim N(\mu, \sigma^2), \quad f(x, \mu, \sigma) = \frac{1}{\sqrt{2\pi}\sigma} \mathrm{e}^{-\frac{(x-\mu)^2}{2\sigma^2}} \tag{7.1.1}$$

$\theta = \mu, \sigma^2$ 就可以作为待估参数.

7.1.1　矩估计

【定义 7.1.1】点估计　设总体 X 的分布函数 $F(x; \theta)$(分布律或密度函数) 形式已知, θ 是待估参数为未知, 样本 $(X_1, X_2, \cdots, X_n)$, 样本值为 $(x_1, x_2, \cdots, x_n)$. 构造适当的统计量 $\widehat{\Theta}(X_1, X_2, \cdots, X_n)$, 用它的观察值 $\widehat{\theta}(x_1, x_2, \cdots, x_n)$ 作为待估参数的近似值. 称 $\widehat{\Theta}(X_1, X_2, \cdots, X_n)$ 为 估计量. $\widehat{\theta}(x_1, x_2, \cdots, x_n)$ 为 估计值. 通常均可简单记为 $\widehat{\theta}$. 此种借助于总体 X 的一个样本来估计总体未知参数的值的问题称为 点估计 问题.

【注记】　孔子曾希望通过周游列国自我推销, 他说: "沽之哉! 沽之哉! 我待贾而沽者也!" 把自己比喻成一壶酒. 当然, 谁也想不到, 这位自我推销失败的七十二位贤人的老师, 却成了历代帝王的 "万世师表", 大成至圣的文宣王.

我们也要 "估" (Estimating), 不过不是沽酒, 也不是沽孔子, 而是估参数 (Parameter), 即随机变量的数字特征, 特别是期望和方差 μ, σ^2.

【定义 7.1.2】矩估计　矩估计就是以样本的 l 阶原点矩估计替换总体的 l 阶 (同阶) 原点矩, 样本矩的连续函数估计总体矩的连续函数, 即

$$\mu_l = E(X^l), \qquad A^l := \frac{1}{n} \sum_1^n X_i^l \qquad (l = 1, 2, \cdots, k) \tag{7.1.2}$$

总体的 $l(l = 1, 2)$ 阶原点矩为

$$\begin{cases} \mu_1 = E(X) = \mu \\ \mu_2 = E(X^2) = (E(X))^2 + D(X) = \mu^2 + \sigma^2 \end{cases} \tag{7.1.3}$$

239

样本的 $l(l=1,2)$ 阶原点矩为

$$\begin{cases} A_1 = \dfrac{1}{n}\sum_1^n X_i = \overline{X} \\ A_2 = \dfrac{1}{n}\sum_1^n X_i^2 \end{cases} \tag{7.1.4}$$

令

$$\begin{cases} \mu_1 = A_1 \\ \mu_2 = A_2 \end{cases} \tag{7.1.5}$$

即

$$\begin{cases} \mu = \overline{X} \\ \mu^2 + \sigma^2 = \dfrac{1}{n}\sum_1^n X_i^2 \end{cases} \tag{7.1.6}$$

$$\Rightarrow \begin{cases} \widehat{\mu} = \overline{X} = A_1 \\ \widehat{\sigma}^2 = \dfrac{1}{n}\sum_1^n X_i^2 - \overline{X} = \dfrac{1}{n}\sum_1^n (X_i - \overline{X})^2 \end{cases}$$

矩估计的具体做法是：

(1) 利用总体原点矩 (如期望、平方的期望、立方的期望等等) 的定义式或计算式，建立总体原点矩关于未知参数表达的方程组；有 k 个未知参数，方程组就包含 k 个方程，总体原点矩一直算到 k 阶，即 $\mu_k = E(X^k)$；

(2) 由此方程组反解出未知参数关于总体原点矩的表达；

(3) 以样本原点矩 A_k 取代总体原点矩 μ_k，获得出未知参数关于样本原点矩的表达，即是矩估计.

$$\begin{cases} \mu_1 = \mu_1(\theta_1,\theta_2,\cdots,\theta_k) \\ \vdots \\ \mu_k = \mu_k(\theta_1,\theta_2,\cdots,\theta_k) \end{cases} \Rightarrow \begin{cases} \theta_1 = \theta_1(\mu_1,\mu_2,\cdots,\mu_k) \\ \vdots \\ \theta_k = \theta_k(\mu_1,\mu_2,\cdots,\mu_k) \end{cases} \Rightarrow \begin{cases} \widehat{\theta}_1 = \widehat{\theta}_1(A_1,A_2,\cdots,A_k) \\ \vdots \\ \widehat{\theta}_k = \widehat{\theta}_k(A_1,A_2,\cdots,A_k) \end{cases}$$
$$\tag{7.1.7}$$

【例 7.1.1】(2002 研究生入学题目数学三)　设总体的概率密度为

$$f(x;\theta) = \begin{cases} \mathrm{e}^{-(x-\theta)}, & x \geqslant \theta \\ 0, & x < \theta \end{cases}$$

求参数 θ 的矩估计量.

【解】

$$\mu_1 = E(X) = \int_\theta^{+\infty} x f(x;\theta)\mathrm{d}x$$
$$= \int_\theta^{+\infty} x \mathrm{e}^{-(x-\theta)}\mathrm{d}x$$
$$= \theta + 1$$
$$\Rightarrow \theta = \mu_1 - 1$$
$$\Rightarrow \widehat{\theta} = \overline{X} - 1$$

【例 7.1.2】(1999 研究生入学题目数学一) 总体的概率密度为

$$f(x;\theta) = \begin{cases} \dfrac{6x}{\theta^3}(\theta - x), & 0 < x \leqslant \theta; \\ 0, & \text{其他.} \end{cases}$$

求参数 θ 的矩估计量.

【解】

$$\mu_1 = E(X) = \int_0^\theta x f(x;\theta)\mathrm{d}x$$
$$= \int_0^\theta x \cdot \frac{6x}{\theta^3}(\theta - x)\mathrm{d}x = \int_0^\theta \frac{6x^2}{\theta^3}(\theta - x)\mathrm{d}x$$
$$= \frac{6}{\theta^3}\int_0^\theta (\theta x^2 - x^3)\mathrm{d}x = \frac{6}{\theta^3}\left(\frac{\theta^4}{3} - \frac{\theta^4}{4}\right)$$
$$= \frac{6\theta^4}{12\theta^3} = \frac{\theta}{2}$$
$$\Rightarrow \theta = 2\mu_1 \Rightarrow \widehat{\theta} = 2\overline{X}$$

【例 7.1.3】(2002 研究生入学题目数学一) 总体 X 的分布律如下:

X	0	1	2	3
p_k	θ^2	$2\theta(1-\theta)$	θ^2	$1-\theta$

求参数 θ 的矩估计量. 对于总体 X 的容量为 $n = 8$ 的给定样本值 $x = 3, 1, 3, 0, 3, 1, 2, 3$, 求参数 θ 的矩估计值.

【解】 总体 X 的均值为

$$\mu_1 = E(X) = 0 \times \theta^2 + 1 \times 2\theta(1-\theta) + 2 \times \theta^2 + 3 \times (1-2\theta)$$
$$= 2\theta + 3 \times (1-2\theta)$$
$$= 3 - 4\theta$$
$$\Rightarrow \theta = \frac{3 - \mu_1}{4} \Rightarrow \widehat{\theta} = \frac{3 - \widehat{X}}{4}$$

即参数 θ 的矩估计量为 $\widehat{\theta} = \dfrac{3 - \widehat{X}}{4}$.

对于总体 X 的容量为 $n = 8$ 的给定样本值 $x = 3, 1, 3, 0, 3, 1, 2, 3$, 样本均值为

$$\overline{X} = \frac{1}{8} \times (3 + 1 + 3 + 0 + 3 + 1 + 2 + 3) = 2$$

从而参数 θ 的矩估计值为

$$\widehat{\theta} = \frac{3 - \widehat{X}}{4} = \frac{3 - 2}{4} = \frac{1}{4}$$

7.1.2 最大似然估计

【定义 7.1.3】**最大似然估计**(Maximal Likelihood Estimation,MLE)   取参数空间的参数估计量 $\widehat{\theta} \in \Theta$ 使得"最大似然函数"在 $\widehat{\theta}$ 处达到极大值：

$$L(x_1, x_2, \cdots, x_n; \widehat{\theta}) = \max_{\theta \subset \Theta} L(x_1, x_2, \cdots, x_n; \theta) \tag{7.1.8}$$

其中最大似然函数 (MSF) 如下定义

$$\begin{cases} \text{离散型随机变量：} \quad L(\theta) := \prod_1^n p(x_i, \theta) = \prod_1^n P\{X = x_i\} \\ \text{连续型随机变量：} \quad L(\theta) := \prod_1^n f(x_i, \theta) = \prod_1^n f(x_i, \theta) \end{cases} \tag{7.1.9}$$

分别是离散型的分布律与连续型的概率密度函数的连乘积. 通常假设 $p(x_i, \theta)$ 与 $f(x_i, \theta)$ 为可微函数，则求最大似然函数的极大值 $\widehat{\theta}$ 的问题就化为求最大似然函数的导函数 $L'(\theta)$ 的驻点：

$$L'(\theta) = \frac{\mathrm{d}}{\mathrm{d}\theta} L(\theta) = 0 \tag{7.1.10}$$

通常取对数似然函数再求极值，使得乘积运算化归为加和运算，建立全微分方程或等价的偏微分方程组：

$$\frac{\mathrm{d}}{\mathrm{d}\theta} \ln L(\theta) = 0 \Leftrightarrow \frac{\partial \ln L(\theta_1, \cdots, \theta_k)}{\partial \theta_i} = 0, \quad i = 1, 2, \cdots, k \tag{7.1.11}$$

最初于 1821 年高斯在草稿纸上随意写下最大似然估计的思想，在 1922 年由费歇发扬光大并奠定了坚实的理论基础.

【释例 7.1.1】   两点分布 $X \sim b(1, p)$，分布律如下：

X	1	0
p_k	p	q

对总体的 n 个样本，求参数 p 的最大似然估计量.

【解】   (1) 写出分布律

$$p(x_i, p) = p^{x_i}(1-p)^{1-x_i}$$

(2) 构造未知参数 $\theta = p$ 的似然函数

$$\begin{aligned} L(p) \quad &= \prod_1^n p(x_i, \theta) = \prod_1^n p^{x_i}(1-p)^{1-x_i} \\ &= p^{\sum_1^n x_i} (1-p)^{n - \sum_1^n x_i} \end{aligned}$$

242

(3) 求对数

$$\ln L(\theta) = (\sum_1^n x_i) \ln p + (n - \sum_1^n x_i) \ln(1-p)$$

(4) 取导数得对数似然方程并求解获得最大似然估计值 (小写)

$$\frac{\mathrm{d}}{\mathrm{d}p} \ln L(p) = \frac{\sum\limits_1^n x_i}{p} - \frac{n - \sum\limits_1^n x_i}{1-p} = 0 \Rightarrow np = (p+1-p)\sum_1^n x_i$$

$$\Rightarrow \quad \widehat{p}n = \sum_1^n x_i \Rightarrow \widehat{p} = \frac{1}{n}\sum_1^n x_i = \overline{x}$$

(5) 据此写出最大似然估计量 (大写) $\widehat{p} = \dfrac{1}{n}\sum_1^n X_i = \overline{X}$.

故两点分布 $X \sim b(1,p)$ 的参数 p 的最大似然估计量与其矩估计量相同.

【释例 7.1.2】 正态分布 $X \sim N(\mu, \sigma^2)$，对总体的 n 个样本求参数 μ, σ^2 的最大似然估计量.

【解】 (1) 总体的概率密度函数为

$$f(x, \mu, \sigma^2) = \frac{1}{\sqrt{2\pi}\sigma} \mathrm{e}^{-\frac{(x-\mu)^2}{2\sigma^2}}$$

(2) 连续型总体的最大似然函数就是样本概率密度函数 $f(x_i, \theta)$ 的连乘积，即

$$
\begin{aligned}
L(\mu, \sigma^2) \quad &= \prod_1^n f(x_i, \mu, \sigma^2) \\
&= \left(\frac{1}{\sqrt{2\pi}\sigma}\right)^n \mathrm{e}^{-\frac{1}{2\sigma^2}\sum\limits_1^n (x_i - \mu)^2} \\
&= (2\pi)^{-\frac{n}{2}} (\sigma^2)^{-\frac{n}{2}} \mathrm{e}^{-\frac{1}{2\sigma^2}\sum\limits_1^n (x_i - \mu)^2}
\end{aligned}
$$

(3) 取对数有

$$
\begin{aligned}
\ln L(\mu, \sigma^2) \quad &= \left(-\frac{n}{2}\right)\ln 2\pi - \frac{n}{2}\ln(\sigma^2) - \frac{1}{2\sigma^2}\sum_1^n (x_i - \mu)^2 \\
&= \left(-\frac{n}{2}\right)\ln 2\pi - \frac{n}{2}\ln(\sigma^2) - \frac{1}{2\sigma^2}\left(\sum_1^n x_i^2 - 2(\sum_1^n x_i)\mu + n\mu^2\right)
\end{aligned}
$$

(4) 取导数得对数似然方程，解方程获得最大似然估计值 (小写)：

$$
\begin{cases}
\dfrac{\partial}{\partial \mu} \ln L(\mu, \sigma^2) = \dfrac{1}{\sigma^2}\left(\sum\limits_1^n x_i - n\mu\right) = 0 \\[3mm]
\dfrac{\partial}{\partial \sigma^2} \ln L(\mu, \sigma^2) = -\dfrac{n}{2\sigma^2} + \dfrac{1}{2\sigma^4}\left(\sum\limits_1^n (x_i - \mu)^2\right) = 0
\end{cases}
$$

(5) 据此写出最大似然估计量 (大写):

$$\Rightarrow \begin{cases} \widehat{\mu} = \dfrac{1}{n}\sum_{1}^{n} X_i = \overline{X} = A_1 \\[2mm] \widehat{\sigma^2} = \dfrac{1}{n}\sum_{1}^{n}(X_i - \overline{X})^2 = B_2 \end{cases}$$

故正态分布 $X \sim N(\mu, \sigma^2)$ 的双参数 μ, σ^2 的最大似然估计量与其矩估计量相同，分别为样本均值（一阶原点矩）A_1 和二阶中心矩 B_2.

【例 7.1.4】(1991 研究生入学题目数学三) 分布总体 X 的概率密度函数为

$$f(x, \lambda) = \begin{cases} \lambda k x^{k-1} \mathrm{e}^{-\lambda x^k}, & x > 0 \\ 0, & x \leqslant 0 \end{cases}$$

其中参数 $\lambda > 0$ 未知, 已知常数 $k > 0$. 对总体的 n 个样本求参数 λ 的最大似然估计量.

【解】 (1) 总体的概率密度函数为

$$f(x, \lambda) = \begin{cases} \lambda k x^{k-1} \mathrm{e}^{-\lambda x^k}, & x > 0 \\ 0, & x \leqslant 0 \end{cases}$$

(2) 连续型总体的最大似然函数就是样本概率密度函数 $f(x_i, \theta)$ 的连乘积, $x_i > 0$ 时，即

$$\begin{aligned} L(\lambda) &= \prod_{1}^{n} f(x_i, \lambda) = \prod_{1}^{n} \lambda k x_i^{k-1} \mathrm{e}^{-\lambda x_i^k} \\ &= (\lambda k)^n \mathrm{e}^{-\lambda \sum_{1}^{n} x_i^k} \prod_{1}^{n} x_i^{k-1} \end{aligned}$$

(3) 取对数，有

$$\begin{aligned} \ln L(\lambda) &= \ln(\lambda k)^n + \ln \mathrm{e}^{-\lambda \sum_{1}^{n} x_i^k} + \ln \prod_{1}^{n} x_i^{k-1} \\ &= n \ln \lambda + n \ln k - \lambda \sum_{1}^{n} x_i^k + \sum_{1}^{n} \ln x_i^{k-1} \end{aligned}$$

(4) 求导得对数似然方程，并求解获得最大似然估计值 (小写)

$$\frac{\partial}{\partial \lambda} \ln L(\lambda) = \frac{n}{\lambda} - \sum_{1}^{n} x_i^k = 0$$

$$\Rightarrow \widehat{\lambda} = \frac{n}{\sum\limits_{1}^{n} x_i^k}$$

(5) 据此写出最大似然估计量 (大写)

$$\widehat{\lambda} = \frac{n}{\sum\limits_{1}^{n} X_i^k}$$

【例 7.1.5】 (1997 研究生入学题目数学一) 总体的概率密度为

$$f(x;\theta) = \begin{cases} (\theta+1)x^\theta, & 0 < x \leqslant 1 \\ 0, & \text{其他} \end{cases}$$

求未知参数 $\theta > -1$ 的矩估计量和最大似然估计量.

【解】

1. 求未知参数 $\theta > -1$ 的矩估计量：

$$\begin{aligned}
\mu_1 &= E(X) = \int_{-\infty}^{+\infty} x f(x;\theta)\mathrm{d}x \\
&= \int_0^1 x(\theta+1)x^\theta \mathrm{d}x = \int_0^1 (\theta+1)x^{\theta+1}\mathrm{d}x \\
&= \frac{\theta+1}{\theta+2} \Rightarrow \theta = \frac{2\mu_1 - 1}{1 - \mu_1} \\
\Rightarrow \widehat{\theta} &= \frac{2\overline{X} - 1}{1 - \overline{X}}
\end{aligned}$$

2. 求未知参数 $\theta > -1$ 的最大似然估计量：

(1) 总体的概率密度函数为

$$f(x;\theta) = \begin{cases} (\theta+1)x^\theta, & 0 < x \leqslant 1; \\ 0, & \text{其他}. \end{cases}$$

(2) 连续型总体的最大似然函数就是样本概率密度函数 $f(x_i,\theta)$ 的连乘积，$x_i > 0$ 时，即

$$\begin{aligned}
L(\theta) &= \prod_1^n f(x_i,\theta) = \prod_1^n (\theta+1)x_i^\theta \\
&= (\theta+1)^n \prod_1^n x_i^\theta = (\theta+1)^n \left(\prod_1^n x_i\right)^\theta
\end{aligned}$$

(3) 取对数，有

$$\begin{aligned}
\ln L(\theta) &= \ln(\theta+1)^n + \ln\left(\prod_1^n x_i\right)^\theta \\
&= n\ln(\theta+1) + \theta \sum_1^n \ln x_i
\end{aligned}$$

(4) 求导得对数似然方程，并求解获得最大似然估计值 (小写)

$$\begin{aligned}
\frac{\partial}{\partial \theta}\ln L(\theta) &= \frac{n}{\theta+1} + \sum_1^n \ln x_i = 0 \\
\Rightarrow \widehat{\theta} &= -1 - \frac{n}{\sum_1^n \ln x_i}
\end{aligned}$$

(5) 据此写出最大似然估计量 (大写)

$$\widehat{\theta} = -1 - \frac{n}{\sum_1^n \ln X_i}$$

7.1.3 估计量的选取标准

1. 无偏性 (Unbiased Estimation)

设总体期望存在有限：$E(X) = \theta < \infty$，若估计量的期望等于总体期望，或估计量 $\widehat{\theta}$ 的均值为待估参数 θ，即

$$E(\widehat{\theta}) = \theta \tag{7.1.12}$$

则称估计量 $\widehat{\theta}$ 是 *无偏估计*.

如

$$S^2 := \frac{1}{n-1} \sum_1^n (x_i - \overline{x})^2, S_n^2 := \frac{1}{n} \sum_1^n (x_i - \overline{x})^2$$

则

$$E(S^2) = \sigma^2, E(S_n^2) = \frac{n-1}{n} \sigma^2 \neq \sigma^2 \tag{7.1.13}$$

故 S^2 为总体方差的无偏估计量，而 S_n^2 则不是总体方差的无偏估计量. 是为样本方差 S^2 定义的"奇怪形式"的无偏性理由.

2. 有效性 (Efficiency)

若估计量的方差满足不等式

$$D(\widehat{\theta_1}) < D(\widehat{\theta_2}) \tag{7.1.14}$$

称 θ_1 比 θ_2 更有效 (More effective)，即偏差更小. 此式表明，方差越小越有效.

3. 相合性 (Coincidence) **或一致性** (Consistency)

估计量序列 $\widehat{\theta_n} = \widehat{\theta}(X_1, X_2, \cdots, X_n)$ 依概率收敛于待估参数 θ，即

$$\begin{aligned}
&\lim_{n \to \infty} P\{|\widehat{\theta}_n - \theta| < \varepsilon\} = 1 \\
\Leftrightarrow \ &\lim_{n \to \infty} P\{|\widehat{\theta}_n - \theta| > \varepsilon\} = 0 \\
\Leftrightarrow \ &\widehat{\theta}_n \to \theta(P)
\end{aligned} \tag{7.1.15}$$

是为估计量可取的基本要求.

【例 7.1.6】 求证：

(1) 凸线性组合 $S_w^2 = \dfrac{n_1 - 1}{n_1 + n_2 - 2} S_1^2 + \dfrac{n_2 - 1}{n_1 + n_2 - 2} S_2^2$ (合并估计) 是总体方差 σ^2 的无偏估计；

(2) 凸线性组合 $\dfrac{1}{\sum\limits_1^n a_i}(\sum\limits_1^n a_i X_i)$ 是总体均值 μ 的无偏估计.

【证明】

(1)

$$
\begin{aligned}
E(S_w^2) &= E\left(\frac{n_1-1}{n_1+n_2-2}S_1^2 + \frac{n_2-1}{n_1+n_2-2}S_2^2\right)\\
&= \frac{n_1-1}{n_1+n_2-2}E(S_1^2) + \frac{n_2-1}{n_1+n_2-2}E(S_2^2)\\
&= \frac{n_1-1}{n_1+n_2-2}\sigma^2 + \frac{n_2-1}{n_1+n_2-2}\sigma^2\\
&= \sigma^2
\end{aligned}
$$

(2)

$$
E\left(\frac{\frac{1}{n}(\sum_1^n a_i X_i)}{\sum_1^n a_i}\right)
$$

$$
= \frac{\frac{1}{n}\sum_1^n a_i E(X_i)}{\sum_1^n a_i} = \frac{\frac{1}{n}\sum_1^n a_i \mu}{\sum_1^n a_i}
$$

$$
= \mu\frac{\frac{1}{n}\sum_1^n a_i}{\sum_1^n a_i} = \mu\cdot 1 = \mu
$$

【例 7.1.7】 试证:

(1)$E(\widehat{\theta}) = \theta$ 且 $D(\widehat{\theta}) > 0$, 则 $\widehat{\theta}^2$ 是 θ^2 的有偏估计;

(2) 均匀分布

$$
f(x,\theta) = \begin{cases} \dfrac{1}{\theta}, & 0 < x \leqslant \theta \\ 0, & \text{其他} \end{cases}
$$

的最大似然估计量 $\widehat{\theta}$ 有偏.

【证明】

(1)

$$
\begin{aligned}
E(\widehat{\theta}^2) &= (E\widehat{\theta})^2 + D(\widehat{\theta})\\
&= \theta^2 + D(\widehat{\theta}) > \theta^2
\end{aligned}
$$

不满足 $E(\widehat{\theta}^2) = \theta^2$. 亦即估计量具有 "测不准性 (Uncertainty)": 参数无偏, 则其平方有偏.

(2) 均匀分布的分布函数

$$
F(x,\theta) = \begin{cases} \displaystyle\int_0^x \frac{1}{\theta}\mathrm{d}t = \frac{x}{\theta}, & 0 < x \leqslant \theta \\ 0, & \text{其他} \end{cases}
$$

最大似然函数为密度函数的连乘积, 即

$$
L(\theta, x_1, x_2, \cdots, x_n) = \left(\frac{1}{\theta}\right)^n, \qquad 0 < x_i \leqslant \theta, 1 \leqslant i \leqslant n
$$

欲使 $\widehat{\theta}$ 同时满足: $L(\widehat{\theta}) = \dfrac{1}{\theta^n} \geqslant L(\theta) = \dfrac{1}{\theta^n}$, 且 $0 < x_i \leqslant \widehat{\theta}$, 则

$$
\widehat{\theta} := \max_{1 \leqslant i \leqslant n}\{x_i\}
$$

由极大极小变量函数

$$F_{\widehat{\theta}}(x, \theta) = (F(x))^n = \left(\frac{x}{\theta}\right)^n = \frac{x^n}{\theta^n}$$

$$f_{\widehat{\theta}}(x, \theta) = \frac{nx^{n-1}}{\theta^n}$$

估计量的期望为

$$E(\widehat{\theta}) = \int_0^\theta x f_{\widehat{\theta}}(x)\mathrm{d}x = \int_0^\theta \frac{nx^n}{\theta^n}\mathrm{d}x$$

$$= \frac{1}{\theta^n}\frac{n}{n+1}\theta^{n+1} = \frac{n\theta}{n+1} \neq \theta$$

故 $\widehat{\theta}$ 有偏.

【例 7.1.8】(2003 年研究生入学试题数学一) 设总体 X 的概率密度为

$$f(x, \theta) = \begin{cases} 2\mathrm{e}^{-2(x-\theta)}, & x \geqslant \theta \\ 0, & \text{其他} \end{cases}$$

参数 θ 未知. 对总体 X 采样获得简单随机样本 $(X_1, X_2, \cdots, X_n)$, 设统计量 $\widehat{\theta} = \min(X_1, X_2, \cdots, X_n)$.

(1) 求总体 X 的分布函数 $F(x, \theta)$;

(2) 求统计量 $\widehat{\theta} = \min(X_1, X_2, \cdots, X_n)$ 的分布函数 $F_{\widehat{\theta}}(x)$;

(3) 若用统计量 $\widehat{\theta}$ 作为参数 θ 的估计量, 讨论估计量 $\widehat{\theta}$ 是否无偏?

【证明】

(1) 总体 X 的分布函数 $F(x, \theta)$ 为

$$F(x, \theta) = \int_\theta^x f(x, \theta)\mathrm{d}x$$

$$= \begin{cases} \int_\theta^x 2\mathrm{e}^{-2(x-\theta)}\mathrm{d}x = 1 - \mathrm{e}^{-2(x-\theta)}, & x \geqslant \theta \\ 0, & \text{其他} \end{cases}$$

(2) 对于极小函数统计量 $\widehat{\theta} = \min(X_1, X_2, \cdots, X_n)$ 的分布函数 $F_{\widehat{\theta}}(x)$, 由极小函数的分布函数计算公式, 有

$$F_{\widehat{\theta}}(x) = 1 - [1 - F(x, \theta)]^n$$

$$= \begin{cases} 1 - [1 - (1 - \mathrm{e}^{-2(x-\theta)})]^n = 1 - \mathrm{e}^{-2n(x-\theta)}, & x \geqslant \theta \\ 0, & \text{其他} \end{cases}$$

(3) 极小函数统计量 $\widehat{\theta} = \min(X_1, X_2, \cdots, X_n)$ 的概率密度为布函数 $F_{\widehat{\theta}}(x)$ 的导数, 即

$$f_{\widehat{\theta}}(x) = \frac{\mathrm{d}F_{\widehat{\theta}}(x)}{\mathrm{d}x}$$

$$= \begin{cases} \dfrac{\mathrm{d}(1 - \mathrm{e}^{-2n(x-\theta)})}{\mathrm{d}x}, & x \geqslant \theta \\ 0, & \text{其他} \end{cases}$$

$$= \begin{cases} 2n\mathrm{e}^{-2n(x-\theta)}, & x \geqslant \theta \\ 0, & \text{其他} \end{cases}$$

统计量 $\widehat{\theta}$ 的数学期望是

$$
\begin{aligned}
E(\widehat{\theta}) &= \int_{-\infty}^{+\infty} x f_{\widehat{\theta}}(x) \mathrm{d}x \\
&= \begin{cases} \displaystyle\int_{\theta}^{+\infty} x \cdot 2n \mathrm{e}^{-2n(x-\theta)} \mathrm{d}x, & x \geqslant \theta \\ 0, & \text{其他} \end{cases} \\
&= \begin{cases} \displaystyle\int_{\theta}^{+\infty} 2nx \mathrm{e}^{-2n(x-\theta)} \mathrm{d}(x-\theta), & x \geqslant \theta \\ 0, & \text{其他} \end{cases} \\
&= \theta + \frac{1}{2n} \neq \theta
\end{aligned}
$$

不满足 $E(\widehat{\theta}) = \theta$. 亦即若用统计量 $\widehat{\theta}$ 作为参数 θ 的估计量, 则估计有偏.

习题 7.1

1. 设总体服从参数为 p 的两点分布 $X \sim B(1,p)$, $X_1, X_2, \cdots, X_n$ 为来自总体的样本, 求参数 p 的矩估计量.

2. 设总体服从参数为 (N,p) 的二项分布 $X \sim B(N,p)$, $X_1, X_2, \cdots, X_n$ 为来自总体的样本, 求参数 N, p 的矩估计量.

3. 设从总体 X 中随机抽取容量为 n 的样本, 总体的概率密度函数为

$$
f(x;\theta) = \begin{cases} \theta x^{\theta-1}, & 0 < x < 1 \\ 0, & \text{其他} \end{cases}
$$

求未知参数 θ 的矩估计量和最大似然估计量.

4. 设从 X 中随机抽取容量为 n 的样本 $X_1, X_2, \cdots, X_n$, 总体的概率密度函数为

$$
f(x;\theta) = \begin{cases} 2\mathrm{e}^{-2(x-\theta)}, & x \geqslant \theta \\ 0, & \text{其他} \end{cases}
$$

求未知参数 θ 的最大似然估计量.

5. 设从服从指数分布的总体 X 中随机抽取容量为 n 的样本 $X_1, X_2, \cdots, X_n$, 总体的概率密度函数为

$$
f(x;\lambda) = \begin{cases} \lambda \mathrm{e}^{-\lambda x}, & x \geqslant 0 \\ 0, & \text{其他} \end{cases}
$$

试证: $\overline{X}$ 与 $n\min(X_1, X_2, \cdots, X_n)$ 都是未知参数 $\dfrac{1}{\lambda}$ 的无偏估计量.

6. 设从总体 X 中随机抽取容量为 n 的样本 $X_1, X_2, \cdots, X_n$, 总体服从参数为 λ 的泊松分布, 分布律为 $P\{X=x\} = \dfrac{\lambda^x}{x!}\mathrm{e}^{-\lambda}$, 试证对任意 $\alpha \in [0,1]$, $\alpha\overline{X} + (1-\alpha)S^2$ 都是未知参数 λ 的无偏估计量.

7. 设从总体 X 中随机抽取容量为 n 的样本 $X_1, X_2, \cdots, X_n$, 总体的期望与方差分别是 μ, σ^2, 样本均值为 $\overline{X} = \dfrac{1}{n}\sum_{k=1}^{n} X_k$, 定义估计量 $\widetilde{X} = \sum_{k=1}^{n} \omega_k X_k$, 其中凸线性组合系

数 $\sum_{k=1}^{n} \omega_k = 1$. 试证: $\overline{X}$ 与 $\widetilde{X}$ 都是期望 μ 的无偏估计量, 但 $\overline{X}$ 比 $\widetilde{X}$ 更有效.

7.2 区间估计

点估计是以参数点的随机变量估计量 $\widehat{\theta}$ 来估计参数 θ, 使得 $\widehat{\theta}$ 尽可能满足优良准则: $(1) E(\widehat{\theta}) = \theta$, 无偏; $(2) D(\widehat{\theta}) \to 0$, 有效; $(3) \widehat{\theta} \to \theta, (P)$ 相合.

区间估计则是以一个随机区间 (称为置信区间)$(\underline{\theta}, \overline{\theta})$ ($\underline{\theta} : \theta - \text{lowerbar}$ 和 $\overline{\theta} : \theta - \text{upperbar}$) 来限定估计未知参数的变动范围. 它的好处是同时给出了变动的误差, 其理论最早由原籍波兰的美国统计学家奈曼 (J.Neyman) 于 1930 年代建立.

置信区间, 要尽可能同时满足:

(1) 置信区间定义为 $I_\theta := (\underline{\theta}, \overline{\theta})$, 则 $P\{\theta \in (\underline{\theta}, \overline{\theta})\} \to 1$, 即参数 θ 以尽量大的概率落在置信区间内;

(2) 参数 θ 变动的范围即其可能出现的误差范围尽可能小, 或精度尽可能高, $L(I_\theta) := |\overline{\theta} - \underline{\theta}| \to 0$, 即区间长度尽可能小.

但要求是相悖的, 区间越大, 落入此区间的可能就越大, 但长度变长, 误差也会随之变大, 从而精度降低. 这就是概率论中的 "测不准原理" (Uncertainty Principle). 例如估计一个人的寿命 θ, 若取 $(\underline{\theta}, \overline{\theta}) = (0, 300)$, 则 $P\{\theta \in (\underline{\theta}, \overline{\theta})\} = 1$, 但精度很低. 所以处在这样的悖论环境下, 要在给定一个可信度 (置信水平) 的要求下, 寻找到最优良的区间估计.

【缀言】测不准原理 (Uncertainty Principle)例如, 物体特别是高速粒子的位置和速度不可能同时精确测定; 又如汽车功率恒定时, 因 $P = FV$, 动力和速度成反比, 因此汽车爬坡时需要减速以提升动力. 物理学家薛定谔 (Schödinger) 和海森堡 (Hessenberg) 对此理论有巨大贡献, 此理论为相对论的渊源之一, 也是孟子的理念 "鱼与熊掌不可兼得" 的科学版阐述.

【定义 7.2.1】置信区间 (Confidence Interval)   给定 $\alpha \in (0, 1)$, 由随机总体 X 的样本 $(X_1, X_2, \cdots, X_n)$ 确定的统计量 $\underline{\theta} = \underline{\theta}(X_1, X_2, \cdots, X_n)$ 和 $\overline{\theta} = \overline{\theta}((X_1, X_2, \cdots, X_n), \underline{\theta} < \overline{\theta}$, 对任意参数空间中的参数点 $\theta \in \Theta$, 满足: $P\{\underline{\theta} < \theta < \overline{\theta}\} \geqslant 1 - \alpha$, 或 $P\{\theta \overline{\in} (\underline{\theta}, \overline{\theta})\} < \alpha$, 即

$$P\{\theta \in (\underline{\theta}, \overline{\theta})\} \geqslant 1 - \alpha \tag{7.2.1}$$

则称随机区间 $(\underline{\theta}, \overline{\theta})$ 是 θ 的 **置信水平** 或 **置信度** (Confidence level) 为 $1 - \alpha$ 的双侧置信区间 (Bilateral Confidence Interval), 区间的左端点 $\underline{\theta}$ 和右端点 $\overline{\theta}$ 分别称为 **置信下限**(Inferior Limit of Confidence Interval) 和 **置信上限**(Superior Limit of Confidence Interval).

其含义为取样 m 次, 每次 n 个样本, 每个样本确定对应的随机区间, 从而获得 m 个随机区间, 其中包含 θ 的真值的比例约占 $1 - \alpha$, 而不含真值的约占 α, 即含真值的区间个数为 $m(1 - \alpha)$, 不含真值的约占 $m\alpha$ 个.

下面利用 "枢轴变量", 即与参数无关的样本均值 $\overline{X}$、均值差 $\overline{X} - \overline{Y}$ 以及方差 S^2 来做区间估计.

7.2.1　单一正态总体均值与方差的区间估计

记置信水平 $1-\alpha$，样本 $X_1, X_2, \cdots, X_n \sim N(\mu, \sigma^2)$，样本均值与方差为

$$\overline{X} = \frac{1}{n}\sum_1^n X_i, \qquad S^2 = \frac{1}{n-1}\sum_1^n (X_i - \overline{X})^2 \tag{7.2.2}$$

1. 总体均值 μ 的置信区间 I_μ

(1)总体方差 σ^2 已知

标准化变量

$$Y := \frac{\overline{X} - \mu}{\sigma/\sqrt{n}} \sim N(0,1) \tag{7.2.3}$$

由正态分布概率曲线的对称性及 α 分位点之定义 (图 7.2.1)：

$$P\{Y \geqslant Z_{\frac{\alpha}{2}}\} = \frac{\alpha}{2}$$
$$P\{Y \leqslant -Z_{\frac{\alpha}{2}}\} = \frac{\alpha}{2}$$
$$\Rightarrow \quad \alpha = \frac{\alpha}{2} + \frac{\alpha}{2} = P\{Y \geqslant Z_{\frac{\alpha}{2}}\} + P\{Y \leqslant -Z_{\frac{\alpha}{2}}\}$$
$$\Rightarrow \quad 1 - \alpha = 1 - P\{Y \overline{\in} (-Z_{\frac{\alpha}{2}}, Z_{\frac{\alpha}{2}})\}$$
$$\Rightarrow \quad P\{-Z_{\frac{\alpha}{2}} < Y < Z_{\frac{\alpha}{2}}\} = 1 - \alpha$$
$$\Rightarrow \quad P\{-Z_{\frac{\alpha}{2}} < \frac{\overline{X} - \mu}{\sigma/\sqrt{n}} < Z_{\frac{\alpha}{2}}\} = 1 - \alpha$$
$$\Rightarrow \quad P\{\overline{X} - \frac{\sigma}{\sqrt{n}}Z_{\frac{\alpha}{2}} < \mu < \overline{X} + \frac{\sigma}{\sqrt{n}}Z_{\frac{\alpha}{2}}\} = 1 - \alpha$$
$$\Rightarrow \quad I_\mu = (\overline{X} - \frac{\sigma}{\sqrt{n}}Z_{\frac{\alpha}{2}}, \overline{X} + \frac{\sigma}{\sqrt{n}}Z_{\frac{\alpha}{2}})$$

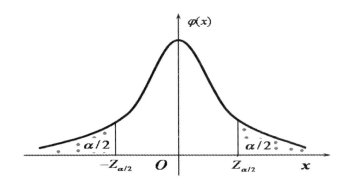

图 7.2.1　总体方差 σ^2 已知时均值 μ 的置信区间

或如下以解析法考虑，由

$$\Phi(Z_{\frac{\alpha}{2}}) + \Phi(-Z_{\frac{\alpha}{2}}) = 1$$

$$P\{-Z_{\frac{\alpha}{2}} < \frac{\overline{X} - \mu}{\sigma/\sqrt{n}} < Z_{\frac{\alpha}{2}}\}$$

$$= \Phi(Z_{\frac{\alpha}{2}}) - \Phi(-Z_{\frac{\alpha}{2}})$$

$$= (1 - \frac{\alpha}{2}) - \frac{\alpha}{2} = 1 - \alpha$$

(7.2.4)

即

$$P\{\overline{X} - \frac{\sigma}{\sqrt{n}}Z_{\frac{\alpha}{2}} < \mu < \overline{X} + \frac{\sigma}{\sqrt{n}}Z_{\frac{\alpha}{2}}\} = 1 - \alpha$$

(7.2.5)

【注记】 分布 F 的"下 α 分位点"是指满足

$$F(Z_\alpha) = P\{Z < Z_\alpha\} = \alpha$$

(7.2.6)

或

$$P\{Z > Z_\alpha\} = 1 - \alpha, 0 < \alpha < 1$$

(7.2.7)

的点 Z_α. 故而分布 F 的下 α 分位点即是其上 $1 - \alpha$ 分位点 (图 7.2.2).

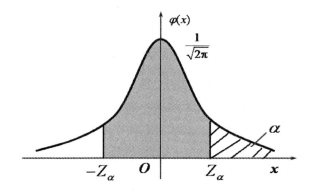

图 7.2.2 正态分布的对称性及 α 分位点

(2)总体方差 σ^2 未知:

此时以 σ^2 的无偏估计即样本方差 S^2(满足 $E(S^2) = \sigma^2$) 来代替总体方差 σ^2，从而因

$$\frac{\overline{X} - \mu}{S/\sqrt{n}} \sim t(n - 1)$$

(7.2.8)

由 $t-$ 分布的概率曲线对称性以及上 $-\alpha$ 分位点的定义 (图 7.2.3)

$$P\{-t_{\frac{\alpha}{2}}(n - 1) < \frac{\overline{X} - \mu}{S/\sqrt{n}} < t_{\frac{\alpha}{2}}(n - 1)\} = 1 - \alpha$$

(7.2.9)

从而

$$P\{\overline{X} - \frac{S}{\sqrt{n}}t_{\frac{\alpha}{2}}(n - 1) < \mu < \overline{X} + \frac{S}{\sqrt{n}}t_{\frac{\alpha}{2}}(n - 1)\} = 1 - \alpha$$

(7.2.10)

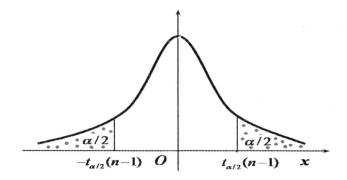

图 7.2.3　总体方差 σ^2 未知时均值 μ 的置信区间

置信区间为

$$I_\mu = (\overline{X} - \frac{S}{\sqrt{n}}t_{\frac{\alpha}{2}}(n-1), \overline{X} + \frac{S}{\sqrt{n}}t_{\frac{\alpha}{2}}(n-1)) \tag{7.2.11}$$

当样本容量 n 充分大时，$t-$ 分布的上 $-\alpha$ 分位点近似等于标准正态分布的上 $-\alpha$ 分位点 $t_{\frac{\alpha}{2}}(n-1) \approx Z_{\frac{\alpha}{2}}$，故 **总体均值 μ** 的近似置信区间为

$$I_\mu = (\overline{X} - \frac{S}{\sqrt{n}}Z_{\frac{\alpha}{2}}, \quad \overline{X} + \frac{S}{\sqrt{n}}Z_{\frac{\alpha}{2}}) \tag{7.2.12}$$

2. 总体方差 σ^2 的置信区间

一般都是假设 **总体均值 μ 未知**，用 χ^2- 分布

$$\frac{(n-1)S^2}{\sigma^2} \sim \chi^2(n-1) \tag{7.2.13}$$

$$P\{\chi^2 > \chi^2_{\frac{\alpha}{2}}(n-1)\} = \frac{\alpha}{2} \tag{7.2.14}$$

由 χ^2- 分布之上 $-\alpha$ 分位点的几何意义 (图 7.2.4)：

$$P\{\chi^2_{1-\frac{\alpha}{2}}(n-1) < \frac{(n-1)S^2}{\sigma^2} < \chi^2_{\frac{\alpha}{2}}(n-1)\} = 1-\alpha \tag{7.2.15}$$

即

$$P\{\frac{(n-1)S^2}{\chi^2_{\frac{\alpha}{2}}(n-1)} < \sigma^2 < \frac{(n-1)S^2}{\chi^2_{1-\frac{\alpha}{2}}(n-1)}\} = 1-\alpha \tag{7.2.16}$$

从而方差 σ^2 的置信水平为 $1-\alpha$ 的置信区间为

$$(\frac{(n-1)S^2}{\chi^2_{\frac{\alpha}{2}}(n-1)}, \frac{(n-1)S^2}{\chi^2_{1-\frac{\alpha}{2}}(n-1)}) \tag{7.2.17}$$

而标准差 (均方差)σ 的置信水平为 $1-\alpha$ 的置信区间为

$$(\frac{\sqrt{n-1}S}{\sqrt{\chi^2_{\frac{\alpha}{2}}(n-1)}}, \frac{\sqrt{n-1}S}{\sqrt{\chi^2_{1-\frac{\alpha}{2}}(n-1)}}) \tag{7.2.18}$$

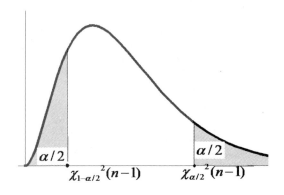

图 7.2.4　方差 σ^2 的置信水平为 $1-\alpha$ 的置信区间

7.2.2　双正态总体均值差 $\mu_1 - \mu_2$ 和方差比 σ_1^2/σ_2^2 的置信区间

$$\overline{X} = \frac{1}{n}\sum_1^n X_i, \qquad \overline{Y} = \frac{1}{n}\sum_1^n Y_i$$

$$S_1^2 = \frac{1}{n_1-1}\sum_1^n (X_i - \overline{X})^2, \qquad S_2^2 = \frac{1}{n_2-1}\sum_1^n (Y_i - \overline{Y})^2$$

1. 两总体均值差 $\mu_1 - \mu_2$ 的置信区间：

1)两总体方差均已知，而不相等 $(\sigma_1^2 \neq \sigma_2^2)$

因 $E(\overline{X}) = \mu_1, E(\overline{Y}) = \mu_2$，故 $\overline{X} - \overline{Y}$ 是 $\mu_1 - \mu_2$ 的无偏估计.

$$E(\overline{X} - \overline{Y}) = E(\overline{X}) - E(\overline{Y}) = \mu_1 - \mu_2$$

从而

$$\overline{X} - \overline{Y} \sim N(\mu_1 - \mu_2, \frac{\sigma_1^2}{n_1} + \frac{\sigma_2^2}{n_2}) \tag{7.2.19}$$

即标准化正态变量

$$\frac{(\overline{X} - \overline{Y}) - (\mu_1 - \mu_2)}{\sqrt{\dfrac{\sigma_1^2}{n_1} + \dfrac{\sigma_2^2}{n_2}}} \sim N(0,1) \tag{7.2.20}$$

即

$$P\{\frac{(\overline{X} - \overline{Y}) - (\mu_1 - \mu_2)}{\sqrt{\dfrac{\sigma_1^2}{n_1} + \dfrac{\sigma_2^2}{n_2}}}) < Z_{\frac{\alpha}{2}}\} = 1-\alpha \tag{7.2.21}$$

从而双正态总体 $X \sim N(\mu_1, \sigma_1^2)$ 和 $Y \sim N(\mu_2, \sigma_2^2)$ 方差已知 (而不一定相等) 的总体均值差 $\mu_1 - \mu_2$ 的双侧置信区间 (置信度为 $1-\alpha$) 为

$$I = (\overline{X} - \overline{Y} - Z_{\frac{\alpha}{2}}\sqrt{\frac{\sigma_1^2}{n_1} + \frac{\sigma_2^2}{n_2}}, \overline{X} - \overline{Y} + Z_{\frac{\alpha}{2}}\sqrt{\frac{\sigma_1^2}{n_1} + \frac{\sigma_2^2}{n_2}}) \tag{7.2.22}$$

2)**两总体方差均未知，但相等** $(\sigma_1^2 = \sigma_2^2)$

此时

$$\frac{(\overline{X} - \overline{Y}) - (\mu_1 - \mu_2)}{S_w\sqrt{\frac{1}{n_1} + \frac{1}{n_2}}} \sim t(n_1 + n_2 - 2) \tag{7.2.23}$$

$$S_w^2 := \frac{(n_1 - 1)S_1^2 + (n_2 - 1)S_2^2}{n_1 + n_2 - 2}$$

前文已证 $E(S_w^2) = \sigma^2$，即样本方差凸线性组合为无偏估计.

$$P\{|\frac{(\overline{X} - \overline{Y}) - (\mu_1 - \mu_2)}{S_w\sqrt{\frac{1}{n_1} + \frac{1}{n_2}}}| \leqslant t_{\frac{\alpha}{2}}(n_1 + n_2 - 2)\} = 1 - \alpha \tag{7.2.24}$$

从而方差未知但相等时的总体均值差 $\mu_1 - \mu_2$ 的置信水平为 $1 - \alpha$ 双侧置信区间为

$$(\overline{X} - \overline{Y} - t_{\frac{\alpha}{2}}(n_1 + n_2 - 2)S_w\sqrt{\frac{1}{n_1} + \frac{1}{n_2}}, \quad \overline{X} - \overline{Y} + t_{\frac{\alpha}{2}}(n_1 + n_2 - 2)S_w\sqrt{\frac{1}{n_1} + \frac{1}{n_2}}) \tag{7.2.25}$$

【注记】 假设方差 $\sigma_1^2 \approx \sigma_2^2$ 近似相等，即其比 $\sigma_1^2/\sigma_2^2 \approx 1$，采纳的置信区间产生误差不大.

3)**贝伦斯 —— 费歇问题** (Berrence–Fisher Problem)

方差 σ_1^2, σ_2^2 均未知而不相等 $(\sigma_1^2 \neq \sigma_2^2)$，求 $\mu_1 - \mu_2$ 的区间估计，这个问题由贝伦斯和费歇在 1929 年和 1930 年研究过，迄今尚无完美解法. 但当样本容量 n 充分大时 (大样本情况)，则可用样本方差 S_k^2 近似取代总体方差 σ_k^2，从而方差未知而不相等的总体均值差 $\mu_1 - \mu_2$ 的置信度为 $1 - \alpha$ 的双侧置信区间可近似取为：

$$I = (\overline{X} - \overline{Y} - Z_{\frac{\alpha}{2}}\sqrt{\frac{S_1^2}{n_1} + \frac{S_2^2}{n_2}}, \overline{X} - \overline{Y} + Z_{\frac{\alpha}{2}}\sqrt{\frac{S_1^2}{n_1} + \frac{S_2^2}{n_2}}) \tag{7.2.26}$$

2.两总体方差比 σ_1^2/σ_2^2 **的置信区间**

总体均值 μ_1, μ_2 **未知**，正数 $0 < \frac{\sigma_1^2}{\sigma_2^2} < 1$. 比较其商：

$$\frac{S_1^2/\sigma_1^2}{S_2^2/\sigma_2^2} \sim F(n_1 - 1, n_2 - 1)$$

$$P\{F_{1-\frac{\alpha}{2}}(n_1 - 1, n_2 - 1) < \frac{S_1^2/\sigma_1^2}{S_2^2/\sigma_2^2} < F_{\frac{\alpha}{2}}(n_1 - 1, n_2 - 1)\} = 1 - \alpha$$

$$\Rightarrow \quad P\{\frac{S_1^2}{S_2^2} \cdot \frac{1}{F_{\frac{\alpha}{2}}(n_1 - 1, n_2 - 1)} < \frac{\sigma_1^2}{\sigma_2^2} < \frac{S_1^2}{S_2^2} \cdot \frac{1}{F_{1-\frac{\alpha}{2}}(n_1 - 1, n_2 - 1)}\} = 1 - \alpha$$

即总体方差比 σ_1^2/σ_2^2 的置信水平为 $1 - \alpha$ 的双侧置信区间为

$$(\frac{S_1^2}{S_2^2} \cdot \frac{1}{F_{\frac{\alpha}{2}}(n_1 - 1, n_2 - 1)}, \frac{S_1^2}{S_2^2} \cdot \frac{1}{F_{1-\frac{\alpha}{2}}(n_1 - 1, n_2 - 1)}) \tag{7.2.27}$$

其中

$$\alpha = \frac{\alpha}{2} + \frac{\alpha}{2}$$
$$= P\{F > F_{\frac{\alpha}{2}}(n_1 - 1, n_2 - 1)\} + P\{F < F_{1-\frac{\alpha}{2}}(n_1 - 1, n_2 - 1)\}$$

【小结】 寻求未知参数的置信区间的"枢轴变量法"

(1) 确定只与样本有关而不依赖于参数的枢轴变量 $W(X_1, X_2, \cdots, X_n; \theta)$;

(2) 寻找 $P\{a < W(X_i) < b\} = 1 - \alpha$;

(3) 反解 $P\{\underline{\theta} < \theta < \overline{\theta}\} = 1 - \alpha$ 得到置信区间 $I_\theta := (\underline{\theta}, \overline{\theta})$,置信水平为 $1 - \alpha$.

对于标准正态分布和 $t-$ 分布,区间与图像对称;对于 χ^2- 分布和 $F-$ 分布,区间与图像均呈现偏态.

【置信区间分类】

1)单总体 $X \sim N(\mu, \sigma^2)$

σ^2 已知,均值 μ 的置信区间为

$$I_\mu = (\overline{X} - \frac{\sigma}{\sqrt{n}}Z_{\frac{\alpha}{2}}, \overline{X} + \frac{\sigma}{\sqrt{n}}Z_{\frac{\alpha}{2}}) \tag{7.2.28}$$

σ^2 未知,均值 μ 的置信区间为

$$I_\mu = (\overline{X} - \frac{S}{\sqrt{n}}t_{\frac{\alpha}{2}}(n-1), \quad \overline{X} + \frac{S}{\sqrt{n}}t_{\frac{\alpha}{2}}(n-1)) \tag{7.2.29}$$

均值 μ 的近似置信区间为

$$(\overline{X} - \frac{S}{\sqrt{n}}Z_{\frac{\alpha}{2}}, \quad \overline{X} + \frac{S}{\sqrt{n}}Z_{\frac{\alpha}{2}}) \tag{7.2.30}$$

μ 未知,方差 σ^2 的置信区间为

$$I_{\sigma^2} = (\frac{(n-1)S^2}{\chi^2_{\frac{\alpha}{2}}(n-1)}, \frac{(n-1)S^2}{\chi^2_{1-\frac{\alpha}{2}}(n-1)}) \tag{7.2.31}$$

2)双总体 $X \sim N(\mu_1, \sigma_1^2), Y \sim N(\mu_2, \sigma_2^2)$

$\sigma_1^2 \neq \sigma_2^2$ 已知,均值差 $\mu_1 - \mu_2$ 的置信区间为

$$I_{\mu_1-\mu_2} = (\overline{X} - \overline{Y} \pm Z_{\frac{\alpha}{2}}\sqrt{\frac{\sigma_1^2}{n_1} + \frac{\sigma_2^2}{n_2}}) \tag{7.2.32}$$

$\sigma_1^2 = \sigma_2^2 = \sigma^2$ 未知,均值差 $\mu_1 - \mu_2$ 的置信区间为

$$I_{\mu_1-\mu_2} = (\overline{X} - \overline{Y} \pm t_{\frac{\alpha}{2}}(n_1 + n_2 - 2)S_w\sqrt{\frac{1}{n_1} + \frac{1}{n_2}}) \tag{7.2.33}$$

μ_1, μ_2 未知,方差比 σ_1^2/σ_2^2 的置信区间为

$$I_{\sigma_1^2/\sigma_2^2} = (\frac{S_1^2}{S_2^2 F_{\frac{\alpha}{2}}(n_1 - 1, n_2 - 1)}, \frac{S_1^2}{S_2^2 F_{1-\frac{\alpha}{2}}(n_1 - 1, n_2 - 1)}) \tag{7.2.34}$$

【注记】 (1) 在实际应用中，对所给问题往往都要先进行分析，看看属于哪一类：是估计单总体还是估计双总体？是估计总体均值 μ 还是估计总体方差 σ^2？是在总体均值 μ 或总体方差 σ^2 已知还是未知的前提下估计？然后再采纳相应的置信度为 $1-\alpha$ 的置信区间的表达式，代入有关数据运算.

(2) 在实际应用中，经常需要进行"采样容量估计". 即对于指定的某种误差精度要求，如置信区间长度或半径不超过 d，或最大误差上界不超过 d 等. 然后问至少应当抽查多少个样本？即样本容量至少应当有多大？这样，确定一个容量的最小下界，既能达到采样的目的，保证样本在给定要求下很好地反映出总体的特征，又不至于胡子眉毛一把抓，耗费过多的样本.

【问题：置信区间长度与样本容量】 正态总体 $X \sim N(\mu, \sigma^2)$，分别假设：
(1) 总体方差 σ^2 已知，取容量为 n 的样本；
(2) 总体方差 σ^2 未知，取容量为 n 充分大的样本；
测得样本均值 $\overline{X}$，样本方差 S^2. 则总体 X 的期望 (均值)μ 的置信度 $1-\alpha$ 的置信区间为___？欲使置信区间长度不大于 $2d, d > 0$, 样本容量 n 至少应当是多少？

【解】 (1) 假设总体方差 σ^2 已知时，总体均值 μ 的置信区间为

$$\left(\overline{X} - \frac{\sigma}{\sqrt{n}} Z_{\frac{\alpha}{2}}, \ \overline{X} + \frac{\sigma}{\sqrt{n}} Z_{\frac{\alpha}{2}}\right)$$

置信区间长度为 $L = 2\frac{\sigma}{\sqrt{n}} Z_{\frac{\alpha}{2}}$. 欲使置信区间长度不大于 $2d, d > 0$, 即

$$2\frac{\sigma}{\sqrt{n}} Z_{\frac{\alpha}{2}} < 2d \Leftrightarrow \frac{\sigma}{\sqrt{n}} Z_{\frac{\alpha}{2}} < d$$
$$\Leftrightarrow \sqrt{n} > \frac{\sigma}{d} Z_{\frac{\alpha}{2}} \Leftrightarrow n > (\frac{\sigma}{d} Z_{\frac{\alpha}{2}})^2$$

(2) 假设总体方差 σ^2 未知，取容量为 n 充分大的样本时，以样本方差 S^2 代替总体方差，总体均值 μ 的置信区间为

$$\left(\overline{X} - \frac{S}{\sqrt{n}} t_{\frac{\alpha}{2}}(n-1), \ \overline{X} + \frac{S}{\sqrt{n}} t_{\frac{\alpha}{2}}(n-1)\right)$$

近似置信区间为

$$\left(\overline{X} - \frac{S}{\sqrt{n}} Z_{\frac{\alpha}{2}}, \ \overline{X} + \frac{S}{\sqrt{n}} Z_{\frac{\alpha}{2}}\right)$$

置信区间长度为 $L = 2\frac{S}{\sqrt{n}} Z_{\frac{\alpha}{2}}$. 欲使置信区间长度不大于 $2d, d > 0$, 即

$$2\frac{S}{\sqrt{n}} Z_{\frac{\alpha}{2}} < 2d \Leftrightarrow \frac{S}{\sqrt{n}} Z_{\frac{\alpha}{2}} < d$$
$$\Leftrightarrow \sqrt{n} > \frac{S}{d} Z_{\frac{\alpha}{2}} \Leftrightarrow n > (\frac{S}{d} Z_{\frac{\alpha}{2}})^2$$

总之我们有关于采样容量的如下结论.

【命题 7.2.1】置信区间长度与样本容量 正态总体 $X \sim N(\mu, \sigma^2)$, 测得样本均值 $\overline{X}$, 样本方差 S^2. 则总体 X 的期望 (均值)μ 的置信度 $1-\alpha$ 的置信区间长度与样本容量 n 的关系，在如下假设下，分别具有结论：

(1) 总体方差 σ^2 已知，取容量为 n 的样本；欲使置信区间长度不大于 $2d, d > 0$ 为置信区间半径或误差上界，样本容量 n 至少应当大于 $(\frac{\sigma}{d} Z_{\frac{\alpha}{2}})^2$；

(2) 总体方差 σ^2 未知，取容量为 n 充分大的样本；欲使置信区间长度不大于 $2d, d > 0$ 为置信区间半径或误差上界，样本容量 n 至少应当大于 $(\frac{S}{d} Z_{\frac{\alpha}{2}})^2$.

【例 7.2.1A】(1993 年数学三考研试题)　总体 $X \sim N(\mu, 1)$，样本容量 $n = 100$，测得样本均值 $\overline{X} = 5$，则总体 X 的期望 μ 的置信度 $1 - \alpha = 0.95$ 的置信区间为___? (已知 $\Phi(1.96) = 0.975$)

【解】　总体方差 $\sigma^2 = 1$ 已知时，总体均值 μ 的置信区间为

$$\left(\overline{X} - \frac{\sigma}{\sqrt{n}} Z_{\frac{\alpha}{2}}, \overline{X} + \frac{\sigma}{\sqrt{n}} Z_{\frac{\alpha}{2}} \right)$$

置信度 $1 - \alpha = 0.95$ 对应的分位点

$$Z_{\frac{\alpha}{2}} = Z_{\frac{1-0.95}{2}} = Z_{\frac{0.05}{2}} = Z_{0.025}$$

满足

$$\Phi(Z_{0.025}) = 1 - 0.025 = 0.975$$

反查标准正态分布表或由题设条件可知，$\Phi(1.96) = 0.975$. 故分位点 $Z_{0.025} = 1.96$. 总体 X 的期望 μ 的置信度 $1 - \alpha = 0.95$ 的置信区间为

$$
\begin{aligned}
I &= (5 - \frac{1}{10} \times 1.96, 5 + \frac{1}{10} \times 1.96) \\
&= (5 - 0.196, \ 5 + 0.196) \\
&= (4.804, \ 5.196)
\end{aligned}
$$

【例 7.2.1B】(2003 年数学一考研试题)　总体 $X \sim N(\mu, 1)$，样本容量 $n = 16$，测得样本均值 $\overline{X} = 40$，则总体 X 的期望 μ 的置信度 $1 - \alpha = 0.95$ 的置信区间为___? (已知 $\Phi(1.96) = 0.975$).

【解】　总体方差 $\sigma^2 = 1$ 已知时，总体均值 μ 的置信区间为

$$\left(\overline{X} - \frac{\sigma}{\sqrt{n}} Z_{\frac{\alpha}{2}}, \overline{X} + \frac{\sigma}{\sqrt{n}} Z_{\frac{\alpha}{2}} \right)$$

置信度 $1 - \alpha = 0.95$ 对应的分位点

$$Z_{\frac{\alpha}{2}} = Z_{\frac{1-0.95}{2}} = Z_{\frac{0.05}{2}} = Z_{0.025}$$

满足

$$\Phi(Z_{0.025}) = 1 - 0.025 = 0.975$$

反查标准正态分布表或由题设条件可知，$\Phi(1.96) = 0.975$. 故分位点 $Z_{0.025} = 1.96$. 代入 $\overline{X} = 40, \sigma = 1, \sqrt{n} = \sqrt{16} = 4$，总体 X 的期望 μ 的置信度 $1 - \alpha = 0.95$ 的置信区间为

$$
\begin{aligned}
I &= (40 - \frac{1}{4} \times 1.96, 40 + \frac{1}{4} \times 1.96) \\
&= (40 - 0.49, \ 40 + 0.49) \\
&= (39.51, \ 40.49)
\end{aligned}
$$

【例 7.2.2】 总体 $X \sim N(\mu, \sigma^2)$，期望和方差均未知，样本容量 $n = 10$，测得样本均值 $\overline{X} = 2$，样本方差 $S^2 = 2.4$，则总体 X 的期望 μ 的置信度 $1 - \alpha = 0.95$ 的置信区间为___？(已知 $t_{0.025}(9) = 2.2622$)

【解】 总体方差 σ^2 未知时，以样本方差 S^2 代替总体方差，总体均值 μ 的置信区间为

$$(\overline{X} - \frac{S}{\sqrt{n}} t_{\frac{\alpha}{2}}(n-1), \overline{X} + \frac{S}{\sqrt{n}} t_{\frac{\alpha}{2}}(n-1))$$

样本方差 $S^2 = 2.4$，样本容量 $n = 10$，置信度 $1 - \alpha = 0.95$ 对应的 $t-$ 分位点为 $t_{0.025}(9) = 2.2622$. 代入 $\overline{X} = 2, \sqrt{n} = \sqrt{10} \approx 3.1623$，总体 X 的期望 μ 的置信度 $1 - \alpha = 0.95$ 的置信区间为

$$
\begin{aligned}
I &= (\overline{X} - \frac{S}{\sqrt{n}} t_{\frac{\alpha}{2}}(n-1), \overline{X} + \frac{S}{\sqrt{n}} t_{\frac{\alpha}{2}}(n-1)) \\
&= (2 - \frac{2.4}{\sqrt{10}} \times 2.2622, 2 + \frac{2.4}{\sqrt{10}} \times 2.2622) \\
&= (2 - 1.7169, 2 + 1.7169) = (0.2831, 3.7169)
\end{aligned}
$$

【例 7.2.3A】 $X \sim N(\mu, \sigma^2)$，取样本容量 $n = 9$ 得样本方差 $S^2 = 11$，求总体方差 σ^2 的置信度 $1 - \alpha = 0.9$ 的置信区间.

【解】 总体均值 μ 未知，样本方差 $S^2 = 11$ 已知，$n = 9$，因 $\frac{(n-1)S^2}{\sigma^2} \sim \chi^2(n-1)$，总体方差 σ^2 的置信度 $1 - \alpha$ 的置信区间形如

$$I_{\sigma^2} = (\frac{(n-1)S^2}{\chi^2_{\frac{\alpha}{2}}(n-1)}, \frac{(n-1)S^2}{\chi^2_{1-\frac{\alpha}{2}}(n-1)})$$

当 $1 - \alpha = 0.9$ 时，$\alpha = 0.1 \Rightarrow \frac{\alpha}{2} = 0.05 \Rightarrow 1 - \frac{\alpha}{2} = 0.95$，反查 χ^2- 分布表有

$$
\begin{cases}
\chi^2_{0.95}(8) = 2.733 \\
\chi^2_{0.05}(8) = 15.507
\end{cases}
$$

从而置信区间为

$$
\begin{aligned}
I_{\sigma^2} &= (\frac{(n-1)S^2}{\chi^2_{\frac{\alpha}{2}}(n-1)}, \frac{(n-1)S^2}{\chi^2_{1-\frac{\alpha}{2}}(n-1)}) \\
&= (\frac{8 \times 11}{15.507}, \frac{8 \times 11}{2.733}) = (5.675, 32.199)
\end{aligned}
$$

【例 7.2.3B】 $X \sim N(\mu, \sigma^2)$，取样本容量 $n = 16$ 得样本方差 $S^2 = 1$，求总体方差 σ^2 的置信度 $1 - \alpha = 0.95$ 的置信区间.

【解】 总体均值 μ 未知，样本方差 $S^2 = 1$ 已知，$n = 16$，因 $\frac{(n-1)S^2}{\sigma^2} \sim \chi^2(n-1)$，总体方差 σ^2 的置信度 $1 - \alpha$ 的置信区间形如

$$I_{\sigma^2} = (\frac{(n-1)S^2}{\chi^2_{\frac{\alpha}{2}}(n-1)}, \frac{(n-1)S^2}{\chi^2_{1-\frac{\alpha}{2}}(n-1)})$$

当 $1 - \alpha = 0.95$ 时，$\alpha = 0.05 \Rightarrow \frac{\alpha}{2} = 0.025 \Rightarrow 1 - \frac{\alpha}{2} = 0.975$，反查 χ^2- 分布表有

$$
\begin{cases}
\chi^2_{0.975}(15) = 6.262 \\
\chi^2_{0.025}(15) = 27.488
\end{cases}
$$

从而置信区间为

$$
\begin{aligned}
I_{\sigma^2} &= \left(\frac{(n-1)S^2}{\chi^2_{\frac{\alpha}{2}}(n-1)}, \frac{(n-1)S^2}{\chi^2_{1-\frac{\alpha}{2}}(n-1)}\right) \\
&= \left(\frac{15 \times 1}{27.488}, \frac{15 \times 1}{6.262}\right) = (0.54569, \quad 2.3954)
\end{aligned}
$$

【例 7.2.4】 北京市教育委员会想估计北京四中和八一中学的学生高考时的英语平均分数之差，为此在两所中学独立地抽取两个随机样本，样本容量、样本均值和总体方差的有关数据如下：

$$
n_1 = 46, n_2 = 33, \quad \overline{X} = 86, \quad \overline{Y} = 78
$$
$$
\sigma_1^2 = 5.8^2, \quad \sigma_2^2 = 7.2^2
$$

建立两所中学高考英语平均分数总体均值差 $\mu_1 - \mu_2$ 的置信度 95% 的置信区间.

【解】 双正态总体具有不等已知方差 $\sigma_1^2 \neq \sigma_2^2$ 的情况，总体均值差 $\mu_1 - \mu_2$ 的置信度 $1 - \alpha$ 的置信区间形如

$$
I_{\mu_1 - \mu_2} = \left(\overline{X} - \overline{Y} \pm Z_{\frac{\alpha}{2}}\sqrt{\frac{\sigma_1^2}{n_1} + \frac{\sigma_2^2}{n_2}}\right)
$$

对置信度 $1 - \alpha = 0.95$，有 $\dfrac{\alpha}{2} = 0.025$，查表得 $Z_{0.025} = 1.96$. 从而总体均值差的置信度 0.95 的置信区间是

$$
\begin{aligned}
&\left(\overline{X} - \overline{Y} \pm Z_{\frac{\alpha}{2}}\sqrt{\frac{\sigma_1^2}{n_1} + \frac{\sigma_2^2}{n_2}}\right) \\
&= \left(86 - 78 \pm 1.96 \times \sqrt{\frac{5.8^2}{46} + \frac{7.2^2}{33}}\right) \\
&\approx (8 \pm 2.97) \\
&= (5.03, 10.97)
\end{aligned}
$$

【例 7.2.5】 随机由 A 批导线取 4 根，B 批导线取 5 根，测得电阻 (单位：欧姆) 为

A：0.143　0.142　0.143　0.137

B：0.140　0.142　0.136　0.138　0.140

两个总体 $X \sim N(\mu_1, \sigma^2), Y \sim N(\mu_2, \sigma^2)$，总体均值 μ_1, μ_2 及总体方差 σ^2 均未知，求总体均值差 $\mu_1 - \mu_2$ 的置信度 0.95 的置信区间.

【解】 双正态总体具有相等未知方差 σ^2 的情况，总体均值差 $\mu_1 - \mu_2$ 的置信度 $1 - \alpha$ 的置信区间形如

$$
\left((\overline{X} - \overline{Y}) \pm S_w t_{\frac{\alpha}{2}}(n_1 + n_2 - 2)\sqrt{\frac{1}{n_1} + \frac{1}{n_2}}\right)
$$

对给定样本，计算

$$
n_1 = 4, n_1 - 1 = 3, n_2 = 5, n_2 - 1 = 4
$$
$$
n_1 + n_2 - 2 = 3 + 4 = 7
$$

用计算器或手工，算得

$$
\overline{X} = 0.14125, \quad \overline{Y} = 0.1392
$$
$$
S_1^2 = 0.00287^2 = 0.00000825, \quad S_2^2 = 0.00228035^2 = 0.0000052
$$
$$
(n_1 - 1)S_1^2 = 0.00002475, \quad (n_2 - 1)S_2^2 = 0.00000208
$$

凸线性组合统计量为

$$S_w^2 = \frac{(n_1 - 1)S_1^2 + (n_2 - 1)S_2^2}{n_1 + n_2 - 2} = \frac{0.00004555}{7} = 0.00000650$$

$$S_w = \sqrt{S_w^2} = 0.0025509.$$

对置信度 $1 - \alpha = 0.95$, 有 $\frac{\alpha}{2} = 0.025, n_1 + n_2 - 2 = 7$, 查表得 $t_{0.025}(7) = 2.3646$. 从而总体均值差的置信度 0.95 的置信区间是

$$((\overline{X} - \overline{Y}) \pm S_w t_{\frac{\alpha}{2}}(n_1 + n_2 - 2)\sqrt{\frac{1}{n_1} + \frac{1}{n_2}})$$

$$= (0.00205 \pm 2.3646 \times 0.00255 \times \sqrt{\frac{1}{4} + \frac{1}{5}})$$

$$\approx (0.002 \pm 0.004)$$

$$= (-0.002, 0.006)$$

【例 7.2.6】 云南陆军讲武堂测试学员身高. 随机由 A 班士官取 5 人，B 班士官取 6 人，测得身高为

$$\text{A}: 172 \quad 178 \quad 180.5 \quad 174 \quad 175$$

$$\text{B}: 174 \quad 171 \quad 176.5 \quad 168 \quad 172.5 \quad 170$$

两个总体 $X \sim N(\mu_1, \sigma^2), Y \sim N(\mu_2, \sigma^2)$，总体均值 μ_1, μ_2 及总体方差 σ^2 均未知，求总体方差比 σ_1^2/σ_2^2 的置信度为 $1 - \alpha = 0.95$ 的双侧置信区间.

【解】 双正态总体具有相等未知方差 σ^2 的情况，总体方差比 σ_1^2/σ_2^2 的置信度为 $1 - \alpha$ 的双侧置信区间为

$$\left(\frac{S_1^2}{S_2^2} \cdot \frac{1}{F_{\frac{\alpha}{2}}(n_1 - 1, n_2 - 1)}, \frac{S_1^2}{S_2^2} \cdot \frac{1}{F_{1 - \frac{\alpha}{2}}(n_1 - 1, n_2 - 1)}\right)$$

对给定样本，计算

$$n_1 = 5, n_1 - 1 = 4, n_2 = 6, n_2 - 1 = 5$$

$$n_1 + n_2 - 2 = 4 + 5 = 9$$

用计算器或手工，算得

$$\overline{X} = 175.9, \quad \overline{Y} = 172$$

$$S_1^2 = 11.3, \quad S_2^2 = 9.1$$

$$S_1^2/S_2^2 = 11.3/9.1 = 1.241758$$

对置信度 $1 - \alpha = 0.95$, 有 $\frac{\alpha}{2} = 0.025$, 查 F 分布表并利用 F 分位点的倒数公式，得

$$F_{0.025}(4, 5) = 7.39, F_{0.975}(4, 5) = \frac{1}{F_{0.025}(5, 4)} = \frac{1}{9.36} = 0.1068$$

从而总体方差比 σ_1^2/σ_2^2 的置信度为 $1 - \alpha = 0.95$ 的双侧置信区间为

$$\left(\frac{S_1^2}{S_2^2} \cdot \frac{1}{F_{\frac{\alpha}{2}}(n_1 - 1, n_2 - 1)}, \frac{S_1^2}{S_2^2} \cdot \frac{1}{F_{1 - \frac{\alpha}{2}}(n_1 - 1, n_2 - 1)}\right)$$

$$= (1.241758 \times \frac{1}{7.39}, 1.241758 \times \frac{1}{1/9.36})$$

$$\approx (0.168, 11.623)$$

【例 7.2.7】置信区间长度与样本容量　　中国地质大学学生的每月平均开支, 设为来自正态总体的随机变量 $X \sim N(\mu, \sigma^2)$, 总体方差 $\sigma^2 = 100^2$ 已知. 取容量为 n 的样本, 欲使置信区间长度不大于 $2d = 30, d = 15$ 为置信区间半径或误差上界, 至少应当调查多少位同学?

【解】　　正态总体 $X \sim N(\mu, \sigma^2)$, 总体方差 $\sigma^2 = 100^2$ 已知, 取容量为 n 的样本; 欲使置信区间长度不大于 $2d = 30, d = 15$ 为置信区间半径或误差上界, 样本容量 n 至少应当大于 $(\frac{\sigma}{d}Z_{\frac{\alpha}{2}})^2$. 即

$$n > (\frac{\sigma}{d}Z_{\frac{\alpha}{2}})^2 = (\frac{100}{15}Z_{\frac{0.05}{2}})^2 = (\frac{100}{15}Z_{0.025})^2 = (\frac{100 \times 1.96}{15})^2 = 13.067^2 = 170.738$$

所以至少应当调查 171 位同学.

【例 7.2.8】(2000 年考研试题数学三)　　设总体 X 的样本容量 $n = 4$ 的样本, $X_i = 0.5, 1.25, 0.8, 2 \quad 1 \leqslant i \leqslant 4$, 已知 $Y := \ln X \sim N(\mu, 1)$.

(1) 求 X 的期望 $\nu := E(X)$;

(2) 求 $\ln X$ 的均值 μ 的置信度为 0.95 的置信区间;

(3) 求 $\nu = E(X)$ 的置信度为 0.95 的置信区间 (已知 $\Phi(1.96) = 0.975$).

【解】　　(1)　因

$$Y := \ln X \sim N(0, 1)$$
$$f_Y(y) = \frac{1}{\sqrt{2\pi}}\mathrm{e}^{-\frac{(y-\mu)^2}{2}}$$

故

$$
\begin{aligned}
E(X) &= E(\mathrm{e}^Y) = \int_{-\infty}^{+\infty} \mathrm{e}^y f_Y(y)\mathrm{d}y \\
&= \frac{1}{\sqrt{2\pi}}\int_{-\infty}^{+\infty} \mathrm{e}^y\mathrm{e}^{-\frac{(y-\mu)^2}{2}}\mathrm{d}y \\
&= \frac{1}{\sqrt{2\pi}}\int_{-\infty}^{+\infty} \mathrm{e}^{y-\frac{(y-\mu)^2}{2}}\mathrm{d}y
\end{aligned}
$$

令 $y - \mu = t \in (-\infty, \infty)$, 则

$$
\begin{aligned}
E(X) &= \frac{1}{\sqrt{2\pi}}\int_{-\infty}^{+\infty} \mathrm{e}^{(t+\mu)-\frac{t^2}{2}}\mathrm{d}t \\
&= \mathrm{e}^\mu \cdot \frac{1}{\sqrt{2\pi}}\int_{-\infty}^{+\infty} \mathrm{e}^{-\frac{t^2}{2}+t}\mathrm{d}t \\
&= \mathrm{e}^\mu \cdot \frac{1}{\sqrt{2\pi}}\int_{-\infty}^{+\infty} \mathrm{e}^{-\frac{(t-1)^2}{2}+\frac{1}{2}}\mathrm{d}t \\
&= \mathrm{e}^{\mu+\frac{1}{2}} \cdot \frac{1}{\sqrt{2\pi}}\int_{-\infty}^{+\infty} \mathrm{e}^{-\frac{(t-1)^2}{2}}\mathrm{d}t \\
&= \mathrm{e}^{\mu+\frac{1}{2}} \cdot \frac{1}{\sqrt{2\pi}} \cdot \sqrt{2\pi} \\
&= \mathrm{e}^{\mu+\frac{1}{2}}
\end{aligned}
$$

于是 $\nu = E(X) = \mathrm{e}^{\mu+\frac{1}{2}}$, 即

$$\mu = \ln\nu - \frac{1}{2}, \overline{Y} = \frac{1}{4}\ln(0.5 \times 1.25 \times 2 \times 0.8) = \frac{1}{4}\ln(1) = 0$$

(2) $\sigma^2 = 1$ 为已知，$n = 4$，故 Y 的均值 μ 的置信区间为

$$\Phi(1.96) = Z_{0.025}$$

$$\begin{aligned}
I &= (\overline{Y} - \frac{\sigma}{\sqrt{n}}Z_{\frac{\alpha}{2}}, \overline{Y} + \frac{\sigma}{\sqrt{n}}Z_{\frac{\alpha}{2}}) \\
&= (0 - \frac{1}{2} \times 1.96, 0 + \frac{1}{2} \times 1.96) \\
&= (-0.98, 0.98)
\end{aligned}$$

(3) 由 $X = \mathrm{e}^Y$ 严格单调增加，有

$$\begin{aligned}
0.95 &= P\{\mu \in (-0.98, \quad 0.98)\} \\
&= P\{\ln \nu - \frac{1}{2} \in (-0.98, \quad 0.98)\} \\
&= P\{\ln \nu \in (-0.98 + 0.5, \quad 0.98 + 0.5)\} \\
&= P\{\nu \in (\mathrm{e}^{-0.48}, \mathrm{e}^{1.48})\} \\
&\Rightarrow I_\nu = (\mathrm{e}^{-0.48}, \mathrm{e}^{1.48})
\end{aligned}$$

习题 7.2

1. 设总体服从正态分布 $X \sim N(\mu, 8)$，$X_1, X_2, \cdots, X_{10}$ 为来自总体的样本，且已知样本均值 $\overline{x} = 1500$。(1) 求均值 μ 的置信度 $1 - \alpha = 0.95$ 的置信区间；(2) 样本容量 n 至少取多大，才能使均值 μ 的置信度 $1 - \alpha = 0.95$ 的置信区间长度不超过 1？(3) 如果样本容量 $n = 64$，则区间 $(\overline{x} - 1, \overline{x} + 1)$ 作为 μ 的置信区间时，置信度为多少？

2. 从某台机床加工的一批零件中随机抽取 9 只零件，测得平均长度为 21.4 毫米，样本方差为 S^2。设零件长度服从正态分布 $X \sim N(\mu, \sigma^2)$。(1) 若总体均方差 $\sigma = 0.15$，求均值 μ 的置信度 $1 - \alpha = 0.95$ 的置信区间；(2) 若总体均方差 σ 未知，求均值 μ 的置信度 $1 - \alpha = 0.95$ 的置信区间；(3) 若均值 $\mu = 21.42$，求总体方差 σ^2 的置信度 $1 - \alpha = 0.95$ 的置信区间；(4) 若均值 μ 未知，求总体方差 σ^2 的置信度 $1 - \alpha = 0.95$ 的置信区间.

3. 为提高某一化学产品生产过程的得率，试图采用一种新的催化剂，为慎重起见，先在试验工厂进行试验。设采用原来的催化剂进行了 $n_1 = 8$ 次试验，得到得率的平均值 $\overline{x} = 91.73$，样本方差为 $s_1^2 = 3.89$. 又采用新的催化剂进行了 $n_2 = 8$ 次试验，得到得率的平均值 $\overline{y} = 93.75$，样本方差为 $s_2^2 = 4.02$. 假设新旧催化剂的得率为正态随机变量 $X \sim N(\mu, \sigma^2)$，且两个总体的方差相等而未知. 求新旧催化剂得率的均值差 $\mu_1 - \mu_2$ 的置信度 $1 - \alpha = 0.95$ 的置信区间.

4. 假设引力常数 (单位 $10^{-11}\mathrm{m}^3 \cdot \mathrm{kg}^{-1} \cdot \mathrm{s}^{-2}$) 为正态随机变量 $X \sim N(\mu, \sigma^2)$，参数未知.(1) 用金球随机测定 $n = 6$ 个观测值如下：6.683, 6.681, 6.676, 6.678, 6.679, 6.672；(2) 用铂球随机测定 $n = 5$ 个观测值如下：6.661, 6.661, 6.667, 6.667, 6.664. 两个总体的方差相等而未知. 求两个总体的均值差 $\mu_1 - \mu_2$ 的置信度 $1 - \alpha = 0.90$ 的置信区间.

5. 假设两种固体燃料火箭推进器的燃烧率 (单位：厘米／秒) 均为正态随机变量. 两个总体的方差已知相等 $\sigma_1^2 = \sigma_2^2 = 0.05^2$. 取样本容量为 $n_1 = n_2 = 20$, 样本均值差 $\overline{x} - \overline{y} = 18 - 24 = -6$，求两个总体的均值差 $\mu_1 - \mu_2$ 的置信度 $1 - \alpha = 0.99$ 的置信区间.

6. 假设两位化验员独立对某种聚合物的含氯量作 10 次测定，含氯量为正态随机变量，测得两个总体的样本方差为 $s_1^2 = 0.5419, s_2^2 = 0.6065$，求两个总体的方差比 σ_1^2/σ_2^2 的置信度 $1 - \alpha = 0.95$ 的置信区间.

7.3 单侧区间估计

7.3.1 单侧置信区间

实际问题里，我们有时只关心随机变量总体分布所含未知参数 θ 的单侧 (单边) 界限，例如，电子元件的寿命最好是没有上限 (人的寿命亦然). 古人有句恭维话"延祚万年"，表达了人们希望寿命 θ 的分布是如 $[\underline{\theta}, +\infty)$ 的形状，$\underline{\theta}$ 是平均寿命 θ 的置信下限 —— 人至少能活多少岁 —— 使得给定置信水平 $1 - \alpha$，有

$$P\{\theta > \underline{\theta}\} \geqslant 1 - \alpha$$

于是引出了单侧置信区间的概念.

【注记】 汉朝有句祝福常用语叫"长乐未央"，甚至宫殿的名字也叫"未央宫"，央是结束、停止的意思，长乐未央就是欢乐无限，吐鲁番出土的汉代织锦里也经常绣着这几个字. 用概率论的话来说，如果用随机参数 θ 代表欢乐，θ – Happiness，我们希望 θ 的置信区间上限为正无穷大，即 $[\underline{\theta}, +\infty)$ 的形状，需要关注的只是区间的左端点，即置信下限 (Lower Limit).

【定义 7.3.1】单侧置信区间 (Uni–lateral Confidence Interval) 设采自随机总体 $X \sim F(x, \theta)$ 的样本统计量 $\underline{\theta} = \underline{\theta}(X_1, X_2, \cdots, X_n)$，对给定置信度 $1 - \alpha \in (0, 1)$ 满足 $P\{\theta > \underline{\theta}\} = P\{\theta \in [\underline{\theta}, +\infty)\} \geqslant 1 - \alpha$；而 $\overline{\theta} = \overline{\theta}(X_1, X_2, \cdots, X_n)$，对给定置信度 $1 - \alpha \in (0, 1)$ 满足 $P\{\theta < \overline{\theta}\} = P\{\theta \in (-\infty, \overline{\theta}]\} \geqslant 1 - \alpha$. 则称随机区间 $[\underline{\theta}, +\infty)$ 是参数 θ 置信度为 $1 - \alpha$ 的 单侧 (下侧) 置信区间，$\underline{\theta}$ 为 置信下限；$(-\infty, \overline{\theta}]$ 是参数 θ 置信度为 $1 - \alpha$ 的单侧 (上侧) 置信区间，$\overline{\theta}$ 为 置信上限.

【注记】 事实上通常取 $1 - \alpha \in (\frac{1}{2}, 1), \alpha \in (0, \frac{1}{2})$.

1.单个正态总体 $X \sim N(\mu, \sigma^2)$ 均值 μ 的单侧置信区间
1)总体方差 σ^2 已知
因

$$\frac{\overline{X} - \mu}{\sigma / \sqrt{n}} \sim N(0, 1) \tag{7.3.1}$$

由 上 $\alpha-$ 分位点 的定义，有

$$P\{\frac{\overline{X} - \mu}{\sigma / \sqrt{n}} < Z_\alpha\} = 1 - \alpha$$
$$\Rightarrow \quad P\{\mu > \overline{X} - \frac{\sigma}{\sqrt{n}} Z_\alpha\} = 1 - \alpha \tag{7.3.2}$$
$$\Rightarrow \quad \underline{\mu} = \overline{X} - \frac{\sigma}{\sqrt{n}} Z_\alpha$$

从而置信下限为 $\underline{\mu}$ 的单侧置信区间是

$$(\overline{X} - \frac{\sigma}{\sqrt{n}} Z_\alpha, \infty) \tag{7.3.3}$$

同理，因

$$P\{\frac{\overline{X} - \mu}{\sigma/\sqrt{n}} > -Z_\alpha\} = 1 - \alpha$$

$$\Rightarrow \quad P\{\mu < \overline{X} + \frac{\sigma}{\sqrt{n}}Z_\alpha\} = 1 - \alpha \tag{7.3.4}$$

从而置信上限为 $\overline{\mu}$ 的单侧置信区间是 (图 7.3.1)

$$(-\infty, \overline{X} + \frac{\sigma}{\sqrt{n}}Z_\alpha) \tag{7.3.5}$$

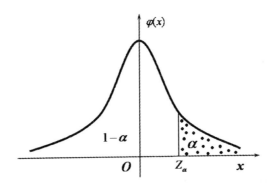

图 7.3.1 均值 μ 的置信水平为 $1 - \alpha$ 的单侧置信区间

2)总体方差 σ^2 未知，以样本方差 S^2 代替

因

$$\frac{\overline{X} - \mu}{S/\sqrt{n}} \sim t(n-1) \tag{7.3.6}$$

由 上 $\alpha-$ 分位点 的定义，有

$$P\{\frac{\overline{X} - \mu}{S/\sqrt{n}} < t_\alpha(n-1)\} = 1 - \alpha$$

$$\Rightarrow \quad P\{\mu > \overline{X} - \frac{S}{\sqrt{n}}t_\alpha(n-1)\} = 1 - \alpha \tag{7.3.7}$$

从而置信下限为 $\underline{\mu}$ 的单侧置信区间为

$$(\overline{X} - \frac{S}{\sqrt{n}}t_\alpha(n-1), +\infty) \tag{7.3.8}$$

同理，因

$$P\{\frac{\overline{X} - \mu}{S/\sqrt{n}} > -t_\alpha(n-1)\} = 1 - \alpha$$

$$\Rightarrow \quad P\{\mu > \overline{X} - \frac{S}{\sqrt{n}}t_\alpha(n-1)\} = 1 - \alpha \tag{7.3.9}$$

从而置信上限为 $\overline{\mu}$ 单侧置信区间为

$$(-\infty, \overline{X} + \frac{S}{\sqrt{n}}t_\alpha(n-1)) \tag{7.3.10}$$

2. 单个正态总体方差 σ^2 的均值 μ 未知的单侧置信区间

因

$$\frac{(n-1)S^2}{\sigma^2} \sim \chi^2(n-1) \tag{7.3.11}$$

由

$$P\{\frac{(n-1)S^2}{\sigma^2} < \chi_\alpha^2(n-1)\} = 1-\alpha$$
$$\Rightarrow \quad P\{\sigma^2 > \frac{(n-1)S^2}{\chi_\alpha^2(n-1)}\} = 1-\alpha \tag{7.3.12}$$

从而置信下限是 $\underline{\sigma^2}$ 的单侧置信区间为

$$(\underline{\sigma^2}, +\infty) = (\frac{(n-1)S^2}{\chi_\alpha^2(n-1)}, +\infty) \tag{7.3.13}$$

由

$$P\{\frac{(n-1)S^2}{\sigma^2} > \chi_{1-\alpha}^2(n-1)\} = 1-\alpha$$
$$\Rightarrow \quad P\{0 < \sigma^2 < \frac{(n-1)S^2}{\chi_{1-\alpha}^2(n-1)}\} = 1-\alpha \tag{7.3.14}$$

从而置信上限是 $\overline{\sigma^2}$ 的单侧置信区间为 (注意 $\sigma^2 > 0$, 其最小下限只能达到 0 而非 $-\infty$)

$$(0, \overline{\sigma^2}) = (0, \frac{(n-1)S^2}{\chi_{1-\alpha}^2(n-1)}) \tag{7.3.15}$$

3.双正态总体均值差 $\mu_1 - \mu_2$ 的单侧置信区间

1)$\sigma_1^2 \neq \sigma_2^2$ 已知

因

$$\overline{X} - \overline{Y} \sim N(\mu_1 - \mu_2, \frac{\sigma_1^2}{n_1} + \frac{\sigma_2^2}{n_2}) \tag{7.3.16}$$

由于

$$\frac{(\overline{X} - \overline{Y}) - (\mu_1 - \mu_2)}{\sqrt{\frac{\sigma_1^2}{n_1} + \frac{\sigma_2^2}{n_2}}} \sim N(0, 1) \tag{7.3.17}$$

由

$$P\{\frac{(\overline{X} - \overline{Y}) - (\mu_1 - \mu_2)}{\sqrt{\frac{\sigma_1^2}{n_1} + \frac{\sigma_2^2}{n_2}}} < Z_\alpha\} = 1-\alpha$$
$$\Rightarrow \quad P\{\mu_1 - \mu_2 > (\overline{X} - \overline{Y}) - Z_\alpha\sqrt{\frac{\sigma_1^2}{n_1} + \frac{\sigma_2^2}{n_2}}\} = 1-\alpha \tag{7.3.18}$$

从而置信下限为

$$\underline{\mu_1 - \mu_2} = (\overline{X} - \overline{Y}) - Z_\alpha\sqrt{\frac{\sigma_1^2}{n_1} + \frac{\sigma_2^2}{n_2}} \tag{7.3.19}$$

由

$$P\{\frac{(\overline{X}-\overline{Y})-(\mu_1-\mu_2)}{\sqrt{\frac{\sigma_1^2}{n_1}+\frac{\sigma_2^2}{n_2}}} > -Z_\alpha\} = 1-\alpha \tag{7.3.20}$$

$$\Rightarrow \quad P\{\mu_1-\mu_2 < (\overline{X}-\overline{Y}) + Z_\alpha\sqrt{\frac{\sigma_1^2}{n_1}+\frac{\sigma_2^2}{n_2}}\} = 1-\alpha$$

从而置信上限为

$$\overline{\mu_1-\mu_2} = (\overline{X}-\overline{Y}) + Z_\alpha\sqrt{\frac{\sigma_1^2}{n_1}+\frac{\sigma_2^2}{n_2}} \tag{7.3.21}$$

2) $\sigma_1^2 = \sigma_2^2 = \sigma^2$ **未知**，以 S_w^2 代替 σ^2(因 $E(S_w^2)=\sigma^2$, S_w^2 为无偏估计)
对于 凸线性组合统计量

$$S_w^2 := \frac{(n_1-1)S_1^2+(n_2-1)S_2^2}{n_1+n_2-2} \tag{7.3.22}$$

已知

$$\frac{(\overline{X}-\overline{Y})-(\mu_1-\mu_2)}{S_w\sqrt{\frac{1}{n_1}+\frac{1}{n_2}}} \sim t(n_1+n_2-2) \tag{7.3.23}$$

由

$$P\{\frac{(\overline{X}-\overline{Y})-(\mu_1-\mu_2)}{S_w\sqrt{\frac{1}{n_1}+\frac{1}{n_2}}} < t_\alpha(n_1+n_2-2)\} = 1-\alpha$$

$$\Rightarrow \quad P\{\mu_1-\mu_2 > (\overline{X}-\overline{Y}) - S_w t_\alpha(n_1+n_2-2)\sqrt{\frac{1}{n_1}+\frac{1}{n_2}}\} = 1-\alpha \tag{7.3.24}$$

$$\Rightarrow \quad \underline{\mu_1-\mu_2} = (\overline{X}-\overline{Y}) - S_w t_\alpha(n_1+n_2-2)\sqrt{\frac{1}{n_1}+\frac{1}{n_2}}$$

同理，由

$$P\{\frac{(\overline{X}-\overline{Y})-(\mu_1-\mu_2)}{S_w\sqrt{\frac{1}{n_1}+\frac{1}{n_2}}} > -t_\alpha(n_1+n_2-2)\} = 1-\alpha$$

$$\Rightarrow \quad P\{\mu_1-\mu_2 < (\overline{X}-\overline{Y}) + S_w t_\alpha(n_1+n_2-2)\sqrt{\frac{1}{n_1}+\frac{1}{n_2}}\} = 1-\alpha \tag{7.3.25}$$

$$\Rightarrow \quad \overline{\mu_1-\mu_2} = (\overline{X}-\overline{Y}) + S_w t_\alpha(n_1+n_2-2)\sqrt{\frac{1}{n_1}+\frac{1}{n_2}}$$

4.双正态总体方差比 σ_1^2/σ_2^2 的单侧置信区间

因

$$\frac{S_1^2/\sigma_1^2}{S_2^2/\sigma_2^2} \sim F(n_1-1, n_2-1) \tag{7.3.26}$$

由

$$P\{\frac{S_1^2/\sigma_1^2}{S_2^2/\sigma_2^2} < F_\alpha(n_1-1, n_2-1)\} = 1-\alpha$$

$$\Rightarrow \quad P\{\frac{\sigma_1^2}{\sigma_2^2} > \frac{S_1^2}{S_2^2}\frac{1}{F_\alpha(n_1-1, n_2-1)}\} = 1-\alpha \tag{7.3.27}$$

$$\Rightarrow \quad (\underline{\frac{\sigma_1^2}{\sigma_2^2}}, +\infty) = (\frac{S_1^2}{S_2^2}\frac{1}{F_\alpha(n_1-1, n_2-1)}, +\infty)$$

为下侧置信区间；

$$P\{\frac{S_1^2/\sigma_1^2}{S_2^2/\sigma_2^2} > F_{1-\alpha}(n_1-1, n_2-1)\} = 1-\alpha$$

$$\Rightarrow \quad P\{\frac{\sigma_1^2}{\sigma_2^2} \in (0, \frac{S_1^2}{S_2^2}\frac{1}{F_{1-\alpha}(n_1-1, n_2-1)})\} = 1-\alpha \tag{7.3.28}$$

$$\Rightarrow \quad (0, \frac{\sigma_1^2}{\sigma_2^2}) = (0, \frac{S_1^2}{S_2^2}\frac{1}{F_{1-\alpha}(n_1-1, n_2-1)})$$

为上侧置信区间.

7.3.2　例题选讲

【例 7.3.1】　随机选取楼兰古城里的 6 棵胡杨树，用碳 −14 测定寿命 (单位：年) 如下：

$$X:\ 1358\quad 1360\quad 1380\quad 1400\quad 1430\quad 1446$$

设寿命服从正态分布：$X \sim N(\mu, \sigma^2), \sigma^2$ 未知. 求平均寿命均值 μ 的下限的估计，获得置信度为 $1-\alpha = 0.95$ 的下侧置信区间.

【解】　在总体方差 σ^2 未知的条件下，求总体均值 μ 的下限估计，应当采用 $t-$ 分布统计量 $\frac{\overline{X}-\mu}{S/\sqrt{n}} \sim t(n-1)$. 对给定置信度 $1-\alpha = 0.95$, 置信下限为 $\underline{\mu} = \overline{X} - \frac{S}{\sqrt{n}}t_\alpha(n-1)$. 下面逐一计算：样本容量 $n=6, n-1=5$, 置信度为 $1-\alpha = 0.95, \alpha = 0.05$. 样本均值为 $\overline{x} = \frac{1}{12}\sum_1^6 x_i \doteq 1395.67$，样本标准差为 $s = \sqrt{s^2} = \frac{1}{n-1}\sum_1^6 (x_i-\overline{x})^2 \doteq 36.52$. 下侧置信区间是

$$\begin{aligned}
(\underline{\mu}, +\infty) &= (\overline{x} + \frac{s}{\sqrt{n}}t_\alpha(n-1), +\infty) \\
&= (1395.67 - \frac{36.52}{\sqrt{6}}t_{0.05}(5), +\infty) \\
&= (1395.67 - \frac{36.52}{2.4495} \times 2.0150, +\infty) \\
&= (1395.67 - 30.04, +\infty) \\
&= (1365.63, +\infty)
\end{aligned}$$

即楼兰古城里的 6 棵胡杨树平均寿命 μ 的下限约为 1365.63 岁. 此估计可信度为 0.95.

【例 7.3.2】孔夫子云四十不惑的科学验证　下表给出十二大发现者的杰出贡献成就年龄，来自正态总体，求平均年龄均值 μ 的上限的估计，获得置信度为 $1-\alpha = 0.95$ 的上侧置信区间. $X \sim N(\mu, \sigma^2), \sigma^2$ 未知.

样本	大发现	发现者	时间	年龄
x_1	地心说	Copernicus 哥白尼	1543	40
x_2	天文学基本定律	Galileo 伽利略	1600	34
x_3	微积分	Newton 牛顿	1665	23
x_4	电的本质	Franklin 富兰克林	1746	40
x_5	氧气与燃烧	Lavoisior 拉瓦锡	1774	31
x_6	地球演变论	Lyell 莱尔	1830	33
x_7	进化论	Darwin 达尔文	1858	49
x_8	电磁感应	Maxwell 麦克斯威尔	1864	33
x_9	放射性	Curie 居里	1896	34
x_{10}	量子力学	Plank 普朗克	1901	43
x_{11}	狭义相对论	Einstein 爱因斯坦	1905	26
x_{12}	量子论的数学基础	Schroedinger 薛定谔	1926	39

【解】 在总体方差 σ^2 未知的条件下，求总体均值 μ 的上限估计, 应当采用 $t-$ 分布统计量 $\dfrac{\overline{X} - \mu}{S/\sqrt{n}} \sim t(n-1)$. 对给定置信度 $1-\alpha = 0.95$, 类似上例计算, 上侧置信区间是

$$(-\infty, \overline{\mu}) \quad = (-\infty, \overline{x} + \frac{s}{\sqrt{n}} t_\alpha(n-1)) = (-\infty, 35.4167 + \frac{7.2295}{\sqrt{12}} t_{0.05}(11))$$

$$= (-\infty, 35.4167 + 3.7480) = (-\infty, 39.165)$$

即发现者的杰出贡献成就平均年龄不超过三十九岁零三个月. 孔夫子云四十不惑, 信然!

为方便记忆, 下面给出单正态总体置信区间表 (表 7.3.1)、双正态总体置信区间表 (表7.3.2) 均值枢轴变量表 (表 7.3.3) 和方差枢轴变量表 (表 7.3.4).

表 7.3.1 单正态总体置信区间表

参数	条件	枢轴变量 W 的分布	置信区间	单侧置信限
μ	σ^2 已知	$Z := \dfrac{\overline{X} - \mu}{\sigma/\sqrt{n}} \sim N(0,1)$	$\overline{X} \pm \dfrac{\sigma}{\sqrt{n}} Z_{\frac{\alpha}{2}}$	$\overline{X} \pm \dfrac{\sigma}{\sqrt{n}} Z_\alpha$
μ	σ^2 未知	$t := \dfrac{\overline{X} - \mu}{S/\sqrt{n}} \sim t(n-1)$	$\overline{X} \pm \dfrac{S}{\sqrt{n}} t_{\frac{\alpha}{2}}(n-1))$	$\overline{X} \pm \dfrac{S}{\sqrt{n}} t_\alpha(n-1)$
σ^2	μ 未知	$\dfrac{(n-1)S^2}{\sigma^2} \sim \chi^2(n-1)$	$(\dfrac{(n-1)S^2}{\chi^2_{\frac{\alpha}{2}}(n-1)}, \dfrac{(n-1)S^2}{\chi^2_{1-\frac{\alpha}{2}}(n-1)})$	$\dfrac{(n-1)S^2}{\chi^2_\alpha(n-1)}; \dfrac{(n-1)S^2}{\chi^2_{1-\alpha}(n-1)})$

表 7.3.2 双正态总体置信区间表

待估参数	条件	枢轴变量 W 的分布
$\mu_1 - \mu_2$	$\sigma_1^2 \neq \sigma_2^2$ 已知	$W := \dfrac{(\overline{X} - \overline{Y}) - (\mu_1 - \mu_2)}{\sqrt{\dfrac{\sigma_1^2}{n_1} + \dfrac{\sigma_2^2}{n_2}}} \sim N(0, 1)$
双侧置信限	$\underline{\mu_1 - \mu_2} = (\overline{X} - \overline{Y}) - Z_{\frac{\alpha}{2}}\sqrt{\dfrac{\sigma_1^2}{n_1} + \dfrac{\sigma_2^2}{n_2}}$	$\overline{\mu_1 - \mu_2} = (\overline{X} - \overline{Y}) + Z_{\frac{\alpha}{2}}\sqrt{\dfrac{\sigma_1^2}{n_1} + \dfrac{\sigma_2^2}{n_2}}$
单侧置信限	$\underline{\mu_1 - \mu_2} = (\overline{X} - \overline{Y}) - Z_{\alpha}\sqrt{\dfrac{\sigma_1^2}{n_1} + \dfrac{\sigma_2^2}{n_2}}$	$\overline{\mu_1 - \mu_2} = (\overline{X} - \overline{Y}) + Z_{\alpha}\sqrt{\dfrac{\sigma_1^2}{n_1} + \dfrac{\sigma_2^2}{n_2}}$

表 7.3.3　均值枢轴变量表

待估参数	给定条件及枢轴变量 W 的分布
$\mu_1 - \mu_2$	$\sigma_1^2 = \sigma_2^2 = \sigma^2$ 未知; $W := \dfrac{(\overline{X} - \overline{Y}) - (\mu_1 - \mu_2)}{S_w\sqrt{\frac{1}{n_1} + \frac{1}{n_2}}} \sim t(n_1 + n_2 - 2)$
双侧置信限	$\overline{X} - \overline{Y} \pm t_{\frac{\alpha}{2}}(n_1 + n_2 - 2)S_w\sqrt{\dfrac{1}{n_1} + \dfrac{1}{n_2}}$
单侧置信限	$\overline{X} - \overline{Y} \pm t_{\alpha}(n_1 + n_2 - 2)S_w\sqrt{\dfrac{1}{n_1} + \dfrac{1}{n_2}}$

表 7.3.4　方差枢轴变量表

待估参数	给定条件及枢轴变量 W 的分布
总体方差比 σ_1^2/σ_2^2	总体均值 μ_1, μ_2 未知; $W := \dfrac{S_1^2/\sigma_1^2}{S_2^2/\sigma_2^2} \sim F(n_1 - 1, n_2 - 1)$
双侧置信区间	$\left(\dfrac{S_1^2}{S_2^2} \cdot \dfrac{1}{F_{\frac{\alpha}{2}}(n_1 - 1, n_2 - 1)}, \dfrac{S_1^2}{S_2^2} \cdot \dfrac{1}{F_{1-\frac{\alpha}{2}}(n_1 - 1, n_2 - 1)}\right)$
单侧置信区间	$\left(\dfrac{S_1^2}{S_2^2} \cdot \dfrac{1}{F_{\alpha}(n_1 - 1, n_2 - 1)}, +\infty\right);\quad \left(0, \dfrac{S_1^2}{S_2^2} \cdot \dfrac{1}{F_{1-\alpha}(n_1 - 1, n_2 - 1)}\right)$

习题 7.3

设灯泡寿命服从正态分布 $X \sim N(\mu, \sigma^2)$，从一批灯泡中随机抽取 5 只做寿命试验，测得寿命（单位：小时）为 1050，1100，1120，1250，1280. 求均值 μ 的置信度 $1 - \alpha = 0.95$ 的单侧下限置信区间.

7.4　大样本区间估计

我们前边所叙述的对总体分布所含未知参数的区间估计，所取样本

$$X_1, X_2, \cdots, X_n \sim F(X, \theta) \tag{7.4.1}$$

其容量 n 为确定的有限数，此种依据容量有限确定的样本进行的区间估计称为 **小样本估计**.

如果所取样本容量 n 趋于无穷大，此时基于统计量的极限分布的区间估计称为 **大样本估计**. 根据中心极限定理，极限分布都是标准正态分布 $N(0, 1)$.

【注记 1】实际问题中，只要考虑极限分布，便称为大样本估计方法，而或许给定的样本容量只有有限的不大的数值 $n = 100$ 或 $n = 45$ 等. 而若考虑容量有限确定的估计方法，即使样本容量超级大，比如 $n = 10^{10}$，也称为小样本估计方法. 所以大小样本方法的区别决定于我们考查的统计量分布是确定分布还是极限分布，而并非说"样本容量超级大就是大样本方法，样本容量少就是小样本方法".

【注记 2】此种"大"样本分布，采样值一般要求 $n \geqslant 45$，否则置信区间都会过长，作估计精确度很低，没有实用价值. 具体采样多少，则需要根据对置信区间长度和置信度 $1 - \alpha$ 的某种限制要求来确定.

【注记 3】大样本方法的开拓者是"χ^2- 分布"的命名者、英国学者皮尔逊. 小样本方法的奠基者之一就是"$t-$ 分布"的命名者、英国学者戈塞特. 而具有"集大成"品格的最重要的统计方法全能大师则是"$F-$ 分布"的命名者、英国勋爵费歇，他系统发展了正态总体下各种统计量的抽样分布理论，建立了回归分析和多元统计分析，建立了以最大似然估计为中心的点估计理论，创立了试验设计，发展了相应的数据分析方法（方差分析）.

7.4.1　两点分布大样本比例的区间估计

【问题：两点分布大样本比例的置信区间长度与样本容量】　两点分布总体 $X \sim B(1, p)$，取容量为 n 充分大的样本，测得样本均值 $\overline{X}$，样本方差 S^2. 求总体 X 的期望 (均值)$\mu = p$ (可以看作是发生概率或比例、频率) 的置信度 $1 - \alpha$ 的置信区间. 欲使置信区间长度不大于 $d, d > 0$，样本容量 n 至少应当是多少？

【解】　两点分布总体 $X \sim 0$-1 分布，分布律为 $P\{X = x\} = p^x q^{1-x} = p^x(1-p)^{1-x}, x = 0, 1$. 其表格形式如下：

X_k	1	0
p_k	p	$1-p$

总体均值 $\mu = E(X) = p$, 总体方差 $\sigma^2 = D(X) = pq = p(1-p)$. 对大样本采样 $X_1, X_2, \cdots, X_n \cdots, n \to \infty$, 由林德伯格中心极限定理或棣莫佛 —— 拉普拉斯中心极限定理, 有

$$\frac{\sum_1^n X_i - n\mu}{\sqrt{n}\sigma} = \frac{\sum_1^n X_i - n\mu}{\sqrt{npq}} \sim N(0,1)$$

即

$$\frac{n\overline{X} - np}{\sqrt{np(1-p)}} \sim N(0,1)$$

从而

$$P\{|\frac{n\overline{X} - np}{\sqrt{npq}}| < Z_{\frac{\alpha}{2}}\} = 1 - \alpha$$

$$\Leftrightarrow \quad P\{-Z_{\frac{\alpha}{2}} < \frac{n\overline{X} - np}{\sqrt{npq}} < Z_{\frac{\alpha}{2}}\} = 1 - \alpha$$

$$\frac{(n\overline{X} - np)^2}{np(1-p)} < Z_{\frac{\alpha}{2}}^2$$

$$\Rightarrow \quad \frac{n(\overline{X} - p)^2}{p(1-p)} < Z_{\frac{\alpha}{2}}^2$$

$$\Rightarrow \quad n(p^2 - 2p\overline{X} + \overline{X}^2) - p(1-p)Z_{\frac{\alpha}{2}}^2 < 0$$

$$\Rightarrow \quad np^2 - 2np\overline{X} + n\overline{X}^2 - pZ_{\frac{\alpha}{2}}^2 + p^2 Z_{\frac{\alpha}{2}}^2 < 0$$

$$\Rightarrow \quad (n + Z_{\frac{\alpha}{2}}^2)p^2 - (2n\overline{X} + Z_{\frac{\alpha}{2}}^2)p + n\overline{X}^2 < 0$$

若令系数如下定义:

$$a := n + Z_{\frac{\alpha}{2}}^2, b := -(2n\overline{X} + Z_{\frac{\alpha}{2}}^2), c := n\overline{X}^2$$

则

$$ap^2 + bp + c < 0$$

二次不等式两根为 $p_1 < p_2$, 其中

$$\begin{aligned}
p_1 &:= \frac{1}{2a} \cdot (-b - \sqrt{b^2 - 4ac}) \\
&= \frac{1}{2(n + Z_{\frac{\alpha}{2}}^2)} \cdot (2n\overline{X} + Z_{\frac{\alpha}{2}}^2 - \sqrt{b^2 - 4ac}) \\
p_2 &:= \frac{1}{2a} \cdot (-b + \sqrt{b^2 - 4ac}) \\
&= \frac{1}{2(n + Z_{\frac{\alpha}{2}}^2)} \cdot (2n\overline{X} + Z_{\frac{\alpha}{2}}^2 + \sqrt{b^2 - 4ac})
\end{aligned}$$

判别式为

$$\begin{aligned}
\Delta &= b^2 - 4ac = (2n\overline{X} + Z_{\frac{\alpha}{2}}^2)^2 - 4(n + Z_{\frac{\alpha}{2}}^2)n\overline{X}^2 \\
&= 4n^2\overline{X}^2 + 4n\overline{X}Z_{\frac{\alpha}{2}}^2 + Z_{\frac{\alpha}{2}}^4 - 4n^2\overline{X}^2 - 4nZ_{\frac{\alpha}{2}}^2\overline{X}^2 = Z_{\frac{\alpha}{2}}^4
\end{aligned}$$

272

置信区间为 (p_1, p_2). 其中区间端点为

$$p_1 = \frac{1}{2(n + Z_{\frac{\alpha}{2}}^2)} \cdot (2n\overline{X} + Z_{\frac{\alpha}{2}}^2 - Z_{\frac{\alpha}{2}}^2) = \frac{n\overline{X}}{(n + Z_{\frac{\alpha}{2}}^2)}$$

$$p_2 = \frac{1}{2(n + Z_{\frac{\alpha}{2}}^2)} \cdot (2n\overline{X} + Z_{\frac{\alpha}{2}}^2 + Z_{\frac{\alpha}{2}}^2) = \frac{n\overline{X} + Z_{\frac{\alpha}{2}}^2}{(n + Z_{\frac{\alpha}{2}}^2)}$$

对具体的值 n，置信度 $1 - \alpha$ 上分位点 $Z_{\frac{\alpha}{2}}$，直接计算，有

$$\begin{cases} a := n + Z_{\frac{\alpha}{2}}^2 \\ b := -(2n\overline{X} + Z_{\frac{\alpha}{2}}^2) \\ c := n\overline{X}^2 \end{cases}$$

代入置信区间 (p_1, p_2)，即

$$\left(\frac{-b - \sqrt{b^2 - 4ac}}{2a}, \frac{-b + \sqrt{b^2 - 4ac}}{2a} \right)$$

或

$$\left(\frac{n}{n + Z_{\frac{\alpha}{2}}^2} (\hat{p} + \frac{Z_{\frac{\alpha}{2}}^2}{2n} \pm Z_{\frac{\alpha}{2}} \sqrt{\frac{\hat{p}(1 - \hat{p})}{n} + \frac{Z_{\frac{\alpha}{2}}^2}{4n^2}} \right)$$

当 n 充分大时，更简单的近似置信区间 (p_1, p_2)，可取为

$$\left(\overline{X} - Z_{\frac{\alpha}{2}} \sqrt{\frac{p(1 - p)}{n}}, \overline{X} + Z_{\frac{\alpha}{2}} \sqrt{\frac{p(1 - p)}{n}} \right)$$

而由于 n 充分大时，样本均值 $\overline{X}$ 是总体均值 p 的无偏估计，即 $\overline{X} \approx p$，故近似置信区间 (p_1, p_2)，可取为

$$\left(\overline{X} - Z_{\frac{\alpha}{2}} \sqrt{\frac{\overline{X}(1 - \overline{X})}{n}}, \overline{X} + Z_{\frac{\alpha}{2}} \sqrt{\frac{\overline{X}(1 - \overline{X})}{n}} \right)$$

置信区间长度为 $L = 2Z_{\frac{\alpha}{2}} \sqrt{\frac{p(1 - p)}{n}}$. 欲使置信区间长度不大于 $d, d > 0$, 即只需

$$2Z_{\frac{\alpha}{2}} \sqrt{\frac{p(1 - p)}{n}} < d \Leftrightarrow 2\frac{\sqrt{p(1 - p)}}{\sqrt{n}} Z_{\frac{\alpha}{2}} < d$$

$$\Leftrightarrow \sqrt{n} > \frac{2\sqrt{p(1 - p)}}{d} Z_{\frac{\alpha}{2}} \Leftrightarrow n > 4p(1 - p)(\frac{1}{d} Z_{\frac{\alpha}{2}})^2$$

即样本容量 n 至少应当大于 $4p(1 - p)(\frac{Z_{\frac{\alpha}{2}}}{d})^2$.

由于应用实践中，总体均值 p 往往正是要估计的参数，故而还可以采用如下的保守估计. 由于对小正数 $0 < p < 1$, 我们有 $p(1 - p) < \frac{1}{2} \times \frac{1}{2} = \frac{1}{4}$. 欲使置信区间长度不大于 $d, d > 0$, 即只需

$$2Z_{\frac{\alpha}{2}} \sqrt{\frac{p(1 - p)}{n}} < 2Z_{\frac{\alpha}{2}} \sqrt{\frac{1}{4n}} < d \Leftrightarrow \frac{1}{\sqrt{n}} Z_{\frac{\alpha}{2}} < d$$

$$\Leftrightarrow \sqrt{n} > \frac{1}{d} Z_{\frac{\alpha}{2}} \Leftrightarrow n > (\frac{1}{d} Z_{\frac{\alpha}{2}})^2$$

即样本容量 n 至少应当大于 $(\frac{Z_{\frac{\alpha}{2}}}{d})^2$. 这是较为保守的估计 (对应着最大上界 $\frac{1}{4}$). 如此获得的容量一定可以保证问题所要求的置信度, 但会比实际需要的最小容量稍多.

【命题 7.4.1】两点分布总体均值置信区间长度与样本容量   两点分布总体 $X \sim B(1, p)$, 取容量为 n 充分大的样本, 测得样本均值 $\overline{X}$, 样本方差 S^2. 则总体 X 的期望 (均值) $\mu = p$ 的置信度 $1 - \alpha$ 的置信区间为

$$\left(\frac{-b - \sqrt{b^2 - 4ac}}{2a}, \frac{-b + \sqrt{b^2 - 4ac}}{2a} \right) \tag{7.4.2}$$

其中

$$\begin{cases} a := n + Z_{\frac{\alpha}{2}}^2 \\ b := -(2n\overline{X} + Z_{\frac{\alpha}{2}}^2) \\ c := n\overline{X}^2 \end{cases} \tag{7.4.3}$$

近似置信区间为

$$\left(\overline{X} - Z_{\frac{\alpha}{2}} \sqrt{\frac{\overline{X}(1 - \overline{X})}{n}}, \overline{X} + Z_{\frac{\alpha}{2}} \sqrt{\frac{\overline{X}(1 - \overline{X})}{n}} \right) \tag{7.4.4}$$

欲使总体 X 的期望 (均值)$\mu = p$ 的置信度 $1 - \alpha$ 的置信区间长度不大于 $d, d > 0$, 样本容量 n 至少应当大于 $4p(1-p)(\frac{Z_{\frac{\alpha}{2}}}{d})^2$. 若总体均值 p 未知, 通常可采用保守的估计, 则样本容量 n 至少应当大于 $(\frac{Z_{\frac{\alpha}{2}}}{d})^2$.

【例 7.4.1】两点分布的大样本采样比例的置信区间长度与样本容量   北京天然气资源匮乏, 全依靠 "西气东输". 为节约用气, 市政府准备对天然气提价. 对每方 (立方米) 天然气提价到 2 元还是 2.3 元进行网上采样调查问卷. (1) 以 p 表示支持提价到 2 元的网民比例, 为获得 p 的置信度为 $1 - \alpha = 0.95$ 的双侧置信区间, 且使区间长度不超过 $d = 0.04$, 至少应当返回多少有效问卷? (2) 若随机选定的 $n = 2500$ 份问卷中有 2000 份支持提价到 2 元, 试计算 p 的置信度为 $1 - \alpha = 0.95$ 的双侧置信区间. 并求出区间长度.

    【解】   (1) 以 p 表示支持提价到 2 元的网民比例, 为获得 p 的置信度为 $1 - \alpha = 0.95$ 的双侧置信区间, 且使区间长度不超过 $d = 0.04$, 样本容量 n 至少应当大于 $(\frac{Z_{\frac{\alpha}{2}}}{d})^2$. 即

$$n > (\frac{1}{d} Z_{\frac{\alpha}{2}})^2 = (\frac{1}{0.04} Z_{\frac{0.05}{2}})^2 = (\frac{1}{0.04} Z_{0.025})^2 = (\frac{1.96}{0.04})^2 = 49^2 = 2401$$

所以至少应当返回 2401 份有效问卷.

    (2) 若随机选定的 $n = 2500$ 份问卷中有 2000 份支持提价到 2 元, 容易计算样本容量为 $n = 2500$, 样本均值为 $\overline{X} = \widehat{p} = \frac{2000}{2500} = 0.8$. 由于样本容量比较大, 可以采用 p 的置信度为 $1 - \alpha = 0.95$ 的近似置信区间

$$\left(\overline{X} - Z_{\frac{\alpha}{2}} \sqrt{\frac{\overline{X}(1 - \overline{X})}{n}}, \overline{X} + Z_{\frac{\alpha}{2}} \sqrt{\frac{\overline{X}(1 - \overline{X})}{n}} \right)$$

代入置信度为 $1 - \alpha = 0.95$ 时，分位点 $Z_{0.025} = 1.96$，即近似置信区间为

$$(0.8 - 1.96\sqrt{\frac{0.8 \times 0.2}{2500}}, 0.8 + 1.96\sqrt{\frac{0.8 \times 0.2}{2500}})$$
$$= (0.8 - 1.96 \times \frac{0.4}{50}, 0.8 + 1.96 \times \frac{0.4}{50})$$
$$= (0.8 - 0.01568, 0.8 + 0.01568) = (0.78432, 0.81568)$$

区间长度为 $L = 0.81568 - 0.78432 = 0.03136$. 即支持提价到 2 元的网民比例为 $78.432 \sim 81.568\%$ 之间. 此估计的可信度为 95%.

【例 7.4.2】两点分布的大样本采样比例的置信区间长度与样本容量　2003 年世界爆发非典型肺炎 (SARS)，患者死亡率甚高. 以 p 表示死亡率，为获得 p 的置信度为 $1 - \alpha = 0.95$ 的双侧置信区间，且使区间长度不超过 $d = 0.03$，至少应当选择多少病例?

【解】　　　以 p 表示患者死亡率，为获得 p 的置信度为 $1 - \alpha = 0.95$ 的双侧置信区间，且使区间长度不超过 $d = 0.03$，样本容量 n 至少应当大于 $(\frac{Z_{\frac{\alpha}{2}}}{d})^2$. 即

$$n > (\frac{1}{d} Z_{\frac{\alpha}{2}})^2 = (\frac{1}{0.03} Z_{\frac{0.05}{2}})^2 = (\frac{1}{0.03} Z_{0.025})^2 = (\frac{1.96}{0.03})^2 = 65.33^2 = 4268.4$$

所以至少应当选择 4269 个病例.

7.4.2　泊松分布大样本和贝伦斯 — 费歇问题

1.　泊松分布大样本

设总体服从泊松分布，$X \sim \pi(\lambda), \lambda > 0$，分布律和数字特征为

$$P\{X = k\} = \frac{\lambda^k}{k!} \mathrm{e}^{-\lambda}, \qquad E(X) = \lambda, \qquad D(X) = \lambda \tag{7.4.5}$$

由独立同分布中心极限定理，有

$$\frac{\sum_1^n X_i - n\mu}{\sqrt{n}\sigma} = \frac{\sum_1^n X_i - n\lambda}{\sqrt{n\lambda}} \sim N(0, 1) \tag{7.4.6}$$

从而

$$\frac{n\overline{X} - n\lambda}{\sqrt{n\lambda}} \sim N(0, 1) \Rightarrow P\{|\frac{n\overline{X} - n\lambda}{\sqrt{n\lambda}}| < Z_{\frac{\alpha}{2}}\} = 1 - \alpha$$

$$\frac{n\overline{X} - n\lambda}{\sqrt{n\lambda}} < Z_{\frac{\alpha}{2}} \Leftrightarrow (\frac{\sqrt{n}(\overline{X} - \lambda)}{\sqrt{\lambda}})^2 < Z_{\frac{\alpha}{2}}^2$$

$$\Leftrightarrow \quad n(\lambda^2 - 2\overline{X}\lambda + \overline{X}^2) - \lambda Z_{\frac{\alpha}{2}}^2 < 0$$
$$\Leftrightarrow \quad n\lambda^2 - (2n\overline{X} + Z_{\frac{\alpha}{2}}^2)\lambda + n\overline{X}^2 < 0$$
$$\Leftrightarrow \quad a\lambda^2 + b\lambda + c < 0$$
$$a := n, b := -(2n\overline{X} + Z_{\frac{\alpha}{2}}^2), c := n\overline{X}^2$$
$$p_1 := \frac{1}{2a} \cdot (-b - \sqrt{b^2 - 4ac}), p_2 := \frac{1}{2a} \cdot (-b + \sqrt{b^2 - 4ac})$$

置信区间 (p_1, p_2)，即

$$\left(\overline{X} + \frac{Z_{\frac{\alpha}{2}}^2}{2n} \pm Z_{\frac{\alpha}{2}} \sqrt{\frac{\overline{X}}{n} + \frac{Z_{\frac{\alpha}{2}}^2}{4n^2}}\right) \tag{7.4.7}$$

2. 贝伦斯 — 费歇 (Berrence-Fisher) 问题

$X \sim N(\mu_1, \sigma_1^2), Y \sim N(\mu_2, \sigma_2^2)$，则 $\sigma_1^2 \neq \sigma_2^2$ 均未知，估计均值差 $\mu_1 - \mu_2$. 因

$$\overline{X} - \overline{Y} \sim N\left(\mu_1 - \mu_2, \frac{\sigma_1^2}{n_1} + \frac{\sigma_2^2}{n_2}\right) \tag{7.4.8}$$

当 $n_1, n_2 \to \infty$ 时，以样本方差近似代替总体方差 $S_1^2 \approx \sigma_1^2, S_2^2 \approx \sigma_2^2$，则式 (7.4.8) 成为

$$\frac{(\overline{X} - \overline{Y}) - (\mu_1 - \mu_2)}{\sqrt{\dfrac{S_1^2}{n_1} + \dfrac{S_2^2}{n_2}}} \sim N(0, 1) \tag{7.4.9}$$

从而导出方差未知而不相等时，大样本总体均值差 $\mu_1 - \mu_2$ 的置信度为 $1 - \alpha$ 的双侧置信区间可近似取为

$$I = \left(\overline{X} - \overline{Y} - Z_{\frac{\alpha}{2}} \sqrt{\frac{S_1^2}{n_1} + \frac{S_2^2}{n_2}}, \overline{X} - \overline{Y} + Z_{\frac{\alpha}{2}} \sqrt{\frac{S_1^2}{n_1} + \frac{S_2^2}{n_2}}\right) \tag{7.4.10}$$

习题 7.4

1. 调查某电话呼叫台的服务情况发现，在随机抽取的 200 个呼叫中，有 40% 需要附加服务（如转换分面等），以 p 表示需要附加服务的比例，求 p 的置信度为 $1 - \alpha = 0.95$ 的置信区间.

2. 根据经验，用船装运玻璃器皿的损坏率小于或等于 $\leqslant 5\%$，现要估计某船上玻璃器皿的损坏率，要求估计值与真实损坏率差值不超过 5%，在置信度 $1 - \alpha = 0.90$ 下，应取多大的样本验收？

总习题七

1. 设总体随机变量 X 的分布律如下：

X	0	1	2	3
p_k	θ^2	$2\theta(1-\theta)$	θ^2	$1-\theta$

其中 $\theta(0 < \theta < \dfrac{1}{2})$ 为未知参数. 利用如下样本值求 θ 的最大似然估计值：$3, 1, 3, 0, 3, 1, 2, 3$.

2. 设总体 X 服从参数为 λ 的泊松分布 $X \sim P(\lambda)$，$(X_1, X_2, \cdots, X_n)$ 为来自总体的样本，求参数 λ 的矩估计量与最大似然估计量.

3. 设总体 X 服从参数为 $p > 0$ 的几何分布，其分布律为 $P\{X = k\} = pq^{k-1} (q = 1 - p > 0)$. 随机抽取容量为 n 的样本 $X_1, X_2, \cdots, X_n$，求未知参数 p 的矩估计量与最大似然估计量.

4. 设随机抽取 8 只活塞环，测得直径如下（单位：毫米）：

74.001, 74.005, 74.003, 74.001, 74.000, 73.998, 74.006, 74.002

求总体均值 μ 和方差 σ^2 的矩估计值 $\hat{\mu}$ 和 $\widehat{\sigma^2}$，并求样本方差 s^2.

5. 设从总体 X 中随机抽取容量为 n 的样本 $(X_1, X_2, \cdots, X_n)$，相应样本值为 $(x_1, x_2, \cdots, x_n)$. 求下述各总体的密度函数或分布律中的未知参数的矩估计量：

(1) $f(x; \theta) = \begin{cases} \theta c^{\theta} x^{-(\theta+1)}, & x \geqslant c \\ 0, & \text{其他} \end{cases}$，未知参数 $\theta > 1$；

(2) $f(x; \theta) = \begin{cases} \sqrt{\theta} x^{\sqrt{\theta}-1}, & 0 < x < 1 \\ 0, & \text{其他} \end{cases}$，未知参数 $\theta > 0$；

(3) $P\{X = x\} = C_m^x p^x q^{m-x}, x = 0, 1, 2, 3, \cdots, m$，未知参数 $0 < p < 1$（二项分布）.

6. 设从总体 X 中随机抽取容量为 n 的样本，相应样本值为 $(x_1, x_2, \cdots, x_n)$，求下述各总体的密度函数或分布律中的未知参数的最大似然估计值：

(1) $f(x; \theta) = \begin{cases} \theta c^{\theta} x^{-(\theta+1)}, & x \geqslant c \\ 0, & \text{其他} \end{cases}$，未知参数 $\theta > 1$；

(2) $f(x; \theta) = \begin{cases} \sqrt{\theta} x^{\sqrt{\theta}-1}, & 0 < x < 1 \\ 0, & \text{其他} \end{cases}$，未知参数 $\theta > 0$；

(3) $P\{X = x\} = C_m^x p^x q^{m-x}$ $(x = 0, 1, 2, 3, \cdots, m)$，未知参数 $0 < p < 1$（二项分布）.

7. 设总体随机变量 X 的分布律如下：

X	1	2	3
p_k	θ^2	$2\theta(1-\theta)$	$(1-\theta)^2$

其中 $\theta(0 < \theta < 1)$ 为未知参数. 利用如下样本值求 θ 的最大似然估计值：$1, 2, 1$.

8. (1) 设总体随机变量 X 服从参数为 λ 的泊松分布，分布律为 $P\{X = x\} = \dfrac{\lambda^x}{x!} \mathrm{e}^{-\lambda}$，随机抽取容量为 n 的样本，相应样本值为 $x_1, x_2, \cdots, x_n$，求 $P\{X = 0\}$ 的最大似然估计值；(2) 某铁路局证实：一个扳道员在五年内所造成的事故次数为随机变量 X，服从参数为 λ 的泊松分布. 利用 122 个扳道员在五年内所造成的事故次数，得到如下 122 个观察值：

事故次数	0	1	2	3	4	5
扳道员人数	44	42	21	9	4	2

求一个扳道员在五年内未造成的事故的概率的最大似然估计值.

9. 设从总体 X 中随机抽取容量为 n 的样本，相应样本值为 $x_1, x_2, \cdots, x_n$，总体均值 $E(X) = \mu$，方差 $D(X) = \sigma^2$. (1) 确定未知常数 c 使得 $c \sum_{k=1}^{n-1} (X_{k+1} - X_k)^2$ 为方差 σ^2 的无偏估计；(2) 确定未知常数 c 使得 $\overline{X}^2 - cS^2$ 为总体均值平方 μ^2 的无偏估计.

10. 设从正态分布总体 $X \sim N(0, \sigma^2)$ 中随机抽取容量为 n 的样本 $(X_1, X_2, \cdots, X_n)$，总体的概率密度函数为 $f(x, \mu, \sigma^2) = \dfrac{1}{\sqrt{2\pi}\sigma} \mathrm{e}^{-\frac{x^2}{2\sigma^2}}$. 求未知参数 σ^2 的矩估计量与最大似然估计量. 并说明 σ^2 的估计量是否是无偏估计量.

11. 设从总体 X 中随机抽取容量为 n 的样本 $(X_1, X_2, \cdots, X_n)$，总体的概率密度函数为

$$f(x) = \begin{cases} \dfrac{1}{\theta} \mathrm{e}^{-\frac{x-\mu}{\theta}}, & x \geqslant \mu \\ 0, & \text{其他} \end{cases}$$

求未知参数 θ 与 μ 的最大似然估计量 $(\theta > 0)$.

12. 设从正态分布总体 $X \sim N(\mu, \sigma^2)$ 中随机抽取容量为 n 的样本 $(X_1, X_2, \cdots, X_n)$，总体均值 $E(X) = \mu$，方差 $D(X) = \sigma^2$ 为未知，随机变量 L 为均值 μ 的置信度 $1 - \alpha$ 的置信区间长度，求数学期望 $E(L^2)$.

13. 设产品使用寿命服从正态分布 $X \sim N(\mu, \sigma^2)$，$E(X) = \mu$，方差 $D(X) = \sigma^2$ 为未知，从中随机抽取容量为 n 的样本 $(X_1, X_2, \cdots, X_n)$，测得样本均值 $\bar{x} = 1500$，样本均方差 $s = 20$，求均值 μ 和方差 σ^2 的置信度为 $1 - \alpha = 0.95$ 的置信区间.

14. 假设某清漆的干燥时间（单位：小时）为正态随机变量 $X \sim N(\mu, \sigma^2)$. 随机抽取 9 个样品，测得干燥时间如下：6.0, 5.7, 5.8, 6.5, 7.0, 6.3, 5.6, 6.1, 5.0. 在以下条件下分别求总体均值 μ 的置信度 $1 - \alpha = 0.95$ 的置信区间：(1) 已知标准差 $\sigma = 0.6$；(2) 未知标准差 σ.

15. 假设引力常数（单位 $10^{-11}\mathrm{m}^3 \cdot \mathrm{kg}^{-1} \cdot \mathrm{s}^{-2}$）为正态随机变量 $X \sim N(\mu, \sigma^2)$. 参数未知.(1) 用金球随机测定 6 个观测值如下：$6.683, 6.681, 6.676, 6.678, 6.679, 6.672$；(2) 用铂球随机测定 5 个观测值如下：$6.661, 6.661, 6.667, 6.667, 6.664$. 分别求总体均值 μ 的置信度 $1 - \alpha = 0.90$ 的置信区间与总体方差 σ^2 的置信度 $1 - \alpha = 0.90$ 的置信区间.

16. 设总体服从正态分布 $X \sim N(\mu_1, \sigma_1^2)$，$Y \sim N(\mu_2, \sigma_2^2)$，方差 $\sigma_1^2 = 2.18^2, \sigma_2^2 = 1.76^2$，对前者抽取容量为 $n_1 = 200$ 的样本，对后者抽取容量为 $n_2 = 100$ 的样本，前者的样本均值 $\bar{x} = 5.32$，后者的样本均值 $\bar{y} = 5.76$. 求均值差 $\mu_1 - \mu_2$ 的置信度 $1 - \alpha = 0.95$ 的置信区间.

17. 设从服从参数为 $\lambda > 0$ 的指数分布的总体 X 中随机抽取容量为 n 的大样本 $X_1, X_2, \cdots, X_n$，总体的概率密度函数为

$$f(x) = \begin{cases} \lambda \mathrm{e}^{-\lambda x}, & x > 0 \\ 0, & x \leqslant 0 \end{cases}$$

求未知参数 $\lambda > 0$ 的置信度 $1 - \alpha$ 的置信区间.

第 8 章　　参数假设检验

8.1　　假设检验的基本概念

统计推断的另一类基本问题就是 假设检验. 假设检验 又有 参数假设检验 和 非参数假设检验 之分.

在日常生活或科学研究中经常对某件事提出疑问, 解决疑问的一个办法是先做一个与疑问相关的假设（以及与此假设相反的假设）, 在此假设下寻求有关证据（"谁主张, 谁举证"）, 若证据与假设矛盾, 则拒绝此假设, 反之则接受假设. 这就是假设检验的基本思想.

【引例 8.1.1】　　云贵山区泥石流多发, 对公路交通构成重大威胁. 一条修建中的南北走向跨省高速公路全长 100 千米, 穿过一个隧道. 隧道南公路全长 35 千米, 隧道北公路全长 65 千米. 在今年的雨季中, 隧道南发生了 3 起泥石流, 而隧道北没有发生泥石流. 能否认为隧道南公路更容易发生泥石流？

【解】　　设 p 表示隧道南公路发生泥石流的概率, 若隧道南北公路的所有路段上发生泥石流是等可能的, 则显然由于高速公路全长 100 千米, 隧道南公路全长 35 千米, 故隧道南公路发生泥石流的概率为 $p = \dfrac{35}{100} = 0.35$. 而若隧道南公路更容易发生泥石流, 则 $p > 0.35$.

于是为了做出正确判断, 首先作一个假设 (等可能假设):

$$H_0: \quad p = 0.35$$

并称此假设 H_0 为 原假设 或 零假设（Null Hypothesis）; 同时根据题设条件, 再作一个可供选择的另一个假设:

$$H_1: \quad p > 0.35$$

并称此假设 H_1 为 备择假设（Alternative Hypothesis）.

若 原假设 H_0 为真, 则每一起泥石流发生在隧道南公路的概率都是 $p = 0.35$, 于是根据独立事件的乘法原理, 3 起泥石流都发生在隧道南公路的概率是 $\alpha = p^3 = 0.35^3 \approx 0.043$. 这个概率相当小, 即对应一个小概率事件, 几乎不可能发生, 也就是 原假设 H_0 非真, 即拒绝 原假设 H_0, 而接受 备择假设 H_1. 即隧道南公路更容易发生泥石流.

这一判断当然只是在概率论的意义下是正确的. 该判断是正确的概率有多大呢？显然, 判断出错意味着小概率事件真的发生了, 也就是判断出错的概率是 $\alpha = 0.043$, 而判断正确的概率是 $1 - \alpha = 1 - 0.043 = 0.957$. 也就是有 95.7% 的把握判断隧道南公路的确更容易发生泥石流.

【定义 8.1.1】假设检验　　设总体 X 的分布函数 $F(x; \theta)$(分布律或密度函数) 形式已知, θ

是待估参数为未知，但已知参数属于互不相容的参数空间的并集（和集）$\theta \in \Theta_0 \bigcup \Theta_1$. 为了做出正确判断，首先作出一对互不相容的假设（非此即彼是正确的），即 原假设（Null Hypothesis）H_0 和 备择假设 （Alternative Hypothesis）H_1：

$$H_0 : \theta \in \Theta_0, \quad H_1 : \theta \in \Theta_1 \tag{8.1.1}$$

以符号 W 表示这个检验法，如果拒绝 原假设H_0 时犯错误的概率不超过某个 $(0,1)$ 区间上的小正数 $0 < \alpha < 1$，则称小正数 α 是检验法 W 的 显著水平（Significance Level）或 检验水平（Testing Level）. 而 $(0,1)$ 区间上的小正数 $1 - \alpha$ 为检验法 W 的 置信水平（Confidence Level）.

例如，在引例中，作出一对互不相容的假设，即 原假设H_0 和 备择假设 H_1：

$$H_0 : p = 0.35, \quad H_1 : p > 0.35 \tag{8.1.2}$$

由于拒绝 原假设H_0 时犯错误的概率不超过小正数 $\alpha = 0.043$，故此检验法的 显著水平$\alpha = 0.043$, 置信水平$1 - \alpha = 0.957$.

【定义 8.1.2】假设检验的拒绝域　在作假设检验 W 时，若总体 X 的待估参数 θ 落在某个区域（参数空间）$\theta \in \Theta(W)$ 时就拒绝 原假设H_0，则称区域（参数空间）$\Theta(W)$ 为假设检验 W 的 拒绝域 或 临界域(Critical Region).拒绝域 的边界点称为 临界点(Critical Point).

无论拒绝还是接受 原假设H_0，都有可能犯错误. 做检验的目的本来是要"去伪存真"，倘若结果恰恰相反，变成了"去真存伪"，那就会犯错误.

【定义 8.1.3】假设检验的弃真和取伪错误

(1)**假设检验的弃真错误**：原假设H_0 为真，经检验推断却拒绝了 H_0，称犯了 弃真错误 或 第一类错误（Type I error）；

(2)**假设检验的取伪错误**：原假设H_0 为假，经检验推断却接受了 H_0，称犯了 取伪错误 或 第二类错误（Type II error）.

显然，在引例中，犯下 弃真错误 或 第一类错误（Type I error）的概率就是小概率事件真的发生了，也就是犯下 弃真错误 的 概率的上限 就是 显著水平$\alpha = 0.043$. 换言之，显著水平 α 就是犯下弃真错误的最大可能概率.

【引例 8.1.2】古埃及人颅骨宽度　公元前 4000 年的古埃及人类颅骨的宽度（单位：毫米）可以视为随机变量，方差为 27 毫米，均值为未知参数 $\theta \in \Theta_0 \bigcup \Theta_1$，现代人的平均颅骨宽度为 140 毫米，要将古今人类的颅骨宽度作比较，自然的想法是取参数空间为 $\Theta_0 = (0, 140], \Theta_1 = (140, +\infty)$，显然，这两个参数空间（区域）互不相容且其并集（和集）为全空间 $(0, +\infty)$(注意：宽度自然是正值). 然后可作出一对互不相容的 原假设H_0 和 备择假设 H_1：

$$H_0 : \theta \leqslant 140, \quad H_1 : \theta > 140$$

其中的 备择假设 H_1 只包括着一种情况，对应于一个单边的不等式. 称为 右边假设检验，它属于 单边假设检验 的一种.

【引例 8.1.3】金条重量检验　公元 2008 年初，美元 (USD) 大跌而人民币 (RMB) 坚挺，但最保值的自然还是"永久货币"黄金，于是黄金价格飞涨. 北京菜市口百货商场的某店员给某顾客一根"奥运金条"，说重量为 2008 克. 此顾客为验证真假，将金条拿到一架精密的戥子上反复称量，共称了 n 次. 称出的结果是服从正态分布的随机变量，均值 μ 未知. 于是可作出一对互不相容的 原假设 H_0 和 备择假设 H_1：

$$H_0 : \mu = 2008, \quad H_1 : \mu \neq 2008$$

其中的 备择假设 H_1 事实上包括着两种情况，即"比标准重量轻" $\mu < 2008$ 或"比标准重量重" $\mu > 2008$. 对应于一对双边的不等式. 称为 双边假设检验.

下面给出单边和双边假设检验的定义.

【定义 8.1.4】单边和双边假设检验

(1)**单边假设检验**（Uni-lateral TH）：

右边假设检验

$$H_0 : \mu \leqslant \mu_0, \quad H_1 : \mu > \mu_0 \tag{8.1.3}$$

左边假设检验

$$H_0 : \mu \geqslant \mu_0, \quad H_1 : \mu < \mu_0 \tag{8.1.4}$$

单边假设检验对应的临界点是一个临界点 (往往就是分位点).

(2)**双边假设检验**（Bi-lateral TH）：形如

$$H_0 : \mu = \mu_0, \quad H_1 : \mu \neq \mu_0 \tag{8.1.5}$$

双边假设检验对应的临界点是两个临界点 (往往就是分位点).

【引例 8.1.4】工艺效果检验　山东招远某黄金公司生产的"奥运小金币"直径为服从正态分布的随机变量，而直径标准即总体均值为 $\mu_0 = 2$(单位：厘米). 公司车间采用了清华大学的纳米工艺后，从用新工艺生产的奥运小金币中抽查 100 枚样本，测量得到其平均直径为 $\bar{x} = 1.988$，总体均值（直径标准）与样本均值相差 $2 - 1.988 = 0.012$. 有人说这种差异是由于采用了新工艺造成的，但也有人说这纯粹是测量误差造成的，所谓"高科技纳米工艺"只是忽悠人的. 如何检验这两种说法的真伪？

【解】　自然地，可设总体 X 服从正态分布 $X \sim N(\mu_0, \sigma_0^2)$，假设"纳米工艺对小金币直径没有影响"（即直径差异纯粹是测量误差造成的），则从用新工艺生产的奥运小金币中抽查样本，相当于从用老工艺生产的奥运小金币中抽查样本，即可作"总体均值相等"的 原假设 H_0；

$$H_0 : \quad \mu = \mu_0$$

同时再作 备择假设（注意：这包括双边的情况 $\mu > \mu_0$ 和 $\mu < \mu_0$）

$$H_1 : \quad \mu \neq \mu_0$$

假设都有了，下面建立 检验统计量(注意：统计量不含有任何未知参数). 由于总体 X 服从正态分布 $X \sim N(\mu_0, \sigma_0^2)$，取"标准化统计量"（服从标准正态分布 $N(0,1)$）

$$U = \frac{\bar{X} - \mu_0}{\sigma_0 / \sqrt{n}} \sim N(0,1)$$

作为检验统计量.

检验统计量建立好以后, 对于指定的某种 显著水平 或 检验水平 $0 < \alpha < 1$, 就可以确定出 原假设 H_0 的拒绝域 (临界域). 例如需要有 95% 的把握判断真伪, 则相应的 置信水平 即为 $1 - \alpha = 0.95$, 而 显著水平 即为 $\alpha = 0.05$.

对于 $U \sim N(0,1)$, $1 - \alpha = 0.95$, 由标准正态分布 $N(0,1)$ 的分位点概念可知 (注意: 对应双边分位点)

$$P\{|U| \leqslant z_{0.025} = 1.96\} = 0.95$$

即

$$P\{|\frac{\bar{X} - \mu_0}{\sigma_0/\sqrt{n}}| \leqslant 1.96\} = 0.95$$

或

$$P\{\bar{X} \in (\mu_0 - 1.96\frac{\sigma_0}{\sqrt{n}}, \mu_0 + 1.96\frac{\sigma_0}{\sqrt{n}})\} = 0.95$$

这等价于

$$P\{\bar{X} \bar{\in} (\mu_0 - 1.96\frac{\sigma_0}{\sqrt{n}}, \mu_0 + 1.96\frac{\sigma_0}{\sqrt{n}})\} = 0.05$$

也就是说, 如果 原假设 $H_0 : \mu = \mu_0$ 是正确的, 则样本均值落在区间 $(\mu_0 - 1.96\frac{\sigma_0}{\sqrt{n}}, \mu_0 + 1.96\frac{\sigma_0}{\sqrt{n}})$ 之外 (也就是落在拒绝域之内) 的概率是 0.05, 这是个小概率事件. 倘若这个小概率事件当真发生了, 也就是在容量为 n 的一次随机采样中出现了样本均值落在拒绝域之内的结果, 则说 原假设 $H_0 : \mu = \mu_0$ 是错误的, 或拒绝 H_0. 有 95% 的把握认为这一判断是正确的.

例如, 对于给定的总体均值 $\mu_0 = 2$, 标准差 $\sigma_0 = 0.01$, 容量为 $n = 100$ 的一次随机采样中, "接受域" 为

$$
\begin{aligned}
&(\mu_0 - 1.96\frac{\sigma_0}{\sqrt{n}}, \mu_0 + 1.96\frac{\sigma_0}{\sqrt{n}}) \\
&= (2 - 1.96\frac{0.01}{\sqrt{100}}, 2 + 1.96\frac{0.01}{\sqrt{100}}) \\
&= (2 - 0.00196, 2 + 0.00196) = (1.99004, 2.00196)
\end{aligned}
$$

而拒绝为 $(-\infty, \mu_0 - 1.96\frac{\sigma_0}{\sqrt{n}}) \bigcup (\mu_0 + 1.96\frac{\sigma_0}{\sqrt{n}}, +\infty) = (-\infty, 1.99004) \bigcup (2.00196, +\infty)$. 对于题目所设结果, 平均直径为 $\bar{x} = 1.988$ 显然落在此拒绝域内, 于是经过假设检验, 可以说 原假设 H_0; $\mu = \mu_0$ 是错误的, 或拒绝 $H_0 : \mu = \mu_0$, 即假设 "纳米工艺对小金币直径没有影响" 是错误的, 也就是高科技纳米工艺不是忽悠人的. 有 95% 的把握认为这一判断是正确的.

下面考虑一个与上述问题类似的假设检验模型. 由此归纳出假设检验问题的基本解决步骤.

【引例 8.1.5】工艺效果检验续集　　西南兵工厂生产的火箭燃料推进器的燃烧率为服从正态分布的随机变量 $X \sim N(\mu_0, \sigma_0^2)$, 总体均值为 $\mu_0 = 40$(单位: 厘米/秒), 标准差为 $\sigma_0 = 2$, 车间采用了新工艺后, 从用新工艺生产的推进器中抽查 25 个样本, 测量得到其平均燃烧率为 $\bar{x} = 41.25$, 试问采用新工艺后, 火箭燃燃料推进器的燃烧率是否有显著提高? 取 显著水平 为 $\alpha = 0.05$.

【解】　　可作 "总体均值相等" 的 原假设 (Null Hypothesis) H_0(即新工艺没有显著提高燃烧率):

$$H_0 : \quad \mu = \mu_0 = 40$$

同时再作一个 备择假设（Alternative Hypothesis）（即新工艺显著提高了燃烧率）：

$$H_1: \quad \mu > \mu_0 = 40$$

由于总体 X 服从正态分布 $X \sim N(\mu_0, \sigma_0^2)$，取"标准化统计量"（服从标准正态分布 $N(0,1)$）

$$Z = \frac{\bar{X} - \mu_0}{\sigma_0/\sqrt{n}} \sim N(0,1)$$

作为检验统计量. 对于 $Z \sim N(0,1)$，$1 - \alpha = 0.95$，由标准正态分布 $N(0,1)$ 的分位点概念可知

$$P\{Z \leqslant z_{0.05} = 1.645\} = 0.95$$

或等价地，有

$$P\{Z \geqslant 1.645\} = 0.05$$

即"标准化统计量"的拒绝域为 $(1.645, +\infty)$. 而对于题目所设结果，平均燃烧率为 $\bar{x} = 41.25$，代入标准化形式，得

$$z = \frac{\bar{x} - \mu_0}{\sigma_0/\sqrt{n}} = \frac{41.25 - 40}{2/\sqrt{25}} = 6.25/2 = 3.125$$

显然落在此拒绝域内（$3.125 > 1.645$），于是经过假设检验，拒绝 原假设H_0(即新工艺没有显著提高燃烧率)，即承认采用新工艺后，火箭燃燃料推进器的燃烧率的确有显著提高. 这一判断正确的概率为 95%.

习题 8.1

1. 在一个假设检验问题中，当检验最终结果是接受 H_1 时，可能犯什么错误？在一个假设检验问题中，当检验最终结果是拒绝 H_1 时，可能犯什么错误？

2. 某厂有一批产品 200 件. 须经检验合格才能出厂，按国家标准次品率不得超过 1%，今在其中任取 5 件，发现其中有一件次品：（1）当次品率为 1% 时，求在 200 件产品中随机抽 5 件，其中有 1 件次品的概率；(2) 根据实际推断原理，问这批产品是否可以出厂？

3. 已知在正常生产情况下某种汽车零件的质量（单位：克）服从正态分布 $X \sim N(54, 0.75^2)$. 在某日生产的零件中抽取 10 件，测得质量分别为 54.0 55.1 53.8 54.2 52.1 54.2 55.0 55.8 55.1 55.3. 如果方差不变，该日生产的零件的平均质量是否有显著差异？（1）$\alpha = 0.05$；（2）$\alpha = 0.01$.

8.2 正态总体均值的假设检验

8.2.1 单正态总体均值的假设检验

本节讨论 单正态总体均值的假设检验 和 双正态总体均值的假设检验.

已知总体为服从正态分布的随机变量 $X \sim N(\mu_0, \sigma^2)$. 下面区分 方差 σ^2 已知 和 方差 σ^2 未知 的情形讨论单正态总体均值的假设检验.

1.总体方差 σ^2 已知时的 Z 一检验法

总体方差 σ^2 已知时，取检验统计量为标准化随机变量

$$Z := \frac{\overline{X} - \mu_0}{\sigma/\sqrt{n}} \sim N(0,1) \tag{8.2.1}$$

指定显著水平 α（通常是接近于 0 的小正数如 5%，1% 等），由正态分布概率曲线的对称性 及 α 分位点的定义，有如下结论.

（1）双边检验：

$$H_0 : \mu = \mu_0, \quad H_1 : \mu \neq \mu_0 \tag{8.2.2}$$

拒绝域是 $\{|Z| \geqslant z_{\alpha/2}\}$；

（2）单边检验：

右边假设检验

$$H_0 : \mu \leqslant \mu_0, \quad H_1 : \mu > \mu_0 \tag{8.2.3}$$

拒绝域是 $\{Z \geqslant z_\alpha\}$；

左边假设检验

$$H_0 : \mu \geqslant \mu_0, \quad H_1 : \mu < \mu_0 \tag{8.2.4}$$

拒绝域是 $\{Z \leqslant -z_\alpha\}$.

【例 8.2.1】**双边检验：大白兔奶糖的自动包装机工作状态检验**　上海冠生园食品公司的一台自动包装机包装净重 500 克 的大白兔奶糖. 随机抽查 9 袋糖果，测量得到净重如下 (单位：克). 能否认为包装机工作正常？已知净重为正态分布随机变量 $X \sim N(\mu_0, \sigma^2)$. 并假定已知包装机的工作方差为 $\sigma^2 = 0.8$.

$$X: \quad 499.12 \quad 499.48 \quad 499.25 \quad 499.53 \quad 499.11 \quad 498.52 \quad 498.87 \quad 500.82 \quad 500.01$$

【解】　对于正态分布随机变量 $X \sim N(\mu_0, \sigma^2)$，作双边假设检验（正常与否的问题）

$$H_0 : \mu = \mu_0, \quad H_1 : \mu \neq \mu_0$$

取检验统计量为标准化随机变量

$$Z := \frac{\overline{X} - \mu_0}{\sigma/\sqrt{n}} = \frac{\overline{X} - \mu_0}{\sqrt{0.8}/\sqrt{9}} \sim N(0,1)$$

倘若指定显著水平 $\alpha = 5\%$，双边假设检验的拒绝域是 $\{|Z| \geqslant z_{\alpha/2}\}$；由于

$$|Z| = \left|\frac{\overline{X} - \mu_0}{\sqrt{0.8}/\sqrt{9}}\right| = \left|\frac{499.412 - 500}{\sqrt{0.8}/\sqrt{9}}\right| = 1.97 > z_{0.025} = 1.96$$

从而拒绝原假设 H_0，即大白兔奶糖的自动包装机工作不正常（有 95% 的把握）.

【例 8.2.2】**单边检验：砖头强度检验**　砖瓦厂烧制的砖头强度为正态分布随机变量 $X \sim N(\mu_0, \sigma^2)$. 并假定已知方差为 $\sigma^2 = 1.21$. 随机采样 6 块测量得到强度如下 (单位：千克/平方厘米). 试问能否认为砖头平均强度超过 30？

$$X: \quad 32.56 \quad 29.66 \quad 31.64 \quad 30.00 \quad 31.87 \quad 31.03$$

【解】 对于正态分布随机变量 $X \sim N(\mu_0, \sigma^2)$，作单边假设检验（超过还是小于的问题）

$$H_0 : \mu \leqslant \mu_0 = 30, \quad H_1 : \mu > \mu_0 = 30$$

取检验统计量为标准化随机变量

$$Z := \frac{\overline{X} - \mu_0}{\sigma/\sqrt{n}} = \frac{\overline{X} - \mu_0}{\sqrt{1.21}/\sqrt{6}} \sim N(0, 1)$$

倘若指定显著水平 $\alpha = 5\%$，单边假设检验的拒绝域是 $\{Z \geqslant z_\alpha\}$；由于

$$Z = \frac{\overline{X} - \mu_0}{\sqrt{1.21}/\sqrt{6}} = \frac{31.3 - 30}{\sqrt{1.21}/\sqrt{6}} = 2.895 > z_{0.05} = 1.645$$

从而拒绝原假设 H_0，即可以认为砖头平均强度超过 30 （有 95% 的把握）.

2. 总体方差 σ^2 未知时的 t －检验法

总体方差 σ^2 未知时，以样本方差 S^2 代替总体方差 σ^2，对于容量为 n 的样本，取检验统计量为标准化随机变量

$$t := \frac{\overline{X} - \mu_0}{S/\sqrt{n}} \sim t(n-1) \tag{8.2.5}$$

指定显著水平 α，由学生分布（t– 分布）概率曲线的对称性 及 α 分位点的定义，有如下结论.
（1）**双边检验**

$$H_0 : \mu = \mu_0, \quad H_1 : \mu \neq \mu_0 \tag{8.2.6}$$

拒绝域是 $\{|t| \geqslant t_{\alpha/2}(n-1)\}$；
（2）**单边检验**
右边假设检验

$$H_0 : \mu \leqslant \mu_0, \quad H_1 : \mu > \mu_0 \tag{8.2.7}$$

拒绝域是 $\{t \geqslant t_\alpha(n-1)\}$；
左边假设检验

$$H_0 : \mu \geqslant \mu_0, \quad H_1 : \mu < \mu_0 \tag{8.2.8}$$

拒绝域是 $\{t \leqslant -t_\alpha(n-1)\}$.

【例 8.2.3】双边检验：大白兔奶糖的包装净重检验 上海冠生园食品公司的一台自动包装机包装净重 500 克 的大白兔奶糖，但顾客事先并不知道（或佯装不知道）. 若从超级市场中随机抽查 9 袋糖果，测量得到净重如下 (单位：克). 能否认为这批袋装的平均净重就是 500 克？

$$X: \quad 499.12 \quad 499.48 \quad 499.25 \quad 499.53 \quad 499.11 \quad 498.52 \quad 498.87 \quad 500.82 \quad 500.01$$

【解】 对于正态分布随机变量 $X \sim N(\mu_0, \sigma^2)$，由于总体方差 σ^2 未知，以样本方差 S^2 代替总体方差 σ^2，对于容量为 $n = 9$ 的样本，取检验统计量为标准化随机变量

$$t := \frac{\overline{X} - \mu_0}{S/\sqrt{n}} = \frac{\overline{X} - \mu_0}{0.676/\sqrt{9}} \sim t(8)$$

作双边假设检验（包装净重为 500 克与否的问题）

$$H_0 : \mu = \mu_0 = 500, \quad H_1 : \mu \neq \mu_0 = 500.$$

倘若指定显著水平 $\alpha = 5\%$，双边假设检验的拒绝域是 $\{|t| \geqslant t_{\alpha/2}(n-1)\}$. 由于

$$|t| = \left|\frac{\overline{X} - \mu_0}{0.676/\sqrt{9}}\right| = \left|\frac{499.412 - 500}{0.676/\sqrt{9}}\right| = 2.609 > t_{0.025}(8) = 2.306$$

从而拒绝原假设 H_0，即大白兔奶糖的包装净重不是 500 克（有 95% 的把握）.

【例 8.2.4】单边检验：元件寿命检验　某元件寿命为正态分布随机变量 $X \sim N(\mu_0, \sigma^2)$，总体方差 σ^2 未知，若随机抽查 16 只元件，测量得到寿命如下 (单位：小时). 能否认为这批元件寿命大于 225 小时？

$$X: \quad 159 \quad 280 \quad 101 \quad 212 \quad 224 \quad 379 \quad 179 \quad 264 \quad 222 \quad 362 \quad 168 \quad 250 \quad 149 \quad 260 \quad 485 \quad 170$$

【解】　对于正态分布随机变量 $X \sim N(\mu_0, \sigma^2)$，由于总体方差 σ^2 未知，以样本方差 S^2 代替总体方差 σ^2，对于容量为 $n = 16$ 的样本，取检验统计量为标准化随机变量

$$t := \frac{\overline{X} - \mu_0}{S/\sqrt{n}} = \frac{\overline{X} - \mu_0}{98.7259/\sqrt{16}} \sim t(15)$$

作单边假设检验（元件寿命小于或大于 225 小时的问题）

$$H_0 : \mu \leqslant \mu_0 = 225, \quad H_1 : \mu > \mu_0 = 225.$$

倘若指定显著水平 $\alpha = 5\%$，单边假设检验的拒绝域是 $\{t \geqslant t_\alpha(n-1) = t_{0.05}(15)\}$. 由于

$$t = \frac{\overline{X} - \mu_0}{98.7259/\sqrt{16}} = \frac{241.5 - 225}{98.7259/\sqrt{16}} = 0.6685 < t_{0.05}(15) = 1.7531$$

从而接受原假设 H_0，即认为这批元件寿命不大于 225 小时（有 95% 的把握）.

【例 8.2.5】双边检验：铅中毒村民的脉搏检验　正常成年人的脉搏为服从正态分布的随机变量，其均值为 72(单位：次/分钟). 为考察某化工厂对村庄环境的影响，测量得到 10 例铅中毒村民的脉搏数如下. 试问铅中毒村民的脉搏数是否正常？

$$X: \quad 54 \quad 67 \quad 68 \quad 78 \quad 70 \quad 66 \quad 67 \quad 65 \quad 69 \quad 70$$

【解】　对于正态分布随机变量 $X \sim N(\mu_0, \sigma^2)$，由于总体方差 σ^2 未知，以样本方差 S^2 代替总体方差 σ^2，对于容量为 $n = 10$ 的样本，取检验统计量为标准化随机变量

$$t := \frac{\overline{X} - \mu_0}{S/\sqrt{n}} = \frac{\overline{X} - \mu_0}{5.929/\sqrt{10}} \sim t(9)$$

作双边假设检验（铅中毒村民的脉搏数是否正常的问题）

$$H_0 : \mu = \mu_0 = 72, \quad H_1 : \mu \neq \mu_0 = 72.$$

倘若指定显著水平 $\alpha = 5\%$，双边假设检验的拒绝域是 $\{|t| \geqslant t_{\alpha/2}(n-1)\}$. 由于

$$|t| = |\frac{\overline{X} - \mu_0}{5.929/\sqrt{10}}| = |\frac{67.4 - 72}{5.929/\sqrt{10}}| = 2.453 > t_{0.025}(9) = 2.2622$$

从而拒绝原假设 H_0，即铅中毒村民的脉搏数明显不正常（有 95% 的把握）.

【例 8.2.6】 **单边检验：牛奶纯度检验** 天然牛奶的冰点为 -0.545(单位：℃). 某质量监督员为判断某地方品牌鲜牛奶是否兑水，随机采样获得 12 杯牛奶样品的冰点数据如下. 试问这批牛奶是否兑水？已知牛奶冰点为正态分布随机变量 $X \sim N(\mu_0, \sigma^2)$，总体方差 σ^2 未知.

$$-0.5426 \quad -0.5467 \quad -0.5360 \quad -0.5281 \quad -0.5444 \quad -0.5468$$
$$-0.5420 \quad -0.5347 \quad -0.5468 \quad -0.5496 \quad -0.5410 \quad -0.5405$$

提示：众所周知，水的冰点是 $0℃$，兑水牛奶的冰点将比纯牛奶的高.

【解】 对于正态分布随机变量 $X \sim N(\mu_0, \sigma^2)$，由于总体方差 σ^2 未知，以样本方差 S^2 代替总体方差 σ^2，对于容量为 $n = 12$ 的样本，取检验统计量为标准化随机变量

$$t := \frac{\overline{X} - \mu_0}{S/\sqrt{n}} = \frac{\overline{X} - \mu_0}{0.0061/\sqrt{12}} \sim t(11)$$

作单边假设检验（检验牛奶的冰点比天然牛奶的低还是高）

$$H_0 : \mu \leqslant \mu_0 = -0.545, \quad H_1 : \mu > \mu_0 = -0.545$$

倘若指定显著水平 $\alpha = 5\%$，单边假设检验的拒绝域是 $\{t \geqslant t_\alpha(n-1) = t_{0.05}(11)\}$. 由于

$$t = \frac{\overline{X} - \mu_0}{0.0061/\sqrt{12}} = \frac{-0.5416 + 0.545}{0.0061/\sqrt{12}} = 1.9308 > t_{0.05}(11) = 1.796$$

从而拒绝原假设 H_0，即认为这批牛奶的冰点比天然牛奶显著提高了，从而有兑水的嫌疑（有 95% 的把握）.

8.2.2 双正态总体均值的假设检验

已知双正态总体 $X \sim N(\mu_1, \sigma_1^2)$ 和 $Y \sim N(\mu_2, \sigma_2^2)$. 如前定义样本均值和样本标准差为

$$\overline{X} = \frac{1}{n}\sum_1^n X_i, \qquad \overline{Y} = \frac{1}{n}\sum_1^n Y_i$$
$$S_1^2 = \frac{1}{n_1 - 1}\sum_1^n (X_i - \overline{X})^2, \qquad S_2^2 = \frac{1}{n_2 - 1}\sum_1^n (Y_i - \overline{Y})^2 \tag{8.2.9}$$

凸线性组合统计量 S_w^2 形如

$$S_w^2 := \frac{(n_1 - 1)S_1^2 + (n_2 - 1)S_2^2}{n_1 + n_2 - 2} \tag{8.2.10}$$

1.总体方差已知时的 $Z-$ 检验法

两总体方差均已知, 而不相等: $\sigma_1^2 \neq \sigma_2^2$

取检验统计量为标准化随机变量

$$Z := \frac{\overline{X} - \overline{Y}}{\sqrt{\dfrac{\sigma_1^2}{n_1} + \dfrac{\sigma_2^2}{n_2}}} \sim N(0,1) \tag{8.2.11}$$

指定显著水平 α, 由正态分布概率曲线的对称性及 α 分位点的定义, 有如下结论.

（1）**双边检验:**

$$H_0 : \mu_1 = \mu_2, \quad H_1 : \mu_1 \neq \mu_2 \tag{8.2.12}$$

拒绝域是 $\{|Z| \geqslant z_{\alpha/2}\}$;

（2）**单边检验:**

右边假设检验

$$H_0 : \mu_1 \leqslant \mu_2, \quad H_1 : \mu_1 > \mu_2 \tag{8.2.13}$$

拒绝域是 $\{Z \geqslant z_\alpha\}$;

左边假设检验

$$H_0 : \mu_1 \geqslant \mu_2, \quad H_1 : \mu_1 < \mu_2 \tag{8.2.14}$$

拒绝域是 $\{Z \leqslant -z_\alpha\}$.

【**例 8.2.7**】**双边检验: 光盘储量的假设检验**　甲、乙两公司都生产储量为 700 兆字节 (MB) 的光盘. 从甲生产的光盘中抽查 7 张, 乙生产的光盘中抽查 9 张, 分别测量得到它们的储量如下 (单位: 兆字节). 试问两家公司生产的光盘平均储量有无显著差异? 已知光盘储量为正态分布随机变量: 甲生产的光盘储量 $X \sim N(\mu_1, 2)$, 乙生产的光盘储量 $Y \sim N(\mu_2, 3)$. 给定显著水平 $\alpha = 5\%$.

$$X: \quad 683.7 \quad 682.5 \quad 683.5 \quad 678.7 \quad 681.1 \quad 680.8 \quad 677.9$$

$$Y: \quad 681.5 \quad 682.7 \quad 674.2 \quad 674.6 \quad 680.7 \quad 677.8 \quad 681.0 \quad 681.4 \quad 681.1$$

【**解**】　对于正态分布随机变量 $X \sim N(\mu_1, 2), Y \sim N(\mu_2, 3)$, 作双边假设检验（光盘储量有无显著差异的问题）

$$H_0 : \mu_1 = \mu_2, \quad H_1 : \mu_1 \neq \mu_2$$

取检验统计量为标准化随机变量

$$Z := \frac{\overline{X} - \overline{Y}}{\sqrt{\dfrac{\sigma_1^2}{n_1} + \dfrac{\sigma_2^2}{n_2}}} \sim N(0,1)$$

倘若指定显著水平 $\alpha = 5\%$, 双边假设检验的拒绝域是 $\{|Z| \geqslant z_{\alpha/2}\}$. 由于

$$|Z| = \left| \frac{\overline{X} - \overline{Y}}{\sqrt{\dfrac{\sigma_1^2}{n_1} + \dfrac{\sigma_2^2}{n_2}}} \right| = \left| \frac{681.17 - 679.44}{\sqrt{2/7 + 3/9}} \right| = 2.1988 > z_{0.025} = 1.96$$

从而拒绝原假设 H_0，即两家公司生产的光盘平均储量确有显著差异（有 95% 的把握）.

2.总体方差未知但相等时的 $t-$ 检验法

两总体方差均未知但相等：$\sigma_1^2 = \sigma_2^2 = \sigma^2$

取检验统计量为服从学生分布（$t-$ 分布）的标准化随机变量

$$t := \frac{\overline{X} - \overline{Y}}{S_w \sqrt{\frac{1}{n_1} + \frac{1}{n_2}}} \sim t(n_1 + n_2 - 2) \tag{8.2.15}$$

其中

$$S_w^2 := \frac{(n_1 - 1)S_1^2 + (n_2 - 1)S_2^2}{n_1 + n_2 - 2} \tag{8.2.16}$$

指定显著水平 α，由 $t-$ 分布概率曲线的对称性及 α 分位点的定义，有如下结论.

（1）**双边检验**

$$H_0 : \mu_1 = \mu_2, \quad H_1 : \mu_1 \neq \mu_2$$

拒绝域是

$$\{|t| \geqslant t_{\alpha/2}(n_1 + n_2 - 2)\} \tag{8.2.17}$$

（2）**单边检验**

右边假设检验

$$H_0 : \mu_1 \leqslant \mu_2, \quad H_1 : \mu_1 > \mu_2$$

拒绝域是

$$\{t \geqslant t_\alpha(n_1 + n_2 - 2)\} \tag{8.2.18}$$

左边假设检验

$$H_0 : \mu_1 \geqslant \mu_2, \quad H_1 : \mu_1 < \mu_2$$

拒绝域是

$$\{t \leqslant -t_\alpha(n_1 + n_2 - 2)\} \tag{8.2.19}$$

【例 8.2.8】**双边检验：药效检验**　　为比较甲、乙两种安眠药的药效，给志愿者分别服用两种药物后测量睡眠延长的小时数，各采样 10 个，分别测量得到睡眠延长的小时数如下（其中负值表示睡眠时间减少）. 试问两种安眠药的药效有无显著差异？已知分别服用两种药物后睡眠延长的小时数为正态分布随机变量：$X \sim N(\mu_1, \sigma^2), Y \sim N(\mu_2, \sigma^2)$. 方差均未知但相等. 给定显著水平 $\alpha = 5\%$.

$$X : \quad 1.9 \quad 0.8 \quad 1.1 \quad 0.1 \quad 0.1 \quad 4.4 \quad 5.5 \quad 1.6 \quad 4.6 \quad 3.4$$
$$Y : \quad 0.7 \quad -1.6 \quad -0.2 \quad -0.1 \quad 3.4 \quad 3.7 \quad 0.8 \quad 0 \quad 2.0$$

【解】　　对于正态分布随机变量 $X \sim N(\mu_1, \sigma^2)$，$Y \sim N(\mu_2, \sigma^2)$，两总体方差均未知但相等，作双边假设检验（安眠药的药效有无显著差异的问题）

$$H_0 : \mu_1 = \mu_2, \quad H_1 : \mu_1 \neq \mu_2$$

取检验统计量为标准化随机变量

$$t := \frac{\overline{X} - \overline{Y}}{S_w \sqrt{\frac{1}{n_1} + \frac{1}{n_2}}} \sim t(n_1 + n_2 - 2)$$

其中

$$S_w^2 := \frac{(n_1 - 1)S_1^2 + (n_2 - 1)S_2^2}{n_1 + n_2 - 2}$$

倘若指定显著水平 $\alpha = 5\%$，双边假设检验的拒绝域是 $\{|t| \geqslant t_{\alpha/2}(n_1 + n_2 - 2)\}$. 由于

$$S_w^2 := \frac{(n_1 - 1)S_1^2 + (n_2 - 1)S_2^2}{n_1 + n_2 - 2} = \frac{9 \times 3.52 + 9 \times 2.88}{18} = 3.2$$

$$|t| = \left| \frac{\overline{X} - \overline{Y}}{S_w \sqrt{\frac{1}{n_1} + \frac{1}{n_2}}} \right| = \left| \frac{2.35 - 0.75}{\sqrt{3.2}\sqrt{1/10 + 1/10}} \right| = 1.90 < t_{0.025}(18) = 2.10$$

从而接受原假设 H_0，即两种安眠药的药效没有显著差异（有 95% 的把握）.

【例 8.2.9】 **单边检验：闪盘储量的假设检验** 甲、乙两公司都生产储量为 128 兆字节的闪盘. 从甲生产的光盘中抽查 7 只，乙生产的光盘中抽查 8 只，分别测量得到它们的储量如下 (单位：兆字节). 试问能否认为甲公司比乙两公司生产的闪盘平均储量大？已知闪盘储量为正态分布随机变量：甲生产的闪盘储量 $X \sim N(\mu_1, \sigma^2)$，乙生产的闪盘储量 $Y \sim N(\mu_2, \sigma^2)$. 给定显著水平 $\alpha = 5\%$.

$$X: \quad 125.5 \quad 124.3 \quad 126.12 \quad 126.2 \quad 124.8 \quad 127.2 \quad 127.19$$
$$Y: \quad 124.7 \quad 125.0 \quad 124.8 \quad 124.5 \quad 125.4 \quad 124.1 \quad 126.9 \quad 124.6$$

【解】 对于正态分布随机变量 $X \sim N(\mu_1, \sigma^2), Y \sim N(\mu_2, \sigma^2)$，两总体方差均未知但相等，以样本方差 S^2 代替总体方差 σ^2，对于容量为 $n = 12$ 的样本，取检验统计量为标准化随机变量

$$t := \frac{\overline{X} - \overline{Y}}{S_w \sqrt{\frac{1}{n_1} + \frac{1}{n_2}}} \sim t(n_1 + n_2 - 2)$$

其中

$$S_w^2 := \frac{(n_1 - 1)S_1^2 + (n_2 - 1)S_2^2}{n_1 + n_2 - 2}$$

倘若指定显著水平 $\alpha = 5\%$，作单边假设检验（甲公司比乙两公司生产的闪盘平均储量大还是

$$H_0 : \mu_1 \leqslant \mu_2, \quad H_1 : \mu_1 > \mu_2$$

拒绝域是 $\{t \geqslant t_\alpha(n_1 + n_2 - 2)\}$；倘若指定显著水平 $\alpha = 5\%$，单边假设检验的拒绝域是 $\{t \geqslant t_\alpha(n_1 + n_2 - 2) = t_{0.05}(13)\}$. 由于

$$S_w^2 := \frac{(n_1 - 1)S_1^2 + (n_2 - 1)S_2^2}{n_1 + n_2 - 2} = \frac{6 \times 1.1122 + 8 \times 0.8552}{13} = 0.9648$$

$$t = \frac{\overline{X} - \overline{Y}}{S_w \sqrt{\frac{1}{n_1} + \frac{1}{n_2}}} = \frac{125.9 - 125.0}{\sqrt{0.9648}\sqrt{1/7 + 1/8}} = 1.8.5 > t_{0.05}(13) = 1.771$$

从而拒绝原假设 H_0，即认为甲公司比乙两公司生产的闪盘平均储量大（有 95% 的把握）.

8.2.3 正态总体均值的配对假设检验

为了比较两种检验对象的差异，需要在相同条件下作对比试验，得到成对的相互独立的随机变量观察值（类似二维平面上的点的坐标）为 $(X_i, Y_i), i = 1, 2, 3, \cdots, n$. 现在作归一化处理，考虑坐标的差（Difference）$D_i := X_i - Y_i, i = 1, 2, 3, \cdots, n$，则由独立的遗传性可知，$D_1, D_2, \cdots, D_n$ 也相互独立. 又因为每个 D_i 来自同一检验指标 (比如对一名儿童，用 D_1 检验身高，用 D_2 检验体重等)，所以还是服从同一分布的. 不妨设 $D_i \sim N(\mu_D, \sigma_D^2)$. 于是 $D_1, D_2, \cdots, D_n$ 构成正态总体 $N(\mu_D, \sigma_D^2)$ 的一组样本.

下面基于这组样本作假设检验. 不妨在一般的情形考虑，假定总体均值 μ_D 和总体方差 σ_D^2 都不知道，标记总体均值 μ_D 对应的样本均值为 $\bar{d}$，总体方差 σ_D^2 对应的样本方差为 S_D^2，则取检验统计量为服从 $t-$ 分布的标准化随机变量

$$t := \frac{\bar{d}}{S_D/\sqrt{n}} = \frac{\overline{X} - \overline{Y}}{S_D/\sqrt{n}} \sim t(n) \tag{8.2.20}$$

指定显著水平 α，由 $t-$ 分布概率曲线的对称性及 α 分位点的定义，有如下结论.

（1）**双边检验：**

$$H_0 : \mu_D = 0, \quad H_1 : \mu_D \neq 0$$

拒绝域是

$$\{|t| \geqslant t_{\alpha/2}(n-1)\} \tag{8.2.21}$$

（2）**单边检验：**

右边假设检验

$$H_0 : \mu_D \leqslant 0, \quad H_1 : \mu_D > 0$$

拒绝域是

$$\{t \geqslant t_\alpha(n-1)\} \tag{8.2.22}$$

左边假设检验

$$H_0 : \mu_D \geqslant 0, \quad H_1 : \mu_D < 0$$

拒绝域是

$$\{t \leqslant -t_\alpha(n-1)\} \tag{8.2.23}$$

【例 8.2.10】双边检验：光谱仪精确性的配对检验　要比较甲、乙两种光谱仪测量某材料金属含量时的精确性，用甲、乙两种两种光谱仪分别对随机抽取的 9 个材料块配对测量，测得金属含量（单位：百分比 %）如下（甲种对应 X，乙种对应 Y）. 能否认为甲、乙两种光谱仪的精确性有显著差异？指定显著水平 $\alpha = 1\%$.

$$X: \quad 0.20 \quad 0.30 \quad 0.40 \quad 0.50 \quad 0.60 \quad 0.70 \quad 0.80 \quad 0.90 \quad 1.00$$
$$Y: \quad 0.10 \quad 0.21 \quad 0.52 \quad 0.32 \quad 0.78 \quad 0.59 \quad 0.68 \quad 0.77 \quad 0.89$$

【解】　对于配对比较的正态分布随机变量，首先根据所列数据对应相减，作出相应的"差变量" $D = X - Y$ 的数据表如下：

$$X:\quad 0.20\quad 0.30\quad 0.40\quad 0.50\quad 0.60\quad 0.70\quad 0.80\quad 0.90\quad 1.00$$

$$Y:\quad 0.10\quad 0.21\quad 0.52\quad 0.32\quad 0.78\quad 0.59\quad 0.68\quad 0.77\quad 0.89$$

$$D:\quad 0.10\quad 0.09\quad -0.12\quad 0.18\quad -0.18\quad 0.11\quad 0.12\quad 0.13\quad 0.11$$

取检验统计量为服从 $t-$ 分布的标准化随机变量

$$t := \frac{\bar{d}}{S_D/\sqrt{n}} = \frac{\overline{X} - \overline{Y}}{S_D/\sqrt{n}} \sim t(n)$$

作双边假设检验（光谱仪的精确性有无显著差异的问题）

$$H_0: \mu_D = 0, \quad H_1: \mu_D \neq 0$$

倘若指定显著水平 $\alpha = 1\%$，双边假设检验的拒绝域是 $\{|t| \geqslant t_{\alpha/2}(n-1)\}$. 由于

$$|t| = |\frac{\bar{d}}{S_D/\sqrt{n}}| = |\frac{\overline{X} - \overline{Y}}{S_D/\sqrt{n}}| = |\frac{0.06}{0.1227/\sqrt{9}}| = 1.467 < t_{0.005}(8) = 3.3554$$

从而接受原假设 H_0，即认为甲、乙两种光谱仪的精确性没有显著差异（有 99% 的把握）.

【例 8.2.11】双边检验：轮胎磨损耐性的配对检验　要比较甲、乙两种山地无级变速自行车轮胎的磨损耐性，从甲、乙两种轮胎中各随机抽取 8 个，然后组成 8 对轮胎分别安装在 8 辆自行车上. 经过一定试验期后，测得轮胎磨损量（单位：毫克）如下（甲种对应 X，乙种对应 Y）. 能否认为甲、乙两种自行车轮胎的磨损耐性有显著差异？

$$X:\quad 4900\quad 5200\quad 5500\quad 6020\quad 6340\quad 7660\quad 8650\quad 4870$$

$$Y:\quad 4930\quad 4900\quad 5140\quad 5700\quad 6110\quad 6880\quad 7930\quad 5010$$

【解】　对于配对比较的正态分布随机变量，首先根据所列数据对应相减，作出相应的"差变量" $D = X - Y$ 的数据表如下：

$$X:\quad 4900\quad 5200\quad 5500\quad 6020\quad 6340\quad 7660\quad 8650\quad 4870$$

$$Y:\quad 4930\quad 4900\quad 5140\quad 5700\quad 6110\quad 6880\quad 7930\quad 5010$$

$$D:\quad -30\quad 320\quad 360\quad 320\quad 230\quad 780\quad 720\quad -140$$

取检验统计量为服从学生分布的标准化随机变量

$$t := \frac{\bar{d}}{S_D/\sqrt{n}} = \frac{\overline{X} - \overline{Y}}{S_D/\sqrt{n}} \sim t(n)$$

作双边假设检验（甲、乙两种轮胎的磨损耐性有无显著差异的问题）

$$H_0: \mu_D = 0, \quad H_1: \mu_D \neq 0.$$

倘若指定显著水平 $\alpha = 5\%$，双边假设检验的拒绝域是 $\{|t| \geqslant t_{\alpha/2}(n-1)\}$. 由于

$$|t| = |\frac{\bar{d}}{S_D/\sqrt{n}}| = |\frac{\overline{X} - \overline{Y}}{S_D/\sqrt{n}}| = |\frac{6145 - 5825}{\sqrt{89425}/\sqrt{8}}| = 2.83 > t_{0.025}(7) = 2.3646$$

从而拒绝原假设 H_0，即认为甲、乙两种自行车轮胎的磨损耐性有显著差异，实际上由数据可见乙轮胎比较耐磨（有 95% 的把握）.

【例 8.2.12】双边检验：年代测量的配对检验　要比较甲、乙两家考古队用碳 14 测定西安半坡遗址出土的小麦年代的精确性，抽取 12 个小麦样本进行配对测量，测得小麦年代（单位：万年）如下（甲种对应 X，乙种对应 Y）. 能否认为甲、乙两家考古队测定小麦年代的精确性有显著差异？指定显著水平 $\alpha = 5\%$.

$X:$　0.81　0.57　0.69　0.68　0.53　0.72　0.59　0.84　0.61　0.75　0.72　0.60

$Y:$　0.72　0.63　0.53　0.70　0.69　0.80　0.69　0.57　0.67　0.53　0.63　0.63

【解】　对于配对比较的正态分布随机变量，首先根据所列数据对应相减，作出相应的"差变量" $D = X - Y$ 的数据表如下：

$X:$　0.81　　0.57　0.69　0.68　　0.53　　0.72　　　0.59　　　0.84　　0.61　　0.75　0.72　0.60

$Y:$　0.72　　0.63　0.53　0.70　　0.69　　0.80　　　0.69　　　0.57　　0.67　　0.53　0.63　0.63

$D:$　0.09　-0.06 0.16 -0.02 -0.16 -0.08　-0.10　　0.27　-0.06　0.22　0.09 -0.03

取检验统计量为服从 $t-$ 分布的标准化随机变量

$$t := \frac{\overline{d}}{S_D/\sqrt{n}} = \frac{\overline{X} - \overline{Y}}{S_D/\sqrt{n}} \sim t(n)$$

作双边假设检验（两家考古队测定小麦年代的精确性有无显著差异的问题）

$$H_0 : \mu_D = 0, \quad H_1 : \mu_D \neq 0$$

倘若指定显著水平 $\alpha = 5\%$，双边假设检验的拒绝域是 $\{|t| \geqslant t_{\alpha/2}(n-1)\}$. 由于

$$|t| = \left|\frac{\overline{d}}{S_D/\sqrt{n}}\right| = \left|\frac{\overline{X} - \overline{Y}}{S_D/\sqrt{n}}\right| = 0.6766 < t_{0.025}(11) = 2.201$$

从而接受原假设 H_0，即认为甲、乙两家考古队测定小麦年代的精确性没有显著差异（有 95% 的把握）.

习题 8.2

1. 某商店经理认为顾客每周花在面包上的费用为 1.5 元，随机抽查 80 人，计算得 $\overline{x} = 1.40$ 元，已知 $\sigma = 0.15$ 元. 问在 $\alpha = 0.05$ 和 0.01 的显著性水平下，商店经理的观点是否正确？（设顾客每周花在面包上的费用服从正态分布）

2. 某工厂生产的固体燃料推进器的燃烧率服从正态分布 $X \sim N(\mu_0, \sigma^2)$，$\mu_0 = 40$(单位：厘米/秒)，$\sigma = 2$. 现在用新方法生产了一批推进器. 从中随机取 25 只，测得燃烧率的样本均值 $\overline{x} = 41.25$. 假设在新方法下总体均方差仍为 2，试问用新方法生产的推进器的燃烧率是否较以往生产的推进器的燃烧率有显著提高（$\alpha = 0.05$）？

3. 设某次考试的考生成绩服从正态分布，从中随机抽取 36 位考生的成绩，算得平均成绩为 66.5 分，标准差为 15 分. 问在显著性水平 0.05 下，是否可以认为这次考试全体考生的平均成绩为 70 分？

4. 某计算机公司使用的现行系统，运行试通每个程序的平均时间为 45(单位：秒). 现在使用一个新系统运行 9 个程序，所需的计算时间分别是：30，37，42，35，36，40，47，48，45. 假设一个系统试通一个程序的时间服从正态分布，那么据此数据用假设检验方法推断新系统是否减少了现行系统试通一个程序的时间？

5. 某手机生产厂家在其宣传广告中声称他们生产的某种品牌的手机的待机时间的平均值至少为 71.5 小时，质检部门检查了该厂生产的这种品牌的手机 6 部，得到的待机时间（单位：小时）为 69，68，72，70，66，75. 设手机的待机时间正态分布，由这些数据能否说明该厂广告有欺骗消费者的嫌疑（$\alpha = 0.05$）？

6. 设由某批矿砂随机抽取 5 个正态样本，测得镍含量如下（单位：百分比 %）：3.25，3.27，3.24，3.26，3.24. 给定显著水平 $\alpha = 0.01$，检验镍含量总体均值 μ 是否等于 3.25. 即检验假设

$$H_0 : \mu = \mu_0 = 3.25, \quad H_1 : \mu \neq \mu_0 = 3.25$$

7. 设由某批灯泡随机抽取 25 个正态样本，测得寿命均值 $\overline{x} = 950$ 小时，总体标准差为 $\sigma = 100$，给定显著水平 $\alpha = 0.05$，检验灯泡是否合格，即寿命总体均值 μ 是否大于 1000 小时. 即检验假设

$$H_0 : \mu \geqslant \mu_0 = 1000, \quad H_1 : \mu < \mu_0 = 1000$$

8. 设工厂制造某批零件的装配时间服从正态分布，随机抽取 20 个正态样本，测得装配时间均值 $\overline{x} = 10$ 分钟，给定显著水平 $\alpha = 0.05$，检验装配时间总体均值 μ 是否少于 10 分钟. 即检验假设

$$H_0 : \mu \leqslant \mu_0 = 10, \quad H_1 : \mu > \mu_0 = 10$$

9. 假设新旧两种酿造啤酒的方法在酿造过程中产生的致癌物质亚硝基二甲胺（NDMA）含量统计如下：

旧方法	6	4	5	5	6	5	5	6	4	6	7	4
新方法	2	1	2	2	1	0	3	2	1	0	1	3

给定显著水平 $\alpha = 0.05$，假定两个正态总体方差相等，$\sigma_1^2 = \sigma_2^2 = \sigma^2$. 检验两个总体的均值是否大于 2 或检验假设

$$H_0 : \mu_1 - \mu_2 \leqslant \delta = 2, \quad H_1 : \mu_1 - \mu_2 > \delta = 2$$

10. 甲、乙两台机床加工同一种产品，设两台机床加工的零件外径都服从正态分布，标准差分别为 $\sigma_1 = 0.20, \sigma_2 = 0.40$. 现从加工的零件中分别抽取 8 件和 7 件，测得其外径（单位：厘米）如下表所列. 试在显著水平 $\alpha = 0.05$ 下检验两机床加工的零件外径有无显著差异.

甲	20.5	19.8	19.7	20.4	20.1	20.0	19.0	19.9
乙	19.7	20.8	20.5	19.8	19.4	20.6	19.2	

11. 为研究学生身高与性别的关系，现从某学院学生中抽查了 30 名男生和 24 名女生，测得身高的平均值为 172.5 厘米和 164.2 厘米，假定男生和女生的身高分别服从标准差为 5.4 厘米、4.8 厘米的正态分布，试问由此数据可否认为男生的身高高于女生（$\alpha = 0.05$）？

12. 对用两种不同的热处理方法加工的某金属材料做抗拉强度试验，得到试验数据如下（单位：千克/米）：

第一种方法	32	34	31	29	32	26	34	38	35	29	30	31
第二种方法	29	24	26	30	28	32	29	31	26	28	32	29

设用两种热处理方法加工的金属材料的抗拉强度均服从正态分布，且方差相等. 在给定显著性水平 $\alpha = 0.05$ 下，问两种热处理方法加工的金属材料的抗拉强度有无显著差异？

13. 有甲、乙两个试验员，对同样的试样进行分析，个人试验分析的结果如下：

试验号数	1	2	3	4	5	6	7	8
甲	4.3	3.2	3.8	3.5	3.5	4.8	3.3	3.9
乙	3.7	4.1	3.8	3.8	4.6	3.9	2.8	4.4

试问甲、乙两人的试验分析之间有无显著差异（$\alpha = 0.05$）？

8.3 正态总体方差的假设检验

8.3.1 单正态总体方差的 χ^2- 检验法

本节讨论 单正态总体方差的假设检验 和 双正态总体方差的假设检验.

已知总体为服从正态分布的随机变量 $X \sim N(\mu, \sigma^2)$. 通常都默认 均值 μ 和 方差 σ^2 均未知. 下面讨论单正态总体方差的假设检验.

总体方差 σ^2 未知时的 χ^2- 检验法 总体方差 σ^2 未知时，用样本方差 S^2 取代总体方差. 一个熟知的统计量是服从 χ^2- 分布的统计量

$$\frac{(n-1)S^2}{\sigma^2} \sim \chi^2(n-1) \tag{8.3.1}$$

由 χ^2- 分布的上 α 分位点的几何意义：

$$P\{\chi^2 > \chi^2_{\frac{\alpha}{2}}(n-1)\} = \frac{\alpha}{2} \tag{8.3.2}$$

$$P\{\chi^2_{1-\frac{\alpha}{2}}(n-1) < \frac{(n-1)S^2}{\sigma^2} < \chi^2_{\frac{\alpha}{2}}(n-1)\} = 1-\alpha \tag{8.3.3}$$

即

$$P\{\frac{(n-1)S^2}{\chi^2_{\frac{\alpha}{2}}(n-1)} < \sigma^2 < \frac{(n-1)S^2}{\chi^2_{1-\frac{\alpha}{2}}(n-1)}\} = 1-\alpha \tag{8.3.4}$$

取检验统计量为

$$\chi^2 := \frac{(n-1)S^2}{\sigma_0^2} \sim \chi^2(n-1) \tag{8.3.5}$$

指定显著水平 α，由 χ^2- 分布概率曲线的偏态性及 α 分位点的定义，有如下结论.

（1）双边检验

$$H_0 : \sigma^2 = \sigma_0^2, \quad H_1 : \sigma^2 \neq \sigma_0^2 \tag{8.3.6}$$

拒绝域是

$$\{\frac{(n-1)S^2}{\sigma_0^2} \geqslant \chi_{\frac{\alpha}{2}}^2(n-1)\} 或 \{\frac{(n-1)S^2}{\sigma_0^2} \leqslant \chi_{1-\frac{\alpha}{2}}^2(n-1)\} \tag{8.3.7}$$

（2）**单边检验**

右边假设检验

$$H_0 : \sigma^2 \leqslant \sigma_0^2, \quad H_1 : \sigma^2 > \sigma_0^2 \tag{8.3.8}$$

拒绝域是

$$\{\frac{(n-1)S^2}{\sigma_0^2} \geqslant \chi_{\alpha}^2(n-1)\} \tag{8.3.9}$$

左边假设检验

$$H_0 : \sigma^2 \geqslant \sigma_0^2, \quad H_1 : \sigma^2 < \sigma_0^2 \tag{8.3.10}$$

拒绝域是

$$\{\frac{(n-1)S^2}{\sigma_0^2} \leqslant \chi_{1-\alpha}^2(n-1)\} \tag{8.3.11}$$

【例 8.3.1】**双边检验：尼龙纤度检验**　　尼龙纤度为正态分布随机变量 $X \sim N(\mu, \sigma^2)$. 随机抽查 5 根尼龙丝，测量得到纤度如下. 能否认为这批尼龙纤度方差正常？已知正常纤度方差为 $\sigma_0^2 = 0.048^2$.

$$X : \quad 1.32 \quad 1.55 \quad 1.36 \quad 1.40 \quad 1.44$$

【解】　　对于正态分布随机变量 $X \sim N(\mu, \sigma^2)$，作双边假设检验（正常与否的问题）

$$H_0 : \sigma^2 = \sigma_0^2, \quad H_1 : \sigma^2 \neq \sigma_0^2$$

取检验统计量为

$$\chi^2 := \frac{(n-1)S^2}{\sigma_0^2} \sim \chi^2(n-1)$$

倘若指定显著水平 $\alpha = 10\%$，双边假设检验的拒绝域是 $\{\frac{(n-1)S^2}{\sigma_0^2} \geqslant \chi_{\frac{\alpha}{2}}^2(n-1)\}$ 或 $\{\frac{(n-1)S^2}{\sigma_0^2} \leqslant \chi_{1-\frac{\alpha}{2}}^2(n-1)\}$. 由于

$$\chi^2 = \frac{(n-1)S^2}{\sigma_0^2} = \frac{4S^2}{0.048^2} = 13.5 > \chi_{0.05}^2(4) = 9.488$$

从而拒绝原假设 H_0，即这批尼龙纤度方差不正常（有 90% 的把握）.

【例 8.3.2】**单边检验：水稻高度检验**　　杂交水稻高度为正态分布随机变量 $X \sim N(\mu, \sigma^2)$. 并假定已知正常方差为 $\sigma_0^2 = 14^2$. 随机采样 10 株测量得到高度如下（单位：厘米）. 试问能否认为这批杂交水稻高度方差波动不超过正常水平？

$$X : \quad 90 \quad 105 \quad 101 \quad 95 \quad 100 \quad 100 \quad 101 \quad 105 \quad 93 \quad 97$$

【解】　　对于正态分布随机变量 $X \sim N(\mu, \sigma^2)$，作单边假设检验（超过还是小于的问题）

$$H_0 : \sigma^2 \geqslant \sigma_0^2, \quad H_1 : \sigma^2 < \sigma_0^2$$

取检验统计量为

$$\chi^2 := \frac{(n-1)S^2}{\sigma_0^2} \sim \chi^2(n-1)$$

倘若指定显著水平 $\alpha = 1\%$，单边假设检验的拒绝域是 $\{\frac{(n-1)S^2}{\sigma_0^2} \leqslant \chi_{1-\alpha}^2(n-1)\}$. 由于

$$\chi^2 := \frac{(n-1)S^2}{\sigma_0^2} = \frac{9S^2}{14^2} = \frac{218.1}{196} = 1.113 < \chi_{0.99}^2(9) = 2.088$$

从而拒绝原假设 H_0，即可以认为杂交水稻高度方差波动不超过正常水平（有 99% 的把握）.

8.3.2 双正态总体方差比的 $F-$ 检验法

双正态总体方差比的 $F-$ 检验法　已知双正态总体 $X \sim N(\mu_1, \sigma_1^2)$ 和 $Y \sim N(\mu_2, \sigma_2^2)$. 总体方差 σ_1^2, σ_2^2 未知时，用样本方差 S_1^2, S_2^2 取代总体方差，比较其商. 一个熟知的统计量是服从 $F-$ 分布的统计量

$$\frac{S_1^2/\sigma_1^2}{S_2^2/\sigma_2^2} \sim F(n_1 - 1, n_2 - 1) \tag{8.3.12}$$

由 χ^2- 分布之上 α 分位点的几何意义：

$$P\{F_{1-\frac{\alpha}{2}}(n_1-1, n_2-1) < \frac{S_1^2/\sigma_1^2}{S_2^2/\sigma_2^2} < F_{\frac{\alpha}{2}}(n_1-1, n_2-1)\} = 1 - \alpha \tag{8.3.13}$$

$$\Rightarrow \quad P\{\frac{S_1^2}{S_2^2} \cdot \frac{1}{F_{\frac{\alpha}{2}}(n_1-1, n_2-1)} < \frac{\sigma_1^2}{\sigma_2^2} < \frac{S_1^2}{S_2^2} \cdot \frac{1}{F_{1-\frac{\alpha}{2}}(n_1-1, n_2-1)}\} = 1 - \alpha$$

取检验统计量为

$$F := \frac{S_1^2}{S_2^2} \tag{8.3.14}$$

指定显著水平 α，由 $F-$ 分布概率曲线的偏态性及 α 分位点的定义，有如下结论.

（1）**双边检验（方差相等或方差齐性检验）**：

$$H_0 : \sigma_1^2 = \sigma_2^2, \quad H_1 : \sigma_1^2 \neq \sigma_2^2 \tag{8.3.15}$$

拒绝域是

$$\{F := \frac{S_1^2}{S_2^2} \geqslant F_{\frac{\alpha}{2}}(n_1-1, n_2-1)\} 或 \{F := \frac{S_1^2}{S_2^2} \leqslant F_{1-\frac{\alpha}{2}}(n_1-1, n_2-1)\} \tag{8.3.16}$$

（2）**单边检验**：

右边假设检验

$$H_0 : \sigma_1^2 \leqslant \sigma_2^2, \quad H_1 : \sigma_1^2 > \sigma_2^2. \tag{8.3.17}$$

拒绝域是

$$\{F := \frac{S_1^2}{S_2^2} \geqslant F_\alpha(n_1-1, n_2-1)\} \tag{8.3.18}$$

左边假设检验

$$H_0 : \sigma_1^2 \geqslant \sigma_2^2, \quad H_1 : \sigma_1^2 < \sigma_2^2 \tag{8.3.19}$$

拒绝域是

$$\{F := \frac{S_1^2}{S_2^2} \leqslant F_{1-\alpha}(n_1 - 1, n_2 - 1)\} \tag{8.3.20}$$

【例 8.3.3】双边检验：橡胶伸长率检验　橡胶配方中的氧化锌含量会影响到橡胶的伸长率. 设某橡胶有甲、乙两种氧化锌配方，对应的橡胶伸长率为正态分布随机变量 $X \sim N(\mu_1, \sigma_1^2)$ 和 $Y \sim N(\mu_2, \sigma_2^2)$. 分别从甲种橡胶随机采样 10 个，从乙种橡胶随机采样 9 个，测量得到伸长率如下. 能否认为甲、乙两种配方对应的橡胶伸长率方差有显著差异？指定显著水平 $\alpha = 10\%$.

$$X:\quad 565 \quad 577 \quad 580 \quad 575 \quad 556 \quad 542 \quad 560 \quad 532 \quad 570 \quad 561$$
$$Y:\quad 540 \quad 533 \quad 525 \quad 520 \quad 545 \quad 531 \quad 541 \quad 529 \quad 534$$

【解】　对于双正态总体 $X \sim N(\mu_1, \sigma_1^2)$ 和 $Y \sim N(\mu_2, \sigma_2^2)$，作双边假设检验（橡胶伸长率方差正常与否的问题）

$$H_0 : \sigma_1^2 = \sigma_2^2, \quad H_1 : \sigma_1^2 \neq \sigma_2^2$$

取检验统计量为

$$F := \frac{S_1^2}{S_2^2}$$

倘若指定显著水平 $\alpha = 10\%$，双边假设检验的拒绝域是 $\{F := \frac{S_1^2}{S_2^2} \geqslant F_{\frac{\alpha}{2}}(n_1 - 1, n_2 - 1) = F_{0.05}(9, 8)\}$ 或 $\{F := \frac{S_1^2}{S_2^2} \leqslant F_{1-\frac{\alpha}{2}}(n_1 - 1, n_2 - 1) = F_{0.95}(9, 8)\}$. 由于

$$F := \frac{S_1^2}{S_2^2} = \frac{236.8}{63.86} = 3.7 > F_{0.05}(9, 8) = 3.39$$

从而拒绝原假设 H_0，即橡胶伸长率方差有显著差异（有 90% 的把握）.

【例 8.3.4】单边检验：鲤鱼重量检验　设新疆福海（乌伦古湖）的第一渔场和第二渔场都养殖同一品种的鲤鱼，对应的鲤鱼重量为正态分布随机变量 $X \sim N(\mu_1, \sigma_1^2)$ 和 $Y \sim N(\mu_2, \sigma_2^2)$. 分别从第一渔场随机采样 59 条，从第二渔场随机采样 41 条，称重得到样本标准差分别是 $S_1 = 0.2, S_2 = 0.21$. 能否认为第一渔场鲤鱼的重量波动大于第二渔场鲤鱼的重量波动？指定显著水平 $\alpha = 5\%$.

【解】　对于双正态总体 $X \sim N(\mu_1, \sigma_1^2)$ 和 $Y \sim N(\mu_2, \sigma_2^2)$，作单边假设检验（两渔场鲤鱼的重量方差谁大谁小的问题）

$$H_0 : \sigma_1^2 \geqslant \sigma_2^2, \quad H_1 : \sigma_1^2 < \sigma_2^2$$

取检验统计量为

$$F := \frac{S_1^2}{S_2^2}$$

倘若指定显著水平 $\alpha = 5\%$，单边假设检验的拒绝域是

$$\{F := \frac{S_1^2}{S_2^2} \leqslant F_{1-\alpha}(n_1 - 1, n_2 - 1) = F_{0.95}(58, 40)$$

由于 $F_{0.95}(58,40) = 1/F_{0.05}(40,58) = 0.625$，而

$$F := \frac{S_1^2}{S_2^2} = \frac{0.2^2}{0.21^2} = 0.907 > F_{0.95}(58,40) = 0.625$$

从而接受原假设 H_0，即认为第一渔场鲤鱼的重量波动大于第二渔场鲤鱼的重量波动（有 95% 的把握）.

习题 8.3

1. 长期以来，某厂生产的某种型号的电池，其寿命服从方差 $\sigma^2 = 5000$ 的正态分布．现有一批这种电池，从它的生产情况来看，寿命的波动性有所改变．现随机取 26 只电池，测出其寿命的样本方差 $s^2 = 9200$．试根据这一数据推断这批电池的寿命的波动性较以往有无显著变化（$\alpha = 0.02$）.

2. 某种钢板的重量指标平时服从正态分布，其制造规格规定，钢板重量的方差不得超过 $\sigma^2 = 0.016$千克^2．现在从某天生产的钢板中随机抽测 25 块，计算得样本方差 $s^2 = 0.025$千克^2，问该天生产的钢板是否符合规格（$\alpha = 0.05$）？

3. 检查一批保险丝，抽取 10 根，在通过强电流熔化后所需时间 (单位：秒) 为

$$65，42，78，75，71，69，68，57，55，54$$

已知熔化时间服从正态分布，试问在 $\alpha = 0.05$ 下：（1）能否认为这批保险丝的平均熔化时间少于 65 秒？（2）能否认为熔化时间的方差不超过 80？

4. 设有两个来自不同正态总体的样本，$n_1 = 4, n_2 = 5, \bar{x} = 0.60, \bar{y} = 2.25, s_1^2 = 15.07, s_2^2 = 10.81$，在 $\alpha = 0.05$ 下，试检验两个样本是否来自于具有相同方差的正态总体.

5. 用两种不同方法冶炼某种重金属材料，分别抽样测定其杂质含量百分率，测得原冶炼方法的数据 13 个，样本方差 $s_1^2 = 5.411$；测得新冶炼方法的数据 9 个，样本方差 $s_2^2 = 1.459$．试检验这两种冶炼法的杂质含量的方差是否有显著差异（$\alpha = 0.05$）.

6. 某企业对其加工零件的生产线在采用一种新技术前后分别进行了抽样检验．采用新技术之后，抽取了 15 个样品，其尺寸的标准差为 27 单位，而采用新技术之前，抽取了 19 个样品，其尺寸的标准差为 25 单位．试检验新技术能否提高零件生产的稳定性（$\alpha = 0.01$）.

7. 一个研究的假设是：湿路上汽车刹车距离的方差显著大于干路上汽车刹车距离的方差．在调查研究中，以同样速度行驶的 32 辆汽车分两组，每组各 16 辆，分别在湿路和干路上检测刹车距离．在湿路上，刹车距离的标准差为 32 英尺 (1 英尺 =25.4 厘米)，在干路上，标准差为 16 英尺．假设刹车距离服从正态分布．（1）对于 0.05 的显著性水平，样本数据是否能够验证湿路上刹车距离的方差比干路上刹车距离方差大？（2）就驾驶安全性方面的建议而言，你的统计结论有什么含义？

8. 一商店销售的某种商品来自甲、乙两个厂家，为考虑商品性能的差异，现从甲、乙两厂产品中分别随机抽取 8 件和 9 件产品，测其性能指标，得到两组数据，算得样本均值和样本方差分别为 $\bar{x} = 0.192, \bar{y} = 0.238, s_1^2 = 0.006, s_2^2 = 0.008$，假定测试结果服从正态分布 $X \sim N(\mu_1, \sigma_1^2), Y \sim N(\mu_2, \sigma_2^2)$．试问在显著性水平 $\alpha = 0.01$ 下（1）能否认为甲、乙两个厂家生产的产品的方差相等？（2）能否认为甲、乙两个厂家生产的产品的均值相等？

9. 两个班级用同一份试题进行了考试．甲班有 46 人，平均成绩为 82.3 分，样本标准差为 15.5；乙班有 49 人，平均成绩为 78.6 分，样本标准差为 16.1. 若考试成绩都呈正态分布，试问这两个班的成绩是否有显著差异（$\alpha = 0.05$）？

10. 假设某种导线电阻标准差不超过 0.005 欧姆为合格，随机抽取 9 根导线，测得样本标准差 $s = 0.007$ 欧姆，给定显著水平 $\alpha = 0.05$，检验导线电阻标准差是否大于 0.005 欧姆？即检验假设：$H_0 : \sigma^2 = \sigma_0^2 = 0.005^2, H_1 : \sigma^2 > \sigma_0^2 = 0.005^2$.

11. 测定某种溶液中的水分含量（百分比％），随机抽取 10 个样本，测得样本标准差 $s = 0.037\%$，给定显著水平 $\alpha = 0.05$，检验溶液中的水分含量是否小于 0.04％？即检验假设：$H_0 : \sigma^2 \geqslant \sigma_0^2 = 0.04^2, H_1 : \sigma^2 < \sigma_0^2 = 0.04^2$.

8.4 OC 函数与样本容量选取

8.4.1 施行特征函数与功效函数

本节讨论 施行特征函数、功效函数（OC and Power function）与样本容量选取，从而确保 取伪概率 即犯下第二类错误的概率不超过某个给定值.

首先回顾一下假设检验的 拒绝域 的概念. 在作假设检验 W 时，若总体 X 的待估参数 θ 落在某个区域（参数空间）$\theta \in \Theta(W)$ 时就拒绝 原假设 H_0，则称区域（参数空间）$\Theta(W)$ 为假设检验 W 的 拒绝域 或 临界域（Critical Region）.

(1)假设检验的弃真错误：原假设 H_0 为真，经检验推断却拒绝了 H_0，称犯了 弃真错误 或 第一类错误（Type I error）.

(2)假设检验的取伪错误：原假设 H_0 为假，经检验推断却接受了 H_0，称犯了 取伪错误 或 第二类错误（Type II error）.

显然，犯下 弃真错误 或 第一类错误的概率就是小概率事件真的发生了，也就是犯下 弃真错误 的概率就是 显著水平 α.

而取伪错误的概率如何衡量呢？这里需要一个更为一般而精确的尺度，即下面要引进的"功效函数". 本质上，此函数的意义依然是一种概率（正如随机变量的分布函数），取值在区间 $[0,1]$ 之内.

【定义 8.4.1】施行特征函数和功效函数　　对于互不相容的参数空间 Θ_0, Θ_1，在假设检验

$$H_0 : \theta \in \Theta_0, \quad H_1 : \theta \in \Theta_1 \tag{8.4.1}$$

中，对于等待检验的参数 θ（如 θ 是总体均值 μ 或方差 σ^2），令 $\overline{W}$ 表示事件"接受了 H_0"或"接受域"，其对立事件（逆事件）W 是"拒绝了 H_0"或"拒绝域"，则概率

$$\beta(\theta) := P_\theta(\overline{W}) \tag{8.4.2}$$

称为假设检验的 施行特征函数（Operation Characteristic function，OC函数），其图像为一条平面连续曲线，称为 OC曲线（OC Curve）.

而相应的对立事件（逆事件）$\overline{W}$ 的概率，也就是"拒绝了 H_0"的概率就是

$$1 - \beta(\theta) := P_\theta(W) \tag{8.4.3}$$

称为假设检验的 **功效函数**（Power function）.

下面我们再分情况作更具体的讨论，以深刻理解功效函数的内涵.

1.H_0 为真时：

H_0 为真时，则 $\overline{W}$ 表示事件"H_0 为真而接受了 H_0"即"存真"，其对立事件（逆事件）W 是"H_0 为真而拒绝了 H_0"即"弃真"，从而 $1 - \beta(\theta) := P_\theta(W)$ 就是 **弃真概率**，根据显著水平的定义，其上限就是 **显著水平** α. 此时 **功效函数** 不超过 **显著水平**：

$$1 - \beta(\theta) := P_\theta(W) \leqslant \alpha \tag{8.4.4}$$

而相应的对立事件（逆事件）$\overline{W}$ 的概率，也就是"H_0 为真而接受了 H_0"的 **存真概率** 即 OC 函数不小于 $1 - \alpha$：

$$\beta(\theta) := P_\theta(\overline{W}) \geqslant 1 - \alpha \tag{8.4.5}$$

2.H_0 为伪时：

H_0 为伪时，则 $\overline{W}$ 表示事件"假设 H_0 为伪而接受了 H_0"即"取伪"，其对立事件（逆事件）W 是"H_0 为伪而拒绝了 H_0"即"去伪". 此时 OC 函数就是 **取伪概率**：

$$\beta(\theta) := P_\theta(\overline{W}) \tag{8.4.6}$$

而相应的对立事件（逆事件）$\overline{W}$ 的概率就是 **去伪概率**：

$$1 - \beta(\theta) := P_\theta(W) \tag{8.4.7}$$

通过以上分析可以看到，H_0 为伪时，OC 函数就是 **取伪概率** $\beta(\theta) := P_\theta(\overline{W})$，因此在假设检验中控制取伪错误的关键就是获得 OC 函数，由此确定恰当的样本容量 n.

8.4.2　均值 μ 的 $Z-$ 检验法的 OC 函数与样本容量选取

【命题 8.4.1】均值 μ 的 $Z-$ 检验法右边检验的 OC 函数　　总体方差 σ^2 已知时，取检验统计量为标准化随机变量

$$Z := \frac{\overline{X} - \mu_0}{\sigma/\sqrt{n}} \sim N(0,1) \tag{8.4.8}$$

指定显著水平 α，则 **右边假设检验**

$$H_0 : \mu \leqslant \mu_0, \quad H_1 : \mu > \mu_0 \tag{8.4.9}$$

的拒绝域是 $\{Z \geqslant z_\alpha\}$，而此右边检验的 OC 函数是

$$\beta(\mu) := P_\mu(\overline{W}) = P_\mu(Z < z_\alpha) = \Phi(z_\alpha - \lambda) \tag{8.4.10}$$

其中

$$\lambda := \frac{\mu - \mu_0}{\sigma/\sqrt{n}} \tag{8.4.11}$$

【证明】 右边检验的 OC 函数是

$$
\begin{aligned}
\beta(\mu) &:= P_\mu(\overline{W}) = P_\mu(Z < z_\alpha) \\
&= P_\mu\{\frac{\overline{X} - \mu_0}{\sigma/\sqrt{n}} < z_\alpha\} \\
&= P_\mu\{\frac{\overline{X} - \mu + \mu - \mu_0}{\sigma/\sqrt{n}} < z_\alpha\} \\
&= P_\mu\{\frac{\overline{X} - \mu}{\sigma/\sqrt{n}} < z_\alpha - \frac{\mu - \mu_0}{\sigma/\sqrt{n}}\} \\
\Rightarrow \beta(\mu) &= \Phi(z_\alpha - \lambda)
\end{aligned}
$$

其中 $\lambda := \dfrac{\mu - \mu_0}{\sigma/\sqrt{n}}$. 即均值 μ 的 $Z-$ 检验法右边检验的 OC 函数是 $\beta(\mu) = \Phi(z_\alpha - \lambda)$. 证毕.

【命题 8.4.2】$Z-$ **检验法右边检验的 OC 函数的性质**　均值 μ 的右边检验的 OC 函数

$$
\beta(\mu) := P_\mu(\overline{W}) = P_\mu(Z < z_\alpha) = \Phi(z_\alpha - \lambda) \tag{8.4.12}
$$

具有性质:

（1）$\beta(\mu) = \Phi(z_\alpha - \lambda)$ 是 $\lambda := \dfrac{\mu - \mu_0}{\sigma/\sqrt{n}}$ 的单调递减连续函数.

（2）$\lim\limits_{\mu \to \mu_0+} \beta(\mu) = 1 - \alpha.$ $\lim\limits_{\mu \to +\infty} \beta(\mu) = 0.$

【证明】 （1）因为标准正态分布的分布函数 $\Phi(x)$ 是单调递增连续函数，故 $\beta(\mu) = \Phi(z_\alpha - \lambda) = \Phi(-\lambda + z_\alpha)$ 是 λ 的单调递减连续函数.

（2）

$$
\begin{aligned}
\lim\limits_{\mu \to \mu_0+} \beta(\mu) &= \lim\limits_{\mu \to \mu_0+} \Phi(z_\alpha - \lambda) \\
&= \lim\limits_{\mu \to \mu_0+} \Phi(z_\alpha - \frac{\mu - \mu_0}{\sigma/\sqrt{n}}) \\
&= \Phi(z_\alpha) = 1 - \alpha
\end{aligned}
$$

$$
\lim\limits_{\mu \to +\infty} \beta(\mu) = \lim\limits_{\mu \to +\infty} \Phi(z_\alpha - \frac{\mu - \mu_0}{\sigma/\sqrt{n}}) = \Phi(-\infty) = 0
$$

证毕.

【命题 8.4.3】**均值 μ 的 $Z-$ 检验法右边检验的样本容量选取**　指定显著水平 α, 则右边假设检验

$$
H_0: \mu \leqslant \mu_0, \quad H_1: \mu > \mu_0
$$

的拒绝域是 $\{Z \geqslant z_\alpha\}$, 而此右边检验的 OC 函数是

$$
\beta(\mu) := P_\mu(\overline{W}) = P_\mu(Z < z_\alpha) = \Phi(z_\alpha - \lambda) \tag{8.4.13}
$$

其中 $\lambda := \dfrac{\mu - \mu_0}{\sigma/\sqrt{n}}$. 对于给定的小正数 $\delta > 0$, 为保证当 $\mu > \mu_0$ 且 $\mu \geqslant \mu_0 + \delta$ 时犯下取伪错误（即接受 $H_0: \mu \leqslant \mu_0$）的概率 $\beta(\mu)$ 不超过给定的上限常数 β(相应的分位点是 z_β), 只需选取样本容量满足不等式

$$
\sqrt{n} \geqslant \frac{(z_\alpha + z_\beta)\sigma}{\delta} \tag{8.4.14}
$$

或等价地，样本容量

$$n \geqslant (\frac{(z_\alpha + z_\beta)\sigma}{\delta})^2 \tag{8.4.15}$$

【证明】 对于给定的小正数 $\delta > 0$，为保证当 $\mu > \mu_0$ 且 $\mu \geqslant \mu_0 + \delta$ 时犯下取伪错误的概率不超过 β，即

$$\beta(\mu) \leqslant \beta$$

由于 $\beta(\mu)$ 是 μ 的减函数，故当 $\mu > \mu_0$ 且 $\mu \geqslant \mu_0 + \delta$ 时，有

$$\beta(\mu) \leqslant \beta(\mu_0 + \delta)$$

从而只需

$$\beta(\mu_0 + \delta) \leqslant \beta$$

而由右边检验的 OC 函数的计算公式，有

$$\beta(\mu) = \Phi(z_\alpha - \frac{\mu - \mu_0}{\sigma/\sqrt{n}})$$

于是

$$\beta(\mu_0 + \delta) = \Phi(z_\alpha - \frac{\mu_0 + \delta - \mu_0}{\sigma/\sqrt{n}}) = \Phi(z_\alpha - \frac{\delta\sqrt{n}}{\sigma})$$

从而只需

$$\Phi(z_\alpha - \frac{\delta\sqrt{n}}{\sigma}) \leqslant \beta$$

由分位点的定义和标准正态分布函数 $\Phi(x)$ 的性质，有

$$\beta = 1 - (1 - \beta) = 1 - \Phi(z_\beta) = \Phi(-z_\beta)$$

即只需

$$\Phi(z_\alpha - \frac{\delta\sqrt{n}}{\sigma}) \leqslant \Phi(-z_\beta)$$

由于标准正态分布函数 $\Phi(x)$ 是 x 的严格增函数，故只需

$$z_\alpha - \frac{\delta\sqrt{n}}{\sigma} \leqslant -z_\beta$$

移项整理即得

$$\sqrt{n} \geqslant \frac{(z_\alpha + z_\beta)\sigma}{\delta}$$

证毕.

【命题 8.4.4】均值 μ 的 $Z-$ 检验法左边检验的样本容量选取 指定显著水平 α，则 左边假设检验

$$H_0 : \mu \geqslant \mu_0, \quad H_1 : \mu < \mu_0$$

的拒绝域是 $\{Z \leqslant -z_\alpha\}$，而此左边检验的 OC 函数是

$$\beta(\mu) := P_\mu(\overline{W}) = P_\mu(Z > -z_\alpha) = \Phi(z_\alpha + \lambda) \tag{8.4.16}$$

其中 $\lambda := \dfrac{\mu - \mu_0}{\sigma/\sqrt{n}}$. 对于给定的小正数 $\delta > 0$，为保证当 $\mu < \mu_0$ 且 $\mu \leqslant \mu_0 - \delta$ 时犯下取伪错误（即接受 $H_0 : \mu \geqslant \mu_0$）的概率 $\beta(\mu)$ 不超过给定的上限常数 β(相应的分位点是 z_β)，只需选取样本容量满足不等式

$$\sqrt{n} \geqslant \frac{(z_\alpha + z_\beta)\sigma}{\delta} \tag{8.4.17}$$

或等价地，样本容量

$$n \geqslant \left(\frac{(z_\alpha + z_\beta)\sigma}{\delta}\right)^2 \tag{8.4.18}$$

【证明】留给读者思考.

【命题 8.4.5】均值 μ 的 Z- 检验法双边检验的样本容量选取　　指定显著水平 α，则 双边假设检验

$$H_0 : \mu = \mu_0, \quad H_1 : \mu \neq \mu_0 \tag{8.4.19}$$

的拒绝域是 $\{Z \geqslant z_{\alpha/2}\}$ 或 $\{Z \leqslant -z_{\alpha/2}\}$，而此双边检验的 OC 函数是

$$\beta(\mu) := P_\mu(\overline{W}) = P_\mu(-z_{\alpha/2} < Z < z_{\alpha/2}) = \Phi(z_{\alpha/2} - \lambda) + \Phi(z_{\alpha/2} + \lambda) - 1 \tag{8.4.20}$$

其中 $\lambda := \dfrac{\mu - \mu_0}{\sigma/\sqrt{n}}$. 对于给定的小正数 $\delta > 0$，为保证当 $\mu > \mu_0$ 且 $\mu \geqslant \mu_0 + \delta$ 或 $\mu < \mu_0$ 且 $\mu \leqslant \mu_0 - \delta$ 时 (或更简单地记为 $|\mu - \mu_0| \geqslant \delta > 0$) 犯下取伪错误（即接受 $H_0 : \mu = \mu_0$）的概率 $\beta(\mu)$ 不超过给定的上限常数 β(相应的分位点是 z_β)，只需选取样本容量满足不等式

$$\sqrt{n} \geqslant \frac{(z_{\alpha/2} + z_\beta)\sigma}{\delta} \tag{8.4.21}$$

或等价地，样本容量

$$n \geqslant \left(\frac{(z_{\alpha/2} + z_\beta)\sigma}{\delta}\right)^2 \tag{8.4.22}$$

【证明】　　双边检验的 OC 函数是

$$\begin{aligned}
\beta(\mu) &:= P_\mu(\overline{W}) = P_\mu(-z_{\alpha/2} < Z < z_{\alpha/2}) \\
&= P_\mu(-z_{\alpha/2} - \lambda < Z < z_{\alpha/2} - \lambda) \\
&= \Phi(z_{\alpha/2} - \lambda) - \Phi(-z_{\alpha/2} - \lambda) \\
&= \Phi(z_{\alpha/2} - \lambda) + \Phi(z_{\alpha/2} + \lambda) - 1
\end{aligned}$$

对于给定的小正数 $\delta > 0$，为保证当 $\mu > \mu_0$ 且 $\mu \geqslant \mu_0 + \delta$ 或 $\mu < \mu_0$ 且 $\mu \leqslant \mu_0 - \delta$ 时 (或更简单地记为 $|\mu - \mu_0| \geqslant \delta > 0$) 犯下取伪错误（即接受 $H_0 : \mu = \mu_0$）的概率 $\beta(\mu)$ 不超过给定的上限常数 β(相应的分位点是 z_β)，即只需

$$\Phi\left(z_{\alpha/2} - \frac{\delta\sqrt{n}}{\sigma}\right) + \Phi\left(z_{\alpha/2} + \frac{\delta\sqrt{n}}{\sigma}\right) - 1 \leqslant \beta$$

由于样本容量 n 通常比较大，可以近似认为

$$\Phi\left(z_{\alpha/2} + \frac{\delta\sqrt{n}}{\sigma}\right) \approx 1$$

从而只需

$$\Phi(z_{\alpha/2} - \frac{\delta\sqrt{n}}{\sigma}) \leqslant \beta$$

由于标准正态分布函数 $\Phi(x)$ 是 x 的严格增函数, 故只需

$$z_{\alpha/2} - \frac{\delta\sqrt{n}}{\sigma} \leqslant -z_\beta$$

移项整理, 得

$$\sqrt{n} \geqslant \frac{(z_{\alpha/2} + z_\beta)\sigma}{\delta}$$

证毕.

【例 8.4.1】单边检验：容量选择　某品牌手机电池充满后的连续通话时间为正态分布随机变量 $X \sim N(\mu, \sigma^2)$. 若平均连续通话时间（均值）$\mu > \mu_0 = 6$ 小时即认为电池为一等品, 反之若 $\mu \leqslant 5.9$ 小时即认为电池为次品. 供货商要求以不小于 98% 的概率接受一等品, 而销售商要求以不小于 95% 的概率拒绝次品. 问至少应当抽查多少块手机电池才能满足双方要求? 假定已知标准差为 $\sigma = 0.1$.

【解】　对于正态分布随机变量 $X \sim N(\mu_0, 0.1^2)$, 作单边（左边）假设检验（大于还是小于的问题）

$$H_0 : \mu \geqslant \mu_0 = 6, \quad H_1 : \mu < \mu_0 = 6$$

取检验统计量为标准化随机变量

$$Z := \frac{\overline{X} - \mu_0}{\sigma/\sqrt{n}} = \frac{\overline{X} - 6}{0.1/\sqrt{n}} \sim N(0,1)$$

由题设可知, 供货商要求以不小于 98% 的概率接受一等品即"存真"（即置信水平 $1 - \alpha = 98\%$）, 因此犯下第一类错误（拒绝了一等品）也就是"弃真"的概率即显著水平 $\alpha = 2\%$, 单边假设检验的拒绝域是 $\{Z \geqslant z_\alpha = z_{0.02} = 2.054\}$.

而销售商要求以不小于 95% 的概率拒绝次品, 即"去伪"的概率不小于 95%（即功效函数值下限 $1 - \beta = 95\%$）, 相对地, 犯下第二类错误（接受了次品）也就是"取伪"的概率（即 OC 函数值 $\beta(\mu)$）的上限为 $\beta = 5\%$, 相应的分位点为 $z_\beta = z_{0.05} = 1.645$.

对于左边假设检验, 因"绝对均值差"为

$$\delta = \mu_0 - \mu = 6 - 5.9 = 0.1$$

由于要保证当 $\mu \leqslant \mu_0 - \delta$ 时犯下取伪错误的概率 $\beta(\mu) \leqslant \beta$, 从而假设至少应当抽查的手机电池块数即样本容量为 n, 只需选取样本容量满足不等式

$$n \geqslant (\frac{(z_\alpha + z_\beta)\sigma}{\delta})^2 = (\frac{(z_{0.02} + z_{0.05})0.1}{0.1})^2 = (2.054 + 1.645)^2 = 13.682601$$

即至少应当抽查 14 块手机电池才能满足双方要求.

【例 8.4.2】单边检验：容量选择　设需要对某一正态总体 $X \sim N(\mu_0, 2.5)$ 均值进行假设检验：

$$H_0 : \mu \geqslant \mu_0 = 15, \quad H_1 : \mu < \mu_0 = 15$$

显著水平 $\alpha = 5\%$，若要求 $\mu \leqslant 13$ 时 "取伪" 的概率即 OC 函数值 $\beta(\mu)$ 的上限为 $\beta = 5\%$，问至少应当选取多大的样本容量？

【解】 对于正态分布随机变量 $X \sim N(\mu_0, 0.1^2)$，作单边（左边）假设检验（大于还是小于的问题）

$$H_0 : \mu \geqslant \mu_0 = 15, \quad H_1 : \mu < \mu_0 = 15.$$

取检验统计量为标准化随机变量

$$Z := \frac{\overline{X} - \mu_0}{\sigma/\sqrt{n}} = \frac{\overline{X} - 6}{0.1/\sqrt{n}} \sim N(0, 1)$$

由题设可知，犯下第一类错误也就是 "弃真" 的概率即显著水平 $\alpha = 5\%$，相应的分位点为 $z_\alpha = z_{0.05} = 1.645$. 犯下第二类错误也就是 "取伪" 的概率（即 OC 函数值 $\beta(\mu)$）的上限为 $\beta = 5\%$，相应的分位点为 $z_\beta = z_{0.05} = 1.645$.

对于左边假设检验，因 "绝对均值差"

$$\delta = \mu_0 - \mu = 15 - 13 = 2$$

要保证当 $\mu \leqslant \mu_0 - \delta$ 时犯下取伪错误的概率 $\beta(\mu) \leqslant \beta$，只需选取样本容量满足不等式

$$n \geqslant \left(\frac{(z_\alpha + z_\beta)\sigma}{\delta}\right)^2 = \left(\frac{(z_{0.05} + z_{0.05})\sqrt{2.5}}{2}\right)^2 = \left[\frac{(1.645 + 1.645) \times 1.581}{2}\right]^2 = 6.765$$

即至少应当选取 7 个样本.

8.4.3 均值 μ 的 $t-$ 检验法的 OC 函数与样本容量选取

【命题 8.4.6】单正态总体均值 μ 的 $t-$ 检验法的 OC 函数与样本容量选取 单正态总体方差 σ^2 未知时，以样本方差 S^2 代替总体方差，取检验统计量为标准化随机变量

$$t := \frac{\overline{X} - \mu_0}{S/\sqrt{n}} = \frac{\frac{\overline{X} - \mu}{\sigma/\sqrt{n}} + \lambda}{S/\sigma} \tag{8.4.23}$$

其中 $\lambda := \dfrac{\mu - \mu_0}{\sigma/\sqrt{n}}$.

称 $t := \dfrac{\overline{X} - \mu_0}{S/\sqrt{n}}$ 服从 非中心参数 为 λ，自由度为 $n-1$ 的 非中心 $t-$ 分布.

指定显著水平 α，则 右边假设检验

$$H_0 : \mu \leqslant \mu_0, \quad H_1 : \mu > \mu_0 \tag{8.4.24}$$

的 OC 函数是

$$\beta(\mu) := P_\mu(\overline{W}) = P_\mu\{t < t_\alpha(n-1)\} \tag{8.4.25}$$

设 OC 函数上限为 β，给定正数 $\delta > 0$，在 $H_1 : \mu > \mu_0$ 中要保证当 $\dfrac{\mu - \mu_0}{\sigma} \geqslant \delta$ 时犯下取伪错误的概率 $\beta(\mu) \leqslant \beta$，则至少应当抽查的样本容量可通过查编制好的均值 μ 的 $t-$ 检验的容量表获得.

同理，对于 *左边假设检验*

$$H_0 : \mu \geqslant \mu_0, \quad H_1 : \mu < \mu_0 \tag{8.4.26}$$

其 OC 函数是

$$\beta(\mu) := P_\mu(\overline{W}) = P_\mu\{t > -t_\alpha(n-1)\} \tag{8.4.27}$$

设 OC 函数上限为 β，给定正数 $\delta > 0$，在 $H_1 : \mu < \mu_0$ 中要保证当 $\dfrac{\mu - \mu_0}{\sigma} \leqslant -\delta$ 时犯下取伪错误的概率 $\beta(\mu) \leqslant \beta$，则至少应当抽查的样本容量可通过查编制好的均值 μ 的 t- 检验的容量表获得.

对于 *双边假设检验*

$$H_0 : \mu = \mu_0, \quad H_1 : \mu \neq \mu_0 \tag{8.4.28}$$

其 OC 函数是

$$\beta(\mu) := P_\mu(\overline{W}) = P_\mu\{-t_{\alpha/2}(n-1) < t < t_{\alpha/2}(n-1)\} \tag{8.4.29}$$

设 OC 函数上限为 β，给定正数 $\delta > 0$，在 $H_1 : \mu \neq \mu_0$ 中要保证当 $\dfrac{|\mu - \mu_0|}{\sigma} \geqslant \delta$ 时犯下取伪错误的概率 $\beta(\mu) \leqslant \beta$，则至少应当抽查的样本容量可通过查编制好的均值 μ 的 t- 检验的容量表获得.

【例 8.4.3】单边检验与容量选取　　电池在货架上的滞留天数有限制. 已知电池在货架上的滞留天数为正态分布随机变量 $X \sim N(\mu_0, \sigma^2)$，总体方差 σ^2 未知. 给出某商店随机选取的 8 只电池的滞留天数如下：

$$108 \quad 124 \quad 124 \quad 106 \quad 138 \quad 163 \quad 159 \quad 134$$

（1）给定显著水平 $\alpha = 5\%$，试作 *右边假设检验*

$$H_0 : \mu \leqslant \mu_0 = 125, \quad H_1 : \mu > \mu_0 = 125$$

（2）若给定正数 $\delta = 1.4 > 0$，在 $H_1 : \mu > \mu_0 = 125$ 中要保证当 $\dfrac{\mu - \mu_0}{\sigma} \geqslant \delta$ 时犯下取伪错误的概率 $\beta(\mu) \leqslant \beta = 10\%$，问至少应当选取多大的样本容量？

【解】　　（1）对于正态分布随机变量 $X \sim N(\mu_0, \sigma^2)$，由于总体方差 σ^2 未知，以样本方差 S^2 代替总体方差 σ^2，对于容量为 $n = 8$ 的样本，取检验统计量为标准化随机变量

$$t := \frac{\overline{X} - \mu_0}{S/\sqrt{n}}$$

作单边假设检验（检验滞留天数比标准长还是短）

$$H_0 : \mu \leqslant \mu_0 = 125, \quad H_1 : \mu > \mu_0 = 125$$

倘若指定显著水平 $\alpha = 5\%$，单边假设检验的拒绝域是 $\{t \geqslant t_\alpha(n-1) = t_{0.05}(7) = 1.8946\}$；由于

$$t = \frac{\overline{X} - \mu_0}{S/\sqrt{n}} = \frac{132 - 125}{\sqrt{444.3857}/\sqrt{8}} = 0.9393 < t_{0.05}(7) = 1.8946$$

从而接受原假设 H_0，即认为电池的滞留天数小于 125 天（有 95% 的把握）.

（2）若给定正数 $\delta = 1.4 > 0$，在 $H_1 : \mu > \mu_0 = 125$ 中要保证当 $\dfrac{\mu - \mu_0}{\sigma} \geqslant \delta$ 时犯下取伪错误的概率 $\beta(\mu) \leqslant \beta = 10\%$，即对于单边检验，给定正数 $\delta = 1.4, \alpha = 0.05, \beta = 0.1$，通过查编制好的均值 μ 的 $t-$ 检验的容量表可知，至少应当选取的样本容量为 $n = 7$，即至少随机选取 7 只电池来检查.

【例 8.4.4】单边检验与容量选取 给定显著水平 $\alpha = 5\%$，试作 右边假设检验：

$$H_0 : \mu \leqslant \mu_0 = 68, \quad H_1 : \mu > \mu_0 = 68$$

（1）若在 $H_1 : \mu > \mu_0 = 68$ 中要保证当 $\mu > \mu_1 = 68 + \sigma$ 时犯下取伪错误的概率 $\beta(\mu) \leqslant \beta = 5\%$，问至少应当选取多大的样本容量？

（2）若样本容量为 $n = 30$，问在 $H_1 : \mu > \mu_0 = 68$ 中，$\mu = \mu_1 = 68 + 0.75\sigma$ 时犯下取伪错误的概率是多少？

【解】 （1）根据题设，可算得正数

$$\delta = \frac{\mu_1 - \mu_0}{\sigma} = \frac{68 + \sigma - 68}{\sigma} = 1$$

即对于单边检验，给定正数 $\delta = 1, \alpha = 0.05, \beta = 0.1$，通过查编制好的均值 μ 的 $t-$ 检验的容量表可知，至少应当选取的样本容量为 $n = 13$.

（2）根据题设，可算得正数

$$\delta = \frac{\mu_1 - \mu_0}{\sigma} = \frac{68 + 0.75\sigma - 68}{\sigma} = 0.75$$

即对于单边检验，给定正数 $\delta = 0.75, \alpha = 0.05$，样本容量为 $n = 30$，通过查编制好的均值 μ 的 $t-$ 检验的容量表可知，犯下取伪错误的概率是 $\beta = 0.01$.

【命题 8.4.7】双正态总体均值差 $\mu_1 - \mu_2$ 的 $t-$ 检验法的 OC 函数与样本容量选取 对于正态分布随机变量 $X \sim N(\mu_1, \sigma_1^2), Y \sim N(\mu_2, \sigma_2^2)$，只讨论 两总体方差均未知但相等的情况，即 $\sigma_1^2 = \sigma_2^2 = \sigma^2$.

取检验统计量为服从 $t-$ 分布的标准化随机变量

$$t := \frac{\overline{X} - \overline{Y}}{S_w \sqrt{\frac{1}{n_1} + \frac{1}{n_2}}} \sim t(n_1 + n_2 - 2)$$

其中

$$S_w^2 := \frac{(n_1 - 1)S_1^2 + (n_2 - 1)S_2^2}{n_1 + n_2 - 2}$$

指定显著水平 α，由 $t-$ 分布概率曲线的对称性 及 α 分位点的定义，有如下结论.

（1）**双边检验：**

$$H_0 : \mu_1 = \mu_2, \quad H_1 : \mu_1 \neq \mu_2$$

拒绝域是 $\{|t| \geqslant t_{\alpha/2}(n_1 + n_2 - 2)\}$.

（2）**单边检验：**

右边假设检验

$$H_0 : \mu_1 \leqslant \mu_2, \quad H_1 : \mu_1 > \mu_2$$

拒绝域是 $\{t \geqslant t_\alpha(n_1 + n_2 - 2)\}$.

左边假设检验

$$H_0 : \mu_1 \geqslant \mu_2, \quad H_1 : \mu_1 < \mu_2$$

拒绝域是 $\{t \leqslant -t_\alpha(n_1 + n_2 - 2)\}$.

　　设两总体选取的样本容量相等：$n_1 = n_2 = n$，OC 函数上限为 β，给定正数 $\delta > 0$，在 H_1 中要保证当 $\dfrac{|\mu_1 - \mu_2|}{\sigma} \geqslant \delta > 0$ 时犯下取伪错误的概率 $\beta(\mu) \leqslant \beta$，则至少应当抽查的样本容量可通过查编制好的均值 μ 的 $t-$ 检验的容量表获得.

　　【例 8.4.5】双正态总体单边检验：容量选取　　为比较甲、乙两种品牌燃料的效能，分别测量燃料包含的辛烷值如下（辛烷值越高表示燃料的效能越好）. 因乙种品牌燃料的价格便宜，若两者辛烷值相等，则采用乙种品牌燃料；但若辛烷值的均值差太大，即 $\mu_1 - \mu_2 \geqslant 5$，则采用甲两种品牌燃料. 已知燃料包含的辛烷值为正态分布随机变量 $X \sim N(\mu_1, \sigma_1^2), Y \sim N(\mu_2, \sigma_2^2)$. 试分析应当采用哪种燃料？给定显著水平 $\alpha = 0.01$，犯下取伪错误的概率上限 $\beta = 0.01$.

$$X : \quad 81 \quad 84 \quad 79 \quad 76 \quad 82 \quad 83 \quad 84 \quad 80 \quad 79 \quad 82 \quad 81 \quad 79$$

$$Y : \quad 76 \quad 74 \quad 78 \quad 79 \quad 80 \quad 79 \quad 82 \quad 76 \quad 81 \quad 79 \quad 82 \quad 78$$

　　【解】　　本题为综合性题目，下面分步进行讨论.

　　（1）给定显著水平 $\alpha = 0.01$，对于正态分布随机变量 $X \sim N(\mu_1, \sigma_1^2), Y \sim N(\mu_2, \sigma_2^2)$，首先验证两总体方差近似相等，作双边假设检验（安眠药的药效有无显著差异的问题）

$$H_0 : \sigma_1^2 = \sigma_2^2, \quad H_1 : \sigma_1^2 \neq \sigma_2^2$$

取检验统计量为

$$F := \frac{S_1^2}{S_2^2}$$

倘若指定显著水平 $\alpha = 10\%$，双边假设检验的拒绝域是 $\{F := \dfrac{S_1^2}{S_2^2} \geqslant F_{\frac{\alpha}{2}}(n_1 - 1, n_2 - 1) = F_{0.05}(11, 11)\}$ 或 $\{F := \dfrac{S_1^2}{S_2^2} \leqslant F_{1-\frac{\alpha}{2}}(n_1 - 1, n_2 - 1) = F_{0.95}(11, 11)\}$；由于

$$F := \frac{S_1^2}{S_2^2} = \frac{5.61}{6.06} = 0.9257 < F_{0.05}(11, 11) \approx 2.8$$

从而接受原假设 H_0，即两总体方差近似相等（有 90% 的把握）. 可取两样本方差的算术平均值为共同的方差：

$$\sigma^2 := \frac{S_1^2 + S_2^2}{2} = \frac{5.61 + 6.06}{2} = 5.835$$

　　（2）根据题设，可算得正数

$$\delta = \frac{|\mu_1 - \mu_2|}{\sigma} = \frac{5}{\sqrt{5.835}} = 2.07$$

即对于单边检验，要使犯下取伪错误的概率上限 $\beta = 0.01$. 即给定正数 $\delta = 2.07, \alpha = 0.01, \beta = 0.01$，通过查编制好的均值 μ 的 $t-$ 检验的容量表可知，至少应当选取的样本容量为 $n = 8$. 题目给出的容量已经达到 $n = 12$，故满足要求.

（3）取检验统计量为标准化随机变量

$$t := \frac{\overline{X} - \overline{Y}}{S_w \sqrt{\frac{1}{n_1} + \frac{1}{n_2}}} \sim t(n_1 + n_2 - 2)$$

其中

$$S_w^2 := \frac{(n_1 - 1)S_1^2 + (n_2 - 1)S_2^2}{n_1 + n_2 - 2}$$

倘若指定显著水平 $\alpha = 5\%$，作单边假设检验（甲、乙两种品牌燃料的辛烷值谁大谁小）：

$$H_0 : \mu_1 \leqslant \mu_2, \quad H_1 : \mu_1 > \mu_2$$

拒绝域是 $\{t \geqslant t_\alpha(n_1 + n_2 - 2)\}$；对于指定显著水平 $\alpha = 1\%$，单边假设检验的拒绝域是 $\{t \geqslant t_\alpha(n_1 + n_2 - 2) = t_{0.01}(22) = 2.5083\}$. 由于

$$S_w^2 := \frac{(n_1 - 1)S_1^2 + (n_2 - 1)S_2^2}{n_1 + n_2 - 2} = \frac{11 \times 5.61 + 11 \times 6.06}{22} = 5.835$$

$$t = \frac{\overline{X} - \overline{Y}}{S_w \sqrt{\frac{1}{n_1} + \frac{1}{n_2}}} = \frac{80.83 - 78.67}{\sqrt{5.835}\sqrt{1/12 + 1/12}} = 2.19 < t_{0.01}(22) = 2.5083$$

从而接受原假设 H_0，即认为乙种品牌燃料的辛烷值更大（有 99% 的把握），而且价格又便宜，所以是物美价廉，自然选择乙种品牌燃料.

习题 8.4

设为了检验某一正态总体均值 μ 是否大于 15，即检验假设

$$H_0 : \mu \geqslant \mu_0 = 15, H_1 : \mu < \mu_0 = 15$$

总体方差 $\sigma = 2.5$，给定显著水平 $\alpha = 0.05$，随机抽取 n 个正态样本，若要 $\mu \leqslant 13$ 时犯第二类错误（取伪错误）的概率不超过 $\beta = 0.05$，求所需要的样本容量 n.

总习题八

1. 如果一个矩形的宽度 w 与长度 l 的比 $w/l = 0.618$，这样的矩形称为黄金矩形. 这种尺寸的矩形使人们看上去有良好的感觉. 现代的建筑构件（如窗架）、工艺品（如图片镜框）、甚至司机的执照、商业的信用卡等常常都是采用黄金矩形. 设由工艺品厂制造的某批矩形卡片随机抽取 20 个正态样本，测得长度与宽度的比值如下：

0.693, 0.749, 0.654, 0.670, 0.662, 0.672, 0.615, 0.606, 0.690, 0.628,

0.668, 0.611, 0.606, 0.609, 0.601, 0.553, 0.570, 0.844, 0.576, 0.933

工厂生产的矩形的宽度与长度的比值总体服从正态分布，其均值为 μ，方差为 σ^2，均未知. 给定显著水平 $\alpha = 0.05$，检验长度与宽度的比值总体均值 μ 是否等于"黄金分割比" 0.618. 即检验假设：

$$H_0 : \mu = \mu_0 = 0.618, \quad H_1 : \mu \neq \mu_0 = 0.618$$

2. 冶炼某种金属有两种方法，为了检验这两种方法生产的产品中所含杂质的波动是否有明显差异，各取一个样本，得数据如下：

甲：29.6，22.8，25.7，23.0，22.3，24.2，26.1，26.4，27.2，30.2，24.5，29.5，25.1；

乙：22.6，22.5，20.6，23.5，24.3，21.9，20.6，23.2，23.4.

从经验知道，产品的杂质含量服从正态分布. 问在显著性水平 $\alpha = 0.05$ 下，甲、乙两种方法生产的产品的杂质含量波动是否有显著差异？

3. 某市质监局接到投诉后，对某金店进行质量调查. 现从其出售的标志 18K 的项链中抽取 9 件进行检测，检测标准为：均值为 18K 且标准差不超过 0.3K，检测结果如下：

17.3 16.6 17.9 18.2 17.4 16.3 18.5 17.2 18.1

假定项链的含金量服从正态分布，问在显著性水平 $\alpha = 0.05$ 下，检测结果能否认定此金店出售的产品存在质量问题？

4. A,B 两台机床，生产相同型号的滚珠，从 A 机床生产的滚珠中任取 8 个，从 B 机床生产的滚珠中任取 9 个，测量直径得数据如下（单位：毫米）：

A 机床：15.0 14.5 15.5 15.2 14.8 15.2 15.1 14.8

B 机床：15.2 14.8 15.0 15.2 15.0 14.8 15.0 15.1 14.8

假设滚珠直径服从正态分布，问在显著性水平 $\alpha = 0.05$ 下，这两台机床生产的滚珠的直径是否可以认为服从具有同一分布？

5. 假设 A 厂生产的灯泡的使用寿命 $X \sim N(\mu_1, 95^2)$，B 厂生产的灯泡的使用寿命 $X \sim N(\mu_2, 120^2)$，现从两厂产品中分别抽取了 100 只和 75 只，测得灯泡的平均寿命相应为 1180 小时和 1220 小时. 问在显著性水平 $\alpha = 0.05$ 下这两个厂家生产的灯泡的平均使用寿命有无显著差异？

6. 一种特殊药品的生产厂家声称，这种药能在 8 小时内解除一种过敏的效率为 90%，在有这种过敏的 200 人中，使用药品后，有 160 人在 8 小时内解除了过敏，试问生产厂家的说法是否真实（$\alpha = 0.01$）？

7. 某大城市为了确定城市养猫灭鼠的效果，进行调查得到：养猫户 $n_1 = 119$，有老鼠活动的有 15 户；无猫户 $n_2 = 418$，有老鼠活动的有 58 户. 问养猫与不养猫对大城市家庭灭鼠有无显著差异（$\alpha = 0.05$）？

8. 为研究矽肺患者肺功能的变化情况，某医院对 I，II 期矽肺患者各 33 名测定其肺活量，得到 I 期患者的样本均值为 2710 毫升，样本标准差为 147 毫升；II 期患者的样本均值为 2830 毫升，样本标准差为 118 毫升. 试问第 I，II 期矽肺患者的肺活量有无显著差异（$\alpha = 0.05$）？

9. 一位中学校长在报纸上看过这样的报道："这一城市的初中学生平均每周看 8 小时电视". 她认为她所领导的学校，学生看电视的时间明显小于该数字. 为此她向她的学校的 100 个初中学生做了调查，得知平均每周看电视的时间 $\bar{x} = 6.5$ 小时，样本标准差为 $s = 2$ 小时. 问是否可以认为这位校长的看法是对的？取 $\alpha = 0.05$，检验学生平均每周看电视时间总体均值是否大于 8 小时？即检验假设

$$H_0 : \mu \geq \mu_0 = 8, \quad H_1 : \mu < \mu_0 = 8$$

(提示：这是大样本的检验问题. 由中心极限定理 知道不管总体服从什么分布，只要方差存在，当 n 充分大时，$Z = \dfrac{\overline{X} - \mu}{s/\sqrt{n}} \sim N(0,1)$ 近似地服从标准正态分布)

10. 随机地选了 8 个人，分别测量了他们在早晨起床时和晚上就寝时的身高 (单位：厘米)，得到以下数据：

男子	1	2	3	4	5	6	7	8
早上	172	168	180	181	160	163	165	177
晚上	172	167	177	179	159	161	166	175
数据差	0	1	3	2	1	2	−1	2

设各对数据的差 $D_i = x_i - y_i$ 是来自正态总体 $X \sim N(\mu_D, \sigma_D^2)$ 的样本，μ_D, σ_D^2 均未知. 问是否可以认为早晨的身高比晚上的身高要高（$\alpha = 0.05$）？即检验假设

$$H_0 : \mu_D \leqslant \mu_0 = 0, \quad H_1 : \mu_D > \mu_0 = 0.$$

11. 为了比较用来做鞋子后跟的两种材料的质量，选取了 15 个男子（他们的生活条件各不相同），每人穿一双鞋，其中一只是以材料 A 做后跟，另一只以材料 B 做后跟，其厚度均为 10 毫米. 过了一个月再测量厚度，得到数据如下：

男子	1	2	3	4	5	6	7	8
材料 A	6.6	7.0	8.3	8.2	5.2	9.3	7.9	8.5
材料 B	7.4	5.4	8.8	8.0	6.8	9.1	6.3	7.5
男子	9	10	11	12	13	14	15	
材料 A	7.8	7.5	6.1	8.9	6.1	9.4	9.1	
材料 B	7.0	6.5	4.4	7.7	4.2	9.4	9.1	

设 $D_i = x_i - y_i$ 是来自正态总体 $X \sim N(\mu_D, \sigma_D^2)$ 的样本，μ_D, σ_D^2 均未知. 问是否可以认为以材料 A 制成的后跟比材料 B 制成的后跟耐穿（取 $\alpha = 0.05$ ）？

12. 假设用 A,B 两种原料生产的同类产品重量（单位：千克）为正态随机变量. 取样本容量为 $n_1 = 220, n_2 = 205$，两个总体的样本方差分别是 $s_1^2 = 0.57^2, s_2^2 = 0.48^2$. 样本均值 $\bar{x} = 2.46, \bar{y} = 2.55$，均值差 $\bar{x} - \bar{y} = -0.09$. 给定显著水平 $\alpha = 0.05$，检验用原料 B 生产的产品重量是否大于用原料 A 生产的产品重量？即检验假设：

$$H_0 : \mu_1 - \mu_2 \geqslant \delta = 0, \quad H_1 : \mu_1 - \mu_2 > \delta = 0.$$

13. 测定用 A,B 两种机器生产的同类产品重量（单位：千克）为正态随机变量. 取样本容量为 $n_1 = 60, n_2 = 40$，两个总体的样本方差分别是 $s_1^2 = 15.46, s_2^2 = 9.66$. 给定显著水平 $\alpha = 0.05$，检验假设

$$H_0 : \sigma_1^2 \leqslant \sigma_2^2, \quad H_1 : \sigma_1^2 > \sigma_2^2$$

14. 假设两位美国文学家马克·吐温 (Mark Twain) 的 8 篇小品文以及斯诺特格拉斯 (Snodgrass) 的 10 篇小品文中由 3 个字母组成的单词的比例统计如下：

Mark	0.225	0.262	0.217	0.240	0.230	0.229	0.235	0.217		
Snodgrass	0.209	0.205	0.196	0.210	0.202	0.207	0.224	0.223	0.220	0.201

给定显著水平 $\alpha = 0.05$，检验两个正态总体方差 σ_1^2, σ_2^2 是否相等. 即检验假设：$H_0 : \sigma_1^2 = \sigma_2^2, H_1 : \sigma_1^2 \neq \sigma_2^2$. 由此进而确定两人文章中由 3 个字母组成的单词的比例是否相等，即检验两个总体的均值是否相等或检验假设 $H_0 : \mu_1 = \mu_2, H_1 : \mu_1 \neq \mu_2$.

第 9 章　　　非参数假设检验

9.1　　χ^2- 分布拟合检验

前面讨论的是 参数的假设检验，都假定总体服从正态分布，然后根据给定的样本对分布中的未知参数如均值或方差进行假设检验. 但实际问题中有时并不知道总体服从的是什么样的分布，需要根据样本来检验关于总体分布的假设，这就是 分布的假设检验. 把不依赖于分布的统计方法称为 非参数统计方法，其中包括 非参数假设检验.

假定总体随机变量的分布函数为未知函数 $F(x)$，考虑如下 **双边检验** 问题：

$$H_0 : F(x) = F_0(x), \quad H_1 : F(x) \neq F_0(x) \tag{9.1.1}$$

其中 $F_0(x)$ 为某种已知分布，如二项分布、泊松分布、指数分布、正态分布等，通常是根据总体的物理意义、样本的经验分布或直方图等启发获得的. 检验 H_0 的一般方法有 χ^2- 拟合优度检验 和 柯尔莫哥洛夫检验 等，针对正态总体则可用 偏度、峰度检验 和 正态概率纸检验.

9.1.1　有限离散型随机变量的 χ^2- 分布拟合检验

首先考虑离散型的随机变量的分布律的假设检验.

设总体为取值有限的离散型随机变量，分布律为 $\{P(X = i) = p_i, i = 1, 2, 3, \cdots, k\}$ ，写为表格形式如下：

X	1	2	$\cdots$	k
p_i	p_1	p_2	$\cdots$	p_k

记个数 n_i 为样本观察值 $(x_1, x_2, \cdots, x_n)$ 取值为 i 的数目 (如取值为 1 的有 $n_1 = 3$ 个，取值为 k 的有 $n_k = 5$ 个等)，则显然所有这些个数之和为样本容量 $\sum\limits_{i=1}^{k} n_i = n$. 记取值为 i 的频率 $f_i = \dfrac{n_i}{n}$，则由大数定律知道，当样本容量 n 充分大时，频率 $f_i = \dfrac{n_i}{n}$ 的极限就是概率 p_i.

取检验统计量为 "加权离散和" 随机变量

$$\chi^2 := \sum_{i=1}^{k} \frac{n}{p_i}(f_i - p_i)^2 = \sum_{i=1}^{k} \frac{n}{p_i}\left(\frac{n_i}{n} - p_i\right)^2 \tag{9.1.2}$$

其中 $\dfrac{n}{p_i}$ 是选择的 调节系数 或 "权"，目的是为了使得统计量取极限时收敛于一个理想的分布.

313

经过等价变形，这个统计量也可以写成

$$\chi^2 := \sum_{i=1}^{k} \frac{n}{p_i} \left(\frac{n_i}{n} - p_i \right)^2 = \sum_{i=1}^{k} \frac{(n_i - np_i)^2}{np_i} = \sum_{i=1}^{k} \frac{n_i^2}{np_i} - n \tag{9.1.3}$$

以上各种等价变形在计算或软件实现上各有妙处，统称为 皮尔逊统计量.

皮尔逊证明了如下定理（其详细证明可参阅如 王梓坤《概率论基础及其应用》）：

【定理 9.1.1】χ^2- 拟合优度检验的皮尔逊定理   当样本容量 n 充分大（通常满足 $n \geqslant 50$），并且每个 $np_i \geqslant 5$ 时 (若有 $np_i < 5$，则应适当合并剖分区间以满足要求)，有

$$\chi^2 = \sum_{i=1}^{k} \frac{(n_i - np_i)^2}{np_i} = \sum_{i=1}^{k} \frac{n_i^2}{np_i} - n \sim \chi^2(k-1) \tag{9.1.4}$$

即统计量近似服从自由度为 $k-1$ 的 χ^2- 分布.

考虑如下 双边检验 问题：

$$H_0 : P(X=i) = p_i, \quad H_1 : P(X=i) \neq p_i \tag{9.1.5}$$

显然，由于当样本容量 n 充分大时，频率 $f_i = \dfrac{n_i}{n}$ 的极限就是概率 p_i，所以用来衡量频率与概率的误差的统计量 χ^2 不应当太大，太大的话则要拒绝 H_0，因此给定显著水平 $0 < \alpha < 1$，拒绝域为

$$\{\chi^2 \geqslant \chi^2_\alpha(k-1)\} \tag{9.1.6}$$

相反，如果

$$\{\chi^2 < \chi^2_\alpha(k-1)\} \tag{9.1.7}$$

则可以以 $1 - \alpha$ 的置信度接受 H_0，认为假设分布就是总体分布.

【例 9.1.1】离散型分布的 χ^2- 拟合优度检验：骰子问题   澳门某赌场老板为了考察韦小宝带来的一颗骰子是否灌注水银，把他的骰子连掷了 120 次，结果如下表所列. 问这颗骰子是否匀称？指定显著水平 $\alpha = 5\%$.

点数 X	1	2	3	4	5	6
频数 n_i	21	28	19	24	16	12

【解】   要检验骰子是否匀称，只需验证这个六面体是否每一面朝上的概率即各点数出现的概率都是 1/6. 作双边假设检验

$$H_0 : p_i = \frac{1}{6}, \quad H_1 : p_i \neq \frac{1}{6}$$

倘若指定显著水平 $\alpha = 5\%$，对于

$$\chi^2 = \sum_{i=1}^{k} \frac{(n_i - np_i)^2}{np_i} = \sum_{i=1}^{k} \frac{n_i^2}{np_i} - n$$

双边假设检验的拒绝域是

$$\{\chi^2 \geqslant \chi^2_\alpha(k-1) = \chi^2_{0.05}(6-1) = \chi^2_{0.05}(5) = 11.07\}$$

由于所有的 $np_i = 120 \times \dfrac{1}{6} = 20$，故代入数据计算，得

$$
\begin{aligned}
\chi^2 &= \sum_{i=1}^{k} \frac{(n_i - np_i)^2}{np_i} = \sum_{i=1}^{k} \frac{n_i^2}{np_i} - n \\
&= \frac{(21-20)^2}{20} + \frac{(28-20)^2}{20} + \frac{(19-20)^2}{20} + \frac{(24-20)^2}{20} + \frac{(16-20)^2}{20} + \frac{(12-20)^2}{20} \\
&= \frac{1}{20} + \frac{64}{20} + \frac{1}{20} + \frac{16}{20} + \frac{16}{20} + \frac{64}{20} \\
&= \frac{2 + 32 + 128}{20} = \frac{162}{20} = 8.1
\end{aligned}
$$

由于 $\chi^2 = 8.1 < \chi^2_{0.05}(5) = 11.07$，故接受原假设 H_0，即骰子是匀称的（有 95% 的把握）．

【例 9.1.2】离散型分布的 χ^2- 拟合优度检验：摸球问题 布袋和尚的袋子里有黑、白两色球不知其数．用有放回式摸取法从袋子里摸球，直到摸到白球停止．记录下首次摸取到白球时摸取的次数．重复做此试验 100 遍，结果如下表所列．试问袋子里的黑、白两色球的个数是否相等？指定显著水平 $\alpha = 5\%$．

摸到白球时的摸球次数 X	1	2	3	4	5
此情况出现的频数 n_i	43	31	15	6	5

【解】 设总体 X 为首次摸取到白球时摸取的次数，则由于使用的是有放回式摸取法，X 服从"无记忆"几何分布，分布律是

$$
P(X = k) = (1-p)^{k-1} p \quad (k = 1, 2, \cdots)
$$

其中 p 表示从袋子里任意摸取一球是白球的概率．若袋子里的黑、白两色球的个数相等，则显然 $p = \dfrac{1}{2}$．此时代入上述分布律，有

$$
P(X=1) = \frac{1}{2}, \quad P(X=2) = \frac{1}{4}, P(X=3) = \frac{1}{8}, P(X=4) = \frac{1}{16}, P(X \geqslant 5) = \frac{1}{16}.
$$

要检验袋子里的黑、白两色球的个数是否相等，只需验证上述分布律是否成立，即作假设检验

$$
H_0 : p_1 = \frac{1}{2}, \quad p_2 = \frac{1}{4}, p_3 = \frac{1}{8}, p_4 = \frac{1}{16}, p_5 = \frac{1}{16}.
$$

倘若指定显著水平 $\alpha = 5\%$，对于

$$
\chi^2 = \sum_{i=1}^{k} \frac{(n_i - np_i)^2}{np_i} = \sum_{i=1}^{k} \frac{n_i^2}{np_i} - n
$$

假设检验的拒绝域是

$$
\{\chi^2 \geqslant \chi^2_{\alpha}(k-1) = \chi^2_{0.05}(5-1) = \chi^2_{0.05}(4) = 9.488\}
$$

由于重复做了 100 遍试验，即 $n = 100$，故

$$
np_1 = 50, \quad np_2 = 25, np_3 = \frac{25}{2}, np_4 = \frac{25}{4}, np_5 = \frac{25}{8}
$$

代入数据计算，得

$$\chi^2 = \sum_{i=1}^{k} \frac{(n_i - np_i)^2}{np_i} = \sum_{i=1}^{k} \frac{n_i^2}{np_i} - n$$

$$= \frac{(43-50)^2}{50} + \frac{(31-25)^2}{25} + \frac{(15-12.5)^2}{12.5} + \frac{(6-6.25)^2}{6.25} + \frac{(5-6.25)^2}{6.25}$$

$$= 3.2$$

由于 $\chi^2 = 3.2 < \chi^2_{0.05}(4) = 9.488$，故接受原假设 H_0，即袋子里的黑、白两色球的个数相等（有 95% 的把握）．

【例 9.1.3】离散型分布的 χ^2- 拟合优度检验：养鱼问题　新疆福海（乌伦古湖）渔场 10 年前按比例 $20:15:40:25$ 投放了 4 种鱼苗：1 为鲑鱼，2 为鳕鱼，3 为鲟鱼，4 为"五道黑"鱼．今年在渔场里随机捕捞获得 4 种鱼类样本共 600 条如下表所列．试问 10 年后 4 种鱼的数量比例较 10 年前是否有变化？指定显著水平 $\alpha = 5\%$．

鱼种 X	1	2	3	4
频数（条数）n_i	132	100	200	168

【解】　设总体 X 为鱼苗的种类编号，则 10 年前按比例 $20:15:40:25$ 投放时的初始分布律为

$$P(X=1) = \frac{20}{100} = 0.2, P(X=2) = \frac{15}{100} = 0.15$$

$$P(X=3) = \frac{40}{100} = 0.4, P(X=4) = \frac{25}{100} = 0.25$$

要检验 10 年后 4 种鱼的数量比例较 10 年前是否有变化，只需验证上述分布律是否成立，即作假设检验

$$H_0 : p_1 = 0.2, \quad p_2 = 0.15, p_3 = \frac{1}{8}, p_4 = 0.4, p_5 = 0.25$$

倘若指定显著水平 $\alpha = 5\%$，对于

$$\chi^2 = \sum_{i=1}^{k} \frac{(n_i - np_i)^2}{np_i} = \sum_{i=1}^{k} \frac{n_i^2}{np_i} - n$$

假设检验的拒绝域是

$$\{\chi^2 \geqslant \chi^2_\alpha(k-1) = \chi^2_{0.05}(4-1) = \chi^2_{0.05}(3) = 7.815\}$$

由于捕捞了 600 条样本鱼，即 $n = 600$，故

$$np_1 = 120, \quad np_2 = 90, np_3 = 240, np_4 = 150$$

代入数据计算，得

$$\chi^2 = \sum_{i=1}^{k} \frac{(n_i - np_i)^2}{np_i} = \sum_{i=1}^{k} \frac{n_i^2}{np_i} - n$$

$$= \frac{132^2}{120} + \frac{100^2}{90} + \frac{200^2}{240} + \frac{168^2}{150} - 600$$

$$= 611.14 - 600 = 11.14$$

由于 $\chi^2 = 11.14 > \chi^2_{0.05}(3) = 7.815$，故拒绝原假设 H_0，即 10 年后 4 种鱼的数量比例较 10 年前确有变化（有 95% 的把握）.

9.1.2 一般随机变量的 χ^2- 分布拟合检验

现在更一般地，假定总体随机变量的分布函数为未知函数 $F(x)$，考虑如下 **双边检验** 问题：

$$H_0 : F(x) = F_0(x), \quad H_1 : F(x) \neq F_0(x) \tag{9.1.8}$$

其中 $F_0(x)$ 为某种已知分布，如二项分布、泊松分布、指数分布、正态分布等.

以下假设总体随机变量 X 的分布函数 $F(x; \theta_1, \cdots, \theta_r)$(分布律或密度函数)，$(\theta_1, \cdots, \theta_r)$ 是 r 个待估参数，样本容量为 n，样本 $(X_1, X_2, \cdots, X_n)$，样本观察值为 $(x_1, x_2, \cdots, x_n)$.

将总体随机变量 X 的实数值域即实轴 $(-\infty, +\infty)$ 用 $k-1$ 个实数 $(a_1, a_2, \cdots, a_{k-1})$ 剖分为 k 个互不相容的区间：

$$A_1 : (-\infty, a_1], \quad A_2 : [a_1, a_2), \cdots, A_{k-1} : [a_{k-2}, a_{k-1}), A_k : [a_{k-1}, +\infty) \tag{9.1.9}$$

样本观察值 $(x_1, x_2, \cdots, x_n)$ 落在区间 $A_i : [a_{i-1}, a_i)$ 中的频数为 n_i，而落在区间 $A_{i-1} : [a_{i-1}, a_i)$ 中的概率为 p_i. 若原假设 H_0 成立，则由分布函数的意义可知

$$\begin{cases} p_1 & = F_0(a_1) \\ p_i & = F_0(a_i) - F_0(a_{i-1}), i = 2, 3, \cdots, k-1 \\ p_k & = 1 - F_0(a_{k-1}) \end{cases} \tag{9.1.10}$$

若 r 个待估参数 $\theta_1, \cdots, \theta_r$ 未知，则可用其 **最大似然估计**(Maximum Likelihood Estimation) $\hat{\theta}_1, \cdots, \hat{\theta}_r$ 取代. 即

$$\begin{cases} \hat{p}_1 & = F_0(a_1) \\ \hat{p}_i & = F_0(a_i; \hat{\theta}_1, \cdots, \hat{\theta}_r) - F_0(a_{i-1}; \hat{\theta}_1, \cdots, \hat{\theta}_r), i = 2, 3, \cdots, k-1 \\ \hat{p}_k & = 1 - F_0(a_{k-1}; \hat{\theta}_1, \cdots, \hat{\theta}_r) \end{cases} \tag{9.1.11}$$

皮尔逊和费歇证明了如下定理（其详细证明可参阅如 王梓坤《概率论基础及其应用》）.

【定理 9.1.2】 χ^2- 拟合优度检验的皮尔逊定理 设总体随机变量 X 的分布函数 $F(x; \theta_1, \cdots, \theta_r)$ 含有 r 个未知参数 $\theta_1, \cdots, \theta_r$，其 **最大似然估计** 是 $\hat{\theta}_1, \cdots, \hat{\theta}_r$. 当样本容量 n 充分大（通常满足 $n \geqslant 50$），并且每个 $np_i \geqslant 5$ 时 (若有 $np_i < 5$，则应适当合并剖分区间以满足要求)，有

$$\chi^2 = \sum_{i=1}^{k} \frac{(n_i - np_i)^2}{np_i} = \sum_{i=1}^{k} \frac{n_i^2}{np_i} - n \sim \chi^2(k - r - 1) \tag{9.1.12}$$

即统计量近似服从自由度为 $k - r - 1$ 的 χ^2- 分布.

考虑如下 **双边检验** 问题：

$$H_0 : X \sim F(x) = F_0(x), \quad H_1 : X \sim F(x) \neq F_0(x). \tag{9.1.13}$$

给定显著水平 $0 < \alpha < 1$，拒绝域为

$$\{\chi^2 \geqslant \chi_\alpha^2(k - r - 1)\} \tag{9.1.14}$$

相反，如果

$$\{\chi^2 < \chi_\alpha^2(k - r - 1)\} \tag{9.1.15}$$

则可以以 $1 - \alpha$ 的置信度接受 H_0，认为假设分布就是总体分布.

【例 9.1.4】分布的 χ^2- 拟合优度检验：泊松分布 粒子放射试验中，定时观察并记录某种放射性元素随机释放到达计数器上的粒子数目 X，共记录 100 次，结果如下表所列. 试问粒子数目 X 是否服从泊松分布？指定显著水平 $\alpha = 5\%$.

粒子数 X	0	1	2	3	4	5	6	7	8	9	10	11	$\geqslant 12$
频数 n_i	1	5	16	17	26	11	9	9	2	1	2	1	0

【解】 设总体 X 服从泊松分布，则其分布律为

$$P(X = i) = \frac{\lambda^i \mathrm{e}^{-\lambda}}{i!}, i = 0, 1, 2, \cdots$$

作假设检验：

$$H_0 : p_i = P(X = i) = \frac{\lambda^i \mathrm{e}^{-\lambda}}{i!}, i = 0, 1, 2, \cdots$$

由于分布律中含有一个未知参数 λ，用 最大似然估计 $\hat{\lambda} = \bar{x} = 4.2$ 代替 λ，即作假设检验

$$H_0 : \hat{p}_i = \hat{P}(X = i) = \frac{4.2^i \mathrm{e}^{-4.2}}{i!}, i = 0, 1, 2, \cdots$$

分别逐个计算，得

$$\hat{p}_0 = \frac{4.2^0 \mathrm{e}^{-4.2}}{0!} = \mathrm{e}^{-4.2} = 0.015, \hat{p}_1 = \frac{4.2^1 \mathrm{e}^{-4.2}}{1!} = 0.063$$

$$\hat{p}_2 = \frac{4.2^2 \mathrm{e}^{-4.2}}{2!} = 0.132, \hat{p}_3 = \frac{4.2^3 \mathrm{e}^{-4.2}}{3!} = 0.185$$

$$\vdots$$

$$\hat{p}_{12} = \frac{4.2^{12} \mathrm{e}^{-4.2}}{12!} = 0.002$$

代入 $n = 100, \hat{p}_i = \frac{4.2^i \mathrm{e}^{-4.2}}{i!}$，结果如下表所列.

X	0	1	2	3	4	5	6
$\hat{p}_i$	0.015	0.063	0.132	0.185	0.194	0.163	0.114
$n\hat{p}_i$	1.5	6.3	13.2	18.5	19.4	16.3	11.4
X	7	8	9	10	11	12	
$\hat{p}_i$	0.069	0.036	0.017	0.007	0.003	0.002	
$n\hat{p}_i$	6.9	3.6	1.7	0.7	0.3	0.2	

对于 $n\hat{p}_i < 5$ 的区间，要进行合并，如将第 0,1 段合并，将 8,9,10,11,12 这 5 段合并，合并后变成了 8 段，即 $k=8$. 而未知参数个数为 $r=1$ 个，因此自由度是 $k-r-1=8-1-1=6$.

倘若指定显著水平 $\alpha = 5\%$，对于

$$\chi^2 = \sum_{i=1}^k \frac{(n_i - np_i)^2}{np_i} = \sum_{i=1}^k \frac{n_i^2}{np_i} - n$$

假设检验的拒绝域是

$$\{\chi^2 \geqslant \chi_\alpha^2(k-r-1) = \chi_{0.05}^2(8-1-1) = \chi_{0.05}^2(6) = 12.592\}$$

代入数据计算，得统计量的观察值为

$$
\begin{aligned}
\chi^2 &= \sum_{i=1}^k \frac{(n_i - np_i)^2}{np_i} = \sum_{i=1}^k \frac{n_i^2}{np_i} - n \\
&= \frac{(1+5)^2}{1.5+6.3} + \frac{16^2}{13.2} + \cdots + \frac{9^2}{6.9} + \frac{(2+1+2+1+0)^2}{3.6+1.7+0.7+0.3+0.2} - 100 \\
&= 106.281 - 00 = 6.281
\end{aligned}
$$

由于 $\chi^2 = 6.281 < \chi_{0.05}^2(6) = 12.592$，故接受原假设 H_0，即粒子数目 X 服从泊松分布（有 95% 的把握）.

【例 9.1.5】分布的 χ^2- 拟合优度检验：指数分布 自 1965 年元旦至 1971 年 2 月 9 日共 2231 天中，全世界记录到里氏震级 (Richter scale)4 级和 4 级以上地震共 162 次，结果如下表所列. 试问相继两次地震间隔的天数 X 是否服从指数分布？指定显著水平 $\alpha = 5\%$.

间隔天数 X	$0 \sim 4$	$5 \sim 9$	$10 \sim 14$	$15 \sim 19$	$20 \sim 24$
出现频数 n_i	50	31	26	17	10

间隔天数 X	$25 \sim 29$	$30 \sim 34$	$35 \sim 39$	$\geqslant 40$	
出现频数 n_i	8	6	6	8	

【解】 设总体 X 服从指数分布，则其概率密度函数为

$$f(x;\theta) = \begin{cases} \dfrac{1}{\theta}\mathrm{e}^{-\frac{x}{\theta}}, & x > 0 \\ 0, & x \leqslant 0 \end{cases}$$

而分布函数为

$$F(x;\theta) = \begin{cases} 1 - \mathrm{e}^{-\frac{x}{\theta}}, & x > 0 \\ 0, & x \leqslant 0 \end{cases}$$

作假设检验

$$H_0 : X \sim F(x;\theta) = \begin{cases} 1 - \mathrm{e}^{-\frac{x}{\theta}}, & x > 0 \\ 0, & x \leqslant 0 \end{cases}$$

由于分布函数中含有一个未知参数 θ，用 最大似然估计 $\hat{\theta} = \bar{x} = \dfrac{2231}{162} = 13.7716$ 代替 θ，即作假设检验

$$H_0 : X \sim \hat{F}(x) = \begin{cases} 1 - \mathrm{e}^{-\frac{x}{13.7716}}, & x > 0 \\ 0, & x \leqslant 0 \end{cases}$$

将总体随机变量 X 的实数值域即半实轴 $[0, +\infty)$ 用 $k - 1 = 9 - 1 = 8$ 个实数 $a_1 = 4.5, a_2 = 9.5, \cdots, a_7 = 34.5, a_8 = 39.5$ 剖分为 9 个互不相容的区间:

$$A_1 : [0, 4.5], \quad A_2 : [4.5, 9.5), \cdots, A_8 : [34.5, 39.5), A_9 : [39.5, +\infty).$$

若原假设 H_0 成立，则由分布函数的意义可知

$$\begin{cases} \hat{p}_1 & = \hat{F}(a_1) \\ \hat{p}_i & = \hat{F}(a_i) - \hat{F}(a_{i-1})(i = 2, 3, \cdots, k-1) \\ \hat{p}_k & = 1 - \hat{F}(a_{k-1}) \end{cases}$$

逐个计算，得

$$\begin{cases} \hat{p}_1 & = \hat{F}(a_1) = \hat{F}(4.5) = 1 - \mathrm{e}^{-\frac{4.5}{13.7716}} = 0.2788 \\ \hat{p}_i & = \hat{F}(a_i) - \hat{F}(a_{i-1}) = \mathrm{e}^{-\frac{a_{i-1}}{13.7716}} - \mathrm{e}^{-\frac{a_i}{13.7716}}(i = 2, 3, \cdots, k-1) \\ \hat{p}_9 & = 1 - \hat{F}(a_{k-1}) = \mathrm{e}^{-\frac{a_8}{13.7716}} = \mathrm{e}^{-\frac{39.5}{13.7716}} = 0.0568 \end{cases}$$

代入 $n = 162$, 结果如下表所列.

X	$0 \sim 4$	$5 \sim 9$	$10 \sim 14$	$15 \sim 19$	$20 \sim 24$
n_i	50	31	26	17	10
$\hat{p}_i$	0.2788	0.2196	0.1527	0.1062	0.0739
$n\hat{p}_i$	45.1656	35.5752	24.7374	17.2044	11.9718

X	$25 \sim 29$	$30 \sim 34$	$35 \sim 39$	$\geqslant 40$	
n_i	8	6	6	8	
$\hat{p}_i$	0.0514	0.0358	0.0248	0.0568	
$n\hat{p}_i$	8.3268	5.7996	4.0176	9.2016	

对于 $n\hat{p}_i < 5$ 的区间，要进行合并，如将第 8,9 段合并，合并后变成了 8 段，即 $k = 8$. 而未知参数个数为 $r = 1$ 个，因此自由度是 $k - r - 1 = 8 - 1 - 1 = 6$.

倘若指定显著水平 $\alpha = 5\%$，对于

$$\chi^2 = \sum_{i=1}^{k} \frac{(n_i - np_i)^2}{np_i} = \sum_{i=1}^{k} \frac{n_i^2}{np_i} - n$$

假设检验的拒绝域是

$$\{\chi^2 \geqslant \chi_\alpha^2(k - r - 1) = \chi_{0.05}^2(8 - 1 - 1) = \chi_{0.05}^2(6) = 12.592\}$$

代入数据计算，得统计量的观察值为

$$\chi^2 = \sum_{i=1}^{k} \frac{(n_i - np_i)^2}{np_i} = \sum_{i=1}^{k} \frac{n_i^2}{np_i} - n$$
$$= \frac{50^2}{45.1656} + \frac{31^2}{35.5752} + \cdots + \frac{6^2}{5.7996} + \frac{(6+8)^2}{4.0176 + 9.2016} - 162$$
$$= 163.5633 - 162 = 1.5633$$

由于 $\chi^2 = 1.5633 < \chi_{0.05}^2(6) = 12.592$，故接受原假设 H_0，即相继两次地震间隔的天数 X 服从指数分布（有 95% 的把握）.

习题 9.1

1. 一台摇奖机是一个圆球形容器，内有 10 个质地均匀的小球，分别标有 0，1，2，$\cdots$，9 的数. 转动容器让小球随机分布，然后从中掉出一球，其号码为 X. 如果摇奖机合格，则 X 的分布律应为 $P\{X = k\} = \dfrac{1}{10}$，$k = 0, 1, 2, \cdots, 9$. 现用这台摇奖机做了 800 次试验，得到如下数据. 试问用这些数据检验该摇奖机是否合格 $(\alpha = 0.05)$？

号码	0	1	2	3	4	5	6	7	8	9
出现的频数	74	92	83	79	80	73	77	75	76	91

2. 某汽车销售商对近两个月的家用轿车销售情况进行调查，各种颜色汽车的销售情况如下表所列：

颜色	红	黄	蓝	银	黑
销量	40	64	46	36	14

试检验顾客对这些颜色是否有偏爱，即检验销售情况是否均匀 $(\alpha = 0.05)$.

3. 从总体 X 中抽取一个容量为 80 的样本，得频数分布如下表所列：

区间	$(0, \frac{1}{4}]$	$(\frac{1}{4}, \frac{1}{2}]$	$(\frac{1}{2}, \frac{3}{4}]$	$(\frac{3}{4}, 1]$
频数	6	18	20	36

试在 $\alpha = 0.025$ 下检验 X 的概率密度是否为

$$f(x) = \begin{cases} 2x, & 0 < x \leqslant 1 \\ 0, & 其他 \end{cases}$$

4. 设随机检查 300 只灯泡作寿命试验，记录寿命，结果如下表所列. 能否认为灯泡寿命服从指数分布？

区间	$(0, 100]$	$(100, 200]$	$(200, 300]$	$(300, +\infty]$
频数	121	78	43	58

321

给定显著水平 $\alpha = 0.05$，检验假设 H_0：灯泡寿命服从指数分布，概率密度函数为

$$f(x) = \begin{cases} 0.005\mathrm{e}^{-0.005x}, & x > 0 \\ 0, & \text{其他} \end{cases}$$

分布函数为

$$F(x) = \begin{cases} 1 - \mathrm{e}^{-0.005x}, & x > 0 \\ 0, & \text{其他} \end{cases}$$

5. 某建筑工地每天发生事故数现场记录如下：

一天发生的事故数	0	1	2	3	4	5	6	合计
天数	102	59	30	8	0	1	0	200

试在显著性水平 $\alpha = 0.05$ 下检验这批数据是否服从泊松分布.

6. 从自动精密机床产品传递带中取出 200 个零件，以 1 微米以内的测量精度检验零件尺寸，把测量值与额定尺寸按每隔 5 微米进行分组，结果如下表所列. 计算这种偏差落在各组内的频数 n_i.

组号	1	2	3	4	5
组限	$-20 \sim -15$	$-15 \sim -10$	$-10 \sim -5$	$-5 \sim 0$	$0 \sim 5$
频数 n_i	7	11	15	24	49
组号	6	7	8	9	10
组限	$10 \sim 15$	$15 \sim 20$	$20 \sim 25$	$25 \sim 30$	$5 \sim 10$
频数 n_i	26	17	7	3	41

试利用 χ^2– 检验法检验尺寸的偏差是否服从正态分布 ($\alpha = 0.05$).

9.2 双总体连续型分布的秩和检验

本节讨论 双总体连续型分布的秩和检验，它是由威尔柯克森 (Frank Wilcoxon) 提出的，主要针对如下的双总体连续型分布 分布检验 问题：

$$H_0 : F(x) = G(x), \quad H_1 : F(x) \neq G(x) \tag{9.2.1}$$

这也等价于对概率密度函数的 双边检验：

$$H_0 : f(x) = g(x), \quad H_1 : f(x) \neq g(x) \tag{9.2.2}$$

两个连续型随机变量 X 和 Y，总体的分布函数记为 $F(x)$ 和 $G(x)$，分别取容量为 m 和 n 的样本，X 的样本为 $(X_1, X_2, \cdots, X_m)$，样本值为 n 维实向量 $(x_1, x_2, \cdots, x_m)$. Y 的样本为 $(Y_1, Y_2, \cdots, Y_n)$，样本值为 n 维实向量 $(y_1, y_2, \cdots, y_n)$. 作假设检验：

$$H_0 : F(x) = G(x), \quad H_1 : F(x) \neq G(x) \tag{9.2.3}$$

首先引入 秩 与 秩和 的概念.

【定义 9.2.1】秩 (Rank)   连续型随机变量 X 的容量为 m 的样本, 若按照样本值从小到大的次序排列为 $(X_1, X_2, \cdots, X_n)$, 样本值为 n 维实向量 $(x_1, x_2, \cdots, x_n)$. 则下标 i 就称为样本点的 秩 (Rank). 如果原始样本没有按照样本值从小到大的次序排列, 则对它进行人工排序, 即

$$x_1^* \leqslant x_2^* \leqslant \cdots \leqslant x_m^*, \quad x_i^* \leqslant x_{i+1}^* \tag{9.2.4}$$

此时若样本点 x_i 经过排序后换到了 x_k^* 的位置, 则下标 k 就称为样本点的 秩 (Rank).

如果出现有几个样本值相等, 则它们的秩相等 都是各序号的算术平均值.

【释例 9.2.1】秩 (Rank)   给定如下 10 个样本数据, 试确定各样本点的秩.

$$3 \quad 5 \quad 8 \quad 1 \quad 1 \quad 2 \quad 13 \quad 55 \quad 34 \quad 55$$

【解】   原始样本没有按照样本值从小到大的次序排列, 对它进行人工排序:

$$1 \quad 1 \quad 2 \quad 3 \quad 5 \quad 8 \quad 13 \quad 34 \quad 55 \quad 55$$

则各样本点的秩为

$$\operatorname{rank}(3) = 4, \quad \operatorname{rank}(5) = 5, \quad \operatorname{rank}(8) = 6,$$
$$\operatorname{rank}(1) = \frac{1+2}{2} = 1.5, \cdots, \operatorname{rank}(55) = \frac{9+10}{2} = 9.5$$

在这里, 由于两个 1 的序号分别是 1,2, 故 $\operatorname{rank}(1) = \dfrac{1+2}{2} = 1.5$; 而两个 55 的序号分别是 9,10, 故 $\operatorname{rank}(55) = \dfrac{9+10}{2} = 9.5$.

【定义 9.2.2】秩和 (Rank Sum)   两个连续型随机变量 X 和 Y, 总体的分布函数记为 $F(x)$ 和 $G(x)$, 分别取容量为 m 和 n 的样本, 不妨假设容量 $m \leqslant n$. X 的样本为 $(X_1, X_2, \cdots, X_m)$, 样本值为 m 维实向量 $(x_1, x_2, \cdots, x_m)$. Y 的样本为 $(Y_1, Y_2, \cdots, Y_n)$, 样本值为 n 维实向量 $(y_1, y_2, \cdots, y_n)$.

以后我们总是把容量较小的总体作为 X, 若容量相等 $m = n$, 则取任意一个即可.

把两个连续型总体 X 和 Y 的样本值 $(x_1, x_2, \cdots, x_m)$ 与 $(y_1, y_2, \cdots, y_n)$ 混合并按照样本值从小到大的次序排列后得到新的 $m + n$ 个数值构成的序列, 对它进行人工排序:

$$z_1^* \leqslant z_2^* \leqslant \cdots \leqslant z_{m+n}^*, \quad z_i^* \leqslant z_{i+1}^* \tag{9.2.5}$$

此时若样本点 x_i 经过排序后换到了 z_k^* 的位置, 则下标 k 就称为样本点 x_i 的 秩. 设各样本点 x_i 的 秩 分别是

$$r_1, r_2, \cdots, r_m, \quad 1 \leqslant r_i \leqslant m + n \tag{9.2.6}$$

定义随机变量 r 为各样本点 x_i 的 秩 的和:

$$r = r_1 + r_2 + \cdots + r_m = \sum_{i=1}^{m} r_i, \quad 1 \leqslant r_i \leqslant m + n \tag{9.2.7}$$

则称 $r = \sum\limits_{k=1}^{m} r_i$ 为样本点 x_i 的 秩和（Rank Sum）. 它也是一种随机变量，根据 秩 的不同而随机变化取值.

秩和 r 的最小取值对应于如下情况：

$$r_1 = 1, r_2 = 2, \cdots, r_m = m, \quad \sum_{i=1}^{m} r_i = 1 + 2 + \cdots + m = \frac{m(m+1)}{2} \tag{9.2.8}$$

秩和 的最大取值对应于如下情况：

$$r_1 = n+1, r_2 = n+2, \cdots, r_m = n+m$$
$$\sum_{i=1}^{m} r_i = (n+1) + (n+2) + \cdots + (n+m) = \frac{m(m+1)}{2} + mn \tag{9.2.9}$$

因此 秩和 的取值区间为 $[\frac{m(m+1)}{2}, \frac{m(m+1)}{2} + mn]$.

【命题 9.2.1】双总体连续型分布的秩和检验　　现在检验假设

$$H_0 : F(x) = G(x), \quad H_1 : F(x) \neq G(x) \tag{9.2.10}$$

由于当 H_0 为真时，两个总体的分布函数相同，意味着它们是一个总体，所以样本点 x_i 的 秩 必定是随机均匀地分散到从 1 到 $m+n$ 的这些数里，而不会过度集中在较小或较大的数里. 从而 秩和 r 在取值区间 $[\frac{m(m+1)}{2}, \frac{m(m+1)}{2} + mn]$ 中不会太靠近左端点，也不会太靠近右端点. 否则就认为出现了小概率事件，应当拒绝 H_0. 分别给出一个上限（Upper boundary）$U \approx \frac{m(m+1)}{2} + mn$ 和一个下限（Lower boundary）$L \approx \frac{m(m+1)}{2}$，对于给定显著水平 α, 通常取

$$P\{r \geqslant U\} = \frac{\alpha}{2}, \quad P\{r \leqslant L\} = \frac{\alpha}{2} \tag{9.2.11}$$

对于 $m, n \leqslant 10$, 有 秩和检验 表可查. 给定显著水平 α, 有

$$P\{r \geqslant U\} = \frac{\alpha}{2}, P\{r \leqslant L\} = \frac{\alpha}{2}$$
$$\Rightarrow \quad \alpha = \frac{\alpha}{2} + \frac{\alpha}{2} = P\{r \geqslant U\} + P\{r \leqslant L\} \tag{9.2.12}$$

即当 秩和 $r \geqslant U$ 或者 $r \leqslant L$ 时就拒绝 H_0. 即拒绝域为

$$\{r \geqslant U\} \bigcup \{r \leqslant L\} \tag{9.2.13}$$

而当 $m, n > 10$ 时，由中心极限定理，秩和的标准化随机变量近似服从 标准正态分布. 其中：

均值

$$\mu := \frac{m(m+n+1)}{2} \tag{9.2.14}$$

标准差

$$\sigma := \sqrt{\frac{mn(m+n+1)}{12}} \tag{9.2.15}$$

则当 H_0 为真时，有服从 标准正态分布 的标准化随机变量

$$Z := \frac{r - \mu}{\sigma} \sim N(0,1) \tag{9.2.16}$$

由于给定显著水平 α, 有

$$P\{|z| \geqslant Z_{\frac{\alpha}{2}}\} = \alpha, P\{z \geqslant Z_\alpha\} = \alpha, P\{z \leqslant -Z_\alpha\} = \alpha \tag{9.2.17}$$

即拒绝域为

$$\{|z| \geqslant Z_{\frac{\alpha}{2}}\} \bigcup \{z \geqslant Z_\alpha\} \bigcup \{z \leqslant -Z_\alpha\} \tag{9.2.18}$$

【秩和检验法实施步骤】

具体实施秩和检验法的步骤如下：

（1）把两个连续型总体 X 和 Y（容量较小的总体作为 X）的样本值 $(x_1, x_2, \cdots, x_m)$ 与 $(y_1, y_2, \cdots, y_n)$ 混合并按照样本值从小到大的次序排列后，求出样本点 x_i 的 秩：

$$r_1, r_2, \cdots, r_m, \quad 1 \leqslant r_i \leqslant m + n \tag{9.2.19}$$

（2）计算样本点 x_i 的 秩和：

$$r = r_1 + r_2 + \cdots + r_m = \sum_{i=1}^{m} r_i, \quad 1 \leqslant r_i \leqslant m + n. \tag{9.2.20}$$

（3）对于 $m, n \leqslant 10$, 有 秩和检验 表可查. 给定显著水平 α, 拒绝域为

$$\{r \geqslant U\} \bigcup \{r \leqslant L\} \tag{9.2.21}$$

其中 $P\{r \geqslant U\} = P\{r \leqslant L\} = \dfrac{\alpha}{2}$.

（4）当 $m, n > 10$ 时，有服从 标准正态分布 的标准化随机变量

$$Z := \frac{r - \mu}{\sigma} \sim N(0,1) \tag{9.2.22}$$

其中均值

$$\mu := Er = \frac{m(m + n + 1)}{2} \tag{9.2.23}$$

标准差

$$\sigma := \sqrt{Dr} = \sqrt{\frac{mn(m + n + 1)}{12}} \tag{9.2.24}$$

给定显著水平 α, 拒绝域为

$$\{|z| \geqslant Z_{\frac{\alpha}{2}}\} \bigcup \{z \geqslant Z_\alpha\} \bigcup \{z \leqslant -Z_\alpha\} \tag{9.2.25}$$

【注记 1】双总体连续型分布检验 问题

$$H_0 : F(x) = G(x), \quad H_1 : F(x) \neq G(x). \tag{9.2.26}$$

等价于对概率密度函数的 **双边检验**

$$H_0 : f(x) = g(x), \quad H_1 : f(x) \neq g(x). \tag{9.2.27}$$

或者概率密度函数的只相差一个常数的 **平移**

$$H_0 : f(x) = g(x - c). \tag{9.2.28}$$

这等价于以下的 **双边检验、右边检验、左边检验**：

$$H_0 : c = 0, \quad H_1 : c \neq 0$$
$$H_0 : c = 0, \quad H_1 : c > 0 \tag{9.2.29}$$
$$H_0 : c = 0, \quad H_1 : c < 0$$

如果两个总体的均值（期望）存在，分别为 μ_1, μ_2，则由于 $f(x) = g(x - c)$，有 $\mu_1 - c = \mu_2$. 此时进一步等价于

$$H_0 : \mu_1 = \mu_2, \quad H_1 : \mu_1 \neq \mu_2$$
$$H_0 : \mu_1 = \mu_2, \quad H_1 : \mu_1 > \mu_2 \tag{9.2.30}$$
$$H_0 : \mu_1 = \mu_2, \quad H_1 : \mu_1 < \mu_2$$

给定显著水平 α, 拒绝域分别为

$$\{|z| \geqslant Z_{\frac{\alpha}{2}}\}, \quad \{z \geqslant Z_\alpha\}, \quad \{z \leqslant -Z_\alpha\} \tag{9.2.31}$$

【注记 2】 $m, n \geqslant 10$ 时，若将样本值从小到大混合排列后出现 k 个具有相同秩的组，其中 t_i 个数的秩为 $a_i (i = 1, 2, \cdots, k)$，则秩和的标准化随机变量近似服从 **标准正态分布**. 其中，均值依旧是

$$\mu := \frac{m(m + n + 1)}{2} \tag{9.2.32}$$

而标准差修正为

$$\sigma := \sqrt{\frac{mn[(m + n)((m + n)^2 - 1) - \sum\limits_{i=1}^{k} t_i(t_i^2 - 1)]}{12(m + n)(m + n - 1)}} \tag{9.2.33}$$

【例 9.2.1】小容量秩和检验 甲、乙两位无锡惠山泥人师傅在连续 5 天之内，每天捏制的泥人个数如下. 试检验两人每天捏制的泥人个数是否有显著差异？给定显著水平 $\alpha = 0.1$.

$$X : \quad 49 \quad 52 \quad 53 \quad 47 \quad 50$$
$$Y : \quad 56 \quad 48 \quad 58 \quad 46 \quad 55$$

【解】 检验假设 H_0: 两人每天捏制的泥人个数没有显著差异.

（1）把两个连续型总体 X 和 Y（容量较小的总体作为 X）的样本值混合并按照样本值从小到大的次序排列后，求出样本点 x_i 的 秩. 列表计算如下：

序号 i	1	2	3	4	5	6	7	8	9	10
节点 x_i		47		49	50	52	53			
节点 y_i	46		48					55	56	58
秩 r_i	1	2	3	4	5	6	7	8	9	10

样本点 x_i 的秩为

$$2, 4, 5, 6, 7$$

（2）计算样本点 x_i 的秩和：

$$r = \sum_{i=1}^{m} r_i = 2 + 4 + 5 + 6 + 7 = 24.$$

（3）对于 $m = 5, n = 5$, 满足 $m, n \leqslant 10$. 从而有 秩和检验 表可查. 给定显著水平 $\alpha = 0.1, \dfrac{\alpha}{2} = 0.05$, 拒绝域为

$$\{r \geqslant U = 36\} \bigcup \{r \leqslant L = 19\}$$

由于 $19 < r = 24 < 36$, 故接受假设 H_0: 两人每天捏制的泥人个数没有显著差异.

【**例 9.2.2**】**大容量秩和检验**　甲、乙两种手机分别采样若干，测得一次充足电后连续通话时间如下（单位：小时）. 试检验甲、乙两种手机的连续通话时间是否有显著差异？给定显著水平 $\alpha = 0.01$.

$$X: \quad 5.5 \quad 5.6 \quad 6.3 \quad 4.6 \quad 5.3 \quad 5.0 \quad 6.2 \quad 5.8 \quad 5.1 \quad 5.2 \quad 5.9$$
$$Y: \quad 3.8 \quad 4.3 \quad 4.2 \quad 4.0 \quad 4.9 \quad 4.5 \quad 5.2 \quad 4.8 \quad 4.5 \quad 3.9 \quad 3.7 \quad 4.6$$

【**解**】　检验假设 H_0: 甲、乙手机的连续通话时间没有显著差异.

（1）把两个连续型总体 X 和 Y（容量较小的总体作为 X）的样本值混合并按照样本值从小到大的次序排列后，求出样本点 x_i 的秩. 列表计算如下：

序号 i	1	2	3	4	5	6	7	8	9	10	11	12
节点 x_i									4.6			
节点 y_i	3.7	3.8	3.9	4.0	4.2	4.3	4.5	4.5		4.6	4.8	4.9
秩 r_i	1	2	3	4	5	6	7	8	9.5	9.5	11	12
序号 i	13	14	15	16	17	18	19	20	21	22	23	
节点 x_i	5.0	5.1	5.2		5.3	5.5	5.6	5.8	5.9	6.2	6.3	
节点 y_i				5.2								
秩 r_i	13	14	15.5	15.5	17	18	19	20	21	22	23	

样本点 x_i 的秩为：

$$9.5, 13, 14, 15.5, 17, 18, 19, 20, 21, 22, 23$$

（2）计算样本点 x_i 的秩和：

$$r = \sum_{i=1}^{m} r_i = 9.5 + 13 + 14 + 15.5 + 17 + 18 + 19 + 20 + 21 + 22 + 23 = 192$$

（3）对于 $m = 11, n = 12$, 满足 $m, n > 10$. 从而有服从 标准正态分布 的标准化随机变量

$$Z := \frac{r - \mu}{\sigma} \sim N(0, 1)$$

其中均值

$$\mu := Er = \frac{m(m+n+1)}{2} = \frac{11(11+12+1)}{2} = 132$$

标准差

$$\sigma := \sqrt{Dr} = \sqrt{\frac{mn(m+n+1)}{12}} = \sqrt{\frac{11 \times 12 \times (11+12+1)}{12}} = \sqrt{264}$$

给定显著水平 $\alpha = 0.01$, 拒绝域为

$$\{|z| \geqslant Z_{\frac{\alpha}{2}}\} \bigcup \{z \geqslant Z_\alpha\} \bigcup \{z \leqslant -Z_\alpha\}$$

由于

$$z := \frac{r-\mu}{\sigma} = \frac{192-132}{\sqrt{264}} = 3.69 > Z_{0.01} = 2.33.$$

故拒绝假设 H_0, 即甲、乙手机的连续通话时间有显著差异. 事实上, 由于 $z > Z_{0.01}$, 符合右边检验的备择假设 $H_1 : \mu_1 > \mu_2$, 即甲种手机比乙种手机的连续通话时间要长.

【例 9.2.3】大容量秩和检验 某超市打算从海尔或海信电器公司批发等离子彩电, 将以往进货的次品率进行比较数据如下. 试检验海尔与海信电器公司的等离子彩电次品率是否有显著差异? 给定显著水平 $\alpha = 0.05$.

$$X: \quad 7.0 \quad 3.5 \quad 9.6 \quad 8.1 \quad 6.2 \quad 5.1 \quad 10.4 \quad 4.0 \quad 2.0 \quad 10.5$$
$$Y: \quad 5.7 \quad 3.2 \quad 4.2 \quad 11.0 \quad 9.7 \quad 6.9 \quad 3.6 \quad 4.8 \quad 5.6 \quad 8.4 \quad 10.1 \quad 5.5 \quad 12.3$$

【解】 检验假设 H_0: 海尔与海信电器公司的等离子彩电次品率没有显著差异.

（1）把两个连续型总体 X 和 Y（容量较小的总体作为 X）的样本值混合并按照样本值从小到大的次序排列后, 求出样本点 x_i 的 秩. 列表计算如下:

序号 i	1	2	3	4	5	6	7	8	9	10	11	12
节点 x_i	2.0		3.5		4.0			5.1				6.2
节点 y_i		3.2		3.6		4.2	4.8		5.5	5.6	5.7	
秩 r_i	1	2	3	4	5	6	7	8	9	10	11	12

序号 i	13	14	15	16	17	18	19	20	21	22	23
节点 x_i		7.0	8.1		9.6			10.4	10.5		
节点 y_i	6.9			8.4		9.7	10.1			11.0	12.3
秩 r_i	13	14	15	16	17	18	19	20	21	22	23	24

样本点 x_i 的 秩 为

$$1, 3, 5, 8, 12, 14, 15, 17, 20, 21$$

（2）计算样本点 x_i 的 秩和:

$$r = \sum_{i=1}^{m} r_i = 1+3+5+8+12+14+15+17+20+21 = 116$$

（3）对于 $m=10, n=13$，满足 $m, n \geqslant 10$. 从而有服从 标准正态分布 的标准化随机变量

$$Z := \frac{r-\mu}{\sigma} \sim N(0,1)$$

其中均值

$$\mu := Er = \frac{m(m+n+1)}{2} = \frac{10(10+13+1)}{2} = 120$$

标准差

$$\sigma := \sqrt{Dr} = \sqrt{\frac{mn(m+n+1)}{12}} = \sqrt{\frac{10 \times 13 \times (10+13+1)}{12}} = \sqrt{260}$$

给定显著水平 $\alpha = 0.05$, 拒绝域为

$$\{|z| \geqslant Z_{\frac{\alpha}{2}}\} \bigcup \{z \geqslant Z_\alpha\} \bigcup \{z \leqslant -Z_\alpha\}$$

由于

$$|z| := \left|\frac{r-\mu}{\sigma}\right| = \left|\frac{116-120}{\sqrt{260}}\right| = 0.25 < Z_{0.025} = 1.96.$$

故接受假设 H_0, 即海尔与海信电器公司的等离子彩电次品率没有显著差异.

【例 9.2.4】中间容量多组相同秩情况的秩和检验　　新疆伊力酒业集团推出甲、乙两种新型葡萄酒，由随机选择的 10 名志愿者分别进行品尝并评分，数据如下. 试检验甲、乙两种新型葡萄酒得分是否有显著差异？给定显著水平 $\alpha = 0.05$.

$$X: \quad 10 \quad 8 \quad 1 \quad 8 \quad 7 \quad 5 \quad 1 \quad 3 \quad 9 \quad 7$$
$$Y: \quad 6 \quad 5 \quad 2 \quad 2 \quad 4 \quad 6 \quad 4 \quad 5 \quad 9 \quad 8$$

【解】　　检验假设 H_0: 甲、乙两种新型葡萄酒得分没有显著差异.

（1）把两个连续型总体 X 和 Y（容量较小的总体作为 X）的样本值混合并按照样本值从小到大的次序排列后，求出样本点 x_i 的 秩. 列表计算如下：

序号 i	1	2	3	4	5	6	7	8	9	10	11	12
节点 x_i	1			3					5	6		
节点 y_i		2	2		4	4	5	5			6	6
秩 r_i	1	2.5	2.5	4	5.5	5.5	8	8	8	11	11	11

序号 i	13	14	15	16	17	18	19	20
节点 x_i	7	7	8	8		9		10
节点 y_i					8		9	
秩 r_i	13.5	13.5	16	16	16	18.5	18.5	20

样本点 x_i 的 秩 为

$$1, 4, 8, 11, 13.5, 16, 18.5, 20$$

（2）计算样本点 x_i 的 秩和:

$$r = \sum_{i=1}^{m} r_i = 1 + 4 + 8 + 11 + 13.5 + 16 + 18.5 + 20 = 92$$

（3）**方法** 1　对于 $m = 10, n = 10$，一方面满足 $m, n \leqslant 10$，可以使用小容量检验，有 秩和检验 表可查. 给定显著水平 $\alpha = 0.05, \dfrac{\alpha}{2} = 0.025$, 拒绝域为

$$\{r \geqslant U = 131\} \bigcup \{r \leqslant L = 79\}$$

由于 $79 < r = 92 < 131$, 故接受假设 H_0：甲、乙两种新型葡萄酒得分没有显著差异.

方法 2　对于 $m = 10, n = 10$，另一方面满足 $m, n \geqslant 10$. 从而有服从 标准正态分布 的标准化随机变量

$$Z := \frac{r - \mu}{\sigma} \sim N(0, 1)$$

其中均值

$$\mu := E(r) = \frac{m(m + n + 1)}{2} = \frac{10(10 + 10 + 1)}{2} = 105$$

由于将样本值从小到大混合排列后出现 $k = $ 个具有相同秩的组，其中 $t_1 = 2$ 个数的秩为 $a_1 = 2.5$；$t_2 = 2$ 个数的秩为 $a_2 = 5.5$；$t_3 = 3$ 个数的秩为 $a_3 = 8$；$t_4 = 3$ 个数的秩为 $a_4 = 11$；$t_5 = 2$ 个数的秩为 $a_5 = 13.5$；$t_6 = 3$ 个数的秩为 $a_6 = 16$；$t_7 = 2$ 个数的秩为 $a_7 = 18.5$. 因此，有

$$\sum_{i=1}^{k} t_i(t_i^2 - 1) = 2 \times 3 + 2 \times 3 + 3 \times 8 + 3 \times 8 + 2 \times 3 + 3 \times 8 + 2 \times 3 = 24 \times 4 = 96$$

于是方差为

$$\sigma^2 = \frac{mn[(m + n)((m + n)^2 - 1) - \sum\limits_{i=1}^{k} t_i(t_i^2 - 1)]}{12(m + n)(m + n - 1)}$$

$$= \frac{100[399 - 96]}{12 \times 20 \times 19} = \frac{788400}{4560} = 172.89$$

标准差

$$\sigma := \sqrt{D(r)} = \sqrt{172.89} = 13.15$$

给定显著水平 $\alpha = 0.05$, 拒绝域为

$$\{|z| \geqslant Z_{\frac{\alpha}{2}}\} \bigcup \{z \geqslant Z_\alpha\} \bigcup \{z \leqslant -Z_\alpha\}$$

由于

$$|z| := |\frac{r - \mu}{\sigma}| = |\frac{92 - 105}{13.15}| = 0.963 < Z_{0.025} = 1.96.$$

故接受假设 H_0：甲、乙两种新型葡萄酒得分没有显著差异.

习题 9.2

甲、乙两种灯泡分别采样若干，测得寿命如下（单位：小时）. 试检验甲、乙两种灯泡的寿命是否有显著差异? 给定显著水平 $\alpha = 0.05$.

X:	1580	1600	1650	1650	1700	
Y:	1610	1640	1680	1700	1750	1720	1800

总习题九

1. 设随机检查某本书的 100 页，记录各页中的印刷错误个数，结果如下. 能否认为各页中的印刷错误个数服从泊松分布？

错误个数 f_i	0	1	2	3	4	5	6	≥ 7
包含 f_i 个错误的页数	36	40	19	2	0	2	1	0

给定显著水平 $\alpha = 0.05$，检验印刷错误个数是否服从泊松分布. 即检验假设 H_0：印刷错误个数服从参数为 λ 的泊松分布 $P\{X = k\} = \dfrac{\lambda^k}{k!} \mathrm{e}^{-\lambda}$.

2. 对某汽车零件制造厂所生产的汽缸螺栓口径进行抽样检验，测得 100 个数据分组列表如下：

组限	$10.93 \sim 10.95$	$10.95 \sim 10.97$	$10.97 \sim 10.99$	$10.99 \sim 11.01$
频数 n_i	5	8	20	34

组限	$11.01 \sim 11.03$	$11.03 \sim 11.05$	$11.05 \sim 11.07$	$11.07 \sim 11.09$
频数 n_i	17	6	6	4

试检验螺栓口径是否服从正态分布（$\alpha = 0.05$）？

3. 对 200 只电池作寿命试验，得如下统计分布：

使用寿命	$0 \sim 5$	$5 \sim 10$	$10 \sim 15$	$15 \sim 20$	$20 \sim 25$	$25 \sim 30$
电池个数 f_i	133	45	15	4	2	1

试说明使用寿命 X 是否服从指数分布（$\alpha = 0.05$）？

4. 设一个袋子里有 8 只球，红球数目未知，在袋子中任取 3 只，以 X 表示其中的红球数目，然后放回，再取 3 只记录，如此重复 112 次，结果如下：

红球个数	0	1	2	3
出现次数 f_i	1	31	55	25

给定显著水平 $\alpha = 0.05$，检验 X 是否服从超几何分布. 即检验假设 H_0：红球数目服从超几何分布 $P\{X = k\} = \dfrac{C_5^k C_3^{3-k}}{C_8^3}$，$k = 0, 1, 2, 3$.

5. 设随机抽取两个球队的部分球员行李的质量 (单位：千克)，记录结果如下：

第一队	34	39	41	28	33	
第二队	36	40	35	31	39	36

给定显著水平 $\alpha = 0.05$，检验两个球队球员行李的平均重量是否相等？即检验假设

$$H_0 : \mu_1 = \mu_2, H_1 : \mu_1 \neq \mu_2$$

第 10 章　　　方差分析

10.1　　单因素方差分析

"方差分析"，并不是"分析方差"，因为这里的"方差"指的并非我们熟知的"随机变量的方差"，而是一种"变差"(Variance) 即误差平方和的形式. Fisher 于 1924 年在加拿大多伦多举行的国际统计学大会上发表了论文《关于一个引出若干周知统计量的误差函数的分布》，正式提出了方差分析理论，并首次应用了"方差分析表".

10.1.1　单因素方差分析

在变量之间存在一种不能用函数关系表达的"相关关系"，如人的身高和体重、家庭收入和消费水平、汽车的耗油量和行驶里程. 虽然我们大体上知道它们近似存在某种正比增长的关系（越高越重、赚得多花得多、耗油大跑路长），但这种关系通常却无法用普通函数加以描述，这就是一种"非确定关系".

【定义 10.1.1】单因素试验　试验中要考察的指标称为 试验指标. 影响试验指标的条件称为 因素. 因素所处的状态称为 水平. 若试验中只有一个指标改变则称为 单因素试验. 若有两个指标改变则称为 双因素试验. 若有多个指标改变则称为 多因素试验.

【定义 10.1.2】方差分析　方差分析 就是对试验数据进行分析，检验方差相等的多个正态总体均值是否相等，进而判断各因素对试验指标的影响是否显著. 根据试验指标的个数可以区分为 单因素方差分析、双因素方差分析 和 多因素方差分析.

【引例 10.1.1】方差分析模型：葡萄糖除杂　葡萄糖除杂后可以提取生产酱色的原料. 观测葡萄糖除杂，用不同除杂方法获得不同除杂效果. 得到的除杂量数据如下:

水平 \ 数据	1	2	3	4
A_1	25.6	22.2	28.0	29.8
A_2	24.4	30.0	29.0	27.5
A_3	25.0	27.7	23.0	32.2
A_4	28.8	28.0	31.5	25.9
A_5	20.6	21.2	22.0	21.2

指定显著水平 $\alpha = 0.05$，检验不同水平下数据差异的显著性（不同除杂方法获得不同除杂

效果的差异）.

【引例 10.1.2】方差分析模型：钢板厚度 观测钢板厚度，用不同机床获得不同钢板的厚度数据如下：

水平 \ 数据	1	2	3	4	5
A_1	0.236	0.238	0.248	0.245	0.243
A_2	0.257	0.253	0.255	0.254	0.261
A_3	0.258	0.264	0.259	0.267	0.262

指定显著水平 $\alpha = 0.05$，检验不同水平下数据差异的显著性（不同机床获得不同钢板厚度的差异）.

【引例 10.1.3】方差分析模型：小鸡增肥 观测小鸡增肥，用不同饲料配方获得不同小鸡增肥效果. 第一种是鱼粉饲料，第二种是槐花粉饲料，第三种是苜蓿粉饲料，精选 30 只雏鸡喂养一段时期后观察小鸡重量，获得不同饲料配方水平下小鸡增肥效果的数据如下：

水平 \ 数据	1	2	3	4	5	6	7	8	9	10
A_1	1073	1058	1071	1037	1066	1026	1053	1049	1065	1051
A_2	1016	1058	1038	1042	1020	1045	1044	1061	1034	1049
A_3	1084	1069	1106	1078	1075	1090	1079	1094	1111	1092

指定显著水平 $\alpha = 0.01$，检验不同水平下数据差异的显著性（不同饲料配方水平下小鸡增肥效果的差异）.

【定义 10.1.3】单因素方差分析数学模型 设因素 A 有 m 个水平 $A_1, A_2, \cdots, A_m$，在每个水平 A_i 下进行 n_i 次独立试验，获得类似矩阵的表格如下：

水平 \ 数据	1	2	$\cdots$	j	$\cdots$	n_i	$x_{i\cdot} = \sum_{j=1}^{n_i} x_{ij}$	$\bar{x}_{i\cdot} = \dfrac{1}{n_i} x_{i\cdot}$
A_1	x_{11}	x_{12}	$\cdots$	x_{1j}	$\cdots$	x_{1n_1}	$x_{1\cdot} = \sum_{j=1}^{n_1} x_{1j}$	$\bar{x}_{1\cdot} = \dfrac{1}{n_1} x_{1\cdot}$
A_2	x_{21}	x_{22}	$\cdots$	x_{2j}	$\cdots$	x_{2n_2}	$x_{i\cdot} = \sum_{j=1}^{n_2} x_{2j}$	$\bar{x}_{2\cdot} = \dfrac{1}{n_2} x_{2\cdot}$
$\vdots$	$\vdots$	$\vdots$	$\vdots$	$\vdots$	$\vdots$	$\vdots$	$\vdots$	$\vdots$
A_i	x_{i1}	x_{i2}	$\cdots$	x_{ij}	$\cdots$	x_{in_i}	$x_{i\cdot} = \sum_{j=1}^{n_i} x_{ij}$	$\bar{x}_{i\cdot} = \dfrac{1}{n_i} x_{i\cdot}$
$\vdots$	$\vdots$	$\vdots$	$\vdots$	$\vdots$	$\vdots$	$\vdots$	$\vdots$	$\vdots$
A_m	x_{m1}	x_{m2}	$\cdots$	x_{mj}	$\cdots$	x_{mn_m}	$x_{m\cdot} = \sum_{j=1}^{n_m} x_{mj}$	$\bar{x}_{m\cdot} = \dfrac{1}{n_m} x_{m\cdot}$

假定各个水平 A_i 下的样本 X_{i1}、X_{i2}、$\cdots$、X_{in_i} 来自具有相同方差 σ^2 而均值分别为 $\mu_1, \mu_2, \cdots, \mu_m$ 的正态总体，均值 μ_i 和方差 σ^2 未知，且不同水平下的样本相互独立.

因对于正态分布随机变量 $X_{ij} \sim N(\mu_i, \sigma^2)$，故标记 随机误差$\varepsilon_{ij} = X_{ij} - \mu_i \sim N(0, \sigma^2)$，则 $\varepsilon_{ij} \sim N(0, \sigma^2)$ 相互独立. 有 单因素方差分析数学模型

$$\begin{cases} X_{ij} = \mu_i + \varepsilon_{ij} & (i = 1, 2, \cdots, m) \\ \varepsilon_{ij} \sim N(0, \sigma^2) & (j = 1, 2, \cdots, n_m) \end{cases} \tag{10.1.1}$$

单因素方差分析数学模型 解决的主要目标是：

(1) 指定显著水平 α，作 **双边检验**

$$H_0 : \mu_1 = \mu_2 = \cdots = \mu_m$$
$$H_1 : \mu_1, \mu_2, \cdots, \mu_m \text{ 不全相等}$$

(2) 指定置信度 $1 - \alpha$，作未知参数均值 μ_i 和方差 σ^2 的 **点估计** 和 **区间估计**.

【定义 10.1.4】效应　为讨论方便起见，引入 总体均值加权平均

$$\mu = \frac{1}{n} \sum_{i=1}^{m} n_i \mu_i \tag{10.1.2}$$

定义水平 A_i 下的 效应 为

$$\delta_i = \mu_i - \mu \tag{10.1.3}$$

显然有

$$\sum_{i=1}^{m} n_i \delta_i = \sum_{i=1}^{m} n_i \mu_i - \sum_{i=1}^{m} n_i \mu = n\mu - n\mu = 0 \tag{10.1.4}$$

即 效应 的线性组合为 0.

此时 单因素方差分析数学模型 可以改写为

$$\begin{cases} X_{ij} = \mu + \delta_i + \varepsilon_{ij}, & \sum_{i=1}^{m} n_i \delta_i = 0 \\ \varepsilon_{ij} \sim N(0, \sigma^2) & i = 1, 2, \cdots, m; j = 1, 2, \cdots, n_m \end{cases} \tag{10.1.5}$$

指定显著水平 α，作 **双边检验**

$$H_0 : \delta_1 = \delta_2 = \cdots = \delta_m = 0$$
$$H_1 : \delta_1, \delta_2, \cdots, \delta_m \text{不全为 } 0$$

【定义 10.1.5】总平均和组内平均　总平均

$$\overline{X} = \frac{1}{n} \sum_{i=1}^{m} \sum_{j=1}^{n_i} X_{ij} \tag{10.1.6}$$

组内平均

$$\overline{X}_{i \cdot} = \frac{1}{n_i} \sum_{j=1}^{n_i} X_{ij} \tag{10.1.7}$$

334

【定义 10.1.6】误差平方和 总的偏差平方和 或 总变差(Total variance)

$$S_T = \sum_{i=1}^{m} \sum_{j=1}^{n_i} (X_{ij} - \overline{X})^2 \qquad (10.1.8)$$

残差平方和 或 组内变差(Within classes variance)

$$S_E = \sum_{i=1}^{m} \sum_{j=1}^{n_i} (X_{ij} - \overline{X}_{i.})^2 \qquad (10.1.9)$$

表示在水平 A_i 下的样本观察值与样本均值的差异.

因素平方和 或 组间变差(Between classes variance)

$$S_A = \sum_{i=1}^{m} \sum_{j=1}^{n_i} (\overline{X}_{i.} - \overline{X})^2 \qquad (10.1.10)$$

或等价改写为

$$\begin{aligned} S_A &= \sum_{i=1}^{m} \sum_{j=1}^{n_i} (\overline{X}_{i.} - \overline{X})^2 = \sum_{i=1}^{m} n_i (\overline{X}_{i.} - \overline{X})^2 \\ &= \sum_{i=1}^{m} n_i \overline{X}_{i.}^2 - \sum_{i=1}^{m} n_i \overline{X}^2 = \sum_{i=1}^{m} n_i \overline{X}_{i.}^2 - n\overline{X}^2 \end{aligned} \qquad (10.1.11)$$

表示在水平 A_i 下的样本均值与总平均的差异.

【定理 10.1.1】残差平方和分解 成立如下分解公式:

$$S_T = S_E + S_A \qquad (10.1.12)$$

即

$$\sum_{i=1}^{m} \sum_{j=1}^{n_i} (X_{ij} - \overline{X})^2 = \sum_{i=1}^{m} \sum_{j=1}^{n_i} (X_{ij} - \overline{X}_{i.})^2 + \sum_{i=1}^{m} \sum_{j=1}^{n_i} (\overline{X}_{i.} - \overline{X})^2 \qquad (10.1.13)$$

就是说: **总的偏差平方和** $S_T = \sum\limits_{i=1}^{m} \sum\limits_{j=1}^{n_i} (X_{ij} - \overline{X})^2$ **等于残差平方和** $S_E = \sum\limits_{i=1}^{m} \sum\limits_{j=1}^{n_i} (X_{ij} - \overline{X}_{i.})^2$
与因素平方和 $S_A = \sum\limits_{i=1}^{m} \sum\limits_{j=1}^{n_i} (\overline{X}_{i.} - \overline{X})^2$ **之和.**

【证明】 因为

$$\begin{aligned} &\sum_{i=1}^{m} \sum_{j=1}^{n_i} (X_{ij} - \overline{X})^2 \\ &= \sum_{i=1}^{m} \sum_{j=1}^{n_i} (X_{ij} - \overline{X}_{i.} + \overline{X}_{i.} - \overline{X})^2 \\ &= \sum_{i=1}^{m} \sum_{j=1}^{n_i} (X_{ij} - \overline{X}_{i.})^2 + \sum_{i=1}^{m} \sum_{j=1}^{n_i} (\overline{X}_{i.} - \overline{X})^2 + 2 \sum_{i=1}^{m} \sum_{j=1}^{n_i} (X_{ij} - \overline{X}_{i.})(\overline{X}_{i.} - \overline{X}) \end{aligned}$$

而交叉项部分，根据 组内平均 的定义，有

$$\overline{X}_{i.} = \frac{1}{n_i} \sum_{j=1}^{n_i} X_{ij}$$

从而

$$\sum_{i=1}^{m} \sum_{j=1}^{n_i} (X_{ij} - \overline{X}_{i.})(\overline{X}_{i.} - \overline{X})$$
$$= \sum_{i=1}^{m} (\overline{X}_{i.} - \overline{X}) \sum_{j=1}^{n_i} (X_{ij} - \overline{X}_{i.})$$
$$= \sum_{i=1}^{m} (\overline{X}_{i.} - \overline{X})(\sum_{j=1}^{n_i} X_{ij} - n_i \overline{X}_{i.}) = \sum_{i=1}^{m} (\overline{X}_{i.} - \overline{X})(\sum_{j=1}^{n_i} X_{ij} - \sum_{j=1}^{n_i} X_{ij}) = 0$$

故

$$\sum_{i=1}^{m} \sum_{j=1}^{n_i} (X_{ij} - \overline{X})^2 = \sum_{i=1}^{m} \sum_{j=1}^{n_i} (X_{ij} - \overline{X}_{i.})^2 + \sum_{i=1}^{m} \sum_{j=1}^{n_i} (\overline{X}_{i.} - \overline{X})^2$$

若标记 组内加和 与 组间加和

$$\begin{aligned} X_{..} &= \sum_{i=1}^{m} \sum_{j=1}^{n_i} X_{ij} \\ X_{i.} &= \sum_{j=1}^{n_i} X_{ij}, i = 1, 2, \cdots, m \end{aligned} \tag{10.1.14}$$

则可等价改写为 总的偏差平方和 或 总变差

$$S_T = \sum_{i=1}^{m} \sum_{j=1}^{n_i} X_{ij}^2 - \frac{X_{..}^2}{n} \tag{10.1.15}$$

因素平方和 或 组间变差

$$S_A = \sum_{i=1}^{m} \frac{X_{i.}^2}{n_i} - \frac{X_{..}^2}{n} \tag{10.1.16}$$

残差平方和

$$S_E = S_T - S_A \tag{10.1.17}$$

【定理 10.1.2】平方和服从的 χ^2– 分布　　对于正态总体样本 $X_{ij} \sim N(\mu_i, \sigma^2)$，残差平方和 $S_E = \sum_{i=1}^{m} \sum_{j=1}^{n_i} (X_{ij} - \overline{X}_{i.})^2$ 服从 χ^2– 分布：

$$S_E / \sigma^2 \sim \chi^2(n - m) \tag{10.1.18}$$

当假设 $H_0 : \delta_1 = \delta_2 = \cdots = \delta_m = 0$ 为真时，因素平方和 $S_A = \sum_{i=1}^{m} \sum_{j=1}^{n_i} (\overline{X}_{i.} - \overline{X})^2$ 服从 χ^2– 分布：

$$S_A / \sigma^2 \sim \chi^2(m - 1) \tag{10.1.19}$$

因此若定义 均方

$$\overline{S}_E = \frac{S_E}{n-m}, \quad \overline{S}_A = \frac{S_A}{m-1} \tag{10.1.20}$$

则 $\overline{S}_E = \frac{S_E}{n-m}$ 是方差 σ^2 的无偏估计，数学期望

$$E\overline{S}_E = \sigma^2 \tag{10.1.21}$$

当假设 H_0 为真时，$\overline{S}_A = \frac{S_A}{m-1}$ 是方差 σ^2 的无偏估计，数学期望

$$E\overline{S}_A = \sigma^2 \tag{10.1.22}$$

【证明】 （1） 因为

$$\begin{aligned}
S_E &= \sum_{i=1}^{m}\sum_{j=1}^{n_i}(X_{ij} - \overline{X}_{i.})^2 \\
&= \sum_{j=1}^{n_1}(X_{1j} - \overline{X}_{1.})^2 + \sum_{j=1}^{n_2}(X_{2j} - \overline{X}_{2.})^2 + \cdots + \sum_{j=1}^{n_m}(X_{mj} - \overline{X}_{m.})^2
\end{aligned}$$

而每一项根据 样本方差 的定义有

$$S_i^2 = \frac{1}{n_i - 1}\sum_{j=1}^{n_i}(X_{ij} - \overline{X}_{i.})^2$$

从而由于

$$\frac{\displaystyle\sum_{j=1}^{n_i}(X_{ij} - \overline{X}_{i.})^2}{\sigma^2} = \frac{(n_i - 1)S_i^2}{\sigma^2} \sim \chi^2(n_i - 1)$$

故由各分项平方和的独立性和 χ^2– 分布的可加性（独立的 χ^2– 变量之和依然服从 χ^2– 分布且自由度为各个变量的自由度之和），有

$$S_E = \sum_{i=1}^{m}\sum_{j=1}^{n_i}(X_{ij} - \overline{X}_{i.})^2 \sim \chi^2\left(\sum_{i=1}^{m}n_i - \sum_{i=1}^{m}1\right) = \chi^2(n-m)$$

（2） 因为

$$S_A = \sum_{i=1}^{m}n_i(\overline{X}_{i.} - \overline{X})^2$$

是 m 个变量 $\sqrt{n_i}(\overline{X}_{i.} - \overline{X})$ 的平方和，这 m 个变量间存在一个线性约束关系：

$$\begin{aligned}
&\sum_{i=1}^{m}n_i(\overline{X}_{i.} - \overline{X}) \\
&= \sum_{i=1}^{m}\sqrt{n_i}(\sqrt{n_i}(\overline{X}_{i.} - \overline{X})) \\
&= \sum_{i=1}^{m}n_i(\overline{X}_{i.} - \overline{X}) = \sum_{i=1}^{m}n_i\overline{X}_{i.} - \sum_{i=1}^{m}n_i\overline{X} \\
&= \sum_{i=1}^{m}\sum_{j=1}^{n_i}X_{ij} - n\overline{X} = n\overline{X} - n\overline{X} = 0
\end{aligned}$$

337

因此 S_A 的自由度是 $m-1$.

由

$$
\begin{aligned}
ES_A &= E(\sum_{i=1}^{m} n_i \overline{X}_{i.}^2 - n\overline{X}^2) = \sum_{i=1}^{m} n_i E\overline{X}_{i.}^2 - nE\overline{X}^2 \\
&= \sum_{i=1}^{m} n_i (D\overline{X}_{i.} + (E\overline{X}_{i.})^2) - n(D\overline{X} + E^2\overline{X}) \\
&= \sum_{i=1}^{m} n_i (\frac{\sigma^2}{n_i} + (\mu + \delta_i)^2) - n(\frac{\sigma^2}{n} + \mu^2) \\
&= \sum_{i=1}^{m} \sigma^2 + \sum_{i=1}^{m} n_i(\mu + \delta_i)^2 - \sigma^2 - n\mu^2 \\
&= (m-1)\sigma^2 + \sum_{i=1}^{m} n_i(\mu + \delta_i)^2 - n\mu^2
\end{aligned}
$$

由于 $\sum_{i=1}^{m} n_i \delta_i = 0$,故

$$
\begin{aligned}
&\sum_{i=1}^{m} n_i(\mu + \delta_i)^2 - n\mu^2 \\
&= \sum_{i=1}^{m} n_i(\mu^2 + 2\mu\delta_i + \delta_i^2) - n\mu^2 \\
&= \sum_{i=1}^{m} n_i\mu^2 + 2\sum_{i=1}^{m} n_i\mu\delta_i + \sum_{i=1}^{m} n_i\delta_i^2 - n\mu^2 \\
&= n\mu^2 + 2\mu \cdot 0 + \sum_{i=1}^{m} n_i\delta_i^2 - n\mu^2 = \sum_{i=1}^{m} n_i\delta_i^2
\end{aligned}
$$

于是

$$
ES_A = (m-1)\sigma^2 + \sum_{i=1}^{m} n_i\delta_i^2
$$

当假设 $\qquad H_0 : \delta_1 = \delta_2 = \cdots = \delta_m = 0$ 为真时,有

$$
ES_A = (m-1)\sigma^2
$$

对于 均方

$$
\overline{S}_A = \frac{S_A}{m-1}
$$

数学期望

$$
E\overline{S}_A = \sigma^2
$$

可以进而证明因素平方和 $S_A = \sum_{i=1}^{m} \sum_{j=1}^{n_i} (\overline{X}_{i.} - \overline{X})^2$ 服从 χ^2- 分布:

$$
S_A/\sigma^2 \sim \chi^2(m-1)
$$

【定理 10.1.3】方差分析的假设检验和区间估计

(1) 指定显著水平 α,作 **双边检验**

338

$$H_0 : \mu_1 = \mu_2 = \cdots = \mu_m$$
$$H_1 : \mu_1, \mu_2, \cdots, \mu_m \text{不全相等}$$

对于正态总体样本 $X_{ij} \sim N(\mu_i, \sigma^2)$，　　$S_E/\sigma^2 \sim \chi^2(n-m)$，当假设 H_0 为真时，有

$$S_A/\sigma^2 \sim \chi^2(m-1) \tag{10.1.23}$$

因此若定义 费歇统计量

$$F := \frac{\overline{S}_A}{\overline{S}_E} = \frac{S_A/(m-1)}{S_E/(n-m)} \sim F(m-1, n-m) \tag{10.1.24}$$

则双边检验的拒绝域为

$$F := \frac{\overline{S}_A}{\overline{S}_E} \geqslant F_\alpha(m-1, n-m) \tag{10.1.25}$$

上述检验过程通常可列 方差分析表 如下：

方差来源	平方和	自由度	均方	F 比	显著性
因素	S_A	$m-1$	$\overline{S}_A = \dfrac{S_A}{m-1}$	$F := \dfrac{\overline{S}_A}{\overline{S}_E}$	
误差	S_E	$n-m$	$\overline{S}_E = \dfrac{S_E}{n-m}$		
总和	S_T	$n-1$			

(2) 指定置信度 $1-\alpha$，作未知参数均值 μ_i 和方差 σ^2 的 **点估计** 和 **区间估计** 如下：

a. 因 $E\overline{X} = \mu, E\overline{X}_{i.} = \mu_i$，故总均值 μ 的 点估计 为 $\hat{\mu} = \overline{X}$，均值 μ_i 的 点估计 为 $\hat{\mu}_i = \overline{X}_{i.}$.

b. 方差 σ^2 的 点估计 为 $\overline{S}_E = \dfrac{S_E}{n-m}$，当假设 H_0 为真时，方差 σ^2 的 点估计 也可取 为 $\overline{S}_A = \dfrac{S_E}{m-1}$.

c. 因 $t-$ 统计量

$$t := \frac{(\overline{X}_{i.} - \overline{X}_{k.}) - (\mu_i - \mu_k)}{\sqrt{\overline{S}_E(\dfrac{1}{n_i} + \dfrac{1}{n_k})}} \sim t(n-m) \tag{10.1.26}$$

故 均值差 $\mu_i - \mu_k$ 的 置信区间 为

$$\left((\overline{X}_{i.} - \overline{X}_{k.}) \pm t_{\alpha/2}(n-m)\sqrt{\overline{S}_E(\frac{1}{n_i} + \frac{1}{n_k})}\right) \tag{10.1.27}$$

10.1.2 例题选讲

【**例 10.1.1**】**方差分析模型：葡萄糖除杂**   葡萄糖除杂后可以提取生产酱色的原料. 观测葡萄糖除杂，用不同除杂方法获得不同除杂效果. 得到除杂量的数据如下：

水平 \ 数据	1	2	3	4
A_1	25.6	22.2	28.0	29.8
A_2	24.4	30.0	29.0	27.5
A_3	25.0	27.7	23.0	32.2
A_4	28.8	28.0	31.5	25.9
A_5	20.6	21.2	22.0	21.2

指定显著水平 $\alpha = 0.05, 0.01$，用 $F-$ 检验法检验不同水平下数据差异的显著性（不同除杂方法获得不同除杂效果的差异）.

【**解**】   由所给数据计算 组内加和 与 组间加和

$$X_{1.} = \sum_{j=1}^{n_1} X_{ij} = \sum_{j=1}^{4} X_{1j} = 105.6$$

$$X_{2.} = \sum_{j=1}^{n_2} X_{ij} = \sum_{j=1}^{4} X_{2j} = 110.9$$

$$X_{3.} = \sum_{j=1}^{n_3} X_{ij} = \sum_{j=1}^{4} X_{3j} = 107.9$$

$$X_{4.} = \sum_{j=1}^{n_4} X_{ij} = \sum_{j=1}^{4} X_{4j} = 114.2$$

$$X_{5.} = \sum_{j=1}^{n_5} X_{ij} = \sum_{j=1}^{4} X_{5j} = 85.0$$

$$X_{..} = \sum_{i=1}^{m} \sum_{j=1}^{n_i} X_{ij} = \sum_{i=1}^{5} \sum_{j=1}^{n_i} X_{ij} = 523.6$$

总的偏差平方和 或 总变差

$$\begin{aligned}
S_T &= \sum_{i=1}^{m} \sum_{j=1}^{n_i} X_{ij}^2 - \frac{X_{..}^2}{n} \\
&= 13954.72 - \frac{523.6^2}{20} = 13954.72 - 13707.85 = 246.87
\end{aligned}$$

因素平方和 或 组间变差

$$\begin{aligned}
S_A &= \sum_{i=1}^{m} \frac{X_{i.}^2}{n_i} - \frac{X_{..}^2}{n} = \frac{1}{4}(105.6^2 + 110.9^2 + 107.9^2 + 114.2^2 + 85.0^2) - \frac{523.6^2}{20} \\
&= 13839.81 - 13707.85 = 131.96
\end{aligned}$$

残差平方和

$$S_E = S_T - S_A = 246.87 - 131.96 = 114.91$$

获得 方差分析表 如下：

方差来源	平方和	自由度	均方	F 比	显著性
因素	$S_A = 131.96$	4	$\overline{S}_A = 32.99$	$F = 4.3$	*
误差	$S_E = 114.91$	15	$\overline{S}_E = 7.66$		
总和	$S_T = 246.87$	19			

因 $F_{0.01}(4, 15) = 5.49 > F = 4.3 > F_{0.05}(4, 15) = 3.05$，故在显著水平 $\alpha = 0.05$ 下拒绝假设 H_0，认为不同除杂方法获得不同除杂效果差异显著.

【例 10.1.2】方差分析模型：钢板厚度　观测钢板厚度，用不同机床获得不同钢板厚度的数据如下：

水平 \ 数据	1	2	3	4	5
A_1	0.236	0.238	0.248	0.245	0.243
A_2	0.257	0.253	0.255	0.254	0.261
A_3	0.258	0.264	0.259	0.267	0.262

（1）指定显著水平 $\alpha = 0.01$，用 $F-$ 检验法检验不同水平下数据差异的显著性（不同机床获得不同钢板厚度的差异）.

（2）指定置信度 $1 - \alpha = 0.95$，求 均值差 $\mu_i - \mu_k$ 的置信区间：

$$\left((\overline{X}_{i.} - \overline{X}_{k.}) \pm t_{\alpha/2}(n - m)\sqrt{\overline{S}_E\left(\frac{1}{n_i} + \frac{1}{n_k}\right)}\right)$$

【解】　（1）由所给数据计算 组内加和 与 组间加和

$$X_{1.} = \sum_{j=1}^{n_1} X_{ij} = \sum_{j=1}^{3} X_{1j} = 1.21$$

$$X_{2.} = \sum_{j=1}^{n_2} X_{ij} = \sum_{j=1}^{3} X_{2j} = 1.28$$

$$X_{3.} = \sum_{j=1}^{n_3} X_{ij} = \sum_{j=1}^{3} X_{3j} = 1.31$$

$$X_{..} = \sum_{i=1}^{m} \sum_{j=1}^{n_i} X_{ij} = \sum_{i=1}^{5} \sum_{j=1}^{n_i} X_{ij} = 3.8$$

总的偏差平方和 或 总变差

$$\begin{aligned} S_T &= \sum_{i=1}^{m} \sum_{j=1}^{n_i} X_{ij}^2 - \frac{X_{..}^2}{n} \\ &= 0.963912 - \frac{3.8^2}{15} = 0.0012453 \end{aligned}$$

因素平方和 或 组间变差

$$S_A = \sum_{i=1}^{m} \frac{X_{i\cdot}^2}{n_i} - \frac{X_{\cdot\cdot}^2}{n}$$

$$= \frac{1}{5}(1.21^2 + 1.28^2 + 1.31^2) - \frac{3.8^2}{15} = 0.0010533$$

残差平方和

$$S_E = S_T - S_A = 0.0012453 - 0.0010533 = 0.000192$$

获得 方差分析表 如下：

方差来源	平方和	自由度	均方	F 比	显著性
因素	$S_A = 0.00105$	2	$\overline{S}_A = 0.000525$	$F = 32.92$	**
误差	$S_E = 0.00019$	12	$\overline{S}_E = 16 \times 10^{-6}$		
总和	$S_T = 0.0012453$	14			

因 $F = 32.92 > F_{0.01}(2, 12) = 6.93$，故在显著水平 $\alpha = 0.01$ 下拒绝假设 H_0，认为不同机床获得不同钢板厚度差异高度显著.

（2）由于

$$\hat{\mu}_1 = \overline{x}_{1\cdot} = 0.242, \quad \hat{\mu}_2 = \overline{x}_{2\cdot} = 0.256, \quad \hat{\mu}_3 = \overline{x}_{3\cdot} = 0.262$$

$$t_{\alpha/2}(n-m) = t_{0.025}(12) = 2.1788, \quad \overline{S}_E = 16 \times 10^{-6}$$

$$t_{\alpha/2}(n-m)\sqrt{\overline{S}_E\left(\frac{1}{n_i} + \frac{1}{n_k}\right)} = 2.1788 \times \sqrt{16 \times 10^{-6} \times \left(\frac{1}{5} + \frac{1}{5}\right)} = 0.006$$

指定置信度 $1 - \alpha = 0.95$，均值差 $\mu_1 - \mu_2$、$\mu_1 - \mu_3$、$\mu_2 - \mu_3$ 的置信区间 分别为

$$\left((\overline{x}_{1\cdot} - \overline{x}_{2\cdot}) \pm t_{\alpha/2}(n-m)\sqrt{\overline{S}_E\left(\frac{1}{n_1} + \frac{1}{n_2}\right)}\right) = (0.242 - 0.256 \pm 0.006) = (-0.020, -0.008)$$

$$\left((\overline{x}_{1\cdot} - \overline{x}_{3\cdot}) \pm t_{\alpha/2}(n-m)\sqrt{\overline{S}_E\left(\frac{1}{n_1} + \frac{1}{n_3}\right)}\right) = (0.242 - 0.262 \pm 0.006) = (-0.026, -0.014)$$

$$\left((\overline{x}_{2\cdot} - \overline{x}_{3\cdot}) \pm t_{\alpha/2}(n-m)\sqrt{\overline{S}_E\left(\frac{1}{n_2} + \frac{1}{n_3}\right)}\right) = (0.256 - 0.262 \pm 0.006) = (-0.012, 0)$$

【例 10.1.3】方差分析模型：小鸡增肥 观测小鸡增肥，用不同饲料配方获得不同小鸡增肥效果. 第一种是鱼粉饲料，第二种是槐花粉饲料，第三种是苜蓿粉饲料，精选 30 只雏鸡喂养一段时期后观察小鸡重量，获得不同饲料配方水平下小鸡增肥效果的数据如下：

水平 \ 数据	1	2	3	4	5	6	7	8	9	10
A_1	1073	1058	1071	1037	1066	1026	1053	1049	1065	1051
A_2	1016	1058	1038	1042	1020	1045	1044	1061	1034	1049
A_3	1084	1069	1106	1078	1075	1090	1079	1094	1111	1092

指定显著水平 $\alpha = 0.01$，用 $F-$ 检验法检验不同水平下数据差异的显著性（不同饲料配方水平下小鸡增肥效果的差异）.

【解】 由所给数据计算获得 方差分析表 如下：

方差来源	平方和	自由度	均方	F 比	显著性
因素	$S_A = 11675$	2	$\overline{S}_A = 5837.5$	$F = 28.34$	**
误差	$S_E = 5569$	27	$\overline{S}_E = 206.3$		
总和	$S_T = 17244$	29			

因 $F = 28.34 > F_\alpha(m-1, n-m) = F_{0.01}(2, 27) = 5.49$，故在显著水平 $\alpha = 0.01$ 下拒绝假设 H_0，认为不同饲料配方水平下小鸡增肥效果差异高度显著.

习题 10.1

1. 市产品质量检验局对某超市销售的某种型号的电池进行抽查，为评比其质量，各随机抽取了来自 A, B, C 三个工厂的产品，经试验得其寿命 (单位：小时) 如下：

水平 \ 数据	1	2	3	4	5
A	40	42	48	45	38
B	26	28	34	32	30
C	39	50	40	50	43

试在显著性水平 $\alpha = 0.05$ 下检验电池的平均寿命 μ_A, μ_B, μ_C 有无显著差异. 若差异显著，试求均值差 $\mu_A - \mu_B, \mu_A - \mu_C, \mu_B - \mu_C$ 的置信水平为 95% 的置信区间.

2. 为了考察水温（单位：℃）对某种布料的收缩率（单位：%）的影响，用 4 种不同的水温各做了 5 次试验，得到的数据如下：

水温 \ 收缩率	1	2	3	4	5
20	5.2	6.3	4.9	3.2	6.8
40	7.4	8.1	5.9	6.5	4.9
60	3.9	6.4	7.9	9.2	4.1
80	12.3	9.4	7.8	10.8	8.5

（1）在显著性水平 $\alpha = 0.01$ 下，检验各种水温对布料缩水率的影响有无显著差异？
（2）如果各种水温对布料缩水率的影响有显著差异，那么何种水温对布料的缩水率影响最小？

3. 为了考察三种交通管制措施对交通违章数量的影响，某月调查的违章数据如下：

措施 \ 违章数量	1	2	3	4	5	6	7	8	9	10
第一种措施	65	60	69	79	38	68	54	67	68	43
第二种措施	74	71	58	49	58	49	48	68	56	47
第三种措施	22	34	24	21	20	36	36	31	28	33

据历史资料，交通违章呈相同方差的正态分布，问这三种措施对于控制交通违章的效果之间有无显著差异（ $\alpha = 0.05$ ）？

4. 某灯泡厂用 4 种不同的金属材料作灯丝，检验灯丝材料对灯泡寿命的影响. 试验数据如下表所列. 由生产经验知同种灯丝的灯泡寿命服从正态分布，不同种灯丝灯泡的寿命指标方差相等，问灯泡寿命是否因灯丝材料不同而有显著差异（$\alpha = 0.05$）？

灯丝材料 \ 灯泡寿命	1	2	3	4	5	6	7	8
A_1	1600	1610	1650	1680	1700	1720	1800	
A_2	1580	1640	1640	1700	1750			
A_3	1460	1550	1600	1620	1640	1660	1740	1820
A_4	1510	1520	1530	1570	1600	1680		

5. 比较研究 3 种不同品牌小汽车的耗油量，现从每种品牌中各选取 5 辆在同一试验场进行相同的里程检测，测得每辆汽车的耗油量单位：升）结果如下：

汽车品牌 \ 耗油量	1	2	3	4	5
A	25.8	23.4	21.8	25.2	24.8
B	29.5	27.8	28.1	28.3	25.4
C	25.9	25.4	24.2	27.3	23.4

试判断不同品牌小汽车的耗油量是否有显著差异（$\alpha = 0.05$）？

10.2   双因素方差分析

10.2.1   双因素等重复试验方差分析

【定义 10.2.1】双因素试验   若试验中有两个指标改变则称为 双因素试验. 可分为 双因素等重复试验 和 双因素无重复试验.

【引例 10.2.1】双因素等重复试验方差分析模型：火箭射程   "长征四号"火箭使用 4 种燃料 (因素 A)、3 种推进器 (因素 B) 作射程试验，每种燃料与推进器组合各发射火箭两次，获得射程（单位：海里）的数据如下：

燃料 \ 推进器	B_1	B_2	B_3
A_1	58.2 | 52.6	56.2 | 41.2	65.3 | 60.8
A_2	49.1 | 42.8	54.1 | 50.5	51.6 | 48.4
A_3	60.1 | 58.3	70.9 | 73.2	39.2 | 40.7
A_4	75.8 | 71.5	58.2 | 51.0	48.7 | 41.4

指定显著水平 $\alpha = 0.01$，检验不同水平下燃料和推进器这两个因素对射程影响的显著性.

【引例 10.2.2】双因素方差分析模型：金属强度　　在某种金属材料的生产中，对时间 (因素 A) 与热处理温度 (因素 B) 各取两个水平组合试验两次，测定产品强度，得到产品强度的数据如下：

时间 \ 热处理温度	B_1	B_2	$T_{i..}$
A_1	38.0 | 38.6	47.0 | 44.8	168.4
A_2	45.0 | 43.8	42.4 | 40.8	172
$T_{.j.}$	165.4	175	340.4

指定显著水平 $\alpha = 0.05$，检验不同水平下时间与热处理温度这两个因素对产品强度影响的显著性.

【定义 10.2.2】双因素等重复试验方差分析数学模型　　设因素 A 有 r 个水平 水平 A_1，A_2，$\cdots$，A_r，因素 B 有 s 个水平 水平 B_1，B_2，$\cdots$，B_s，在每个水平组合对 (A_i, B_j) 下进行 t 次独立试验，称为 **双因素等重复试验**，获得类似矩阵的表格如下：

因素 $A\backslash B$	B_1	B_1	$\cdots$	B_s	$T_{i..}$
A_1	$x_{111}, x_{112}, \cdots, x_{11t}$	$x_{121}, x_{122}, \cdots, x_{12t}$	$\cdots$	$x_{1s1}, x_{1s2}, \cdots, x_{1st}$	$T_{1..}$
A_2	$x_{211}, x_{212}, \cdots, x_{21t}$	$x_{221}, x_{222}, \cdots, x_{22t}$	$\cdots$	$x_{2s1}, x_{2s2}, \cdots, x_{2st}$	$T_{2..}$
$\vdots$	$\vdots$	$\vdots$	$\vdots$	$\vdots$	$\vdots$
A_r	$x_{r11}, x_{r12}, \cdots, x_{r1t}$	$x_{r21}, x_{r22}, \cdots, x_{r2t}$	$\cdots$	$x_{rs1}, x_{rs2}, \cdots, x_{rst}$	$T_{r..}$
$T_{.j.}$	$T_{.1.}$	$T_{.2.}$	$\cdots$	$T_{.s.}$	

假定各个水平组合对 (A_i, B_j) 下的样本 X_{ijk} 来自具有相同方差 σ^2 而均值分别为 μ_{ij} 的正态总体，均值 μ_{ij} 和方差 σ^2 未知，且不同水平组合下的样本相互独立. 因对于正态分布随机变量 $X_{ijk} \sim N(\mu_{ij}, \sigma^2)$，故标记 随机误差 $\varepsilon_{ijk} = X_{ijk} - \mu_{ij} \sim N(0, \sigma^2)$，则 $\varepsilon_{ijk} \sim N(0, \sigma^2)$ 相互独立. 有 **双因素等重复试验方差分析数学模型**

$$\begin{cases} X_{ijk} = \mu_{ij} + \varepsilon_{ijk}, & i = 1, 2, \cdots, r; j = 1, 2, \cdots, s \\ \varepsilon_{ijk} \sim N(0, \sigma^2), & k = 1, 2, \cdots, t \end{cases} \tag{10.2.1}$$

【定义 10.2.3】效应　　为讨论方便起见，引入 总平均

$$\mu = \frac{1}{rs} \sum_{i=1}^{r} \sum_{j=1}^{s} \mu_{ij} \tag{10.2.2}$$

水平 A_i 下的平均

$$\mu_{i.} = \frac{1}{s} \sum_{j=1}^{s} \mu_{ij} \tag{10.2.3}$$

水平 B_j 下的平均

$$\mu_{.j} = \frac{1}{r} \sum_{i=1}^{r} \mu_{ij} \tag{10.2.4}$$

水平 A_i 下的 效应 为

$$\alpha_i = \mu_{i.} - \mu \tag{10.2.5}$$

水平 B_j 下的 效应 为

$$\beta_j = \mu_{.j} - \mu \tag{10.2.6}$$

水平 A_i 和水平 B_j 的 交互效应 为

$$\gamma_{ij} = \mu_{ij} - \mu_{i.} - \mu_{.j} + \mu \tag{10.2.7}$$

显然有

$$\sum_{i=1}^{r} \alpha_i = 0, \ \sum_{j=1}^{s} \beta_j = 0$$
$$\sum_{i=1}^{r} \gamma_{ij} = \sum_{j=1}^{s} \gamma_{ij} = 0 \tag{10.2.8}$$

即水平 A_i 下的 效应 、水平 B_j 下的 效应、交互效应 的 和均为 0.

此时 双因素等重复试验方差分析数学模型 可以改写为:

$$\begin{cases} X_{ijk} = \mu + \alpha_i + \beta_j + \gamma_{ij} + \varepsilon_{ijk}, i = 1, 2, \cdots, r; j = 1, 2, \cdots, s \\ \varepsilon_{ijk} \sim N(0, \sigma^2), k = 1, 2, \cdots, t \\ \sum_{i=1}^{r} \alpha_i = 0, \ \sum_{j=1}^{s} \beta_j = 0; \sum_{i=1}^{r} \gamma_{ij} = \sum_{j=1}^{s} \gamma_{ij} = 0 \end{cases} \tag{10.2.9}$$

双因素等重复试验方差分析数学模型 解决的主要目标是:
指定显著水平 α, 作 **双边检验**

$H_{01} : \alpha_1 = \alpha_2 = \cdots = \alpha_r = 0$

$H_{11} : \alpha_1, \alpha_2, \cdots, \alpha_r$ 不全为零

$H_{02} : \beta_1 = \beta_2 = \cdots = \beta_s = 0$

$H_{12} : \beta_1, \beta_2, \cdots, \beta_s$ 不全为零

$H_{03} : \gamma_{11} = \gamma_{12} = \cdots = \gamma_{rs} = 0$

$H_{13} : \gamma_{11}, \gamma_{12}, \cdots, \gamma_{rs}$ 不全为零.

【定义 10.2.4】总平均和组内平均　总平均

$$\overline{X} = \frac{1}{rst} \sum_{i=1}^{r} \sum_{j=1}^{s} \sum_{k=1}^{t} X_{ijk} \tag{10.2.10}$$

组内平均

$$\overline{X}_{i..} = \frac{1}{st} \sum_{j=1}^{s} \sum_{k=1}^{t} X_{ijk}, i = 1, 2, \cdots, r$$

$$\overline{X}_{.j.} = \frac{1}{rt} \sum_{i=1}^{r} \sum_{k=1}^{t} X_{ijk}, j = 1, 2, \cdots, s \tag{10.2.11}$$

$$\overline{X}_{ij.} = \frac{1}{t} \sum_{j=1}^{s} \sum_{k=1}^{t} X_{ijk}, i = 1, 2, \cdots, r; j = 1, 2, \cdots, s$$

【定义 10.2.5】**误差平方和**   总的偏差平方和 或 总变差

$$S_T = \sum_{i=1}^{r} \sum_{j=1}^{s} \sum_{k=1}^{t} (X_{ijk} - \overline{X})^2 \tag{10.2.12}$$

残差平方和

$$S_E = \sum_{i=1}^{r} \sum_{j=1}^{s} \sum_{k=1}^{t} (X_{ijk} - \overline{X}_{ij.})^2 \tag{10.2.13}$$

因素平方和 或 组间变差

$$S_A = st \sum_{i=1}^{r} (\overline{X}_{i..} - \overline{X})^2$$
$$S_B = rt \sum_{j=1}^{s} (\overline{X}_{i..} - \overline{X})^2 \tag{10.2.14}$$

交互效应平方和

$$S_{A \times B} = t \sum_{i=1}^{r} \sum_{j=1}^{s} (\overline{X}_{ij.} - \overline{X}_{i..} - \overline{X}_{.j.} + \overline{X})^2 \tag{10.2.15}$$

【定理 10.2.1】**平方和分解公式**   成立如下分解公式:

$$S_T = S_E + S_A + S_B + S_{A \times B} \tag{10.2.16}$$

就是说: **总的偏差平方和** $S_T = \sum_{i=1}^{r} \sum_{j=1}^{s} \sum_{k=1}^{t} (X_{ijk} - \overline{X})^2$ 等于残差平方和 $S_E = \sum_{i=1}^{r} \sum_{j=1}^{s} \sum_{k=1}^{t} (X_{ijk} -$

$\overline{X}_{ij.})^2$ 与因素平方和 $S_A = st \sum_{i=1}^{r} (\overline{X}_{i..} - \overline{X})^2$、$S_B = rt \sum_{j=1}^{s} (\overline{X}_{.j.} - \overline{X})^2$ 及交互效应平方

和 $S_{A \times B} = t \sum_{i=1}^{r} \sum_{j=1}^{s} (\overline{X}_{ij.} - \overline{X}_{i..} - \overline{X}_{.j.} + \overline{X})^2$ 之和.

【证明】   因为

$$\sum_{i=1}^{r} \sum_{j=1}^{s} \sum_{k=1}^{t} (X_{ijk} - \overline{X})^2$$
$$= \sum_{i=1}^{r} \sum_{j=1}^{s} \sum_{k=1}^{t} [(X_{ijk} - \overline{X}_{ij.}) + (\overline{X}_{i..} - \overline{X}) + (\overline{X}_{.j.} - \overline{X}) + (\overline{X}_{ij.} - \overline{X}_{i..} - \overline{X}_{.j.} + \overline{X})]^2$$
$$= \sum_{i=1}^{r} \sum_{j=1}^{s} \sum_{k=1}^{t} (X_{ijk} - \overline{X}_{ij.})^2 + st \sum_{i=1}^{r} (\overline{X}_{i..} - \overline{X})^2$$
$$+ rt \sum_{j=1}^{s} (X_{.j.} - \overline{X})^2 + t \sum_{i=1}^{r} \sum_{j=1}^{s} (\overline{X}_{ij.} - \overline{X}_{i..} - \overline{X}_{.j.} + \overline{X})^2$$

347

若标记 组内加和 与 组间加和

$$T_{...} = \sum_{i=1}^{r} \sum_{j=1}^{s} \sum_{k=1}^{t} X_{ijk}$$

$$T_{ij.} = \sum_{k=1}^{t} X_{ijk}, i = 1, 2, \cdots, r, j = 1, 2, \cdots, s$$

$$T_{i..} = \sum_{j=1}^{s} \sum_{k=1}^{t} X_{ijk}, i = 1, 2, \cdots, r \qquad (10.2.17)$$

$$T_{.j.} = \sum_{i=1}^{r} \sum_{k=1}^{t} X_{ijk}, j = 1, 2, \cdots, s$$

则可等价改写为 总的偏差平方和 或 总变差

$$S_T = \sum_{i=1}^{r} \sum_{j=1}^{s} \sum_{k=1}^{t} X_{ijk}^2 - \frac{T_{...}^2}{rst} \qquad (10.2.18)$$

因素平方和 或 组间变差

$$S_A = \frac{1}{st} \sum_{i=1}^{r} T_{i..}^2 - \frac{T_{...}^2}{rst}$$

$$S_B = \frac{1}{rt} \sum_{j=1}^{s} T_{.j.}^2 - \frac{T_{...}^2}{rst} \qquad (10.2.19)$$

交互效应平方和

$$S_{A \times B} = \frac{1}{t} \sum_{i=1}^{r} \sum_{j=1}^{s} T_{ij.}^2 - \frac{T_{...}^2}{rst} - S_A - S_B \qquad (10.2.20)$$

残差平方和

$$S_E = S_T - S_A - S_B - S_{A \times B} \qquad (10.2.21)$$

【定理 10.2.2】平方和服从的 χ^2- 分布　对于正态总体样本 $X_{ijk} \sim N(\mu_{ij}, \sigma^2)$，总变差与残差平方和服从 χ^2- 分布:

$$S_T/\sigma^2 \sim \chi^2(rst - 1)$$

$$S_E/\sigma^2 \sim \chi^2(rs(t-1)) \qquad (10.2.22)$$

当假设　$H_0 : \delta_1 = \delta_2 = \cdots = \delta_m = 0.$ 为真时，因素平方和与交互效应平方和服从 χ^2- 分布:

$$S_A/\sigma^2 \sim \chi^2(r - 1)$$

$$S_B/\sigma^2 \sim \chi^2(s - 1) \qquad (10.2.23)$$

$$S_{A \times B}/\sigma^2 \sim \chi^2((r-1)(s-1))$$

因此若定义 均方

$$\overline{S}_E = \frac{S_E}{rs(t-1)}, \ \ \overline{S}_A = \frac{S_A}{r-1}, \ \ \overline{S}_B = \frac{S_B}{s-1}, \ \ \overline{S}_{A \times B} = \frac{S_{A \times B}}{(r-1)(s-1)} \qquad (10.2.24)$$

则 $\overline{S}_E = \dfrac{S_E}{rs(t-1)}$ 是方差 σ^2 的无偏估计，数学期望

$$E\overline{S}_E = \sigma^2 \qquad (10.2.25)$$

当假设 H_0 为真时，$\overline{S}_A = \dfrac{S_A}{r-1}, \overline{S}_B = \dfrac{S_B}{s-1}, \overline{S}_{A\times B} = \dfrac{S_{A\times B}}{r-1}$ 也是方差 σ^2 的无偏估计. 而当 H_0 非真时，一般地，有

$$E\overline{S}_A = \sigma^2 + \frac{st}{r-1}\sum_{i=1}^{r}\alpha_i^2$$

$$E\overline{S}_B = \sigma^2 + \frac{rt}{s-1}\sum_{j=1}^{s}\beta_j^2 \tag{10.2.26}$$

$$E\overline{S}_{A\times B} = \sigma^2 + \frac{t}{(r-1)(s-1)}\sum_{i=1}^{r}\sum_{j=1}^{s}\gamma_{ij}^2$$

【定理 10.2.3】双因素等重复试验方差分析的假设检验　指定显著水平 α，作 **双边检验**

$H_{01} : \alpha_1 = \alpha_2 = \cdots = \alpha_r = 0$

$H_{11} : \alpha_1, \alpha_2, \cdots, \alpha_r$ 不全为零

$H_{02} : \beta_1 = \beta_2 = \cdots = \beta_s = 0$

$H_{12} : \beta_1, \beta_2, \cdots, \beta_s$ 不全为零

$H_{03} : \gamma_{11} = \gamma_{12} = \cdots = \gamma_{rs} = 0$

$H_{13} : \gamma_{11}, \gamma_{12}, \cdots, \gamma_{rs}$ 不全为零

对于正态总体样本 $X_{ijk} \sim N(\mu_{ij}, \sigma^2)$，　$S_E/\sigma^2 \sim \chi^2(rs(t-1))$，当假设 H_{01} 为真时，　$S_A/\sigma^2 \sim \chi^2(r-1)$，因此若定义 费歇统计量

$$F_A := \frac{\overline{S}_A}{\overline{S}_E} = \frac{S_A/(r-1)}{S_E/(rs(t-1))} \sim F(r-1, rs(t-1)) \tag{10.2.27}$$

则双边检验的拒绝域为

$$F := \frac{\overline{S}_A}{\overline{S}_E} \geqslant F_\alpha(r-1, rs(t-1)) \tag{10.2.28}$$

当假设 H_{02} 为真时，　$S_B/\sigma^2 \sim \chi^2(s-1)$，因此若定义 费歇统计量

$$F_B := \frac{\overline{S}_B}{\overline{S}_E} = \frac{S_B/(s-1)}{S_E/(rs(t-1))} \sim F(r-1, rs(t-1)) \tag{10.2.29}$$

则双边检验的拒绝域为

$$F := \frac{\overline{S}_B}{\overline{S}_E} \geqslant F_\alpha(s-1, rs(t-1)) \tag{10.2.30}$$

当假设 H_{03} 为真时，　$S_{A\times B}/\sigma^2 \sim \chi^2((r-1)(s-1))$，因此若定义 费歇统计量

$$F_{A\times B} := \frac{\overline{S}_{A\times B}}{\overline{S}_E} = \frac{S_A/(r-1)(s-1)}{S_E/(rs(t-1))} \sim F((r-1)(s-1), rs(t-1)) \tag{10.2.31}$$

则双边检验的拒绝域为

$$F_{A\times B} := \frac{\overline{S}_A}{\overline{S}_E} \geqslant F_\alpha((r-1)(s-1), rs(t-1)) \tag{10.2.32}$$

上述检验过程通常可列 **方差分析表** 如下：

方差源	平方和	自由度	均方	F 比	临界点
因素 A	S_A	$r-1$	$\overline{S}_A = \dfrac{S_A}{r-1}$	$\dfrac{\overline{S}_A}{\overline{S}_E}$	$F_\alpha(r-1, rs(t-1))$
因素 B	S_B	$s-1$	$\overline{S}_B = \dfrac{S_B}{s-1}$	$\dfrac{\overline{S}_B}{\overline{S}_E}$	$F_\alpha(s-1, rs(t-1))$
$A \times B$	$S_{A\times B}$	$(r-1)(s-1)$	$\overline{S}_{A\times B} = \dfrac{S_{A\times B}}{(r-1)(s-1)}$	$\dfrac{\overline{S}_{A\times B}}{\overline{S}_E}$	$F_\alpha((r-1)(s-1), rs(t-1))$
误差	S_E	$rs(t-1)$	$\overline{S}_E = \dfrac{S_E}{rs(t-1)}$		
总和	S_T	$rst-1$			

【例 10.2.1】双因素等重复试验方差分析模型：火箭射程　　"长征四号"火箭使用 4 种燃料 (因素 A)、3 种推进器 (因素 B) 作射程试验，每种燃料与推进器组合各发射火箭两次，获得射程（单位：海里）的数据如下：

燃料 \ 推进器	B_1	B_2	B_3	$T_{i..}$
A_1	58.2 | 52.6	56.2 | 41.2	65.3 | 60.8	334.3
A_2	49.1 | 42.8	54.1 | 50.5	51.6 | 48.4	296.5
A_3	60.1 | 58.3	70.9 | 73.2	39.2 | 40.7	342.4
A_4	75.8 | 71.5	58.2 | 51.0	48.7 | 41.4	346.6
$T_{.j.}$	468.4	455.3	396.1	1319.8

指定显著水平 $\alpha = 0.01$，检验不同水平下燃料和推进器这两个因素对射程影响的显著性.

【解】　　由所给数据计算 **总变差**

$$S_T = \sum_{i=1}^{r}\sum_{j=1}^{s}\sum_{k=1}^{t} X_{ijk}^2 - \frac{T_{...}^2}{rst}$$

$$= (58.2^2 + 52.6^2 + \cdots + 41.4^2) - \frac{1319.8^2}{24} = 2368.30$$

因素平方和 或 **组间变差**

$$S_A = \frac{1}{st}\sum_{i=1}^{r} T_{i..}^2 - \frac{T_{...}^2}{rst} = \frac{1}{6}(334.3^2 + 296.5^2 + 342.4^2 + 346.6^2) - \frac{1319.8^2}{24} = 261.68$$

$$S_B = \frac{1}{rt}\sum_{j=1}^{s} T_{.j.}^2 - \frac{T_{...}^2}{rst} = \frac{1}{8}(468.4^2 + 455.3^2 + 396.1^2) - \frac{1319.8^2}{24} = 370.98$$

交互效应平方和

$$S_{A\times B} = \frac{1}{t}\sum_{i=1}^{r}\sum_{j=1}^{s}T_{ij.}^2 - \frac{T_{...}^2}{rst} - S_A - S_B$$

$$= \frac{1}{2}(110.8^2 + 91.9^2 + \cdots + 90.1^2) - \frac{1319.8^2}{24} - 261.68 - 370.98 = 1768.69$$

残差平方和

$$S_E = S_T - S_A - S_B - S_{A\times B} = 236.95$$

获得的 方差分析表 如下：

方差来源	平方和	自由度	均方	F 比	临界点
因素 A	261.68	3	87.23	4.42	$F_{0.05}(3,12) = 3.49$
因素 B	370.98	2	185.49	9.39	$F_{0.05}(2,12) = 3.88$
交互 $A\times B$	1768.69	6	294.78	14.90	$F_{0.05}(6,12) = 3.00$
误差 S_E	236.95	12	19.75		
总和	2368.30	23			

（1）因 $F_A = 4.42 > F_{0.05}(3,12) = 3.49$，故在显著水平 $\alpha = 0.05$ 下拒绝假设 H_{01}，认为不同燃料水平对射程影响显著.

（2）因 $F_B = 9.39 > F_{0.05}(2,12) = 3.88$，故在显著水平 $\alpha = 0.05$ 下拒绝假设 H_{02}，认为不同推进器水平对射程影响显著.

（3）因 $F_{A\times B} = 14.9 > F_{0.05}(6,12) = 3.00$，故在显著水平 $\alpha = 0.05$ 下拒绝假设 H_{03}，认为不同燃料和推进器组合水平对射程影响显著. 进一步，由于 $F_{A\times B} = 14.9 > F_{0.001}(6,12) = 8.38$，故在显著水平 $\alpha = 0.001$ 下拒绝假设 H_{03}，认为不同燃料和推进器组合水平对射程影响高度显著.

【例 10.2.2】双因素等重复试验方差分析模型：金属强度　　在某种金属材料的生产中，对时间 (因素 A) 与热处理温度 (因素 B) 各取两个水平组合试验两次，测定产品强度，得到产品强度的数据如下：

热处理温度	B_1	B_2	$T_{i..}$
时 A_1	38.0 │ 38.6	47.0 │ 44.8	168.4
间 A_2	45.0 │ 43.8	42.4 │ 40.8	172
$T_{.j.}$	165.4	175	340.4

指定显著水平 $\alpha = 0.05$，检验不同水平下时间与热处理温度这两个因素对产品强度影响的显著性.

【解】　　由所给数据计算 总变差

$$S_T = \sum_{i=1}^{r}\sum_{j=1}^{s}\sum_{k=1}^{t}X_{ijk}^2 - \frac{T_{...}^2}{rst}$$

$$= (38.0^2 + 38.6^2 + \cdots + 40.8^2) - \frac{340.4^2}{8} = 71.82$$

因素平方和 或 组间变差

$$S_A = \frac{1}{st}\sum_{i=1}^{r}T_{i..}^2 - \frac{T_{...}^2}{rst} = \frac{1}{4}(168.4^2 + 172^2) - \frac{340.4^2}{8} = 1.62$$

$$S_B = \frac{1}{rt}\sum_{j=1}^{s}T_{.j.}^2 - \frac{T_{...}^2}{rst} = \frac{1}{4}(165.4^2 + 175^2) - \frac{340.4^2}{8} = 11.52$$

交互效应平方和

$$S_{A\times B} = \frac{1}{t}\sum_{i=1}^{r}\sum_{j=1}^{s}T_{ij.}^2 - \frac{T_{...}^2}{rst} - S_A - S_B$$

$$= 14551.24 - 14484.02 - 1.62 - 11.52 = 54.08$$

残差平方和

$$S_E = S_T - S_A - S_B - S_{A\times B} = 4.6$$

获得的 方差分析表 如下:

方差来源	平方和	自由度	均方	F 比	临界点
因素 A	1.62	1	1.62	1.4	$F_{0.05}(1,4) = 7.71$
因素 B	11.52	1	11.52	10.0	$F_{0.05}(1,4) = 7.71$
交互 $A\times B$	54.08	1	54.08	47.0	$F_{0.05}(1,4) = 7.71$
误差 S_E	4.6	4	1.15		
总和	71.82	7			

（1）因 $F_A = 1.4 < F_{0.05}(1,4) = 7.71$，故在显著水平 $\alpha = 0.05$ 下接受假设 H_{01}，认为时间因素对产品强度影响不显著.

（2）因 $F_B = 10.0 > F_{0.05}(1,4) = 7.71$，故在显著水平 $\alpha = 0.05$ 下拒绝假设 H_{02}，认为热处理温度因素对产品强度影响显著.

（3）因 $F_{A\times B} = 47.0 > F_{0.05}(1,4) = 7.71$，故在显著水平 $\alpha = 0.05$ 下拒绝假设 H_{03}，认为不同时间和热处理温度组合水平对产品强度影响显著.

10.2.2　双因素无重复试验方差分析

【定义 10.2.6】双因素无重复试验方差分析数学模型　设因素 A 有 r 个 水平 A_1, A_2, $\cdots$, A_r, 因素 B 有 s 个 水平 B_1 , B_2 , $\cdots$,B_s, 在每个水平组合对 (A_i, B_j) 下只进行 1 次独立试验（不再重复试验），称为 **双因素无重复试验**，获得类似矩阵的表格如下:

因素 A\ 因素 B	B_1	B_1	$\cdots$	B_s	$T_{i.}$
A_1	x_{11}	x_{12}	$\cdots$	x_{1s}	$T_{1.}$
A_2	x_{21}	x_{22}	$\cdots$	x_{2s}	$T_{2.}$
$\vdots$	$\vdots$	$\vdots$	$\vdots$	$\vdots$	$\vdots$
A_r	x_{r1}	x_{r2}	$\cdots$	x_{rs}	$T_{r.}$
$T_{.j}$	$T_{.1}$	$T_{.2}$	$\cdots$	$T_{.s}$	$T_{..}$

假定各个水平组合对 (A_i, B_j) 下的样本 X_{ijk} 来自具有相同方差 σ^2 而均值分别为 μ_{ij} 的正态总体, 均值 μ_{ij} 和方差 σ^2 未知, 且不同水平组合下的样本相互独立. 因对于正态分布随机变量 $X_{ij} \sim N(\mu_{ij}, \sigma^2)$, 故标记 随机误差 $\varepsilon_{ij} = X_{ij} - \mu_{ij} \sim N(0, \sigma^2)$, 则 $\varepsilon_{ij} \sim N(0, \sigma^2)$ 相互独立. 有 双因素无重复试验方差分析数学模型

$$\begin{cases} X_{ij} = \mu_{ij} + \varepsilon_{ij}, & i = 1, 2, \cdots, r \\ \varepsilon_{ij} \sim N(0, \sigma^2), & j = 1, 2, \cdots, s \end{cases} \tag{10.2.33}$$

【定义 10.2.7】效应　水平 A_i 下的 效应 为

$$\alpha_i = \mu_{i.} - \mu \tag{10.2.34}$$

水平 B_j 下的 效应 为

$$\beta_j = \mu_{.j} - \mu \tag{10.2.35}$$

对于双因素无重复试验, 水平 A_i 和水平 B_j 的 交互效应 为 $\gamma_{ij} = 0$, 显然有

$$\sum_{i=1}^{r} \alpha_i = 0, \quad \sum_{j=1}^{s} \beta_j = 0; \tag{10.2.36}$$

即水平 A_i 下的 效应 与水平 B_j 下的 效应 的和均为 0.

此时 双因素无重复试验方差分析数学模型 可以改写为:

$$\begin{cases} X_{ij} = \mu + \alpha_i + \beta_j + \varepsilon_{ij}, i = 1, 2, \cdots, r \\ \varepsilon_{ij} \sim N(0, \sigma^2), j = 1, 2, \cdots, s \\ \sum_{i=1}^{r} \alpha_i = 0, \quad \sum_{j=1}^{s} \beta_j = 0 \end{cases} \tag{10.2.37}$$

双因素无重复试验方差分析数学模型 解决的主要目标是: 指定显著水平 α, 作 双边检验:

$H_{01} : \alpha_1 = \alpha_2 = \cdots = \alpha_r = 0$

$H_{11} : \alpha_1, \alpha_2, \cdots, \alpha_r$ 不全为零

$H_{02} : \beta_1 = \beta_2 = \cdots = \beta_s = 0$

$H_{12} : \beta_1, \beta_2, \cdots, \beta_s$ 不全为零

【定义 10.2.8】总平均和组内平均　总平均

$$\overline{X} = \frac{1}{rs} \sum_{i=1}^{r} \sum_{j=1}^{s} X_{ij} \tag{10.2.38}$$

组内平均

$$\begin{aligned} \overline{X}_{i.} &= \frac{1}{s} \sum_{j=1}^{s} X_{ij}, i = 1, 2, \cdots, r \\ \overline{X}_{.j} &= \frac{1}{r} \sum_{i=1}^{r} X_{ij}, j = 1, 2, \cdots, s \end{aligned} \tag{10.2.39}$$

【定义 10.2.9】误差平方和 *总的偏差平方和* 或 *总变差*

$$S_T = \sum_{i=1}^{r} \sum_{j=1}^{s} (X_{ij} - \overline{X})^2 \tag{10.2.40}$$

残差平方和

$$S_E = \sum_{i=1}^{r} \sum_{j=1}^{s} (X_{ij} - \overline{X}_{i.} - \overline{X}_{.j} + \overline{X})^2 \tag{10.2.41}$$

因素平方和 或 组间变差

$$S_A = s \sum_{i=1}^{r} (\overline{X}_{i.} - \overline{X})^2$$
$$S_B = r \sum_{j=1}^{s} (\overline{X}_{.j} - \overline{X})^2 \tag{10.2.42}$$

【定理 10.2.4】平方和分解公式 成立如下分解公式：

$$S_T = S_E + S_A + S_B \tag{10.2.43}$$

就是说：**总的偏差平方和** $S_T = \sum_{i=1}^{r} \sum_{j=1}^{s} (X_{ij} - \overline{X})^2$ 等于残差平方和 $S_E = \sum_{i=1}^{r} \sum_{j=1}^{s} (\overline{X}_{ij} - \overline{X}_{i.} - \overline{X}_{.j} + \overline{X})^2$ 与因素平方和 $S_A = s \sum_{i=1}^{r} (\overline{X}_{i.} - \overline{X})^2$、$S_B = r \sum_{j=1}^{s} (\overline{X}_{.j} - \overline{X})^2$ 之和.

【证明】 因为

$$\sum_{i=1}^{r} \sum_{j=1}^{s} \sum_{k=1}^{t} (X_{ij} - \overline{X})^2$$
$$= \sum_{i=1}^{r} \sum_{j=1}^{s} [(\overline{X}_{i.} - \overline{X}) + (\overline{X}_{.j} - \overline{X}) + (X_{ij} - \overline{X}_{i.} - \overline{X}_{.j} + \overline{X})]^2$$
$$= s \sum_{i=1}^{r} (\overline{X}_{i.} - \overline{X})^2 + r \sum_{j=1}^{s} (X_{.j} - \overline{X})^2 + \sum_{i=1}^{r} \sum_{j=1}^{s} (X_{ij} - \overline{X}_{i.} - \overline{X}_{.j} + \overline{X})^2$$

若标记 *组内加和* 与 *组间加和*

$$T_{..} = \sum_{i=1}^{r} \sum_{j=1}^{s} X_{ij}$$
$$T_{i.} = \sum_{j=1}^{s} X_{ij}, i = 1, 2, \cdots, r$$
$$T_{.j} = \sum_{i=1}^{r} X_{ij}, j = 1, 2, \cdots, s \tag{10.2.44}$$

则可等价改写为 *总的偏差平方和* 或 *总变差*

$$S_T = \sum_{i=1}^{r} \sum_{j=1}^{s} X_{ij}^2 - \frac{T_{..}^2}{rs} \tag{10.2.45}$$

因素平方和 或 组间变差

$$S_A = \frac{1}{s} \sum_{i=1}^{r} T_{i.}^2 - \frac{T_{..}^2}{rs}$$
$$S_B = \frac{1}{r} \sum_{j=1}^{s} T_{.j}^2 - \frac{T_{..}^2}{rs}$$

(10.2.46)

残差平方和

$$S_E = S_T - S_A - S_B \tag{10.2.47}$$

【定理 10.2.5】平方和服从的 χ^2- 分布　对于正态总体样本 $X_{ij} \sim N(\mu_{ij}, \sigma^2)$，总变差与残差平方和服从 χ^2- 分布：

$$S_T/\sigma^2 \sim \chi^2(rs-1)$$
$$S_E/\sigma^2 \sim \chi^2((r-1)(s-1))$$

(10.2.48)

当假设 H_0 为真时，因素平方和服从 χ^2- 分布：

$$S_A/\sigma^2 \sim \chi^2(r-1)$$
$$S_B/\sigma^2 \sim \chi^2(s-1)$$

(10.2.49)

因此若定义 均方

$$\overline{S}_E = \frac{S_E}{(r-1)(s-1)}, \quad \overline{S}_A = \frac{S_A}{r-1}, \quad \overline{S}_B = \frac{S_B}{s-1} \tag{10.2.50}$$

则 $\overline{S}_E = \dfrac{S_E}{(r-1)(s-1)}$ 是方差 σ^2 的无偏估计，数学期望

$$E\overline{S}_E = \sigma^2 \tag{10.2.51}$$

当假设 H_0 为真时，$\overline{S}_A = \dfrac{S_A}{r-1}, \overline{S}_B = \dfrac{S_B}{s-1}$，也是方差 σ^2 的无偏估计.

【定理 10.2.6】双因素等重复试验方差分析的假设检验　指定显著水平 α，作 双边检验

$H_{01} : \alpha_1 = \alpha_2 = \cdots = \alpha_r = 0$

$H_{11} : \alpha_1, \alpha_2, \cdots, \alpha_r$　不全为零

$H_{02} : \beta_1 = \beta_2 = \cdots = \beta_s = 0$

$H_{12} : \beta_1, \beta_2, \cdots, \beta_s$　不全为零

对于正态总体样本 $X_{ij} \sim N(\mu_{ij}, \sigma^2)$，　$S_E/\sigma^2 \sim \chi^2((r-1)(s-1))$，当假设 H_{01} 为真时，　$S_A/\sigma^2 \sim \chi^2(r-1)$，因此若定义 费歇统计量

$$F_A := \frac{\overline{S}_A}{\overline{S}_E} = \frac{S_A/(r-1)}{S_E/((r-1)(s-1))} \sim F(r-1, (r-1)(s-1)) \tag{10.2.52}$$

则双边检验的拒绝域为

$$F := \frac{\overline{S}_A}{\overline{S}_E} \geqslant F_\alpha(r-1, (r-1)(s-1)) \tag{10.2.53}$$

当假设 H_{02} 为真时，$\qquad S_B/\sigma^2 \sim \chi^2(s-1)$，因此若定义 费歇统计量

$$F_B := \frac{\overline{S}_B}{\overline{S}_E} = \frac{S_B/(s-1)}{S_E/(r-1)(s-1)} \sim F(r-1,(r-1)(s-1)) \qquad (10.2.54)$$

则双边检验的拒绝域为

$$F := \frac{\overline{S}_B}{\overline{S}_E} \geqslant F_\alpha(s-1,(r-1)(s-1)) \qquad (10.2.55)$$

上述检验过程通常可列 方差分析表 如下：

方差来源	平方和	自由度	均方	F 比	临界点
因素 A	S_A	$r-1$	$\overline{S}_A = \dfrac{S_A}{r-1}$	$\dfrac{\overline{S}_A}{\overline{S}_E}$	$F_\alpha(r-1,(r-1)(s-1))$
因素 B	S_B	$s-1$	$\overline{S}_B = \dfrac{S_B}{s-1}$	$\dfrac{\overline{S}_B}{\overline{S}_E}$	$F_\alpha(s-1,(r-1)(s-1))$
误差	S_E	$(r-1)(s-1)$	$\overline{S}_E = \dfrac{S_E}{(r-1)(s-1)}$		
总和	S_T	$rs-1$			

【例 10.2.3】双因素无重复试验方差分析模型：火箭射程　　"长征四号"火箭使用 4 种燃料 (因素 A)、3 种推进器 (因素 B) 作射程试验，每种燃料与推进器组合各发射火箭一次，获得射程（单位：海里）的数据如下：

燃料 \ 推进器	B_1	B_2	B_3
A_1	58.2	56.2	65.3
A_2	49.1	54.1	51.6
A_3	60.1	70.9	39.2
A_4	75.8	58.2	48.7

检验不同水平下燃料和推进器这两个因素对射程影响的显著性.

【解】　　由所给数据计算获得的 方差分析表 如下：

方差来源	平方和	自由度	均方	F 比	临界点
因素 A	223.85	2	111.92	0.91743	$F_{0.05}(2,6) = 5.14$
因素 B	157.59	3	52.53	0.43059	$F_{0.05}(3,6) = 4.76$
误差 S_E	731.98	6	122		
总和	113.4	11			

（1）因 $F_A = 0.91743 < F_{0.05}(2,6) = 5.14$，故在显著水平 $\alpha = 0.05$ 下拒绝假设 H_{01}，认为不同燃料水平对射程影响不显著.

（2）因 $F_B = 0.43059 < F_{0.05}(3,6) = 4.76$，故在显著水平 $\alpha = 0.05$ 下拒绝假设 H_{02}，认为不同推进器水平对射程影响不显著.

由于没有考虑不同燃料和推进器组合产生的交互作用对射程的影响，以上结果其实与事实不符. 因而我们应当做有重复的多次试验.

【例 10.2.4】双因素无重复试验方差分析模型：空气悬浮颗粒含量 给出 4 个不同时间 (因素 A) 与 5 个不同地点 (因素 B) 的组合试验一次，测定空气悬浮颗粒含量（单位：毫克/立方米），得到空气悬浮颗粒含量的数据如下：

时间 \ 地点	B_1	B_2	B_3	B_4	B_5	$T_{i.}$
A_1	76	67	81	56	51	331
A_2	82	69	96	59	70	376
A_3	68	59	67	54	42	290
A_4	63	56	64	58	37	278
$T_{.j}$	289	251	308	227	200	1275

检验不同水平下时间与地点这两个因素对空气悬浮颗粒含量影响的显著性.

【解】 由所给数据计算 *总变差*

$$S_T = \sum_{i=1}^{r}\sum_{j=1}^{s} X_{ij}^2 - \frac{T_{..}^2}{rs}$$

$$= (76^2 + 67^2 + \cdots + 37^2) - \frac{1275^2}{20} = 3571.75$$

因素平方和 或 *组间变差*

$$S_A = \frac{1}{s}\sum_{i=1}^{r} T_{i.}^2 - \frac{T_{..}^2}{rs} = \frac{1}{5}(331^2 + 376^2 + 290^2 + 278^2) - \frac{1275^2}{20} = 1182.95$$

$$S_B = \frac{1}{r}\sum_{j=1}^{s} T_{.j}^2 - \frac{T_{..}^2}{rs} = \frac{1}{4}(289^2 + 251^2 + \cdots + 200^2) - \frac{1275^2}{20} = 1947.50$$

残差平方和

$$S_E = S_T - S_A - S_B = 3571.75 - 1182.95 - 1947.50 = 441.30$$

获得的 *方差分析表* 如下：

方差来源	平方和	自由度	均方	F 比	临界点
因素 A	1182.95	3	394.32	10.72	$F_{0.05}(3,12) = 3.49$
因素 B	1947.50	4	486.88	13.24	$F_{0.05}(4,12) = 3.26$
误差 S_E	441.30	12	36.78		
总和	3571.75	19			

（1）因 $F_A = 10.72 > F_{0.05}(3, 12) = 3.49$，故在显著水平 $\alpha = 0.05$ 下拒绝假设 H_{01}，认为不同时间水平对空气悬浮颗粒含量影响显著.

（2）因 $F_B = 13.24 > F_{0.05}(4, 12) = 3.26$，故在显著水平 $\alpha = 0.05$ 下拒绝假设 H_{02}，认为不同地点水平对空气悬浮颗粒含量影响显著.

【例 10.2.5】双因素无重复试验方差分析模型：果汁含铅量　对果汁含铅量给出 4 个不同检验法 (因素 A) 与 6 种不同果汁 (因素 B) 的组合试验一次，测定果汁含铅量（单位：毫克/升），得到果汁含铅量的数据如下：

检验法 \ 果汁	B_1	B_2	B_3	B_4	B_5	B_6	$T_{i.}$
A_1	0.05	0.46	0.12	0.16	0.84	1.30	2.93
A_2	0.08	0.38	0.40	0.10	0.92	1.57	3.45
A_3	0.11	0.43	0.05	0.10	0.94	1.10	2.73
A_4	0.11	0.44	0.08	0.03	0.93	1.15	2.74
$T_{.j}$	0.35	1.71	0.65	0.39	3.63	5.12	11.85

检验不同水平下不同检验法与不同果汁这两个因素对果汁含铅量影响的显著性.

【解】　由所给数据计算 总变差

$$S_T = \sum_{i=1}^{r} \sum_{j=1}^{s} X_{ij}^2 - \frac{T_{..}^2}{rs}$$

$$= (0.05^2 + 0.46^2 + \cdots + 1.15^2) - \frac{11.85^2}{24} = 10.9853 - 5.851 = 5.134$$

因素平方和 或 组间变差

$$S_A = \frac{1}{s} \sum_{i=1}^{r} T_{i.}^2 - \frac{T_{..}^2}{rs} = \frac{1}{6}(2.93^2 + 3.45^2 + 2.73^2 + 2.74^2) - \frac{11.85^2}{24} = 0.057$$

$$S_B = \frac{1}{r} \sum_{j=1}^{s} T_{.j}^2 - \frac{T_{..}^2}{rs} = \frac{1}{4}(0.35^2 + 1.71^2 + \cdots + 5.12^2) - \frac{11.85^2}{24} = 4.903$$

残差平方和

$$S_E = S_T - S_A - S_B = 5.134 - 0.057 - 4.903 = 0.173$$

获得的 方差分析表 如下：

方差来源	平方和	自由度	均方	F 比	临界点
因素 A	0.058	3	0.019	1.583	$F_{0.05}(3, 15) = 3.29$
因素 B	4.903	5	0.981	81.75	$F_{0.01}(5, 15) = 4.56$
误差 S_E	0.173	15	0.012		
总和	5.134	23			

（1）因 $F_A = 1.583 < F_{0.05}(3, 15) = 3.29$，故在显著水平 $\alpha = 0.05$ 下接受假设 H_{01}，认为不同检验法对果汁含铅量影响不显著；

（2）因 $F_B = 81.75 > F_{0.01}(5, 15) = 4.56$，故在显著水平 $\alpha = 0.01$ 下拒绝假设 H_{02}，认为不同果汁对果汁含铅量影响非常显著.

习题 10.2

1. 某消防队要考察 4 种不同型号（记为 A_1, A_2, A_3, A_4）的冒烟报警器装置在 5 种不同烟道（记为 B_1, B_2, B_3, B_4, B_5）中的反应时间（单位：秒），共作了 40 次试验，得到的数据如下：

报警器 \ 烟道	B_1	B_2	B_3	B_4	B_5
A_1	5.1 5.3	6.4 6.2	5.0 4.8	3.1 3.3	6.7 6.9
A_2	7.5 7.3	8.0 8.2	5.7 6.0	6.4 6.6	5.0 4.8
A_3	1.0 3.8	6.5 6.3	7.8 8.0	9.1 9.3	4.2 4.0
A_4	12.2 12.4	9.5 9.3	7.7 7.9	10.7 10.9	8.6 8.1

试问不同型号的报警器对反应时间是否有显著性影响？不同种类的烟道对反应时间是否有显著性影响？

2. 为了解 3 种不同配比的饲料对仔猪生长效用的差异，对 3 种不同品种的猪各选 3 头进行试验，分别测得其 3 个月间体重的增长量如下表所列. 假定猪体重的增加量服从正态分布，且各种配比的方差相等，试分析不同饲料与不同品种猪的生长有无显著影响（ $\alpha = 0.05$ ）.

饲料 \ 品种	B_1	B_2	B_3
A_1	51	56	45
A_2	53	57	49
A_3	52	58	47

3. 某制造商想要测定 4 种类型的机器 A_1, A_2, A_3, A_4 在生产某种零件中的效用，为此，要得到两个班次中每班在指定的一个星期的工作日内每部机器生产的螺栓数，取得的数据如下：

机器 \ 班次	B_1	B_2
星期工作日	1 2 3 4 5	1 2 3 4 5
A_1	6 4 5 5 4	5 7 4 6 8
A_2	10 8 7 7 9	7 9 12 8 8
A_3	7 5 6 5 9	9 7 5 4 6
A_4	8 4 6 5 5	5 7 9 7 10

在显著性水平 $\alpha = 0.05$ 下，进行方差分析，检验机器、班次的差异是否显著.

4. 在某种金属材料的生产过程中，对热处理温度（因素 B）与时间（因素 A）各取 2 个水平，产品强度的测定结果列在下表中，在相同条件下每个试验重复 2 次，设各水平搭配下强度总体服从正态分布，并且方差相等，各样本独立. 问热处理温度、时间以及这两者的交互作用对产品强度是否有显著影响（ $\alpha = 0.05$ ）？

时间 \ 温度	B_1	B_2
A_1	38.0 38.6	47.0 44.8
A_2	45.0 43.8	42.4 40.8

总习题十

1. 将抗生素注入人体会产生抗生素与血浆蛋白质结合的现象，以致减少了药效. 下表列出 5 种常用的抗生素注入到牛的体内时，抗生素与血浆蛋白质结合的百分比. 给定显著水平 $\alpha = 0.05$，检验抗生素与血浆蛋白结合的百分比均值是否有显著差异，即检验假设

$$H_0 : \mu_1 = \mu_2 = \cdots = \mu_5, \qquad H_1 : \mu_1, \mu_2, \cdots, \mu_5 \text{ 不全为零}$$

百分比 \ 抗生素	青霉素	四环素	链霉素	红霉素	氯霉素
A_1	29.6	27.3	5.8	21.6	29.2
A_2	24.3	32.6	6.2	17.4	32.8
A_3	28.5	30.8	11.0	18.3	25.0
A_4	32.0	34.8	8.3	19.0	24.2

2. 设一个年级有 3 个小班，进行一次数学测验，记录成绩如下：

小班 \ 成绩	1	2	3	4	5	6	7	8	9	10	11	12	13	14	15
I	73	89	82	43	80	73	66	60	45	93	36	77			
II	88	78	48	91	51	85	74	56	77	31	78	62	76	96	80
III	68	79	56	91	71	71	87	41	59	68	53	79	15		

给定显著水平 $\alpha = 0.05$，检验各班平均分是否有显著差异，即检验假设

$$H_0 : \mu_1 = \mu_2 = \mu_3, \qquad H_1 : \mu_1, \mu_2, \mu_3 \text{ 不全为零}$$

3. 为了研究金属管的防腐蚀的功能，考虑了 4 种不同的涂料涂层. 将金属管埋设在 3 种不同性质的土壤中，经历了一定时间，测得金属管腐蚀的最大深度如下表所示 (单位：毫米)：

涂层 \ 土壤类型	B_1	B_2	B_3
A_1	1.63	1.35	1.27
A_2	1.34	1.30	1.22
A_3	1.19	1.14	1.27
A_4	1.30	1.09	1.32

试取水平 $\alpha = 0.05$ 检验在不同涂层下腐蚀的最大深度的平均值有无显著差异，在不同土壤下腐蚀的最大深度的平均值有无显著差异. 设两因素间没有交互作用效应.

4. 在某橡胶产品的配方中，考虑了 3 种不同的促进剂，4 种不同分量的氧化锌. 同样的配方重复一次试验，测得 300% 定强指标如下：

定强促进剂 \ 氧化锌	B_1	B_2	B_3	B_4
A_1	31,33	34,36	35,36	39,38
A_2	33,34	36,37	37,39	38,41
A_3	35,37	37,38	39,40	42,44

假设在诸水平搭配下胶料的定强指标服从正态分布, 且方差相等. 问氧化锌分量、促进剂以及它们的交互作用对定强指标有无显著影响?

5. 给出化工过程在 3 种浓度、4 种温度水平下得率的数据, 记录如下:

浓度因素 \ 温度因素	10	24	38	52
A_1	14,10	11,11	13,9	10,12
A_2	9, 7	10,8	7, 11	6,10
A_3	5, 11	13, 14	12, 13	14, 10

假设在诸水平搭配下得率的总体服从正态分布, 且方差相等. 给定显著水平 $\alpha = 0.05$, 检验 3 种浓度、4 种温度水平下得率的均值是否有显著差异, 交互作用是否显著. 即检验假设

$$H_{01}: \alpha_1 = \alpha_2 = \alpha_3 = 0, \qquad H_{11}: \alpha_1, \alpha_2, \alpha_3 \text{ 不全为零}$$

$$H_{02}: \beta_1 = \beta_2 = \beta_3 = \beta_4 = 0, \qquad H_{12}: \beta_1, \beta_2, \beta_3, \beta_4 \text{ 不全为零}$$

$$H_{03}: \gamma_{11} = \gamma_{12} = \cdots = \gamma_{34} = 0, \qquad H_{13}: \gamma_{11}, \gamma_{12}, \cdots, \gamma_{34} \text{ 不全为零}$$

第 11 章　回归分析

11.1　一元线性回归

"回归"一词，来源于遗传学, 英国的高尔顿 (Francis Galton,1822—1911) 研究家族成员的身高遗传规律时发现，虽然一般而言，高个子父母生出高个子子女，矮个子父母生出矮个子子女，但经过采样调查，一群高个子父母生出的高个子子女的平均身高低于其父母，而一群矮个子父母生出的矮个子子女的平均身高高于其父母. 高尔顿称此现象为"向平均高度的回归"，即身高不会越来越高，也不会越来越矮，而是有一种"回归祖先"的迹象，以保持人类种群的均匀高度.1886 年他发表了论文《遗传身高中趋向中心的回归》(*Regression towards mediocrity in hereditary stature*)，指明了一种自然界的"中庸之道"：高值回归到较低值，低值也回归到较高值，总之都接近平均值.

如今的"回归"之涵义与当时已不相同. 回归分析 是统计学中应用广泛的重要分支. 就 线性回归 而言，又有 一元线性回归 和 多元线性回归 之分.

11.1.1　一元线性回归

【定义 11.1.1】回归函数和回归分析　设随机变量 Y 与随机变量 X 之间存在一种"相关关系"，而随机变量 X 是可控制或可精确获得观察值的变量，能够视为普通自变量 x. 设随机变量 Y 存在数学期望 $E(Y)$，其取值随着自变量 x 而变化，记为 $E(Y) = \mu(x)$，称为随机变量 Y 关于自变量 x 的 回归函数 （Regression Function）.

对于期望 $\mu = E(X)$ 和任意常数 C，成立不等式 $E(X - C)^2 \geqslant E(X - \mu)^2 = D(X)$，即"期望是最佳的均值，随机变量与其期望的平均距离最小"，或等价地说"均方差是最小的距离，随机变量与任意常数 C 的平均距离都比均方差要大". 所以若以 回归函数 $E(Y) = \mu(x)$ 作为随机变量 Y 的近似，相应的误差即方差 $E(Y - \mu(x))^2$ 是最小误差. 因此，研究 回归函数 $E(Y) = \mu(x)$ 意义重大. 对这种回归关系的研究就称为 回归分析.

【定义 11.1.2】一元线性回归　回归函数 $E(Y) = \mu(x)$ 具有 线性函数 $\mu(x) = a + bx$ 的形式. 此时估计 $\mu(x)$ 的问题称为 一元线性回归 问题. 系数 a,b 称为 一元线性回归系数.

【引例 11.1.1】一元线性回归模型　观测某化学反应中，获得产品得率 $Y(x)$ 关于温度 x 的数据如下表所列. 这里得产品得率 $Y(x)$ 是随机变量，温度 x 是普通自变量.

$x_i(^\circ\mathrm{C})$	100	110	120	130	140	150	160	170	180	190
$y_i\,(\%)$	45	51	54	61	66	70	74	78	85	89

通过描点作图看到产品得率 $Y(x)$ 关于温度 x 的变化近似呈线性规律. 即构成 一元线性回归 问题 (图 11.1.1).

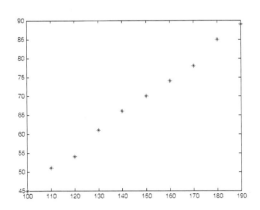

图 11.1.1　产品得率 $Y(x)$ 关于温度 x 的近似线性散点图

【定义 11.1.3】一元线性回归方程　随机变量 Y 的取值随着自变量 x 而变化, 与 回归函数 $E(Y) = \mu(x)$ 存在误差项, 记为 $Y = \mu(x) + \varepsilon$, 其中误差项 $\varepsilon = Y - \mu(x)$ 也是一个随机变量. 误差项 $\varepsilon = Y - \mu(x)$ 越小, 表明随机变量 Y 与自变量 x 的关系越密切.

对于 一元线性回归 问题, 回归函数为线性函数 $\mu(x) = a + bx$, 则

$$Y = a + bx + \varepsilon \tag{11.1.1}$$

称为 一元线性回归方程.

若采样获得 n 个独立样本 $(x_i, Y_i), i = 1, 2, \cdots, n$, 则对应的样本即散点数据间成立方程

$$Y_i = a + bx_i + \varepsilon_i \tag{11.1.2}$$

也称为 一元线性回归方程 或 一元线性回归模型. 其中斜率 b 和截距 a 称为 一元线性回归系数.

【引例 11.1.2】一元线性回归方程　19 世纪英国物理学家 Forbes 在苏格兰和阿尔卑斯山区的 17 个地点测得大气压 $Y(t)$(单位：毫米汞柱)和当地水的沸点温度 t（华氏 $^\circ$F）, 获得一元线性回归方程

$$Y = -42.131 + 0.895x + \varepsilon$$

其中 预测公式 或 经验公式

$$Y = -42.131 + 0.895x$$

可用来近似估计大气压. 如当地水的沸点温度 $t = 212$, 则大气压预测值 $Y(t) = 760.19$.

【定理 11.1.1】回归系数的最小二乘估计　设 回归函数 为 线性函数 $\mu(x) = a + bx$, 令 $\mu(x) = a + bx$ 与随机变量 Y 在各数据点的绝对误差平方和最小. 即确定回归系数 $\hat{a}, \hat{b}$ 使得

$$\sum_{i=1}^{n} |y_i - \mu(x_i)|^2 = \sum_{i=1}^{n} |y_i - (\hat{a} + \hat{b}x_i)|^2 = \min_{a,b} \sum_{i=1}^{n} |y_i - (a + bx_i)|^2 \tag{11.1.3}$$

这就是 回归系数的最小二乘估计.

回归系数的最小二乘估计 为

$$\begin{cases} \hat{b} &= \dfrac{\displaystyle\sum_{i=1}^{n}(x_i - \bar{x})(y_i - \bar{y})}{\displaystyle\sum_{i=1}^{n}(x_i - \bar{x})^2} \\[4mm] \hat{a} &= \bar{y} - \hat{b}\bar{x} \end{cases} \tag{11.1.4}$$

其中均值 $\bar{x} = \dfrac{1}{n}\displaystyle\sum_{1}^{n} x_i$, $\bar{y} = \dfrac{1}{n}\displaystyle\sum_{1}^{n} y_i$. 相应估计量为

$$\begin{cases} \hat{b} &= \dfrac{\displaystyle\sum_{i=1}^{n}(x_i - \bar{x})(Y_i - \bar{Y})}{\displaystyle\sum_{i=1}^{n}(x_i - \bar{x})^2} = \dfrac{\displaystyle\sum_{i=1}^{n}(x_i - \bar{x})Y_i}{\displaystyle\sum_{i=1}^{n}(x_i - \bar{x})^2} \\[4mm] \hat{a} &= \bar{Y} - \hat{b}\bar{x} \end{cases} \tag{11.1.5}$$

【证明】　确定回归系数 $\hat{a}, \hat{b}$ 等价于求二元函数

$$F(a,b) = \sum_{i=1}^{n} (a + bx_i - y_i)^2$$

的极小值点 $\hat{a}, \hat{b}$. 由求多元函数极值的必要条件，有两个偏导数为零的条件，即

$$\frac{\partial F}{\partial a} = 2\sum_{i=1}^{n}(a + bx_i - y_i) = 0$$

和

$$\frac{\partial F}{\partial b} = 2\sum_{i=1}^{n}(a + bx_i - y_i)x_i = 0$$

也即

$$\frac{\partial F}{\partial a} = 2na + 2\sum_{i=1}^{n}(bx_i - y_i) = 2na + 2b\sum_{i=1}^{n}x_i - 2\sum_{i=1}^{n}y_i = 0$$

和

$$\frac{\partial F}{\partial b} = 2b\sum_{i=1}^{n}x_i^2 + 2\sum_{i=1}^{n}(a - y_i)x_i = 2b\sum_{i=1}^{n}x_i^2 + 2a\sum_{i=1}^{n}x_i - 2\sum_{i=1}^{n}x_i y_i = 0$$

从而获得关于线性组合系数 a,b 的线性代数方程组

$$\begin{cases} na + b\sum_{i=1}^{n} x_i & = \sum_{i=1}^{n} y_i \\ a\sum_{i=1}^{n} x_i + b\sum_{i=1}^{n} x_i^2 & = \sum_{i=1}^{n} x_i y_i \end{cases}$$

这称为 最小二乘拟合直线正规方程组，简称 正规方程组 或 法方程(Normal Equations). 其解
即 回归系数的最小二乘估计 为

$$\begin{cases} \hat{b} & = \dfrac{n\sum_{i=1}^{n} x_i y_i - \sum_{i=1}^{n} x_i \sum_{i=1}^{n} y_i}{n\sum_{i=1}^{n} x_i^2 - (\sum_{i=1}^{n} x_i)^2} = \dfrac{\sum_{i=1}^{n}(x_i - \bar{x})(y_i - \bar{y})}{\sum_{i=1}^{n}(x_i - \bar{x})^2} \\ \hat{a} & = \bar{y} - \hat{b}\bar{x} \end{cases}$$

其中均值 $\bar{x} = \dfrac{1}{n}\sum_{1}^{n} x_i$, $\bar{y} = \dfrac{1}{n}\sum_{1}^{n} y_i$. 若引入记号

$$\begin{cases} l_{xx} & = \sum_{i=1}^{n}(x_i - \bar{x})^2 = \sum_{i=1}^{n} x_i^2 - \dfrac{1}{n}(\sum_{1}^{n} x_i)^2 \\ l_{yy} & = \sum_{i=1}^{n}(y_i - \bar{y})^2 = \sum_{i=1}^{n} y_i^2 - \dfrac{1}{n}(\sum_{1}^{n} y_i)^2 \\ l_{xy} & = \sum_{i=1}^{n}(x_i - \bar{x})(y_i - \bar{y}) = \sum_{1}^{n} x_i y_i - \dfrac{1}{n}(\sum_{1}^{n} x_i)(\sum_{1}^{n} y_i) \end{cases}$$

则 回归系数的最小二乘估计 为

$$\begin{cases} \hat{b} & = \dfrac{\sum_{i=1}^{n}(x_i - \bar{x})(y_i - \bar{y})}{\sum_{i=1}^{n}(x_i - \bar{x})^2} = \dfrac{l_{xy}}{l_{xx}} \\ \hat{a} & = \bar{y} - \hat{b}\bar{x} \end{cases}$$

其中均值 $\bar{x} = \dfrac{1}{n}\sum_{1}^{n} x_i$, $\bar{y} = \dfrac{1}{n}\sum_{1}^{n} y_i$. 若引入样本方差的记号

$$\begin{cases} s_x^2 = \dfrac{1}{n-1}l_{xx} & = \dfrac{1}{n-1}\sum_{i=1}^{n}(x_i - \bar{x})^2 \\ s_y^2 = \dfrac{1}{n-1}l_{yy} & = \dfrac{1}{n-1}\sum_{i=1}^{n}(y_i - \bar{y})^2 \\ s_{xy} = \dfrac{1}{n-1}l_{xy} & = \dfrac{1}{n-1}\sum_{i=1}^{n}(x_i - \bar{x})(y_i - \bar{y}) \end{cases}$$

则 回归系数的最小二乘估计 也可表示为

$$\begin{cases} \hat{b} & = \dfrac{\displaystyle\sum_{i=1}^{n}(x_i - \bar{x})(y_i - \bar{y})}{\displaystyle\sum_{i=1}^{n}(x_i - \bar{x})^2} = \dfrac{s_{xy}}{s_x^2} \\[4mm] \hat{a} & = \bar{y} - \hat{b}\bar{x} \end{cases}$$

【定义 11.1.4】一元线性经验回归方程与回归直线　对于 一元线性回归 问题，回归函数为线性函数 $\mu(x) = a + bx$，则 回归函数的估计 为 $\mu(x) = \hat{y} = \hat{a} + \hat{b}x$, 代入 回归系数 $\hat{a} = \bar{y} - \hat{b}\bar{x}$ 得

$$\hat{y} = \hat{a} + \hat{b}x = \bar{y} + \hat{b}(x - \bar{x}) \tag{11.1.6}$$

称为 一元线性经验回归方程. 其图像称为 回归直线(Regression line).

【定理 11.1.2】回归系数的最大似然估计　设 回归函数 为 线性函数 $\mu(x) = a + bx$，令随机变量 $Y \sim N(\mu(x), \sigma^2)$，即随机变量 $Y \sim N(a + bx, \sigma^2)$，其中回归系数 a, b 和方差 σ^2 均为不依赖于自变量 x 的未知参数. 则回归系数 a, b 的最大似然估计 $\hat{a}, \hat{b}$ 为

$$\begin{cases} \hat{b} & = \dfrac{\displaystyle\sum_{i=1}^{n}(x_i - \bar{x})(y_i - \bar{y})}{\displaystyle\sum_{i=1}^{n}(x_i - \bar{x})^2} = \dfrac{l_{xy}}{l_{xx}} \\[4mm] \hat{a} & = \bar{y} - \hat{b}\bar{x} \end{cases} \tag{11.1.7}$$

【证明】　一元线性回归方程成为

$$Y = a + bx + \varepsilon, \qquad \varepsilon \sim N(0, \sigma^2)$$

对应的独立样本 (x_i, Y_i)，则有方程

$$Y_i = a + bx_i + \varepsilon_i, \qquad \varepsilon_i \sim N(0, \sigma^2) \tag{11.1.8}$$

其中 $Y_i \sim N(a + bx_i, \sigma^2)$. 随机误差项 ε 的期望和方差分别是

$$E(\varepsilon) = 0, \qquad D(\varepsilon) = \sigma^2 \tag{11.1.9}$$

由于样本 Y_i 的概率密度函数为

$$f(y_i, \mu_i, \sigma) = \frac{1}{\sqrt{2\pi}\sigma}e^{-\frac{(y_i - \mu(x_i))^2}{2\sigma^2}} = \frac{1}{\sqrt{2\pi}\sigma}e^{-\frac{(y_i - a - bx_i)^2}{2\sigma^2}} \tag{11.1.10}$$

故最大似然函数就是样本概率密度函数 $f(y_i)$ 的连乘积，即

$$\begin{aligned} L(a, b, \sigma^2) & = \prod_{i=1}^{n} f(y_i, \mu_i, \sigma) = \prod_{i=1}^{n} \frac{1}{\sqrt{2\pi}\sigma}e^{-\frac{(y_i - a - bx_i)^2}{2\sigma^2}} \\ & = (\frac{1}{\sqrt{2\pi}\sigma})^n \exp\left(-\frac{1}{2\sigma^2}\sum_{i=1}^{n}(y_i - a - bx_i)^2\right) \\ & = (\frac{1}{\sqrt{2\pi}\sigma})^n \exp\left(-\frac{1}{2\sigma^2}F(a, b)\right) \end{aligned} \tag{11.1.11}$$

显然，最大似然函数取极大值，只需右边指数函数部分的指数 $F(a,b) = \sum_{i=1}^{n}(y_i - a - bx_i)^2$ 最小，而这等价于作 回归系数的最小二乘估计. 事实上，取对数有对数似然函数

$$
\begin{aligned}
\ln L(a,b,\sigma^2) &= \ln(\frac{1}{\sqrt{2\pi}\sigma})^n \exp(-\frac{1}{2\sigma^2}F(a,b)) \\
&= -\frac{1}{2\sigma^2}F(a,b) - \frac{n}{2}(\ln\sigma^2 + \ln 2\pi)
\end{aligned}
\tag{11.1.12}
$$

取偏导数，得对数似然方程

$$
\begin{cases}
\dfrac{\partial}{\partial a}\ln L(a,b,\sigma^2) = -\dfrac{1}{2\sigma^2}\dfrac{\partial F}{\partial a} = 0 \\[2mm]
\dfrac{\partial}{\partial b}\ln L(a,b,\sigma^2) = -\dfrac{1}{2\sigma^2}\dfrac{\partial F}{\partial b} = 0 \\[2mm]
\dfrac{\partial}{\partial \sigma^2}\ln L(a,b,\sigma^2) = \dfrac{1}{2\sigma^4}F(a,b) - \dfrac{n}{2\sigma^2} = 0
\end{cases}
$$

因此回归系数 a,b 的最大似然估计 $\hat{a},\hat{b}$ 就是 回归系数的最小二乘估计，即

$$
\begin{cases}
\hat{b} = \dfrac{\sum_{i=1}^{n}(x_i - \bar{x})(y_i - \bar{y})}{\sum_{i=1}^{n}(x_i - \bar{x})^2} = \dfrac{l_{xy}}{l_{xx}} \\[4mm]
\hat{a} = \bar{y} - \hat{b}\bar{x}
\end{cases}
\tag{11.1.13}
$$

其中均值 $\bar{x} = \frac{1}{n}\sum_1^n x_i$，$\bar{y} = \frac{1}{n}\sum_1^n y_i$. 而方差 σ^2 的最大似然估计 $\hat{\sigma}^2$ 是

$$
\hat{\sigma}^2 = \frac{1}{n}F(\hat{a},\hat{b})
\tag{11.1.14}
$$

由于

$$
E\hat{\sigma}^2 = \frac{1}{n}E(F(\hat{a},\hat{b})) = \frac{n-2}{n}\sigma^2 \neq \sigma^2
\tag{11.1.15}
$$

因此最大似然估计 $\hat{\sigma}^2$ 不是方差 σ^2 的无偏估计. 为了获得 σ^2 的无偏估计，取

$$
\hat{\sigma}^2 = \frac{1}{n-2}F(\hat{a},\hat{b})
\tag{11.1.16}
$$

则 $E\hat{\sigma}^2 = \sigma^2$.

【定理 11.1.3】回归系数和均值的分布　　设采样获得 n 个独立样本 $(x_i, Y_i), i = 1,2,\cdots,n$，则成立 一元线性回归方程

$$
Y_i = a + bx_i + \varepsilon_i
\tag{11.1.17}
$$

其中 $Y_i \sim N(a + bx_i, \sigma^2)$. 回归直线 方程为

$$
\hat{y} = \hat{a} + \hat{b}x = \bar{y} + \hat{b}(x - \bar{x})
\tag{11.1.18}
$$

均值统计量为 $\bar{Y} = \frac{1}{n}\sum_{i=1}^{n}Y_i$. 则回归系数和均值的估计量 $\hat{a}, \hat{b}, \bar{Y}$ 所服从的分布如下：

(1)

$$\hat{b} \sim N(b, \frac{\sigma^2}{l_{xx}}) = N(b, \frac{\sigma^2}{(n-1)s_x^2}) \tag{11.1.19}$$

(2)

$$\bar{Y} \sim N(a + b\bar{x}, \frac{\sigma^2}{n}) \tag{11.1.20}$$

(3)

$$\hat{a} \sim N(a, (\frac{1}{n} + \frac{\bar{x}^2}{l_{xx}})\sigma^2) = N(a, (\frac{1}{n} + \frac{\bar{x}^2}{(n-1)s_x^2})\sigma^2) \tag{11.1.21}$$

【证明】

(1)

$$\hat{b} \sim N(b, \frac{\sigma^2}{l_{xx}}) = N(b, \frac{\sigma^2}{(n-1)s_x^2})$$

由于对任意常数 C，有

$$\sum_{i=1}^{n}(x_i - \bar{x})C = \sum_{i=1}^{n}x_iC - n\bar{x}C = n\bar{x}C - n\bar{x}C = 0$$

因此

$$l_{xy} = \sum_{i=1}^{n}(x_i - \bar{x})(y_i - \bar{y}) = \sum_{i=1}^{n}(x_i - \bar{x})y_i - \sum_{i=1}^{n}(x_i - \bar{x})\bar{y} = \sum_{i=1}^{n}(x_i - \bar{x})y_i$$

对应于统计量，有

$$l_{xy} = \sum_{i=1}^{n}(x_i - \bar{x})Y_i$$

于是

$$\hat{b} = \frac{l_{xy}}{l_{xx}} = \frac{\sum_{i=1}^{n}(x_i - \bar{x})Y_i}{l_{xx}}$$

$\hat{b}$ 作为服从正态分布的 n 个独立的随机变量 Y_i 的线性组合，也服从正态分布. 下面确定期望和方差. 由于 $Y_i \sim N(a + bx_i, \sigma^2)$，$E(Y_i) = a + bx_i$，故

$$E(\hat{b}) = \frac{\sum_{i=1}^{n}(x_i - \bar{x})E(Y_i)}{l_{xx}} = \frac{\sum_{i=1}^{n}(x_i - \bar{x})(a + bx_i)}{l_{xx}}$$

$$= \frac{\sum_{i=1}^{n}(x_i - \bar{x})a + b\sum_{i=1}^{n}(x_i - \bar{x})x_i}{l_{xx}} = \frac{0 + b\sum_{i=1}^{n}(x_i - \bar{x})x_i}{l_{xx}}$$

$$= b\frac{\sum_{i=1}^{n}(x_i - \bar{x})(x_i - \bar{x})}{l_{xx}} = b\frac{\sum_{i=1}^{n}(x_i - \bar{x})^2}{l_{xx}} = b\frac{l_{xx}}{l_{xx}} = b$$

故期望 $E(\hat{b}) = b, \hat{b}$ 是 b 的无偏估计. 再求方差. n 个随机变量 Y_i 独立, 则 $(x_i - \bar{x})Y_i$ 也独立, 方差有可加性.

$$
\begin{aligned}
D(\hat{b}) &= D\left(\frac{\sum\limits_{i=1}^{n}(x_i - \bar{x})Y_i}{l_{xx}}\right) = \frac{\sum\limits_{i=1}^{n}D[(x_i - \bar{x})Y_i]}{l_{xx}^2} = \frac{\sum\limits_{i=1}^{n}(x_i - \bar{x})^2 D(Y_i)}{l_{xx}^2} \\
&= \frac{l_{xx}\sigma^2}{l_{xx}^2} = \frac{\sigma^2}{l_{xx}} = \frac{\sigma^2}{(n-1)s_x^2}
\end{aligned}
$$

故方差 $D(\hat{b}) = \dfrac{\sigma^2}{l_{xx}} = \dfrac{\sigma^2}{(n-1)s_x^2}$. 从而

$$
\hat{b} \sim N\left(b, \frac{\sigma^2}{l_{xx}}\right) = N\left(b, \frac{\sigma^2}{(n-1)s_x^2}\right)
$$

(2) 对 一元线性回归方程

$$
Y_i = a + bx_i + \varepsilon_i
$$

作加和并求均值，得

$$
\begin{aligned}
& Y_i = a + bx_i + \varepsilon_i \\
\Rightarrow\ & \sum_{i=1}^{n} Y_i = na + b\sum_{i=1}^{n} x_i + \sum_{i=1}^{n} \varepsilon_i \\
\Rightarrow\ & \frac{1}{n}\sum_{i=1}^{n} Y_i = a + \frac{b}{n}\sum_{i=1}^{n} x_i + \frac{1}{n}\sum_{i=1}^{n} \varepsilon_i \\
\Rightarrow\ & \bar{Y} = a + b\bar{x} + \bar{\varepsilon}
\end{aligned}
$$

由于 $E(\bar{\varepsilon}) = 0$，故

$$
E(\bar{Y}) = a + b\bar{x}
$$

而方差

$$
D(\bar{Y}) = D\left(\frac{1}{n}\sum_{i=1}^{n} Y_i\right) = \frac{1}{n^2}\sum_{i=1}^{n} D(Y_i) = \frac{n\sigma^2}{n^2} = \frac{\sigma^2}{n}
$$

从而 $\bar{Y} \sim N\left(a + b\bar{x}, \dfrac{\sigma^2}{n}\right)$.

(3) 由于 $\bar{Y} = a + b\bar{x} + \bar{\varepsilon}$, 对于估计量有相应的 一元线性回归经验公式

$$
\bar{Y} = \hat{a} + \hat{b}\bar{x}
$$

故

$$
\hat{a} = \bar{Y} - \hat{b}\bar{x}
$$

$\hat{a}$ 作为服从正态分布的随机变量 $\bar{Y}$ 和 $\hat{b}$ 的线性组合，也服从正态分布. 下面确定期望和方差. 由于 $E\bar{Y} = a + b\bar{x}, E\hat{b} = b$, 故

$$
E(\hat{a}) = E(\bar{Y} - \hat{b}\bar{x}) = a + b\bar{x} - b\bar{x} = a
$$

故期望 $E(\hat{a}) = a, \hat{a}$ 是 a 的无偏估计. 再求方差.

$$
D(\hat{a}) = D(\bar{Y} - \hat{b}\bar{x}) = D(\bar{Y}) + D(\hat{b}\bar{x}) - 2\mathrm{Cov}(\bar{Y}, \hat{b}\bar{x}) = D(\bar{Y}) + D(\hat{b}\bar{x}) - 2\bar{x}\mathrm{Cov}(\bar{Y}, \hat{b})
$$

由于 $D(\bar{Y}) = \dfrac{\sigma^2}{n}$ ，$D(\hat{b}\bar{x}) = \bar{x}^2 D(\hat{b}) = \bar{x}^2 \dfrac{\sigma^2}{l_{xx}} = \bar{x}^2 \dfrac{\sigma^2}{(n-1)s_x^2}$ ，而协方差

$$
\begin{aligned}
\mathrm{Cov}(\bar{Y}, \hat{b}) &= \mathrm{Cov}\left(\frac{1}{n}\sum_{i=1}^{n} Y_i, \frac{\sum\limits_{i=1}^{n}(x_i-\bar{x})Y_i}{l_{xx}}\right) \\
&= \mathrm{Cov}\left(\frac{1}{n}\sum_{i=1}^{n} Y_i, \frac{\sum\limits_{i=1}^{n}(x_i-\bar{x})Y_i}{l_{xx}}\right) = \frac{1}{nl_{xx}}\mathrm{Cov}\left(\sum_{i=1}^{n} Y_i, \sum_{i=1}^{n}(x_i-\bar{x})Y_i\right) \\
&= \frac{1}{nl_{xx}}\sum_{i=1}^{n}(x_i-\bar{x})\mathrm{Cov}(Y_i, Y_i) = \frac{1}{nl_{xx}}\sum_{i=1}^{n}(x_i-\bar{x})D(Y)_i \\
&= \frac{1}{nl_{xx}}\sum_{i=1}^{n}(x_i-\bar{x})\sigma^2 = \frac{1}{nl_{xx}}\cdot 0 = 0
\end{aligned}
$$

故

$$
D(\hat{a}) = D(\bar{Y}) + D(\hat{b}\bar{x}) - 2\bar{x}\mathrm{Cov}(\bar{Y}, \hat{b}) = D(\bar{Y}) + D(\hat{b}\bar{x}) = \frac{\sigma^2}{n} + \bar{x}^2\frac{\sigma^2}{l_{xx}}
$$

从而

$$
\hat{a} \sim N\left(a, \left(\frac{1}{n} + \frac{\bar{x}^2}{l_{xx}}\right)\sigma^2\right) = N\left(a, \left(\frac{1}{n} + \frac{\bar{x}^2}{(n-1)s_x^2}\right)\sigma^2\right)
$$

11.1.2　一元线性回归模型的基本定理

设 一元线性回归方程

$$
Y = a + bx + \varepsilon, \qquad \varepsilon \sim N(0, \sigma^2)
$$

其中随机误差项 (Random residual)ε 的期望和方差分别是

$$
E(\varepsilon) = 0, \qquad D(\varepsilon) = \sigma^2
$$

则

$$
E(Y - (a + bx))^2 = E\varepsilon^2 = D\varepsilon + E^2\varepsilon = \sigma^2 + 0 = \sigma^2
$$

因此方差 σ^2 可以衡量回归函数逼近随机变量的程度. 对其进行参数估计是必要的.

回归函数$y = \mu(x) = a + bx$ 的估计为 回归直线

$$
\hat{y} = \hat{a} + \hat{b}x = \bar{y} + \hat{b}(x - \bar{x})
$$

对应的样本的 回归直线 方程为

$$
\hat{y}_i = \hat{a} + \hat{b}x_i = \bar{y} + \hat{b}(x_i - \bar{x})
$$

在 x_i 处，真值与估计值的差 $y_i - \hat{y}_i$ 称为 残差，残差平方和 定义为

$$
Q = \sum_{i=1}^{n}(y_i - \hat{y}_i)^2 = \sum_{i=1}^{n}(y_i - \hat{a} - \hat{b}x_i)^2 = F(\hat{a}, \hat{b})
$$

【引理 11.1.1】 方差 σ^2 的估计 $\hat{\sigma}^2 = \dfrac{Q}{n-2}$ 满足 $\dfrac{n-2}{\sigma^2}\hat{\sigma}^2$ 服从自由度为 $n-2$ 的 χ^2- 分布:

$$\frac{n-2}{\sigma^2}\hat{\sigma}^2 = \frac{Q}{\sigma^2} = \frac{F(\hat{a},\hat{b})}{\sigma^2} \sim \chi^2(n-2) \tag{11.1.22}$$

【证明】 略.

【定理 11.1.4】残差平方和分解与方差 σ^2 的无偏估计 残差平方和有分解

$$Q = \sum_{i=1}^{n}(y_i - \hat{y}_i)^2 = l_{yy} - \hat{b}l_{xy} \tag{11.1.23}$$

并且

$$\hat{\sigma}^2 = \frac{Q}{n-2} = \frac{l_{yy} - \hat{b}l_{xy}}{n-2} \tag{11.1.24}$$

是方差 σ^2 的无偏估计.

【证明】 代入 回归直线 方程 $\hat{y}_i = \bar{y} + \hat{b}(x_i - \bar{x})$,将 残差平方和 作分解成为

$$
\begin{aligned}
Q &= \sum_{i=1}^{n}(y_i - \hat{y}_i)^2 \\
&= \sum_{i=1}^{n}(y_i - \bar{y} - \hat{b}(x_i - \bar{x}))^2 \\
&= \sum_{i=1}^{n}(y_i - \bar{y})^2 - 2\hat{b}\sum_{i=1}^{n}(x_i - \bar{x})(y_i - \bar{y}) + \hat{b}^2\sum_{i=1}^{n}(x_i - \bar{x})^2 \\
&= l_{yy} - 2\hat{b}l_{xy} + \hat{b}^2 l_{xx}
\end{aligned}
$$

由于 回归系数的最小二乘估计 为 $\hat{b} = \dfrac{l_{xy}}{l_{xx}}$,故

$$Q = \sum_{i=1}^{n}(y_i - \hat{y}_i)^2 = l_{yy} - 2\hat{b}l_{xy} + \hat{b}^2\frac{l_{xy}}{\hat{b}} = l_{yy} - \hat{b}l_{xy}$$

可以证明,随机变量 $\dfrac{Q}{\sigma^2} \sim \chi^2(n-2)$,从而由于 χ^2- 分布随机变量的期望即是自由度,故期望 $E\left(\dfrac{Q}{\sigma^2}\right) = n-2$,亦即 $E\left(\dfrac{Q}{n-2}\right) = \sigma^2$,从而

$$\hat{\sigma}^2 = \frac{Q}{n-2} = \frac{l_{yy} - \hat{b}l_{xy}}{n-2}$$

是方差 σ^2 的无偏估计.

【定义 11.1.5】误差平方和 定义总的 偏差平方和 (Total variation)$l_{yy} = \displaystyle\sum_{i=1}^{n}(y_i - \bar{y})^2$,

残差平方和(Error sum of square)$Q = \displaystyle\sum_{i=1}^{n}(y_i - \hat{y}_i)^2$,回归平方和 (Regression sum of square

)$U = \displaystyle\sum_{i=1}^{n}(\hat{y}_i - \bar{y})^2$.

【定理 11.1.5】残差平方和与回归平方和分解　　成立如下分解公式：

$$l_{yy} = Q + U \tag{11.1.25}$$

即

$$\sum_{i=1}^{n}(y_i - \bar{y})^2 = \sum_{i=1}^{n}(y_i - \hat{y}_i)^2 + \sum_{i=1}^{n}(\hat{y}_i - \bar{y})^2 \tag{11.1.26}$$

就是说：总的偏差平方和 $l_{yy} = \sum_{i=1}^{n}(y_i - \bar{y})^2$ 等于残差平方和 $Q = \sum_{i=1}^{n}(y_i - \hat{y}_i)^2$ 与回归平方

和 $U = \sum_{i=1}^{n}(\hat{y}_i - \bar{y})^2$ 之和.

【证明】

证法 1　　对于 $Q = l_{yy} - \hat{b}l_{xy}$ 移项变形，得

$$l_{yy} = Q + \hat{b}l_{xy}$$

即

$$\sum_{i=1}^{n}(y_i - \bar{y})^2 = \sum_{i=1}^{n}(y_i - \hat{y}_i)^2 + \hat{b}l_{xy}$$

另外，若定义 回归平方和 为

$$U = \sum_{i=1}^{n}(\hat{y}_i - \bar{y})^2$$

则代入 $\hat{y}_i = \hat{a} + \hat{b}x_i, \bar{y} = \hat{a} + \hat{b}\bar{x}$，得

$$
\begin{aligned}
U &= \sum_{i=1}^{n}(\hat{y}_i - \bar{y})^2 = \sum_{i=1}^{n}(\hat{a} + \hat{b}x_i - \hat{a} - \hat{b}\bar{x})^2 \\
&= \hat{b}^2 \sum_{i=1}^{n}(x_i - \bar{x})^2 = \hat{b}^2 l_{xx} = \hat{b}l_{xy}
\end{aligned}
$$

从而

$$\sum_{i=1}^{n}(y_i - \bar{y})^2 = \sum_{i=1}^{n}(y_i - \hat{y}_i)^2 + \sum_{i=1}^{n}(\hat{y}_i - \bar{y})^2$$

即

$$l_{yy} = Q + U$$

证法 2

$$
\begin{aligned}
l_{yy} &= \sum_{i=1}^{n}(y_i - \bar{y})^2 = \sum_{i=1}^{n}(y_i - \hat{y}_i + \hat{y}_i - \bar{y})^2 \\
&= \sum_{i=1}^{n}(y_i - \hat{y}_i)^2 + \sum_{i=1}^{n}(\hat{y}_i - \bar{y})^2 + 2\sum_{i=1}^{n}(y_i - \hat{y}_i)(\hat{y}_i - \bar{y}) \\
&= Q + U + 2\sum_{i=1}^{n}(y_i - \hat{y}_i)(\hat{y}_i - \bar{y})
\end{aligned}
$$

但注意到 $\hat{a} = \bar{y} - \hat{b}\bar{x}, \hat{b} = \dfrac{l_{xy}}{l_{xx}}$, 故上式中的交叉项

$$
\begin{aligned}
&\sum_{i=1}^{n}(y_i - \hat{y}_i)(\hat{y}_i - \bar{y}) \\
&= \sum_{i=1}^{n}(y_i - \hat{a} - \hat{b}x_i)(\hat{a} + \hat{b}x_i - \bar{y}) \\
&= \sum_{i=1}^{n}(y_i - \bar{y} + \hat{b}\bar{x} - \hat{b}x_i)(\bar{y} - \hat{b}\bar{x} + \hat{b}x_i - \bar{y}) \\
&= \sum_{i=1}^{n}(y_i - \bar{y} - \hat{b}(x_i - \bar{x}))\hat{b}(x_i - \bar{x}) \\
&= \hat{b}\sum_{i=1}^{n}(y_i - \bar{y})(x_i - \bar{x}) - \hat{b}^2\sum_{i=1}^{n}(x_i - \bar{x})^2 \\
&= \hat{b}l_{xy} - \hat{b}^2 l_{xx} = \hat{b}l_{xy} - \hat{b}l_{xy} = 0
\end{aligned}
$$

于是

$$
l_{yy} = Q + U
$$

【引理 11.1.2】 如下构造的统计量服从自由度为 $n-2$ 的 $t-$ 分布:

$$
t := \frac{\hat{b} - b}{\hat{\sigma}/\sqrt{l_{xx}}} \sim t(n-2) \tag{11.1.27}
$$

【证明】 因 $\hat{b} \sim N(b, \dfrac{\sigma^2}{l_{xx}})$ 与 $\dfrac{n-2}{\sigma^2}\hat{\sigma}^2 = \dfrac{Q}{\sigma^2} = \dfrac{F(\hat{a}, \hat{b})}{\sigma^2} \sim \chi^2(n-2)$ 相互独立, 故标准化变量

$$
Z := \frac{\hat{b} - b}{\sigma/\sqrt{l_{xx}}} \sim N(0,1)
$$

也与 $\dfrac{n-2}{\sigma^2}\hat{\sigma}^2$ 相互独立, 于是

$$
t := \frac{Z}{\sqrt{\dfrac{n-2}{\sigma^2}\hat{\sigma}^2/(n-2)}} = \frac{\dfrac{\hat{b} - b}{\sigma/\sqrt{l_{xx}}}}{\sqrt{\hat{\sigma}^2/\sigma^2}} = \frac{\hat{b} - b}{\hat{\sigma}/\sqrt{l_{xx}}} \sim t(n-2)
$$

【引理 11.1.3】 设 回归直线

$$
\hat{Y} = \hat{a} + \hat{b}x
$$

在点 x_0 处的估计量为 $\hat{Y}_0 = \hat{a} + \hat{b}x_0$ 其中 $\hat{a} \sim N(a, (\dfrac{1}{n} + \dfrac{\bar{x}^2}{l_{xx}})\sigma^2)$, $\hat{b} \sim N(b, \dfrac{\sigma^2}{l_{xx}})$, 则

$$
\hat{Y}_0 = \hat{a} + \hat{b}x_0 \sim N(a + bx_0, (\dfrac{1}{n} + \dfrac{(x_0 - \bar{x})^2}{l_{xx}})\sigma^2) \tag{11.1.28}
$$

【证明】 因

$$
\hat{a} \sim N(a, (\dfrac{1}{n} + \dfrac{\bar{x}^2}{l_{xx}})\sigma^2) = N(a, (\dfrac{1}{n} + \dfrac{\bar{x}^2}{(n-1)s_x^2})\sigma^2)
$$

故 $\hat{Y}_0 = \hat{a} + \hat{b}x_0$ 作为服从正态分布的随机变量 $\hat{a}$ 和 $\hat{b}$ 的线性组合，也服从正态分布. 下面来确定期望和方差. 由于期望 $E\hat{Y}_0 = a + bx_0$, 方差

$$
\begin{aligned}
D\hat{Y}_0 &= D(\hat{a} + \hat{b}x_0) = D(\hat{a}) + D(\hat{b}x_0) + 2x_0\mathrm{Cov}(\hat{a}, \hat{b}) \\
&= D(\hat{a}) + D(\hat{b}x_0) + 2x_0\mathrm{Cov}(\bar{Y} - \hat{b}\bar{x}, \hat{b}) \\
&= D(\hat{a}) + x_0^2 D(\hat{b}) - 2x_0\bar{x}\mathrm{Cov}(\hat{b}, \hat{b}) \\
&= (\frac{1}{n} + \frac{\bar{x}^2}{l_{xx}})\sigma^2 + x_0^2\frac{\sigma^2}{l_{xx}} - 2x_0\bar{x}\frac{\sigma^2}{l_{xx}} \\
&= \frac{1}{n}\sigma^2 + (\bar{x}^2 + x_0^2 - 2x_0\bar{x})\frac{\sigma^2}{l_{xx}} \\
&= \frac{1}{n}\sigma^2 + (x_0 - \bar{x})^2\frac{\sigma^2}{l_{xx}} \\
&= (\frac{1}{n} + \frac{(x_0 - \bar{x})^2}{l_{xx}})\sigma^2
\end{aligned}
$$

于是

$$
\hat{Y}_0 = \hat{a} + \hat{b}x_0 \sim N(a + bx_0, (\frac{1}{n} + \frac{(x_0 - \bar{x})^2}{l_{xx}})\sigma^2)
$$

【引理 11.1.4】 如下构造的统计量服从自由度为 $n-2$ 的 $t-$ 分布:

$$
t := \frac{\hat{Y}_0 - (a + bx_0)}{\hat{\sigma}\sqrt{\frac{1}{n} + \frac{(x_0 - \bar{x})^2}{l_{xx}}}} \sim t(n-2) \tag{11.1.29}
$$

【证明】 因

$$
\hat{Y}_0 \sim N(a + bx_0, (\frac{1}{n} + \frac{(x_0 - \bar{x})^2}{l_{xx}})\sigma^2)
$$

其标准化变量服从标准正态分布:

$$
Z := \frac{\hat{Y}_0 - (a + bx_0)}{\sigma\sqrt{\frac{1}{n} + \frac{(x_0 - \bar{x})^2}{l_{xx}}}} \sim N(0, 1)
$$

而方差 σ^2 的估计量 $\hat{\sigma}^2 = \dfrac{Q}{n-2}$ 满足 $\chi^2 := \dfrac{n-2}{\sigma^2}\hat{\sigma}^2$ 服从自由度为 $n-2$ 的 χ^2- 分布:

$$
\chi^2 := \frac{n-2}{\sigma^2}\hat{\sigma}^2 = \frac{Q}{\sigma^2} = \frac{F(\hat{a}, \hat{b})}{\sigma^2} \sim \chi^2(n-2)
$$

故如下构造的统计量服从自由度为 $n-2$ 的 $t-$ 分布:

$$
\begin{aligned}
t &:= \frac{Z}{\sqrt{\chi^2/(n-2)}} = \frac{\hat{Y}_0 - (a + bx_0)}{\sigma\sqrt{\frac{1}{n} + \frac{(x_0 - \bar{x})^2}{l_{xx}}}} \Big/ \sqrt{\frac{n-2}{\sigma^2}\hat{\sigma}^2/(n-2)} \\
&= \frac{\hat{Y}_0 - (a + bx_0)}{\hat{\sigma}\sqrt{\frac{1}{n} + \frac{(x_0 - \bar{x})^2}{l_{xx}}}} \sim t(n-2)
\end{aligned}
$$

【引理 11.1.5】 设 一元线性回归方程 为

$$Y = a + bx + \varepsilon, \qquad \varepsilon \sim N(0, \sigma^2)$$

在点 $x = x_0$ 处的观察值为 Y_0, 则满足

$$Y_0 = a + bx_0 + \varepsilon_0, \qquad \varepsilon_0 \sim N(0, \sigma^2)$$

而 Y_0 在点 x_0 处的估计量即经验回归函数值为 $\hat{Y}_0 = \hat{a} + \hat{b}x_0$, 则

$$\hat{Y}_0 - Y_0 = \hat{a} + \hat{b}x_0 - (a + bx_0 + \varepsilon_0) \sim N(0, (1 + \frac{1}{n} + \frac{(x_0 - \bar{x})^2}{l_{xx}})\sigma^2) \tag{11.1.30}$$

【证明】 因 回归系数的最小二乘估计量 为

$$\begin{cases} \hat{b} & = \dfrac{\sum\limits_{i=1}^{n}(x_i - \bar{x})(Y_i - \bar{Y})}{\sum\limits_{i=1}^{n}(x_i - \bar{x})^2} = \dfrac{\sum\limits_{i=1}^{n}(x_i - \bar{x})Y_i}{\sum\limits_{i=1}^{n}(x_i - \bar{x})^2} \\[2em] \hat{a} & = \bar{Y} - \hat{b}\bar{x} \end{cases}$$

回归系数 $\hat{b}$ 是 Y_i 的线性组合, 而经验回归函数值

$$\hat{Y}_0 = \hat{a} + \hat{b}x_0 = \bar{Y} - \hat{b}\bar{x} + \hat{b}x_0 = \bar{Y} + \hat{b}(x_0 - \bar{x})$$

也是 Y_i 的线性组合, 故新的观察值 Y_0 作为一个新的样本与 Y_i 相互独立, 进而与经验回归函数值 $\hat{Y}_0$ 相互独立. 由于

$$Y_0 = a + bx_0 + \varepsilon_0 \sim N(a + bx_0, \sigma^2)$$
$$\hat{Y}_0 = \hat{a} + \hat{b}x_0 \sim N(a + bx_0, (\frac{1}{n} + \frac{(x_0 - \bar{x})^2}{l_{xx}})\sigma^2)$$

利用正态分布随机变量的再生性, 两个独立的正态分布随机变量之差 $\hat{Y}_0 - Y_0$ 依然服从正态分布, 且期望为期望之差, 方差为方差之和, 即

$$\begin{aligned} E(\hat{Y}_0 - Y_0) & = a + bx_0 - (a + bx_0) = 0 \\ D(\hat{Y}_0 - Y_0) & = (\frac{1}{n} + \frac{(x_0 - \bar{x})^2}{l_{xx}})\sigma^2 + \sigma^2 = (1 + \frac{1}{n} + \frac{(x_0 - \bar{x})^2}{l_{xx}})\sigma^2 \end{aligned}$$

从而

$$\hat{Y}_0 - Y_0 \sim N(0, (1 + \frac{1}{n} + \frac{(x_0 - \bar{x})^2}{l_{xx}})\sigma^2)$$

【引理 11.1.6】 如下构造的统计量服从自由度为 $n - 2$ 的 $t-$ 分布:

$$t := \frac{\hat{Y}_0 - Y_0}{\hat{\sigma}\sqrt{1 + \dfrac{1}{n} + \dfrac{(x_0 - \bar{x})^2}{l_{xx}}}} \sim t(n-2) \tag{11.1.31}$$

【证明】 因

$$\hat{Y}_0 - Y_0 \sim N(0, (1 + \frac{1}{n} + \frac{(x_0 - \bar{x})^2}{l_{xx}})\sigma^2)$$

其标准化变量服从标准正态分布：

$$Z := \frac{\hat{Y}_0 - Y_0}{\sigma\sqrt{1 + \frac{1}{n} + \frac{(x_0 - \bar{x})^2}{l_{xx}}}} \sim N(0, 1)$$

而方差 σ^2 的估计量 $\hat{\sigma}^2 = \frac{Q}{n-2}$ 满足 $\chi^2 := \frac{n-2}{\sigma^2}\hat{\sigma}^2$ 服从自由度为 $n - 2$ 的 χ^2- 分布：

$$\chi^2 := \frac{n-2}{\sigma^2}\hat{\sigma}^2 = \frac{Q}{\sigma^2} = \frac{F(\hat{a}, \hat{b})}{\sigma^2} \sim \chi^2(n-2)$$

故如下构造的统计量服从自由度为 $n - 2$ 的 $t-$ 分布：

$$\begin{aligned}
t &:= \frac{Z}{\sqrt{\chi^2/(n-2)}} = \frac{\hat{Y}_0 - Y_0}{\sigma\sqrt{1 + \frac{1}{n} + \frac{(x_0 - \bar{x})^2}{l_{xx}}}} \bigg/ \sqrt{\frac{n-2}{\sigma^2}\hat{\sigma}^2/(n-2)} \\
&= \frac{\hat{Y}_0 - Y_0}{\hat{\sigma}\sqrt{1 + \frac{1}{n} + \frac{(x_0 - \bar{x})^2}{l_{xx}}}} \sim t(n-2)
\end{aligned}$$

11.1.3　一元线性回归模型的统计分析

设 带有随机误差的一元线性回归方程

$$Y = a + bx + \varepsilon, \qquad \varepsilon \sim N(0, \sigma^2)$$

回归函数 $y = \mu(x) = a + bx$ 的估计为 回归直线

$$\hat{y} = \hat{a} + \hat{b}x = \bar{y} + \hat{b}(x - \bar{x})$$

对应的样本的 回归直线 方程为

$$\hat{y}_i = \hat{a} + \hat{b}x_i = \bar{y} + \hat{b}(x_i - \bar{x})$$

根据 11.1.2 节的各项引理，立即得到有关一元线性回归模型的统计分析的下述基本结论.

【定理 11.1.6】一元线性回归模型的统计分析

(1)σ^2 的无偏估计

$$\hat{\sigma}^2 = \frac{Q}{n-2} = \frac{l_{yy} - \hat{b}l_{xy}}{n-2} \tag{11.1.32}$$

是方差 σ^2 的无偏估计.

(2)回归方程显著性的 $t-$ 检验法

$$t := \frac{\hat{b} - b}{\hat{\sigma}/\sqrt{l_{xx}}} \sim t(n-2) \tag{11.1.33}$$

故斜率 b 的置信度为 $1 - \alpha$ 的置信区间为

$$(\hat{b} - t_{\alpha/2}(n - 2)\frac{\hat{\sigma}}{\sqrt{l_{xx}}}, \hat{b} + t_{\alpha/2}(n - 2)\frac{\hat{\sigma}}{\sqrt{l_{xx}}}) \tag{11.1.34}$$

指定显著水平 α, 双边检验

$$H_0 : b = 0, \quad H_1 : b \neq 0 \tag{11.1.35}$$

可用来检验回归方程的显著性. 当 $H_0 : b = 0$ 为真时, 回归方程不显著, 此时有

$$t := \frac{\hat{b}}{\hat{\sigma}}\sqrt{l_{xx}} \sim t(n - 2) \tag{11.1.36}$$

于是 $H_0 : b = 0$ 的拒绝域是

$$\{|t| = \frac{|\hat{b}|}{\hat{\sigma}}\sqrt{l_{xx}} \geqslant t_{\alpha/2}(n - 2)\} \tag{11.1.37}$$

对于右边检验

$$H_0 : b \leqslant b_0, \quad H_1 : b > b_0 \tag{11.1.38}$$

拒绝域是

$$t = \frac{\hat{b} - b_0}{\hat{\sigma}}\sqrt{l_{xx}} \geqslant t_{\alpha}(n - 2) \tag{11.1.39}$$

对于左边检验

$$H_0 : b \geqslant b_0, \quad H_1 : b < b_0 \tag{11.1.40}$$

拒绝域是

$$t = \frac{\hat{b} - b_0}{\hat{\sigma}}\sqrt{l_{xx}} \leqslant -t_{\alpha}(n - 2) \tag{11.1.41}$$

(3)回归方程显著性的 $F-$ 检验法 当 $H_0 : b = 0$ 为真时, 有

$$\chi^2 := \frac{U}{\sigma^2} \sim \chi^2(1) \tag{11.1.42}$$

进而有

$$F := \frac{U}{\hat{\sigma}^2} = \frac{U}{Q/(n - 2)} \sim F(1, n - 2) \tag{11.1.43}$$

故指定显著水平 α, 假设 $H_0 : b = 0$ 的拒绝域是 $\{F \geqslant F_{\alpha/2}(1, n - 2)\}$ 或 $\{0 < F \leqslant F_{1-\alpha/2}(1, n - 2)\}$.

(4)回归函数 $a + bx_0$ 的置信区间 因

$$t := \frac{\hat{Y}_0 - (a + bx_0)}{\hat{\sigma}\sqrt{\frac{1}{n} + \frac{(x_0 - \bar{x})^2}{l_{xx}}}} \sim t(n - 2) \tag{11.1.44}$$

回归函数 $Y = \mu(x) = a + bx$ 在点 x_0 处的观察值为 $Y_0 = \mu(x_0) = a + bx_0$, 其估计量即经验回归函数值为 $\hat{Y}_0 = \hat{a} + \hat{b}x_0$, 而 $a + bx_0$ 的置信度为 $1 - \alpha$ 的置信区间为

$$(\hat{a} + \hat{b}x_0 \pm t_{\alpha/2}(n - 2)\hat{\sigma}\sqrt{\frac{1}{n} + \frac{(x_0 - \bar{x})^2}{l_{xx}}}) \tag{11.1.45}$$

(5)随机变量$a + bx_0 + \varepsilon_0$的点预测和预测区间 因

$$t := \frac{\hat{Y}_0 - Y_0}{\hat{\sigma}\sqrt{1 + \dfrac{1}{n} + \dfrac{(x_0 - \bar{x})^2}{l_{xx}}}} \sim t(n-2) \tag{11.1.46}$$

随机变量$Y = \mu(x) = a + bx + \varepsilon$ 在点 x_0 处的观察值为 $Y_0 = \mu(x_0) = a + bx_0 + \varepsilon_0$，其点预测量即经验回归函数值为 $\hat{Y}_0 = \hat{a} + \hat{b}x_0$，而其置信度为 $1 - \alpha$ 的预测区间为

$$\left(\hat{a} + \hat{b}x_0 \pm t_{\alpha/2}(n-2)\hat{\sigma}\sqrt{1 + \frac{1}{n} + \frac{(x_0 - \bar{x})^2}{l_{xx}}}\right) \tag{11.1.47}$$

(由于 $Y_0 = \mu(x_0) = a + bx_0 + \varepsilon_0$ 比回归函数观察值 $\mu(x_0) = a + bx_0$ 多了一个误差项 ε_0，所以 Y_0 的预测区间比 $a + bx_0$ 的置信区间要稍长：

$$\sqrt{1 + \frac{1}{n} + \frac{(x_0 - \bar{x})^2}{l_{xx}}} > \sqrt{\frac{1}{n} + \frac{(x_0 - \bar{x})^2}{l_{xx}}}$$

【定义 11.1.6】可决系数(Determination coefficient)   定义总的 离差平方和 $l_{yy} = \sum\limits_{i=1}^{n}(y_i - \bar{y})^2$，残差平方和$Q = \sum\limits_{i=1}^{n}(y_i - \hat{y}_i)^2$，回归平方和 $U = \sum\limits_{i=1}^{n}(\hat{y}_i - \bar{y})^2$，则如下分解公式成立：

$$l_{yy} = Q + U \tag{11.1.48}$$

则 回归平方和 与 离差平方和 的比值

$$r^2 = \frac{U}{Q + U} = \frac{U}{l_{yy}} = \frac{l_{yy} - Q}{l_{yy}} = 1 - \frac{Q}{l_{yy}} = \frac{\sum\limits_{i=1}^{n}(\hat{y}_i - \bar{y})^2}{\sum\limits_{i=1}^{n}(y_i - \bar{y})^2} \tag{11.1.49}$$

称为 可决系数 或 测定系数. 而其平方根

$$r = \pm\sqrt{r^2} = \pm\sqrt{\frac{U}{l_{yy}}} = \pm\sqrt{1 - \frac{Q}{l_{yy}}} \tag{11.1.50}$$

称为 线性相关系数.

$r^2 \in [0, 1]$ 和 $r \in [-1, 1]$ 都是表征或测定回归直线对样本数据点的拟合程度的. r^2 或 $|r|$ 越接近 1，表明回归直线对样本数据点的拟合程度越高，即回归效果越显著. 因此 线性相关系数 也可以检验线性回归效果的显著性.

【例 11.1.1】一元线性回归模型：产品得率问题   观测某化学反应中，获得产品得率 $Y(x)$ 关于温度 x 的数据如下表所列. 这里得产品得率 $Y(x)$ 是随机变量，温度 x 是普通自变量.

$x_i(^\circ\text{C})$	100	110	120	130	140	150	160	170	180	190
y_i (%)	45	51	54	61	66	70	74	78	85	89

(1) 试建立产品得率随机变量 $Y(x)$ 关于温度自变量 x 的 回归直线或 一元线性回归方程:

$$\hat{y} = \hat{a} + \hat{b}x = \bar{y} + \hat{b}(x - \bar{x})$$

(2) 求方差 σ^2 的无偏估计:

$$\hat{\sigma}^2 = \frac{Q}{n-2} = \frac{l_{yy} - \hat{b}l_{xy}}{n-2}$$

(3) 指定显著水平 $\alpha = 0.05$,用 $t-$ 检验法对双边检验

$$H_0 : b = 0, \quad H_1 : b \neq 0.$$

检验回归方程的显著性.

(4) 试求斜率 b 的置信度为 $1 - \alpha = 0.95$ 的置信区间:

$$(\hat{b} - t_{\alpha/2}(n-2)\frac{\hat{\sigma}}{\sqrt{l_{xx}}}, \hat{b} + t_{\alpha/2}(n-2)\frac{\hat{\sigma}}{\sqrt{l_{xx}}})$$

(5) 设 回归函数 $Y = \mu(x) = a + bx$ 在点 $x_0 = 125$ 处的观察值为 $\mu(x_0)$,求 $a + bx_0$ 的置信度为 $1 - \alpha = 0.95$ 的置信区间:

$$(\hat{a} + \hat{b}x_0 \pm t_{\alpha/2}(n-2)\hat{\sigma}\sqrt{\frac{1}{n} + \frac{(x_0 - \bar{x})^2}{l_{xx}}})$$

(6) 试求 随机变量 $Y = \mu(x) = a + bx + \varepsilon$ 在点 x_0 处的观察值 $Y_0 = \mu(x_0) = a + bx_0 + \varepsilon_0$ 的 点预测 和置信度为 $1 - \alpha = 0.95$ 的 预测区间:

$$(\hat{a} + \hat{b}x_0 \pm t_{\alpha/2}(n-2)\hat{\sigma}\sqrt{1 + \frac{1}{n} + \frac{(x_0 - \bar{x})^2}{l_{xx}}})$$

【解】(1) 由于

$$\begin{cases} l_{xx} = \sum_{i=1}^{n} x_i^2 - \frac{1}{n}(\sum_1^n x_i)^2 = 218500 - \frac{1}{10} \times 1450^2 = 8250 \\ l_{xy} = \sum_1^n x_i y_i - \frac{1}{n}(\sum_1^n x_i)(\sum_1^n y_i) = 101570 - \frac{1}{10} \times 1450 \times 673 = 3985 \end{cases}$$

故 回归系数的最小二乘估计 为

$$\begin{cases} \hat{b} = \frac{l_{xy}}{l_{xx}} = 0.48303 \\ \hat{a} = \bar{y} - \hat{b}\bar{x} = \frac{1}{10} \times 673 - \frac{1}{10} \times 1450 \times 0.48303 = -2.73935 \end{cases}$$

故产品得率随机变量 $Y(x)$ 关于温度自变量 x 的 回归直线或 一元线性回归方程 为

$$\hat{y} = \hat{a} + \hat{b}x = -2.73935 + 0.48303x$$

或等价的形式

$$\hat{y} = \bar{y} + \hat{b}(x - \bar{x}) = 67.3 + 0.48303(x - 145)$$

(2) 由于

$$l_{yy} = \sum_{i=1}^{n} y_i^2 - \frac{1}{n}(\sum_{1}^{n} y_i)^2 = 47225 - \frac{1}{10} \times 673^2 = 1932.1$$

$$Q = l_{yy} - \hat{b}l_{xy} = 1932.1 - 0.48303 \times 3985 = 7.23$$

故方差 σ^2 的无偏估计为

$$\hat{\sigma}^2 = \frac{Q}{n-2} = \frac{7.23}{8} = 0.90$$

(3) 指定显著水平 $\alpha = 0.05$，对于双边检验

$$H_0 : b = 0, \quad H_1 : b \neq 0.$$

由于 $H_0 : b = 0$ 的 $t-$ 检验法拒绝域是

$$\{|t| = \frac{|\hat{b}|}{\hat{\sigma}} \sqrt{l_{xx}} \geqslant t_{\alpha/2}(n-2) = t_{0.025}(8) = 2.306\}$$

代入数据计算，得

$$t := \frac{\hat{b}}{\hat{\sigma}} \sqrt{l_{xx}} = \frac{0.48303}{\sqrt{0.9}} \times \sqrt{8250} = 46.25 > 2.306$$

故拒绝假设 $H_0 : b = 0$，即回归效果显著.

(4) 斜率 b 的置信度为 $1 - \alpha = 0.95$ 的置信区间为

$$(\hat{b} - t_{\alpha/2}(n-2)\frac{\hat{\sigma}}{\sqrt{l_{xx}}}, \hat{b} + t_{\alpha/2}(n-2)\frac{\hat{\sigma}}{\sqrt{l_{xx}}})$$
$$= (0.48303 - 2.306 \times \sqrt{\frac{0.9}{8250}}, 0.48303 + 2.306 \times \sqrt{\frac{0.9}{8250}}) = (0.45894, 0.50712)$$

(5) 设 回归函数 $Y = \mu(x) = a + bx$ 在点 $x_0 = 125$ 处的观察值为 $\mu(x_0)$，$a + bx_0$ 的置信度为 $1 - \alpha = 0.95$ 的置信区间为

$$(\hat{a} + \hat{b}x_0 \pm t_{\alpha/2}(n-2)\hat{\sigma}\sqrt{\frac{1}{n} + \frac{(x_0 - \bar{x})^2}{l_{xx}}})$$
$$= (-2.73935 + 0.48303 \times 125 \pm 2.306 \times \sqrt{0.9} \times \sqrt{\frac{1}{10} + \frac{(125 - 145)^2}{8250}})$$
$$= (57.64 \pm 0.84)$$

(6) 随机变量 $Y = \mu(x) = a + bx + \varepsilon$ 在点 $x_0 = 125$ 处的观察值 $Y_0 = \mu(x_0) = a + bx_0 + \varepsilon_0$ 点预测 为 $\hat{y}_0 = \hat{a} + \hat{b}x_0 = -2.73935 + 0.48303 \times 125 = 57.64$，置信度为 $1 - \alpha = 0.95$ 的 预测 区 间 为

$$(\hat{a} + \hat{b}x_0 \pm t_{\alpha/2}(n-2)\hat{\sigma}\sqrt{1 + \frac{1}{n} + \frac{(x_0 - \bar{x})^2}{l_{xx}}})$$
$$= (-2.73935 + 0.48303 \times 125 \pm 2.306 \times \sqrt{0.9} \times \sqrt{1 + \frac{1}{10} + \frac{(125 - 145)^2}{8250}})$$
$$= (57.64 \pm 2.34)$$

意思就是对温度为 125 度的化学反应，预测其产品得率为 57.64%，并且以 95% 的把握预测产品得率在区间 (57.64 ± 2.34) 之内.

【例 11.1.2】一元线性回归模型：夫妇身高问题　某社会学家调查某城市中夫妇身高 (单位：厘米)，获得妻子身高 $Y(x)$ 关于丈夫身高 x 的数据如下表所列. 这里得妻子身高 $Y(x)$ 是随机变量，丈夫身高 x 是普通自变量.

x_i	181	175	155	181	158	167	187	165	169	186	177	173
y_i	170	163	149	161	157	151	174	158	167	165	165	152
x_i	176	163	177	183	163	178	183	161	175	171	180	164
y_i	177	157	164	171	175	152	165	181	175	183	148	174
x_i	160	157	154	161	162	169	168	159	158	158	166	156
y_i	162	155	160	162	170	152	167	176	161	176	143	164

(1) 试建立妻子身高 $Y(x)$ 关于丈夫身高 x 的 回归直线 或 一元线性回归方程：

$$\hat{y} = \hat{a} + \hat{b}x = \bar{y} + \hat{b}(x - \bar{x})$$

(2) 求方差 σ^2 的无偏估计：

$$\hat{\sigma}^2 = \frac{Q}{n-2} = \frac{l_{yy} - \hat{b}l_{xy}}{n-2}$$

(3) 指定显著水平 $\alpha = 0.05$，用 $t-$ 检验法作单边检验

$$H_0 : b \leqslant 0.5, \quad H_1 : b > 0.5.$$

(4) 试求 随机变量 $Y = \mu(x) = a + bx + \varepsilon$ 在点 x_0 处的观察值 $Y_0 = \mu(x_0) = a + bx_0 + \varepsilon_0$ 的 点预测 和置信度为 $1 - \alpha = 0.95$ 的 预测区间：

$$\left(\hat{a} + \hat{b}x_0 \pm t_{\alpha/2}(n-2)\hat{\sigma}\sqrt{1 + \frac{1}{n} + \frac{(x_0 - \bar{x})^2}{l_{xx}}}\right)$$

【解】　(1) 由于均值 $\bar{x} = \dfrac{1}{n}\sum_1^n x_i = 171.39$，$\bar{y} = \dfrac{1}{n}\sum_1^n y_i = 161.33$. 样本方差和协方差为

$$\begin{cases} s_x^2 = \dfrac{1}{n-1}l_{xx} = \dfrac{1}{n-1}\sum_{i=1}^n (x_i - \bar{x})^2 = 99.3302 \\[2mm] s_y^2 = \dfrac{1}{n-1}l_{yy} = \dfrac{1}{n-1}\sum_{i=1}^n (y_i - \bar{y})^2 = 55.4286 \\[2mm] s_{xy} = \dfrac{1}{n-1}l_{xy} = \dfrac{1}{n-1}\sum_{i=1}^n (x_i - \bar{x})(y_i - \bar{y}) = 53.8095 \end{cases} \qquad *$$

$$\begin{cases} l_{xx} = (n-1)s_x^2 = 35 \times 99.3302 = 3476.6 \\[2mm] l_{yy} = (n-1)s_y^2 = 35 \times 55.4286 = 1940.0 \end{cases}$$

381

故 回归系数的最小二乘估计 为

$$
\begin{cases}
\hat{b} & = \dfrac{l_{xy}}{l_{xx}} = \dfrac{s_{xy}}{s_x^2} = \dfrac{53.8095}{99.3302} = 0.5417 \\
\hat{a} & = \bar{y} - \hat{b}\bar{x} = 68.492
\end{cases}
$$

故 回归直线 或 一元线性回归方程 为

$$
\hat{y} = \hat{a} + \hat{b}x = 68.492 + 0.5417x
$$

(2) 由于

$$
Q = l_{yy} - \hat{b}^2 l_{xx} = 1940 - 0.5417^2 \times 3476.6 = 919.8292
$$

故方差 σ^2 的无偏估计为

$$
\hat{\sigma}^2 = \frac{Q}{n-2} = \frac{919.8292}{34} = 27.0538
$$

(3) 指定显著水平 $\alpha = 0.05$，对于单边检验

$$
H_0 : b \leqslant 0.5, \quad H_1 : b > 0.5.
$$

由于 $H_0 : b \leqslant 0.5$ 的拒绝域是

$$
\{t = \frac{\hat{b} - 0.5}{\hat{\sigma}} \sqrt{l_{xx}} \geqslant t_\alpha(n-2) = t_{0.05}(34) = 1.691\}
$$

代入数据计算，得

$$
t := \frac{\hat{b} - 0.5}{\hat{\sigma}} \sqrt{l_{xx}} = \frac{0.5417 - 0.5}{\sqrt{27.0538}} \times \sqrt{3476.6} = 0.4727 < 1.691
$$

故接受假设 $H_0 : b \leqslant 0.5$.

(4) 随机变量 $Y = \mu(x) = a + bx + \varepsilon$ 在点 x_0 处的观察值 $Y_0 = \mu(x_0) = a + bx_0 + \varepsilon_0$ 的置信度为 $1 - \alpha = 0.95$ 的 预测区间 为

$$
(\hat{a} + \hat{b}x_0 \pm t_{\alpha/2}(n-2)\hat{\sigma}\sqrt{1 + \frac{1}{n} + \frac{(x_0 - \bar{x})^2}{l_{xx}}})
$$
$$
= (68.492 + 0.5417 \times x_0 \pm 2.032 \times \sqrt{27.1} \times \sqrt{1 + \frac{1}{36} + \frac{(x_0 - 171.4)^2}{3476.6}})
$$

如对于 $x_0 = 166$，点预测 为 $\hat{y}_0 = \hat{a} + \hat{b}x_0 = 68.492 + 0.5417 \times 166 = 158$，预测区间 为

$$
(\hat{a} + \hat{b}x_0 \pm t_{\alpha/2}(n-2)\hat{\sigma}\sqrt{1 + \frac{1}{n} + \frac{(x_0 - \bar{x})^2}{l_{xx}}}) = (146, 170)
$$

意思就是对身高为 166 厘米的丈夫，预测其妻子的身高为 158 厘米，并且以 95% 的把握预测其妻子的身高在区间 (146, 170) 厘米之内.

【例 11.1.3】一元线性回归模型：比萨斜塔问题　　在 1975—1987 年这 13 年间观测比萨斜塔随着年代的倾斜程度，为简单起见只标记小数点后第二到第四位的数值如倾斜度 2.9642

米标记为 642 等. 获得倾斜度 $Y(x)$ 关于年份 x 的数据如下表所列. 这里倾斜度 $Y(x)$ 是随机变量, 年份 x 是普通自变量.

x_i	75	76	77	78	79	80	81	82	83	84	85	86	87
y_i	642	644	656	667	673	688	696	698	713	717	725	742	757

(1) 试建立倾斜度 $Y(x)$ 关于年份 x 的 回归直线 或 一元线性回归方程:

$$\hat{y} = \hat{a} + \hat{b}x = \bar{y} + \hat{b}(x - \bar{x})$$

(2) 求方差 σ^2 的无偏估计:

$$\hat{\sigma}^2 = \frac{Q}{n-2} = \frac{l_{yy} - \hat{b}l_{xy}}{n-2}$$

(3) 指定显著水平 $\alpha = 0.01$, 用 $F-$ 检验法对双边检验

$$H_0 : b = 0, \quad H_1 : b \neq 0.$$

检验回归方程的显著性.

(4) 设 回归函数 $Y = \mu(x) = a + bx$ 在点 $x_0 = 125$ 处的观察值为 $\mu(x_0)$, 求 $a + bx_0$ 的置信度为 $1 - \alpha = 0.95$ 的置信区间:

$$\left(\hat{a} + \hat{b}x_0 \pm t_{\alpha/2}(n-2)\hat{\sigma}\sqrt{\frac{1}{n} + \frac{(x_0 - \bar{x})^2}{l_{xx}}} \right)$$

(5) 试求 随机变量 $Y = \mu(x) = a + bx + \varepsilon$ 在点 $x_0 = 88$ 处的观察值 $Y_0 = \mu(x_0) = a + bx_0 + \varepsilon_0$ 的 点预测 和置信度为 $1 - \alpha = 0.95$ 的 预测区间:

$$\left(\hat{a} + \hat{b}x_0 \pm t_{\alpha/2}(n-2)\hat{\sigma}\sqrt{1 + \frac{1}{n} + \frac{(x_0 - \bar{x})^2}{l_{xx}}} \right)$$

【解】

(1) 由于 回归系数的最小二乘估计 为

$$\begin{cases} \hat{b} = 9.3187 \\ \hat{a} = \bar{y} - \hat{b}\bar{x} = 693.692 - 9.3187 \times 81 = -61.12 \end{cases}$$

故倾斜度 $Y(x)$ 关于年份 x 的 回归直线 或 一元线性回归方程 为

$$\hat{y} = \hat{a} + \hat{b}x = -61.12 + 9.3187x$$

(2) 由于

$$Q = l_{yy} - \hat{b}l_{xy} = 192.28$$

故方差 σ^2 的无偏估计为

$$\hat{\sigma}^2 = \frac{Q}{n-2} = \frac{192.28}{13-2} = 17.48$$

(3) 指定显著水平 $\alpha = 0.01$, 对于双边检验

$$H_0 : b = 0, \quad H_1 : b \neq 0.$$

由于对

$$F := \frac{U}{\hat{\sigma}^2} = \frac{U}{Q/(n-2)} \sim F(1, n-2)$$

$H_0 : b = 0$ 的拒绝域是 $\{F \geqslant F_\alpha(1, n-2)\}$.

代入数据计算，得

$$F := \frac{U}{\hat{\sigma}^2} = \frac{U}{Q/(n-2)} = \frac{10507.4}{17.48} = 601.1 > F_{0.01}(1, 11) = 9.65$$

故拒绝假设 $H_0 : b = 0$，即回归效果显著.

(4) 设 回归函数 $Y = \mu(x) = a + bx$ 在点 $x_0 = 80$ 处的观察值为 $\mu(x_0)$，$a + bx_0$ 的置信度为 $1 - \alpha = 0.95$ 的置信区间为

$$\left(\hat{a} + \hat{b}x_0 \pm t_{\alpha/2}(n-2)\hat{\sigma}\sqrt{\frac{1}{n} + \frac{(x_0 - \bar{x})^2}{l_{xx}}} \right)$$

$$= \left(-61.12 + 9.3187 \times 80 \pm t_{0.025}(11) \times \sqrt{17.48} \times \sqrt{\frac{1}{10} + \frac{(80-81)^2/13}{3.742^2}} \right)$$

$$= \left(684.376 \pm 2.201 \times 4.181 \times \sqrt{\frac{1}{13} + \frac{(80-81)^2/13}{3.742^2}} \right)$$

$$= (684.376 \pm 2.642)$$

(5) 随机变量 $Y = \mu(x) = a + bx + \varepsilon$ 在点 $x_0 = 88$ 处的观察值 $Y_0 = \mu(x_0) = a + bx_0 + \varepsilon_0$ 点预测 为 $\hat{y}_0 = \hat{a} + \hat{b}x_0 = -61.12 + 9.3187 \times 88 = 758.926$，置信度为 $1 - \alpha = 0.95$ 的 预测区间为

$$\left(\hat{a} + \hat{b}x_0 \pm t_{\alpha/2}(n-2)\hat{\sigma}\sqrt{1 + \frac{1}{n} + \frac{(x_0 - \bar{x})^2}{l_{xx}}} \right)$$

$$= \left(758.926 \pm 2.201 \times 4.181 \times \sqrt{1 + \frac{1}{13} + \frac{(80-81)^2/13}{3.742^2}} \right)$$

$$= (758.926 \pm 10.6768)$$

意思就是对年份为 1988 年，预测比萨斜塔倾斜度为 2.9758926 米，并且以 95％ 的把握预测比萨斜塔倾斜度在区间 (758.926 ± 10.6768) 米之内.

习题 11.1

1. 某工业部门为了分析该部门的产量（单位：千件）x 与生产费用（单位：千元）y 之间的关系，随机抽取了 10 个企业作样本，得到以下数据：

x_i	40	42	48	55	65	79	88	100	120	140
y_i	150	140	160	170	150	162	185	165	190	185

（1）作出 x 与 y 的散点图，并观察它们之间是否具有线性关系；（2）假定 x 与 y 之间存在线性关系，试估计回归方程.

2. 某城市去年调查的人均月收入与人均月支出的部分数据如下：

月份	1	2	3	4	5	6
人均月收入 x_i	1569	1834	1638	1712	1695	1773
人均月支出 y_i	2271	2436	2315	2296	2149	2354

试求人均月支出对人均月收入的线性回归函数，人均月收入对人均月支出是否有显著影响（$\alpha = 0.05$）.

3. 在钢碳含量对于电阻的效应的研究中，得到如下数据：

碳含量 $x_i(\%)$	0.10	0.30	0.40	0.55	0.70	0.80	0.95
电阻（20°C 时，微欧）y_i	15	18	19	21	22.6	23.8	26

（1）画出散点图；（2）求线性回归方程 $\hat{y} = \hat{a} + \hat{b}x$；（3）求方差 σ^2 的无偏估计；（4）检验假设 $H_0: b = 0, H_1: b \neq 0$；（5）若回归效果显著，求 b 的置信水平为 0.95 的置信区间；（6）求 $x = 0.50$ 处 $\mu(x)$ 的置信水平为 0.95 的置信区间；（7）求 $x = 0.50$ 处观察值 Y 的置信水平为 0.95 的预测区间.

4. 有人认为企业的利润水平和其研究经费之间存在线性关系，对一个地区企业的利润水平和其研究经费调查数据如下表所列. 问在置信水平 0.95 下，这一调查数据能否证实这一论断？

研究经费 x_i 万元	10	10	8	8	8	12	12	12	11	11
利润 y_i 万元	100	150	200	180	250	300	280	310	320	300

11.2 　可线性化回归

11.2.1 　可化为线性回归模型的一元非线性回归问题

某些形式的 一元非线性回归 问题可通过适当的变换化为 线性回归模型 解决.

【类型 1】指数函数 $y = ae^{bx}$
取对数，得

$$\ln y = \ln a + bx$$

令 $y' = \ln y, a' = \ln a$, 化为 $y' = a' + bx$.

【类型 2】幂函数 $y = ax^b$
取对数，得

$$\ln y = \ln a + b\ln x$$

令 $y' = \ln y, x' = \ln a$, 化为 $y' = a' + bx'$.

【类型 3】分式函数 $y = a + \dfrac{b}{x}$

令 $x' = \dfrac{1}{x}$，化为 $y' = a + bx'$.

【类型 4】指数函数 $y = a\mathrm{e}^{b/x}$

取对数，得

$$\ln y = \ln a + \frac{b}{x}$$

令 $y' = \ln y, x' = \dfrac{1}{x}$，化为 $y' = a' + bx'$.

【类型 5】分式函数 $y = \dfrac{a}{b + x}$

取倒数得 $\dfrac{1}{y} = \dfrac{b+x}{a} = \dfrac{b}{a} + \dfrac{x}{a}$ 令 $y' = \dfrac{1}{y}, a' = \dfrac{b}{a}, b' = \dfrac{1}{a}$，化为 $y' = a' + b'x$.

11.2.2　例题选讲

【例 11.2.1】非线性回归模型转化为线性回归问题　设美国二手车平均价格 Y(单位：美元) 是使用年限 x 的随机变量，汽车用得越久越便宜. 在 $x_1 < x_2 < \cdots\cdots < x_{10}$ 处给定了随机变量观察值 $y_i = y(x_i)$ 的如下散点数据表. 试求形如 $y = a\mathrm{e}^{bx}$ 的回归函数经验公式，并检验回归效果的显著性.

x_i	1	2	3	4	5	6	7	8	9	10
y_i	2651	1943	1494	1087	765	538	484	290	226	204

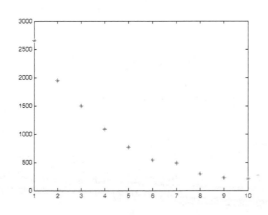

图 11.2.1　非线性回归模型的散点图

【解】　通过在二维平面上描点作图发现 (图 11.2.1)，原始数据分布呈现的并非是线性关系，而是近似指数函数关系. 因此，首先需要首先将问题转化为回归直线的构造.

不妨设回归指数函数经验公式方程为 $y = a\mathrm{e}^{bx}$，取对数，得

$$Z(x) = \ln y = \ln(a\mathrm{e}^{bx}) = \ln a + \ln \mathrm{e}^{bx} = \ln a + bx$$

即

$$Z = A + bx, \qquad A = \ln a, a = \mathrm{e}^A$$

线性关系散点数据表如下：

x_i	1	2	3	4	5	6	7	8	9	10
y_i	2651	1943	1494	1087	765	538	484	290	226	204
z_i	7.8827	7.5720	7.3092	6.9912	6.6399	6.2879	6.1821	5.6699	5.4205	5.3181

回归系数的最小二乘估计为

$$\begin{cases} \hat{b} & = \dfrac{l_{xz}}{l_{xx}} = \dfrac{s_{xz}}{s_x^2} = -0.29768 \\ \hat{A} & = \bar{z} - \hat{b}\bar{x} = 8.164585, \qquad \hat{a} = \mathrm{e}^A = \mathrm{e}^{8.164585} = 3514.26 \end{cases}$$

故 回归直线 或 一元线性回归方程 为

$$\hat{z} = \hat{A} + \hat{b}x = 8.164585 - 0.29768x$$

而指数函数经验公式为

$$\hat{y} = \mathrm{e}^{\hat{z}} = a\mathrm{e}^{bx} = 3514.26\mathrm{e}^{-0.29768x}$$

下面用 $t-$ 检验法来检验回归效果是否显著.

指定显著水平 $\alpha = 0.05$，对于双边检验

$$H_0 : b = 0, \quad H_1 : b \neq 0$$

由于 $H_0 : b = 0$ 的 $t-$ 检验法拒绝域是

$$\left\{ |t| = \frac{|\hat{b}|}{\hat{\sigma}}\sqrt{l_{xx}} \geq t_{\alpha/2}(n-2) = t_{0.025}(8) = 2.306 \right\}$$

代入数据计算，得

$$t := \frac{\hat{b}}{\hat{\sigma}}\sqrt{l_{xx}} = \frac{\hat{b}}{Q/(n-2)}\sqrt{l_{xx}} = 32.3693 > 2.306$$

故拒绝假设 $H_0 : b = 0$，即回归效果高度显著.

【例 11.2.2】非线性回归模型转化为线性回归问题　炼钢过程中用来盛装钢水的钢包受钢水侵蚀容积会不断增大. 设容积增大量 Y(单位：立方米) 是使用次数 x 的随机变量，钢包用得越久越大. 在样本散点处给定了随机变量观察值 $y_i = y(x_i)$ 的如下散点数据表. 试求形如 $y = a\mathrm{e}^{b/x}$ 的回归函数经验公式，并检验回归效果的显著性.

x_i	2	3	4	5	6	7	8	9
y_i	6.42	8.20	9.58	9.50	9.70	10.00	9.93	9.99
x_i	10	11	12	13	14	15	16	
y_i	10.49	10.59	10.60	10.80	10.60	10.90	10.76	

【解】 通过在二维平面上描点作图发现，原始数据分布呈现的并非是线性关系，而是近似指数函数关系. 我们需要首先将问题转化为回归直线的构造.

不妨设回归指数函数经验公式方程为 $y = ae^{b/x}$，取对数，得

$$Z(x) = \ln y = \ln(ae^{b/x}) = \ln a + \ln e^{b/x} = \ln a + \frac{b}{x}$$

即

$$Z = A + bx', \qquad A = \ln a, x' = \frac{1}{x}, a = e^A$$

线性关系散点数据表如下：

x_i	2	3	4	5	6	7	8	9
y_i	6.42	8.20	9.58	9.50	9.70	10.00	9.93	9.99
x_i'	0.50	0.333	0.250	0.20	0.167	0.142	0.125	0.111

x_i	10	11	12	13	14	15	16	
y_i	10.49	10.59	10.60	10.80	10.60	10.90	10.76	
x_i'	0.10	0.091	0.083	0.077	0.071	0.067	0.0625	

回归系数的最小二乘估计为

$$\begin{cases} \hat{b} = \dfrac{l_{xz}}{l_{xx}} = \dfrac{s_{xz}}{s_x^2} = -1.1109 \\ \hat{A} = \bar{z} - \hat{b}\bar{x} = 2.4578, \qquad \hat{a} = e^A = e^{2.4578} = 11.679. \end{cases}$$

故 回归直线 或 一元线性回归方程 为

$$\hat{z} = \hat{A} + \hat{b}x' = 2.4578 - 1.1109x'$$

而指数函数经验公式为

$$\hat{y} = e^{\hat{z}} = ae^{b/x} = 11.679e^{-\frac{1.1109}{x}}$$

下面用 线性相关系数 检验线性回归效果的显著性.

$$|r| = \sqrt{1 - \frac{Q}{l_{yy}}} = \sqrt{1 - \frac{0.892638}{11481.114}} = 0.977$$

非常接近 1，表明回归直线对样本数据点的拟合程度高，即回归效果高度显著.

习题 11.2

1. 某商品的需求量 y（单位：件）与价格 x（单位：元）的统计资料如下表所列，求需求函数的回归方程.

价格 x_i	61	54	50	43	38	36	28	23	19	10
需求量 y_i	543	580	618	695	724	812	887	991	1186	1940

2. 为研究某企业的生产率（单位：件/周）x 与废品率（%）y 的关系，调查记录的数据如下表所列，试根据数据拟合出合适的曲线模型.

生产率 x_i	1000	2000	3000	3500	4000	4500	5000
废品率 y_i	5.2	6.5	6.8	8.1	10.2	10.3	13.0

3. 混凝土的抗压强度随养护时间的延长而增加，现将一批混凝土制作成 12 个试块，记录了养护时间 x（日）及抗压强度 y（单位：千克/厘米 ^{2}）的数据. 求 $y = a + b\ln x$ 型回归方程.

养护时间 x_i	2	3	4	5	7	9	12	14	17	21	28	56
抗压强度 y_i	35	42	47	53	59	65	68	73	76	82	86	99

11.3　　多元线性回归

11.3.1　多元线性回归

【定义 11.3.1】多元线性回归　　设随机变量 Y 与多个自变量 $x_1, x_2, \cdots, x_{p-1}, x_p$ 有关，而随机变量 X 是可控制或可精确获得观察值的变量，能够视为普通自变量 x. 设随机变量 Y 存在数学期望 $E(Y)$，其取值随着自变量 x 而变化，记为 $E(Y) = \mu(x)$，称为随机变量 Y 关于自变量 x 的 回归函数. 回归函数 $E(Y) = \mu(x_1, x_2, \cdots, x_{p-1}, x_p)$ 具有 p 元线性函数

$$\mu(x_1, x_2, \cdots, x_p) = b_0 + b_1 x_1 + b_2 x_2 + \cdots + b_p x_p \tag{11.3.1}$$

的形式. 此时估计 $\mu(x)$ 的问题称为 多元线性回归 问题. $p + 1$ 个系数 $b_0, b_1, b_2, \cdots, b_p$ 称为 多元线性回归系数. 而随机变量 Y 则可写为

$$Y = b_0 + b_1 x_1 + b_2 x_2 + \cdots + b_p x_p + \varepsilon, \qquad \varepsilon \sim N(0, \sigma^2) \tag{11.3.2}$$

其中误差项 $\varepsilon = Y - \mu(x)$ 也是一个随机变量. 误差项 $\varepsilon = Y - \mu(x)$ 越小，表明随机变量 Y 与自变量 x 的关系越密切.

若采样获得 n 个独立样本 $(x_{i1}, x_{i2}, \cdots, x_{ip}, Y_i), i = 1, 2, \cdots, n$，则对应的样本即散点数据间成立方程

$$Y_i = b_0 + b_1 x_{i1} + b_2 x_{i2} + \cdots + b_p x_{ip} + \varepsilon_i, \qquad \varepsilon_i \sim N(0, \sigma^2) \tag{11.3.3}$$

称为 多元线性回归模型. 展开来就是

$$\begin{cases} Y_1 = b_0 + b_1 x_{11} + b_2 x_{12} + \cdots + b_p x_{1p} + \varepsilon_1 \\ Y_2 = b_0 + b_1 x_{21} + b_2 x_{22} + \cdots + b_p x_{2p} + \varepsilon_2 \\ \qquad\qquad\qquad\qquad \vdots \\ Y_n = b_0 + b_1 x_{n1} + b_2 x_{n2} + \cdots + b_p x_{np} + \varepsilon_n \end{cases} \tag{11.3.4}$$

写为矩阵向量形式就是

$$
\begin{pmatrix} Y_1 \\ Y_2 \\ \vdots \\ Y_n \end{pmatrix} = \begin{pmatrix} 1 & x_{11} & \cdots & x_{1p} \\ 1 & x_{21} & \cdots & x_{2p} \\ \vdots & \vdots & \ddots & \vdots \\ 1 & x_{n1} & \cdots & x_{np} \end{pmatrix} \begin{pmatrix} b_0 \\ b_1 \\ \vdots \\ b_p \end{pmatrix} + \begin{pmatrix} \varepsilon_1 \\ \varepsilon_2 \\ \vdots \\ \varepsilon_n \end{pmatrix} \tag{11.3.5}
$$

标记

$$
\boldsymbol{Y} = \begin{pmatrix} Y_1 \\ Y_2 \\ \vdots \\ Y_n \end{pmatrix}, \quad \boldsymbol{X} = \begin{pmatrix} 1 & x_{11} & \cdots & x_{1p} \\ 1 & x_{21} & \cdots & x_{2p} \\ \vdots & \vdots & \ddots & \vdots \\ 1 & x_{n1} & \cdots & x_{np} \end{pmatrix}, \quad \boldsymbol{b} = \begin{pmatrix} b_0 \\ b_1 \\ \vdots \\ b_p \end{pmatrix} \quad \boldsymbol{\varepsilon} = \begin{pmatrix} \varepsilon_1 \\ \varepsilon_2 \\ \vdots \\ \varepsilon_n \end{pmatrix} \tag{11.3.6}
$$

则 多元线性回归模型 可写为

$$
\boldsymbol{Y} = \boldsymbol{X}\boldsymbol{b} + \boldsymbol{\varepsilon}
$$

且数学期望为

$$
E(\boldsymbol{Y}) = \boldsymbol{X}\boldsymbol{b}, \quad E\boldsymbol{\varepsilon} = 0 \tag{11.3.7}
$$

【定理 11.3.1】多元线性回归系数的最小二乘估计　设 回归函数 为 多元线性函数

$$
\mu(x_1, x_2, \cdots, x_p) = b_0 + b_1 x_1 + b_2 x_2 + \cdots + b_p x_p \tag{11.3.8}
$$

令 μ 与随机变量 Y 在各数据点的绝对误差平方和最小. 即确定回归系数 $\hat{b}_0, \hat{b}_1, \cdots, \hat{b}_p$ 使得

$$
\sum_{i=1}^{n} |y_i - (\hat{b}_0 + \hat{b}_1 x_{i1} + \cdots + \hat{b}_p x_{ip})|^2 = \min \sum_{i=1}^{n} |y_i - (b_0 + b_1 x_{i1} + b_2 x_{i2} + \cdots + b_p x_{ip})|^2 \tag{11.3.9}
$$

这就是 回归系数的最小二乘估计.

回归系数的最小二乘估计 为

$$
\hat{\boldsymbol{b}} = (\boldsymbol{X}^{\mathrm{T}} \boldsymbol{X})^{-1} \boldsymbol{X}^{\mathrm{T}} \boldsymbol{Y} \tag{11.3.10}
$$

【证明】　确定回归系数 $\hat{b}_0, \hat{b}_1, \cdots, \hat{b}_p$ 等价于求 $p+1$ 元函数

$$
F(b_0, b_1, b_2, \cdots, b_p) = \sum_{i=1}^{n} (y_i - (b_0 + b_1 x_{i1} + b_2 x_{i2} + \cdots + b_p x_{ip}))^2
$$

的极小值点 $\hat{b}_0, \hat{b}_1, \cdots, \hat{b}_p$. 由求多元函数极值的必要条件，有 $p+1$ 个偏导数为零的条件

$$
\frac{\partial F}{\partial b_0} = -2 \sum_{i=1}^{n} (y_i - (b_0 + b_1 x_{i1} + b_2 x_{i2} + \cdots + b_p x_{ip})) = 0
$$

以及

$$
\frac{\partial F}{\partial b_j} = -2 \sum_{i=1}^{n} (y_i - (b_0 + b_1 x_{i1} + b_2 x_{i2} + \cdots + b_p x_{ip})) x_{ij} = 0
$$

从而获得关于线性组合系数 $b_0, b_1, b_2, \cdots, b_p$ 的线性代数方程组

$$
\begin{cases}
nb_0 + b_1 \sum_{i=1}^{n} x_{i1} + b_2 \sum_{i=1}^{n} x_{i2} + \cdots + b_p \sum_{i=1}^{n} x_{ip} = \sum_{i=1}^{n} y_i \\
b_0 \sum_{i=1}^{n} x_{i1} + b_1 \sum_{i=1}^{n} x_{i1} x_{i2} + b_2 \sum_{i=1}^{n} x_{i2} x_{i2} + \cdots + b_p \sum_{i=1}^{n} x_{i1} x_{ip} = \sum_{i=1}^{n} x_{i1} y_i \\
\vdots \\
b_0 \sum_{i=1}^{n} x_{ip} + b_1 \sum_{i=1}^{n} x_{ip} x_{i2} + b_2 \sum_{i=1}^{n} x_{ip} x_{i2} + \cdots + b_p \sum_{i=1}^{n} x_{ip} x_{ip} = \sum_{i=1}^{n} x_{ip} y_i
\end{cases} \quad *
$$

称为 最小二乘正规方程组，简称 正规方程组 或 法方程(Normal Equations). 以矩阵向量形式表示即为

$$
\boldsymbol{X}^{\mathrm{T}} \boldsymbol{X} \boldsymbol{b} = \boldsymbol{X}^{\mathrm{T}} \boldsymbol{Y}
$$

当 $p+1$ 阶方阵 $(\boldsymbol{X}^{\mathrm{T}} \boldsymbol{X})$ 非奇异时，在此矩阵方程两边同乘以系数矩阵的逆矩阵 $(\boldsymbol{X}^{\mathrm{T}} \boldsymbol{X})^{-1}$，获得其向量形式的解即 回归系数的最小二乘估计 为

$$
\hat{\boldsymbol{b}} = (\boldsymbol{X}^{\mathrm{T}} \boldsymbol{X})^{-1} \boldsymbol{X}^{\mathrm{T}} \boldsymbol{Y}
$$

【定义 11.3.2】误差平方和　定义 单秩矩阵

$$
\boldsymbol{J} = \begin{pmatrix}
1 & 1 & \cdots & 1 \\
1 & 1 & \cdots & 1 \\
\vdots & \vdots & \ddots & \vdots \\
1 & 1 & \cdots & 1
\end{pmatrix} \tag{11.3.11}
$$

引入各误差平方和如下：

$$
\begin{aligned}
l_{yy} &= \| \boldsymbol{Y} - \bar{\boldsymbol{Y}} \|_2^2 = \sum_{i=1}^{n} (y_i - \bar{y})^2 = \boldsymbol{Y}^{\mathrm{T}} (\boldsymbol{I} - \frac{1}{n} \boldsymbol{J}) \boldsymbol{Y} = \boldsymbol{Y}^{\mathrm{T}} \boldsymbol{Y} - \frac{1}{n} \boldsymbol{Y}^{\mathrm{T}} \boldsymbol{J} \boldsymbol{Y} \\
Q_e &= \| \boldsymbol{Y} - \hat{\boldsymbol{Y}} \|_2^2 = \boldsymbol{e}^{\mathrm{T}} \boldsymbol{e} = \sum_{i=1}^{n} (y_i - \hat{y}_i)^2 = \sum_{i=1}^{n} \hat{\varepsilon}_i^2 \\
&= \boldsymbol{Y}^{\mathrm{T}} \boldsymbol{A} \boldsymbol{Y} = \boldsymbol{Y}^{\mathrm{T}} (\boldsymbol{I} - \boldsymbol{P}) \boldsymbol{Y} = \boldsymbol{Y}^{\mathrm{T}} \boldsymbol{Y} - \hat{\boldsymbol{b}} \boldsymbol{X}^{\mathrm{T}} \boldsymbol{Y} \\
U &= \| \hat{\boldsymbol{Y}} - \bar{\boldsymbol{Y}} \|_2^2 = \sum_{i=1}^{n} (\hat{y}_i - \bar{y})^2 = \boldsymbol{Y}^{\mathrm{T}} (\boldsymbol{P} - \frac{1}{n} \boldsymbol{J}) \boldsymbol{Y} = \hat{\boldsymbol{b}} \boldsymbol{X}^{\mathrm{T}} \boldsymbol{Y} - \frac{1}{n} \boldsymbol{Y}^{\mathrm{T}} \boldsymbol{J} \boldsymbol{Y}
\end{aligned} \tag{11.3.12}
$$

分别称为 总变差或总的偏差平方和：$l_{yy} = \sum_{i=1}^{n} (y_i - \bar{y})^2$、残差平方和：$Q_e = \sum_{i=1}^{n} (y_i - \hat{y}_i)^2$ 与 回归平方和：$U = \sum_{i=1}^{n} (\hat{y}_i - \bar{y})^2$.

【定理 11.3.2】多元线性回归的基本定理
(1)回归系数向量 $\boldsymbol{b}$ 服从的正态分布
因 $E\hat{\boldsymbol{b}} = \boldsymbol{b}, D\hat{\boldsymbol{b}} = \sigma^2 (\boldsymbol{X}^{\mathrm{T}} \boldsymbol{X})^{-1}$，故

$$
\hat{\boldsymbol{b}} \sim N(\boldsymbol{b}, \sigma^2 (\boldsymbol{X}^{\mathrm{T}} \boldsymbol{X})^{-1}) \tag{11.3.13}
$$

【证明】

因
$$\hat{b} = (X^{\mathrm{T}}X)^{-1}X^{\mathrm{T}}Y$$

标记 $p+1$ 阶非奇异对称方阵 $L = X^{\mathrm{T}}X = L^{\mathrm{T}}$，利用 $E(XY) = Xb$，取期望，得

$$
\begin{aligned}
E(\hat{b}) &= E(X^{\mathrm{T}}X)^{-1}X^{\mathrm{T}}Y = EL^{-1}X^{\mathrm{T}}Y \\
&= L^{-1}X^{\mathrm{T}}EY = L^{-1}X^{\mathrm{T}}Xb = L^{-1}(X^{\mathrm{T}}X)b = L^{-1}Lb = b
\end{aligned}
$$

标记 $(p+1) \times n$ 阶矩阵 $B = L^{-1}X^{\mathrm{T}}$，因

$$\hat{b} = (X^{\mathrm{T}}X)^{-1}X^{\mathrm{T}}Y = L^{-1}X^{\mathrm{T}}Y = BY$$

取方差得

$$
\begin{aligned}
D(\hat{b}) &= \mathrm{Cov}(\hat{b}, \hat{b}) = E((\hat{b} - E\hat{b})(\hat{b} - E\hat{b})^{\mathrm{T}}) \\
&= E((BY - EBY)(BY - EBY)^{\mathrm{T}}) = BE((Y - EY)(Y - EY)^{\mathrm{T}})B^{\mathrm{T}} \\
&= BDYB^{\mathrm{T}} = B\sigma^2 IB^{\mathrm{T}} = \sigma^2 BB^{\mathrm{T}} \\
&= \sigma^2 L^{-1}X^{\mathrm{T}}(L^{-1}X^{\mathrm{T}})^{\mathrm{T}} = \sigma^2 L^{-1}X^{\mathrm{T}}XL^{-1} \\
&= \sigma^2 L^{-1}LL^{-1} = \sigma^2 L^{-1} = \sigma^2 (X^{\mathrm{T}}X)^{-1}
\end{aligned}
$$

从而有 $E(\hat{b}) = b$，$D(\hat{b}) = \sigma^2(X^{\mathrm{T}}X)^{-1} = \sigma^2 L^{-1}$，并且

$$\hat{b} \sim N(b, \sigma^2(X^{\mathrm{T}}X)^{-1})$$

(2) 估计向量与残差向量的协方差与不相关：

标记残差向量

$$e = Y - \hat{Y} = Y - X\hat{b} = (y_1 - \hat{y}_1, \cdots, y_n - \hat{y}_n)^{\mathrm{T}} \tag{11.3.14}$$

则估计向量与残差向量不相关或协方差为 0：

$$\mathrm{Cov}(\hat{b}, \hat{b}) = \sigma^2 L^{-1} \qquad \mathrm{Cov}(\hat{Y}, \hat{Y}) = \sigma^2 XL^{-1}X^{\mathrm{T}} \qquad \mathrm{Cov}(\hat{b}, e) = 0 \tag{11.3.15}$$

进而有协方差的分解

$$D(Y) = \mathrm{Cov}(Y, Y) = D(\hat{Y}) + D(e) = \mathrm{Cov}(\hat{Y}, \hat{Y}) + \mathrm{Cov}(e, e) \tag{11.3.16}$$

并且

$$E(ee^{\mathrm{T}}) = \mathrm{Cov}(e, e) = \mathrm{Cov}(Y - \hat{Y}, Y - \hat{Y}) = \mathrm{Cov}(Y, Y) - \mathrm{Cov}(\hat{Y}, \hat{Y}) = \sigma^2(I - XL^{-1}X^{\mathrm{T}}) \tag{11.3.17}$$

【证明】   由结论 1 知

$$\mathrm{Cov}(\hat{b}, \hat{b}) = \sigma^2 L^{-1}$$

又因 $\hat{Y} = X\hat{b}$，故

$$\mathrm{Cov}(\hat{Y}, \hat{Y}) = \mathrm{Cov}(X\hat{b}, X\hat{b}) = X\mathrm{Cov}(\hat{b}, \hat{b})X^{\mathrm{T}} = \sigma^2 XL^{-1}X^{\mathrm{T}}$$

从而

$$\begin{aligned}
\mathrm{Cov}(\hat{\boldsymbol{b}}, \boldsymbol{e}) &= \mathrm{Cov}(\hat{\boldsymbol{b}}, \boldsymbol{Y} - \boldsymbol{X}\hat{\boldsymbol{b}}) = \mathrm{Cov}(\hat{\boldsymbol{b}}, \boldsymbol{Y}) - \mathrm{Cov}(\hat{\boldsymbol{b}}, \boldsymbol{X}\hat{\boldsymbol{b}}) \\
&= \mathrm{Cov}(\boldsymbol{L}^{-1}\boldsymbol{X}^{\mathrm{T}}\boldsymbol{Y}, \boldsymbol{Y}) - \mathrm{Cov}(\hat{\boldsymbol{b}}, \hat{\boldsymbol{b}})\boldsymbol{X}^{\mathrm{T}} \\
&= \boldsymbol{L}^{-1}\boldsymbol{X}^{\mathrm{T}}D\boldsymbol{Y} - (D\hat{\boldsymbol{b}})\boldsymbol{X}^{\mathrm{T}} = \sigma^2\boldsymbol{L}^{-1}\boldsymbol{X}^{\mathrm{T}} - \sigma^2(\boldsymbol{X}^{\mathrm{T}}\boldsymbol{X})^{-1}\boldsymbol{X}^{\mathrm{T}} \\
&= \sigma^2\boldsymbol{L}^{-1}\boldsymbol{X}^{\mathrm{T}} - \sigma^2\boldsymbol{L}^{-1}\boldsymbol{X}^{\mathrm{T}} = 0
\end{aligned}$$

同理有 $\mathrm{Cov}(\boldsymbol{e}, \hat{\boldsymbol{b}}) = 0$, 所以

$$\begin{aligned}
\mathrm{Cov}(\boldsymbol{Y}, \boldsymbol{Y}) &= D\boldsymbol{Y} = \mathrm{Cov}(\hat{\boldsymbol{Y}} + \boldsymbol{e}, \hat{\boldsymbol{Y}} + \boldsymbol{e}) = \mathrm{Cov}(\boldsymbol{X}\hat{\boldsymbol{b}} + \boldsymbol{e}, \boldsymbol{X}\hat{\boldsymbol{b}} + \boldsymbol{e}) \\
&= \mathrm{Cov}(\boldsymbol{X}\hat{\boldsymbol{b}}, \boldsymbol{X}\hat{\boldsymbol{b}}) + \mathrm{Cov}(\boldsymbol{e}, \boldsymbol{e}) + \mathrm{Cov}(\boldsymbol{X}\hat{\boldsymbol{b}}, \boldsymbol{e}) + \mathrm{Cov}(\boldsymbol{e}, \boldsymbol{X}\hat{\boldsymbol{b}}) \\
&= \mathrm{Cov}(X\hat{\boldsymbol{b}}, \boldsymbol{X}\hat{\boldsymbol{b}}) + \mathrm{Cov}(\boldsymbol{e}, \boldsymbol{e}) + 0 = \mathrm{Cov}(\boldsymbol{X}\hat{\boldsymbol{b}}, \boldsymbol{X}\hat{\boldsymbol{b}}) + \mathrm{Cov}(\boldsymbol{e}, \boldsymbol{e})
\end{aligned}$$

于是

$$\mathrm{Cov}(\boldsymbol{e}, \boldsymbol{e}) = \mathrm{Cov}(\boldsymbol{Y}, \boldsymbol{Y}) - \mathrm{Cov}(\hat{\boldsymbol{Y}}, \hat{\boldsymbol{Y}}) = \sigma^2\boldsymbol{I} - \sigma^2\boldsymbol{X}\boldsymbol{L}^{-1}\boldsymbol{X}^{\mathrm{T}} = \sigma^2(\boldsymbol{I} - \boldsymbol{X}\boldsymbol{L}^{-1}\boldsymbol{X}^{\mathrm{T}})$$

(3) **方差 σ^2 的无偏估计**

$$\hat{\sigma}^2 = \frac{Q_e}{n - p - 1} \tag{11.3.18}$$

是方差 σ^2 的无偏估计, 即满足 $E(\hat{\sigma}^2) = \sigma^2$.

【证明】 因

$$\hat{\boldsymbol{b}} = (\boldsymbol{X}^{\mathrm{T}}\boldsymbol{X})^{-1}\boldsymbol{X}^{\mathrm{T}}\boldsymbol{Y} = \boldsymbol{L}^{-1}\boldsymbol{X}^{\mathrm{T}}\boldsymbol{Y}$$

故

$$\boldsymbol{e} = \boldsymbol{Y} - \hat{\boldsymbol{Y}} = \boldsymbol{Y} - \boldsymbol{X}\hat{\boldsymbol{b}} = \boldsymbol{Y} - \boldsymbol{X}\boldsymbol{L}^{-1}\boldsymbol{X}^{\mathrm{T}}\boldsymbol{Y} = (\boldsymbol{I} - \boldsymbol{X}\boldsymbol{L}^{-1}\boldsymbol{X}^{\mathrm{T}})\boldsymbol{Y}$$

注意到方阵 $\boldsymbol{P} := \boldsymbol{X}\boldsymbol{L}^{-1}\boldsymbol{X}^{\mathrm{T}} = \boldsymbol{X}(\boldsymbol{X}^{\mathrm{T}}\boldsymbol{X})^{-1}\boldsymbol{X}^{\mathrm{T}}$ 是 n 阶 对称幂等矩阵, 即满足

$$\boldsymbol{P}^2 = \boldsymbol{X}(\boldsymbol{X}^{\mathrm{T}}\boldsymbol{X})^{-1}\boldsymbol{X}^{\mathrm{T}}\boldsymbol{X}(\boldsymbol{X}^{\mathrm{T}}\boldsymbol{X})^{-1}\boldsymbol{X}^{\mathrm{T}} = \boldsymbol{X}(\boldsymbol{X}^{\mathrm{T}}\boldsymbol{X})^{-1}\boldsymbol{X}^{\mathrm{T}} = \boldsymbol{P} = \boldsymbol{P}^{\mathrm{T}}$$

故方阵 $\boldsymbol{A} := \boldsymbol{I} - \boldsymbol{P} = \boldsymbol{I} - \boldsymbol{X}\boldsymbol{L}^{-1}\boldsymbol{X}^{\mathrm{T}} = \boldsymbol{I} - \boldsymbol{X}(\boldsymbol{X}^{\mathrm{T}}\boldsymbol{X})^{-1}\boldsymbol{X}^{\mathrm{T}}$ 也是 n 阶 对称幂等矩阵, 即满足

$$(\boldsymbol{I} - \boldsymbol{P})^2 = (\boldsymbol{I} - \boldsymbol{X}\boldsymbol{L}^{-1}\boldsymbol{X}^{\mathrm{T}})^2 = (\boldsymbol{I} - \boldsymbol{P})^2 = \boldsymbol{I} - 2\boldsymbol{P} + \boldsymbol{P}^2 = \boldsymbol{I} - 2\boldsymbol{P} + \boldsymbol{P} = \boldsymbol{I} - \boldsymbol{P} = (\boldsymbol{I} - \boldsymbol{P})^{\mathrm{T}}$$

从而

$$\boldsymbol{e}^{\mathrm{T}}\boldsymbol{e} = \boldsymbol{Y}^{\mathrm{T}}(\boldsymbol{I} - \boldsymbol{X}\boldsymbol{L}^{-1}\boldsymbol{X}^{\mathrm{T}})^{\mathrm{T}}(\boldsymbol{I} - \boldsymbol{X}\boldsymbol{L}^{-1}\boldsymbol{X}^{\mathrm{T}})\boldsymbol{Y} = \boldsymbol{Y}^{\mathrm{T}}(\boldsymbol{I} - \boldsymbol{X}\boldsymbol{L}^{-1}\boldsymbol{X}^{\mathrm{T}})\boldsymbol{Y} = \boldsymbol{Y}^{\mathrm{T}}\boldsymbol{A}\boldsymbol{Y}$$

另外, 由于 $E\boldsymbol{Y} = \boldsymbol{X}\boldsymbol{b}$, 有

$$\begin{aligned}
\varepsilon^{\mathrm{T}}\boldsymbol{A}\varepsilon &= (\boldsymbol{Y} - E\boldsymbol{Y})^{\mathrm{T}}\boldsymbol{A}(\boldsymbol{Y} - E\boldsymbol{Y}) = (\boldsymbol{Y} - \boldsymbol{X}\boldsymbol{b})^{\mathrm{T}}\boldsymbol{A}(\boldsymbol{Y} - \boldsymbol{X}\boldsymbol{b}) \\
&= (\boldsymbol{Y}^{\mathrm{T}}\boldsymbol{A} - \boldsymbol{b}^{\mathrm{T}}\boldsymbol{X}^{\mathrm{T}}\boldsymbol{A})(\boldsymbol{Y} - \boldsymbol{X}\boldsymbol{b}) \\
&= \boldsymbol{Y}^{\mathrm{T}}\boldsymbol{A}\boldsymbol{Y} - \boldsymbol{b}^{\mathrm{T}}\boldsymbol{X}^{\mathrm{T}}\boldsymbol{A}\boldsymbol{Y} - \boldsymbol{Y}^{\mathrm{T}}\boldsymbol{A}\boldsymbol{X}\boldsymbol{b} + \boldsymbol{b}^{\mathrm{T}}\boldsymbol{X}^{\mathrm{T}}\boldsymbol{A}\boldsymbol{X}\boldsymbol{b} \\
&= \boldsymbol{Y}^{\mathrm{T}}\boldsymbol{A}\boldsymbol{Y}
\end{aligned}$$

其中

$$b^{\mathrm{T}}\boldsymbol{X}^{\mathrm{T}}\boldsymbol{A} \quad = b^{\mathrm{T}}\boldsymbol{X}^{\mathrm{T}}(\boldsymbol{I} - \boldsymbol{X}\boldsymbol{L}^{-1}\boldsymbol{X}^{\mathrm{T}})$$
$$= b^{\mathrm{T}}\boldsymbol{X}^{\mathrm{T}}\boldsymbol{I} - b^{\mathrm{T}}\boldsymbol{X}^{\mathrm{T}}\boldsymbol{X}\boldsymbol{L}^{-1}\boldsymbol{X}^{\mathrm{T}}$$
$$= b^{\mathrm{T}}\boldsymbol{X}^{\mathrm{T}} - b^{\mathrm{T}}\boldsymbol{L}\boldsymbol{L}^{-1}\boldsymbol{X}^{\mathrm{T}}$$
$$= b^{\mathrm{T}}\boldsymbol{X}^{\mathrm{T}} - b^{\mathrm{T}}\boldsymbol{X}^{\mathrm{T}} = 0$$

其转置矩阵

$$\boldsymbol{A}\boldsymbol{X}b \quad = (\boldsymbol{I} - \boldsymbol{X}\boldsymbol{L}^{-1}\boldsymbol{X}^{\mathrm{T}})\boldsymbol{X}b$$
$$= \boldsymbol{X}b - \boldsymbol{X}\boldsymbol{L}^{-1}\boldsymbol{X}^{\mathrm{T}}\boldsymbol{X}b$$
$$= \boldsymbol{X}b - \boldsymbol{X}\boldsymbol{L}^{-1}\boldsymbol{L}b$$
$$= \boldsymbol{X}b - \boldsymbol{X}b = 0$$

进而

$$b^{\mathrm{T}}\boldsymbol{X}^{\mathrm{T}}\boldsymbol{A}\boldsymbol{X}b = b^{\mathrm{T}}\boldsymbol{X}^{\mathrm{T}} \cdot 0 = 0$$

于是

$$Q_e = e^{\mathrm{T}}e = \varepsilon^{\mathrm{T}}\boldsymbol{A}\varepsilon = \boldsymbol{Y}^{\mathrm{T}}\boldsymbol{A}\boldsymbol{Y} \qquad *$$

又因 $\varepsilon_i \sim N(0, \sigma^2)$，故

$$E(\varepsilon\varepsilon^{\mathrm{T}}) = D\varepsilon + (E\varepsilon)^2 = \sigma^2 + 0 = \sigma^2$$

从而注意到 $\boldsymbol{L} = \boldsymbol{X}^{\mathrm{T}}\boldsymbol{X} = \boldsymbol{L}^{\mathrm{T}}$ 是 $p+1$ 阶非奇异对称方阵，有

$$EQ_e \quad = E(e^{\mathrm{T}}e) = E(\varepsilon^{\mathrm{T}}(\boldsymbol{I} - \boldsymbol{X}\boldsymbol{L}^{-1}\boldsymbol{X}^{\mathrm{T}})\varepsilon)$$
$$= tr(\boldsymbol{I} - \boldsymbol{X}\boldsymbol{L}^{-1}\boldsymbol{X}^{\mathrm{T}})E\varepsilon\varepsilon^{\mathrm{T}}$$
$$= \sigma^2 tr(\boldsymbol{I} - \boldsymbol{X}\boldsymbol{L}^{-1}\boldsymbol{X}^{\mathrm{T}}) = \sigma^2 tr(\boldsymbol{I}_{n\times n}) - \sigma^2 tr(\boldsymbol{X}\boldsymbol{L}^{-1}\boldsymbol{X}^{\mathrm{T}})$$
$$= n\sigma^2 - \sigma^2 tr(\boldsymbol{L}^{-1}\boldsymbol{X}\boldsymbol{X}^{\mathrm{T}}) = n\sigma^2 - \sigma^2 tr(\boldsymbol{L}^{-1}\boldsymbol{L})$$
$$= n\sigma^2 - \sigma^2 tr(\boldsymbol{I}_{(p+1)\times(p+1)}) = n\sigma^2 - (p+1)\sigma^2 = (n-p-1)\sigma^2$$

于是定义 $\hat{\sigma}^2 = \dfrac{Q_e}{n-p-1}$，则 $E\hat{\sigma}^2 = \sigma^2$，即 $\hat{\sigma}^2 = \dfrac{Q_e}{n-p-1}$ 是方差 σ^2 的无偏估计.

(4) χ^2- 分布

对于方差 σ^2 的无偏估计 $\hat{\sigma}^2 = \dfrac{Q_e}{n-p-1}$，有 $\dfrac{n-p-1}{\sigma^2}\hat{\sigma}^2$ 服从自由度为 $n-p-1$ 的 χ^2- 分布：

$$\frac{n-p-1}{\sigma^2}\hat{\sigma}^2 = \frac{Q_e}{\sigma^2} \sim \chi^2(n-p-1) \qquad (11.3.19)$$

【证明】　因

$$Q_e = e^{\mathrm{T}}e = \varepsilon^{\mathrm{T}}\boldsymbol{A}\varepsilon = \boldsymbol{Y}^{\mathrm{T}}\boldsymbol{A}\boldsymbol{Y}$$

故

$$\frac{Q_e}{\sigma^2} = \frac{\varepsilon^{\mathrm{T}}\boldsymbol{A}\varepsilon}{\sigma^2}$$

而 n 阶 对称幂等矩阵 $\boldsymbol{A} := \boldsymbol{I} - \boldsymbol{D} = \boldsymbol{I} - \boldsymbol{X}\boldsymbol{L}^{-1}\boldsymbol{X}^{\mathrm{T}} = \boldsymbol{I} - \boldsymbol{X}(\boldsymbol{X}^{\mathrm{T}}\boldsymbol{X})^{-1}\boldsymbol{X}^{\mathrm{T}}$ 的秩为

$$rank(\boldsymbol{A}) = rank(\boldsymbol{I} - \boldsymbol{X}\boldsymbol{L}^{-1}\boldsymbol{X}^{\mathrm{T}}) = n - p - 1$$

故由 对称矩阵 的正交对角化定理, 存在 n 阶 正交矩阵 $\boldsymbol{H}$ 使得 $\boldsymbol{A}$ 在此正交变换下化为对角阵:

$$\boldsymbol{H}^{\mathrm{T}}\boldsymbol{H} = \boldsymbol{H}\boldsymbol{H}^{\mathrm{T}} = \boldsymbol{I}_{n \times n}, \quad \boldsymbol{H}^{\mathrm{T}}\boldsymbol{A}\boldsymbol{H} = Diag[d_1, d_2, d_{n-p-1}, 0, 0, \cdots, 0]$$

进而

$$\frac{Q_e}{\sigma^2} = \frac{\varepsilon^{\mathrm{T}}\boldsymbol{A}\varepsilon}{\sigma^2} = \frac{\varepsilon^{\mathrm{T}}\boldsymbol{H}^{\mathrm{T}}\boldsymbol{H}\boldsymbol{A}\boldsymbol{H}^{\mathrm{T}}\boldsymbol{H}\varepsilon}{\sigma^2} = \frac{\varepsilon^{\mathrm{T}}\boldsymbol{H}^{\mathrm{T}}}{\sigma}\boldsymbol{H}\boldsymbol{A}\boldsymbol{H}^{\mathrm{T}}\frac{\boldsymbol{H}\varepsilon}{\sigma} = \boldsymbol{U}^{\mathrm{T}}\boldsymbol{D}\boldsymbol{U}$$

其中

$$\boldsymbol{U} = \boldsymbol{H}\frac{\varepsilon}{\sigma} = \frac{\boldsymbol{H}\varepsilon}{\sigma} = (u_1, u_2, u_{n-p-1}, u_{n-p}, \cdots, u_n), \quad \boldsymbol{D} = \boldsymbol{H}\boldsymbol{A}\boldsymbol{H}^{\mathrm{T}}$$

又因 $\varepsilon_i \sim N(0, \sigma^2)$, 故 $u_i \sim N(0, 1)$, 于是

$$\frac{Q_e}{\sigma^2} = \boldsymbol{U}^{\mathrm{T}}\boldsymbol{D}\boldsymbol{U} = \sum_{i=1}^{n-p-1} u_i^2 \sim \chi^2(n-p-1)$$

(5)平方和分解

观察向量与估计向量和残差向量的范数（即坐标分量的平方和），有分解

$$\boldsymbol{Y}^{\mathrm{T}}\boldsymbol{Y} = \|\boldsymbol{Y}\|_2^2 = \|\hat{\boldsymbol{Y}}\|_2^2 + \|\boldsymbol{Y} - \hat{\boldsymbol{Y}}\|_2^2 = \hat{\boldsymbol{Y}}^{\mathrm{T}}\hat{\boldsymbol{Y}} + e^{\mathrm{T}}e \tag{11.3.20}$$

定义 单秩矩阵

$$\boldsymbol{J} = \begin{pmatrix} 1 & 1 & \cdots & 1 \\ 1 & 1 & \cdots & 1 \\ \vdots & \vdots & \ddots & \vdots \\ 1 & 1 & \cdots & 1 \end{pmatrix}$$

引入各误差平方和如下:

$$\begin{aligned}
l_{yy} &= \|\boldsymbol{Y} - \bar{\boldsymbol{Y}}\|_2^2 = \sum_{i=1}^n (y_i - \bar{y})^2 = \boldsymbol{Y}^{\mathrm{T}}(\boldsymbol{I} - \frac{1}{n}\boldsymbol{J})\boldsymbol{Y} = \boldsymbol{Y}^{\mathrm{T}}\boldsymbol{Y} - \frac{1}{n}\boldsymbol{Y}^{\mathrm{T}}\boldsymbol{J}\boldsymbol{Y} \\
Q_e &= \|\boldsymbol{Y} - \hat{\boldsymbol{Y}}\|_2^2 = e^{\mathrm{T}}e = \sum_{i=1}^n (y_i - \hat{y}_i)^2 = \sum_{i=1}^n \hat{\varepsilon}_i^2 \\
&= \boldsymbol{Y}^{\mathrm{T}}\boldsymbol{A}\boldsymbol{Y} = \boldsymbol{Y}^{\mathrm{T}}(\boldsymbol{I} - \boldsymbol{P})\boldsymbol{Y} = \boldsymbol{Y}^{\mathrm{T}}\boldsymbol{Y} - \hat{\boldsymbol{b}}\boldsymbol{X}^{\mathrm{T}}\boldsymbol{Y} \\
U &= \|\hat{\boldsymbol{Y}} - \bar{\boldsymbol{Y}}\|_2^2 = \sum_{i=1}^n (\hat{y}_i - \bar{y})^2 = \boldsymbol{Y}^{\mathrm{T}}(\boldsymbol{P} - \frac{1}{n}\boldsymbol{J})Y = \hat{\boldsymbol{b}}\boldsymbol{X}^{\mathrm{T}}\boldsymbol{Y} - \frac{1}{n}\boldsymbol{Y}^{\mathrm{T}}\boldsymbol{J}\boldsymbol{Y}
\end{aligned}$$

成立如下分解公式:

$$l_{yy} = Q_e + U \tag{11.3.21}$$

即

$$\sum_{i=1}^n (y_i - \bar{y})^2 = \sum_{i=1}^n (y_i - \hat{y}_i)^2 + \sum_{i=1}^n (\hat{y}_i - \bar{y})^2 \tag{11.3.22}$$

就是说：总的偏差平方和 $l_{yy} = \sum\limits_{i=1}^{n}(y_i - \bar{y})^2$ 等于残差平方和 $Q = \sum\limits_{i=1}^{n}(y_i - \hat{y}_i)^2$ 与回归平方和 $U = \sum\limits_{i=1}^{n}(\hat{y}_i - \bar{y})^2$ 之和.

【证明】 (1) 由正规方程组，有

$$\boldsymbol{X}^{\mathrm{T}}\hat{\boldsymbol{Y}} = \boldsymbol{X}^{\mathrm{T}}\boldsymbol{X}\hat{\boldsymbol{b}}$$

故

$$\hat{\boldsymbol{Y}}^{\mathrm{T}}e = (\boldsymbol{X}\hat{\boldsymbol{b}})^{\mathrm{T}}e = \hat{\boldsymbol{b}}^{\mathrm{T}}\boldsymbol{X}^{\mathrm{T}}e = \hat{\boldsymbol{b}}^{\mathrm{T}}\boldsymbol{X}^{\mathrm{T}}(y - \boldsymbol{X}\hat{\boldsymbol{b}})$$
$$= \hat{\boldsymbol{b}}^{\mathrm{T}}(\boldsymbol{X}^{\mathrm{T}}y - \boldsymbol{X}^{\mathrm{T}}\boldsymbol{X}\hat{\boldsymbol{b}}) = \hat{\boldsymbol{b}}^{\mathrm{T}} \cdot \boldsymbol{0} = 0$$

同理有 $e^{\mathrm{T}}\hat{\boldsymbol{Y}} = 0$，从而

$$\boldsymbol{Y}^{\mathrm{T}}\boldsymbol{Y} = (\hat{\boldsymbol{Y}} + e)^{\mathrm{T}}(\hat{\boldsymbol{Y}} + e) = (\hat{\boldsymbol{Y}}^{\mathrm{T}} + e^{\mathrm{T}})(\hat{\boldsymbol{Y}} + e)$$
$$= \hat{\boldsymbol{Y}}^{\mathrm{T}}\hat{\boldsymbol{Y}} + e^{\mathrm{T}}e + \hat{\boldsymbol{Y}}^{\mathrm{T}}e + e^{\mathrm{T}}\hat{\boldsymbol{Y}} = \hat{\boldsymbol{Y}}^{\mathrm{T}}\hat{\boldsymbol{Y}} + e^{\mathrm{T}}e$$

(2) 引入向量

$$\boldsymbol{Y} - \bar{\boldsymbol{Y}} = (y_1 - \bar{y}, \cdots, y_n - \bar{y})^{\mathrm{T}}$$
$$\boldsymbol{Y} - \hat{\boldsymbol{Y}} = (y_1 - \hat{y}_1, \cdots, y_n - \hat{y}_n)^{\mathrm{T}}$$
$$\hat{\boldsymbol{Y}} - \bar{\boldsymbol{Y}} = (\hat{y}_1 - \bar{y}, \cdots, \hat{y}_n - \bar{y})^{\mathrm{T}}$$

则

$$(\boldsymbol{Y} - \bar{\boldsymbol{Y}})^{\mathrm{T}}(\boldsymbol{Y} - \bar{\boldsymbol{Y}}) = \|\boldsymbol{Y} - \bar{\boldsymbol{Y}}\|_2^2 = l_{yy} = \sum_{i=1}^{n}(y_i - \bar{y})^2$$
$$(\boldsymbol{Y} - \hat{\boldsymbol{Y}})^{\mathrm{T}}(\boldsymbol{Y} - \hat{\boldsymbol{Y}}) = \|\boldsymbol{Y} - \hat{\boldsymbol{Y}}\|_2^2 = Q_e = e^{\mathrm{T}}e = \sum_{i=1}^{n}(y_i - \hat{y}_i)^2$$
$$(\hat{\boldsymbol{Y}} - \bar{\boldsymbol{Y}})^{\mathrm{T}}(\hat{\boldsymbol{Y}} - \bar{\boldsymbol{Y}}) = \|\hat{\boldsymbol{Y}} - \bar{\boldsymbol{Y}}\|_2^2 = U = \sum_{i=1}^{n}(\hat{y}_i - \bar{y})^2$$

显然

$$\boldsymbol{Y} - \bar{\boldsymbol{Y}} = (\boldsymbol{Y} - \hat{\boldsymbol{Y}}) + (\hat{\boldsymbol{Y}} - \bar{\boldsymbol{Y}})$$

又易证明向量 $\boldsymbol{Y} - \hat{\boldsymbol{Y}}$ 与 $\hat{\boldsymbol{Y}} - \bar{\boldsymbol{Y}}$ 正交:

$$(\boldsymbol{Y} - \hat{\boldsymbol{Y}})^{\mathrm{T}}(\hat{\boldsymbol{Y}} - \bar{\boldsymbol{Y}}) = e^{\mathrm{T}}(\hat{\boldsymbol{Y}} - \bar{\boldsymbol{Y}}) = 0$$

故

$$\|\boldsymbol{Y} - \bar{\boldsymbol{Y}}\|_2^2 = \|\boldsymbol{Y} - \hat{\boldsymbol{Y}}\|_2^2 + \|\hat{\boldsymbol{Y}} - \bar{\boldsymbol{Y}}\|_2^2$$

即

$$l_{yy} = Q + U$$

或者，直接在等式

$$\boldsymbol{Y}^{\mathrm{T}}\boldsymbol{Y} = \|\boldsymbol{Y}\|_2^2 = \|\hat{\boldsymbol{Y}}\|_2^2 + \|\boldsymbol{Y} - \hat{\boldsymbol{Y}}\|_2^2 = \hat{\boldsymbol{Y}}^{\mathrm{T}}\hat{\boldsymbol{Y}} + e^{\mathrm{T}}e$$

中以向量 $\boldsymbol{Y} - \hat{\boldsymbol{Y}}$ 代替向量 $\boldsymbol{Y}$，以向量 $\hat{\boldsymbol{Y}} - \bar{\boldsymbol{Y}}$ 代替向量 $\hat{\boldsymbol{Y}}$，也有结论

$$\|\boldsymbol{Y} - \bar{\boldsymbol{Y}}\|_2^2 = \|\boldsymbol{Y} - \hat{\boldsymbol{Y}}\|_2^2 + \|\hat{\boldsymbol{Y}} - \bar{\boldsymbol{Y}}\|_2^2$$

11.3.2　多元线性回归模型的统计分析

根据 11.3.1 节的定理，可得有关多元线性回归模型的统计分析的下述基本结论.

【定理 11.3.3】多元线性回归模型的统计分析

(1) σ^2 的无偏估计

$$\hat{\sigma}^2 = \frac{Q_e}{n-p-1} = \frac{\|\boldsymbol{Y} - \hat{\boldsymbol{Y}}\|_2^2}{n-p-1} = \frac{\|\boldsymbol{Y} - \boldsymbol{X}\hat{\boldsymbol{b}}\|_2^2}{n-p-1} \tag{11.3.23}$$

是方差 σ^2 的无偏估计.

(2) **回归方程显著性的 $F-$ 检验法**

指定显著水平 α，假设检验

$$H_0 : b = 0, \quad H_1 : b \neq 0 \tag{11.3.24}$$

或用坐标分量写为等价形式

$$H_0 : b_1 = b_2 = \cdots = b_p = 0, \quad H_1 : b_1^2 + b_2^2 + \cdots + b_p^2 \neq 0 \tag{11.3.25}$$

可用来检验回归方程的显著性. 当 $H_0 : b = 0$ 为真时，回归方程不显著，此时由于

$$U \sim \chi^2(p), \quad \frac{n-p-1}{\sigma^2}\hat{\sigma}^2 = \frac{Q_e}{\sigma^2} \sim \chi^2(n-p-1) \tag{11.3.26}$$

有

$$F := \frac{U/p}{\hat{\sigma}^2} = \frac{U/p}{Q_e/(n-p-1)} \sim F(p, n-p-1) \tag{11.3.27}$$

故指定显著水平 α，假设 $H_0 : b = 0$ 的拒绝域是 $\{F \geqslant F_\alpha(p, n-p-1)\}$.

(3) **偏回归系数斜率 b_j 重要性的 $t-$ 检验法**

定义 $p+1$ 阶 对称矩阵 $\boldsymbol{C} = \boldsymbol{L}^{-1} = (\boldsymbol{X}^{\mathrm{T}}\boldsymbol{X})^{-1} = (c_{ij})$ 为

$$\boldsymbol{C} = \boldsymbol{L}^{-1} = (\boldsymbol{X}^{\mathrm{T}}\boldsymbol{X})^{-1} = \begin{pmatrix} c_{00} & c_{01} & \cdots & c_{0p} \\ c_{10} & c_{11} & \cdots & c_{1p} \\ \vdots & \vdots & \cdots & \vdots \\ c_{p0} & c_{p1} & \cdots & c_{pp} \end{pmatrix} \tag{11.3.28}$$

由于

$$\hat{\boldsymbol{b}} \sim N(\boldsymbol{b}, \sigma^2(\boldsymbol{X}^{\mathrm{T}}\boldsymbol{X})^{-1}) \tag{11.3.29}$$

或用坐标分量写为等价形式

$$\hat{b}_j \sim N(b_j, \sigma^2 c_{jj}) \tag{11.3.30}$$

并且

$$\frac{n-p-1}{\sigma^2}\hat{\sigma}^2 = \frac{Q_e}{\sigma^2} \sim \chi^2(n-p-1) \tag{11.3.31}$$

引入统计量

$$t_j := \frac{b_j - b_j}{\hat{\sigma}\sqrt{c_{jj}}} = \frac{(\hat{b}_j - b_j)/\sqrt{\sigma^2 c_{jj}}}{\sqrt{\hat{\sigma}^2/\sigma^2}} \sim t(n-p-1) \tag{11.3.32}$$

故斜率 b_j 的置信度为 $1-\alpha$ 的置信区间为

$$(\hat{b}_j - t_{\alpha/2}(n-p-1)\hat{\sigma}\sqrt{c_{jj}}, \hat{b}_j + t_{\alpha/2}(n-p-1)\hat{\sigma}\sqrt{c_{jj}}) \tag{11.3.33}$$

指定显著水平 α，双边检验

$$H_0 : b_j = 0, \quad H_1 : b_j \neq 0 \tag{11.3.34}$$

可用来检验回归方程斜率 b_j 重要性. 当 $H_0 : b_j = 0$ 为真时，斜率 b_j 不重要，相应的因素 x_j 不重要. 此时有

$$t_j := \frac{\hat{b}_j}{\hat{\sigma}\sqrt{c_{jj}}} \sim t(n-p-1) \tag{11.3.35}$$

于是 $H_0 : b_j = 0$ 的拒绝域是

$$\left\{ |t_j| = \frac{|\hat{b}_j|}{\hat{\sigma}\sqrt{c_{jj}}} \geqslant t_{\alpha/2}(n-p-1) \right\} \tag{11.3.36}$$

(4) 随机变量 Y 的点预测和预测区间

因

$$t := \frac{\hat{Y}_0 - Y_0}{\hat{\sigma}\sqrt{1 + \dfrac{1}{n} + \dfrac{(x_0 - \bar{x})^2}{l_{xx}}}} \sim t(n-2) \tag{11.3.37}$$

多元 随机变量

$$Y = b_0 + b_1 x_1 + b_2 x_2 + \cdots + b_p x_p + \varepsilon, \qquad \varepsilon \sim N(0, \sigma^2) \tag{11.3.38}$$

在点 $\boldsymbol{x}_0 = (1, x_{01}, x_{02}, \cdots, x_{0p})^{\mathrm{T}}$ 处的观察值为

$$Y_0 = b_0 + b_1 x_{01} + b_2 x_{02} + \cdots + b_p x_{0p} + \varepsilon_0, \qquad \varepsilon_0 \sim N(0, \sigma^2) \tag{11.3.39}$$

其点预测量即经验回归函数值为

$$\hat{Y}_0 = \hat{b}_0 + \hat{b}_1 x_{01} + \hat{b}_2 x_{02} + \cdots + \hat{b}_p x_{0p} = \boldsymbol{x}_0^{\mathrm{T}} \hat{\boldsymbol{b}} \tag{11.3.40}$$

由于

$$\hat{\boldsymbol{b}} \sim N(\boldsymbol{b}, \sigma^2(\boldsymbol{X}^{\mathrm{T}}\boldsymbol{X})^{-1}) \tag{11.3.41}$$

易知 $\hat{Y}_0$ 的期望和方差分别是

$$\begin{aligned}
E\hat{Y}_0 &= E\hat{b}_0 + E\hat{b}_1 x_{01} + E\hat{b}_2 x_{02} + \cdots + E\hat{b}_p x_{0p} \\
&= b_0 + b_1 x_{01} + b_2 x_{02} + \cdots + b_p x_{0p} = \boldsymbol{x}_0^{\mathrm{T}} \boldsymbol{b}
\end{aligned} \tag{11.3.42}$$

$$
\begin{aligned}
D\hat{Y}_0 &= D\boldsymbol{x}_0^{\mathrm{T}}\hat{\boldsymbol{b}} = E(\boldsymbol{x}_0^{\mathrm{T}}(\hat{\boldsymbol{b}} - \boldsymbol{b})(\hat{\boldsymbol{b}} - \boldsymbol{b})^{\mathrm{T}}\boldsymbol{x}_0) \\
&= \boldsymbol{x}_0^{\mathrm{T}} E((\hat{\boldsymbol{b}} - \boldsymbol{b})(\hat{\boldsymbol{b}} - \boldsymbol{b})^{\mathrm{T}})\boldsymbol{x}_0 = \boldsymbol{x}_0^{\mathrm{T}}\sigma^2(\boldsymbol{X}^{\mathrm{T}}\boldsymbol{X})^{-1}\boldsymbol{x}_0
\end{aligned}
\tag{11.3.43}
$$

引入标记

$$
\mu_0 = E\hat{Y}_0 = \boldsymbol{x}_0^{\mathrm{T}}\boldsymbol{b}
\tag{11.3.44}
$$

$$
d_0 = \boldsymbol{x}_0^{\mathrm{T}}(\boldsymbol{X}^{\mathrm{T}}\boldsymbol{X})^{-1}\boldsymbol{x}_0 = \boldsymbol{x}_0^{\mathrm{T}}\boldsymbol{L}^{-1}\boldsymbol{x}_0 = \boldsymbol{x}_0^{\mathrm{T}}\boldsymbol{C}\boldsymbol{x}_0
\tag{11.3.45}
$$

则

$$
\hat{Y}_0 \sim N(\mu_0, \sigma^2 d_0)
\tag{11.3.46}
$$

由正态分布的再生性可知

$$
\hat{Y}_0 - Y_0 \sim N(0, \sigma^2(d_0 + 1))
\tag{11.3.47}
$$

又因

$$
\frac{n - p - 1}{\sigma^2}\hat{\sigma}^2 = \frac{Q_e}{\sigma^2} \sim \chi^2(n - p - 1)
\tag{11.3.48}
$$

故

$$
t := \frac{\hat{Y}_0 - Y_0}{\hat{\sigma}\sqrt{1 + d_0}} = \frac{(\hat{Y}_0 - Y_0)/\sqrt{\sigma^2(1 + d_0)}}{\sqrt{\hat{\sigma}^2/\sigma^2}} \sim t(n - p - 1)
\tag{11.3.49}
$$

而其置信度为 $1 - \alpha$ 的预测区间为

$$
(\hat{Y}_0 \pm t_{\alpha/2}(n - p - 1)\hat{\sigma}\sqrt{1 + d_0})
\tag{11.3.50}
$$

【**例 11.3.1**】**多元线性回归模型: 钢材硬度问题**　观测某钢材硬度, 获得钢材硬度 $Y(x)$(单位: HB) 关于铁矿石某有效原料含有率 x_1(单位: %)、反应温度 x_2(单位: $^\circ$C) 的数据如下:

x_{i1}	4.4	5.0	5.6	6.2	7.1	7.5	7.7	8.3
x_{i2}	472	480	489	484	498	510	507	510
y_i	105	106	112	125	127	123	128	135
x_{i1}	8.5	9.0	9.5	9.7	10.0	10.5	11.0	
x_{i2}	508	502	522	517	534	522	535	
y_i	130	125	143	142	148	138	148	

(1) 试建立钢材硬度 $Y(x)$ 关于铁矿石某有效原料含有率 x_1、反应温度 x_2 的多元线性回归方程:

$$
\hat{y} = \hat{b}_0 + \hat{b}_1 x_1 + \hat{b}_2 x_2
$$

(2) 求方差 σ^2 的无偏估计:

$$
\hat{\sigma}^2 = \frac{Q_e}{n - p - 1}
$$

(3) 指定显著水平 $\alpha = 0.01$, 用 $F-$检验法 对双边检验

$$
H_0 : b = 0, \quad H_1 : b \neq 0
$$

检验回归方程的显著性.

【解】

(1) 由于 回归系数的最小二乘估计 为

$$\hat{\boldsymbol{b}} = (\boldsymbol{X}^{\mathrm{T}}\boldsymbol{X})^{-1}\boldsymbol{X}^{\mathrm{T}}\boldsymbol{Y}$$

由矩阵乘法和逆矩阵求法，简单计算得

$$\hat{\boldsymbol{b}} = (\boldsymbol{X}^{\mathrm{T}}\boldsymbol{X})^{-1}\boldsymbol{X}^{\mathrm{T}}\boldsymbol{Y} = \begin{pmatrix} -82.498 \\ 3.098 \\ 0.369 \end{pmatrix}$$

故钢材硬度 $Y(x)$ 关于铁矿石某有效原料含有率 x_1、反应温度 x_2 的 多元线性回归方程 为

$$\hat{y} = -82.498 + 3.098x_1 + 0.369x_2$$

(2) 对于样本容量 $n = 15$，自变量元数 $p = 2$，由于均值 $\bar{y} = 129$，总变差平方和

$$l_{yy} = \|\boldsymbol{Y} - \bar{\boldsymbol{Y}}\|_2^2 = \sum_{i=1}^n (y_i - \bar{y})^2 = 2672$$

残差平方和

$$Q_e = \|\boldsymbol{Y} - \hat{\boldsymbol{Y}}\|_2^2 = \boldsymbol{e}^{\mathrm{T}}\boldsymbol{e} = \sum_{i=1}^n (y_i - \hat{y}_i)^2 = 272.6$$

回归平方和

$$U = \|\hat{\boldsymbol{Y}} - \bar{\boldsymbol{Y}}\|_2^2 = \sum_{i=1}^n (\hat{y}_i - \bar{y})^2 = 2399.4$$

故方差 σ^2 的无偏估计为

$$\hat{\sigma}^2 = \frac{Q_e}{n - p - 1} = \frac{272.6}{15 - 2 - 1} = \frac{272.6}{12} = 22.7167$$

(3) 对于样本容量 $n = 15$，自变量元数 $p = 2$，双边检验

$$H_0 : b = 0, \quad H_1 : b \neq 0$$

回归方程显著性的 $F-$检验法 统计量为

$$F := \frac{U/p}{Q_e/(n - p - 1)}$$

故指定显著水平 $\alpha = 0.01$，假设 $H_0 : b = 0$ 的拒绝域是 $\{F \geqslant F_\alpha(p, n - p - 1)\}$. 代入数据计算，得

$$F := \frac{U/p}{Q_e/(n - p - 1)} = \frac{U/p}{\hat{\sigma}^2} = \frac{2399.4/2}{22.7167} = 52.82 > F_{0.01}(2, 12) = 6.93$$

故拒绝假设 $H_0 : b = 0$，回归效果高度显著.

【例 11.3.2】多元线性回归模型：产品价格问题 宝洁公司观测某香皂单价与批量之间的关系，获得香皂单价 $Y(x)$（元）关于批量数 x(块) 的数据如下：

x_i	20	25	30	35	40	50	60	65	70	75	80	90
x_i^2	400	625	900	1225	1600	2500	3600	4225	4900	5625	6400	8100
y_i	1.81	1.70	1.65	1.55	1.48	1.40	1.30	1.26	1.24	1.21	1.20	1.18

上述数据呈现近似抛物线的二次函数关系，试建立香皂单价 $Y(x)$ 关于批量数 $x_1 = x$、批量数平方 $x_2 = x^2$ 的 多元线性回归方程:

$$\hat{y} = \hat{b}_0 + \hat{b}_1 x_1 + \hat{b}_2 x_2$$

并转化为抛物线方程.

【解】 由于 回归系数的最小二乘估计 为

$$\hat{b} = (X^{\mathrm{T}} X)^{-1} X^{\mathrm{T}} Y$$

其中对于样本容量 $n = 12$，自变量元数 $p = 2$，$n \times (p+1)$ 阶矩阵

$$X = \begin{pmatrix} 1 & x_{11} & \cdots & x_{1p} \\ 1 & x_{21} & \cdots & x_{2p} \\ \vdots & \vdots & \ddots & \vdots \\ 1 & x_{n1} & \cdots & x_{np} \end{pmatrix} = \begin{pmatrix} 1 & 20 & 400 \\ 1 & 25 & 625 \\ 1 & 30 & 900 \\ \vdots & \vdots & \vdots \\ 1 & 90 & 8100 \end{pmatrix}$$

由矩阵乘法和逆矩阵求法，简单计算，得

$$L = X^{\mathrm{T}} X = \begin{pmatrix} 12 & 640 & 40100 \\ 640 & 40100 & 2779000 \\ 40100 & 2779000 & 204702500 \end{pmatrix}$$

$$\begin{aligned} C &= L^{-1} = (X^{\mathrm{T}} X)^{-1} \\ &= \frac{1}{1.41918 \times 10^{11}} \begin{pmatrix} 4.85729 \times 10^{11} & -1.95717 \times 10^{10} & 17055000 \\ -1.95717 \times 10^{10} & 84842000 & -7684000 \\ 17055000 & -7684000 & 71600 \end{pmatrix} \end{aligned}$$

$$X^{\mathrm{T}} Y = \begin{pmatrix} 16.98 \\ 851.3 \\ 51162 \end{pmatrix}, \quad \hat{b} = (X^{\mathrm{T}} X)^{-1} X^{\mathrm{T}} Y = \begin{pmatrix} 2.198266 \\ -0.022522 \\ 0.000125 \end{pmatrix}$$

故香皂单价 $Y(x)$（元）关于批量数 $x_1 = x$、批量数平方 $x_2 = x^2$ 的 多元线性回归方程(抛物线方程) 为

$$\hat{y} = 2.198266 - 0.022522x + 0.000125x^2$$

【例 11.3.3】多元线性回归模型：化妆品销量问题　　法国欧莱雅公司观测某护肤乳在中国 15 个城市在一个月内的销售情况，获得护肤乳销量 $Y(x)$（箱）关于客户人数 x_1(千人)、人均收入 x_2（元）的数据如下：

x_{i1}	274	180	375	205	86	265	98	330
x_{i2}	2450	3250	3802	2838	2347	3782	3008	2450
y_i	162	120	2230	131	67	169	81	192
x_{i1}	195	53	430	372	236	157	370	
x_{i2}	2137	2560	4020	4427	2660	2088	2605	
y_i	116	55	252	232	144	103	212	

(1) 试建立护肤乳销量 $Y(x)$ 关于客户人数 x_1、人均收入 x_2 的 多元线性回归方程

$$\hat{y} = \hat{b}_0 + \hat{b}_1 x_1 + \hat{b}_2 x_2$$

(2) 求方差 σ^2 的无偏估计：

$$\hat{\sigma}^2 = \frac{Q_e}{n - p - 1}$$

(3) 指定显著水平 $\alpha = 0.05$，用 F-检验法 对双边检验

$$H_0 : b = 0, \quad H_1 : b \neq 0$$

检验回归方程的显著性.

(4) 试求斜率 b_j 的置信度为 $1 - \alpha$ 的置信区间

$$(\hat{b}_j - t_{\alpha/2}(n - p - 1)\hat{\sigma}\sqrt{c_{jj}}, \hat{b}_j + t_{\alpha/2}(n - p - 1)\hat{\sigma}\sqrt{c_{jj}})$$

指定显著水平 α，利用双边检验

$$H_0 : b_j = 0, \quad H_1 : b_j \neq 0$$

检验回归方程斜率 b_j 对应的因素自变量 x_j 重要性.

(5) 对于拥有客户 220 千人、人均收入 2500 元的某城市，试求 随机变量 $Y(x)$ 在点 $x_0 = (1, 220, 2500)^{\mathrm{T}}$ 处的观察值 Y_0 的 点预测 和置信度为 $1 - \alpha = 0.95$ 的 预测区间.

【解】

(1) 由于 回归系数的最小二乘估计 为

$$\hat{b} = (\boldsymbol{X}^{\mathrm{T}} \boldsymbol{X})^{-1} \boldsymbol{X}^{\mathrm{T}} \boldsymbol{Y}$$

其中对于样本容量 $n = 15$，自变量元数 $p = 2$，$n \times (p+1)$ 阶矩阵

$$\boldsymbol{X} = \begin{pmatrix} 1 & x_{11} & \cdots & x_{1p} \\ 1 & x_{21} & \cdots & x_{2p} \\ \vdots & \vdots & \ddots & \vdots \\ 1 & x_{n1} & \cdots & x_{np} \end{pmatrix} = \begin{pmatrix} 1 & 274 & 2450 \\ 1 & 180 & 3250 \\ 1 & 375 & 3802 \\ \vdots & \vdots & \vdots \\ 1 & 370 & 2605 \end{pmatrix}$$

由矩阵乘法和逆矩阵求法，简单计算得

$$\boldsymbol{L} = \boldsymbol{X}^{\mathrm{T}} \boldsymbol{X} = \begin{pmatrix} 15 & 3626 & 44424 \\ 3626 & 1067614 & 11418461 \\ 44424 & 11418461 & 139037412 \end{pmatrix}$$

$$\boldsymbol{C} = \boldsymbol{L}^{-1} = (\boldsymbol{X}^{\mathrm{T}} \boldsymbol{X})^{-1} = \begin{pmatrix} 1.24657 & 2.1143 \times 10^{-4} & -4.1589 \times 10^{-4} \\ 2.1143 \times 10^{-4} & 7.7329 \times 10^{-6} & -7.03848 \times 10^{-7} \\ -4.1589 \times 10^{-4} & -7.03848 \times 10^{-7} & 1.97878 \times 10^{-7} \end{pmatrix}$$

$$\boldsymbol{X}^{\mathrm{T}} \boldsymbol{Y} = \begin{pmatrix} 2259 \\ 647107 \\ 7096139 \end{pmatrix}, \quad \hat{\boldsymbol{b}} = (\boldsymbol{X}^{\mathrm{T}} \boldsymbol{X})^{-1} \boldsymbol{X}^{\mathrm{T}} \boldsymbol{Y} = \begin{pmatrix} 3.44573 \\ 0.49597 \\ 0.00920 \end{pmatrix}$$

故护肤乳销量 $Y(x)$ 关于客户人数 x_1、人均收入 x_2 的 多元线性回归方程 为

$$\hat{y} = 3.44573 + 0.49597 x_1 + 0.00920 x_2$$

(2) 对于样本容量 $n = 15$，自变量元数 $p = 2$，由于均值 $\bar{y} = 129$，总变差平方和

$$l_{yy} = \sum_{i=1}^{n} (y_i - \bar{y})^2 = \boldsymbol{Y}^{\mathrm{T}} \boldsymbol{Y} - \frac{1}{n} \boldsymbol{Y}^{\mathrm{T}} \boldsymbol{J} \boldsymbol{Y} = 53901.6$$

残差平方和

$$Q_e = \sum_{i=1}^{n} (y_i - \hat{y}_i)^2 = \boldsymbol{Y}^{\mathrm{T}} \boldsymbol{Y} - \hat{\boldsymbol{b}} \boldsymbol{X}^{\mathrm{T}} \boldsymbol{Y} = 56.884$$

回归平方和

$$U = \sum_{i=1}^{n} (\hat{y}_i - \bar{y})^2 = \hat{\boldsymbol{b}} \boldsymbol{X}^{\mathrm{T}} \boldsymbol{Y} - \frac{1}{n} \boldsymbol{Y}^{\mathrm{T}} \boldsymbol{J} \boldsymbol{Y} = 53844.716$$

故方差 σ^2 的无偏估计为

$$\hat{\sigma}^2 = \frac{Q_e}{n - p - 1} = \frac{56.884}{15 - 2 - 1} = \frac{56.884}{12} = 4.74$$

(3) 对于样本容量 $n = 15$，自变量元数 $p = 2$，双边检验

$$H_0 : b = 0, \quad H_1 : b \neq 0$$

回归方程显著性的 $F-$ 检验法 统计量为

$$F := \frac{U/p}{Q_e/(n-p-1)}$$

故指定显著水平 $\alpha = 0.01$，假设 $H_0 : b = 0$ 的拒绝域是 $\{F \geqslant F_\alpha(p, n-p-1)\}$．代入数据计算，得

$$F := \frac{U/p}{Q_e/(n-p-1)} = \frac{U/p}{\hat{\sigma}^2} = \frac{53844.716/2}{4.74} = 5680 >> F_{0.01}(2, 12) = 6.93$$

故拒绝假设 $H_0 : b = 0$，回归效果高度显著．

（4）由于

$$\hat{\sigma}^2 \boldsymbol{C} = \hat{\sigma}^2 (\boldsymbol{X}^{\mathrm{T}} \boldsymbol{X})^{-1} = 4.74 \times \begin{pmatrix} 1.24657 & 2.1143 \times 10^{-4} & -4.1589 \times 10^{-4} \\ 2.1143 \times 10^{-4} & 7.7329 \times 10^{-6} & -7.03848 \times 10^{-7} \\ -4.1589 \times 10^{-4} & -7.03848 \times 10^{-7} & 1.97878 \times 10^{-7} \end{pmatrix}$$

故 (注意矩阵主对角线元素下标由 c_{00} 开始标记)

$$\hat{\sigma}^2 \times c_{11} = 4.74 \times 7.7329 \times 10^{-6} = 3.6656 \times 10^{-5}, \quad \hat{\sigma} \times \sqrt{c_{11}} = 0.6054 \times 10^{-2}$$
$$\hat{\sigma}^2 \times c_{22} = 4.74 \times 1.97878 \times 10^{-7} = 9.3725 \times 10^{-7}, \quad \hat{\sigma} \times \sqrt{c_{22}} = 0.9681 \times 10^{-3}$$

故斜率 b_1 的置信度为 $1 - \alpha = 0.95$ 的置信区间为

$$(\hat{b}_1 - t_{\alpha/2}(n-p-1)\hat{\sigma}\sqrt{c_{11}}, \hat{b}_1 + t_{\alpha/2}(n-p-1)\hat{\sigma}\sqrt{c_{11}})$$
$$= (0.49597 - t_{0.025}(12) \times 0.6054 \times 10^{-2}, 0.49597 + t_{0.025}(12) \times 0.6054 \times 10^{-2})$$
$$= (0.49597 \pm 0.0132) = (0.4832, 0.5092)$$

斜率 b_2 的置信度为 $1 - \alpha = 0.95$ 的置信区间为

$$(\hat{b}_2 - t_{\alpha/2}(n-p-1)\hat{\sigma}\sqrt{c_{22}}, \hat{b}_2 + t_{\alpha/2}(n-p-1)\hat{\sigma}\sqrt{c_{22}})$$
$$= (0.0092 - t_{0.025}(12) \times 0.9681 \times 10^{-3}, 0.0092 + t_{0.025}(12) \times 0.9681 \times 10^{-3})$$
$$= (0.0092 \pm 0.0021) = (0.0071, 0.0113)$$

指定显著水平 $\alpha = 0.05$，对于双边检验

$$H_0 : b_j = 0, \quad H_1 : b_j \neq 0$$

当原假设 $H_0 : b_j = 0$ 为真时，有

$$t_j := \frac{\hat{b}_j}{\hat{\sigma}\sqrt{c_{jj}}} \sim t(n-p-1)$$

计算，得

$$t_1 := \frac{\hat{b}_1}{\hat{\sigma}\sqrt{c_{11}}} = \frac{0.4960}{0.6054 \times 10^{-2}} = 81.93 > t_{\alpha/2}(n-p-1) = t_{0.025}(12) = 2.179$$
$$t_2 := \frac{\hat{b}_2}{\hat{\sigma}\sqrt{c_{22}}} = \frac{0.0092}{0.9681 \times 10^{-3}} = 9.50 > t_{\alpha/2}(n-p-1) = t_{0.025}(12) = 2.179$$

故客户人数变量 x_1 和人均收入变量 x_2 都对销量影响显著.

(5) 随机变量 $Y(x)$ 在点 $\boldsymbol{x}_0 = (1, 220, 2500)^{\mathrm{T}}$ 处的观察值 Y_0 的 点预测 为

$$
\begin{aligned}
\hat{y}_0 &= \hat{b}_0 + \hat{b}_1 x_1 + \hat{b}_2 x_2 = 3.44573 + 0.49597 x_1 + 0.00920 x_2 \\
&= 3.44573 + 0.49597 \times 220 + 0.00920 \times 2500 = 135.573
\end{aligned}
$$

对于

$$
d_0 = \boldsymbol{x}_0^{\mathrm{T}} (\boldsymbol{X}^{\mathrm{T}} \boldsymbol{X})^{-1} \boldsymbol{x}_0 = \boldsymbol{x}_0^{\mathrm{T}} \boldsymbol{L}^{-1} \boldsymbol{x}_0 = \boldsymbol{x}_0^{\mathrm{T}} \boldsymbol{C} \boldsymbol{x}_0 = 0.0985
$$

计算, 得

$$
\hat{\sigma}\sqrt{1 + d_0} = \sqrt{4.74}\sqrt{1 + 0.0985} = \sqrt{5.2067} = 2.2818
$$

故观察值 Y_0 的置信度为 $1 - \alpha = 0.95$ 的 预测区间 为

$$
\begin{aligned}
(\hat{Y}_0 \pm t_{\alpha/2}(n - p - 1)\hat{\sigma}\sqrt{1 + d_0}) &= (135.573 \pm t_{0.025}(12) \times 2.2818) \\
&= (135.573 \pm 2.179 \times 2.2818) = (130.601, 140.545)
\end{aligned}
$$

预测区间长度很小, 相当精确.

习题 11.3

观测某化学反应中, 获得产品得率 $Y(x)$ 关于反应温度 x_1、反应时间 x_2、反应物浓度 x_3 的数据如下 (自变量数据已经作二值化处理):

x_{i1}	-1	-1	-1	-1	1	1	1	1
x_{i2}	-1	-1	1	1	-1	-1	1	1
x_{i3}	-1	1	-1	1	-1	1	-1	1
y_i (%)	7.6	10.3	9.2	10.2	8.4	11.1	9.8	12.6

试建立产品得率随机变量 $Y(x)$ 关于反应温度 x_1、反应时间 x_2、反应物浓度 x_3 的 多元线性回归方程:

$$
\hat{y} = \hat{b}_0 + \hat{b}_1 x_1 + \hat{b}_2 x_2 + \hat{b}_3 x_3
$$

总习题十一

1. 某种合金钢的抗拉强度 Y（单位：兆帕）与钢中含碳量 x 有一定关系, 它们的试验数据如下:

x	0.05	0.07	0.08	0.09	0.10	0.11	0.12
Y	408	417	419	428	420	436	448
x	0.13	0.14	0.16	0.18	0.20	0.21	0.23
Y	456	451	489	500	550	548	600

（1）求 Y 对 x 的回归方程；（2）对 Y 与 x 的线性相关性进行检验；（3）求当 $x = 0.15$ 时，Y 的相应值 Y_0 的变化区间（置信度为 95%）.

2. 已知营业税税收总额 Y 与社会商品零售额 x 有关. 为了能从社会商品零售总额去预测税收总额，需要了解二者之间的关系. 现收集数据如下（单位：亿元）：

x	142.08	177.3	204.68	242.68	316.24	341.99	332.69	389.29	453.4
Y	3.93	5.96	7.85	9.82	12.5	15.55	15.79	16.39	18.45

（1）画出散点图；（2）建立一元回归方程；（3）对建立的回归方程作显著性检验（$\alpha = 0.05$）；（4）若已知某年社会商品零售额为 300 亿元，试给出营业税税收总额的置信度为 0.95 的预测区间.

3. 为了研究商品的价格与销售量之间的关系，通过市场调查，获得某种商品在一个地区 25 个时段内的平均价格 x（单位：元）和销售总额 Y（单位：万元）的数据资料如下：

序号	1	2	3	4	5	6	7	8	9	10	11	12
价格	36.3	29.7	30.8	58.8	61.4	71.3	74.4	76.7	70.7	57.5	46.4	28.9
销售额	10.98	11.13	12.51	8.40	9.27	8.73	6.36	8.5	7.82	9.14	8.24	12.19
序号	13	14	15	16	17	18	19	20	21	22	23	24
价格	28.1	39.1	46.8	48.5	59.3	70.0	70.0	74.5	72.1	58.1	44.6	33.4
销售额	11.88	9.57	10.94	9.58	10.09	8.11	6.83	8.88	7.68	8.47	8.86	10.36

（1）画出散点图；（2）建立一元回归方程；（3）求方差 σ^2 的无偏估计；（4）检验回归方程的显著性（$\alpha = 0.05$）；（5）若回归效果显著，求 b 的置信水平为 0.95 的置信区间；（6）求商品的价格定在 $x_0 = 28.6$ 元时，该商品在单位时间段内的销售总额 Y_0 的预测值和 95% 的预测区间.

4. 已知鱼的体重 Y(单位：克) 与体长 x(单位：毫米) 有关系式 $y = ax^b$，测得罗非鱼的生长数据如下表所列：

x	0.5	34	75	122.5	170	192	195
Y	29	60	124	155	170	185	190

求罗非鱼体重 Y 与体长 x 的经验公式.

5. 退火温度 Y (单位：℃) 对黄铜延展性 x 效应的试验结果，记录如下：

x	300	400	500	600	700	800
Y	40	50	55	60	67	70

其中 Y 为正态随机变量. 求一元线性回归方程 $\hat{y} = \hat{a} + \hat{b}x$.

6. 考查 18 个儿童的体重 x（容易测量，单位：千克）与体积 Y（不易测量，单位：立方分米）的相关关系，记录如下：

序号	1	2	3	4	5	6	7	8	9
体重	17.1	10.5	13.8	15.7	11.9	10.4	15	16	17.8
体积	16.7	10.4	13.5	15.7	11.6	10.2	14.5	15.8	17.6
序号	10	11	12	13	14	15	16	17	18
体重	15.8	15.1	12.1	18.4	17.1	16.7	16.5	15.1	15.1
体积	15.2	14.8	11.9	18.3	16.7	16.6	15.9	15.1	14.5

其中 Y 为正态随机变量. (1) 求一元线性回归方程 $\hat{y} = \hat{a} + \hat{b}x$；(2) 给定 $x_0 = 14$ 时，求体积 Y 的观察值 Y_0 的置信度为 0.95 的预测区间.

7. 槲寄生是寄生在大树上部树枝上的寄生植物，喜欢寄生在年轻的植物上. 给出采样数据如下:

大树年龄 x 年	3	4	9	15	40
槲寄生	28	10	15	6	1
数目	33	36	22	14	1
Y	32	24	10	9	

(1) 对于 $z = \ln y$，变换采样数据；(2) 求一元指数回归方程 $\hat{y} = \hat{a}e^{\hat{b}x}$（曲线回归）.

8. 考查某种合金在不同添加剂浓度 (单位：%) 下产生的不同抗压强度，给出采样数据如下:

添加剂浓度 x	10	15	20	25	30
抗压	25.2	29.8	31.2	31.7	29.4
强度	27.3	31.1	32.6	30.1	30.8
Y	28.7	27.8	29.7	32.3	32.8

求一元抛物线回归方程（曲线回归）$\hat{y} = \hat{b}_0 + \hat{b}_1 x + \hat{b}_2 x^2$.

习题答案与提示

第1章 古典概型

习题 1.1

1. (1)$S = \{2,3,4,5,6,7,8,9,10,11,12\}$；(2) $S = \{1,2,3,\cdots\}$；(3) $S = \{4,5,6,\cdots,10\}$；(4)$S = \{d \mid d \geqslant 0\}$.

2. (1) $\overline{A} \bigcap \overline{B} = \{1,6,7,8,9,10\}$；(2) $A \bigcup B = \{2,3,4,5\}$；(3) $\overline{\overline{A} \bigcap \overline{B}} = \{2,3,4,5\}$；(4)$A \bigcap \overline{B \bigcap C} = \{2,3,4\}$.

3. $A + B + C = A + \overline{A}B + \overline{A}\,\overline{B}C$.

习题 1.2

1. $P(\overline{A}) = 0.4, P(A \bigcup B) = 0.7, P(B - A) = 0.1$.

2. $P(A\overline{B}) = 0.3$.　　　　3. $P(\overline{AB}) = 0.6$.

4. A, B, C 至少有一个发生的概率为 $\dfrac{5}{8}$.

5. 甲、乙两人至少有一人未射中飞机的概率为 0.4.

习题 1.3

1. $\dfrac{1}{8}$.　　　　2. $\dfrac{1}{12}$.　　　　3. $\dfrac{1}{15}$.　　　　4. $\dfrac{1512}{10^5}$.　　　　5. $\dfrac{28561}{270725} \approx 0.105498$.

6. $\dfrac{1}{4} = 0.25$.　　　　7. $\dfrac{252}{2431}$.　　　　8. $\dfrac{1}{1960}$.

9. （1）$\dfrac{C_5^2}{C_{10}^3} = \dfrac{1}{12}$；（2）$\dfrac{C_4^2}{C_{10}^3} = \dfrac{1}{20}$.

10. (1) 有放回抽样：0.288；(2) 无放回抽样：0.289.

11. （1）$\dfrac{6048}{10000}$；（2）$\dfrac{8^7}{10^7} = 0.2097$；（3）$\dfrac{9^5 21}{10^7} = 0.124$.

12. $C_n^m(\dfrac{1}{N})^m(1 - \dfrac{1}{N})^{n-m}$.　　　　13. $\dfrac{1}{36}$.　　　　14. $\dfrac{1}{4} + \dfrac{1}{2}\ln 2$.

习题 1.4

1. $\dfrac{1}{4}$.　　　　2. $\dfrac{1}{3}$.　　　　3. $\dfrac{9}{1078} \approx 0.00835$.

4. $\dfrac{r}{r+t} \cdot \dfrac{r+a}{r+t+a} \cdot \dfrac{t}{r+t+2a} \cdot \dfrac{t+a}{r+t+3a}$.　　　　5. 0.865.

6. （1）0.218；（2）0.5.　　　　7. $\dfrac{1}{3}$.　　　　8. $\dfrac{3}{10} = 0.3$.　　　　9. 0.146.

1. $0.35, 0.15, 0.7$.   2. 0.5.   3. $\dfrac{5}{6}, \dfrac{1}{3}$.   4. 0.832.

5. （1）$\displaystyle\prod_{i=1}^{n}(1-p_i)$;   （2）$1-p_1 p_2 \cdots p_n$;   （3）$\displaystyle\prod_{i=1}^{n}[p_i \prod_{i=1,j\neq i}^{n}(1-p_j)]$.

6. 0.998.   7. $\dfrac{5}{9}$.

总习题一

1. $\displaystyle\bigcup_{k=1}^{n} A_k = A_1 \bigcup (A_2 - A_1) \bigcup (A_3 - A_2 - A_1) \bigcup \cdots \bigcup (A_n - A_{n-1} - \cdots - A_2 - A_1)$.

2. （1）$P(A\bigcup B) = P(B) = 0.7$ 时 $P(AB)$ 取到最大值 0.6;   （2）$P(A\bigcup B) = 1$ 时 $P(AB)$ 取到最小值 0.3.

3. 提示：用和事件概率计算的加法公式 $P(A\bigcup B) = P(A) + P(B) - P(AB)$ 证明.

4. $\dfrac{2}{9}$.   5. $\dfrac{3}{4}$.   6. $\dfrac{13}{21}$.   7. $\dfrac{41}{90} \approx 0.4556$.

8. （1）$\dfrac{10}{19} \approx 0.5263$;   （2）$\dfrac{9}{19} \approx 0.4737$.

9. $\dfrac{1}{2}$.   10. $\dfrac{37 \times 47}{97 \times 99} \approx 0.181$.   11. $\dfrac{3}{8}, \dfrac{9}{16}, \dfrac{1}{16}$.   12. $\dfrac{1}{4}$.

13. ≈ 0.8793.   14. $\dfrac{20}{21}$.   15. $0.78, 0.214$.

16. （1）$\dfrac{1392}{5915}$;   （2）$\dfrac{9}{58}$.   17. $\dfrac{3}{5}$.

18. （1）0.36;   （2）0.91.   19. $0.92, 0.275$.   20. $0.51, 0.475$.

21. （1）$\dfrac{3p - p^2}{2}$;   （2）$\dfrac{2p}{p+1}$.   22. $\dfrac{4}{5}$.   23. 0.458.   24. $\dfrac{9}{13}$.

25. （1）$\dfrac{2}{32}$;   （2）$\dfrac{13}{20}$;   （3）$\dfrac{17}{125}, \dfrac{24}{125}, \dfrac{1}{64}$.

26. $1 - \dfrac{13}{6^4}$.   27. $\dfrac{2\alpha p_1}{(3\alpha - 1)p_1 + 1 - \alpha}$.

第 2 章　单维随机变量

习题 2.1

1. (1) $\{X \leqslant 30\}$; (2) $\{60 \leqslant X \leqslant 100\}$; (3) $\{X > 200\}$.

2. $F_1(x)$ 是分布函数, $F_2(x)$ 不是分布函数.

3. （1）$P\{X \leqslant \dfrac{1}{2}\} = \dfrac{1}{6}$;   （2）$P\{\dfrac{1}{2} \leqslant X \leqslant 1\} = \dfrac{1}{3}$;   （3）$P\{\dfrac{1}{2} < X < 1\} = \dfrac{1}{6}$;

（4）$P\{1 \leqslant X \leqslant \dfrac{3}{2}\} = \dfrac{1}{4}$;   （5）$P\{1 < X < 2\} = \dfrac{1}{2}$.

4.

$$F(x) = \begin{cases} 0, & x < a \\ \dfrac{x-a}{b-a}, & a \leqslant x < b \\ 1, & x \geqslant b \end{cases}$$

5. （1）常数 $A = \dfrac{1}{2}, B = \dfrac{1}{\pi}$；（2）$P\{0 < X \leqslant 2\} = \dfrac{1}{\pi}\arctan 2$.

6. 提示：线性组合函数也满足有界性，单调增加性、规范性和右连续性在函数用非负常数做线性组合后依然可以保持.

习题 2.2

1.

X	-1	1	3
p_k	0.4	0.4	0.2

2.

$$F(x) = \begin{cases} 0, & x < 1 \\ \dfrac{1}{4}, & 1 \leqslant x < 2 \\ \dfrac{3}{4}, & 2 \leqslant x < 3 \\ \dfrac{7}{8}, & 3 \leqslant x < 4 \\ 1, & x \geqslant 4 \end{cases}$$

3.

X	3	4	5
p_k	$\dfrac{1}{10}$	$\dfrac{3}{10}$	$\dfrac{6}{10}$

4.

X	1	2	3	4	5	6
p_k	$\dfrac{11}{36}$	$\dfrac{9}{36}$	$\dfrac{7}{36}$	$\dfrac{5}{36}$	$\dfrac{3}{36}$	$\dfrac{1}{36}$

5.

X	0	1	2
p_k	$\dfrac{22}{35}$	$\dfrac{12}{35}$	$\dfrac{1}{35}$

6.
$$F(x) = \begin{cases} 0, & x < 0 \\ 1-p, & 0 \leqslant x < 1 \\ 1, & x \geqslant 1 \end{cases}$$

7.

X	0	1	2	3
p_k	$\dfrac{7}{10}$	$\dfrac{7}{30}$	$\dfrac{7}{120}$	$\dfrac{1}{120}$

8.（1）X 的分布律为

X	0	1	2	3
p_k	$\dfrac{1}{30}$	$\dfrac{9}{30}$	$\dfrac{15}{30}$	$\dfrac{5}{30}$

（2）取到的红球个数不少于 2 的概率为 $\dfrac{2}{3}$.

9. 分布律 $P\{X=k\} = 0.55^{k-1}0.45, k = 1, 2, \cdots$，$X$ 取偶数的概率为 $\dfrac{11}{31}$.

10. 分布律为

X	0	1	2	3
p_k	$\dfrac{27}{125}$	$\dfrac{54}{125}$	$\dfrac{36}{125}$	$\dfrac{8}{125}$

分布函数

$$F(x) = \begin{cases} 0, & x < 0 \\ \dfrac{27}{125}, & 0 \leqslant x < 1 \\ \dfrac{81}{125}, & 1 \leqslant x < 2 \\ \dfrac{117}{125}, & 2 \leqslant x < 3 \\ 1, & x \geqslant 3 \end{cases}$$

11.（1）0.0729；（2）0.00856；（3）0.99954.　　12. 概率为 $\dfrac{19}{27}$.

13.(1) 最可能命中 5 次，概率约为 0.1755；(2) 命中次数不少于 2 次的概率约为 0.9596.

14. $P\{X=k\}$ 取最大值，则

$$k = \begin{cases} \lambda-1, \lambda, & \lambda \text{ 为整数} \\ [\lambda], & \lambda \text{ 非整数} \end{cases}$$

15. 概率为 0.92.

16. 概率为 8.

17. （1）$P\{Y=k\} = \dfrac{(\lambda p)^k}{k!}\mathrm{e}^{-\lambda p}$, $k = 0, 1, \cdots$; （2）$\dfrac{(\lambda(1-p))^{n-k}}{(n-k)!}\mathrm{e}^{-\lambda(1-p)}$, $k = 0, 1, \cdots$

习题 2.3

1. 分布函数

$$F(x) = \begin{cases} 0, & x < 0 \\ x^2, & 0 \leqslant x < \dfrac{1}{2} \\ 6x - 3x^2 - 2, & \dfrac{1}{2} \leqslant x < 1 \\ 1, & x \geqslant 1 \end{cases}$$

2.(1) 常数 $k = \dfrac{6}{31}$; (2)X 的分布函数

$$F(x) = \begin{cases} 0, & x < 0 \\ \dfrac{2}{31}x^3, & 0 \leqslant x < 2 \\ \dfrac{3}{31}x^2 + \dfrac{4}{31}, & 2 \leqslant x < 3 \\ 1, & x \geqslant 3 \end{cases}$$

(3) 概率 $P\{1 \leqslant X \leqslant \dfrac{5}{2}\} = \dfrac{83}{124}$.

3. （1）常数 $A = 1$ ；

（2）X 的概率密度

$$f(x) = \begin{cases} 0, & x < 0 \\ 2x, & 0 \leqslant x < 1 \\ 1, & 其他 \end{cases}$$

（3）概率 $P\{0.3 \leqslant X \leqslant 0.7\} = 0.4$.

4. （1）系数 $A = \dfrac{1}{2}, B = \dfrac{1}{\pi}$;

（2）$P\{-a < X \leqslant \dfrac{a}{2}\} = \dfrac{2}{3}$; （3）随机变量 X 的概率密度

$$f(x) = \begin{cases} 0, & x \leqslant -a \\ \dfrac{1}{\pi\sqrt{a^2 - x^2}}, & -a < x < a \\ 1, & 其他 \end{cases}$$

5.(1) 概率 0.1317；(2) 概率 0.4609.

6. 概率 $\dfrac{3}{7}$.　　　　7. 概率 $\dfrac{4}{5}$.　　　　8. 概率 ≈ 0.99997.　　　　9. 概率 $\dfrac{1}{16}$.

10. （1）0.9861；（2）0.6954；（3）0.8788；（4）0.0124.

11. （1）0.5987；（2）0.7143；（3）0.3721.

12. $C = 2$.　　　　13. $\sigma \approx 31.25$.

14.（1）随机不等式的概率为 0.5328，0.9396，0.6977，0.5；（2）常数 $C = 3$；（3）常数 $d = 0.436$.

15.（1）随机不等式的概率为 0.3383，0.5952；（2）最小的常数 $c = 129.74$.

16. 概率 0.0456. 17. 概率 $\dfrac{20}{27}$. 18. 要进行 4 次独立测量.

习题 2.4

1.（1）$Y_1 = 2X - 1$ 的分布律为

$Y_1 = 2X - 1$	-3	-1	1	3
p_k	$\dfrac{1}{8}$	$\dfrac{1}{8}$	$\dfrac{1}{4}$	$\dfrac{1}{2}$

（2）$Y_2 = X^2$ 的分布律为

$Y_2 = X^2$	0	1	4
p_k	$\dfrac{1}{8}$	$\dfrac{3}{8}$	$\dfrac{1}{2}$

2. 随机变量 $Y = 2X + 1$ 的分布律为

$$P\{Y = k\} = \frac{\lambda^{\frac{k-1}{2}}}{(\frac{k-1}{2})!}\mathrm{e}^{-\lambda}, \qquad k = 1, 3, 5, \cdots$$

3.
$$f_Y(y) = \begin{cases} \dfrac{2}{9}(y - 1), & 1 < y < 4 \\ 0, & \text{其他} \end{cases}$$

4.
$$f_Y(y) = \frac{1}{\pi(1 + y^2)}, \quad -\infty < y < +\infty$$

5.
$$f_Y(y) = \begin{cases} \dfrac{1}{\sqrt{2\pi}\sigma y}\mathrm{e}^{-\frac{(\ln y - \mu)^2}{2\sigma^2}}, & y > 0 \\ 0, & \text{其他} \end{cases}$$

6.
$$f_Y(y) = \begin{cases} \dfrac{2}{\pi\sqrt{1 - y^2}}, & 0 < y < 1 \\ 0, & \text{其他} \end{cases}$$

7.
$$f_Y(y) = \frac{9}{10\sqrt{\pi}}\mathrm{e}^{-\frac{81(y-37)^2}{100}}, \quad -\infty < y < +\infty$$

413

1.

$$F(x) = \begin{cases} 0, & x < -1 \\ \dfrac{5}{16}(x+1) + \dfrac{1}{8}, & -1 \leqslant x < 1 \\ 1, & x \geqslant 1 \end{cases}$$

2. 取值范围 $1 \leqslant k \leqslant 3$.

3. 随机变量 X 的分布律为

X	0	1	2
p_k	$\dfrac{7}{15}$	$\dfrac{7}{15}$	$\dfrac{1}{15}$

4. 投篮命中的次数 X 等于 Y 的概率 0.321. Y 小于 X 的概率是 0.243.

5.（1）试验成功一次的概率是 $1/70$;（2）设他没有区分的能力, 成功 3 次的概率约为 0.0003，此种小概率事件居然实际发生，说明假设他没有区分能力是不对的，即认为此人确实有区分美酒的能力.

6.（1）X 的分布律为

$$P\{X = k\} = \left(\frac{2}{3}\right)^{k-1} \frac{1}{3}, \qquad k = 1, 3, 5, \cdots$$

（2）Y 的分布律为均匀离散变量的分布律

X	1	2	3
p_k	$\dfrac{1}{3}$	$\dfrac{1}{3}$	$\dfrac{1}{3}$

（3）试飞的次数 X 小于 Y 的概率为 $8/27$. Y 小于 X 的概率为 $38/81$.

7.（1）等候时间不超过 3 分钟的概率是 $3/5$;（2）等候时间不超过 4 分钟的概率是 $14/15$.

8. 至少有 2 只寿命大于 1500 小时的概率是 $232/243$.

9. 利用分布函数的递增性，有 $\sigma_1 < \sigma_2$.

10.

$$F(t) = \begin{cases} 1 - \mathrm{e}^{-\lambda t}, & t \geqslant 0 \\ 0, & t < 0 \end{cases}$$

11.（1）$\alpha \approx 0.0641$;（2）$\beta \approx 0.009$.

12.

$Y = \sin X$	-1	0	1
p_k	$\dfrac{pq^3}{1-q^4}$	$\dfrac{p}{1-q^2}$	$\dfrac{pq}{1-q^4}$

13.

$$f_Y(y) = \frac{1}{\pi} \frac{3(1-y)^2}{1+(1-y)^6}$$

14.

$$f_Y(y) = \begin{cases} 1, & 0 < y < 1 \\ 0, & \text{其他} \end{cases}$$

15.（1）

$$f_Y(y) = \begin{cases} \dfrac{1}{y}, & 1 < y < e \\ 0, & \text{其他} \end{cases}$$

（2）

$$f_Y(y) = \begin{cases} \dfrac{1}{2}\mathrm{e}^{-\frac{1}{2}y}, & y > 0 \\ 0, & \text{其他} \end{cases}$$

第 3 章　多维随机变量

习题 3.1

1.（1）$a = \dfrac{1}{\pi^2}, b = \dfrac{\pi}{2}, c = \dfrac{\pi}{2}$；　（2）$(X,Y)$ 关于 X 的边缘分布函数 $F_X(x) = \dfrac{1}{2} + \dfrac{1}{\pi}\arctan\dfrac{x}{2}$，关于 Y 的边缘分布函数 $F_Y(y) = \dfrac{1}{2} + \dfrac{1}{\pi}\arctan\dfrac{y}{2}$；　（3）$P\{X > 2\} = \dfrac{1}{4}$.

2. 概率 $\mathrm{e}^{-2.4} \approx 0.0907$.

3. 不能成为二维随机变量的分布函数.

4.（1）$P\{a \leqslant X \leqslant b, Y \leqslant y\} = F(b,y) - F(a-0,y)$；　（2）$P\{X = a, Y < y\} = F(a, y-0) - F(a-0, y-0)$；　（3）$P\{a \leqslant X < b, c < Y \leqslant d\} = F(b-0,d) - F(a-0,d) - F(b-0,c) + F(a-0,c)$.

5.（1）$a = b = 1$；　（2）当 $x < 0, y < 0$ 时，$F(x,y) = 0$.

6.（1）有放回取法：

$Y\backslash X$	0	1
0	$\dfrac{25}{36}$	$\dfrac{5}{36}$
1	$\dfrac{5}{36}$	$\dfrac{1}{36}$

（2）无放回取法：

$Y\backslash X$	0	1
0	$\dfrac{45}{66}$	$\dfrac{10}{66}$
1	$\dfrac{10}{66}$	$\dfrac{1}{66}$

7.

$Y\backslash X$	1	2	3	4	$p_{.j}$
0	0	0	0	$\dfrac{5}{42}$	$\dfrac{5}{42}$
1	0	0	$\dfrac{20}{42}$	0	$\dfrac{20}{42}$
2	0	$\dfrac{15}{42}$	0	0	$\dfrac{15}{42}$
3	$\dfrac{2}{42}$	0	0	0	$\dfrac{15}{42}$
$p_{i.}$	$\dfrac{2}{42}$	$\dfrac{15}{42}$	$\dfrac{20}{42}$	$\dfrac{5}{42}$	1

8.

$Y\backslash X$	1	2	3	4	$p_{.j}$
1	0	$\dfrac{3}{8}$	$\dfrac{3}{8}$	0	$\dfrac{3}{4}$
3	$\dfrac{1}{8}$	0	0	$\dfrac{1}{8}$	$\dfrac{1}{4}$
$p_{i.}$	$\dfrac{1}{8}$	$\dfrac{3}{8}$	$\dfrac{3}{8}$	$\dfrac{1}{8}$	1

9. $f_1(x)f_2(y) \geqslant h(x,y)$ 且 $\displaystyle\int_{-\infty}^{+\infty}\int_{-\infty}^{+\infty} h(x,y)\mathrm{d}x\mathrm{d}y = 0$.

10.（1）常数 $C = \dfrac{3}{\pi R^3}$；（2）概率 $P\{X^2+Y^2 \leqslant r^2\} = \dfrac{3r^2}{\pi R^2}\left(1-\dfrac{2r}{3R}\right)$（其中 $0 < r < R$）.

11.（1）常数 $k = \dfrac{1}{8}$；（2）概率 $P\{X < 1, Y < 3\} = \dfrac{3}{8}$；（3）概率 $P\{X < 1.5\} = \dfrac{27}{32}$；

（4）概率 $P\{X + Y \leqslant 4\} = \dfrac{2}{3}$.

12. 二维随机变量 (X,Y) 关于 X 和 Y 的边缘概率密度

$$f_X(x) = \begin{cases} 1, & 0 \leqslant x \leqslant 1 \\ 0, & 其他 \end{cases}$$

$$f_Y(y) = \begin{cases} 1, & 0 \leqslant y \leqslant 1 \\ 0, & 其他 \end{cases}$$

构造另一个与此二维随机变量具有相同边缘概率密度的二维随机变量

$$f(x,y) = \begin{cases} 1, & 0 \leqslant x \leqslant 1, 0 \leqslant y \leqslant 1 \\ 0, & \text{其他} \end{cases}$$

13.（1）边缘概率密度

$$f_X(x) = \begin{cases} 3x^2, & 0 \leqslant x \leqslant 1 \\ 0, & \text{其他} \end{cases}$$

$$f_Y(y) = \begin{cases} \dfrac{3}{4}(1-y^2), & -1 \leqslant y \leqslant 1 \\ 0, & \text{其他} \end{cases}$$

（2）概率 $\dfrac{27}{32}$.

14.

$$f(x,y) = \begin{cases} 6, & 0 \leqslant x \leqslant 1, x^2 \leqslant y \leqslant x \\ 0, & \text{其他} \end{cases}$$

$$f_X(x) = \begin{cases} 6(x - x^2), & 0 \leqslant x \leqslant 1, \\ 0, & \text{其他} \end{cases}$$

$$f_Y(y) = \begin{cases} 6(\sqrt{y} - y), & 0 \leqslant y \leqslant 1 \\ 0, & \text{其他} \end{cases}$$

15.（1）

$$f(x,y) = \begin{cases} 2, & 0 \leqslant x \leqslant 1, 0 \leqslant y \leqslant x \\ 0, & \text{其他} \end{cases}$$

（2）$P\{Y > X^2\} = \dfrac{1}{3}$；（3）概率 0.09.

16. 提示：两个边缘概率密度 $f_X(x) = \dfrac{1}{\sqrt{2\pi}}\mathrm{e}^{-\frac{x^2}{2}}$，$f_Y(y) = \dfrac{1}{\sqrt{2\pi}}\mathrm{e}^{-\frac{y^2}{2}}$ 都是一维标准正态分布.

习题 3.2

1.（1）在 $X = 1$ 的条件下 Y 的条件分布律为

Y	1	2	3
$P\{Y = y_j \mid X = 1\}$	$\dfrac{1}{6}$	$\dfrac{1}{2}$	$\dfrac{1}{3}$

（2）在 $Y = 2$ 的条件下 X 的条件分布律为

X	1	2
$P\{X = x_i \mid Y = 1\}$	$\dfrac{6}{7}$	$\dfrac{1}{7}$

2. （1） $f_{X\mid Y}(x\mid y) = \begin{cases} \dfrac{1}{y}, & 0 < x < y \\ 0, & \text{其他} \end{cases}$, $f_{Y\mid X}(y\mid x) = \begin{cases} \mathrm{e}^{x-y}, & 0 < x < y \\ 0, & \text{其他} \end{cases}$;

（2） $f_{X\mid Y}(x\mid 1) = \begin{cases} 1, & 0 < x < y \\ 0, & \text{其他} \end{cases}$, $f_{Y\mid X}(y\mid 1) = \begin{cases} \mathrm{e}^{1-y}, & 0 < x < y \\ 0, & \text{其他} \end{cases}$;

（3） $P\{X > 2 \mid Y < 4\} = \dfrac{\mathrm{e}^{-2} - 3\mathrm{e}^{-4}}{1 - 5\mathrm{e}^{-4}}$.

3. （1）条件概率 $P\{X \geqslant 0 \mid Y < 0.25\} = 0.5$ ；（2）条件概率密度

$f_{Y\mid X}(y\mid x) = \dfrac{2y}{1 - x^4}$, $f_{Y\mid X}(y\mid \dfrac{1}{2}) = \dfrac{32}{15}y$, $P\{Y \geqslant \dfrac{1}{4} \mid X = \dfrac{1}{2}\} = 1$, $P\{Y \geqslant \dfrac{3}{4} \mid X = \dfrac{1}{2}\} = \dfrac{7}{15}$

4. （1）边缘概率密度

$$f_X(x) = \begin{cases} 2x, & 0 < x < 1 \\ 0, & \text{其他} \end{cases} , \quad f_Y(y) = \begin{cases} 1 - |y|, & |y| < 1 \\ 0, & \text{其他} \end{cases}$$

（2）条件概率密度

$$f_{X\mid Y}(x\mid y) = \begin{cases} \dfrac{1}{1 - |y|}, & |y| < x < 1 \\ 0, & \text{其他} \end{cases} , \quad f_{Y\mid X}(y\mid x) = \begin{cases} \dfrac{1}{2x}, & |y| < x < 1 \\ 0, & \text{其他} \end{cases}$$

随机变量 X 和 Y 不相互独立.

5.

$$f(x,y) = \begin{cases} \dfrac{1}{1 - x}, & 0 < x < y < 1 \\ 0, & \text{其他} \end{cases} , \quad f_Y(y) = \begin{cases} -\ln(1 - y), & 0 < y < 1 \\ 0, & \text{其他} \end{cases}$$

6. $a = \dfrac{2}{9}, b = \dfrac{1}{9}$.

7.

$X\backslash Y$	0	1	2
0	0.16	0.08	0.01
1	0.32	0.16	0.02
2	0.16	0.08	0.01

8. (1) 有放回抽取相互独立;(2) 无放回抽取不相互独立.

9. (1)

418

$X\backslash Y$	3	4	5	$p_{i.}$
1	$\frac{1}{10}$	$\frac{2}{10}$	$\frac{3}{10}$	$\frac{6}{10}$
2	0	$\frac{1}{10}$	$\frac{2}{10}$	$\frac{3}{10}$
3	0	0	$\frac{1}{10}$	$\frac{1}{10}$
$p_{.j}$	$\frac{1}{10}$	$\frac{3}{10}$	$\frac{6}{10}$	1

（2）X 与 Y 不相互独立.

10. （1）X 与 Y 相互独立；（2）X 与 Y 不相互独立.

11. （1）

$$f_X(x) = \begin{cases} 0.5\mathrm{e}^{-0.5x}, & x > 0 \\ 0, & \text{其他} \end{cases}, f_Y(y) = \begin{cases} 0.5\mathrm{e}^{-0.5y}, & y > 0 \\ 0, & \text{其他} \end{cases}$$

因此 X 与 Y 相互独立；（2）概率 $\mathrm{e}^{-0.1}$.

12. 概率 $\frac{17}{25}$.

习题 3.3

1.

Z_1	-2	0	1	3	4
p_k	$\frac{5}{20}$	$\frac{2}{20}$	$\frac{9}{20}$	$\frac{1}{20}$	$\frac{3}{20}$

Z_2	-2	-1	1	2	4
p_k	$\frac{9}{20}$	$\frac{2}{20}$	$\frac{5}{20}$	$\frac{1}{20}$	$\frac{3}{20}$

Z_3	-1	1	2
p_k	$\frac{5}{20}$	$\frac{2}{20}$	$\frac{13}{20}$

2. 概率密度为

$$f_Z(z) = \begin{cases} \dfrac{1}{2}z^2, & 0 < z < 1 \\[2mm] \dfrac{1}{2}z^2 + 3z - \dfrac{3}{2}, & 1 \leqslant z < 2 \\[2mm] \dfrac{1}{2}z^2 - 3z + \dfrac{9}{2}, & 2 \leqslant z < 3 \\[2mm] 0, & \text{其他} \end{cases}$$

分布函数为

$$F_Z(z) = \begin{cases} 0, & z < 0 \\[2mm] \dfrac{1}{6}z^3, & 0 \leqslant z < 1 \\[2mm] -1 + z - \dfrac{1}{6}(2-z)^3 - \dfrac{1}{6}(z-1)^3, & 1 \leqslant z < 2 \\[2mm] 1 - \dfrac{1}{6}(3-z)^3, & 2 \leqslant z < 3 \\[2mm] 0, & \text{其他} \end{cases}$$

3.

$$f_{Z_1}(z) = \begin{cases} \dfrac{z}{2}\mathrm{e}^{-\frac{z^2}{8}}\left(1 - \mathrm{e}^{-\frac{z^2}{8}}\right), & z \geqslant 0 \\[2mm] 0, & \text{其他} \end{cases}$$

$$f_{Z_2}(z) = \begin{cases} \dfrac{z}{2}\mathrm{e}^{-\frac{z^2}{4}}, & z \geqslant 0 \\[2mm] 0, & \text{其他} \end{cases}$$

4. 概率为 0.0006343189807761，接近于 0.

总习题三

1.

$$F(x,y) = \begin{cases} 0, & x < 0 \text{或} y < 0 \\[2mm] \dfrac{1}{2}[\sin x + \sin y - \sin(x+y)], & 0 \leqslant x \leqslant \dfrac{\pi}{2}, 0 \leqslant y \leqslant \dfrac{\pi}{2} \\[2mm] \dfrac{1}{2}[\sin x + 1 - \cos x], & 0 \leqslant x \leqslant \dfrac{\pi}{2}, y > \dfrac{\pi}{2} \\[2mm] \dfrac{1}{2}[\sin y + 1 - \cos y], & x > \dfrac{\pi}{2}, y > \dfrac{\pi}{2} \\[2mm] 1, & x > \dfrac{\pi}{2}, y > \dfrac{\pi}{2} \end{cases}$$

2.

$X_1 \backslash X_2$	0	1
0	$1 - \mathrm{e}^{-1}$	0
1	$\mathrm{e}^{-1} - \mathrm{e}^{-2}$	e^{-2}

3. （1）$P\{Y = m | X = n\} = C_n^m p^m q^{n-m}, 0 \leqslant m \leqslant n, n = 0, 1, 2, 3, \cdots;$

（2）$P\{X = n, Y = m\} = \dfrac{\mathrm{e}^{-\lambda}}{n!} \lambda^n C_n^m p^m q^{n-m}, 0 \leqslant m \leqslant n, n = 0, 1, 2, 3, \cdots.$

4. 提示：证明 $F(x, y) = F_X(x) F_Y(y)$.

5. 提示：随机变量 X 满足 $P\{X \geqslant c\} = 1$.

6. （1）联合概率密度

$$f(x, y) = \begin{cases} \dfrac{1}{2} \mathrm{e}^{-\frac{y}{2}}, & 0 \leqslant x \leqslant 1, y > 0 \\ \\ 0, & \text{其他} \end{cases}$$

（2）概率 $\approx 0.1445.$

7.

$$f_Z(z) = \begin{cases} 0, & z \leqslant 0 \\ \dfrac{1}{2}(1 - \mathrm{e}^{-z}), & 0 < z \leqslant 2 \\ \dfrac{1}{2}(\mathrm{e}^2 - 1)\mathrm{e}^{-z}, & z > 2 \end{cases}$$

8.

$$f_Z(z) = 0.3 f_Y(z - 1) + 0.7 f_Y(z - 2)$$

9. （1）条件概率密度为

$$f_{X|Y}(x|y) = \begin{cases} \lambda \mathrm{e}^{-\lambda x}, & x > 0 \\ \\ 0, & \text{其他} \end{cases}$$

（2）随机变量 Z 的分布律为

Z	0	1
p_k	$\dfrac{\mu}{\lambda + \mu}$	$\dfrac{\lambda}{\lambda + \mu}$

分布函数为

$$F_Z(z) = \begin{cases} 0, & z < 0 \\ \dfrac{\mu}{\lambda + \mu}, & 0 \leqslant z < 1 \\ 1, & z \geqslant 1 \end{cases}$$

10. （1）两周的需要量的概率密度函数为

$$f_Z(z) = \begin{cases} \dfrac{z^3}{3!} \mathrm{e}^{-z}, & z > 0 \\ \\ 0, & z \leqslant 0 \end{cases}$$

（2）三周的需要量的概率密度函数为

$$f_Z(z) = \begin{cases} \dfrac{z^5}{5!} e^{-z}, & z > 0 \\\\ 0, & z \leqslant 0 \end{cases}$$

11. （1）边缘概率密度

$$f_X(x) = \begin{cases} \dfrac{x+1}{2} e^{-x}, & x > 0 \\\\ 0, & 其他 \end{cases}, f_Y(y) = \begin{cases} \dfrac{y+1}{2} e^{-y}, & y > 0 \\\\ 0, & 其他 \end{cases}$$

由于边缘概率密度的乘积不等于联合概率密度，故随机变量 X 和 Y 不相互独立.

（2）随机变量 $Z = X + Y$ 的概率密度为

$$f_Z(z) = \begin{cases} \dfrac{z^2}{2} e^{-z}, & z > 0 \\\\ 0, & z \leqslant 0 \end{cases}$$

第 4 章　随机变量的数字特征

习题 4.1

1. $E(X) = 1.0556$.　　　2. $E(3X^2 + 5) = 13.4$.　　　3. $E(X) = 25/16$.

4. $E(X) = 1500$.　　　　5. 约 33.64 元.　　　　6. 均值为 0.

　　7. 用级数求和的逐项微分法，得 $E(X) = \dfrac{\alpha}{(1+\alpha)^2} \sum\limits_{k=0}^{\infty} k \dfrac{\alpha^{k-1}}{(1+\alpha)^{k-1}} = \alpha$, $E(X^2) = \alpha(1+2\alpha)$.

8. 常数 $a = \dfrac{1}{2}, b = \dfrac{1}{\pi}$, $E(X) = 0$.　　　9. $E(X) = (n+2)/3$.

10. $E(X^n) = \begin{cases} \sigma^n (n-1)!!, & n \text{ 为偶数} \\\\ 0, & n \text{ 为奇数} \end{cases}$.

11. $E(2X) = 2$, $E(e^{-2X}) = 1/3$.

12. $E(X) = 2, E(Y) = 0, E\left(\dfrac{Y}{X}\right) = -\dfrac{1}{15}, E((X-Y)^2) = 5$.

13. $E(X) = \dfrac{4}{5}, E(Y) = \dfrac{3}{5}, E(XY) = \dfrac{1}{2}, E(X^2 + Y^2) = \dfrac{16}{15}$.

习题 4.2

1. $D(X) = 2.76$, $D(\sqrt{10}X - 5) = 27.6$.　　　2. $E(X) = 2, D(X) = \dfrac{4}{3}$.

3. $E(5X^2) = 45$.　　　4. $D(X) = 2$.

5. $E(X) = 0, D(X) = \dfrac{1}{2}$, $P\{|X - E(X)| < \sqrt{D(X)}\} = \dfrac{1}{2}$.

6. $a = 12, b = -12, c = 3$.　　　7. $D(Y) = \dfrac{1}{2}$.

8. $P\{5200 \leqslant X \leqslant 9400\} = \dfrac{8}{9}$.   9. $\dfrac{a}{3}, \dfrac{a^2}{18}$.   10. $\dfrac{1}{2}, \dfrac{1}{18}$.

11. $\dfrac{\pi}{2} - 1, \dfrac{\pi}{2} - 1, \pi - 3, \pi - 3$.

习题 4.3

1. （1）$\mathrm{Cov}(X,Y) = 0$，$\rho_{XY} = 0$;（2）X 和 Y 不相关, X 和 Y 不相互独立.

2. 提示：$\rho_{X,X^2} = 0$，故 X 与 X^2 不相关，而 $\mathrm{Cov}(X,X^3) = \dfrac{17}{2}$，故 X 与 X^3 相关.

3. $\mathrm{Cov}(X,|X|) = 0$，$\rho_{X,|X|} = 0$，故 X 与 $|X|$ 不相关.

4. 期望 $E(X) = \dfrac{2}{3}, E(Y) = 0$，协方差 $\mathrm{Cov}(X,Y) = 0$.

5. 期望 $E(X) = \dfrac{7}{6}, E(Y) = \dfrac{7}{6}$，协方差 $\mathrm{Cov}(X,Y) = -\dfrac{1}{36}$，相关系数 $\rho_{XY} = -\dfrac{1}{11}$，方差 $D(X+Y) = \dfrac{5}{9}$.

6. 协方差 $\mathrm{Cov}(X,Y) = 48$，相关系数 $\rho_{XY} = 1$.

7. 相关系数 $\rho_{UV} = \dfrac{3}{5}$.

总习题四

1. (1) 打不开的钥匙不放回：$E(X) = \dfrac{n+1}{2}, D(X) = \dfrac{n^2-1}{12}$;

(2) 打不开的钥匙仍放回：$E(X) = n, D(X) = n(n-1)$.

2. $E(X) = 1$.

3. $D(X^2) = 20 - 2\pi^2$.

4. 期望 $E(\min\{X,1\}) = \dfrac{1}{\pi}\ln 2 + \dfrac{1}{2}$，平方的期望 $E(\min\{X,1\}^2) = \dfrac{2}{\pi}$.

5. (1)X 和 Y 相关，不独立;(2) 期望 $E(XY) = \dfrac{1}{6}$，方差 $D(X+Y) = \dfrac{5}{36}$.

6. $D(|X-Y|) = \dfrac{\pi-2}{\pi}$.

7. （1）期望 $E(Y) = 7$，方差 $D(Y) = 37.25$;（2）$Z_1 = 2X + Y \sim N(2080, 4225)$，$Z_2 = X - Y \sim N(80, 1225)$，并求概率 $P\{X > Y\} = 0.9798$ 和 $P\{X+Y > 1400\} = 0.1539$.

8. 提示：若 $\rho_{XY} = 0$，则 $P(AB) = E(XY) = E(X)E(Y) = P(A)P(B)$.

9. $E(X+Y+Z) = 1$，$D(X+Y+Z) = 3$.

10. （1）常数 $a = 3$ 时期望 $E(W)$ 最小，最小值 $E(W) = 108$；（2）提示：随机变量服从二维正态分布，不相关等价于相互独立.

第 5 章   大数定律与中心极限定理

习题 5.1

1. 用切比雪夫不等式估计概率 $P\{|X - E(X)| \geqslant 1\} \approx 0.49$，真实概率值 0.2.

2. $b = 3$，$\varepsilon = \sqrt{2}$.

3. 需要进行 18750 次独立重复试验.

4. 提示：对切比雪夫不等式取极限，并利用任何概率不大于 1.

5. 概率 0.2119.　　　　6. 概率 0.4714.　　　　7. 概率 0.0793.

习题 5.2

1. 随机变量 $Z_n = \dfrac{1}{n} \sum_{k=1}^{n} X_k^2 \sim N(\dfrac{1}{3}, \dfrac{1}{45n})$.

2. 概率 $P\{V \geqslant 105\} \approx 0.3483$.

3. 该厂需要在一盒中装 117 个产品.

4. 至少应该配备 26 名维修工人.

5.（1）收入至少 400 元的概率约为 0.0003；（2）售出至少 60 块价格为 1.2 元的蛋糕的概率约为 0.5.

总习题五

1. 提示：随机变量 $X_1, X_2, \cdots, X_n$ 独立同分布，$X_1^2, X_2^2, \cdots, X_n^2$ 也独立同分布，均满足辛钦大数定律条件，相除即得证.

2. $\alpha = 1 - \dfrac{1}{2n}$.

3. 由切比雪夫不等式估计，需要掷 250 次. 由拉普拉斯中心极限定理估计，需要掷 68 次.

4. $P\{14 \leqslant X \leqslant 30\} = \Phi(2.5) + \Phi(1.5) - 1 \approx 0.927$. 其中 Φ 为标准正态分布概率分布函数，可查表得到函数值.

5. 概率 $P\{14 \leqslant X \leqslant 28800\} = \Phi(1.3765) \approx 0.9156$.

6. (1) 概率 $P\{4.9 < \overline{X} < 5.1\} = 2\Phi(\sqrt{2}) - 1 = 0.8414$；(2) 概率 $P\{-0.1 < \overline{X} - \overline{Y} < 0.1\} = 2\Phi(1) - 1 = 0.6826$.

7. 公司至少要发展 4771 个客户.

8. (1) 来参加家长会的家长人数超过 450 个的概率 $P\{X > 450\} = 1 - \Phi(1.147) = 0.1251$；(2) 有一名家长来参加家长会的学生人数不多于 340 个的概率 $P\{X \leqslant 450\} = 1 - \Phi(2.5) = 0.9938$.

9.（1）至少 85 个部件正常工作的概率约为 0.9525；（2）系统至少由 $n = 25$ 个部件组成.

第 6 章　样本与抽样分布

习题 6.1

1. 联合分布律为 $P\{X_1 = x_1, \cdots, X_n = x_n\} = (\dfrac{M}{N})^{\sum_1^n x_i} (1 - \dfrac{M}{N})^{n - \sum_1^n x_i}$.

2. 联合概率密度为

$$f(x_1, x_2, \cdots, x_n) = \begin{cases} \dfrac{1}{(b-a)^n}, & a \leqslant x_i \leqslant b \\ 0, & \text{其他} \end{cases}$$

3.

$$F_8(x) = \begin{cases} 0, & x < 1 \\ \dfrac{2}{8}, & 1 \leqslant x < 2 \\ \dfrac{5}{8}, & 2 \leqslant x < 3 \\ \dfrac{7}{8}, & 3 \leqslant x < 4 \\ 1, & x \geqslant 4 \end{cases}$$

4. (1) 概率

$$P\{|\overline{X} - \mu| > 1\} = 2(1 - \Phi(\frac{\sqrt{5}}{2})) = 0.2628$$

(2) 概率

$$P\{\max(X_1, X_2, \cdots, X_5) > 15\} = 1 - (\Phi(\frac{3}{2}))^5 = 0.2923$$

$$P\{\min(X_1, X_2, \cdots, X_5) > 10\} = (\Phi(1))^5 = 0.421458$$

$$P\{\min(X_1, X_2, \cdots, X_5) < 10\} = 1 - (\Phi(1))^5 = 0.5785$$

习题 6.2

1. $a = \dfrac{1}{20}, b = \dfrac{1}{100}, n = 2$.

2. 提示：根据 $P\{X \leqslant 1\} = P\{X > 1\} = P\{\dfrac{1}{X} \leqslant 1\}$.

3. 概率约为 0.1.

4. 样本容量 n 至少取 167.

5. 提示：根据 $\dfrac{X_{10} - \overline{X}}{\sqrt{\dfrac{10\sigma^2}{9}}} \sim N(0,1)$ 且 $\dfrac{8S^2}{\sigma^2} \sim \chi^2(8)$，二式相除即得.

总习题六

1. 概率约为 0.83（查表允许有一定误差范围）.

2. 概率 $P\{|\overline{X} - \mu| > 1\} = 2(1 - \Phi(1.118)) = 0.2628$；(2) 样本容量 n 至少取 16.

3. 概率约为 0.6744.

4. 样本容量 n 至少取为 27.

5. 统计量 $U = \dfrac{X_{n+1} - \overline{X}}{S} \sqrt{\dfrac{n}{n+1}} \sim t(n-1)$.

6. $\lambda = \dfrac{1}{F_{0.05}(10,1)} = \dfrac{1}{241.9} \approx 0.004134$.

7. (1) 已知 $\sigma^2 = 5$，则 $P\{|\overline{X} - \mu| < 2\} = 2\Phi(\frac{8}{5}) - 1 = 0.8904$.

(2) 未知 σ^2，则 $P\{|\overline{X} - \mu| < 2\} = 0.90$.

第 7 章 参数估计

习题 7.1

1. 矩估计量 $\widehat{p} = \overline{X}$.

2. 参数 p 的矩估计量为 $\widehat{p} = \dfrac{\overline{X} - B_2}{\overline{X}}$，参数 N 的矩估计量为 $\widehat{N} = \dfrac{\overline{X}^2}{\overline{X} - B_2}$.

3. 参数 θ 的矩估计量为 $\widehat{\theta} = \dfrac{\overline{X}}{1 - \overline{X}}$，参数 θ 的最大似然估计量为 $\widehat{\theta} = -\dfrac{n}{\sum\limits_{i=1}^{n} \ln X_i}$.

4. 参数 θ 的最大似然估计量为 $\widehat{\theta} = \min(X_1, X_2, \cdots, X_n)$.

5. 提示：$E(\overline{X}) = E(n\min(X_1, X_2, \cdots, X_n)) = \dfrac{1}{\lambda}$.

6. 提示：$E(\alpha\overline{X} + (1-\alpha)S^2) = \alpha\lambda + (1-\alpha)\lambda = \lambda$.

7. 提示：$E(\overline{X}) = E(\widetilde{X}) = \mu$，故都是期望的无偏估计量，而 $D(\overline{X}) < D(\widetilde{X})$，即 $\overline{X}$ 比 $\widetilde{X}$ 更有效 (方差越小越有效).

习题 7.2

1. (1) 置信区间 $(1498, 1502)$；(2) 样本容量 n 至少取 123；(3) 置信度为 $1 - \alpha = 0.9954$.

2. (1) 置信区间 $(21.4 - 0.098, 21.4 + 0.098)$；(2) 置信区间 $(21.4 - \frac{s}{3}2.306, 21.4 + \frac{s}{3}2.306)$；(3) 置信区间 $(0.0139, 0.0976)$. (4) 置信区间 $(\frac{8s^2}{17.535}, \frac{8s^2}{2.18})$.

3. 置信区间 $(-2.02 - 2.134, -2.02 + 2.134) = (-4.15, 0.114)$.

4. 置信区间 $(0.014 - 0.004, 0.014 + 0.004) = (0.010, 0.018)$.

5. 置信区间 $(-6 - 0.04, -6 + 0.04) = (-6.04, -5.96)$.

6. 置信区间 $(\dfrac{0.8935}{4.03}, 0.8935 \times 4.03) = (0.222, 3.601)$.

习题 7.3

单侧下限置信区间 $(1160 - 2.1318 \times \dfrac{9950}{\sqrt{5}}, +\infty) = (1065, +\infty)$.

习题 7.4

1. 置信区间 $(0.4 - 1.96 \times \sqrt{\dfrac{0.4 \times 0.6}{200}}, 0.4 + 1.96 \times \sqrt{\dfrac{0.4 \times 0.6}{200}}) = (0.332, 0.468)$.

2. 样本容量至少应取为 52.

总习题七

1. 最大似然估计值为 $\widehat{\theta} = \dfrac{7 - \sqrt{13}}{12}$.

2. 参数 λ 的矩估计量为 $\widehat{\lambda} = \overline{X}$，最大似然估计量为 $\widehat{\lambda} = \overline{X}$.

3. 参数 p 的矩估计量为 $\widehat{p} = \dfrac{1}{\overline{X}}$，最大似然估计量为 $\widehat{p} = \dfrac{1}{\overline{X}}$.

4. $\widehat{\mu} = 74.002$，$\widehat{\sigma^2} = 6 \times 10^{-6}$，样本方差 $s^2 = 6.86 \times 10^{-6}$.

5. 矩估计量为: (1) $\widehat{\theta} = \dfrac{\overline{X}}{\overline{X} - c}$，(2) $\widehat{\theta} = (\dfrac{\overline{X}}{\overline{X} - 1})^2$，(3) $\widehat{p} = \dfrac{\overline{X}}{m}$.

6. 最大似然估计值为:

(1) $\widehat{\theta} = \dfrac{n}{\displaystyle\sum_{i=1}^{n} \ln x_i - n \ln c}$; (2) $\widehat{\theta} = (\dfrac{n}{\displaystyle\sum_{i=1}^{n} \ln x_i})^2$; (3) $\widehat{p} = \dfrac{\overline{x}}{m}$.

7. 矩估计值为 $\widehat{\theta} = \dfrac{3 - \overline{x}}{2}$，最大似然估计值为 $\widehat{\theta} = \dfrac{5}{6}$.

8. (1) $P\{X = 0\} = e^{-\lambda}$，最大似然估计值为 $e^{-\overline{x}}$; (2) 一个扳道员在五年内未造成的事故的概率的最大似然估计值为 $\widehat{p} = e^{-\overline{x}} = e^{-\frac{137}{122}} = 0.3253$.

9. (1) 常数 $c = \dfrac{1}{2(n-1)}$; (2) 常数 $c = \dfrac{1}{n}$.

10. σ^2 的矩估计量与最大似然估计量均为 $\hat{\sigma}^2 = \dfrac{1}{n}\displaystyle\sum_{i=1}^{n} X_i^2$，即二阶原点矩. 此估计量是是无偏估计量.

11. 参数 θ 的最大似然估计量为 $\widehat{\theta} = \min(X_1, X_2, \cdots, X_n)$，参数 μ 的最大似然估计量为 $\widehat{\mu} = \overline{X} - \min(X_1, X_2, \cdots, X_n)$.

12. 数学期望 $E(L^2) = \dfrac{4t_{\frac{\alpha}{2}}^2 (n-1)}{n} \sigma^2$.

13. 均值 μ 的置信区间 $(1500 - 2.2622 \times \dfrac{20}{\sqrt{10}}, 1500 + 2.2622 \times \dfrac{20}{\sqrt{10}}) = (1485.7, 1514.3)$，方差 σ^2 的置信区间 $(\dfrac{9 \times 20^2}{19.023}, \dfrac{9 \times 20^2}{2.7}) = (189.47, 1333.33)$.

14. (1) 已知标准差 $\sigma = 0.6$ 的置信区间 $(6 - 1.96 \times \dfrac{0.6}{\sqrt{9}}, 6 + 1.96 \times \dfrac{0.6}{\sqrt{9}}) = (5.608, 6.392)$; (2) 未知标准差 σ 的置信区间 $(6 - 2.306 \times \dfrac{0.5745}{\sqrt{9}}, 6 + 2.306 \times \dfrac{0.5745}{\sqrt{9}}) = (5.558, 6.442)$.

15. (1) 用金球，总体均值 μ 的置信区间为 $(6.675, 6.681)$，总体方差 σ^2 的置信区间为 $(6.8 \times 10^{-6}, 6.5 \times 10^{-5})$; (2) 用铂球，总体均值 μ 的置信区间为 $(6.661, 6.667)$，总体方差 σ^2 的置信区间为 $(3.8 \times 10^{-6}, 5.06 \times 10^{-5})$.

16. 均值差 $\mu_1 - \mu_2$ 的置信区间 $(\overline{X} - \overline{Y} - Z_{\frac{\alpha}{2}}\sqrt{\dfrac{\sigma_1^2}{n_1} + \dfrac{\sigma_2^2}{n_2}}, \overline{X} - \overline{Y} + Z_{\frac{\alpha}{2}}\sqrt{\dfrac{\sigma_1^2}{n_1} + \dfrac{\sigma_2^2}{n_2}}) = (-0.8985646, 0.0185646)$.

17. 参数 λ 的置信区间 $(\dfrac{1 - Z_{\frac{\alpha}{2}}\dfrac{1}{\sqrt{n}}}{\overline{X}}, \dfrac{1 + Z_{\frac{\alpha}{2}}\dfrac{1}{\sqrt{n}}}{\overline{X}})$.

第 8 章 参数假设检验

习题 8.1

1. 第二类（取伪）错误，第一类（弃真）错误.

2.（1）0.048；（2）不可以出厂.

3.（1）1.9395 < 1.96，无显著差异；（2）1.9395 < 2.575，无显著差异.

习题 8.2

1. 商店经理的观点不正确.

2. 有显著提高.

3. 可以认为这次考试全体考生的平均成绩为 70 分.

4. 新系统减少了现行系统试通一个程序的时间.

5. 不能认为该厂广告有欺骗消费者之嫌疑.

6. 认为镍含量总体均值等于 3.25.

7. 认为寿命总体均值小于 1000 小时，这批灯泡不合格.

8. 认为装配时间总体均值大于 10 分钟.

9. 认为两个总体的均值差大于 2.

10. 认为两机床加工的零件外径无显著差异.

11. 由此数据可以认为男生的身高高于女生.

12. 认为两种热处理方法加工的金属材料的抗拉强度有显著差异.

13. 认为甲、乙两个试验员的试验分析之间无显著差异.

习题 8.3

1. 这批电池的寿命的波动性较以往有显著变化.

2. 该天生产的钢板符合规格.

3.（1）不能认为这批保险丝的平均熔化时间少于 65 秒；（2）可以认为熔化时间的方差不超过 80.

4. 可以认为两个样本是来自于具有相同方差的正态总体.

5. 这两种冶炼法的杂质含量的方差无显著差异.

6. 新技术能提高零件生产的稳定性.

7.（1）样本数据能够验证湿路上刹车距离的方差比干路上刹车距离方差大的结论；（2）就驾驶安全性方面，建议湿路上要匀速缓慢谨慎行驶，脚放在刹车上，时刻准备踩下刹车紧急制动.

8.（1）可以认为甲、乙两个厂家生产的产品的方差相等；（2）可以认为甲、乙两个厂家生产的产品的均值相等.

9. 认为这两个班的成绩没有显著差异.

10. 认为导线电阻标准差大于 0.005 欧姆.

11. 认为溶液中的水分含量不小于 0.04%.

习题 8.4

取样本容量 $n = 7$ 即可.

总习题八

1. 接受 H_0. 认为长度与宽度的比值总体均值 μ 等于"黄金分割比"0.618.
2. 波动有显著差异.
3. 认为该金店出售的产品存在质量问题.
4. 可以认为具有同一分布.
5. 这两个厂家生产的灯泡的平均使用寿命有显著差异.
6. 不真实.
7. 养猫与不养猫对大城市家庭灭鼠没有显著差异.
8. 第 I，II 期矽肺患者的肺活量有显著差异.
9. 可以认为这位校长的看法是对的.
10. 认为人在早晨的身高的确比晚上的身高要高.
11. 认为材料 A 做后跟比材料 B 做后跟的皮鞋要耐磨.
12. 认为用原料 B 生产的产品重量大于用原料 A 生产的产品重量.
13. 接受假设:$H_0 : \sigma_1^2 \leqslant \sigma_2^2$.
14. 拒绝假设 $H_0 : \mu_1 = \mu_2$. 认为两个正态总体均值不相等，即两人文章中由 3 个字母组成的单词的比例不相等.

第 9 章　kaishu 非参数假设检验

习题 9.1

1. 认为摇奖机合格.
2. 顾客对这些颜色有偏爱.
3. 认为 X 的概率密度是

$$f(x) = \begin{cases} 2x, & 0 < x \leqslant 1 \\ 0, & \text{其他} \end{cases}$$

4. 认为灯泡寿命服从指数分布.
5. 认为这批数据服从泊松分布.
6. 认为尺寸的偏差服从正态分布.

习题 9.2

认为甲乙两种灯泡的寿命没有显著差异.

总习题九

1. 可以认为印刷错误个数服从参数为 $\lambda = 1$ 的泊松分布.

2. 可以认为螺栓口径服从正态分布.

3. 可以认为寿命 X 服从指数分布.

4. 认为红球数目 X 服从超几何分布.

5. 接受原假设 $H_0 : \mu_1 = \mu_2$，可以认为两个球队球员行李的平均重量相等.

第 10 章　方差分析

习题 10.1

1. 各总体均值间有显著差异，均值差 $\mu_A - \mu_B, \mu_A - \mu_C, \mu_B - \mu_C$ 的置信水平为 95% 的置信区间分别是 $(6.75, 18.45), (-7.65, 4.05), (-20.25, -8.55)$.

2. 差异显著，20 ℃影响最小.

3. 这 3 种措施对于控制交通违章的效果之间有显著差异.

4. 灯丝材料对灯泡寿命没有显著影响.

5. 不同品牌小汽车的耗油量有显著差异.

习题 10.2

1. 不同型号的报警器对反应时间有显著影响，而不同种类烟道对反应时间无显著影响.

2. 不同饲料对猪体重的增长没有显著影响，品种的差异对猪体重的增长有显著影响.

3. 交互作用显著，班次影响不显著，机器影响显著.

4. 可认为时间对强度的影响不显著，而温度对强度的影响显著，且交互作用影响显著.

总习题十

1. 认为抗生素与血浆蛋白结合的百分比均值有显著差异.

2. 认为各班平均分没有显著差异.

3. 认为不同的土壤水平下金属管腐蚀的最大深度的均值没有显著差异.

4. 认为促进剂种类和氧化锌含量对定强都有显著的影响，而认为它们没有交互作用.

5. 拒绝原假设 H_{01}，认为 3 种浓度水平下得率的均值有显著差异. 接受原假设 H_{02}，认为 4 种温度水平下得率的均值没有显著差异. 接受原假设 H_{03}，认为浓度和温度交互下得率的均值没有显著差异.

第 11 章　回归分析

习题 11.1

1.（1）散点图略，有线性关系；（2）回归方程 $\hat{y} = 134.78 + 0.398x$.

2. 回归函数 $\hat{y} = 359.994 + 0.568x$，人均月支出对人均月收入没有显著影响.

3.（1）散点图略；（2）回归函数 $\hat{y} = 13.5584 + 12.5503x$；（3）$\hat{\sigma}^2 = 0.0432$；（4）回归效果显著；（5）$(11.82, 13.28)$；（6）$(20.03, 20.44)$；（7）$(19.66, 20.81)$.

4. 表中提供的数据不能证实企业的利润水平与研究经费间存在线性关系.

习题 11.2

1. 需求函数的回归方程为 $\hat{y} = 9141.685x^{-0.6902}$.

2. 直线回归方程为 $\hat{y} = 2.6386 + 0.00181x$，指数曲线回归方程为 $\hat{y} = 4.05\mathrm{e}^{0.002x}$，比较可知，直线回归模型拟合程度更好.

3. $\hat{y} = 21.0057 + 19.5282 \ln x$.

习题 11.3

多元线性回归方程为 $\hat{y} = 9.9 + 0.575x_1 + 0.55x_2 + 1.15x_3$.

总习题十一

1.（1）回归方程 $\hat{y} = 330.9357 + 1035.5536x$；（2）$|r| = 0.9632 > 0.661 = r_{0.01}$，相关性显著；（3）置信区间 $(453.55, 519.0)$.

2.（1）散点图略；（2）回归方程 $\hat{y} = -2.26 + 0.0487x$；（3）回归效果显著；（3）预测区间 $(9.688, 14.999)$.

3.（1）散点图略；（2）回归方程 $\hat{y} = 13.623 - 0.0798x$；（3）$\hat{\sigma}^2 = 0.792$；（4）回归效果显著；（5）置信区间 $(-0.1015, -0.0581)$；（6）$\hat{y}_0 = 11.34$，预测区间 $(9.39, 13.29)$.

4. $\hat{y} = 7.16 \times 10^{-5}x^{2.8579}$（曲线回归）.

5. 回归方程 $\hat{y} = 24.6287 + 0.05886x$.

6.（1）回归方程 $\hat{y} = -0.104 + 0.988x$；（2）预测区间 $(13.29, 14.17)$.

7. 指数回归方程 $\hat{y} = 32.4556\mathrm{e}^{-0.867318x}$.

8. 二次抛物线回归方程 $\hat{y} = 19.0333 + 1.0086x - 0.0204x^2$.

附　　录

附表 1　标准正态分布表 $\left(\Phi(z) = \int_{-\infty}^{z} \frac{1}{\sqrt{2\pi}} e^{-\frac{u^2}{2}} du = P(Z \leqslant z) \right)$

z	0	1	2	3	4	5	6	7	8	9
0	0.5000	0.5040	0.5080	0.5120	0.5160	0.5199	0.5239	0.5279	0.5319	0.5359
0.1	0.5398	0.5438	0.5478	0.5517	0.5557	0.5596	0.5636	0.5675	0.5714	0.5753
0.2	0.5793	0.5832	0.5871	0.5910	0.5948	0.5987	0.6026	0.6064	0.6103	0.6141
0.3	0.6179	0.6217	0.6255	0.6293	0.6331	0.6368	0.6406	0.6443	0.6480	0.6517
0.4	0.6554	0.6591	0.6628	0.6664	0.6700	0.6736	0.6772	0.6808	0.6844	0.6879
0.5	0.6915	0.6950	0.6985	0.7019	0.7054	0.7088	0.7123	0.7157	0.7190	0.7224
0.6	0.7257	0.7291	0.7324	0.7357	0.7389	0.7422	0.7454	0.7486	0.7517	0.7549
0.7	0.7580	0.7611	0.7642	0.7673	0.7703	0.7734	0.7764	0.7794	0.7823	0.7852
0.8	0.7881	0.7910	0.7939	7967	0.7995	0.8023	0.8051	0.8078	0.8106	0.8133
0.9	0.8159	0.8186	0.8212	0.8238	0.8264	0.8289	0.8315	0.8340	0.8365	0.8389
1.0	0.8413	0.8438	0.8461	0.8485	0.8508	0.8531	0.8554	0.8577	0.8599	0.8621
1.1	0.8643	0.8665	0.8686	0.8708	0.8729	0.8749	0.8770	0.8790	0.8810	0.8830
1.2	0.8849	0.8869	0.8888	0.8907	0.8925	0.8944	0.8962	0.8980	0.8997	0.9015
1.3	0.9032	0.9049	0.9066	0.9082	0.9099	0.9115	0.9131	0.9147	0.9162	0.9177
1.4	0.9192	0.9207	0.9222	0.9236	0.9251	0.9265	0.9278	0.9292	0.9306	0.9319
1.5	0.9332	0.9345	0.9357	0.9370	0.9382	0.9394	0.9406	0.9418	0.9430	0.9441
1.6	0.9452	0.9463	0.9474	0.9484	0.9495	0.9505	0.9515	0.9525	0.9535	0.9545
1.7	0.9554	0.9564	0.9573	0.9582	0.9591	0.9599	0.9608	0.9616	0.9625	0.9633
1.8	0.9611	0.9648	0.9656	0.9664	0.9671	0.9678	0.9686	0.9693	0.9700	0.9706
1.9	0.9713	0.9719	0.9726	0.9732	0.9738	0.9744	0.9750	0.9756	0.9762	0.9767
2.0	0.9772	0.9778	0.9783	0.9788	0.9793	0.9798	0.9803	0.9808	0.9812	0.9817
2.1	0.9821	0.9826	0.9830	0.9834	0.9838	0.9842	0.9846	0.9850	0.9854	0.9857
2.2	0.9861	0.9864	0.9868	0.9871	0.9874	0.9878	0.9881	0.9884	0.9887	0.9890
2.3	0.9893	0.9896	0.9898	0.9901	0.9904	0.9906	0.9909	0.9911	0.9913	0.9916
2.4	0.9918	0.9920	0.9922	0.9925	0.9927	0.9929	0.9931	0.9932	0.9934	0.9936
2.5	0.9938	0.9940	0.9941	0.9943	0.9945	0.9946	0.9948	0.9949	0.9951	0.9952
2.6	0.9953	0.9955	0.9956	0.9957	0.9959	0.9960	0.9961	0.9962	0.9963	0.9964
2.7	0.9965	0.9966	0.9967	0.9968	0.9969	0.9970	0.9971	0.9972	0.9973	0.9974
2.8	0.9974	0.9975	0.9976	0.9977	0.9977	0.9978	0.9979	0.9979	0.9980	0.9981
2.9	0.9981	0.9982	0.9982	0.9983	0.9984	0.9984	0.9985	0.9985	0.9986	0.9986
3.0	0.9987	0.9990	0.9993	0.9995	0.9997	0.9998	0.9998	0.9999	0.9999	1.0000

附表 2　泊松分布表 $\left(P(X \leqslant k) = \displaystyle\sum_{i=0}^{k} \dfrac{\lambda^i}{i!} \mathrm{e}^{-\lambda} \right)$

λ	\multicolumn{9}{c}{k}
	0	1	2	3	4	5	6	7	8
0.1	0.905	0.995	1.000						
0.2	0.819	0.982	0.999	1.000					
0.3	0.741	0.963	0.996	1.000					
0.4	0.670	0.938	0.992	0.999	1.000				
0.5	0.607	0.910	0.986	0.998	1.000				
0.6	0.549	0.878	0.977	0.997	1.000				
0.7	0.497	0.844	0.966	0.994	0.999	1.000			
0.8	0.449	0.809	0.953	0.991	0.999	1.000			
0.9	0.407	0.772	0.937	0.987	0.988	1.000			
1.0	0.368	0.736	0.920	0.981	0.996	0.999	1.000		
1.1	0.333	0.699	0.900	0.974	0.995	0.999	1.000		
1.2	0.301	0.663	0.879	0.966	0.992	0.998	1.000		
1.3	0.273	0.627	0.857	0.957	0.989	0.998	1.000		
1.4	0.247	0.592	0.833	0.946	0.986	0.997	0.999	1.000	
1.5	0.223	0.558	0.809	0.934	0.981	0.996	0.999	1.000	
1.6	0.202	0.525	0.783	0.921	0.976	0.994	0.999	1.000	
1.7	0.183	0.493	0.757	0.907	0.970	0.992	0.998	1.000	
1.8	0.165	0.463	0.731	0.891	0.964	0.990	0.997	0.999	1.000
1.9	0.150	0.434	0.704	0.875	0.956	0.987	0.997	0.999	1.000
2.0	0.135	0.406	0.677	0.857	0.947	0.983	0.995	0.999	1.000
2.1	0.122	0.380	0.650	0.839	0.938	0.980	0.994	0.999	1.000
2.2	0.111	0.355	0.623	0.819	0.928	0.975	0.993	0.998	1.000
2.3	0.100	0.331	0.596	0.799	0.916	0.970	0.991	0.997	0.999
2.4	0.091	0.308	0.570	0.779	0.904	0.964	0.988	0.997	0.999
2.5	0.082	0.287	0.544	0.758	0.891	0.958	0.986	0.996	0.999
2.6	0.074	0.267	0.518	0.736	0.877	0.951	0.983	0.995	0.999
2.7	0.067	0.249	0.494	0.714	0.863	0.943	0.979	0.993	0.998
2.8	0.061	0.231	0.469	0.692	0.848	0.935	0.976	0.992	0.998
2.9	0.055	0.215	0.446	0.670	0.832	0.926	0.971	0.990	0.997
3.0	0.050	0.199	0.423	0.647	0.815	0.916	0.966	0.988	0.996
3.1	0.045	0.185	0.401	0.625	0.798	0.906	0.961	0.986	0.995
3.2	0.041	0.171	0.380	0.603	0.781	0.895	0.955	0.983	0.994
3.3	0.037	0.159	0.359	0.580	0.763	0.883	0.949	0.980	0.993
3.4	0.033	0.147	0.340	0.558	0.744	0.871	0.942	0.977	0.992
3.5	0.030	0.136	0.321	0.537	0.725	0.858	0.935	0.973	0.990
3.6	0.027	0.126	0.303	0.515	0.706	0.844	0.927	0.969	0.988
3.7	0.025	0.116	0.285	0.494	0.687	0.830	0.918	0.965	0.986
3.8	0.022	0.107	0.269	0.473	0.668	0.816	0.909	0.960	0.984
3.9	0.020	0.099	0.253	0.453	0.648	0.801	0.899	0.955	0.981
4.0	0.018	0.092	0.238	0.433	0.629	0.785	0.889	0.949	0.979

附表3 t—分布表 （$P\{t > t_\alpha(n)\} = \alpha$）

α / n	0.25	0.10	0.05	0.025	0.01	0.005
1	1.0000	3.0777	6.3138	12.7062	31.8207	63.6574
2	0.8165	1.8856	2.9200	4.3027	6.9646	9.9248
3	0.7649	1.6377	2.3534	3.1824	4.5407	5.8409
4	0.7407	1.5332	2.1318	2.7764	3.7469	4.6041
5	0.7267	1.4759	2.0150	2.5706	3.3649	4.0322
6	0.7176	1.4398	1.9432	2.4469	3.1427	3.7074
7	0.7111	1.4149	1.8946	2.3646	2.9980	3.4995
8	0.7064	1.3968	1.8595	2.3060	2.8965	3.3554
9	0.7027	1.3830	1.8331	2.2622	2.8214	3.2498
10	0.6998	1.3722	1.8125	2.2281	2.7638	3.1693
11	0.6974	1.3634	1.7959	2.2010	2.7181	3.1058
12	0.6955	1.3562	1.7823	2.1788	2.6810	3.0545
13	0.6938	1.3502	1.7709	2.1604	2.6503	3.0123
14	0.6924	1.3450	1.7613	2.1448	2.6245	2.9768
15	0.6912	1.3406	1.7531	2.1315	2.6025	2.9467
16	0.6901	1.3368	1.7459	2.1199	2.5835	2.9208
17	0.6892	1.3334	1.7396	2.1098	2.5669	2.8982
18	0.6884	1.3304	1.7341	2.1009	2.5524	2.8784
19	0.6876	1.3277	1.7291	2.0930	2.5395	2.8609
20	0.6870	1.3253	1.7247	2.0860	2.5280	2.8453
21	0.6864	1.3232	1.7207	2.0796	2.5177	2.8314
22	0.6858	1.3212	1.7171	2.0739	2.5083	2.8188
23	0.6853	1.3195	1.7139	2.0687	2.4999	2.8073
24	0.6848	1.3178	1.7109	2.0639	2.4922	2.7969
25	0.6844	1.3163	1.7081	2.0595	2.4851	2.7874
26	0.6840	1.3150	1.7058	2.0555	2.4786	2.7787
27	0.6837	1.3137	1.7033	2.0518	2.4727	2.7707
28	0.6834	1.3125	1.7011	2.0484	2.4671	2.7633
29	0.6830	1.3114	1.6991	2.0452	2.4620	2.7564
30	0.6828	1.3104	1.6973	2.0423	2.4573	2.7500
60	0.6790	1.2960	1.6700	2.0000	2.3900	2.6600
120	0.6770	1.2890	1.6580	1.9800	2.3580	2.1670
∞	0.6740	1.2820	1.6450	1.9600	2.3260	2.5760

附表4 χ^2 一分布表$\left(P\{\chi^2 > \chi^2_\alpha(n)\} = \alpha\right)$

n \ α	0.99	0.95	0.90	0.75	0.25	0.10	0.05	0.025	0.01	0.005
1	—	0.004	0.016	0.102	1.323	2.706	3.841	5.024	60635	7.879
2	0.020	0.10 3	0.211	0.575	2.773	4.605	5.991	7.378	9.210	10.597
3	0.115	0.352	0.584	1.213	4.108	6.251	7.815	9.348	11.345	12.838
4	0.297	0.711	1.064	1.923	5.385	7.779	9.488	11.143	13.277	14.860
5	0.554	1.145	1.610	2.675	6.626	9.236	11.071	12.833	15.086	16.750
6	0.872	1.635	2.204	3.455	7.841	10.645	12.592	14.449	16.812	18.548
7	1.239	2.167	2.833	4.255	9.037	12.017	14.067	16.013	18.475	20.278
8	1.646	2.733	3.490	5.071	10.219	13.362	15.507	17.535	20.090	21.955
9	2.088	3.325	4.168	5.899	11.389	14.684	16.919	19.023	21.666	23.589
10	2.228	3.940	4.865	6.737	12.549	15.987	18.307	20.483	23.209	25.188
11	3.053	4.575	5.578	7.584	13.701	17.275	19.675	21.920	24.725	26.757
12	3.571	5.226	6.304	8.438	14.845	18.549	21.026	23.337	26.217	28.299
13	4.107	5.892	7.042	9.299	15.984	19.812	22.362	24.736	27.688	29.819
14	4.660	6.571	7.790	10.165	17.117	21.064	23.685	26.119	29.141	31.319
15	5.229	7.261	8.547	11.037	18.245	22.307	24.996	27.488	30.578	32.801
16	5.812	7.962	9.312	11.912	19.369	23.542	26.296	28.845	32.000	34.267
17	6.408	8.672	10.085	12.792	20.489	24.769	27.587	30.191	33.409	35.718
18	7.015	9.390	10.865	13.675	21.605	25.989	28.869	31.526	34.805	37.156
19	7.633	10.117	11.651	14.562	22.718	27.204	30.144	32.852	36.191	38.582
20	8.260	10.851	12.443	15.452	23.828	28.412	31.410	34.170	37.566	39.997
21	8.897	11.591	13.240	16.344	24.935	29.615	32.671	35.479	38.932	41.401
22	9.542	12.338	14.042	17.240	26.039	30.813	33.924	36.781	40.289	42.796
23	10.196	13.091	14.848	18.137	27.141	32.007	35.172	38.076	41.638	44.181
24	10.856	13.848	15.659	19.037	28.241	33.196	36.415	39.364	42.980	45.559
25	11.524	14.611	16.473	19.939	29.339	34.382	37.652	40.646	44.314	46.928
26	12.198	15.379	17.292	20.843	30.435	35.563	38.885	41.923	45.642	48.290
27	12.879	16.151	18.114	21.749	31.528	36.741	40.113	43.194	46.963	49.645
28	13.565	16.928	18.939	22.657	32.620	37.916	41.337	44.461	48.278	50.993
29	14.257	17.708	19.768	23.567	33.711	39.087	42.557	45.722	49.588	52.336
30	14.954	18.493	20.599	24.478	34.800	40.256	43.773	46.979	50.892	53.672
40	22.164	26.509	29.051	33.660	45.616	51.805	55.758	59.342	63.691	66.766
45	25.901	30.612	33.350	38.291	50.985	57.505	61.656	65.410	69.957	73.166

附表 5a F—分布表 （$P\{F > F_\alpha(n_1, n_2)\} = \alpha$, $\alpha = 0.05$ ）

n_2 \ n_1	1	2	3	4	5	6	7	8	9	10	12	15	20	24	30	40	60	120	∞
1	161.4	199.5	215.7	224.6	230.2	234.0	236.8	238.9	240.5	241.9	243.9	245.9	248.0	249.1	250.1	251.1	252.2	253.3	254.3
2	18.51	19.00	19.16	19.25	19.30	19.33	19.35	19.37	19.38	19.40	19.41	19.43	19.45	19.45	19.46	19.47	19.48	19.49	19.50
3	10.13	9.55	9.28	9.12	9.01	8.94	8.89	8.85	8.81	8.79	8.74	8.70	8.66	8.64	8.62	8.59	8.57	8.55	8.53
4	7.71	6.94	6.59	6.39	6.26	6.16	6.09	6.04	6.00	5.96	5.91	5.86	5.80	5.77	5.75	5.72	5.69	5.66	5.63
5	6.61	5.79	5.41	5.19	5.05	4.95	4.88	4.82	4.77	4.74	4.68	4.62	4.56	4.53	4.50	4.46	4.43	4.40	4.36
6	5.99	5.14	4.76	4.53	4.39	4.28	4.21	4.15	4.10	4.06	4.00	3.94	3.87	3.84	3.81	3.77	3.74	3.70	3.67
7	5.59	4.74	4.35	4.12	3.97	3.87	3.79	3.73	3.68	3.64	3.57	3.51	3.44	3.41	3.38	3.34	3.30	3.27	3.23
8	5.32	4.46	4.07	3.84	3.69	3.58	3.50	3.44	3.39	3.35	3.28	3.22	3.15	3.12	3.08	3.04	3.01	2.97	2.93
9	5.12	4.26	3.86	3.63	3.48	3.37	3.29	3.23	3.18	3.14	3.07	3.01	2.94	2.90	2.86	2.83	2.79	2.75	2.71
10	4.96	4.10	3.71	3.48	3.33	3.22	3.14	3.07	3.02	2.98	2.91	2.85	2.77	2.74	2.70	2.66	2.62	2.58	2.54
11	4.84	3.98	3.59	3.36	3.20	3.09	3.01	2.95	2.90	2.85	2.79	2.72	2.65	2.61	2.57	2.53	2.49	2.45	2.40
12	4.75	3.89	3.49	3.26	3.11	3.00	2.91	2.85	2.80	2.75	2.69	2.62	2.54	2.51	2.47	2.43	2.38	2.34	2.30
13	4.67	3.81	3.41	3.18	3.03	2.92	2.83	2.77	2.71	2.67	2.60	2.53	2.46	2.42	2.38	2.34	2.30	2.25	2.21
14	4.60	3.74	3.34	3.11	2.96	2.85	2.76	2.70	2.65	2.60	2.53	2.46	2.39	2.35	2.31	2.27	2.22	2.18	2.13
15	4.54	3.68	3.29	3.06	2.90	2.79	2.71	2.64	2.59	2.54	2.48	2.40	2.33	2.29	2.25	2.20	2.16	2.11	2.07
16	4.49	3.63	3.24	3.01	2.85	2.74	2.66	2.59	2.54	2.49	2.42	2.35	2.28	2.24	2.19	2.15	2.11	2.06	2.01
17	4.45	3.59	3.20	2.96	2.81	2.70	2.61	2.55	2.49	2.45	2.38	2.31	2.23	2.19	2.15	2.10	2.06	2.01	1.96
18	4.41	3.55	3.16	2.93	2.77	2.66	2.58	2.51	2.46	2.41	2.34	2.27	2.19	2.15	2.11	2.06	2.02	1.97	1.92
19	4.38	3.52	3.13	2.90	2.74	2.63	2.54	2.48	2.42	2.38	2.31	2.23	2.16	2.11	2.07	2.03	1.98	1.93	1.88
20	4.35	3.49	3.10	2.87	2.71	2.60	2.51	2.45	2.39	2.35	2.28	2.20	2.12	2.08	2.04	1.99	1.95	1.90	1.84
21	4.32	3.47	3.07	2.84	2.68	2.57	2.49	2.42	2.37	2.32	2.25	2.18	2.10	2.05	2.01	1.96	1.92	1.87	1.81
22	4.30	3.44	3.05	2.82	2.66	2.55	2.46	2.40	2.34	2.30	2.23	2.15	2.07	2.03	1.98	1.94	1.89	1.84	1.78

（续）

n_2	1	2	3	4	5	6	7	8	9	10	12	15	20	24	30	40	60	120	∞
23	4.28	3.42	3.03	2.80	2.64	2.53	2.44	2.37	2.32	2.27	2.20	2.13	2.05	2.01	1.96	1.91	1.86	1.81	1.76
24	4.26	3.40	3.01	2.78	2.62	2.51	2.42	2.36	2.30	2.25	2.18	2.11	2.03	1.98	1.94	1.89	1.84	1.79	1.73
25	4.24	3.39	2.99	2.76	2.60	2.49	2.40	2.34	2.28	2.24	2.16	2.09	2.01	1.96	1.92	1.87	1.82	1.77	1.71
26	4.23	3.37	2.98	2.74	2.59	2.47	2.39	2.32	2.27	2.22	2.15	2.07	1.99	1.95	1.90	1.85	1.80	1.75	1.69
27	4.21	3.35	2.96	2.73	2.57	2.46	2.37	2.31	2.25	2.20	2.13	2.06	1.97	1.93	1.88	1.84	1.79	1.73	1.67
28	4.20	3.34	2.95	2.71	2.56	2.45	2.36	2.29	2.24	2.19	2.12	2.04	1.96	1.91	1.87	1.82	1.77	1.71	1.65
29	4.18	3.33	2.93	2.70	2.55	2.43	2.35	2.28	2.22	2.18	2.10	2.03	1.94	1.90	1.85	1.81	1.75	1.70	1.64
30	4.17	3.32	2.92	2.69	2.53	2.42	2.33	2.27	2.21	2.16	2.09	2.01	1.93	1.89	1.84	1.79	1.74	1.68	1.62
40	4.08	3.23	2.84	2.61	2.45	2.34	2.25	2.18	2.12	2.08	2.00	1.92	1.84	1.79	1.74	1.69	1.64	1.58	1.51
60	4.00	3.15	2.76	2.53	2.37	2.25	2.17	2.10	2.04	1.99	1.92	1.84	1.75	1.70	1.65	1.59	1.53	1.47	1.39
120	3.92	3.07	2.68	2.45	2.29	2.17	2.09	2.02	1.96	1.91	1.83	1.75	1.66	1.61	1.55	1.50	1.43	1.35	1.25
∞	3.84	3.00	2.60	2.37	2.21	2.10	2.01	1.94	1.88	1.83	1.75	1.67	1.57	1.52	1.46	1.39	1.32	1.22	1.00

附表 5b　F—分布表（$P\{F > F_\alpha(n_1, n_2)\} = \alpha$，$\alpha = 0.01$）

n_1 / n_2	1	2	3	4	5	6	7	8	9	10	12	15	20	24	30	40	60	120	∞
1	4052	4999.5	5403	5625	5764	5859	5928	5982	6022	6056	6106	6157	6209	6235	6261	6287	6313	6339	6366
2	98.50	99.00	99.17	99.25	99.30	99.33	99.36	99.37	99.39	99.40	99.42	99.43	99.45	99.46	99.47	99.47	99.48	99.49	99.50
3	34.12	30.82	29.46	28.71	28.24	27.91	27.67	27.49	27.35	27.23	27.05	26.87	26.69	26.60	26.50	26.41	26.32	26.22	26.13
4	21.20	18.00	16.69	15.98	15.52	15.21	14.98	14.80	14.66	14.55	14.37	14.20	14.02	13.93	13.84	13.75	13.65	13.56	13.46
5	16.26	13.27	12.06	11.39	10.97	10.67	10.46	10.29	10.16	10.05	9.89	9.72	9.55	9.47	9.38	9.29	9.20	9.11	9.02
6	13.75	10.92	9.78	9.45	8.75	8.47	8.26	8.10	7.98	7.87	7.72	7.56	7.40	7.31	7.23	7.14	7.06	6.97	6.88
7	12.25	9.55	8.45	7.85	7.46	7.19	6.99	6.84	6.72	6.62	6.47	6.31	6.16	6.07	5.99	5.91	5.82	5.74	5.65
8	11.26	8.65	7.59	7.01	6.63	6.37	6.18	6.03	5.91	5.81	5.67	5.52	5.36	5.28	5.20	5.12	5.03	4.95	4.86
9	10.56	8.02	6.99	6.42	6.06	5.80	5.61	5.47	5.35	5.26	5.11	4.96	4.81	4.73	4.65	4.57	4.48	4.40	4.31
10	10.04	7.56	6.55	5.99	5.64	5.39	5.20	5.06	4.94	4.85	4.71	4.56	4.41	4.33	4.25	4.17	4.08	4.00	3.91

11	9.65	7.21	6.22	5.67	5.32	5.07	4.89	4.74	4.63	4.54	4.40	4.25	4.10	4.02	3.94	3.86	3.78	3.69	3.60
12	9.33	6.93	5.95	5.41	5.06	4.82	4.64	4.50	4.39	4.30	4.16	4.01	3.86	3.78	3.70	3.62	3.54	3.45	3.36
13	9.07	6.70	5.74	5.21	4.86	4.62	4.44	4.30	4.19	4.10	3.96	3.82	3.66	3.59	3.51	3.43	3.34	3.25	3.17
14	8.86	6.51	5.56	5.04	4.69	4.46	4.28	4.14	4.03	3.94	3.80	3.66	3.51	3.43	3.35	3.27	3.18	3.09	3.00
15	8.68	6.36	5.42	4.89	4.56	4.32	4.14	4.00	3.89	3.80	3.67	3.52	3.37	3.29	3.21	3.13	3.05	2.96	2.87
16	8.53	6.23	5.29	4.77	4.44	4.20	4.03	3.89	3.78	3.69	3.55	3.41	3.26	3.18	3.10	3.02	2.93	2.84	2.75
17	8.40	6.11	5.18	4.67	4.34	4.10	3.93	3.79	3.68	3.59	3.46	3.31	3.16	3.08	3.00	2.92	2.83	2.75	2.65
18	8.29	6.01	5.09	4.58	4.25	4.01	3.84	3.71	3.60	3.51	3.37	3.23	3.08	3.00	2.92	2.84	2.75	2.66	2.57
19	8.18	5.93	5.01	4.50	4.17	3.94	3.77	3.63	3.52	3.43	3.30	3.15	3.00	2.92	2.84	2.76	2.67	2.58	2.49
20	8.10	5.85	4.94	4.43	4.10	3.87	3.70	3.56	3.46	3.37	3.23	3.09	2.94	2.86	2.78	2.69	2.61	2.52	2.42
21	8.02	5.78	4.87	4.37	4.04	3.81	3.64	3.51	3.40	3.31	3.17	3.03	2.88	2.80	2.72	2.64	2.55	2.46	2.36
22	7.95	5.72	4.82	4.31	3.99	3.76	3.59	3.45	3.35	3.26	3.12	2.98	2.83	2.75	2.67	2.58	2.50	2.40	2.31
23	7.88	5.66	4.76	4.26	3.94	3.71	3.54	3.41	3.30	3.21	3.07	2.93	2.78	2.70	2.62	2.54	2.45	2.35	2.26
24	7.82	5.61	4.72	4.22	3.90	3.67	3.50	3.36	3.26	3.17	3.03	2.89	2.74	2.66	2.58	2.49	2.40	2.31	2.21
25	7.77	5.57	4.68	4.18	3.85	3.63	3.46	3.32	3.22	3.13	2.99	2.85	2.70	2.62	2.54	2.45	2.36	2.27	2.17
26	7.72	5.53	4.64	4.14	3.82	3.59	3.42	3.29	3.18	3.09	2.96	2.81	2.66	2.58	2.50	2.42	2.33	2.23	2.13
27	7.68	5.49	4.60	4.11	3.78	3.56	3.39	3.26	3.15	3.06	2.93	2.78	2.63	2.55	2.47	2.38	2.29	2.20	2.10
28	7.64	5.45	4.57	4.07	3.75	3.53	3.36	3.23	3.12	3.03	2.90	2.75	2.60	2.52	2.44	2.35	2.26	2.17	2.06
29	7.60	5.42	4.54	4.04	3.73	3.50	3.33	3.20	3.09	3.00	2.87	2.73	2.57	2.49	2.41	2.33	2.23	2.14	2.03
30	7.56	5.39	4.51	4.02	3.70	3.47	3.30	3.17	3.07	2.98	2.84	2.70	2.55	2.47	2.39	2.30	2.21	2.11	2.01
40	7.31	5.18	4.31	3.83	3.51	3.29	3.12	2.99	2.89	2.80	2.66	2.52	2.37	2.29	2.20	2.11	2.02	1.92	1.80
60	7.08	4.98	4.13	3.65	3.34	3.12	2.95	2.82	2.72	2.63	2.50	2.35	2.20	2.12	2.03	1.94	1.84	1.73	1.60
120	6.85	4.79	3.95	3.48	3.17	2.96	2.79	2.66	2.56	2.47	2.34	2.19	2.03	1.95	1.86	1.76	1.66	1.53	1.38
∞	6.63	4.61	3.78	3.32	3.02	2.80	2.64	2.51	2.41	2.32	2.18	2.04	1.88	1.79	1.70	1.59	1.47	1.32	1.00

附表6　相关系数临界值表

注：$P\{|r| > r_\alpha(f)\} = \alpha$，其中 α 表示显著性水平，f 表示自由度，$r_\alpha(f)$ 为临界值.

f	α				
	0.10	0.05	0.02	0.01	0.001
1	0.99344	0.99692	0.999507	0.999877	0.9999988
2	0.90000	0.95000	0.98000	0.99000	0.99900
3	0.8054	0.8783	0.93433	0.95873	0.99116
4	0.7293	0.8114	0.8822	0.91720	0.97406
5	0.6694	0.7545	0.8329	0.8745	0.95074
6	0.6215	0.7067	0.7887	0.8343	0.92493
7	0.5822	0.6664	0.7498	0.7977	0.8982
8	0.5494	0.6319	0.7155	0.7646	0.8721
9	0.5214	0.6021	0.6851	0.7348	0.8471
10	0.4933	0.5760	0.6581	0.7079	0.8233
11	0.4762	0.5529	0.6339	0.6835	0.8010
12	0.4575	0.5324	0.6120	0.6614	0.7800
13	0.4409	0.5139	0.5923	0.6411	0.7603
14	0.4259	0.4973	0.5742	0.6226	0.7420
15	0.4124	0.4821	0.5577	0.6055	0.7246
16	0.4000	0.4683	0.5425	0.5897	0.7084
17	0.3887	0.4555	0.5285	0.5751	0.6932
18	0.3783	0.4438	0.5155	0.5614	0.6787
19	0.3687	0.4329	0.5034	0.5487	0.6652
20	0.3598	0.4227	0.4921	0.5368	0.6524
25	0.3233	0.3809	0.4451	0.4869	0.5974
30	0.2960	0.3494	0.4093	0.4487	0.5541
35	0.2746	0.3246	0.3810	0.4182	0.5189
40	0.2573	0.3044	0.3578	0.3932	0.4896
45	0.2428	0.2875	0.3384	0.3721	0.4648
50	0.2306	0.2732	0.3218	0.3541	0.4433
60	0.2108	0.2500	0.2948	0.3248	0.4078
70	0.1954	0.2319	0.2737	0.3017	0.3799
80	0.1829	0.2172	0.2565	0.2830	0.3568
90	0.1726	0.2050	0.2422	0.2673	0.3375
100	0.1638	0.1946	0.2301	0.2540	0.3211

参 考 文 献

[1] 盛骤,谢式千,潘承毅. 概率论与数理统计［M］. 4 版.北京:高等教育出版社,2008.

[2] 盛骤,谢式千,潘承毅. 概率论与数理统计习题全解指南［M］.北京:高等教育出版社, 2008.

[3] 褚宝增,王翠香. 概率统计[M]. 北京:北京大学出版社,2010.

[4] 陈希孺. 数理统计学简史[M]. 长沙:湖南教育出版社,2002.

[5] 陈希孺. 概率论与数理统计[M]. 合肥:中国科学技术大学出版社,1992.

[6] 陈家鼎,郑忠国. 概率与统计[M]. 北京:北京大学出版社,2007.

[7] 何书元. 概率论［M］.北京:北京大学出版社,2006.

[8] 何书元. 概率论与数理统计［M］. 北京:高等教育出版社,2006.

[9] 全国考研数学大纲配套教材专家委员会. 2015 全国硕士研究生招生考试数学考试大纲解析［M］.北京:高等教育出版社,2014.

[10] 陈增敬,范红兵,仇光印,等. 概率论与数理统计[M]. 济南:山东大学出版社, 1995.

[11] 王梓坤. 概率论基础及其应用[M]. 3 版. 北京:北京师范大学出版社,2007.

[12] 陈家鼎,孙山泽,李东风. 数理统计学讲义[M]. 北京:高等教育出版社,1993.

[13] 谢衷洁. 普通统计学[M]. 北京:北京大学出版社,2004.

[14] 魏宗舒,等. 概率论与数理统计教程[M]. 2 版. 北京:高等教育出版社,1983.

[15] 沈恒范. 概率论与数理统计教程［M］. 3 版.北京:高等教育出版社,1995.

[16] 梁之舜,邓集贤,杨维权,等. 概率论及数理统计[M]. 2 版.北京:高等教育出版社,1988.

[17] 唐生强. 概率论与数理统计复习指导[M]. 北京:科学出版社,1999

[18] 傅维潼. 概率论与数理统计辅导[M]. 北京:清华大学出版社,2001.

[19] 陆传赉,王玉孝,姜炳麟. 概率论与数理统计习题解析[M]. 2 版.北京:北京邮电大学出版社,2012.

[20] 谢兴武,李宏伟. 概率统计释难解疑[M]. 北京:科学出版社,2007.

[21] 苏淳. 概率论[M]. 北京:科学出版社,2004.

[22] 陈萍,李文,张正军,等. 概率与统计[M]. 2 版.北京:科学出版社,2006.

[23] 马菊侠,吴云天. 概率论与数理统计:题型归类 方法点拨 考研辅导[M].北京:国防工业出版社,2006.

[24] 关颖男. 概率论与数理统计题库精编[M]. 2 版.沈阳:东北大学出版社,2001.

[25] 李洁明,祁新娥. 统计学原理[M]. 2 版.上海:复旦大学出版社,1999.

[26] 高惠璇. 实用统计方法与 SAS 系统[M]. 北京:北京大学出版社,2001.

[27] 茆诗松,王静龙,濮晓龙. 高等数理统计[M]. 北京:高等教育出版社,2003.

[28] (苏)亚历山大洛夫,等. 数学——它的内容、方法和意义(第二卷)[M]. 秦元勋,等译. 北京:科学出版社,2001.

[29] (加)Michael A. Bean. 概率论及其在投资、保险和工程中的应用(影印版)[M]. 北京:机械工业出版社,2003.

[30] 教育部高等数学与统计学教学指导委员会. 数学学科专业发展战略研究报告.中国大学教学 2005(3)［J］.北京:高等教育出版社,2005.